Hajo Weber Moek

ABENTEUER UND BEUTE

Packende Wildnisjagden
auf vier Kontinenten

Hajo Weber Moek

ABENTEUER UND BEUTE

Packende Wildnisjagden auf vier Kontinenten

NWM

Impressum:

© cw Nordwest Media Verlag Grevesmühlen
Am Lustgarten 1 • 23936 Grevesmühlen
Tel.: 03881/2339 • Fax: 03881/49143
E-Mail: info@nwm-verlag.de • www.nwm-verlag.de

Fotos: Hajo Weber Moek
Bildbearbeitung: Vincent Roderik Weber

Autor: Hajo Weber Moek
hwm@joyoflife.de

JOYOFLIFE

1. Auflage 2015

Umschlaggestaltung:
UP Schwarz/cw Nordwest Media Verlag, Grevesmühlen
nach den Fotos des Autors

Gesamtherstellung: cw Nordwest Media Verlag/foxbooks

ISBN: 978-3-946324-02-7

Ich danke meiner Familie,
die diese Passion geteilt hat.

Inhalt

Vorwort

Hajo Weber Moek kennen und schätzen lernen war eine Sache weniger Augenblicke.
In einem der reichsten Ölländer der Welt, in einem Land, das früher jedes Jägerherz höher schlagen ließ, habe ich mit ihm in den unermesslichen Reisfeldern Enten gejagt, in den menschenleeren Llanos Weißwedelhirsche erlegt, in den Weiten der Savanne hinter dem Vorstehhund Hühner gesucht und in den unerforschten Urwäldern in Hängematten übernachtet.
Nicht nur die Lust auf Abenteuer, das Suchen nach außergewöhnlichen Trophäen oder Streben nach unbedingtem Jagderfolg, auch die anregenden nächtelangen Gespräche an den Lagerfeuern bleiben mir unvergesslich.
Gemeinsame Jagdpassion, Strapazen, Abenteuerlust, Suche nach neuen unerforschten Horizonten faszinieren und verbinden uns seit Beginn unserer Freundschaft und haben uns zusammengeschweißt. Wir jagten seitdem zusammen auf verschiedenen Kontinenten weitab jeglicher Zivilisation, ob in Afrika, Nord- und Südamerika oder unserem heimischen Europa. Bei unseren nicht immer ungefährlichen Unternehmungen lernte ich das hervorragende Schießvermögen und Waffenwissen des erfahrenen Jägers Hajo schätzen. Er ist ein feinsinniger Naturbeobachter und glänzender Erzähler.
Und nun hat mein Freund seine spannenden und lehrreichen Jagderinnerungen niedergeschrieben. Ein kostbares Buch voller packender Schilderungen und profunden Wissens über die Natur in den Ländern, in denen er lebte und die Menschen mit denen er Jahrzehnte teilte. Wir erfahren farbige Geschichten voller Emotionen aus einem langen und außerordentlich vielseitigen Jägerleben, ein Buch, das Respekt einflößt und dem ich eine weite Verbreitung wünsche.

Gert G. v. Harling
Lüneburg, zur Hirschbrunft 2014

Vorwort

Direkt nach unserer ersten Begegnung begannen unsere Expeditionen in die Jagdgebiete am Orinoko und seinen Nebenflüssen.
Wir erkundeten die südamerikanische Wildnis und jagten von unseren rustikalen Lagern aus, entlang verschlungener Uferwälder und auf extensiven Rinderfarmen. Südamerikas Rückzugsgebiete bilden auch heute noch einen weitgehend unerforschten Kontinent mit einer grandiosen Tiervielfalt.
Unsere Passion und Abenteuerlust führte uns während 30 Jahren aus der Heimat nach Südamerika und über wildes Afrika bis in urige Landschaften von Osteuropa. Das gemeinsame Beutemachen, faszinierende Naturbeobachtungen und das einfache Leben im Einklang mit der ursprünglichen Natur verlangten uns körperlich häufig das Letzte ab. Unserer Jagdfreundschaft unterliegt ein besonderer und uneingeschränkter Zusammenhalt.
Mit Hajos Erzählungen voller Jagderfolge auf faszinierende Tiere in großartigen Landschaften erschließt sich jedem Gleichgesinnten, die Lust an Abenteuer und Jagd mit und ohne Gebrauch der Waffe. Ich durfte einen tiefen Zusammenhalt, ein wortloses Verständnis und eine besondere Freundschaft dieses zupackenden Jägers erleben. Dafür bin ich meinem Freund dankbar.
Die Leser ermutige ich, sich von diesem wirklich gelungenen Buch von Hajo Weber Moek inspirieren zu lassen. Es gibt diese Art zu jagen und so intensiv und voller Abenteuer zu leben – auch heute noch.

Frank Jäger
Caracas, Budapest und Peking, 2013

Der Autor im Wipfel einer Hemlocktanne auf der Alaska-Elch Jagd in 25 Meter Höhe

Gedanken des Autors

Jäger sein ist der älteste Beruf der Menschheit! Mehr noch, es war für Jahrtausende die hoch geachtete Lebensweise, um auf diesem Planeten zu existieren. Jagen war die Voraussetzung, damit wir uns zum heutigen Menschen entwickeln konnten. Die üppige Verfügbarkeit tierischer Proteine durch die Jagd des Menschen war am Wachstum der Gehirne des frühen Menschen entscheidend beteiligt. Unsere Vorfahren als affenähnliche Baumbewohner der afrikanischen feuchten Wälder wurden so zu den Homoiden oder homo habiles der offenen Steppen. Wir entstanden, weil wir aufrecht gehen lernten, fleischliche Proteine aßen, Werkzeuge herstellten, Fallen erfanden, Netze für das Fischen und Waffen für die Jagd bauten.

Die Geschichten von Abenteuer und Beute erlebte ich während eines reichen und herausfordernden Berufs- und Familienlebens. Das führte mich 40 pralle Jahre lang durch 12 Länder und vier Kontinente, in die Kulturlandschaften Europas und in einige unberührte Winkel unserer Erde.

Das Verdienen unseres Lebensunterhaltes für die ganze Familie war vorrangig. Jagen und Fischen konnte ich deshalb wie so viele Jagdkameraden nur in der Freizeit. Das ging leider häufig zu Lasten der Familie. Um so wichtiger ist es mir, dass unsere beiden Söhne diese Familienpassion von früh auf teilten. In den 15 Jahren in Südamerika war der finanzielle Aufwand dafür überschaubar, denn wir organisierten unsere Jagdreisen in die Wildnis und das Outfitten in hochmobilen einfachsten Camps selber. Die äußerst preiswert organisierten Afrika-Safaris, meistens mit drei dort lebenden Freunden, wurden aus vorher selber verdienten Jahresbonussen bestritten. Auf der Jagd erlebte ich zerknirschende, gefährliche, triumphierende und viele stille Momente.

Verlassen wir also jetzt unseren vertrauten Lehnstuhl und gehen hinaus in ein Leben voller Naturabenteuer. Wir pirschen erwartungsvoll mit dem vertrauten Gewehr und sorgfältig gefetteten Stiefeln durch den aufziehenden frischen Morgen. Voller Vorfreude sehen wir die Wildzeichen und funkelnden Tautropfen auf den aus der Dunkelheit auftauchenden noch nassen Gräsern. Wir genießen den Anblick von flüchtigem oder zu schonenden Wild und bringen nicht immer Beute an den Herd. Trotzdem haben wir auch diesen prachtvollen Jagdtag aus ganzem Herzen genossen. Denn das reizvolle an der Jagd ist es, wieder Teil der Natur zu werden und zu erleben, wie sich uns die Tiere mit ihren überlegenen Sinnen entziehen. Im Gegensatz zum Fotografieren benötigten wir nicht das Bild in der Kamera für das, was wir mit unseren Sinnen wahrgenommen haben.

Nach schweißtreibender, körperlicher Anstrengung saßen wir an anderen Tagen mit wackeligen Knien nachdenklich, erschöpft und glückserfüllt vor unserer Beute. Die eben noch voller Leben und wach die Umgebung beobachtenden Lichter des Wildes waren nun starr und für immer erloschen. Wir fühlten das Bedürfnis nach Andacht, um die erlegte Kreatur still zu ehren. Glückliche aber auch widerstrebende Gefühle und eine tiefe Befriedigung für den Jäger. In den Händen lagen der Hut und der noch warme Lauf des vertrauten Jagdgewehrs. Es war eine Belohnung, dass ich diese archaischen, romantischen und abenteuerlichen Momente einiger Jagden beim Schreiben nochmals durchleben durfte.

Die vielen Jahre in der Wildnis des Nordens und Südens von Amerika waren eine besondere jagdliche Delikatesse. So viel Aufregendes, fern der Zivilisation, erleben nur wenige Europäer. Meine Freunde und ich waren unsere eigenen Outfitter, Jagdführer, Fahrer, Köche und Navigatoren. Keine Förstereien oder kommerziellen Jagdführer führten jagdliche Regie. Geschlafen wurde in Südamerika gerne im bequemen Chinchorro, der geflochtenen Netz-Hängematte. In ihrer Geborgenheit und mit der von den Ureinwohnern übernommenen Wildnis Erfahrung, fühlten wir uns auch im tiefsten Dschungel unter unserem Moskitonetz sicher und wohlig.

Wir pirschten meistens zu zweit, oder auch alleine, mit dem Deutsch Drahthaar im von Menschen unbewohnten und unberührten Busch. Jagdliche Einrichtungen gab es in den riesigen „Revieren" nicht. Wohl aber Wildwechsel, Wasserstellen und von den Tieren bevorzugte Einstände. Die Landschaften waren von den bald versiegten aber ungebremsten Wassermassen des Tropenregens geprägt. Wir Jäger, der Biotop und die nur dort heimischen Tiere erlebten zwei extrem unterschiedliche Jahreszeiten. In den heißen Sommern erlebten wir eine am Gaumen zum Husten reizende Trockenheit und von der Austrocknung gesprungene Böden. Klatschenden Tropenregen, wie aus Kübeln geschüttet und kilometerweit über die Ufer tretende Flüsse während der Regenzeit. Sie zwang in weiten Landesteilen zur Fortbewegung auf den Pferderücken, in Booten oder in Einbäumen. Bei diesem „Land unter" und den gesetzlichen Jagdzeiten war das Zeitfenster für Jäger, Fischer und Naturliebhaber mit unseren dafür ausgerüsteten Allradfahrzeugen ganz natürlich auf die Hälfte des Jahres beschränkt. Man musste die Gewohnheiten und Spuren der weit verstreuten Beutetiere kennen, um sie mit wachen Sinnen anpirschen oder abpassen zu können. Unser südamerikanisches Jagen und Beutemachen in riesigen menschenleeren Gebieten waren ehrliches, ursprüngliches und häufig abenteuerliches Jagen auf der Pirsch.

Dankbar schildere ich außerdem von meinen mehr als 20 dornenreichen und teilweise gefährlichen Afrika-Safaris. Manches afrikanisches Wild ist wehrhaft. Es verteidigt sich mit seinen natürlichen Waffen; unseren späteren Trophäen. Geweihe, Hörner, Klauen und Zähne. Es galt sich auf Schlangenbisse, Skorpione und die ganze „Abteilung" von gefährlichen bis tödlichen afrikanischen Krankheiten vorzubereiten. Genauso erlebnisreich waren einige Jagden in der menscheinfeindlichen, entlegenen und der mit hartem Wetter „zubeißenden" Wildnis von Alaska.

Die kontroversen und kommerziellen Aspekte einer modernen Jagdindustrie und das problematische Wild-Management gewinnen in einer vom Menschen kultivierten Umwelt ständig an Bedeutung. Zumindest in den dicht besiedelten Kulturlandschaften Europas ist eine Form von Bewirtschaftung unvermeidlich. Hier jagen wir ja auf Landflächen, die von vielen, völlig unterschiedlichen Interessenten gleichzeitig genutzt werden. In Deutschland jagen bekanntlich etwa 300.000 aktive Jagdscheininhaber. Das ist ein winziger Gruppierungssplitter unserer Gesellschaft. Jäger werden, vielleicht noch mehr als das Wild, durch Vorschriften und Gesetze von vielen Seiten unter enormen Druck gesetzt. Trotzdem ist unsere dicht besiedelte Heimat Deutschland für mich eines der attraktivsten Länder mit großartigen Menschen, einer hoch entwickelten Jagdkultur, ganz eigenen Gebräuchen und einer traditionsreichen Sprache. Ich bin stolz darauf, mehr als insgesamt drei Jahrzehnte lang in dieser Kultur als Jäger geformt worden zu sein.

Besonders der noch junge und unerfahrene steht auf der Jagd, scharf überwacht, stets mit einem Bein im Gefängnis. Die Fehler, die die weniger Erfahrenen von uns begehen, können schnell der Obrigkeit angezeigt werden. Alte Hasen unter Gleichgesinnten sollten den Kameraden, die einen Fehler begehen, menschlich und verständnisvoll helfen.

Ein immer nur richtiges Jagen in unserer dicht besiedelten Heimat erfordert ein ungeheuer komplexes Wissen und ein stets sittliches Handeln mit Passion innerhalb eines eigenen Moralkodexes. Dafür werden wir als Jäger in Deutschland besonders ausgiebig geprüft und beobachtet.

Wir vergessen es nicht. Jeder Mensch trug das Jagd-Gen irgendwann in sich. Jäger sein ist, wie eingangs bemerkt, den ältesten und sehr ernsthaften Beruf auszuüben. Daran sollten die Gegner und Kritiker der Jagd denken. Traditionelles und richtig betriebenes Jagen ist ein kunstvolles und passioniertes Handwerk vom geschickten Auffinden, Beobachten und Erlegen des Wildes in dessen artgerechten Habitat. Es geht dem Jäger um dessen Hege und noch ausgeprägter um die Erhaltung der wildlebenden Tiere, ganz unumwunden mit dem Ziel der nachhaltigen Wildbretnutzung für unsere Ernährung. Der Jäger hat als geprüfter und lizenzierter Fachmann für das Wild das besonders ausgeprägte Interesse an dessen Hege und Erhaltung in unseren engen Kulturlandschaften.

Wildpflanzen und Wildtiere können Gefahr laufen, ohne den Schutz und die freiwillige Selbstbeschränkungen der Jägerschaft auszusterben. Wie es in der heute industrialisierten Landwirtschaft mit bestimmten Kulturpflanzen und Haustierrassen bereits geschehen ist. *„Wenige Hochleistungssorten und -rassen produzieren heute die Nahrungsmittel der Menschheit“* (Zitat: Gesellschaft zur Erhaltung alter und gefährdeter Haustierrassen).

Deshalb lasst uns alle immer daran erinnern: **„Wer frei lebendes Wild isst, hilft es zu erhalten!“**

Wir bemühen uns nach den Regeln des Tierschutzes und den scharfen Jagdgesetzen, mit geringst möglicher Aufregung für das Wild, zu jagen. An erster Stelle jagt man *„ohne, dass vermeidbare Schmerzen, Leiden oder Schäden beim Töten verursacht werden“* (Regeln der Tierärztlichen Vereinigung für Tierschutz e.V.). Zu jagen war lange eine hoch geachtete Art, um überhaupt existieren zu können. In der Steinzeit zog der Mensch die mühsame und glücklich machende Jagd, mit der wohlschmeckenden Beute, jeder anderen Beschäftigung vor. Dann wurde sie spätestens im frühen Mittelalter ein Privileg gehobener Stände – besonders des Adels, der Ritter, der Grundbesitzer, der Bauern, der Kirche, der Klöster und der beherrschenden Anführer der Gesellschaftssysteme. Sie haben dieses Privileg zu allen Zeiten kultiviert und erhalten. Seit den Revolutionen und der allgemeinen freiheitlichen Aufklärung kann sie heute jeder dafür geprüfte auch in unserer Heimat ausüben.

In Deutschland und Österreich gehört das frei wechselnde Wild den Grundbesitzern. In vielen anderen Ländern nicht. Wild wird immer weniger herrenlos. Mehrere gesellschaftliche Gruppierungen streiten sich um das Recht der Reglementierung für das Wild und seine Jagd.

Nicht einmal der kriminelle Wilddieb jagt heute wegen des reinen Nutzens. Jagen ist auch eine tief in uns sitzende Passion und ein Wettstreit in schönster Natur. Der findet seit Urzeiten statt zwischen den Instinkten des sich entziehenden Wildes und der Fähigkeit des verfolgenden Jägers, sich ihm zu antizipieren und es zu überlisten. Dieser waidmännische Wettstreit erfordert Begrenzungen, durchdachte Gesetze und traditionelle Einschränkungen aus einer eigenen Moral heraus.

Wären Jäger und Gejagte von gleicher Art, so wäre das bekanntlich Krieg.

„In Jäger-Sammler-Kulturen verstehen sich die Menschen nicht als getrennt vom Reich anderer Lebewesen, sondern fühlen sich mit ihnen aufs engste verbunden. Es gibt eine geheimnisvolle Solidarität zwischen Menschen und Tieren“ (R. Sheldrake).

Tiere und Menschen befanden sich während der gesamten Entwicklungsgeschichte in konkurrierenden Nahrungsketten. Das ist ein von der Natur gewollter, evolutionärer Bestandteil der Schöpfung. Er besteht auch in den Zeiten der hoch spezialisierten Domestikation von Haus- und Nutztieren fort.

Die Bibel und die christlichen Kirchen bejahen das Jagen und Fischen ausdrücklich. Unsere Instinkte stumpften während unserer langen Menschheitsentwicklung langsam ab. Dadurch erlaubte uns die Evolution die Ausprägung eines Innenlebens, welches mit Vorsicht ausgesprochen, dem Tier von der Natur

weitgehend versagt ist. Das brachte uns die Vernunft, die Aufklärung und die gesamte vorindustrielle Entwicklung. Aber auch das Zurückdrängen der freien Wildnis und das Domestizieren von Haus- und Nutztieren sowie deren nicht artgerechte und grausamen Haltung in industrialisierten Massentierzuchtanlagen, die unzumutbaren Transportwege und industrielle Tötung.
Heute leben wir in einem beständigen Fortschritt und in einer immer mehr virtuellen Vorstellungswelt. Gerade deshalb ist es für mich so reizvoll auf der Jagd in die reale Natur zurückzukehren. Zur herrlich freien Nachbarschaft und Verbundenheit mit dem Wetter draußen, den Tieren, Bäumen und Pflanzen. Zurück in eine Zeit, in der das Überleben für die Familie und den Stamm überwiegend aus Jagen, Sammeln und Fischen bestand.
Auf der Jagd in der Wildnis annullieren wir dabei bestimmte Teile unserer technischen Menschheitsentwicklung.
Bereits die Hälfte von uns Europäern lebt in Städten. 2050 werden es dreiviertel der Menschheit sein. Die allermeisten von uns Menschen haben sich weit von der Natur entfernt. Uns Jäger lockt deshalb das Wilde, Ungezähmte und Ursprüngliche. Dort finden wir die Schönheit in der Natur mit unseren Augen und Ohren. Eine innere Ruhe und auch die Befriedigung unserer ursprünglich vom Instinkt gesteuerten Bedürfnisse. Echte und sich selbst überlassene Wildnis wird leider immer seltener auf unserem Planet. Das Jagen darin hat mein Verständnis von Natur und über die sinnlichen Genüsse um Facetten bereichert. Wildnisjagd „fasst sich aufregender, rauer an“ als das andere Jagen in der kultivierten Zivilisation und den anders wunderschönen parkähnlichen Landschaften.
Radikale Natur- und Tierschützer, militante Vegetarier und Jagdgegner bezeichnen uns Jäger heute als rückständige Steinzeitmenschen. Mit ihrer Kritik muss unsere kleine, in unserer Tradition noble Gruppierung von Jägern differenziert und vorsichtig umgehen. Es gilt unsere Rechte eisern und überzeugend dargelegt zu bewahren. Viele ehrenwerte Mitmenschen, die nichts mit der Jagd am Hut haben, glauben, dass wir Jäger und Fischer uns versündigen. Weil wir Jagdwaffen besitzen, werden wir von denen gleichgesetzt mit Militaristen und „Menschenjägern“.
Dabei sind wir insgeheim auf der Suche nach dem Urerlebnis der Natur und dem Wild und wollen uns in ein früheres Leben in der Wildnis zurückfühlen. Hubert Weinzierl meint, dass es für Deutsche unerträglich ist, dass ein Stück Natur ungeordnet ist. Uns Jägern hingegen „schmeckt“ das Naturerlebnis und das erbeutete Wildfleisch, so wie 90 Prozent aller Menschen von Anbeginn unserer Entwicklung an. In Nord- und Südamerika, Afrika, Russland, Grönland, der Antarktis, Teilen von Asien und Australien ist das Leben in der Wildnis noch ein Stück gelebte nationale und normale Identität.
Beim Jagen treten wir in ein echtes freies „Draußen“. Der uralte Sammler ist in vielen Menschen, genau wie im Jäger, wach geblieben. Ich vermute, er könnte sich in der modernen Gesellschaft sogar im Trieb des Schnäppchenjägers verbergen. Millionen von Mitmenschen haben Freude am Sammeln und versuchen ihren verschütteten Jagdtrieb im Internet, bei E-bay oder auf Flohmärkten zu befriedigen.
Unsere Land- und Viehwirtschaft erzeugt auf immer kleineren Flächen immer mehr Turbo- und Massennahrung. Das geschieht nach den Gesetzen der Markt-Ökonomie und ist daher immer brutaler in der Veränderung der Natur und unerträglich in der Behandlung der Nutztiere. Die kontrollierte Jagd und Hege ist die am längsten bewährte Form einer schonenden und nachhaltigen Nutzung der Naturressourcen unseres Planeten. Kommerzielle, ungebildete Wildererbanden in Afrika rotten das frei lebende Wild ohne Schutz von Rangern und Berufsjägern aus. Nur Wildtiere und ihr Lebensraum, die einen volkswirtschaftlichen

Wert und Nutzen für die sie umgebenden Menschen besitzen, werden erhalten. Deshalb hat die nachhaltige, kontrollierte Jagd und Hege weiterhin einen natürlichen Platz in der Menschheitsentwicklung.
Jäger sind Augen-, Geruchs- und Ohrenmenschen. Mit wachen Gesichtssinnen und äußerster Aufmerksamkeit beobachten wir die Umgebung gerade vom Blickpunkt der Tiere aus. Jäger versetzen sich in die geachteten Mitkreaturen hinein. Diese universelle, konstante Aufmerksamkeit, das Überraschende und die Aussicht auf die Inbesitznahme der wohlschmeckenden Beute und der Trophäe als Erinnerung, erzeugt eine besondere Spannung. Sie ist es, die wir Jäger so schätzen.
Meine Aufzeichnungen behandeln nur einige wenige, der in 50 Jahren erlebten Jagdabenteuer. Mir war beim Schreiben bewusst, dass es unter den Lesern kritisch eingestellte Jagdgenossen geben wird. Eventueller Kritik gilt es sich deshalb immer zu stellen. So ist das Leben nun einmal für den, der Meinungen äußert und Emotionen und Geschehnisse teilen möchte. Wer damit leben will, keine Fehler zu machen, fliegt wie eine scheinbar irrtumslose einsame Ente mit angelegtem Gefieder durch seine ganze Existenz.
Das Leben ist für mich, es vor allen Dingen gelebt zu haben! Da gehören Jagen und Fischen, das Abenteuer, der Beutetrieb, Fotos und die Trophäe als bedeutsame Erinnerung mit hinein. Man kann alles Emotionale, also auch vieles an der Jagd, ins Banale und Lakonische ziehen. Lapidares und oberflächliches habe ich beim Jagen niemals empfunden.
Meine Jagderlebnisse in ursprünglich gebliebener Wildnis waren manchmal harte physische Auseinandersetzungen bei der Erbeutung und Bergung des Wildes. Bei jeder Jagdart, auch der stillen Beobachtung, überwinden wir die wachen Wahrnehmungen der Tiere indem wir uns mit unseren Sinnen in die Natur und unserer Mitkreaturen hineinversetzen. Wir erfreuen uns zutiefst und die allermeiste Zeit bereits an der Beobachtung. Aber auch daran, einen nach festgelegten Regeln ausgewählten Teil von ihnen, schließlich als Beute in Besitz zu nehmen.
Trophäen sind nur unverdauliche Haut, Zähne, Krallen, Federn, Felle und Knochenfortsätze. An diesen nicht essbaren Teilen hängt für Jäger wichtiges. Die Schönheit der lebendigen Tiere, unsere stolz erinnerten, passionierten Jagderlebnisse und Träume. Sowie ganz eigene, mit ihrer Jagd erfüllte Phantasien und Geschichten. Als Jäger nimmt man mit Respekt gestalterisch teil am ewigen Säen und Ernten in der Natur. Mit Anderen geteilte oder überlieferte Jagderlebnisse waren deshalb von jeher ein Stück menschlicher Kultur und Identität. Am intensivsten verbanden sich die frühen Jäger und Schamanen in deren überirdischen Vorstellungswelt mit den Tieren und ihren Jagderlebnissen. Ich bin dankbar für die aufgezeichneten Erfahrungen derer, die seit der Zeit der alten Ägypter, vor oder mit mir jagten. Auch mir ist es eine Freude, jagdliche Erlebnisse, die wie „tief eingeschlagene Kerben" in einer Lebensabwicklung fühlbar bleiben, weiterzugeben. Jagderlebnisse strukturieren mein Leben zusätzlich zur Zeitrechnung, Geburtstagen und Jahreszeiten. Sie lassen uns dem Zeitfluss des ewig Gleichen entkommen.
Wir Deutschen haben eine besondere Traditionsverwurzelung und einen Hang zur maximalen Tiefe und größte Innerlichkeit (Kant, Hegel, Schopenhauer, Nietsche, Jung, Freud). Sie kommt in vielen Themen der Literatur, Wissenschaft, Philosophie und der Musik deutschsprachiger Komponisten zum Ausdruck („The German Genius", ist ein phänomenales und kritisches Buch von Peter Watson, Harper Perennial). Wie sagte der uns durchaus gut gesonnene Engländer Wickham Stead: *„Deutsche tauchen tiefer, aber kommen dann auch mit Schlamm an die Oberfläche"*. Er meinte wohl das ausgeprägt Tiefgründige und Romantische an der deutschen Seele. Seine Einschätzung von einer besonderen Innerlichkeit und einer besseren Welt respektiere ich im traditionellen See angelsächsischer Kritik an Deutschland und uns Deutschen mit einem gewissen

Stolz. Das Fair Play wurde in England erfunden. Gerne habe ich auch die vielen Deutschlandurlaube und jahrelangen Aufenthalte mit lückenlos gelösten Jagdscheinen und deutschem Weidwerk genossen. Besonders die kulturell tief verwurzelten Traditionen und die Genauigkeit seiner Begründungen im deutschen Waidwerk haben es mir angetan. Mein Beruf hat mir, zumindest in mehr als drei Jahrzehnten, eine wunderbare Zeit und große Jagdfreundschaften in Deutschland geschenkt. Ich durfte das traditionsreiche Waidwerk auf unser heimisches Wild unter kundiger Anleitung von wissenden Mentoren und Freunden nach unseren Gesetzen und Regeln erlernen. Sowohl in meiner norddeutschen Heimat als auch in: der Heide, Deister, Eifel, Spessart, Odenwald, Fichtelgebirge sowie auch in der kargen aber aufgeräumten Schönheit der schwäbischen Alb. Dabei ging es sogar jauchzend und schwitzend bis in die Gamsreviere der Berge von Bayern, Österreich und Südtirol.

Es gab für mich in den vergangenen 50 erfüllten Jahren ausreichend Gelegenheiten zu jagen: auf Flugwild (Schopfwildhühner, Enten, Gänse, Wachteln, Fasane, Schnepfen und drei Arten von Rebhühnern), Pekaries (südamerikanische Wildschweinfamilie), einen ganz bestimmten Schad-Jaguar, Rot- und Sikahirsche in Schottland, Hoch- und Niederwild in Argentinien, Paraguay, Venezuela, Ungarn, Portugal, Spanien, Frankreich, Rumänien, Türkei und Skandinavien. Größtenteils in absoluter Wildnis und ohne Wildzäune.

In den achtziger Jahren pachteten mein alter Freund Frank und ich ein Hochwildrevier von einer lokalen Jagd- und Holzgesellschaft in Ungarn. Horrido. Ehrliches Jagen, aber frei wie „Gott in Frankreich“. Während und nach der kommunistischen Endphase im Ostblock, in Polen und der Tschechoslowakei konnten wir auf ursprüngliche Weise Beute machen – in den wilden Urwäldern der Karpaten und direkt nach dem Verschwinden des kommunistischen Diktators Ceausescu.

Bei Drückjagden auf uriges Hochwild mit zigfachem Bärenanblick erlegten wir zahlreiche kapitale Uriane. Das war selbst in Europa ursprüngliches, kameradschaftliches und bei einigen gesundheitlichen Einschränkungen, manchmal hartes körperliches Jagen.

Afrika, der Kontinent voller abenteuerlicher Geschichten aus den Spiel-Träumen meiner frühen Kindheit. Er wurde mir von drei großzügigen, dort lebenden Freunden eröffnet. Es ist schon ein besonderes Glück, für einen Jedermann wie mich, auf weit mehr als 20 dornenreiche und bezahlbare Safaris dort zurückzuschauen. Wir jagten in einem Stil so, wie es vor hundert Jahren üblich war. In unberührten Landschaften, wie vor tausenden von Jahren. Schliefen in der Bettrolle am Boden. Vor den wärmenden, nicht wirklich vor Raubtieren und Schlangen schützenden Feuern unter freiem Himmel und ohne Zelte. In einer Landschaft mit Löwen, Hyänen und Leoparden auf deren Speisekarte auch wir standen. Elefanten und Büffelherden zogen nachts bis auf 20 Meter an uns schlafenden und erschrocken wach werdenden Gestalten vorbei. Dabei lernte ich den meiner Nase nahen sinnlichen Duft von Waffenöl und abgebrannten Pulverrückständen lieben.

Wir waren unsere eigenen Outfitter und Köche in häufig wechselnden, ambulanten Camps. Unsere Lizenzen bestanden aus preiswerten Trophäengebühren für „locals“ (Einheimische). Das war so in den 70er und 80er Jahren in Sambia, Mozambique, Zimbabwe und dem nördlichen Namibia. Später war ich „nur“ als normal organisierter Jagdgast und Freund in Zimbabwe, Namibia und Südafrika unterwegs. Ich erlebte eine Reihe von Zusammenstößen mit Gesetze brechenden kommerziellen Wildererbanden und spannenden Nachsuchen des uns Jäger annehmendem Großwildes. Bei diesen Erlebnissen sträubten sich mir mehrfach die sprichwörtlichen Nackenhaare und wackelten die Knie.

Im hohen Norden, in Schweden, Kanada und Alaska ging es mir um das fordernde Erlegen, Zerwirken und Heraustragen von Trophäen der Elche und Bären. Als Zugabe genossen wir das Beutemachen beim Fliegen-

fischen von kapitalen Lachsen an Gletschern und in Urzeit-Stromtälern. Ein besonders forderndes Erlebnis war das Erlegen einer robusten Schneeziege in einem lebensfeindlichen Gletscherfeld. Nordamerikas Frühjahrs-Bären am ersten Grün und die problematische Zufallsbegegnung mit Timber-Wölfen waren ein mich nachdenklich machendes Kapitel mit einem wahrlich unvergesslichen indianischen Führer. In Alaska und Kanada musste ich mir im unwirtlichen Klima gegen Ende September im Alter von 45 bis 50 Jahren auf der Wildnisjagd körperlich das Letzte abverlangen.
Unsere Passion zum Jagen bringt Nachdenkenswertes mit sich. Dieses Vermögen, nachdenken zu können, unterscheidet den homo sapiens wohl von den meisten anderen Kreaturen auf der Erde. Jäger, die Anregungen suchen, sollten unbedingt das erleuchtende Buch von Jose Ortega y Gasset, ***„Meditationen über die Jagd“***, lesen. Es wurde von dem Spanier, Nicht-Jäger und Philosophen bereits im Jahr 1935 geschrieben. Ich habe es in seiner Sprache Spanisch gelesen und verstanden. Er meinte nicht, dass wir jagen um uns zu zerstreuen und um Ferien vom Menschsein zu machen. Erst recht nicht gab er den Nützlichkeitsaspekt an. Wohl verbindet er mit unserer Jagdpassion die Freiheit in der Natur und das Glück, welches wir als vom Beginn der Schöpfung gewollte Mitkreatur darin empfinden.
Als Jäger, dem der Wind des beginnenden Winters seines Lebens um die Nase weht, darf ich feststellen, dass sich viele meiner eigenen durchaus philosophischen Gedanken im Buch dieses Spaniers wiederfinden. In aller Bescheidenheit möchte ich noch etwas tief in mir empfundenes zur Relation zwischen Jäger und Wild feststellen.
Wilde jagdbare Tiere und unsere Jagd in ihrem wilden Habitat sind nicht nur bedeutend für das, was sie sind, sondern auch für das, was sie in der menschlichen Psyche während unserer gesamten Entwicklungszeit als eine Mitkreatur auf Erden bedeutet haben. Das Jagen, Überleben und Zusammenleben mit allen wilden Tieren in der Natur hat die Menschheit über Millionen Jahre am stärksten geformt.
Unser aller Leben war uns von Anbeginn der Menschheit am Beginn immer leer gegeben. Als Jagd-Novizen, sind wir anfangs offen und zu prägen, wie ein unbeschriebenes Blatt Papier. Wir füllen unser Leben dann jeder mit der Substanz seiner Taten. Dabei helfen uns heutigen Jäger orientierende Tradition, das Ablegen der Jagdscheinprüfung, die Kameradschaft in der Gruppe, das Lesen der Natur, ein wenig Demut und die mit anderen geteilten Naturerlebnisse.
Ich bin stolz darauf, dass auch unsere beiden erwachsenen Jungen begeistert auf die Jagd gehen und dass meine liebe Frau und Tochter diese Passion von uns drei stets unterstützt haben. Die Lust an der Jagd, die Hege, die Einhaltung unserer begründeten Gesetze und die über Allem stehende Achtung vor der Kreatur, mit dem Hut in der Hand, sind einige der allerschönsten Tätigkeiten auf dieser Erde. Die gilt es zu erhalten. Deshalb werden wir sie bewahren und in einem Band zu unseren Vorfahren auch an künftige Generationen weitergeben! Auch dafür gründen wir Familien und ziehen mit unseren großartigen Frauen unsere Kinder groß.
Ich wünsche eine unterhaltsame und erfüllende Zeit beim Jagen und beim Lesen. Mir haben die erinnerten Erlebnisse mit Mentoren und Freunden beim Anschauen meiner Trophäen und Fotografien große Freude bereitet. Ich kann es nicht erwarten, immer wieder hinauszutreten in die uns in den Grundfesten anrührende, prachtvolle, himmlische und uns fesselnde Natur. Eine angenehme und anregende Zeit wünsche ich allen Lesern bei den Geschichten von Abenteuer und Beute – mein Jagen und Leben in 4 Kontinenten.

Hajo Weber Moek *wann auch immer 2014*

FEDERWILD IN JÜTLAND

Von frühester Kindheit an habe ich in Teichen, Bächen, Fleeten und Flüssen von Schleswig Holstein und Hamburg geangelt sowie mit selbst geschnitztem Pfeil und Bogen die geheimnisvolle Natur erkundet. Dann als Kind erst mit einem schwachem Luftgewehr gepirscht und später als Minderjähriger mit einem Kleinkalibergwehr auf Privatgrund Tauben und Kaninchen überlistet.
Meinen ersten Jagdschein erwarb ich im südlichen Dänemark. Für uns Hanseaten lag die Grenze zu Dänemark direkt vor der Haustür. Als zweifacher Hamburger Meister und Leistungsschwimmer lernte ich mit unserem Verein das benachbarte Skandinavien und seine Menschen seit der Kindheit bei Wettkämpfen kennen. Unsere Ausflüge in die Kulturen unserer germanischen Nachbarn bereiteten und jugendlichen Nachkriegskindern grossen Spaß. Als junger Mann mit den ersten eigenen Autos und der dazu gewonnen Mobilität reiste ich deshalb später häufig in die Dünenlandschaft der dänischen Südwestküste von Veijersstrand, Blavand, Esbjerg, Ribe, Ringköbing Fjord, Ho- und Esperance-Bugt und zur Kleinstadt Varde. Bei meinen häufigen Kurzbesuchen lernte ich in Varde den Besitzer eines Kiosks, Bjarne Simonsen, kennen. Er war, trotz der voran gegangenen deutschen Besetzung im Krieg, ausgesprochen freundlich zu uns Deutschen. Bjarne war ein fröhlicher, zupackender Mensch im Alter eines deutlich älteren Bruders. Er sprach, außer dem Satz „spielt alles keine Kasserolle“, kein Deutsch oder Englisch. Mein Verständnis der Dänischen Sprache war anfänglich nur gering entwickelt. Wir verstanden uns trotzdem bald ganz hervorragend. Also nahm er mich, wie einen jungen Bruder, mit in seine Jagdreviere an der Küste und ins Watt. Dort ging es auf Hasen, Enten, Gänse und den wohlschmeckenden Seeregenpfeifer.
Vorher machte ich mit seiner Hilfe die dänische Jägerprüfung. Die fiel einem Deutschen nicht leicht. War aber damals wesentlich einfacher, als der danach erworbene deutsche Jagdschein. Ausnahmsweise durfte ich große Teile und Antworten zu den auf Dänisch gedruckten Prüfungsfragen in deutscher Sprache aufschreiben. Der Prüfer im Amt war ausgesprochen gnädig zu mir. Es ging um viele Exponate und fast nur um Niederwild. Wo ein Wille und Freundschaft ist, dort findet man seinen Weg. Aus der Zeit kommen meine Grundkenntnisse, einen langsam sprechenden Dänen weitgehend zu verstehen. Wenn der das denn will. Die dort so bedächtig und langsam gesprochene ländliche Sprache hatte in ihrer Gemütlichkeit viel Beruhigendes und manchmal sogar etwas herrlich Einschläferndes.
Der immer fröhliche aber stets bescheidene Bjarne war ein wahrer Meisterschütze. Er lieh mir eine seiner feinen Flinten bereits als wir für die Prüfung auf freiem Feld übten. Man weihte mich ein in einige wichtige Hinweise besonders für Flugwild am Meer. Windrichtung, Sonnenstand, die Lichtbrechung über dem Wasser, das Eindringverhalten der Schrote mit der Gefiederwachsrichtung oder in trockene oder nasse Hasenbälge. Die Techniken der Tarnung und des Lockens am Meer und vieles Mehr wurden mir gerne gezeigt. Ich erfuhr den Grund von Bjarnes großen Bekanntheitsgrad in den Strassen von Varde. Er war mehrfacher dänischer Meister im Flintenschießen und hatte sein Land erfolgreich auf internationalen Wettbewerben vertreten.
Hier erlebte ich dann nach erfolgter Prüfung zum ersten Mal unbeschwertes Jagen mit der Flinte unter Anleitung meines verzeihenden Mentors. Dabei begleitete uns in der weiten Küstenlandschaft an der

Nordsee sein stämmiger und bedächtig apportierender Jagdhund, ein Labrador Retriver. Meistens duckten wir uns in hüfthohen Watstiefeln und grünem Ölzeug in die im Watt eingelassenen Mannlöcher aus Zement-Brunnenringen. Bjarne legte seine auch selber aus Holz geschnitzten oder aus Schilf zusammengeleimten und täuschend echt bemalten Lockvögel aus. Sie waren teilweise hundert Jahre in seiner Familie im Gebrauch und bereits damals in ihrer Urigkeit und naiven Machart gesuchte Antiquitäten. Mit ihrer Hilfe erlegten wir morgens oder in der einbrechenden Dunkelheit, beim sogenannten Entenstrich, einige Enten oder fetten Wildgänse. Bei der Entenjagd mischten sich bei mir, dem Jungjäger, die bekannten widerstreitenden Gefühle. Einerseits beherrschte mich der Wille diese fliegende Beute mitschwingend und schießend in meinen Besitz zu bringen. Andererseits empfand ich Bedauern, wenn diese majestätisch heran gleitenden Vögel überlistet und von der Garbe der Schrote getroffen, mit plötzlich erstarrten Schwingen, sich überschlagend, vom Himmel purzelten.
Unser morgendlicher Ansitz vor Sonnenaufgang erforderte leises Pirschen und Waten bis wir hinter einem aufgestellten Schirm aus Tarnnetzen im Schilf oder im abgelaufenen Wasser in einem seiner Mann-Löcher im Wattboden versteckt waren. Manchmal legten wir uns einfach rittlings unter ein Tarnnetz auf die Wiesen und schossen im Liegen, nur mit kurz davor aufgerichteten Oberkörpern, über dem Kopf. Wenn man nicht aufpasste, hatte man schnell blau gefärbte Haut über den Schlüsselbeinen.
Bereits weit vor der Morgenröte begann das Leben der zigtausend ausgeschlafenen Wasservögel geräuschvoll um uns herum zu erwachen. Diese Ouvertüre vom ersten funkelnden Licht zwischen den dunklen Wolken inmitten von aufregenden Naturgeräuschen erlebt man als Jäger oder Naturbeobachter besonders spannend. Es war ein Genuss und aufregend wegen der sich in jeder Minute ändernden Stimmung und verbessernden Sicht. Das aufgeregte Schnattern und die anderen anschwellenden Geräusche der Wasservögel gehen dann über in das Flügelschlagen und Rufen der vielen gleichzeitig aufsteigenden Schoofe. Den lauernden beobachtenden Jäger erfasst eine schwer zu beschreibende Spannung und Vorfreude. Manche Vögel setzen die in der Nacht gewonnen frischen Energien in flaches pfeilschnelles Streichen über das Schilf hinweg frei. Andere versuchen sich sofort in für unsere Schrotgewehre unerreichbare Höhen zu schrauben. Geführt von erfahrenen Älteren wird in kettenförmig, strömungsökonomisch versetzten Formationen Kurs in den wärmeren Süden genommen. Nach dem von lautem Schnattern aus tausenden Schnäbeln begleiteten Sammeln in großer Höhe fliegen sie zu ihrem nächsten Etappenziel manchmal über Kontinente hinweg. Man taucht bei dieser Art der Jagd in der Morgenröte oder im Abendgrauen als ein Teil der Natur in Stimmungen ein, die die Sinne erfüllen.
Mehr als einmal habe ich mich in diesen Momenten an die versunken vorgetragenen Stormschen Gedichtsschilderung unseres davon trunkenen Klassenlehrers erinnert. Über das Watt und die bis einem Meter hohen Schilfgräsern strichen Enten und Gänse abends mit dem letzten Licht zu hunderten zu ihren Schlafplätzen. Wenn wir uns unmittelbar vor ihnen mit der angebackten Flinte erhoben, erkannten sie uns und zogen blitzschnell zur Seite oder hoch über unsere Köpfe. Die Jagd war spätestens dann vorbei, wenn wir 2-3 Gänse oder bis zu 5 Enten in den Ösen unseres Hühnergalgens am Gürtel trugen. Das Schönste an der Jagd ist, das es niemals eine Garantie für Beute gibt. Ich muss gestehen, dass wir jedoch hier, mit diesem geschickten Jäger und präzisem Schützen, kaum jemals ohne Beute nach Hause gekommen sind. Viele Jahre später, bei meiner Ausbildung für den Privatpilotenschein im Aeroclub de Caracas, lernte ich den wichtigsten Grundsatz für sicheres Fliegen für mich selber zu verinnerlichen. Der gilt genauso für das typische Flugverhalten von Enten und Gänse. „Velocidad y altura mantiene la

dentadura". Das reimt sich wunderbar im Spanischen. Es heißt nichts anderes als das, was die an- und abstreichenden Wasservögel vor uns lauernden Jägern zu praktizieren versuchten. Nur Geschwindigkeit und Flughöhe erhalten deren Zähne (das Gebiss). Im Falle der Enten und Gänse war das sinnbildlich ihr Schnabel. Fliege ich mit meiner Sportmaschine schnell, kann ich das in jedem Fall in schnelle Ausweichmanöver oder in sofort mehr Höhe umwandeln, und anderseits kann ich aus der Höhe mit großer Geschwindigkeit herab oder wieder hinauf stoßen. Nur unmittelbar vor ihrer Landung sieht man das langsame, flatternde Rudern mit dem veränderten Flügelprofil der Vögel, welches sie dann für unsere Schrote besonders verletzlich macht.
Zwischen den Jagden wärmten wir uns in Bjarnes winzigem aber sehr gemütlichem Jagdhäuschen am Kanonenofen auf. Unsere aus schwerer Wolle gestrickten dicken Pullover hatten sich mit Feuchtigkeit und Schweiß voll gesogen. Die Watstiefel wurden umgedreht und mit Zeitungspapier drinnen auf Besenstiele gesteckt. Dann gab es heißen Kaffee mit viel Zucker und ich gestehe, auch mit einem Schuss Rum. Das brachte die Durchblutung wieder ins Lot. Voller Stolz zeigte er mir seine Sammlung der in der Familie selbst gefertigten alten Lockvögel. Dann ging es meistens wieder hinaus zu einer kleinen „Nachlese" oder wie ich aus seiner Kirchenzeichnung im Sand und gefalteten Händen verstand, unserer „Morgenandacht". Dabei legten wir uns auf den gelben Sandboden zwischen die Halme der Strandgräser und träumten in den riesigen Himmel mit seinen schnell ziehenden Wolken hinein. Danach wateten wir pirschend manchmal noch im Watt herum. Das auf und absteigende Meerwasser mit seinen schnellen, reißenden Prielen musste genau von uns Jäger beobachtet werden. Bjarne erzählte, gestikulierend und mit Fingern und Zeichnungen in seinem mir etwas verständlichen langsamen Dänisch, einige traurige Geschichten von im Watt gebliebenen, tot angetriebenen Jägern, die er gekannt hatte.
Der lange und fragend schauende Gesichtsausdruck des besonnenen Labradors kündigte unseren Rückweg an. Er, der stets bedächtig gesucht und fleißig apportiert hatte, wollte uns sagen: „Ist es jetzt nicht genug?" Es war immer wieder eine schöne Belohnung, wenn Bjarnes Frau als geübte Wildköchin Hasen und die verschiedenen Wattvögel zubereitete. Aus der mit Holz beheizten Ofenröhre kamen dann, außer den außen kross gebackenen Vögeln, immer karamellisierte Kartoffeln und Rotkohl mit Äpfeln als Beilagen dazu. Ich bereicherte unsere Gaumenfreuden mit einigen Flaschen Rotwein aus Deutschland. Alkohol in jeder Form war damals vielfach teurer als in Deutschland.
Meine Dänischen Freunde Südjütlands aßen außer ihren auf viele Arten zubereiteten Heringen, einige ungewohnt süßlich angemachte Speisen. Daran haben wir uns gerne gewöhnt. Genauso, wenn mit ein, zwei Gläschen des unvermeidlichen Aquavit und dänischen Trinkliedern die schönen Jagdtage zu Ende gingen. Ich erlebte dankbar, wie natürlich und unbeschwert eine eher bäuerliche, traditionelle Jagd sein kann. Irgendwann ging jeder der vielen, schönsten Jagdausflüge zu Ende und wir genossen, erst im zuverlässigen Volkswagen Käfer und später in unserem alten englischen Sportwagen, die Heimfahrt zurück in die Millionenstadt Hamburg. Bereits meine Vorväter mütterlicherseits gingen auf ihren pommerschen Gütern der Jagd nach. Spätestens in diesen Jahren des Jagens im nahen Jütland wuchs der drängende Wunsch in mir, eines nicht zu fernen Tages, auch die Prüfung für den Deutschen Jagdschein abzulegen. Das Schicksal bescherte jedoch erst einmal einen aufregenden beruflichen Aufenthalt in Portugal.

AUF ROTHÜHNER IN PORTUGAL

Unser mächtiger Großkonzern schickte mich jungen Spund zur Eingliederung und Sanierung einer frisch erworbenen Kosmetik-Landesgesellschaft in das kleine Portugal auf der iberischen Halbinsel. Es war endlich die angestrebte Gelegenheit mir die ersten Sporen als Übergangs-Geschäftsführer zu verdienen. Und auch die kostbare Möglichkeit für einen jungen unfertigen Menschen, durch Fehler berufliche Erfahrungen zu sammeln. Nach erfolgreich getaner Arbeit und in der knappen Freizeit sollte ich Einladungen zur Rothuhnjagd in dem „Land des Lichtes" erhalten. Ein uns geschäftlich verbundener Herr Carlos Eurico Da Costa war der der Präsident der größten Werbeagentur CIESA NCK. Die Agentur gehörte zur gleichen amerikanischen Gruppe in deren Filiale ich vorher in Hamburg gearbeitet hatte. Carlos war ein leidenschaftlicher Jäger. Er war außerdem Schriftsteller und gehörte zur Gruppe der Surrealisten Portugals. Welche Mischung von iberischen „Mann". Er ist ein beachteter Autor und Dichter des Landes. Später schrieb er in der größten sozialistischen Tageszeitung, leitete Theateraufführungen und veröffentlichte verschiedene Bücher. Von seinem ersten Buch „A Fulminada Imagem" schenkte er uns im März 1969 eines der ersten von seiner Hand gewidmeten Exemplare. Ganz sicher war der erfahrene Macho nicht nur an meiner Jagdkameradschaft sondern auch an der freundschaftlichen Zuneigung meiner jungen blonden Ehefrau interessiert.
Schrotflinten als Ausländer importieren oder registrieren zu lassen, wäre während meines temporären Aufenthaltes ein komplizierter Prozess gewesen. Illegaler Waffenbesitz war aufgrund meiner Erziehung während des ganzen Lebens nicht mein Ding. Wir kamen überein, dass Carlos mir eine seiner Flinten leihweise überließ. Das Dokument darüber wurde notariell beglaubigt und ich erhielt bald eine offizielle portugiesische Jagdlizenz. Hierbei half mir Deutschem auf wunderbare Weise mein dänischer Jagdschein. Eine EU wie heute, gab es noch nicht.
Zuerst jagten wir Tauben. Sie kamen als Zugvögel in unendlichen Schwärmen bei Sagres in den Kiefernwäldern vor. Außerdem ging es an Wochenenden in der Estremadura des Alentejo auf Kaninchen, Hasen und die besonders geschätzten iberischen Rothühner. Nachdem mein portugiesisches „Haus" (bekanntestes Volkslied: „uma casa portuguesa"), also die Firma meines Konzerns mit neuen Mitarbeitern und Produkten einigermaßen bestellt war, konnte ich an einigen weiteren Wochenenden zur Jagd gehen. Carlos, andere neue Jagdfreunde und ich gingen als selbst treibende kleine Schützenkette durch die sengende Hitze und durch die Schatten spendenden Stein-, Korkeichenbestände und Olivenplantagen. Das war anstrengendes Jagen mit ständig neu geschärften Sinnen und erschöpfendes stundenlanges Laufen. Die absolut menschenleere Kulturlandschaft vermittelte, besonders im vor Hitze flimmernden Spätsommerlicht, sinnliche Eindrücke. Es ist meine Lebenserfahrung in südlichen Ländern, dass es nicht nur die Wärme der Sonne ist, die uns dort gefällt, sondern es ist ihre Lichtmenge, die unsere Gedanken dort so froh stimmt. Je nach Jahreszeiten sahen wir blau blühende Distelblüten zwischen Schopflavendelhalmen und einem Meer von gelben Lupinen. Kampfstiere, Kühe und dazwischen weiße Kuhreiher mit den gelben Tupfern auf ihrem Wams und der kecken Tolle. Auch die dazwischen herumstolzierenden Weißstörche waren so lieblich vertraut anzusehen. Schon die Zusammensetzung des Namens aus „estrema" und „dura" (extrem und hart) sagt es. Es ist eine einzigartige Kulturlandschaft. Sie erstreckt sich zwi-

schen den Orten Evora und Beja auf der portugiesischen Seite und über die nur vom Menschen historisch gezogenen Grenzlinien hinweg nach Spanien nördlich von Sevilla und Cordoba bis zum Schinkendorf Montanchez. Weiter bis nach Merida, Caceres und nach Trujillo kann man sich an ähnlicher Landschaft erfreuen. Extrem harte, genügsame Menschen aus kinderreichen Familien, die es seit Anbeginn gewohnt waren, der sparsamen Natur ihren kargen Lebensunterhalt abzuringen.
Aus diesen urigen, abgelegenen Bergdörfern kamen die Conquistadores wie Fransisco Pizarro und seine etwa 80 anderen bekannten Anführer. Mit ihren unbarmherzig, harten Söldnerhaufen brachen sie in ihren kleinen Galeeren unter unsagbaren Strapazen auf in das unbekannte „Nichts“ von Süd- und Mittelamerika. Sie wollten den Rest der damaligen Welt auf dem verkehrten Weg nach Indien entdecken. Rücksichtslos eroberten sie in Gruppen von nur 200 Soldaten bekanntlich dieses vermeintliche Indien und seine Tonnen von Gold von den „India-nern“ für die damals mit diesem Reichtum die Welt beherrschende spanische Krone von Phillip dem Zweiten. Die Indianerstämme wurden in einem Millionen-Genozid fast völlig von den europäischen Krankheiten ausgerottet. Den brutalen Rest erledigten die geharnischten Reiter auf diesen besonderen kriegsgeschulten andalusischen Pferden, den damals allen überlegenen Degenklingen aus den Schmieden von Toledo und den dort unbekannten Feuer und Tod speienden Armbrüsten, Musketen und Kanonen.
Die von mir geliebte und mit meinen puren Erlebnissen und jugendlichen Träumen besetzte Jagdlandschaft nennt sich Montados. Sie ist mir in so frischer Erinnerung, als wäre ich dort gestern durch die duftenden Haine gestreift. Ihre lichten Grasstellen mit mächtigen, gedrungenen hunderte von Jahren alten Stein- und Korkeichen (ich lernte von meinem Freund Carl Wilhelm von der Osten: in Deutsch sind das Hutewälder), verbreiten einen besonderen Zauber. Von hier aus führte mich mein weiterer Berufsweg, sozusagen in einer historisch wiederholten iberischen Ouvertüre, in meine eigene, friedliche „Eroberung“ nach Südamerika. Es wurden 15 Jahre auf den Spuren von Pizarro und Konsorten, allerdings in friedlicher Absicht. Man gestatte mir diese lyrische Analogie und den zeitlichen Vorgriff.
Dehesas heißen die Schatten spenden Hutewälder auf der danebenliegenden spanischen Seite. Sie sind von der Schönheit uralter Parklandschaften, weil sie auf ihren sparsamen Böden kaum Ackerwirtschaft zulassen. Echte Wildschweine, halbwilde „Schinkenschweine“, Schafe und auch die beinahe schwarzen Stiere als halbwilde Nutztiere des Menschen haben das in tausenden von Jahren geschaffen. Auf den nicht gepflügten Flächen liefen wir auf der Rothühnerjagd mitten durch Herden von dunkel gefärbten Schweinen und Ziegen- und Schafen, die dort frei und nach Herzenslust ihr natürliches Futter suchten. Die damals seit Jahrhunderten meist von Großgrundbesitzern beherrschten großen Güter und Gemeindewälder wurden von armen Tagelöhnern und mittellosen Dorfbewohnern bewirtschaftet. Wir Stadtjäger profitierten von ihren genauen Ortskenntnissen und der hingebungsvollen Gastfreundschaft.
Immer begleitete uns Carlos Spanielgespann auf den urigen Jagden. Auch teilten wir unseren mitgebrachten Wein und besondern Käse aus Nordportugal mit ihrem köstlichen und luftgetrockneten Schweineschinken von freilaufenden, dunkelhäutigen, grunzenden „Eichelfressern“. Ich lernte, dass jede der alten Steineichen im Herbst etwa bis zu 50 Kilo ihrer begehrten Früchte zur Erde fallen lässt. Ein Festmahl für die Tiere. Deren aromatisches und wohlriechendes Fleisch dann wiederum dem Menschen einen Hochgenuss bereitet. Man erzählte mir, dass man den Moment der Mast auch daran erkennen kann, wenn tausende von eindringlich trompetenden Kranichen aus Nord- und Osteuropa an ihre versteckten Sammelplätze in der Estremadura einfallen. Dieses anrührende Schauspiel und Natur-Konzert habe ich damals erlebt.

Abends gab es in Holzöfen gebackene, rustikale Krusten-Bauerbrote. Sie knackten beim Brechen und waren noch warm in ihrem Inneren. Dazu aßen wir außen kross gebackene Spanferkel. Sie versteckten unter der karamellartigen, dünnen, jungen Haut ihr butteriges weißes Fleisch zum Ablutschen. Traditionell wurden die butterzart gegarten Spanferkel mit dem Tellerrand als Beilersatz mühelos zerteilt. Mit dieser Demonstration konnte sich selbst der größte Depp von der einmaligen Zartheit beim Abfallen des Fleisches von den heraus fallenden Knochen augenfällig überzeugen. Diese Milchferkel rochen noch nicht nach den ungemein störenden Ausdünstungen des modernen Industriefutters. Carlos sagte mir nach meinem Schwärmen über die auf dem Gut hergestellten Landschinken: „Die besten Schinken wachsen auf den Bäumen, Hajo." Es brauchte einen Moment bis ich verstand, was jeder Iberer von Kind auf an weiß. Nur die natürliche Steineichenmast, der auf die Erde fallenden Eicheln, gibt den halbwilden Schweinen den ganz eigenen Wohlgeschmack für ihre an der Luft getrockneten und langsam gereiften Schinken. Damals konnte die lokale Produktion, traditionell von Hand zubereitet, noch mühelos mit der rein regionalen Nachfrage mithalten. Die Welt war nicht flach und die Märkte nicht global. Deshalb kostete ein Kilo dieses überall verfügbaren Spitzenproduktes den zwanzigsten Teil von heute. Die Bauern waren arm und anspruchslos. Sie aßen damals aber, anders als heute, den gleichen vorzüglichen Schinken, den sie zum Lebensunterhalt produzierten.

An den kühleren Abenden aßen wir außerdem die unvermeidlichen Caldo Verde (grüne Brühe aus Kartoffeln und einer Art Markstammkohl). Man saß dabei an langen rustikalen Bauern-Tischen unter den ausladenden Kronen von über 500 Jahre alten Bäumen in einer wild aussehenden Landschaft. In ihren Ästen hingen die zischenden Petroleum-Laternen im Freien. Eine herrliche Art den ereignisreichen Tag in der angenehmen Abendkühle ausklingen zu lassen. Meine Füße fühlten sich kochend an. Liebevoll hatte eine zupackende und züchtig in schwarzes Tuch gehüllte Magd des Gutes sie mir und einem anderen jungen Jäger mit einer Hausmischung aus Urin und Schweinefett eingerieben. Nur einmal blinzelte sie aus ihren niedergeschlagenen Augen zu mir hoch als sie unsere Füße dann mit Lappen und einem Bindfaden einwickelte. Ich fühlte mich trotz der kaputten Füße ganz umhüllt vom Lebensgefühl des heißen, trockenen Landesinneren von Lusitanien. Am nächsten Morgen hatte das Hausmittel gewirkt. Die wieder glatte Fußhaut war nicht mehr rot und abgeschwollen. Das Zusammensein mit seinen arbeitsamen, wortkargen und ernsten Menschen in ihrer landestypischen südlichen Flora und Faunen war eine ganz eigene Erfahrung in meinem jungen Leben. Auf eine ganz andere Weise als im harten Winter des schneereichen Nordens Europas ist der Menschenschlag aus dem Alentejo und der angrenzenden Estremadura zwischen Portugal und Spanien von seiner Natur geformt. Entbehrungen standhalten fördert die so wichtige Leidenfähigkeit von Menschen. Das lässt sie die Freuden des einfachen Lebens äußerst wertschätzen. Ihren Lebensunterhalt musste sich dieser robuste Menschenschlag auf den kargen Böden mühsam verdienen.

Die ineinander übergehenden, immer frisch gekalkten und vor der unbarmherzigen Sonne geduckten Häuser der Dörfer erzählten in ihrer Formensprache durch die dicken Festungsmauern. Ich verstand jetzt in dieser Hitze warum sie kleine Fenster und niedrige Türen mit hohen Schwellen besaßen. Man kann sich bei ihrem Anblick und der Stille in den gewundenen gepflasterten Gassen gut vorstellen, warum sich gerade von hier und auf der benachbarten spanischen Seite der Estremadura die eisenharten Seefahrer und Entdecker Asiens, Afrikas und den Amerikas als geschundene Besatzungen für die Karavellen rekrutierten ließen. Die überschüssigen Söhne dieser kinderreichen Tagelöhner Familien unternahmen die wagemutigen Fahrten, weil sie es mussten. Weil sie dem Verhungern nahe waren und in der Heimat keine verlockende Perspektive sahen. Sie standen buchstäblich zwischen der Wand und dem auf sie gerichteten Schwert des Hungers und der Aussichtslosigkeit eines jungen Lebens. Die verlockende Aussicht auf das Gold und die Perspektive der Schätze in der Ferne ließen sie dabei kaum vorstellbare Mühen und für die meisten den sicheren Tod ertragen.

Die ausgeruhten Rothühner strichen morgens mit den ersten Sonnenstrahlen vor unserer in Kette laufenden Schützentreiberwehr ab. Die wachsamen Wildhühner blieben anfänglich außer Reichweite unserer Flinten. Als junger, schlanker Mann und ehemaliger Leistungssportler war ich leicht in der Lage bis etwa 12 Uhr mittags hinter den Hunden in höchster Gangart mit ihnen Schritt zu halten. Langsam wurden einige Hühner nicht mehr so schnell hoch. Die ersten Schüsse trafen und die Spaniels apportierten. Mittags verbrachten wir erschöpft im satten Schlagschatten einer Gruppe alter, aneinander gedrängter Korkeichen. Unser rustikales Essen wurde gemeinschaftlich zubereitet. Nach einem guten Liter gekühlten Brunnenwassers floss der Landwein aus dickbauchigen, mit Stroh ummantelten Glasflaschen in unsere immer noch ausgedörrten Kehlen. Junge Rothühner wurden mit durchwachsenem Bauchspeck, reifen Feigen und angedrückten Weintrauben über dem Grill gebraten. Als Vorspeise gab es im Sud gegarte, zarte Wildkaninchen in einer im Mörser gestampften Bratsoßenreduktion mit Oliven, Mandeln, Petersilie und Knoblauch. Ein Salat aus aromatischen vollreifen Tomaten des Gutes wurde üppig mit dem oberen abgeschöpften Teil der groben aber im Geschmack zarten Meersalzknospen bestreut. Die Frauen der Arbeiter brachten die frisch zubereiteten krossen Landbrote und den die Mägen schließenden scharfen Schafskäse. Als Nachtisch gab es manchmal Birnen, Quittengelee und etwas Kraft gebenden Bienenhonig. Ein Landarbeiter übernahm es mit einem von Maultieren gezogenen Holzkarren, mit mich überragenden Rädern, die Reste der Mahlzeit ins Gutshaus zurückzufahren. Unsere Körper besaßen neue Kraft. Ich tat es meinen Kameraden gleich und fiel nach dem Essen, mit hochgelegten, erneut brennenden Füssen und dem Hut über das Gesicht gezogen, für eine Stunde in eine erquickende Siesta an der vom Geruch der Kräuter grün geschwängerten Luft.

Danach habe ich in dem von mir neu entdeckten Buch von Ortega y Gassets „Meditationen über die Jagd“ in deutscher Sprache gelesen. Die erleuchtenden Worte dieses bedeutenden spanischen Philosophen, vom Anfang des 20 Jahrhunderts, haben sich mir damals in Portugal vollkommen erschlossen. Jagen mit Beutemachen ist ökologisch notwendig und auch das Fleischessen und die Freude an der Jagd von der Natur aus so in uns angelegt. Es wäre falsch, das nicht auch zu tun, nur weil wir die Jagdbeute heute nicht mehr unbedingt zum Überleben benötigen. Gerade deshalb spielt unsere selbst auferlegte Weidgerechtigkeit aus Achtung vor den Mitkreaturen in unserem Handeln bei der Jagd eine so wichtige Rolle. Alles Leben ist zum Sterben bestimmt und das Töten deshalb ein von der Natur bestimmter Vorgang in jeder Nahrungskette!

Das Töten von Tieren darf niemals ein belangloser Akt sein, sondern auch das hat einen von der Schöpfung gewollten Sinn. Jagen heißt auch sich zum damit verbundenen Töten und in Besitz nehmen der Tiere zu bekennen. Täte man das nicht, so benähme man sich heuchlerisch. Das volkswirtschaftlich wertvolle, geerntete Fleisch des Wildes stammt nicht aus der unnatürlichen und quälerischen Aufzucht der Massentierhaltung. Quälerisch und ungesund in engen betonierten Ställen. Wie der Verhaltensforscher Konrad Lorenz feststellte: „Gesunde Tiere sind aktiv“. Wir Menschen sind, wie auch zum Beispiel die meisten Bären, von Natur aus Allesfresser. Es liegt an jedem Einzelnen sich so zu ernähren, wie er

es für sich verantworten kann. Dem christlichen Selbstverständnis Europas standen die Jagd und das Töten von Nahrungstieren in keiner Phase entgegen.
Je nach Sonnenstand zwischen vier und fünf Uhr nachmittags begann die zweite Jagd des Tages. In den sechs Stunden der täglichen Jagden schätze ich, dass wir 20 bis 25 Kilometer in der Hitze gelaufen waren. Die früh abstreichenden Rothühner strichen meistens außer Schussweite. Man musste sie mit den Beinen erlegen.
Unweidmännisch und auf einer Jagd sinnentleert empfinde ich dagegen den heute mancherorts üblichen Massenabschuss von dafür frisch frei gelassenen Zuchtfasanen, Wachteln oder Rebhühnern. Schießen üben sollte man nur auf Tontaubenständen. Bei unserer Art zu jagen gehörte gutes, sauberes Schießen dazu um ein bis zwei Hühnergalgen pro Jäger am Tag zu füllen. Das instinktive Schrotschießen auf Flugwild hatte ich mir ja bereits in Dänemark aneignen können. Carlos unermüdliche Epanols (Spaniel von Namen „Spanien") apportierten für uns beide Schützen gemeinsam. Die anderen 3 bis 4 Jäger hatten alle ihre eigenen Spaniel oder Pointer. Die schwer an Galgen unserer Patronengürtel hängenden Hühner wurden am Ende fast alle den dankbaren Gutsarbeitern überlassen. Die Ausbeute betrug kaum jemals mehr als 10 bis 15 Hähne pro Jäger an den zwei Wochenendtagen. Mehr Hähne wurden schon aus Prinzip nicht gejagt. Es waren ausschließlich ganzjährig frei und absolut wild lebende Rothühner und man wollte die Population ja für spätere Jagden unbedingt erhalten!
Wenn ich die heutigen begeisterten Berichte in den Jagdzeitschriften mit Strecken von hunderten von Hühnern auf privaten Gütern sehe, so dreht es sich fast immer um gezüchtete und kurz vorher zum Abschuss frei gelassene Volierenvögel. Trotz mehrerer Angebote von Freunden in Spanien, daran teilzunehmen, werde ich eine solche Einladung nicht annehmen. Dort geht es zu wie bei bombastischen Zuchtfasanjagden und Gatterjagden des Ostblocks.
Das Äußere der großen iberischen Perdiz Roja (Reb- und Rothuhn) mit den vielen sich kontrastreich abgrenzenden Farben ist ungemein beeindruckend. Die aufgeregt „knatternden" Hähne wirken sprichwörtlich stolz wie die Spanier. Schwarz, Hell- und Dunkelrot, Grau, Gelb, ja sogar Blau und Weiß findet man an diesen noblen Vögeln. Das bunte Wild stellte für die Landarbeiter einen großen Wert dar. Viele von Ihnen hatten nicht einmal das Geld zum Kauf von Patronen. Ich bin mir deshalb sicher, dass Rothühner, Tauben und Kaninchen in unserer Abwesenheit auch mit Netzen und Fallen illegal für den eigenen Verzehr gefangen wurden.
Ein Brauch auf der gesamten iberischen Halbinsel, der mir nicht gefallen wollte, war es junge Rothähne über 10 Monate des Jahres in engste kleinste Käfige an der Wand zu sperren. Sie werden darin zur Paarungszeit mit ihren ratschenden Rufen zum bequemen Heranlocken der frei lebenden liebestollen, ihr Revier verteidigenden Hähne, benutzt.
Die Wochenend-Jagdausflüge und das geschäftliche Reisen im Außendienst an die Algarve (arab.: Wo die Sonne untergeht) im äußersten Süden, ließen uns den zauberhaften Ort Villa Nova do Milfontes „entdecken". Es bestand Ende der 60er Jahre aus wenigen bescheidenen Fischer-Häusern. Unser Zimmer mit Frühstück kostete uns den Gegenwert von vielleicht 10 Schrotpatronen am Wochenende. Die Zimmerpreise in den einfachen aber sauberen Quartieren, nur wenige Meter vom Meer entfernt, betrugen damals 5 Deutsche Mark. Dafür bekam man noch ein kleines Frühstück aus Milchkaffe und im Dorfofen frisch gebackenes, geröstetes Weißbrot mit geriebener reifer Tomate, Olivenöl und etwas Meersalz dazu. Beim Verzehren dieser für uns noch ungewohnten ersten kleinen Mahlzeit saßen wir unter fettgrünen

Blättern der Weinranken. Sie bildeten ein kühlendes Dach mit ihrem Chlorophyll auf der Terrasse vor der halboffenen Küche aber zog auch ungewünscht hartnäckige Wespen an. Bei den ersten vom Horizont blitzenden Sonnenstrahlen schauten wir den pickenden und gurrenden Hühnern zwischen unseren Füßen zu. Wir Kurzurlauber kosteten die Momente der morgendlichen Beschäftigungslosigkeit bis zur Neige aus. Alleine die leisen Geräusche der in der Küche arbeitenden Hausherrin und des längst aufgewachten Dorfes brachten uns aus unseren Träumen.
Ein zahnloser alter Fischer schob mit seinem viel größeren und kräftigen Sohn ein kleines Boot auf einem einachsigen rollenden Untersatz zum nahen Strand. Alle Boote waren liebevoll und sorgsam in den wenigen typischen Farben angemalt. Dieses trug außer seinem Namen ein gemaltes Auge auf jeder Seite des Bugs. Die Dorfbewohner waren abergläubische Fischer, verarbeitete Landarbeiter oder Kleinbauern. Sie erzeugten außer dem frischen oder im Lande so üblichen getrockneten Fisch ihr eigenes Olivenöl, den Vino Verde Wein als Essensbegleitung, die in Portugal unvermeidlichen Hühner (Frango Real) und ihre famosen Zitronen. Hinter den Häusern versorgten sie sich aus ihrem gegen die Hühner umzäunten kleinen Gemüsegarten.
Die Landschaft um Milfontes besaß hier an der Westküste außer einem Sandstrand eine Besonderheit. In Milfontes mündete ein flacher, meist träge dahin fließender Fluss in das Meer. Man konnte nach Herzenslust in ständig frischem Brackwasser baden. Das warme Flusswasser mischte sich mit dem eiskalten Salzwasser des Atlantiks. Am Strand schauten wir auf eine teilweise im Fluss liegende Burg. Ihr Kern hatte seit ihren Ursprüngen und in strategischer Lage vielleicht mehr als tausend Jahre Geschichte zwischen Mauren und Christen auf der Iberischen Halbinsel erlebt. Nun war sie im Privatbesitz eines alten, wie man tuschelte, „frauenlosen" Fürsten ohne Familie. Meine junge, blonde Frau und ich fielen als Fremde weithin auf. Es gab außer den einheimischen Fischern nur etwa zehn Wochenendhausbesitzern aus Lissabon oder Setubal.
Wir schlossen schnell Bekanntschaft mit seiner Durchlaucht. Er wollte uns seine Burg zeigen. Also gingen wir gespannt über seine heruntergelassene Zugbrücke. Ein Diener zelebrierte Tee und Kuchen. Ich erzählte ihm, dass ich erfolglos am Strand im Brackwasser geangelt hatte. Daraufhin lud mich der etwas kauzige Sonderling zu einem nächtlichen Fischstechen ein. Ich nahm diese Einladung für den Abend sofort begeistert an. Wir wollten vom Ruderboot aus im flachen Wasser der Flussmündung, unter einer voraushängenden Lampe, mit einem Speer voller Widerhaken Fische im Brackwasser aufspießen. Der flache Kahn wurde von einem schweigsamen jungen Mann mit besonders sanftem Augenaufschlag durch das weniger als einen Meter tiefe Wasser flussaufwärts gerudert. Die beinahe mondlose, warme Nacht umhüllte uns drei Menschen wie ein warmer Vorgang aus Samt. Das Wasser glitzerte irisierend in den Farben von Phosphor und Gelb und Grün. Die seltsam elektrisch aufgeladene Luft über der Wasseroberfläche fühlte sich geheimnisvoll auf den Haaren der Haut an. Eine große Druckluft-Petroleumlampe mit weißem Emailleschirm gab dem von ihr ausgeleuchteten Lichtzirkel einen grünlichen, changierenden Ton. Die träge in der gemächlichen Strömung hin und her schwimmenden Wasserpflanzen machten das ganze Bild noch unwirklicher. Wir konnten wie in einem endlosen Freilichtaquarium jede Einzelheit, ganz genau, bis hinunter auf den goldgelben Flussboden erkennen. Es war fast windstill und man hörte nur das Zischen der Petroleumlampe und die sanft platschenden Rudergeräusche des Bootes. Das Wasser gluckste hin und wieder gegen die hölzernen Planken. Nun sahen wir, auf der vorderen flachen Plattform des Bootsdecks stehend, die ersten hellen Fische. Diese Weißfische waren bis zu 40 cm

lang und trieben im lockeren Schwarm über dem gelben Flusssand mit der Strömung dahin. Es lag eine archaische Magie über dem Geschehen. „Genie du lieu (das Genie des Fleckens), de son «esprit», ses qualités et ses potentialités“ sagt man dazu in Französisch. Diesen hier passenden Ausdruck habe ich in meinem Total Immersion Kursus in Nizza gelernt. Ich finde es wundervoll, wenn ein Ort oder eine Stimmung, so wie hier, etwas ganz Eigenes und Besonderes auf uns Menschen abstrahlt. So etwas finden wir Jäger an so vielen Orten in der Natur. Irgendwie kam mir gerade hier die Herkunft des Wortes Barock in Portugiesisch Barocco in den Sinn. Vielleicht weil wir einige Flussmuscheln gesehen hatten und über die ganz seltenen Perlen darin gesprochen hatten. Man erklärte mir später in Lissabon, dass das Wort Barock sich von einer nicht perfekt geformten unregelmäßigen aber opulent geformten Naturperle ableitet. Gesprochen wurde auf unserem Boot kaum. Beim Anblick der Fische erwachte der Jagdtrieb. Der bejahrte Fürst bat uns ihn Don Luis zu nennen. Er ergriff einen über 2 Meter langen Holzstab mit einem mehrzackigen Spieß am Ende. Der schweigsame junge Ruderer und sein stoßbereiter Herr verstanden sich wortlos wie ein jahrelang eingespieltes Paar.

Im flachen Wasser des Ufers schauten die braunen schlangenähnlichen Körper der fetten Aale teilweise aus den schlängelnden Wasserpflanzen heraus. Unbarmherzig fuhren die Zacken des Spießes in ihr wild zuckendes und sich heftig schlängelndes Leben. Das Wasser planschte beim Hereinziehen des Spießes mit Widerhaken und der Junge zog den schleimenden und blutenden Fisch am Holzrand der Ruderbank unbarmherzig von den Widerhaken. Dann ließ er den Fisch einfach in das am Boden des Bootes schwappende seichte Wasser fallen. Das färbte sich zu einer roten und schleimigen Suppe.

Beim lautlosen Zurücktreiben des Bootes mit seinen eingezogenen Rudern in der tieferen Mitte der Strömung schwamm plötzlich ein Schwarm Meeräschen an der Oberfläche vor uns her. Die etwa bis zu 50 Zentimeter langen, wohlschmeckenden Speisefische waren schwieriger zu treffen. Mit einigen Würfen wurden einige von ihnen auf den letzten Weg ihres freien Lebens in die Küche von Don Luis verbracht. Ich muss zugeben, dass mich unser Fischausflug beinahe genauso wie die Jagd in Portugal fasziniert hat. Zu diesem Zeitpunkt wusste ich bereits, dass die Tage unseres Aufenthaltes im Lande gezählt waren. Als ich nach dieser nächtlichen „Jagd“ und dem Beutemachen mit dem Speer, nachdenklich geworden, durch das längst schlafende Dorf ging, funkelten die Sterne vielversprechend vom fernen Firmament. Spät in der Nacht kam ich mit 2 geschenkten Äschen glückerfüllt zu meiner bereits schlafenden Frau zurück in das Haus der Fischerfamilie, bei der wir wohnten. Dann ging es montags früh mit zwei Rothähnen und einer prächtigen Meeräsche in der mit etwas Eis gefüllten Kühlkiste nach Lissabon und in eines unserer gemieteten Häuser in Cascais oder Estoril zurück.

Die jagdlichen Möglichkeiten in diesem kleinen Meer am kalten Atlantik sind vielfältig und versteckt. Im nördlichen Ende, im gebirgigen Grenzgebiet zu Spanien, gibt es sogar Wölfe. Hier traf ich ernste und für den Süden erstaunlich ruhige Menschen. Wer sich Zeit nehmen kann und die richtigen Verbindungen aufbaut, wird sich auch als Jäger in dieses ehemals die Welt entdeckende Land, welches beinahe im stürmischen und kalten Atlantik liegt, verlieben.

HERRLICHES JAGEN IN UNGARN

Ungarn war über Jahrzehnte eines meiner Lieblingsjagdländer. Heute ein kleines Land aber mit großer Vergangenheit und einer traditionsreichen jagdlichen Vielfalt.
Begonnen habe ich im Matra Gebirge (Matrai Körzet) auf Hirsch und Schwarzwild nahe der Försterei in Markaz. Die Reisen erforderten für uns Klassenfeinde des Kommunismus komplizierte Grenzübertritte hinter die ehern abgeschirmten Gardinen des Ostblocks. Es folgten Jagden auf Rotwild in der Donau Schleife 40 Kilometer nördlich von Budapest im Hochwald auf welligem Gelände in Zebegeny Duna Ipoli Nemzeti. Einige besondere Jagden auf starkes Rot- und Schwarzwild durfte ich in der Försterei Mucsi (zwischen den Orten Kaposvar und Szekszard) neben dem berühmten Hirsch-Revier von Gyuaj erleben. Vor der Jagd in der Försterei Nagibereki Feherviz, mit seinen Köstlichkeiten bergenden Fischteichen, lernte ich dann das mich sofort verzaubernde Revier Bakonykuti kennen. Die schönsten Jagden dort habe ich meinem alten Jagdfreund Imre Batschi zu verdanken. Imre war in seiner Jugend einer der erfolgreichsten Wilderer und Schlingensteller am nördlichen Ende des ungarischen Balatonsees gewesen. Er war dann während der kommunistischen Zeit zum staatlichen Jagdführer konvertiert.
Erst später habe ich erfahren, dass der berühmte ungarische Karpatenjäger und Jagdschriftsteller Zsigmond Szechenyi in der Nähe im Bakony Gebiet lebte und dort dem Waidwerk nachging, wo ich viel später eine Menge Rotwild gejagt habe. Er erlegte im Bakonyer Wald am Kabgegy im Laufe von 20 Jahren über 70 Hirsche. So viele wie Zsigmond konnte ich während meiner Kurzreisen und Urlaube in dem ehemaligen Truppenübungsplatz der russischen Besatzungsmacht natürlich nicht erjagen. Auf diesem Schießübungsgelände gab es ein Denkmal in russischer Sprache über eine fehlgeleitete Grante. Sie hatte versehentlich deren gesamten eigenen Generalstab getroffen. Nach dem Kennenlernen dieses makabren Denkmals empfand ich manchmal einen explosiven Beigeschmack beim Jagen. Aber Spaß beiseite. Es dürfte einige Gemeinsamkeiten zu Szechenyi Jagderlebnissen mit einigen von mir in dieser tief gefurchten, gewellten Buchenlandschaft gegeben haben.
Imre Batschi (Bacsi heißt Onkel in Ungarisch) war erfahren und passioniert. Von ihm habe ich beim Jagen des europäischen Rotwildes am meisten profitiert. Er beherrschte die hohe Kunst, während der Brunft in der Sprache der Hirsche durch ein einfaches Stück Plastikrohr als Verlängerung des menschlichen Kehlbereiches mit ihnen in ihrer Sprache zu „sprechen“ und sie direkt vor unsere Augen zu locken. Geringer kann man seine Fähigkeiten um das Dörfchen Bakonykuti herum nicht beschreiben. Imre passte die Hirsche auf ihren alten Fernwechseln ab und kannte alle Brunftplätze genauestens. Die Hirsche kamen dann eilig aus dem Schilf des Csurgoi-Viztarolo Sees oder wechselten aus dem gewaltigen Reservat Vertesi Körzet hinter dem Ort Isztimer vor unsere Feldstecher. Dann sahen wir sie neben der Kirchturmspitze von Isztimerri über die gewaltigen gewölbten Ackerflächen des kommunistischen Kombinats eilig vor der aufgehenden Sonne heranwechseln. Das war langer, stets näher kommender und deshalb besonders spannender Anblick. Früh morgens saßen wir so viele Male am Waldrand. Mit Blick auf die wenigen Häuser von Gutamasi, kurz vor der Grenze der Bezirke Vejer und Veszprem in Erdsitzen. In unserem Rücken sah man nachts im Südosten die leuchtenden Lichter von Varpalota. Oder Imre Bacsi rief die Hirsche kunstvoll während der Brunft aus den von der Natur tief eingegrabenen Tä-

lern des ehemaligen russischen Truppenübungsplatzes heran. Ich habe ihn dabei erlebt, wie er durch die Art seines Rufens junge Beihirsche oder, wenn gewünscht, den alten mit der tiefen Stimme und seinen Trenzern heran holte.
Bei ihrem anrührenden Schreien und Röhren haben wir sie verhört und nach Entwicklungs- und Altersklassen anzusprechen versucht. Ihr spannender morgendlicher Rückwechsel zurück in den versteckten Tageseinstand wird bekanntlich in der Jägersprache auch Kirchgang genannt. Es war dann ein täglich heiß ersehntes Erscheinen in weiter Ferne am Horizont und dann das auf uns Zulaufen. Das hatte durchaus etwas Heiliges oder Kirchliches. Imre konnte durch das Erwidern ihres Röhrens während der Brunft beinahe jeden gewünschten Hirsch auf gute Schussdistanz zu uns Pirschenden heranreizen. Ich durfte mehrmals erleben, wie er mir den Platzhirsch weit aus dem Tal unter uns, direkt vor meine Büchse rief. Das ständige, markerschütternde Röhren des sich langsam nähernden Herrschers des Waldes bescherte uns aufwühlende Momente. Sie endeten, natürlich nur wenn alles passte, mit der Erlegung des Hirsches. Die Aufregung und Spannung, die wir beide bei diesem noblen Herrscher der europäischen Wälder empfanden, schüttelte mich heftig durch. Ich war noch jung und physisch fit. Selbst große körperliche Anstrengungen habe ich damals kaum negativ wahrgenommen. Es gab nur wenige jagdliche Einrichtungen und wir besaßen keinen Jeep. Deshalb pirschten wir bis mittags, kehrten nicht zum Essen nach hause zurück und machten stattdessen köstlich schmeckende Butterbrotpausen am Boden in der freien Natur. Oft lauerten wir an Feldrändern in Erdsitzen und an Waldlichtungen. Die Tage vergingen jagend von Dunkelheit bis Dunkelheit. Hirsche haben bekanntlich etwas ungemein Nobles in Erscheinung, Ausdruck und in ihren majestätischen Bewegungen. Sie entziehen sich uns Menschen mit verschiedenen ausgeprägten Manieren in der Haltung ihres aufgereckten und versammelten oder ausgestreckten Hauptes, mit ganz eigenen „Gesichtsausdrücken“ und dem schimmerndem Weiß der Augäpfel ihrer aufgerissenen Lichter. Diese Sprache des Rotwildes machte uns Jägern Mitteilungen, die wir nach dem Sammeln von Erfahrungen, ganz in ihrer Nähe, lesen können. Das uns mitreißende Schauspiel der Hirschbrunft in europäischen Wäldern, mehr als in der Pampa und den Wäldern der Provinz Neuquen in Argentinien, geht mir jedes Mal tief unter die Haut. Es macht uns glücklich. Ein im richtigen Moment gesetzter Schuss ist nur das dramatische Finale. Der Anblick beim markerschütternden Röhren und Beschlagen sowie während der krachenden Brunftkämpfe erwecken manchmal Zweifel über unser Recht, diese herrlichen Kreaturen aus der Natur zu entnehmen. Man weiß um die Notwendigkeit der Ernte aus einer gesunden Population und den Ertrag in Form von Beute. Ihr nach oben gerecktes Haupt, den in der Morgenkälte ausströmenden, nebligen Atem aus ihren Nüstern und das schmerzhafte Quittieren des tödlichen Schusses, welcher sie springen lässt, sind Momente voller Intensität, die jeden Jäger bewegen. Die Beobachtung und das Auswählen des passenden Stückes und schließlich die andächtige Inbesitznahme des Königs unserer europäischen Wälder erfüllen uns mit tiefem Glück und eigenem Stolz.

Andere Kulturen haben Bedenken darüber, Hirsche inmitten ihres blinden Liebesrausches zu erlegen. Die Momente der letzten Ehre mit unserem Hut in der Hand und die Andacht bei dem gestreckten Tier lassen uns das ganze Naturerlebnis noch einmal erinnern. Es folgte das in Bakonykuti mühsame, gemeinsame Bergen der Beute mit dem Pferdewagen, das Versorgen des Wildbrets und Abkochen der Knochen des Hauptes. Im hügeligen Bakony Gebiet mit seinen Buchenwäldern jagten wir auch eine gan-

Beute beim Kirchgang

Hayo beim Üben

Mal durchschauen, in Ungarn

Vincent Roderik im Paradies

Dolomiten Gamsjagd

Beute nach erfolgreicher Dolomitenjagd

Schweißtreibende Bergjagd

Genialer Hirschherbeirufer

Teresa, Stephan und Imre in Bakunyi Kuti

Dörfliches Jagen am Balaton

Als Russe in Ungarn

Urige Waldkarpaten

Bock des Präsidenten von der Alb

Brave Böcke

Ungarn, wie Gott in Frankreich

Francos erster und einziger

Franks Jagdhütte

Mein Freund Frank Jäger

In einem Treiben 24 Karpatenbären im Anblick

Bunte Mischung im Ostblock

Jago auf seine alten Tage

In der Türkei

Mit Sohn Vincent
in der Türkei

Beute gemacht, in der Türkei

Unsere Safaribar

ze Reihe von mehr oder wenig kapitalen Keilern. Das 100-Menschen-Dorf Bakonykúti liegt zwischen den Orten Mor und Varpalota. Bakony heißt Buche in Ungarisch. Und von Buchen und Eichenwäldern war es umgeben. In sternenklaren Nächten knirschten unsere Stiefel im vor Kälte wie Diamanten glitzernden Schnee. Das Schwarzwild brach den hart gefrorenen Boden und machte, stark kontrastierend, die weiten weißen Ackerflächen unsicher. Die Keiler haben wir von Leitern herunter sowie nachts im Mondlicht am Boden pirschend überlistet und gestreckt. Ein kapitales, wildes Schwein blieb, im Vergleich zum noblen Hirsch, mehr eine urige Auseinandersetzung und wertvolle Beute für den Verzehr.
In der abgelegenen Mitte des Reviers gab es einen lichten Eichen- und Buchenwald voller Wunder. Dort unter den morgendlich plötzlich flach einfallenden goldenen Sonnenstrahlen lagen wir auf dem moosigen, gut riechenden Boden und ganz im sattgrünen oder gelbbraunen Farn versteckt. In der wärmeren Jahreszeit passten wir die vertrauten aber eiligen Rotten auf ihrem Rückwechsel in die dunklen Tageseinstände ab. Bei diesem Auflauern kamen wir uns ins Kraut drückenden den putzigen wilden Schweinen mit ihrem intensiven Sozialverhalten und Geräuschen ganz nahe.
Bakonykuti ist eines der vielen kleinen Dörfer, welches von den früher im Schwabenland verhungernden, kinderreichen Familien der Donaudeutschen errichtet wurde. Viele dieser Dörfer lagen auch weiter vom Stromlauf der Donau entfernt bis hinunter zum Schwarzen Meer. Die Donauschwaben kamen bekanntlich hauptsächlich im 17. und 18. Jahrhundert, nach Zurückdrängung der Osmanen und zur Wiederbesiedlung des entvölkerten Südungarn. Es wurden systematisch Bauern und Handwerker bevorzugt. Die Siedler schwammen mit ihren Ulmer Schachteln genannten Flößen im Verband die Donau herunter. Das Holz ihrer Flöße wurde beim Bau der typischen bäuerlichen Standardhäuser weiterverwendet. Die waren auch in Bakonykuti alle von gleicher Bauart und zum Ausnutzen der Wärme der milden Sonnenstrahlen zum Süden hin ausgerichteten.
Alle etwa 40 Häuser von Bakonykuti mit ihren 100 meist betagten Bewohnern lagen auf handtuchförmigen Grundstücken, in zwei sich gegenseitig schützenden Reihen und dicht aneinander gekuschelt. In der Mitte der zwei Häuserreihen, die alle nach dem gleichen bewährten Baumuster gemeinschaftlich errichtet worden waren, standen die kleine deutsche Kirche und ein gemeinsames Backhaus. Auf dem Marktplatz hatte man einen zentralen Brunnen unter Walnussbäumen gegraben. Das eisenhaltige stark mineralische Wasser daraus war zu meiner Zeit nicht mehr für den menschlichen Genuss geeignet. Jede Familie im Dorf versorgte sich selber. Nur Salz, Streichhölzer, Seife, Waschmittel, Pfeffer und Zucker wurden in einem kleinen Laden zugekauft. Dort gab es auch eine winzige primitive Trinkstube. Man baute Mais, Wein, Getreide, Gemüse und Kartoffeln hinter jedem Haus an. Beinahe alle Bäume waren Nutzbäume und in den Ställen lebten Schweine und daneben standen Maschendrahtkästen auf Stelzen für die Stallhasen. Der Hof wurde mit einem Hund vor seiner Hütte sowie von pickenden Hühnern, schnatternden Enten, Truthähnen und den wachsamen und zu Festtagen wohlschmeckenden Gänsen geteilt. In den sich nach hinten an das Wohnhaus anschmiegenden Ställen und den Geräteschuppen standen früher ein bis zwei Pferde für die Feldarbeit und eine Kuh für Milch, Butter und Fleisch. Auf der nach Süden ausgerichteten, überdachten Pergola an der Hofseite der Häuser hingen im Herbst bunte Girlanden von auf Garn aufgezogenen gelben Maiskolben, Zwiebeln und Paprika in verschieden leuchtenden Farben. Man hatte seit Generationen gelernt, ohne Elektrizität und fließendes Wasser auszukommen. In dem Haus des weitaus ältesten Paares sah ich die Bäuerin in den letzten Strahlen der Nachmittagssonne einen Spinnstuhl treten und ihr handgerupftes Leinen verarbeiten. Die moderne Zeit hatte die

Wasseranschlüsse sowie eine Telefonzelle ins Dorf gebracht. So manches Haus, so wie auch das unserer Gastgeber, war neuerdings an die Elektrizität angeschlossen.
Die hier in der Umgebung erstmals vor 1 bis 2 Jahrhunderten eingewanderten deutschen Einwohner hatten besonders im zweiten Weltkrieg unsagbar unter den einfallenden sowjetischen Truppen gelitten. Die von ihnen immer noch gepflegte deutsche Sprache wurde von den Nachkriegskommunisten unter sowjetischer Besatzung auf das Strengste verboten. Schwabendeutsch wurde Jahrzehnte nur noch im Untergrund gesprochen. Hier lebte ich neben dem nicht von Deutschen gebauten und slawisch anmutenden Haus von Imre Batschi in der Petofi Utca. Unsere Gastgeber waren die einmalig fürsorglichen Donauschwaben Theresa und Stefan Winckelmann. Der gebildete und fleißige Stefan war wohl in früheren Jahren eine Art gewählter Dorfvorsteher gewesen. Bei ihnen in einem moderneren Haus und mit ihrer Gastfreundschaft verbrachte ich viele Monate in all den Jahren meiner Bakonyer Jagden auf Berghirsche, Rehwild und Schwarzwild. Es waren einige der glücklichsten Monate meines Jägerlebens. Später nahm ich unsere beiden halbwüchsigen Söhnen Hayo und Vincent von hier mit auf Jagd. So erlebten auch sie gemeinsame Urlaube bei Stephan & Theresa und meinem alten Jagführer Imre. Es waren unvergessliche, sie prägende Eindrücke ihrer fortgeschrittenen Kindheit und Jugend.
Noch heute erinnern sich beide genauestens an die vielen aufregenden Erlebnisse in diesem Dorf. Das war altes, ländliches Europa in absoluter Freiheit und in ursprünglicher Natur. Zumal die beiden Jungen mit meinem dort gelassenen Luftgewehr vom Spatzen über die fetten Ringeltauben bis hin zu einem gelegentlichen Fasan für Theresas Ofenröhre eigene, geheime Jagderfahrungen sammeln konnten. Das Haus der Winckelmanns war von Obstbäumen umgeben. Deren Zweige bogen sich im Herbst unter der Last der Früchte und mussten von Stelzen abgestützt werden. Die kompakte aber ungemein rührige Theresia betrieb ihren kompletten Gemüsegarten so, dass mehr als die Hausbewohner und die Familie ihres Sohnes das ganze Jahr davon leben konnten.
Was geerntet wurde, wurde in allen Variationen gegessen oder in Unmengen von Gläsern für die Lagerung im kalten Naturkeller eingemacht. Ihr verheirateter Sohn war zu seiner Arbeitsstelle in das 20 Kilometer entfernte Stuhlweißenburg (ungarisch Székesfehérvár) gezogen und hatte dort seine eigene Familie gegründet. Der an Geschichte interessierte Nichtjäger Stefan erzählte mir in den Jagdpausen einige mündliche Überlieferungen seiner Vorfahren, die ich aufschrieb oder in Erinnerung behielt.
Gegen Ende des 18. Jahrhundert entstand in dieser Grenzlandschaft des Österreichisch/Ungarischen Reiches, mit seiner Hauptstadt Wien, das katholische Bistum der Franziskaner und Jesuiten. Die überwiegend deutsche Bevölkerung der Gegend „magyarisierte“ sich gegen Anfang des 19. Jahrhunderts langsam. Jährlich verbrachte ich dort 2 bis 3 wöchentliche Jagdaufenthalten. Theresa verdiente in dieser etwas vergessenen Landschaft, ohne jeden internationalen Tourismus, ein hochwillkommenes Zubrot durch unsere Aufenthalte. Sie verwöhnte uns dankbar mit köstlicher, täglich frisch zubereiteter Hausmacherkost. Wir aßen auf der mit Weinranken überwachsenen Terrasse nach Herzenslust Gänse, Hühner, Enten, handgemachte Teigwaren, Kaiserschmarrn sowie ausgebackene Teigtaschen mit verschiedenen Füllungen. Dazu gab es täglich frische Beerensäfte und den selbst gemachten, leichten Bauernwein vom Nachbarn. Was die Gärten und die Landwirtschaft im Moment nicht frisch geerntet hergaben, wurde aus ihren großen Einmachgläsern aus ihrem tiefen Keller auf den Tisch gezaubert. Das Gemüse und Obst kam aus dem eigenen Garten und dem Anbau von den Äckern. Genau wie die täglich frischen Eier, die gut abgehangene Wurst und einige Schinken von den Hausschlachtungen.

Mehrfach habe ich Theresa und Stefan ein Schwein zum Mästen besorgt. Das zwei Mal die Woche selbst hergestellte, außen krosse Sauerteigbrot aus dem Holzbackofen „sprang" einem förmlich in den Mund. Zur Pilzzeit waren die Sammler dankbar für ein Zubrot. Sie brachten Berge von aromatischen und köstlichen Steinpilzen in Theresas Küche. Auch wir kamen dann oft mit unseren damit gefüllten Jagdhüten von der Pirsch. Alles aus dem Garten war biologisch und weitgehend unkontaminiert, denn es gab in direkter Umgebung kein Fallout von Industrie oder verarbeitenden Betrieben mehr.
Einmal zeigte mir Imre ein die dort ansässigen Ungarn zutiefst beunruhigendes Phänomen. Es war ein tief im Wald und völlig isoliert liegendes Dorf mit von der Regierung angesiedelten, verwahrlosten Zigeunern oder Roma. Ich habe in Europa niemals etwas derart menschlich Deprimierendes und Verkommenes gesehen. Die meisten Männer auf den Dorfstraßen waren bereits morgens, wenn wir von der Jagd kamen, volltrunken. Verwahrloste geschlagene Kinder und die schmutzig und zerlumpt gekleideten Frauen hatten verhärmte, lauernde Gesichter ohne jeden Stolz. Ich erzählte den Winckelmanns von diesem bedrückenden Erlebnis. Stephan meinte, diese Menschen wären unkorrigierbar und dass die Zahl dieser andersartigen Volksstämme in Ungarn extrem hoch sei. Die Geschichte wird zeigen, welches monumentale Problem sich dort in diesem kleinen Land in Zukunft mit den bedauernswerten Roma und Zigeunern zusammenbraut. Es bleibt abzuwarten, welche unangenehmen Auswirkungen diese ursprünglich aus Indien zugezogenen Nomadenvölker in Bulgarien, Rumänien und Ungarn auf das zusammenwachsende Europa haben werden. Sie zu Bildung, Sesshaftigkeit und unserer Erziehung heranzuführen, wird eine teure Titanenarbeit werden, denn viele dieser bedauernswerten Mitmenschen meiden Arbeit, welche über ein Existenzminimum hinausgeht, wie der Teufel das Weihwasser. Die Ungarn der umliegenden Dörfer lehnten es ab, ihre Kinder in Schulklassen mit denen zu schicken.
Der Ort Bakonykuti lag direkt an unserem Revier und am Rande eines nur anfänglich und immer seltener benutzten sowjetischen Truppenübungsplatzes. Wir jagten, in dem teilweise schwierigen Gelände nur auf ungepflasterten Wegen, und in Ermanglung eines Geländewagens direkt vom Dorf aus und immer nur zu Fuß. Das tägliche Anlaufen in der Dunkelheit an unsere gewohnten Pirsch- und Ansitzplätze betrug 5 bis 10 km. Die von mir gestreckten Hirsche oder Wildschweine wurden mit Imres Pferd und Ackerwagen aus den Wäldern heraus transportiert. Der Jagdführer Imre lebte mit seiner zahnlosen slawischen Frau neben Stefans Haus. Ich konnte in seinem lieblosen Haus keine kulturellen Anknüpfungspunkte zu denen der Donaudeutschen entdecken. Uns beide verbanden die gemeinsame Jagdpassion und unsere Kameradschaft in der Natur ganz vortrefflich.
Die Abschussgebühren für das Wild waren damals günstig. MAVAD, die staatliche kommunistische Zentralgesellschaft, vermarktete das Wildbret in ganz Europa und war deshalb, zum Schaden des Holzes, vor allem auf die Erzeugung von möglichst viel Wildfleisch ausgerichtet. Die ehemals fürstlichen Jagdgebiete waren lange Jahre vorher zum weiträumig abgesperrten, militärischen Übungsgelände für die russische Besatzungsarmee mit ihren am Rande gelegenen Kasernen geworden. Es herrschten dort, auch noch in den 70er und 80er Jahren, hervorragende Voraussetzungen zum Jagen. Wir verbrachten urige Urlaube in einer Umgebung, in der die Zeit für die Landbevölkerung wie vor 100 Jahren stehen geblieben war.
Die Nachkriegs-Jahre unter kommunistischer Herrschaft waren nach dem Zweiten Weltkrieg für die wenig assimilierten Schwaben oder Neuungarn sehr hart gewesen. Man erlebte, dass sie traditionell immer noch tief verwurzelt waren mit der überlieferten reellen Lebensweise ihrer ehrbaren und arbeitsamen

Vorfahren aus der deutschen Heimat. Auch wenn sie die in den ersten siebzig Jahren des 20. Jahrhundert verleugnen mussten. Sie waren vielen Drangsalen ausgesetzt gewesen, über die sie nicht zu sprechen wagten. Ich erlebte selber die beklemmende Angst, wenn wir nach der Jagd von betrunkenen russischen Soldaten in langen, braunen oder grauen Militärmänteln mit ihren vorgestreckten Kalashnikov Sturmgewehren im Wald umstellt und wiederholt unsinnig kontrolliert wurden.

Manche alte Frauen zitterten in ihren Erinnerungen immer noch, wenn ein Trupp betrunkener russischer Besatzungssoldaten durchs Dorf fuhr. Sie kamen vom nahe gelegenen Manövergelände für Panzer und Artillerie. Die alte Gastgeberin erzählte mir eines Abends auf ihrer von Wein überrankten Terrasse schamvoll und nicht im Beisein ihres Mannes, was sie, die Frauen und sogar einige kleine Mädchen des Dorfes nach dem Einmarsch der Russen über sich ergehen lassen mussten. Das wurde noch nach dem Ende des Kriegs öffentlich, wie in einer surrealistischen Walpurgisnacht, vorgeführt. Diese kreuzbrave, rechtschaffene Großmutter weinte dabei herzerweichend, als uns ihre Hühner und Enten dabei im Schein der Petroleumlampe um die Füße liefen. Ich werde die von ihr geschilderten Szenen wie aus einem Horrorfilm, die sich in einem Dorf mit der kleinen deutschen Kirche abspielten, nie vergessen können. Versprach aber der braven, für immer verstörten Frau, niemand die scheußlichen Einzelheiten, die sich in diesem und anderen verträumten Orten zugetragen haben, während ihrer Lebzeit weiter zu erzählen. Sie und ihr Mann haben das Zeitliche gesegnet und meine Erinnerung daran ist erträglicher geworden.
Als ich ihr Grab während einer späteren Jagd besuchte, las ich die deutschen Namen von etwa 20 Frauen in der Abgeschiedenheit des Friedhofes. Dieses verträumte, ehemals urschwäbische Dorf mit seinen adrett aufgereihten Häuschen ist inzwischen ganz von Herkunftsungarn aus dem nahen Stuhlweißenburg aufgekauft worden. Es war mir plötzlich, in der vor Bienen und Insekten schwirrenden süßen Spätsommerluft, als wenn mir die verstorbenen Frauen ihre Geschichten über das fürchterliche Verhalten der russischen Soldaten entgegenseufzten. Ich vermeinte Klänge zu hören, die wie der tief zu Herzen gehende Trauerchor in Giuseppe Verdis Oper Nabucco klangen. In der es bekanntlich darum geht, die Menschen vor dem babylonischen König Nabucco und dessen Heeressoldaten zu beschützen. Ich bin mit meinem alten Jagdhut in den knautschenden Händen schnell in den sicheren Luxus meines modernen BMW geflüchtet. Maria hätte mir eine Träne über ihre damals zurückkommenden Erzählungen bestimmt nachgesehen.
Vom Dorf führt eine einspurige alte deutsche Panzerstraße durch erst im Spätherbst entlaubten heimischen Laubbäume. Es waren Robinien oder falsche Akazien und Haselnusssträucher, die Felder und Wiesen säumten. Die ganze bedeutungsvolle Schwere des Spätherbstes lag über den abgeernteten Feldern und der absterbenden Pflanzenwelt. Das Grün war kaum noch vorhanden und die Gelb- und Brauntöne der abgefallenen, fetten und feuchten Blätter bedeckten glitschig die angefrorene Erdoberfläche. Ich hielt nach einigen Kilometern in dieser mir vom Pirschen so unendlich vertrauten Landschaft und setzte mich auf einem Erdwall. Die Aussicht von dieser erhöhten Stelle auf ein Bächlein im Tal war traumhaft. So manches Mal hatten wir mit Imre hier in sternklaren Nächten, auf unseren Jagdumhängen liegend, das Konzert der brunftenden Hirsche „verhört". Jetzt zündete ich mir nach meiner schamvollen Flucht aus den Erinnerungen Marias eine gute Zigarre an, dachte an Sie und ihr entbehrungsreiches Leben und ließ die Gedanken mit dem aromatischen Rauch schweifen. Nach diesem Vorgriff in die Zukunft zurück

zu den Schilderungen meiner Jagden in Bakony-Gebiet.
Beim Einkaufen traf man die Militärautos der russischen Besatzungs-Offiziere mit ihren dienstfertig eilenden Fahrern und den die Einkäufe tragenden Assistenten. Die jungen, meist blonden russischen Soldaten waren ihren herrischen Offizieren restlos ausgeliefert. Sie lebten, tausende Kilometer von ihren Heimatorten entfernt, rechtlos, in traurigen Kasernen und am für sie falschen Ende der Welt. Der einfache russische Soldat war bettelarm. Außerhalb ihrer hermetisch bewachten Kasernen reichte das Geld nicht einmal für Bier und Zigaretten. Selbst im tiefsten Winter standen sie erbärmlich karg angezogen im verschneiten Wald. Diese jungen, einfachen Soldaten, des den Westen beunruhigenden Warschauer Paktes, sahen für mich selber verängstigt und desorientiert aus. Besonders die, mit den etwas roh geschnittenen mongolischen und slawischen Gesichtern mit den hohen Backenknochen und leicht geschlitzten Augen wirkten hier fremd. Ihre selbstherrlich in der Öffentlichkeit auftretenden Offiziere hatten häufig eine Wodkafahne im Dienst.
Ich erlebte einmal in einer einfachen Landgaststätte, wie ein sich meinem Jagdführer nähernder ranghohen Offizier über seine Schießfertigkeit prahlte. Er wollte mein Jagdgewehr begutachten und ließ mich dafür hinter der Dorfkneipe einige Magazine aus einer Kalashnikov auf einen kaputten Benzinkanister leer knattern. Ich fühlte mich als ehemaliger Klassenfeind, weithin erkenntlich an seinem deutschen „Bonzenauto“, sehr unwohl in der Nähe dieser angetrunkenen und damals zu Unberechenbarkeiten neigenden Besatzer. An einem Nachmittag kam der besagte Offizier erneut zu uns. Er durchquerte aufgesessen in seinem offenen russischen Militärjeep das Gelände. Dann näherte er sich mir, seinem Klassenfeind und Sohn eines im kapitalistischen Westen noch lebendigen Weltkriegsgegners. Imre wechselte einige für mich unverständliche Worte in Russisch. Worauf der Jeep wieder verschwand.
Wir saßen am nächsten Morgen erneut an. Plötzlich kam ein unaufhaltsam auf uns zu kriechenden Jeep, voller bewaffneter Soldaten darauf, erneut wie auf Feindfahrt, angefahren. Der uniformierte russische Offizier sprang vom Wagen herunter. Ich bot ihm zur Begrüßung eine Packung deutscher Zigaretten an. Er zeigte uns ein Scharfschützengewehr, wenn ich richtig erinnere, des Modells Dragunov. Dann pirschten nur wir drei durch ein Waldstück über einen verfallenem militärischen Sperrzaun bis an den Rand einer weit reichenden, offenen Grasfläche. Sie gehörte zum abgesperrten Artillerie- und Panzer-Übungsgebiet der Russen. Der ranghohe Offizier war offensichtlich kein Jäger der Tiere jagte, sondern eher das Menschen töten übte. Daher kümmerte er sich auch nicht um Schonzeiten auf den Truppenübungsplätzen. Dieser Offizier hatte sich aber von seinen Soldaten, weit draußen, den Standplatz eines der wenigen starken Rehböcke in diesem Rotwildgebiet beschreiben lassen. Alle drei glasten wir eine halbe Stunde lang erfolglos das hohe Gras um ein einsames Feldgebüsch herum ab. Die Bühne blieb leer. Es war bereits beginnender Nachmittag und ziemlich warm geworden. Der standorttreue Bock hatte sich bestimmt neben seiner Ricke niedergetan.
Etwas unwaidmännisch schickte der Offizier den Jeep kurz entschlossen mit den aufgesessenen Soldaten durch den Wind hinter den vermuteten Aufenthaltsort des Bockes. Plötzlich stand der auf allen Vieren neben seinem Lager und seiner ebenfalls aus ihrem Bett aufgestandenen Ricke. Er äugte jetzt angespannt zum Jeep. So weit entfernt hatte ich den Bock nicht vermutet. Es waren, wie wir später feststellten, mehr als 350 Schritte von unserem Standort. Der Russe legte wortlos an einem Baum an, schoss und der Bock fiel wie vom Blitz getroffen zusammen. Unglaublich, aber er war, das war jetzt ganz klar, kein Jäger und ihn bewegten ausschließlich militärische Motive uns zu zeigen, was er und

das russische Militär können. Das war eine Meisterleistung, zumindest im militärischen Scharfschießen. Diese Schießübung auf ein lebendes Stück Wild hatte aber mit Jagen wenig zu tun. Als wir an den für das Revier kapitalen Bock herantraten, verschlug es mir für einen Moment die Sprache. Der Russe hatte den Bock auf diese Entfernung in sein Haupt getroffen! Als ich diesen Scharfschützen durch den dolmetschenden Imre fragte, welche Technik er bei seinen Präzisionsschüssen anwendete, sprach er und zeichnete dabei auf den Boden sinngemäß den nie vergessenen herrlichen Satz: *„Ich halte einfach in die Mitte der Zielscheibe“.* Bedenken muss man bei dieser Aussage, dass die besondere Zieloptik des Scharfschützengewehres eine präzise, auf die Militärmunition abgestimmte Verstellkurve besaß. Imre brach das Stück Wild auf. Ich schenkte dem Offizier mein Jagdmesser. Er hatte es vorher mehrfach äußerst interessiert begutachtet. Im Gegenzug bekam ich eine angebrochene Stange russischer Zigaretten mit den charakteristischen, langen Pappmundstücken. Die Russen traten mit dem Bock im Jeep ihren Rückweg in die Kaserne an. Wir wurden danach niemals mehr auf unseren Jagden kontrolliert.
Ich erinnere mich, dass wir unsere Jagd an diesem Tag, beeindruckt von den Ereignissen, sofort abbrachen. Wir setzten uns mit Stephan auf die hölzerne Veranda seines Hauses und sahen im milden Licht auf die von Obst „hochschwangeren“ Bäume im Garten. Stephan holte stumm eine Flasche Selbstgebrannten von Zwetschgen und eine andere mit klarem Korn-Destillat für den hinzu gekommenen Nachbarn hervor. Imre trank keinen Alkohol und ich vermied den selbstgebrannten wegen meiner Kopfschmerzen, wo es nur ging. Dann übersetzte Stefan Imres Worte: *„Der Selbstgebrannte muss ganz klar sein, dann sieht ihn die Leber nicht!“* Sein Nachbar setzte sich mit seinem leichten Bauernwein dazu und gemeinsam zogen wir einige knallende Korken aus den Weinflaschen. Das war unsere Antwort auf die Attacke der Besetzer aus der Tiefe des russischen Raumes. Dann ließen wir uns nur zu gerne von Theresas böhmisch/schwäbischer Kochkunst bis tief in die Nacht hinein verwöhnen. Das Fett auf der krossen Haut der Gans mit Rotkohl und gestopften Äpfeln aus der Röhre und ihre gebackenen Teigtaschen gefüllt mit getrockneten Weintrauben, grob gehackter Entenbrust, getrockneten Tomaten, glasig gebratenen Zwiebeln und grob geschnittenen scharfen Paprika, stimmte unsere Bäuche und Gedanken wieder wohlig. Während unsere Darmperistaltik Schwerstarbeit verrichte, hoben sich unsere Gedanken und Gespräche, getragen von den Engeln der auf Holzfässern gelagerten Weine, zu den kristallklar leuchtenden Sternen empor. An diesem Abend fand unsere Seeligkeit ein ungewöhnlich spätes Ende. An ausreichend nächtlichen Schlaf war für den, wie immer, nüchternen Imre und mich Beseelten nicht mehr zu denken.
Es wurde plötzlich empfindlich kalt und der Mond beleuchtete die gespenstische Nachtlandschaft wie eine große Laterne. Da, was war das in der Ferne? Imre sagte sinngemäß übersetzt von Stephan *„Wir sind doch nicht zum Vergnügen hier!“* Die Hirsche röhrten jetzt deutlich hörbar! Der Brunftbetrieb erwachte bei der Kälte erneut. Es war Zeit zum Verhören. Wir schulterten warme Decken und Theresa brachte zwei Thermoskannen mit dem wärmenden, milden Kaffee, den ich ihr immer 10-kiloweise aus dem Westen mitbrachte. Das kam alles mit Gewehr und Zielstock unter den nicht zugedrückten Kofferraumdeckel. Wir fuhren ganz langsam und leise ein kleines Stück mit meinem Wagen auf der einzigen mit Kopfsteinen gepflasterten Straße in die Richtung der Brunft. Danach folgte ein für meinen Wagen besonders leise zu befahrendes Stück Panzerstraße aus Beton. Eilig ließen wir den Wagen stehen. Der Lack und die Chromteile glitzerten wie ein Stück aus einer anderen Welt im fahlen Mondlicht über den dunklen Konturen des Waldes und der leichten Berge. Wir stiegen mit unserem Gepäck durch den tro-

ckenen Graben und pirschten gebückt durch den die Wiese umgebenden Knick. Dann ging es, immer gegen den fest zustehenden Wind, weiter zu Fuß, bis in eine sanfte Senke. Dort erschien es mir besonders kalt, denn die Feuchtigkeit hatte sich hier als feiner Nebel abgelegt. Diese Senke mit auf uns zuziehendem Wind hatte Imre vor dem beginnenden Brunftbetrieb der Herrscher des Waldes mit einigen Ballen Stroh unter einer Plane ausgelegt. Die Ballen zog er jetzt langsam und leise auseinander.
So kamen die trockenen Innenseiten des Strohs hervor. Wir legten uns in unsere Decken auf dieses warme Bett. Und lagen nur 50 bis 100 Meter von den schreienden und kämpfenden Hirschen entfernt. Dann hörte der Brunftbetrieb auf und die Hirschoper zog von uns weg.
Das eben erlebte Schauspiel in dieser kalten Mondnacht war so schön, wie die mir hier ins Gedächtnis gekommende Arie aus Giacomo Puccinis Oper Turandot (bei einer Prinzessin aus Tausendundeiner Nacht durfte in dieser Nacht keiner schlafen, bis der Name eines Unbekannten herausgefunden sein würde). Darin erklingt bekanntlich Puccinis schönste Arie „Nessun dorma“ (keiner schläft). Wie in seiner romantischen Oper Tosca leuchteten in der uns umgebenden Stille einige Sterne ganz hell. In meinen beschwingten Gedanken, inmitten der geheimnisvoll beleuchteten Natur meinte ich Luciano Pavarotti die romantische Arie „e lucevan le stelle“ (es leuchteten dic Sterne) singen zu hören. Es waren meine Träume in der uns umgebenden nächtlichen Stille und die Gedanken eines Jägers im Hochgefühl des Glückes auf den Schwingen des süffigen Bauernweins und Theresas krossen Gänsefleisch voller Röstaromen aus der Bratröhre.
Der Mond war abwechselnd von einigen Wolkenfetzen verdeckt. Wir tranken mit leisen Schlucken heißen Kaffe und schliefen dann für einige Stunden ein. Mit „Wir“ meinte ich meinen kleinen „Kater“ vom Vorabend und mich selber. Imre hatte, wie immer, keinen Alkohol getrunken. Er wachte wortlos mit seine grauen Augen und scharfen Ohren über das grandiose Spektakel in seiner „Manege“. Das Schießen wäre ja in der Dunkelheit sowieso nicht waidmännisch gewesen und dazu absolut verboten. Morpheus hatte mich inzwischen sanft in seine ausnahmsweise weiblichen Arme gezogen. Die vorher sehr weit entfernt urzeitlich schreienden Hirsche waren längst erneut still geworden und hatten sich unseren Sinnen entzogen. Ich schlief wie ein sattes, glückliches Baby an den wohligen Brüsten von Mutter Natur ein.
Im allerersten Morgengrauen war ich nüchtern und wieder quicklebendig. Es ging ein leichter Morgenwind auf uns zu. Noch im Morgengrauen holte uns Imre Batschi durch Rufe mit seinem die kurze menschliche Kehlenlänge verlängernden Plastikrohr den dominanten und starken Berghirsch vom 13. Kopf heran. Nun konnten wir ihn beide gut ansprechen. Welch ein Finale, als er sich auf der Naturbühne vor dem helleren Horizont abzeichnete. Knörrend und hustend zog er beeilt und mürrisch die letzten Schritte den Hang aus dem abfallendem Mittelgebirgsgraben zu uns herauf. Noch ein weiteres Mal röhrte sein Sprenglaut wild und dann kurzatmig abgehackt. Er hustete verärgert den vermeintlichen Rivalen an. So ein Bild vergisst man niemals. Der prächtige Hirsch drehte den Träger noch einmal hinter sich. Sein letzter energischer und dampfeingehüllter Schrei rollte im leichten Morgennebel aus der Kehle seines nun lang gestreckten Trägers über das hinter ihm liegende Tal. Er verhielt nur 50 Meter vor uns. Dann rollte der peitschende Knall des Schusses und der Recke brach dramatisch und schlegelnd zusammen.
Während Imre den Pferdewagen holte lag ich mit dem Hut in der Hand bereits eine Weile neben meinem Platzhirsch. Schließlich hoben wir ihn mit längst gebrochenen Lichtern in sein Bett aus Tannenzweigen auf seiner letzten Fahrt im hölzernen Pferdewagen. Die Decke des Berghirsches war weiß, hellbraun,

dunkelbraun und schwarz. Sie war ungewöhnlich kontrastreich gefärbt. Er war reif und trug neben einer Unzahl an Zecken auf der Bauchseite eine meiner stärksten ungarischen Berghirsch-Trophäen auf dem Haupt. Aus seinem Äser schaute der letzte Bissen. Ich saß erschöpft und stolz mit baumelnden Beinen und dem Erlegerbruch am zerknautschtem Hut hinten auf dem holperigen Leiterwagen. Als wir an der Kirche vorbeifuhren, liefen einige Menschen aus dem Dorf zusammen. Sie begutachteten die kapitalen und eben noch benutzten Geweihstangen mit elfenbeinfarbenen, gefegten und gescheuerten Spitzen. Die hoch aufragenden Stangen der Berghirsche waren porös und wesentlich leichter und daher weitaus bezahlbarer, als die massiven, der weltbekannten kapitalen der Hirsche aus den Maisfeldern. Was soll's, meine Erlebnisse hier waren vielleicht noch stärker als jene, die ich an den Feldrändern der Kukuruz-Süßgräser erlebte. Das Geweih trug noch die frischen Spuren der weithin hörbaren Zusammenstöße beim Forkeln und Kämpfen. Lange vorher hatten sie durch wütendes Bearbeiten der Büsche die tiefdunkle Farbe des Periderm und der Borke der Baumrinde angenommen. Erst das Eindringen der Gerbsäure aus der Rinde der Lohwälder gibt den Geweihen bekanntlich ihre charakterischen Färbung. Mein erlegter Herrscher des Waldes war in seinem Liebesrausch bereits erheblich abgemagert. Die nasse und dunkle Decke seiner Bauchseite zwischen Kammer und Becken roch, wie in der Brunft üblich, streng nach seinem Urin, Samen und Adrenalin.

Imres beiden roh erzogenen Terriermischlinge auf seinem Hof waren zu sich nähernden Fremden so scharf wie zwei Rasiermesser. So, dass selbst der alte Jäger sie nur mit Vorsicht anfassen konnte. Sie überschlugen sich mit Jiff und Jaff in wilden Purzelbäumen an ihren Ketten, wenn wir Beute brachten. Denn gleich würden sie Teile davon genießen. Mein erstes ungewöhnlich frühes Bier an diesem Tage floss durch die vom lehmigen Feldstaub trockene Kehle. Die Tradition, der Durst und die Rituale verlangten nach ihrem Recht. Ich hatte eine tief in mir sitzende Abneigung gegen die meisten dieser, nicht hochreinen, Kernobstschnäpse. Als Erleger und nach erfolgreich abgeschlossener Jagd galt es, vor dem zuschauenden weißhaarigen Imre stets ein mittleres kleines Wasserglas voll illegal gebrannten Marillenschnaps in einem Zug herunter zu kippen. Ich musste die wenigen nicht ablehnten Male hinterher mit stundenlangen Kopfschmerzen bezahlen. Auch wenn wir hier keinen PKW fuhren. Auf dieses übliche Respekterweisen und Tot-Trinken des Hirsches warteten auch einige herumstehende Dorfbewohner. Es hat mich viel Überzeugung gekostet, den Nichttrinker Imre diesen bösen Marillenschnaps für mich auszureden und gegen einige Flaschen des von Stefan besorgten, dreifach hochfein gebrannten Mittelstück-Wodkas auszutauschen. Es war wohl das Signal für einige Dorfbewohner, um an den Schnaps und hin und wieder vielleicht auch an ein von mir bei der Wildvermarktungsgesellschaft (MAVAD) bezahltes Stück Rotwildfleisch zu kommen.
Dann wurde die Kreatur, nun als Beute, an einer am Stamm angelehnten selbstgebauten Holzleiter sauber aufgebrochen, endlich zum nahrhaften Wildbret. Erst danach wurde sie mit der Wildmarke im gekachelten Kühlhaus der Staatlichen Wildgesellschaft für die zentrale Vermarktung abgeliefert. Für mich wäre die offizielle Ausfuhr von Wildfleisch damals kompliziert gewesen. Es könnte zu anderen Gelegenheiten passiert sein, dass andernorts ein in der Trophäe schlecht veranlagter oder kranker Spießer, gegen Bezahlung, in einen privaten Kühlkeller kam. Natürlich niemals von mir, das versichere ich hoch und heilig, denn das wäre eine Straftat gewesen. Dieses streng geahndete Vergehen wäre jedenfalls ein gerechter Ausgleich für die Bevölkerung gewesen. Schließlich gab es im kommunistischen System noch

keine ausreichende Vergütung vom Staat für die an den Feldfrüchten des Dorfes entstanden Schäden durch das Wild.

Viele Jahre später wurde mein großer Jagdfreund Frank mit dem ihn auszeichnenden Nachnamen Jäger aus dem fernen Venezuela in eine leitende Stellung bei einem der bedeutendsten deutschen Konzerne in Budapest versetzt. Gemeinsam mit und durch ihn als Residenten pachteten wir eine Hochwildjagd südlich des Balatonsees. Frank mietete dazu ein Wochenendhaus in Somogyvar, ganz in der Nähe unseres Reviers im Nagybereki Feherviz. Wir verbrachten dort fünf hervorragende Jagdjahre unter der Führung eines korrekten und Deutsch sprechenden Arztes und Präsidenten der Jagdgesellschaft. Dieser herzliche und gastfreundliche Freund Ede und seine Familie wohnten in Lengyeltoti. All die Jahre genossen wir deren liebevolle Gastfreundschaft. Fünf ereignisreiche Jahre lang diente uns Franks angemietetes Jagdhaus und seine gastfreie Wohnung in Budapest als Basis für viele meiner Kurzbesuche per Flugzeug oder PKW. Wir genossen unsere aus Südamerika herüber gebrachte Freundschaft mit unbeschwerten Hoch- und Niederwildjagden nach Herzenslust und in vollen Zügen.

Im Ort Buzsak, vor unserem reservierten Revierteil, erstand ich einen UAZ Russenjeep und ließ ihn dort für ein geringes Geld aufarbeiten. Unglaublich, was dieses Allradauto des russischen Militärs in schwierigsten Gelände alles meistern konnte. Er leistete uns gute Dienste. Zwei oder drei Mal im Jahr nahmen wir an ursprünglichen Fasanen- und Hasenjagden an den Feldrandbegrenzungen mit den Mitgliedern der Jagdgesellschaft teil. Danach erlebten wir die Gastfreundschaft der Bevölkerung mit ihren selbstgemachten Weinen. Wie in einem Wettbewerb der Erzeuger wurden sie aus sehr kleinen Fässern vom Gepäckträger ihrer Fahrräder herunter eingeschenkt. Den Wein auf seinem kleinen privaten Stück Weinberg zu pflegen und auszubauen war eines der wenigen Freiheitsventile im ungarischen Kommunismus und Kollektivismus. Das waren glückliche Momente. Entsprechend intim war es mit der Landbevölkerung das teilweise auch raue Ergebnis ihrer Arbeit aus vielen Wochenenden Pflege und Arbeit im Weingarten zu genießen.
Der für uns von der Jagdgesellschaft abgestellte, stets mürrische aber herzensgute Jagdführer Istvan oder Stefan fuhr uns häufig mit seiner Pferde-Kutsche. Während der Blattzeit der Rehböcke ging es manchmal damit hinaus in die weiten, offenen Grasflächen. Die sonst schwer erreichbaren Böcke hielten vor den Pferden und der Kutsche unser Näherkommen besser aus. So stelle ich mir das Jagen unserer Gutsherren-Vorfahren auf den weiten Gütern des verlorenen Osten Deutschlands vor.
Unser langjähriger Jagdführer Istvan war, genau wie seine kinderlose Frau, von kleiner, slawischer Gestalt. Beide besaßen eine dunkle, beinahe geräucherte Haut. Da kamen eine zurückhaltende Badekultur mit den Spuren von Sonne und harter Arbeit zusammen. Sein absolutes Lieblingswort war „Kurva“. Er gebrauchte es in jedem zweiten Satz. Ich dachte, so viele Kurven gab es doch gar nicht. Frank hatte inzwischen fleißig Ungarisch gelernt. Er klärte mich auf, dass die Bedeutung in etwa „Bordsteinschwalbe“ oder schlichter „Hure“ war.
Istvans Markenzeichen als unser Jagdführer waren wechselnde Launen und eine stets brennende Zigarette. Die Launen machte er aber stets mit sich und vielleicht auch in seinem Haus aus. Niemals uns gegenüber. Unendlich viele Male haben wir uns am Holzofen seiner kleinen Küche aufgewärmt. Seine stets in Schwarz gekleidete, gebückte und verarbeitete Frau servierte uns dann süßen, schwarz gerös-

teten Mocca. Das Brot schnitt sie mit ihren schwieligen Händen vor ihrer Brust mit einem mächtigen ,Angst einflössendem Messer. An ihren finsteren Ausdruck beim Schneiden und an die vielen gemeinsamen Jagdausflüge musste ich denken, als mich viele Jahre später über Frank die traurige Nachricht von Istvans frühen und gewaltsamen Tod erreichte. Seine „alte Hexe“ (banya), wie er sie nannte, hatte ihn im Streit zu Hause einfach erstochen. Sie tat das mit ungarischem Temperament und viel Schmackes in der ohnmächtigen Wut des Affekts. Der gute Istvan starb einen brutalen Tod durch das besagte Küchen-, Brot- und Schlachtmesser. Es war so häufig vor ihrer mageren Hühnerbrust, beim Schneiden von Jagdschnitten durch ihre Brotleibe, direkt vor meinen Augen in der winzigen warmen Küche, gefahren.
Als wir drei Jahre in Florenz und der Toskana lebten und arbeiteten, erfüllte ich den letzten Wunsch eines sehr guten Freundes aus Greve. Der jagende Immobilienmann Franco war, trotz seines immer zu Scherzen aufgelegten Naturells, bereits stark vom fortgeschrittenen Lungenkrebs gezeichnet. Sein Leben befand sich auf seinen letzten Metern und hustete sich förmlich aus ihm heraus. Er hatte von meinen Hirschjagden in Ungarn gehört und bat mich, ihn auf eine solche mitzunehmen. Sofort organisierte ich das entsprechende in meinem alten Revier Bakonykuti mit dem alten Jagdfreund und weißhaarigen Jägermeister Imre. Nach einer Nacht im Hotel in Budapest trafen wir endlich im Revier ein. Unser so sympathischer und liebevoller Franco war Kettenraucher. Er war dem sicheren Tod durch den Krebs geweiht. Spöttisch lachend rauchte er bis zu seinem letzten Tag.
Der nur langsam vorankommende gute Franco schritt nun gemeinsam mit mir auf der letzten Jagd seines Lebens. Das wussten wir beiden Wortlosen. Es war seine erste und einzige Jagd auf Rotwild. Er wurde im Morgengrauen von Imre an der goldrichtigen Stelle auf dem Fernwechsel angesetzt. Wir kauerten zu dritt in einem Graben. Geradeaus vor uns erstreckte sich eine immense gepflügte Feldfläche bis zum Horizont. Hinter uns lagen die Einstände mit tiefen Tälern und im Wind rauschendem Hochwald. Das Wetter war erträglich mild und der Wind stand uns beständig in die mit unterschiedlichen Gefühlen „gefüllten“ Gesichter. Der Waldrand, direkt hinter uns mit seinen Tageseinständen unter Eichen, war das Ziel der Hirsche auf dem Fernwechsel. Es herrschte eine besondere Spannung obwohl Imre und ich an dieser Stelle selten beim Anlauf von meist jüngeren und Abschusshirschen enttäuscht wurden.
Francos Atem kam rasselnd aus seinen kaputten Lungen. Er „platzte“ vor Aufregung und hüpfte in der Hocke als endlich zwei jagdbare mittlere Hirsche über 500 Meter vor uns am Horizont in der ersten Morgenröte auf ihren gewohnten Wechsel auf uns zuzogen. Franco hob die Büchse viel zu früh und zitterte am ganzen Körper. Die Laufmündung beschrieb Kreise. Ich musste ihm die Hand beruhigend auf die Schulter legen. *„Die kommen direkt auf uns zu und wechseln in die schützende Dunkelheit des Bestandes hinter uns, warte! Solange, bis dein Zielfernrohr halb von der Gestalt des führenden und stärkeren von beiden gefüllt ist“* flüsterte ich auf italienisch. Franco tat mir im Angesicht seines frühen Todesurteils unendlich leid. Alle dachten wir an seinen bereits unaufschiebbar nahen Tod. Andererseits war ich diese risikoreiche Reise gerne für den Freund eingegangen, denn was konnte man Schöneres an das Ende eines eben noch so strahlenden Lebens legen. Er muss schon lange hinter seinem immer fröhlichen Gesicht große Schmerzen ertragen haben.
Die Hirsche schickten sich an, 40 bis 50 Schritte vor uns eine leichte Senke zu überfallen, mit dem Ziel, dann eilig im sie vor unseren Blicken rettenden Waldeinstand zu verschwinden. Das rollende Echo des Widerhalles von Francos Schuss brach sich an den Berghängen. Ich hatte schnell und simultan einen gut gezielten Schuss zur Sicherheit dazu gesetzt. Das hatte Franco in seiner ihn schüttelnden Aufregung des

Hirschfiebers nicht bemerkt. Das sollte auch gut so sein. Der Hirsch überschlug sich spektakulär und blieb seitlich von uns, in den kleinen Birken vor dem Waldrand, liegen. Wir waren nach so viel Spannung abrupt in der Wirklichkeit zurück. Franco lag mir, zitternd und hinter seiner verrutschten Brille bitterlich weinend an der Schulter. Ein bewegender Moment mit ganz verschiedenen Inhalten für ihn und uns, seine Freunde und Jagdkameraden. Jeder von uns weiß, dass unsere Zeit im Dasein begrenzt ist. Der Umgang mit dem für alle Lebewesen unausweichliche Tod ist dem Jäger vertraut. Wie ich mich wohl fühle, wenn der meine auf die Schulter klopft. Imre schaute angestrengt zu Boden. Ich empfand tiefe Trauer, Glücksgefühl, Dankbarkeit für Franco und das alles zur gleichen Zeit. Er hatte in meinen Erzählungen von dem Brauch, des mit dem Stock schlagen auf den Allerwertesten des Jägers, der seinen ersten Hirsch gejagt hatte, gehört. Das traditionelle Zeremoniell war Imre auch bei Franco nicht auszureden. Es tat mir weh, ihm mit seinem lachenden Gesicht zuzusehen, wie er das kleine Wasserglas mit dem stechenden Marillenschnaps auf einen Zug leerte. Diese tragische Hirsch-Jagd mit Freund Franco aus Greve bleibt unvergesslich.

Nach unserer mühsamen Rückkehr nach Florenz wurde das Geweih seines Hirsches in der Wohnstube direkt über dem so stimmungsvollen Marktplatz von Greve platziert. Dort hängt das Geweih des Berghirsches aus dem fernen Bakonykuti sicher heute noch. Umgeben von den heimischen Schwarzwild-Trophäen aus den berühmten Weinbergen um den geliebten Ort im Herzen des Chiantis. Ich sehe den guten Franco, seinen jungen Sohn und seine liebevolle und tapfere Frau noch heute darunter sitzen. Dann verstarb der gute Freund. Alle begleiteten ihn auf dem kleinen Friedhof am Hang oberhalb von Greve in die ewigen Jagdgründe. Zu lange bin ich nicht mehr dort gewesen.
Ich erlebte noch eine merkwürdige und seltene Wiederholung in Bakonykuti. Dabei hatte ich das natürlich unrealistische Gefühl, der verstorbene Franco würde mir freudig zuschauen und den Lauf der Dinge insgeheim beeinflussen wollen. Genau an derselben Stelle, an der ich Franco bei der Erlegung seines einzigen und Lebenshirsch geholfen hatte, kamen vor der ersten Morgensonne, erneut zwei geringere Hirsche auf dem Fernwechsel, genau wie damals, auf uns zu. Die hätten schon für den Abschuss gepasst. Ich ließ den gestreckten Finger neben dem Abzug trotzdem gerade und fragte mich, ob es denn eine so exakte Wiederholung geben könnte. Nun könnte man als abgeklärter Hirschjäger sagen, auf einem Fernwechsel schon. Aber nicht auf den exakt genau gleichen Metern über ein riesiges weites Feld. Auf der Jagd wiederholt sich etwas genau Gleiches eigentlich nie. Imre und ich schauten uns wortlos und etwas länger als sonst an. Er schaute nach oben und sagte dann nur „Franco" und lüftete seinen Hut. Ich tat es ihm nach. Wir schwiegen und gingen in der klaren Morgenfrische durch die Furchen der sich unter unseren schweifenden Blicken weithin öffnenden Äcker. Ihre von den blanken Flugscharen aufgerissene und „gekämmte" Oberfläche reichte bis zum Horizont. Diesmal schlenderten wir ungewöhnlich langsam in unser Dorf zurück. Immer der Nase nach und dem heimisch riechenden Rauch der mit Holz beheizten warmen Häuser entgegen.

KAPITALE KEILER IM RUMÄNISCHEN URWALD

Ein befreundeter Unternehmer aus dem Odenwald war ein begeisterter, engagierter und waidmännischer Jäger. Er widmete dieser brennenden Passion nicht nur jede freie Minute in seinem heimischen Revier, sondern bereiste mit seiner ausgeprägten Jagdleidenschaft die halbe Welt. Seine exzellente körperliche Kondition war auch bei unserem letzten Zusammentreffen, wie immer, beeindruckend. Der vitale Unternehmer teilte die Freuden an der Jagd und sein unternehmerisches Organisationsvermögen großzügig mit einigen Jagdfreunden aus der näheren Heimat. Jährliche, von ihm privat organisierte Busreisen, bis in die Staatsreviere des ehemaligen rumänischen Diktators Ceausescu, bildeten einen Höhepunkt des Jagdjahres.

Seine eigentliche Leidenschaft war die Jagd auf den heimlichen Herrscher der Karpaten. Dem kapitalen Rothirsch in der abgelegenen und strapaziösen Berglandschaft. Einer meiner Söhne und ich hatten das Glück, an zwei dieser urigen, getriebenen Jagdausflüge auf kapitales Schwarzwild und Freunden mit einigen Lizenzen auf europäische Braunbären, teilzunehmen. Bären interessierten mich nach mich deprimierenden Jagden in Kanada und Alaska und auch in der Türkei definitiv nicht. Umso mehr ließ mir die Vorfreude auf kapitale Keiler in urigster osteuropäischer Urwaldlandschaft das Herz aufgehen.

Zum Sammeln der bunt gemischten Jagdgesellschaft trafen wir uns gemeinsam mit unseren Frauen am Vorabend der Abfahrt in einem gepflegten Brauerei Gasthof im Odenwald. Am frühen Morgen stand ein perfekt vorbereiteter, ausgewachsener Reisebus auf dem Parkplatz. Sein Laderaum war auch mit heimischem Bier vollgeladen. Hinzu kamen in diesem üppigen Stauraum unsere herbstliche Schlechtwetterausrüstung, die Gewehre, Einreisedokumente und Munition. Dann ging es nach der Verabschiedung von unseren Familien in Richtung Budapest. Nie vorher hatte ich die Vorzüge eines geräumigen Reisebusses mit fünfzig Plätzen, nur für uns 12 Jäger, über einen so langen Zeitraum schätzen lernen können.

Die erste Nacht verbrachten wir in einem einfachen Hotel in dem mir seit zwei Jahrzehnten so vertrautem Budapest. Einer der Mitjäger war damals noch ein fortgeschrittener Junggeselle. Er verabschiedete sich nach dem Abendessen mit dem Wissen, dass die Gruppe morgens um 8 Uhr weiterfahren musste. Alle standen pünktlich am Bus mit laufendem Motor. Nur einer fehlte. Wir Kameraden hatten Verständnis für ihn. Aber jetzt musste es weitergehen. Nach vergeblichen Anrufen im Zimmer des Kameraden sperrte der besorgte Hotelier mit einem Zweitschlüssel sein Zimmer auf. Es muss sich ihm ein ziemlich verschlafenes Bild geboten haben. Eine halbe Stunde später hatten wir auch diesen letzten Amigo samt Koffer und notdürftig angezogen auf den Hintersitzen des Busses ruhend liegen. Niemand hatte daran Anstoß genommen. Warum auch. So ist Kameradschaft unter Jägern.

Wir führten unerschöpfliche Gespräche voller Vorfreude in der Gruppe im Bus. Währendessen zogen die Landschaften und Straßen Osteuropas an uns vorbei. Kutschen und Eselskarren der Landbevölkerung und einige undisziplinierte und unbeleuchtete Zigeunerkarren machten das Fahren bei einsetzender Dunkelheit für unseren Busfahrer gefährlich. Wir alle kannten diese Bilder aus vorherigen Reisen in den Ostblock. Kurz vor dieser Reise las ich einen recht tendenziös geschriebenen Beitrag, wenn ich

mich recht erinnere, in einer Tageszeitung. Er sollte der Versuch eines Sittengemäldes von ausgenutzter armer rumänischer Landbevölkerung und eine Darstellung des Jagdtourismus als neue Kolonisierung der armen Länder Südosteuropas sein: *„Jagdtourismus als neue Kolonisierung der armen Länder Südosteuropas. Einer wurde von einem Bären angefallen. Sie kennen keine Noten, intonieren traditionelle rumänische Tanzmusik mit orientalischem Einschlag, geblasen auf schwerem Blech mit krachendem Schwung. Bis sie 1996 von einem Durchreisenden entdeckt wurden, waren sie bloß Bauern, sesshafte Roma, in einem 400-Seelen-Dorf in den abgelegenen moldawischen Hügeln am Rande der rumänischen Nord-Karpaten.“* sagte ein Westkritiker in einem gegen bestimmte Jäger gerichteten gesellschaftskritischen Beitrag über den Jagdtourismus dorthin (ARD/SWR Jägerträume – Traumjagden)
Ich habe es mehrfach völlig anders als dieser Autor erlebt. Unsere Besuche und friedlichen Kontakt im zukünftigen Ende Westeuropas waren bei allen Dorfbewohnern jederzeit hoch willkommen. In den kommunistischen Jahren wurde die lokale Bevölkerung von den Funktionären ihres totalitären Diktators Ceausescu zu Fronarbeit bei dessen Staatsjagden rücksichtslos erniedrigt und ausgenutzt. Wir hingegen brachten begehrte Westdevisen, eine sparsame Naturnutzung und vergleichsweise hoch bezahlte Arbeit für die lokale Dorfbevölkerung mit. Mit ausbeuterischem Kolonialismus hatte das absolut nichts zu tun.

Auch die weitere Fahrt verlief ohne Zwischenfälle. Spät abends trafen wir den lokalen Jagdorganisator in einer im Wald gelegenen privaten Herberge. Unsere Unterkunft lag in den Außenbezirken von Targu Mures (Neumarkt in Siebenbürgen) nur am Rande der Karpaten. Keine unserer Jagden verging, ohne dass wir in tiefster Dunkelheit, stundenlang in geländegängigen alten Kleinbussen hin und hergefahren wurden. Der unnötige Fahraufwand drückte auf die Stimmung. Bei den anschließenden Drückjagden trieben uns jeweils etwa 20 bis 30 ortskundige Männer der lokalen Bevölkerung das Wild weiträumig auf die verlosten Standplätze zu. Wir jagten in den unteren Ausläufern der bis zu 2500 Meter hohen Karpaten. Bis der letzte der Schützen mit Abständen von bis zu 100 Meter Zwischenräumen seinen Platz eingenommen hatte, vergingen bei mehreren Treiben am Tag bereits insgesamt einige Stunden. Wir erlebten im Durchschnitt drei aufregende Treiben täglich, mit einer kurzen Mittagspause im Revier. In einigen der Revierteile hatte bis vor kurzem noch der totalitärste Diktator des gesamten Ostblocks, Nicolae Ceausescu, seine privilegiertes Staatsjagden durchgeführt. Dabei bediente er sich, im Gegensatz zu uns, der unbezahlten Fronarbeit seiner damals ausgebeuteten und geknechteten lokalen Bevölkerung. In den ehemals abgesperrten Landschaften und riesigen Urwäldern hatte er einige hohe Schlafsitze, teilweise sogar mit Öfen, vor extra eingerichteten Zwangswechseln des Wildes für sich errichten lassen. Nach Ceausescus Hinrichtung durften die lokalen Dorfbewohner endlich wieder Besitz von ihrem Land nehmen. Die an uns westlichen Jäger vermittelten Treibjagden brachten Arbeit, Wildfleisch und bedeutende Erträge in harter Währung auch für die Dörfer und Kommunen.
Unsere Treiben wurden in verschiedenen Staatsrevieren mit bis zu 50 Kilometern Entfernung voneinander durchgeführt. Weit vor Sonnenaufgang saß unsere ganze verschlafene Schicksalsgemeinschaft, genau wie am späten Abend erneut, in völliger Dunkelheit in einem an allen Rädern angetriebenen russischen Kleinbus. Der nicht gedämpfte Mittelmotor brüllte uns unerträglich in die Ohren und gab seine Arbeitswärme in den Passagierraum. Wir hockten dicht gedrängt auf den harten Bänken, wie ein Haufen eng aneinander gelegten, geschüttelten Gurken im Glas. Jeder umklammerte sein Gewehr damit

die Zieloptik keinen Schaden nahm. Noch mit der Müdigkeit in den Knochen wurden wir nach der Auslosung der Stände kilometerweit abgestellt. Die Landschaft war mittelgebirgig und voller Steigungen. Ich kämpfte mit den Folgen der Anstrengungen und dem einen Glas Wein zuviel am Vorabend. Wem sollte ich mit meinen unregelmäßig einsetzenden Herzrhythmusstörungen auf die Nerven fallen? Aber warum waren wir hier her gekommen. Natürlich wegen der urigen Natur, der rustikalen Jagd und der guten Kameradschaft.

Umfangreiche Treiberwehren mit einigen Mischlingshunden brachten das Wild auf die Läufe, so, dass es auf uns zu getrieben wurde. Eigentlich bei jedem Treiben hatten die meisten von uns Anlauf. Der fast immer vor Regen tropfende europäische Urwald war eine neue, meine Sinne aufregende Erfahrung. Selbst die Gerüche in diesem europäischen Urwald waren stärker als die vergleichbaren in der Heimat. Besonders in der bereits angewärmten Feuchtigkeit des späten Morgens riecht man bekanntlich viel intensiver. Die Luft war spürbar reiner als im industrialisierten Westen. Unsere Duftrezeptoren schicken die wahrgenommenen Geruchsbotschaften als chemische Information ans Gehirn. Dort werden sie bekanntlich in elektrische Nervensignale umgewandelt. Etwas, was ich in der Karibik und den Tropenregen meiner zweiten Heimat Venezuela noch intensiver erlebt habe. Wegen der reinen Luft im Llano können die Menschen Gerüche dort noch besser wahrnehmen.

Häufig mussten wir bei unseren Treibjagden in den Karpaten reißende Bäche ohne Brücken überqueren. Dabei durften wir mit unserer Jagdwaffen nicht stürzen. Nasse Füße bekam man aber immer. Außer ungewöhnlich kapitalen Keilern erwarteten uns hier Unmengen von europäischen Braunbären. Einige Jagdkameraden hatten für diese, sonst in Europa eher seltenen Petze, besondere Lizenzen bezahlt. Ich wollte nur auf das hier vorkommende kapitale Schwarzwild jagen. Der Übersetzer erzählte uns, dass man besonderen Wert darauf legte, die Auslosung der Stände peinlich genau und ehrlich durchzuführen. Das wäre unter passionierten Jägern gut für die Erhaltung der Freundschaft. Trotzdem tauschten wir, die wir weniger jung und weniger gut zu Fuß waren, auch gerne mit Nachbarn auf Ständen, die mit weniger weiten Anmärschen verbunden waren. Nachdem die Ersten vor jedem Drücken ihre Plätze eingenommen hatten, galt es für sie teilweise bis zu einer Stunde zu warten, bis endlich alle Einstände und Wechsel weiträumig umfasst waren. Auch das Warten in einer völlig fremden Landschaft war, trotz Müdigkeit und des beständig tropfenden Regen, äußerst spannend. Das Unbekannte steigert die Vorfreude. Man gab sich seinen Gedanken hin und empfand dabei eine wachsende Anspannung.

Ich hatte mich bei diesem Ausflug nach Transsylvanien für meine fein gearbeitete spanische Doppelbüchse aus dem Baskenland mit kleinem Zeiss Zielfernrohr im Kaliber .375 Holland & Holland Magnum entschieden. Es sollte sich bei der Stärke des Schwarzwildes als eine ideale Wahl herausstellen. Mit dem ersten Schuss konnte ich auf offeneren Flächen durch das kleine Zielfernrohr weit „hinlangen". In dichtem Busch waren die zwei schnellen Schüsse, ohne das aufgesetzte Zielfernrohr das Mittel der Wahl. Die meisten Anläufe wurden mir im Dickicht, auf Wechseln im Wald und am Rande von kleinen Lichtungen zugelost. Den Wald konnte man fast immer Urwald nennen. Schon zu K. u. K. Zeiten und der Kaiserin Maria Theresia war das geerntete Holz das Gold der Karpaten. Zum urbar machen und kultivieren der Holzwirtschaft hatte man damals Deutschsprachige aus dem fränkischen Zips und dem bayerischen Bad Tölz sowie aus Österreich in den Waldkarpaten angesiedelt.

Unser historisch bewanderte rumänische Übersetzer erzählte uns, wo die Dracula Sage und die gruseligen Geschichten vom Pfählen herrührten. Noch vor hundert Jahren sollen die Menschen in den völlig

abgelegenen Bergdörfern tote Familienangehörige ausgegraben haben, die ihnen angeblich keine Ruhe ließen. In ihrem Aberglauben und der Angst vor den Geistern der Un-Toten trieben sie einen Pfahl durch die Leichen oder verbrannten ihre Herzen und tranken den Sud der Asche. Dadurch sollten die Geister die Lebenden in Ruhe lassen. Er meinte, dass man verstehen müsse, dass viele dieser völlig abgeschieden lebenden und einfachen Menschen im Lande Draculas damals nicht Schreiben und Lesen konnten. In den arbeitslosen langen Winternächten und umgeben von einer gruseligen Natur, empfand man Angst. Daraus entstanden eben besonders schaurige Geschichten und Märchen.
Man lebte von jeher mit Bären und Wölfen in einer besonders in den langen Wintern lebensfeindlichen Natur. Die Karpatenbevölkerung entwickelte deshalb zum Überleben ein besonders feines Gespür für die Zeichen und Geschehnisse in der Natur. Dass merkte man auch unseren vor Ort erfahrenen Jagdleitern und unermüdlichen Treiberwehren an. Die meistens üppige Vegetation erlaubte unserer Jägergruppe überwiegend kurze Schussentfernungen von maximal 50 Metern. Die Keiler waren für deutsche Maßstäbe ungewöhnlich schwer im Wildbret und kamen bereits durch die Hunde abgehetzt in annehmbarem Tempo heran. Ich empfand es als ungemein spannend, wenn diese gewaltigen Keiler oder Hauptschweine sich erst in den letzten 50 bis 100 Metern entschieden, welchen Wechsel zu welchem lauernden Schützen sie benützen würden. Genauso gewaltig, wie die Menge an Beute, war dann auch die Freude des Schützen, der das Glück gehabt hatte, den finalen Anlauf zu erleben. Es blieb uns viel Zeit für genussvolle Vorfreude und um den Schuss auf die Schulter oder präzis auf den Telleransatz (Ohrloch/Wirbelsäule) zu setzen. Bei keiner anderen Schwarzwild Treibjagd konnte ich so viele ideal Schüsse antragen und dadurch blitzartiges und beeindruckendes Verenden der schweren Keiler erleben. Ich habe die gewaltige und bannende Explosivität der Teilmantelgeschosse des rasanten Kalibers aus der Doppelbüchse (mit und ohne Zielfernrohr) in dieser Landschaft besonders geschätzt.
Bei einem Treiben erhielt ich bei der Auslosung einen ehemaligen „Königssitz“ von Herrn Ceausescu persönlich. Die Plattform der für die Ewigkeit gebauten Kanzel aus kräftig dimensioniertem Eichenholz war etwa wie ein Boxring 5 x 5 Meter groß. Sie war ideal auf der Spitze einer Anhöhe mit einem steilen Tal darunter gelegen. Wir waren von lichtem Hochwald umgeben. Das von Hunden und Treibern gedrückte, beschwerlich und daher langsam den steilen Hang hochsteigende Wild wurde unter mir gegen den 200 Meter breiten V-förmigen Trichter aus mit Zweigen verblendeten Eichenpfählen und Maschendraht gedrückt. Dieser Zwangswechsel gab das Wild, genau vor dem Sitz des Diktators, für den dadurch ruhig abgepassten Schuss im langsamsten Moment des Steigens frei. Bequemer und unwaidmännischer geht es nicht. Ich hatte nur bei diesem einen Trieb mehr als 20 europäische Braunbären in völlig freier Wildbahn und in lichtem und frei geräumten Hochwald im Anblick! Manche davon hätte ich, wie man so schön maßlos übertreibend sagt, mühelos mit dem Taschentuch erlegen können. Es war von meiner hohen Kanzel aus ein eindringliches Schauspiel, sie im vollen Galopp gegen den lockeren Waldboden am aufsteigenden Hang herantrommeln zu hören. Ich konnte ihren weißen Atem stoßweise schnaubend aus ihrem geöffneten Fang und den Nasenlöchern entweichen sehen. Zwei unserer Kameraden erlegten ihren heiß ersehnten prächtigen Bären. Außerdem fielen, alleine in diesem Treiben, 12 Stück Schwarzwild. Einige davon waren im Wildbret kapital. Sie trugen Trophäen mit bis 25 cm Waffenlänge. Diesmal, trotz unvergesslichem Bärenanblick, war kein starker Keiler für mich dabei.
Anders natürlich, als bei den wenig weidmännischen Jagden in den moslemischen Ländern Nordafrikas und im Hochland Anatoliens, wurden das Wildbret und die Saudecken in Rumänien restlos verwertet.

Natürlich haben die kapitalen Keilerwaffen von den rumänischen Drückjagden auf Holzschildern einen Ehrenplatz über unserem Kamin. Auch die dunklen, langborstigen Keilerdecken meiner zwei stärksten Keiler nahm ich gesalzen zum Gerben mit nach Hause. Es war ein besonders gutes Gefühl zu erleben, mit welcher Freude das begehrte Wildbret allen Wildes dem lokalen Verzehr zugeführt wurde.
Wir begegneten während unseres Aufenthaltes einigen einfachen und aber immer freundlichen Bauern der Waldkarpaten. Die versorgten sich in Ihren einsam gelegenen Höfen oder kleinen Dörfern noch weitgehend selbst. Unsere Gruppe hatte ab der rumänischen Grenze einen Mediziner als Übersetzer und Organisator als Begleiter. Durch ihn habe ich Einiges über die Lebensumstände der zu uns sehr freundlichen Landbevölkerung erfahren. Manche Familie lebte von einer Handvoll Schafe und einer Kuh im Stall. Die Schafe wurden in riesigen Herden von Mitte Mai bis Mitte September auf die natürlichen Hochalmen an der Baumgrenze getrieben. Die Gastfreundschaft dieser ursprünglichen und stets bescheidenden Menschen war groß. Besonders große und furchtlose Moriska-Hunde verteidigten ihre Schaf- und Rinderherden gegen Bären und Wölfe. Mehrfach hörten wir die Wölfe von Weitem heulen. Für mich ist das immer ein etwas unheimliches Geräusch, welches an allerlei Schauermärchen aus meiner Kindheit erinnert. Für die Dorfbevölkerung war die Bedrohung ihrer Viehbestände durch Isegrim und Meister Petz eine tägliche Realität. Einige Kameraden erlegten ihren ersten Wolf in verschiedenen Treiben. Ich hatte meine Neugierde darauf in Nordamerika hinter mir gelassen und kein Interesse mehr an einer solchen Jagd.
Bei einem der anderen Treiben hatte man mich am Boden in einer tief eingeschnittenen Bergfalte mit zwei Meter hohen Fichten abgestellt. Mein Platz lag höchstens zwei Meter neben einem mannsbreiten deutlich benutzten Wechsel. Ich war mit einem aus Amerika neu angekommenen Tarnanzug gegen den Regen und mit Gesichtsnetz gekleidet, und deshalb kaum auszumachen. Einmal allein gelassen, saß ich regungslos auf meinem Sitzstock perfekt getarnt und mit dem Rücken gegen eine hohe Tanne gelehnt. Nach einer Weile hörte ich, wie das Treiben sich in meine Richtung bewegte. Ganz junge Tannen und Laubbüsche am oberen Rand des Einschnitts begannen sich wild schlagend zu bewegen. Das wird ein direkter Anlauf zu mir am tiefsten Punkt der Bodenfalte, dachte ich. Man kennt dann das bekannte aufsteigende Glücksgefühl. Der Puls schoss nach oben. Ein dunkles, fast schwarzes Stück „kugelte" in hastigen Lauf den steilen Hang durch den jungen Fichtenbestand hinunter und direkt auf mich zu. Ich machte mich sitzend ohne verräterische Bewegungen im Halbanschlag schussfertig um die vermeintliche Sau nicht durch Bewegungen zum Abdrehen zu bewegen. Als sich die letzten Jungfichten vor mit teilten und öffneten schoss ein dunkler Bär, wie eine Kanonenkugel, direkt auf mich zu. Ich hatte keine Bärenlizenz gelöst und wollte auch auf keinen Fall einen erlegen. Es war jetzt eine Begegnung von zwei Metern neben einen vor den Hunden um sein Leben flüchtenden Bär. Für mich auf Schwarzwild lauernden Jäger war es nun zu einem Point of No-Return (Punkt ohne Umkehr) gekommen. Wenn ich jetzt nicht schießen würde, dann rennt er mich um, beißt oder schlägt mich mit seinen Tatzen nieder. Glücklicher Weise irrte ich mich. Durch die Tarnkleidung hatte mich der völlig erschrockene Bär erst auf gleicher Höhe und in vollem Galopp wahrgenommen. Ich sah in seiner ausdruckslosen „Mine" und direkt in die jetzt mir zugewendete Lichter in erschreckend kurzer Entfernung neben meiner Schulter. „Wufff..." spürte ich den Winddruck seines vorbeihastenden Körpers auf meiner bestimmt nicht vor Scham geröteten Gesichtshaut. Eine kurze Begegnung mit einem rasenden, starken Bären auf 2 Meter Distanz. Wer von uns Beiden mehr erschreckt war, vermochte ich nicht abzuschätzen. Meine Unterhose

blieb jedenfalls nur mit Mühe trocken. Dann war er in wenigen Sekunden in einem weiteren tiefen Tal hinter mir verschwunden.
Als mich der abstellende Jagdleiter kurz darauf abholte, muss ich immer noch ziemlich erschüttert ausgesehen haben. Nach einem Zeigen auf den heftig aufgerissenen Waldboden deutete er voller Verständnis auf die direkt an mir vorbei führenden kapitalen Bäreneingriffe im Waldboden um dann schmunzelnd zu lächeln. Man versteht sich mit Augenkontakt und benötigt in solchen Situationen keine gemeinsame Sprache. Ob einige Felsenbilder unserer frühen Vorfahren als Schilderungen von Nacherzählungen über direkte Konfrontationen und das eindringliche Reden darüber untereinander so zustande gekommen waren? Oder waren es die Beschwörungen der Schamanen? Wer weiß es? Der Schreck saß mir noch so frisch in den Nerven, das es beim Sammeln eine Weile dauerte, bis ich im Kreis der Kameraden über das gerade Erlebte sprechen konnte.
Ich habe in einigen Ländern des Ostblocks gejagt. Die ursprünglichen rumänischen Karpaten mit ihren teilweise noch natürlichen Urwald voller Naturschönheiten und seinen einfachen, freundlichen Menschen haben mich besonders tief beeindruckt. Meine starken Keilertrophäen von dort bringen mir heute an der Wand einige der wunderbaren Erinnerungen aus der unberührten Wildnis zurück. Gerne möchte einen erneuten Ausflug dorthin mit mehr Zeit unternehmen. Dieses Land, am östlichen Rand und innerhalb der EU, bietet noch starke Landschaften und sinnliche Eindrücke, wie wir Jäger und Naturfreunde sie besonders genießen.

JAGDDRAMA IN SPANIEN

Fünf Freunde, die sich aus ihrer gemeinsamen Zeit in einem internationalen Weltkonzern kannten, verabredeten sich jedes Jahr für eine gemeinsame Jagd. Zwei von ihnen sollten unter denkwürdigen und einer sogar unter dramatischen Umständen aus diesem Leben scheiden. Einer starb auf profane Art sehr unglücklich bei der Vorbereitung auf dem Rasen seiner Villa und der andere am letzten Tag der Freundschaftsjagd in Spanien.

Man jagte gemeinsam in Afrika, Ungarn und dem Ostblock. Dieses Mal pirschte die Gruppe zur Hirschbrunft in Andalusien auf der 1000 Hektar großen Jagdfarm eines guten spanischen Freundes. Daran nahm ich mit unserem 23 Jahre alten Sohn und seinem wenige Jahre älteren Freund ebenfalls teil. Aus bestimmten Erwägungen habe ich mich nicht an den dort auch üblichen Monteria-Jagden beteiligt. Monterias sind Hochwild-Hetztreiben vor der Hundemeute in eingezäunten Gebieten mit einem gesetzlichen Minimum für Hochwild von 500 Hektar Größe. Wir trafen die anderen Jäger der Freundesgruppe erst zum Ende ihrer bereits erfolgreich abgeschlossenen Pirsch-Jagden.

Die Jagdfarm liegt am Rande des größten Anbaugebietes von Oliven auf der ganzen Welt, in der Nähe der Stadt Jaen. Die in scheinbar endlosen Reihen bepflanzten Olivenflächen nannte ein spanischer Poet so treffend, *„das gekämmte Land“*. Einen anderen aber durchaus ähnlich „gekämmten“ visuellen Effekt für das Auge besitzen die Lavendelplantagen in Teilen der südfranzösischen Provence und die jedem bekannten Weinberge auf der ganzen Erde.

In Andalusien stehen 150 Millionen gepflanzte Olivenbäume und jeder Spanier weiß, dass man 5 bis 7 Kilo Oliven ernten muss, um einen Liter des so gesunden Olivenöls daraus zu pressen. Der Ertrag eines ganzen Baumes bringt, je nach Sorte und Alter, durchschnittlich nur 3 Liter dieses edlen Öls. Man erzeugt in dieser andalusischen Landschaft um die Stadt Jaen herum mehr als in ganz Italien und 20 Prozent der gesamten Weltproduktion. Die riesige Fläche von einer halben Million Hektar ist mit über 60 Millionen Olivenbäumen bepflanzt. Es ist die traditionelle Bodennutzung in eine auf den Höhenzügen und weiten Bereichen kargen Landschaft. Sie verläuft in den Ebenen des Flusses Guadalquivir. Das Olivenanbaugebiet verbindet sich an vielen Stellen mit den Steineichen- und Pinienwäldern der Sierrahöhenzüge. Diese Kombination von traditioneller Kulturlandschaft und arider Wildnis ist ein idealer und durchaus wilder Lebensraum für verschiedene Wildtiere (iberisches Rotwild, Schwarzwild und Rebhühner). Hier wollten wir in dieser Gruppe von alten Freunden iberisches Rotwild in der Brunft jagen.

Anders als unsere Freunde, hatten mein Sohn, sein Freund und ich Zimmer über dem kleinen Restaurant La Colegiata im burgartigen Ort Castellar bezogen. Hier war die traditionelle Küche besonders gut. Die Zimmer sind landestypisch einfach eingerichtet und der begrünte Innenhof mit seinen Tischen ist malerisch schön. Alle anderen Jäger der Gruppe hatten ihre individuellen Jagderlebnisse auf das iberische Rotwild in der noch anhaltenden Brunft bereits hinter sich. Es herrschte deshalb bei unserem jährlichen Zusammentreffen in dem näheren Dorf Venta de Los Santos (Montizon) eine gelöste Atmosphäre voller ausgelassener Freude über unser Wiedersehen. Die meisten von uns lebten in weit von einander entfernten Ländern. Das gemeinsame Programm sah vor, dass wir uns nach dem Feiern unseres Zusammentreffens am nächsten Morgen auf der Finca treffen wollten. Einige wollten weiter jagen und andere die Natur beobachten.

Inmitten des noch anhaltenden Brunftgeschehens stießen wir bereits beim Eintreffen vor dem Jagdhaus des Besitzers auf einen jungen Hirsch. Er lungerte als halbzahmer und ehemals mit der Flasche groß gezogener Spießer in unmittelbarer Nähe des Hauses herum. Inzwischen war er jedoch ein freilaufender, fast erwachsener Hirsch. Natürlich war er weder ganz zahm, noch ganz wild. Der Halbstarke benahm sich merkwürdig. Seine Hormone reagierten offensichtlich beeinflusst von den um ihn herum brunftenden Artgenossen. Sein verwirrtes Benehmen war mir sofort als extrem unangenehm aufgefallen. Er versuchte, durch den erwachenden Brunfttrieb sichtlich erregt, sogar auf Menschen aufzureiten und forkelte schlimmer als mit einer Mistgabel gefährlich mit seinen beiden ausgeprägten Geweihspießen an Menschen und Autos herum. Dieser besagte Spießer sollte noch eine tragische Rolle in dem Jagdgeschehen einnehmen. Unser Freund und Inhaber stellte nachdrücklich klar, dass dieser halbzahme, auffällige junge Hirsch den Jäger hier und da auf dem Ansitz vorkommen könnte. Wir sollten den bitte auf keinen Fall versehentlich erlegen. Darum wurden die beiden jüngsten relativ unerfahrenen Jäger besonders gebeten.
Am nächsten Tag stellte der Inhaber der eingezäunten Finca meinen Sohn und dessen Freund oberhalb eines bewährten Beobachtungsplatzes ab. Es sollten reife Hirsche auf ihren Standplätzen lokalisiert, angepirscht und erlegt werden. Auf gar keinen Fall Junghirsche, Spießer oder weibliches Rotwild. Der Besitzer und ich pirschten derweil zu einem Brunftplatz. Der lag etwa in einen Kilometer Luftlinie Entfernung am Boden des weiten Tals. Dort angekommen hörten wir nach einer Weile drei unmittelbar und ganz kurz hintereinander abgegebene Schüsse aus der Richtung der jungen Leute. Es war das mit meinen Söhnen seit Jahren abgesprochene Notsignal. Ich schaute durch mein hochwertiges Fernglas zu ihnen. Man konnte in der flirrenden Hitze nur schemenhaft erkenne, wie zwei Gestalten um einen Baum herum vor irgendetwas beständig auszuweichen versuchten. Dann folgten zwei weitere Schüsse. Der Inhaber und ich sahen uns besorgt an und liefen, so schnell wir konnten, los.
Plötzlich hatte ich meinen Sohn mit tränenerstickter Stimme am Mobiltelefon. Ich verstand soviel, dass er in Lebensgefahr gewesen war, nun einen Sterbenden im Arm hatte und einen Spießerhirsch in Notwehr erschießen musste. Eine mich auf das Höchste alarmierende Notsituation! Als wir nach einem für meinen Gesundheitszustand lebensgefährlich schnellen Lauf bergauf, etwa nach 10 Minuten, endlich an der Stelle der Ereignisse angekommen waren, bot sich uns ein unvergessliches Bild. In den Armen meines weinenden, jungen Sohns lag der neben ihnen auch Wild beobachtende unbewaffnete südafrikanische Freund. Er war unmittelbar vor dem Anruf meines Sohnes zu Tode gekommen. Wie sich bei der späteren Obduktion herausstellte, trat der Tod abrupt durch eine abgerissene Bypass-Herzarterie ein. Sein lebloser Körper lag seit einer viertel Stunde am Boden. Ich fühlte absolut keinen Herzschlag mehr an seinen Halsgefäßen. Sein Gesicht war blau angelaufen.
Nachdem mein Sohn in meinen Armen liegend sich einigermaßen gefasst hatte, sahen wir den traurigen Rest des Geschehens. Wir deckten eine Jagdkotze über den Körper unseres gerade verstorbenen Freundes, um seinen Leib vor der flachen Sonnenstrahlung zu schützen. Einige Meter tiefer, als der tote Freund, lag der mit zwei Einschüssen inzwischen verendeter Spießer am Hang. Es war der unselige, halbzahme Farmhaushirsch. Der über den Unfall untröstliche spanische Jagdfarminhaber hatte inzwischen die Polizei und den Unfallwagen per Mobiltelefon benachrichtigt. Ihre Anfahrt sollte wegen der Abgelegenheit und dem schwierigen Gelände knapp zwei unvergessliche Stunden Warten für unsere trauernde Jagdgesellschaft dauern.

Mein immer noch verwirrter, aufgelöster Sohn und sein älterer Freund erzählten uns den Hergang der außergewöhnlichen Tragödie. Beide saßen bei ihrem Ansitz im Gebüsch auf dem Boden eines Hangs. 30 Meter weiter von ihnen hatte sich der jagdliche erfahrene 65 jährige Südafrikaner zu ihnen gesellt, um den brunftenden Hirschen zuzusehen. Er war nach dem erfolgreichen Ende seiner Hirschjagden an den Vortagen ohne seine Büchse mit auf den Ansitz gegangen. Plötzlich trat dann der Haushirsch aus den über mannshohen dichten Sträuchern zu den beiden auf dem Boden ansitzenden jungen Jägern. Er versuchte sie sofort aggressiv zu forkeln. Sie waren ja nachdrücklich vom Hausherrn belehrt worden, dass sie den Spießer auf keinen Fall schießen durften. Also liefen die beiden bewaffneten, jungen Jäger, getrieben vom Hirsch, immer um zwei Bäume herum und vor ihm fort. Mein verzweifelter Sohn gab endlich die drei Schüsse in den Himmel zur vergeblichen Abschreckung und als Notsignal an mich ab. Offensichtlich war der ehemals zahme Hirsch Schüsse in seiner Nähe gewohnt. Dann konnte unser Sohn im Laufen nachladen. Als die Situation bedrohlicher wurde, wollte ihnen der unbewaffnete südafrikanische Freund kameradschaftlich zu Hilfe eilen, ohne, dass sie ihn darum gebeten hatten.
Der Hirsch nahm den sich ihm in den Weg stellenden Freund mit gesenktem Spießgeweih sofort an. Der unterschätzte die enorme Kraft eines mit Adrenalin angefüllten, brunftigen Rothirsches. Der Freund umfasste, zwischen den beiden tödlichen Stangen hindurch, den Träger des Hirsches. Beide, der Hirsch und unser Freund fielen daraufhin, miteinander ringend, etwa 20 Meter umschlungen der Hang hinunter. Dort kam der Hirsch wieder auf seine Läufe und der Südafrikaner hing immer noch verzweifelt festgeklammert zwischen dessen Spießen am Träger. Er konnte das kräftige Tier nicht ewig halten. Dann schrie er die verstörten Jungen in Todesangst an, nicht zu schießen. Er hätte Angst von einer Kugel getroffen zu werden. Mein Sohn tat es nach einigem Abwarten wegen der großen Not und Verzweiflung des Freundes trotzdem. Er schoss dem Hirsch aus nächster Nähe und von erhöhter Warte am Hang mit seiner Büchse im rasanten Kaliber .300 Remington Ultra Magnum in das hinterste Rückrat des frei sichtbaren Hinterteils. Daraufhin ließ der Hirsch vom Südafrikaner endlich ab. Der zweite, wieder äußerst vorsichtig abgegebene Schuss, traf genau das Rückgrat des nun frei stehenden Hirsches auf der Höhe seiner Nieren. Die Schusswirkung ließ ihn dann fulminant zusammenbrechen.
Nach dem ersten Schuss, löste sich der Freund mit blutenden Händen vom Spießergeweih und stand völlig ausgepumpt wieder ein paar Sekunden auf seinen Beinen. Zuerst wollte er seine bei dem tödlichen Ringen verloren gegangene Brille wieder aufheben. Deshalb bat er die immer noch verdatterten Jungen und selber noch völlig außer Atem, um ihre Hilfe bei der Suche nach seiner starken Brille. Er stolperte in die Richtung meines Sohnes und brach dann mit einem Laut der Verzweiflung in den ihn auffangenden Armen unseres Sohnes zusammen. Beide sanken zur Erde und der Freund lief lila und Blau im Gesicht an. Nach nur wenigen Sekunden hielt der Junge unseren und eben noch so tapferen Freund in seinen Armen. Bei seinem Hilfeversuch hatte der tapfere Mann das irre Ringen mit dem Hirsch mit seinem Leben bezahlt.
Aus der Nachsicht ist es einfach dieses tödlich ausgehende Verhalten für den erfahrenen Jäger zu hinterfragen.
Es war schwer für uns, seiner Ehefrau und dem verzweifeltem Sohn im Hintergrund am Telefon in Südafrika diese unglaubliche und fürchterlich tragische Geschichte mitzuteilen. Seine Frau erzählte einem unserer beteiligten Freunde am Telefon unter herzzereissenden Weinen von seiner glücklich überstandenen Bypassoperation vor einem Jahr. Der geborene Südafrikaner war ein erfahrener Jäger und Natur-

bursche. Er hatte viele gefährliche Begegnungen mit Büffeln und Raubtieren in seiner wilden afrikanischen Heimat auf der Jagd erlebt. Nun kam er auf diese elende Art und Weise durch einen brunftigen Junghirsch in Spanien ums Leben. Ich finde, dieser Bericht über ein trauriges Jagderlebnis verdient den Titel „Eine tragische Geschichte".
Natürlich mussten sich alle Anwesenden der stundenlangen Untersuchung und dem peinlich genauen Verhör der eingetroffenen Staatsanwaltschaft und Guardia Zivil am Unfallort stellen. Der Hergang wurde mit allen Spuren, dem Hirsch und den abgeschossenen Hülsen genauestens fotografiert und in unterschriebenen Einzelprotokollen dokumentiert. Die in Andalusien eingeäscherten Reste unseres verstorbenen Freundes wurden in Südafrika zu Grabe getragen. Der ganze Vorfall ging natürlich durch die spanische Presse. Einer der tragischen Jagdunfälle, der wieder einmal zeigt, dass auch unsere manchmal als zahme Bambis dargestellten wilden Tiere in Europa Jäger durchaus tödlich verletzen können.
Absolut korrekt fand ich das Verhalten aller Beteiligten. Ob das Ringen mit dem Tier allerdings wirklich der einzige Weg gewesen wäre, lässt sich im Nachherein immer leicht bezweifeln. Manche Entscheidungen sind situative und spontan getroffene. Wären weitere erfahrene Jäger dabei gewesen, hätte man den Junghirsch natürlich, trotz des Verbotes, sofort beim ersten Annehmen gestreckt. Etwas, was niemand von jungen, unerfahrenen und gut erzogenen jungen Leuten nach dem Vergattern durch den Farmeigner erwarten kann. Beide jungen Männer wurden in dieser Hinsicht fürs Leben traumatisiert. Sie werden diesen Vorfall niemals vergessen können. Unser Sohn hat sich aus meiner Sicht vorbildlich und tapfer verhalten. Ich sagte ihm damals, dass ich meinen Hut vor ihm ziehe und er Alles, wirklich Alles, absolut richtig gemacht hatte. Wir alle haben später mehrere lange Gespräche mit der Frau des Verstorbenen und besonders dem jungen Sohn des Toten geführt. Es war eine traurig und nachdenklich machende Jagd mit tödlichem Ausgang für einen tapferen Freund und lebenslanger Trauer für seine Familie.
Wir haben diese Jagd abgebrochen.

Es gibt noch einen am Anfang dieser Geschichte angekündigten weiteren traurigen Nachtrag.
Bei einem anderen Treffen für eine gemeinsame Jagd in Südafrika des Restes der gleichen Gruppe verunglückte der Organisator und Freund wenige Tage vor der Jagd auf tragische Weise.
Nicki stürzte beim Rasenmähen an seinem Schwimmbad im Garten so unglücklich auf eine steinerne Umrandung, dass er starb. Natürlich wurde auch diese von ihm fertig organisierte Jagd abgesagt. Die bedauernswerten Familien der verstorbenen Jagdfreunde und Arbeitskollegen leben am Rande von Johannesburg nur wenige Kilometer voneinander entfernt. Es war unumgänglich, ihren Männern und Vätern in diesem Buch ein Andenken von gemeinsamen Erlebnissen zu bewahren.

DREIZEHN JAHRE ABENTEUER UND JAGEN IN VENEZUELA

Es geht hier nur um wenige ausgesuchte Erlebnisse aus dreizehn Jahren mit meiner Familie in den venezolanischen Dschungeln, den Llanos und ihren Bewohnern. Unsere Freizeit in Venezuela verbrachten wir kaum mit Besuchen in der Oper, bei Theaterbesuchen und auf sonstigen Kulturveranstaltungen. Auch nicht vor dem Fernseher mit seinen für uns meistens unzumutbaren Programmen. Zu groß war die Versuchung an den herrlichen Stränden der Karibik die Naturschönheit oder das abenteuerliche Jagen und Fischen im Landesinneren zu erleben. Gelegenheiten, diese reiche südamerikanische Natur in vollen Zügen zu genießen, hatten wir während unserer zwei ereignisreichen Aufenthalte hundertfach. Während der ersten sechs Jahre lernte ich erst das Landesinnere, die tropischen Strände und die vorgelagerten Inselparadiese kennen. Als Neuling in den südamerikanische Subtropen musste ich mich vertraut machen mit den Eigenheiten der Menschen, der teilweise unerschlossenen Geografie und den unbekannten Gefahren in den diversen Biotopen. Dazu und für die Registrierung einer ersten Schrotflinte wurde ich Mitglied in einem Jagdclub in Caracas. Kugelbüchsen mit gezogenen Läufen waren für den Normaljäger verboten. Legales Jagen auf alle größeren Säugetiere war nur mit dem rauen Schrotschuss aus Posten oder Brennecke Geschossen möglich. Ich erhielt bald erweiterte Möglichkeiten zum Führen von allen Arten von Waffen. Bei jeder sich bietenden Gelegenheit verbrachte ich viele der freien Wochenenden im Dschungel, an Flussläufen, auf Karibikinseln und auf diversen Farmen im ganzen Land. Ich glaube, es war auf dem Weihnachtsmarkt der Deutschen Schule, als wir einen der bedeutendsten deutschen Jagdschriftsteller und seinen Freund Karl-Heinz kennen lernten. Gert hatte drei Jahre in dem Land verbracht. Trotzdem entstand in späteren Jahren aus dieser kurzen Begegnung mit einer schnell gefühlten Seelenverwandtschaft eine verbindende und beseelte Freundschaft. Karlchen war mit 23 Jahren, also Ende 1950, beinahe 20 Jahre vor mir nach Venezuela gekommen. Er sollte dort 30 Jahre verbringen. Seinen Lebensunterhalt verdiente er als angestellter Verkäufer und Reisender. Karl wurde später Mitbesitzer dieses Großhandels für Werkzeuge, Eisenwaren und landwirtschaftlichen Bedarf für Farmen. Eine Tätigkeit voller unabhängiger langer Reisen mit idealen Jagdgelegenheiten und einer Vielzahl von Kontakten im tiefsten Landesinneren. Telefone gab es damals nur wenige und er war deshalb während seiner langen Abwesenheiten auf sich alleine gestellt. Davon irgendwann überdrüssig, heiratete eine sehr selbstständige und energische Ehefrau. Sie musste sich mit einem eigenen, unabhängigen Geist ausgestattet, ihr Leben auch während seiner Abwesenheiten einrichten. Als ich die Familie kennenlernte hatten sie und Karl fünf halbwüchsige Kinder und lebten in einem schattigen, alten Haus, nicht weit von uns. Karl war urdeutsch, hart gesotten und mit Jugendidealen aus einer mir glücklicherweise unbekannten „braunen“ Zeit angefüllt. Man muss allen während der Kriegsendzeit in der Pubertät stehendem Jungen der Hitlergeneration die besondere Umstände ihres Aufwachsens zugute halten. Diese Altersgenossen, mussten sich unter geschichtlich extremen Kriegs-Umständen zum jungen Mann entwickeln. Ohne Details zu kennen, kann man sich vorstellen, dass diesen jungen Füchsen nach dem brutalen Krieg mit Massentöten von Soldaten und während der Gefangennahme in amerikanischen Lagern unglaublich viel

Leid und Entbehrungen zugefügt wurden. Was Karl sonst noch aus dieser Zeit blieb, war ein perfektes Englisch. Diese Generation hatte Schwierigkeiten mit den fatalen Folgen des erst so glorifizierten Hitlerreiches. Dem Menschenvernichten im Krieg und durch den Bombenterror auf die Zivilbevölkerung, den Verbrechen in den Konzentrationslagern, dem grausamen Niedergang einer Nation, den schrecklichen Vertreibungsumständen aus den deutschen Ostgebieten und der Zerstückelung des Deutschen Staatsgebietes. Sie wurden als blutjunge Menschen natürlich von strahlenden Massenauftritten erst über die hehren Ideale der Nazis verführt. Um dann zuzusehen, wie so vieles in der totalen Niederlage, im Dreck und im grausamen Tod für Zig Millionen verendete.
Karlchen war ein sachlicher, absolut zuverlässiger, idealistischer und unbestechlicher Mensch. Seine Meinungen über den so andersartigen Venezolaner und dessen Lebenseinstellung, gegenüber der von uns Deutschen, waren in Karlchens Welt zwei dramatisch unterschiedliche Kategorien. Aus mir nicht bekannten Gründen, hatte er und seine Frau eine tiefe Bewunderung für die Lebenshaltung eines im Lande lebenden „dollen Kerls". Der verkörperte für sie beide die Ideale eines englischen Gentlemans. Karlchens stets peinlich genau gestutzter, maßvoller Oberlippenbart unterstrich seine Verehrung für das Englische des besagten bewunderten Hausfreundes mit Namen Jack. Dieser Falkner und Jäger ging zu allen Zeiten bei Karl und seiner Familie ein und aus. Dessen schneidigen und abenteuerlichen Lebenswandel fand der sonst kaum schwärmende Karl bewundernswert. Die Gründe dafür haben sich mir bei meinen zwei kurzen Begegnungen mit diesem aus unerfindlichen Gründen heroisierten Menschen nicht erschlossen.
Karl war wirklich hart wie Kruppstahl zu sich selbst. Die gleichen „unerbittlichen" Maßstäbe legte er gegenüber seinen extrem konsequent erzogenen Jagdhunden und nach meinem Eindruck, auch ein wenig gegenüber Familiemitgliedern an. Er war ein ganz eigener, hervorragender Erzähler, der sehr treffend, manchmal mit beißendem Spott, Erlebnisse und Menschen schildern konnte. Seine hart trainierten Deutsch Kurzhaar Hunde konnten auf Pfiff Alles; bis auf Kaffe kochen. Aber das würde er ihnen, wie er sagte, sicher auch noch beibringen. Unsere drei Jahre gemeinsamen Jagdausflüge und Freundschaft verbanden die bei beiden ausgeprägte Leidenschaft zur Jagd und die Liebe zum venezolanischen Hinterland. Ich habe anfänglich von seinem erheblichen Altersvorsprung und von Karlchens profunden Kenntnissen des Landes aus seinen 20 Jahren Erfahrung vor meiner Ankunft profitiert. Wir erlebten eine Reihe von ehrlichen und waidmännischen Jagden und ich verdanke ihm das Kennenlernen unseres gemeinsamen alten und besonderen Freund und Jagdschriftstellers Gert von Harling.
Für Karlchens spöttischen und manchmal auch herablassend geführten Einweisungen bin ich diesem urdeutschen Kriegsjugendlichem zu großem Dank verpflichtet. Seine Art und Weise, das Leben nur mit dem absolut notwendigen Aufwand zu führen und sich durchaus auch mal beim üppig ausgestatteten Jagdkameraden zu bedienen, war legendär. Der lakonische Perfektionist und gesunde Egoist besaß einen sublimierten, furztrockenen und beißenden Humor bei der Bewertung mancher Zeitgenossen. Seine Kommentare waren nicht immer leicht für mich zu verdauen und ich nehme an, dass auch ich wiederholte Male, nicht seinen Vorstellungen entsprach. Dieser Perfektionismus und gekonnte Minimalismus entlud sich einmal in einer Explosion über mir. Alles Mitgeführte war bei ihm für eine Woche Jagdreise genauestens abgemessen. Diesmal eine halbe Flasche Gin, etwa 5 Limetten und ein halbleerer Holzkasten mit 10 Portionsfläschchen Tonic. Mit seiner reduzierten Vorratshaltung konnte ich leben, denn ich führte bei allen späteren Ausflügen stets meine großzügig bemessenen, gerne geteilten, eigenen Vorräte

mit. Beim Zubereiten unseres, dieses mal von ihm ausgegebenen Gin Tonic, verwechselte ich einmal die eherne Reihenfolge, mit der die Komponenten präzis und nacheinander in die Gläser gebracht werden mussten. Erst das Eis, dann der genau zugemessene Gin, nun folgte die leicht gequetschte Limette und dann erst das diese Mischung aufschäumende Tonicwasser. Dadurch wäre das Umrühren entfallen. Es brach ein Donnerwetter über mich herein, denn irgendetwas hatte ich etwas dabei schrecklich unverzeihlich für Karlchen anders gemacht.

Karlchens herausragende Persönlichkeit war ungemein einprägsam und er teilte bereitwillig sein Wissen mit seinen Freunden. Er war ein hervorragender Schütze und erfahrener Jäger und vorzüglicher Spötter. Was dieser verlässliche Jagdkollege Kritisches über mich jungen, unfertigen Neuzugang, mit völlig anderen Idealen und herausgefallen aus einer anderen Zeit dachte, habe ich nie erfahren. Er rief mich spöttisch und nicht im gerade freundlichen Ton: „Dicker". Was ich aufgrund meiner schlanken und fitten Konstitution eines jungen Leistungssportlers in den 1970er Jahren nur als Kritik an meiner stets reichlichen Küchenausstattung, meinem lebenslangen intensiven Interesse an gehobener Küche und den mitgeführten großzügigen Vorratsmengen verstand. Er, mein gänzlich anderer warmherziger Criollo-Freund Pedro und der leider mit nur 42 Jahren 1975 im Bundesstaat Cojedes bei einer Rettungsaktion für einen abgestürzten Kameraden tödlich verunglückte Freund, Präsident des Pilotenverbandes und Unternehmer Dr. Dr. „Kieke" Römer Powers sowie seine Freunde aus einflussreichen Familien des Landes, halfen mir bei meinen ersten Schritten in diesem Jagdparadies im Naturzustand. Bei dieser Aufzählung meiner guten Jagdfreunde darf mein erst viele Jahre später hinzugekommener und lebenslanger Freund Frank Jäger auf keinen Fall fehlen. Karlchen hatte zu diesem Zeitpunkt meines ersten Treffens mit Frank Venezuela bereits verlassen. Er war für immer in die Jagdgebiete des eidgenössischen Heimatlandes seiner Frau gewechselt. Durch einen Brief von ihm lernte ich bei meinem zweiten Aufenthalt im Venezuela meinen Kumpel und Jagdkameraden Frank kennen. Wir fortan unzertrennlichen passen noch heute in einer Nichts von einander erwartenden Männerfreundschaft wunderbar zusammen. Beide waren wir passionierte norddeutsche Jäger. Er aus der südlichen Heide und ich aus Hamburg. Auf der Basis meiner zeitlich vorangegangenen Erfahrungen und Verbindungen aus dem ersten Aufenthalt im Lande verbrachten wir dann viele freie Tage gemeinsam und autark, mit abenteuerlichen Erkundigungen und Beutemachen im paradiesischen Jagdland Venezuela.

Noch während meines ersten Aufenthaltes schoss ich auf einer der vielen ausgedehnten Rinderfarmen der englischen Company im Bundesstaat Barinas mit Karls feiner Merkel Bockbüchsflinte einen im Bett liegenden Bock auf 220 Meter in sein Hinterhaupt. Ein für mich bis dahin unvorstellbares Jagdfinale. Der Weißwedelhirsch hatte sich nach einer mühevollen, langen und für uns bis dahin ergebnislosen Pirsch in der Mittagshitze im halbhohen Gras auf freier Grassteppe niedergetan. Ich hatte mich das letzte Stück auf dem Bauch kriechend angepirscht und wartete dann vergebens im Gras liegend. Karlchen beobachtete meine „robbendes Pirschen" aus sicherer Distanz mit dem Fernglas vom Dach seines Wagoneer Jeeps. Der kapitale Herrscher des Reviers wollte, auch nach einer Stunde des Wartens, nicht wieder auf die Läufe kommen. Nur sein stolzes Haupt ragte hin und wieder kurz aus dem Gras der Savanne. Den Knall der einmalig präzisen Merkel Bockbüchsflinte hat er bei seinem blitzartigen Verenden nicht mehr gehört. Ein etwas unwaidmännischer, gewagter Schuss, den der Jäger in einer normalen Situation vermeidet. Ich gestehe aber beim Anblick des erlegten reifen Weißwedel Hirsches voll des Stolzes über den Jagderfolg gewesen zu sein.

Auf einem Hato beim Fluss Cano Setenta im Bundesstat Barinas, aus dem auch der heutige Coronel Chavez kommt, erlebten wir eine denkwürdige Jagd. Juan der Landarbeiter des riesigen Hatos wusste, wo ein auf Rinder zu Schaden gehender Jaguar die Lieblingsplätze in seinem viele Quadratkilometer großen Revier hatte. Die Farminhaber erlaubte Juan den Viehräuber zu erlegen. Ich verschwieg den beiden anderen mein aufregendes Erlebnis von einer Schadjaguarjagd im paraguayischen Panatal. Mir war deshalb ein wenig mulmig bei meiner Zustimmung Juan und Karl zu begleiten. Andererseits reizte mich das Erlebnis immer wieder dieser großartigen Katze in freier Natur zu begegnen. Ich erfuhr später, dass nicht allzu weit eines der Lieblingsreviere vom größten venezolanischen Jaguarjäger Dr. Fernandez lag. Die gewaltige Raubkatze kam dort und auf dem im Innland wesentlich weiter abgelegenen Hato der Zingg Familie noch in größeren Mengen vor. Einige von ihnen rissen immer wieder, die im Vergleich zum Wild, dummen Kälber auf den ausgedehnten Rinderfarmen. Diese Rinderräuber wurden zumindest damals von den Rinderzüchtern mit allen Mitteln verfolgt.
Wir setzten uns am Nachmittag in einer Gewässerschleife auf eine kleine Insel von wenigen Quadratmetern Größe hinter einige niedrige Büschen als Deckung. Dabei trugen wir die dort obligaten Kopflampen. Die waren beim zurückgehen in der Dunkelheit schon wegen der Giftschlangen notwendig. Juan, Karl und ich hielten jeder unser Gewehr in der Hand und Juan hatte außerdem seine ausgehöhlte Totuma (Flaschenkürbis) zum Rufen und Reizen mitgebracht. Die Einwohner des ländlichen Südamerika benutzen diese Früchte vielseitig als wohltuend ökologischen Plastikflaschenersatz oder für die waschbrettartige Maracas als Rythmusinstrumente ihrer Volksmusik. Sie lassen sie in jede gewünschte Form wachsen wenn sie noch grün am Baum hängen. Beidseitig mit einer Öffnung versehen sind sie im trockenen und ausgehöhlten Zustand ideal für das Nachahmen von Tierlauten. Besonders der männliche brunftende Jaguar steht bei gut imitiertem Locken häufig auf den Ruf zu.
Juan fing an zu grollen und zu reizen. Ein Jaguar, dessen Revier und Gewohnheiten Juan offensichtlich erstaunlich genau kannte, antwortete bereits nach wenigen Malen. So ging das eine ganze Weile hin und her. Der Jaguar kam näher und sein Grollen wurde immer lauter. Das kauernde Lauern in der beginnenden Dämmerung versetzte uns natürlich in eine zunehmende Anspannung. Wir saßen ursprünglich die Rücken aneinandergelehnt. Jetzt richteten wir drei uns in die Richtung der Rufe aus. Dann wurde es langsam dunkel und still. Die Spannung stieg und wurde immer unerträglicher. Mir kamen Zweifel darüber, was wir hier eigentlich machten. Juan tippte mir zum Anmachen der Kopflampe auf die Schulter. Er und ich richteten unsere Lampen auf ein Augenpaar in der Dunkelheit aus. Wir hoben unsere Doppelflinten und zielten beide zwischen die reflektierenden Augen. Juans Flinte knallte als erste unerwartet laut in die Dunkelheit hinein. Dann sprangen wir beide auf und liefen auf das dort im Gras liegende Tier zu. Dort lag der gewaltige Großvater aller Tapire. Er muss vom Jaguar unmittelbar vor uns aufgeschreckt worden sein und mit seinen auch reflektierenden Augen direkt in den Lichtstrahl gelaufen sein. Juans Jagd wäre in Deutschland in jeder Hinsicht zumindest unweidmännisch gewesen. So und durch qualvolles Vergiften ging man aber auf den Farmen gegen Viehräuber vor. Bei Nacht mit Licht und im schlechtesten Fall eben auch einmal ohne sauberes Ansprechen vor Juans Schussabgabe. Das war die später viel belachte Geschichte von einem „Tigre“ (Jaguar) der sich in eine arme „Danta“ (Tapir) verwandelte. Die Eingriffe im nassen Flusssand zeigten uns noch einmal, dass Juans Rufe erfolgreich waren. Der Jaguar befand sich vor den Schüssen nur zehn Meter hinter dem Danta. Karl meinte in seiner trockenen, manchmal vieldeutigen Art, dass es besser so gelaufen war. Recht hatte er. Man konnte

annehmen, dass sich der Baqueano (lokaler Dschungelführer oder Farmarbeiter) wenigstens über die unerwartete Menge an wohlschmeckender Beute freuen würde. Ich hatte mich an etwas passiv beteiligt, von dem ich eigentlich vorher wusste, dass es falsch war.
Unsere bevorzugten Jagdreviere liegen im Llano. Der Name bedeutet im Spanischen „Ebene“ und bezeichnet eine Region der Savannen etwa so wie die Pampa in Argentinien oder das Hortobadge in Ungarn. Die Entfernungsangaben der Einheimischen sind für uns Europäer immer rätselhaft und völlig unbestimmt. Das Llano erstreckt sich zwischen Venezuela und Kolumbien. Es ist über 300.000 qm groß und damit viele Male größer als die Schweiz. Diese Ebene bedeckt ein Drittel von Venezuela, beherbergt ein Achtel der Bevölkerung und liegt zum größten Teil im Bundesland Apure. An den Uferstreifen seiner in der meisten Zeit des Jahres langsam fließenden mäandernden Flüsse wachsen unterschiedlich tiefe Galeriewälder. Die meist sandigen, armen Böden werden nicht landwirtschaftlich bearbeitet. Das venezolanische Llano wird im Süden durch die Grenze zu Kolumbien und den Orinoko, im Norden durch die Kordilleren der Anden und fast bis an die Küstenregionen zur Karibik begrenzt.
Der Hitzeäquator verläuft etwa 9 Grad oberhalb des geografischen Äquators und geht genau durch das venezolanische Llano. Die Luftfeuchtigkeit war besonders in der Regenzeit entsprechend hoch. Die gering oszillierende Durchschnittstemperatur des Jahres liegt am Tage knapp unter 30 Grad Celsius im Schatten. Auf den abgebrannten schwarzen Böden haben wir manchmal bis zu 70 Grad in der Sonne gemessen. Von Mitte Dezember bis Ende April fiel niemals Regen. In den 230 Tagen von Mai bis Mitte Dezember gehen dort zum Ausgleich beinahe täglich sich wie aus Kübeln geschüttete Tropenregen nieder. Es herrschen drei entscheidende Faktoren für den jahreszeitlichen Bewuchs. Die großflächige Überschwemmung in der Regenzeit, eine die Schleimhäute reizende brutale Trockenzeit und last not least das freiheitliche Ritual des systematischen Abbrennens von Gras und Büschen durch die unaufgeklärte Llano-Bevölkerung. Hinzu kam außerdem die Überweidung durch extensive Rinderzucht auf den meist armen Böden. Für ein einziges, frei laufendes, genügsames Rind braucht man eine Fläche von 5 bis 10 Hektar Weideland. Große Hatos benötigen für ihre 5000 Rinder 35.000 Hektar Llano. Es war keine Seltenheit, immer wieder auf verhungerte und verdurstete Rinder zu treffen. Sie werden häufig sich selbst überlassen. Die Zäune werden vielfach nur nachlässig instand gehalten.
Bei unseren Jagdausflügen kamen wir durch die Moros (Hügel) von San Juan. Dort am Eingangstor des Llanos wurde eine Rast eingelegt und einige der köstlichen, handgepressten Fruchtsäfte in einem einfachen aber landesweit bekannten Ausschank getrunken. Danach rollte man viele Stunden oder bis zu 1 oder 2 Tage lang in das Hinterland Richtung Anden, brasilianische oder kolumbianische Grenze. In Richtung Kolumbien war eine Reihe von prominenten Zuflüssen des Orinokos zu überqueren. Deren Wasserstand spielte für unsere an allen Rädern angetriebenen Geländewagen, je nach Jahreszeit, eine entscheidende Rolle. Alle Autos, die diese Routen nahmen, waren mit elektrischen Winden und manche mit Schnorcheln, Lochblechen, extra langen Wagenhebern, großen Eisboxen und Ersatztanks ausgerüstet.
Als ich bei meinem ersten Aufenthalt noch neu im Land war, hatte ich noch nie eine Anakonda in ihrem Habitat gesehen. Sie kamen tief im Landesinneren üppig vor und hatten keine Schonzeiten da sie nicht zum Jagdwild gehörten. Ich wurde mehrfach vor dem Verzehr ihres Fleisches gewarnt. Ihre runter geschlungene Beute bildete bei wochenlangem Aufenthalt im Verdauungstrakt tödliche Verwesungsgifte. Ein befreundeter Mediziner war mit seiner Tochter beinahe an gegrillten Anakonda- oder Boafleisch

umgekommen. Er hatte das erst beim Aufbrechen und dann zum Zerwirken benutzte Messer nicht peinlich genau in Alkohol oder kochendem Wasser gereinigt. Auf einem der Ausflüge mit Karl baten wir einen der Baqueano darum, uns eine Anakonda zu zeigen. Karl wusste, dass sie in dieser Gegend häufig vorkamen. Der Baqueano meinte im Hinblick auf ein verlockendes Trinkgeld, er wüsste wo eine der längsten Unterarten der sogenannten Grünen Anakonda, „gleich um die Ecke", in einem Flussbett lag. Auf die die Frage wo das denn sei, deutete er ohne Armbewegung und ohne Worte mit den üblichen gespitzten Lippen in eine Himmelsrichtung und meinte: „alli mismito", gleich dort. Wir fuhren, nur scheinbar ziellos, beinahe eine halbe Stunde durch die gleichförmige Llanolandschaft bis er uns zielgenau die beschriebene Schlange an einer Uferböschung zeigte. Llaneros haben ein formidables Orientierungsvermögen selbst in gleichförmigen Landschaftsabschnitten. Es waren mehrere kleinere Männchen von gut 4-5 Meter Länge und ein mächtiges, wohl weibliches Tier. Sie hatten sich im flachen Wasser unter Baumwurzeln in ihrem Liebesreigen zu einem wilden Paarungs-Knäuel umschlungen. So etwas hatte ich noch nie gesehen. Mir kam das wie eine vielköpfige Hydra vor. Vielleicht ist diese Gestalt aus der griechischen Mythologie aus diesem Anblick entstanden.

Ich wollte mir ein einziges Mal eine Schlangenhaut als dekorative Erinnerung mitnehmen und schoss der einen Schlange mit der Bockflinte in das Hirn ihres gewaltigen Kopfes. Sie wand sich, von den Nerven angetrieben, im flachen, trüben Wasser. Karl hatte Erfahrung mit Anakondas. Er machte den Rambo und stieg mit einer Pistole oder Revolver, mit nacktem Oberkörper und seinem auf der einen Seite hochgestellten Hut im Stil des deutschen Afrikacorps auf dem Kopf in das knietiefe Wasser zu den Schlangen. Das wollte ich mir damals nicht zutrauen. Auch wenn die Wahrscheinlichkeit, auf elektrische Zitteraale und Stachelrochen zu treffen, hier gering war. Die anderen Anakondas waren noch quicklebendig und eventuell gefährlich. Diese schweren, ausgewachsenen Würgeschlangen des Wassers können im Todeskampf, trotz eines durchschossenen Hauptes, durchaus noch den Brustkorb eines Jaguars oder Menschen zerdrücken. Karl schoss noch einmal mit seiner Pistole durchs Rückrat und wir zogen die sich windende Schlange vereint am fast bis ans Ende dicken Schwanz ans Land. Bei ihrem Anblick verstand ich sofort, warum sie einen Menschen mühelos mit ihrem großen Gewicht von weit über hundert Kilo und mit ihrer reinen Muskelkraft erdrücken können. Wir schätzten die Körperlänge auf beinahe 5 Meter.

So, wie jetzt die von mir begehrte Haut abziehen? Zur Überraschung des Llaneros und erst Recht meiner sagte der damit erfahrenen Karl: „das machen wir wie mit einer Wurstpelle". Ich denke aus dem Rückblick, dass er auf diesen Moment gewartet hatte, um uns mit seiner Erfahrung zu beeindrucken. Mit den Jagdmessern lösten wir nach seinen Anweisungen die Haut am Hals ein kurzes Stück vom Körper. Dann band Karlchen dieses Haut-Ende an die Stoßstange des Jeeps und den nun ein Stück hautlosen Körper unterhalb des Kopfes mit einem anderen Seil an einen nahen Baum. „So, lege jetzt das Untersetzungsgetriebe ein und fahre deinen Toyota im Rückwärtsgang ganz langsam nach hinten. Du wirst sehen die Haut kommt runter wie eine Wurstpelle." Er behielt, wie fast immer übrigens, Recht. Nach wenigen Minuten konnten wir die gesamte Haut zur Konservierung ins von der Farm mitgebrachte grobe Viehsalz legen. Die indianischen Baqueanos schnitten sich einige der besten Stücke aus den Muskeln der Schlange heraus. Ich lehnte es später bei den vielen Begegnungen mit Anakondas grundsätzlich ab nochmals eine dieser archaischen Geschöpfe wegen ihrer Haut zu töten. Zweimal fanden wir Muttertiere mit einer Unmenge von frisch geschlüpften, beinahe einen Meter langen, sofort völlig selbstständigen

Jungen. Begegnungen mit Wasserschlangen und den hier unaggressiven Boas konnte man während der Paarungszeit in den wirklich abgelegenen Gegenden des Dschungels und manchmal unter einigen physischen Mühen erleben. Ihre nach hinten gebogenen scharfen und halbkreisförmigen Fangzähne lassen die einmal gepackte Beute nicht mehr los.
Unter den Anglern und Fischern war Klaus im Kreise seiner Freunde und Braumeisterkollegen der Polarbrauerei eine Landesgröße. Er besaß eine humorvolle und gutmütige Persönlichkeit gepaart mit einer wahrlich in sich ruhenden Bierruhe. Seine immense Kenntnis des Landes machte ihn zum unerklärten Anführer der Gruppe bei ihren manchmal wagemutigen Ausflügen in völlig menschenleere Gebiete bis an die kolumbianische oder brasilianische Grenze. Diese Angelfreunde trafen sich auch bei sonntäglichen Grillpartys zum Alligatorschwanzessen. Das Alligatorfleisch schmeckte mir ganz passabel, ähnlich wie festeres Hühnerfleisch, aber auch etwas nach Fisch. Dazu brachten die deutschen Braumeister oder Brauerei-Ingenieure extra starkes, länger gelagertes und wohlschmeckendes Solera Bier mit. Der gut gereifte, deutsche Hausherr der Grillpartys, mit dem unvergessenen Namen Tille, war Tierpräparator. Er umgab sich unter der im Wind flatternden kaiserlichen Kriegsfahne im Garten ungeniert mit Utensilien der deutsch-nationalen und sagen wir mal, kaiserlichen Vergangenheit.
Dort lernte ich den abenteuerlichen und unternehmungslustigen Besitzer eines Touristenshops für authentische Reisemitbringsel kennen. Hugo überließ seiner Frau meistens die Arbeit des Verkauf in ihrem Ladengeschäft in der Sabana Grande. Das Sortiment für kurioses und Andenken umfasste Hängematten, echtes Curaregift, Blasrohre (Cerbatanas), Pfeil und Bogen der Indianerstämme und die von ihm in Serie produzierten und in Kunstharz eingegossenen Piranha Fische. Die letzteren Orinoko Fische waren als Reisemitbringsel unserer geschäftlichen Besucher der Verkaufsschlager mit ihren aufgerissenen Sägezahn-Mäulern und roten Bäuchen. Hugo bereiste als Händler ständig die entlegenen Winkel des Landesinneren. Von dort kamen auch geschmuggelte Oro Cochano Nuggets, also auch illegal geschürfte Goldstücke, die dann in Caracas gewinnbringend verkauft werden konnten. Diese ganze rechtschaffene, bunte und friedlich beieinander lebende Freundesgesellschaft um Tille, Hugo, Klaus, Karl, den anderen jungen Braumeistern, dem Zoodirektor und Universitätsprofessor Pedro bis zu einem veritablen Orchideenprofessor, wurde man heute als voll abgefahrene, exotische aber sehr ehrenwerte deutschstämmige Persönlichkeiten bezeichnen. Sie waren mit ihrem Fleiß, dem geballten Wissen in der Gruppe, ihrem Erkundungswillen und einem minutiösen Organisationsvermögen eine Werbung für die in Südamerika seit dem großen Vorbild Humboldt besonders geschätzten typischen Deutschen Tugenden. Diese Gruppe von engen Freunden lebte ihre Lust am Abenteuer, dem Fischen und gelegentlichen Jagen zur Ernährung sowie am Erkunden und Sammeln in der Natur in vollen Zügen und in bester Kameradschaft in diesem Wunderland aus. Mich beeindruckten ihr vereintes Wissen, die Kompetenz und ihre Erfahrung über das riesige Land und seine vielfältigen Möglichkeiten. Ich war eine halbe bis eine Generation jünger als die meisten von ihnen.
Anfänglich noch völlig unerfahren, besaß ich kein Allradfahrzeug. Durch meine junge Familie und die mich völlig absorbierende Angestelltentätigkeit war ich damals leider nicht in der Lage, an den meisten ihrer äußerst interessanten und fröhlichen Unternehmungen teilzunehmen. Die Clique fuhr mit ganzen Bootsladungen (auf Anhängern) von gefüllten Bierdosen und -Flaschen. Sie hatte größere Kenntnisse der Natur und des venezolanischen Hinterlandes als jede andere Gruppierung von Ausländern, die ich im Lande kennen lernte. Bei ihren Unternehmungen fuhren sie immer in Kolonne. Ihre

vielfältig erprobte Ausrüstung bestand aus allradgetriebenen Fahrzeugen der Marken Landrover, Jeep, Mercedes und Toyota Landcruiser mit angehängten Aluminiumbooten und Außenbordmotoren. Da sie meistens Techniker oder Ingenieure waren gab es nichts, was sie nicht hingebungsvoll und lustvoll reparierten. Sie führten selbstgebaute, dickwandige Kühltruhen aus Polyurethan, Fässer voller Werkzeug und Ersatzteile sowie natürlich reichlich Angelzeug mit. Mehr als eines ihrer Autos hatte einen in den Wagen-Rahmen eingeschweißten Kasten mit einem darin versteckten Kugelwechsellauf für die legale Schrotflinte (nur Flinten waren offiziell erlaubt). Diese ursprünglichen und unbeschwerten Ausflüge haben in meinen Erinnerungen eine schwärmerische Überschrift. „Die Llano Sonne sinkt und die Barsche beißen wie besessen."

Die Mannschaft war hervorragend eingespielt. Es herrschte ein alles bespöttelnder Humor, gleich in welcher Lebenslage. Sie kannten zu allen Jahreszeiten die besten Stellen zum Fangen von leckeren Bagre Rayado und gewaltigen Cajaros (beide aus der großen Welsfamilie), Bocona, Pavones (Peacock- oder Augenfleckbarsche aus der Familie der Buntbarsche) und den zum Fürchten aussehenden Payara Raubfische mit ihren 5 cm langen Fangzähnen. Der neben der Morocota äußerst wohl schmeckende und kämpfende Pavon-Barsch kann bis zu 10 Kilo schwer werden. Er ist der begehrteste Fisch für jeden Llano Angler.

Im Reparieren von allen nur denkbaren mechanischen Problemen an Autos und Boten waren besonders die Werkstattleiter der Brauerei wahre Meister. Man war auf den gemeinsamen Ausflügen ins Hinterland autark und vertrieb sich die Zeit mit rauen Scherzen. Nachts wurden deutlich mehr als armlange Alligatoren vom Boot mit der Lampe geblendet und durch ins Wasser Springen mit bloßen Händen eingefangen. Sie wurden dann gerne unter den in der Hängematte Schlafenden festgebunden. Morgens beim Aufwachen gab es dann immer irgendwie ein fröhliches Trara welches manchen Kater vom Vorabend blitzartig in die Tiefen des Dschungels zurückdrängte. Auf Moskitonetze wurden Vogelspinnen gesetzt und weitere kecke Scherze getrieben. Man wusch sich in den Flüssen mit Piranhas, elektrischen Aalen (Temblador genannt) und heimtückisch stechenden Süßwasser-Rochen. Bei der Berührung mit einem Temblador konnten Menschen und Tiere durch seine Entladung von 600 bis 700 Volt ohnmächtig werden, ins Wasser fallen und sogar ertrinken.

In flachen Flüssen lagen, für das ungeübte Auge vollkommen unsichtbar, im hellen Sand eingegrabene Süßwasserstechrochen. Ihre raue Haut war scheckig, wie der vom fließenden Wasser geformte Flusssand. Wenn ein Unglücklicher auf sie trat, schlugen sie ihren sich aufrichtenden Stachel, je nach Alter und Größe des Tieres, etwa auf die Höhe der Waden oder bis zur Kniekehle blitzartig, tief in das Fleisch. Der Stachel hinterlässt in der Wunde lose Hornschuppen und ein hochwirksames Gift. Beide ziehen, selbst bei einem einigermaßen günstigen Verlauf, eine äußerst schmerzhafte mehrmonatige Vereiterung und Zersetzung des betroffenen Gewebes am Bein oder Unterschenkel nach sich. Im zweitgrößten Fluss Südamerikas, dem gewaltigen, verzweigten und viel tieferen Paranaflusssystem habe ich bei den Fischern am Ufer einmal ein Exemplar beinahe von der Länge eines Mannes gesehen. Diese äußerst giftigen Süß- und Brackwasser Stechrochen töten Pferde, Rinder und manchmal durch das unglückliche Durchschlagen einer Vene oder Arterie mit ihrem kurzen aber fürchterlichen Stachel auch Menschen. Nachdem ich mehrere langwierig ausgeheilte Wunden davon gesehen hatte, war ich schnell von einer speziellen Gehtechnik, in den flachen Teilen in den Flüssen überzeugt. Man schlürfte, sozusagen mit der ganzen Sohle auf dem Boden, durch den Sand ohne jemals den Fuß anzuheben. Die meisten Rochen flohen durch diese Gehtechnik fast immer ohne zu Stechen.

Auf meinen eigenen, späteren Jagd- und Fischtouren ins Landesinnere führte ich in meiner kleinen Extra-Kühlbox eingeschweißtes polyvalentes Schlangenbiss-Serum mit. Daneben hatte ich immer einen wirklich umfangreichen großen Erste-Hilfe-Koffer mit üppig gefüllten Schubladen im Geländewagen dabei. Mit kleinen Kindern und den ständigen zu uns strömenden unerfahrenen Besuchern aus Europa war das notwendig. Den umfangreichen Koffer hatte ich mir von einem befreundeten Allgemeinmediziner gegen so ziemlich alle Arten von Krankheiten, Unfallverletzungen und ihrer Behandlung einrichten lassen. Er sollte mittels einer übersichtlichen Problem- und Lösungsbeschreibung einige gute Dienste leisten. Im lokalen Schlangen Institut Vollmer hatte ich einen Mann mit einem abgefaulten Unterschenkel und zwei fehlenden Fingern durch Nekrosis kennen gelernt. Bisse der Lanzenotter, die zur Familie der Bothrop oder Grubenotter gehört, hatten das verursacht. Ich war tief beeindruckt. Gegen die heimtückischen Hakenwürmer in stehenden Gewässern und den Milliarden Zecken half kein Serum. Wohl aber gegen Hemo- und Neurotoxische wirkende Gifte der vielen einheimischen Schlangen.
Die Medikamente und Utensilien waren mir von unserem Firmenarzt und seinem Apotheker mit detaillierten schriftlichen Anweisungen, Einwegspritzen, Skalpell, Abschnürschlauch, mit Medikamenten gegen so ziemlich alle Arten von Krankheiten, Verbände und Salben gegen Unfälle und Verletzungen zusammengestellt worden. Dauerte eine Exkursion länger als 4 bis 5 Tage so kam, in einer zweiten Kühlbox aus dickwandigem Polyurethan, Trockeneis zum Kühlhalten der Extraportion des normalen Eises mit. Man konnte damit den für die Abende am Lagerfeuer beinahe „lebenswichtigen" Eisgenuss für Whisky und Gin sowie das den Durst löschende Bier bis zum letzten Tag kühl halten. Natürlich war das restliche Eis für den Transport der Beute aus Jagd und Fischfang von größter Wichtigkeit. Darin fand man gegen Ende der Jagd im letzten Eis ein buntes Gemisch von zerlegten Wildschweinen, Enten, Wildtruthähnen, Bier- und Softdrinkdosen, Rebhühnern, filetierte Fische in Plastikbeuteln, und mit Glück, die letzten frischen Nahrungsmittel in wasserdichten Plastikverschweißungen.
Die erste eiserne Regel unserer Ausflügen in die Llanos lautete: Vorher genau überlegen, wann und wofür man etwas aus der Kühlbox entnehmen wollte. Zweitens: lege gleichzeitig blitzschnell das warm nach, was Du kalt (wie Bierdosen) entnimmst. Drittens: öffne den Deckel der sich nicht im Gebrauch befindenden zweiten Kühlbox erst und ausschließlich dann, wenn alles Eis der ersten Box restlos aufgetaut war. Eine andere wichtige Regel des Llanos war, niemals die sichtbare Fahrspur eines Pfades im Gelände oder bei Flussüberquerungen, welche Vorgänger hinterlassen hatten, zu verlassen. Fast alle Fahrten führten, je nach Jahreszeit, durch fließende oder weitgehend verlandete Flüsse. Auch während der Trockenzeit führten Flüsse vielerorts noch stehendes und manchmal recht tiefes Wasser. Bei den nicht immer mit Vergaser-Schnorcheln ausgestatteten Geländewagen drang das bis unter die Motorhaube. Im Extremfall lief auch der Innenraum des Wagens halb voll Wasser. Mehr als einmal saß mein Jagdhund dabei etwas irritiert auf meinen Schultern. Aus verständlichen Gründen wollte der intelligente und stets ausgesprochen wasserfreudige Hund das Wasser innerhalb unseres Autos vermeiden. Wenn die Furten nicht zu lange waren, reichte bei den Jeeps ohne Schnorchel die Luftmenge unter dem Kühlerhaubendeckel oder das Verstopfen des Luftfilters mit einem gerade noch luftdurchlässigen Tuch bis zum Erreichen des anderen Ufer aus. Bei ganz extremen Durchfahrten lernte ich, dass das vorherige Abziehen des Keilriemens auch ein probates Mittel war.
Gewehre und Munition in wasserdichten Behältern wurden bei dieser Art von Ausflügen vor den Überquerungen innen im Auto unter dem Dachhimmel oder auf dem Dach befestigt. Das wichtigste rettende

Ausstattungsdetail der Jeeps waren die zwischen Kühler und Stoßstange montierten großen, elektrischen Seilwinden mit 80 bis 100 Meter langen Stahlseilen.
Unsere Geländewagen hatten meistens zwei Batterien, eine bereits montierte doppelte Zündspule und Zündverteiler, einen Zusatztank, Ersatzkanister mit Benzin, Spaten, Axt, Säge, ein Extrasatz Kerzen, Gummiflickzeug, ein langes Abschleppseil und 1 bis 2 Ersatzreifen. Schwierige Fahrten in entlegene Landsteile mit Wasser- oder Schlammpassagen machte man natürlich ausschließlich im Konvoi. Zumindest fuhr man immer mit zwei Fahrzeugen die sich gegenseitig herausziehen oder helfen konnten. Mobile Telefone funktionierten in der Wildnis damals noch nicht.
Man ernährte sich von Fischen und der breiten Palette unserer Jagdbeute: Llanotäubchen, Enten (hauptsächlich aus der Familie der Dendrocygna wie Yaguaso und Guiriri-Pfeifenten), Rebhühner, Picure/Acure (große Nager aus der Familie der Aguti), Pauji de copete und Pavas (Hühnervögel, Cracidae, Wildtruthähne, Schopfkokkos), Pecaris (Wildschweine) und Weißwedelhirschen. Das Mitführen von einigen legal gejagten Tieren auf dem Landweg konnte immer wieder zu einer entwürdigenden Prozedur werden. Militärisch organisierte Nationalpolizisten kontrollierten an festen und mobilen Straßensperren in häufig despotischer und willkürlicher Manier. Ihre eigentliche Bestimmung war die Verhinderung der Infiltration von kubanischem Terrorismus. Wenngleich mich bei meinem zweiten Aufenthalt der „kraftvollste" Ausweis für Zivilisten vor diesen Ordnungshütern beschützte, vermied man es möglichst mit diesen von Beruf schlecht gelaunten „Herren" gegenüber uns ehrenhaften Bürgern, versehen mit allen gültigen Ausweispapieren, sprechen zu müssen.
Bald lernte ich im Jagdverein der mächtigen Firma Shell den späteren guten Freund und Jäger Pedro kennen. Wir unternahmen im Laufe der Jahre gemeinsam viele ursprüngliche Jagden auf verschiedenen, meist weit abgelegenen Farmen. Mein neuer älterer und halbindianischer Freund war der ehemalige Personalchef eines nordamerikanischen Unternehmens. Er machte mich in unvergesslichen Episoden mit vielen Ausländern verborgenen Eigenarten seines Landes vertraut. Pedro hatte eine ganz unnachahmliche Art jeden Polizisten, Soldaten oder staatlichen Funktionär, von jetzt sofort, für sich in die Gänge zu bringen. Seine trocken vorgetragenen, unmissverständlichen Aufforderungen begleitete er mit starr nach vorne gerichteten, energisch blickenden tiefdunklen Augen. Dazu brachte er ein seine Nervosität kaschierendes, wie von einem Pferd lautes „koppendes" Ansaugen bei geschlossenem Mund hervor. Er trug während unserer Jagdfahrten außer original Stiefeln, Hosen und Jacken ohne Rangabzeichen vom Militär einen breitkrempigen braunen Hut der ihm das typische Aussehen eines wohlhabenden Farmbesitzers aus dem Landesinneren mit engen familiären Beziehungen zum Militär verlieh.
Zur Sicherung des Landes waren die großen Ausfallstraßen an strategischen Stellen mit den eben beschriebenen kontrollierenden und gefürchteten Militärposten der kasernierten Bundespolizei (Guardia Nacional) besetzt. Diese alcabalas (Straßensperren) waren vornehmlich gegen eine im fernen Landesinneren operierende und bereits damals von Cuba instruierte Rebellengruppe installiert worden. Es war mir immer eine besondere Freude, zu erleben, wie Pedro die missgelaunten und chronisch misstrauischen Unteroffiziersränge beeindruckte. Im allerletzten Notfall präsentierte er dazu ein leicht manipuliertes Carnet eines Verwandten seines Namens im Range eines wirklich existierenden und davon eingeweihten Generals. Es war aber mit Pedros Foto versehen. Ich habe in all den Jahren unserer gemeinsamen Fahrten keine wirklich dramatische Kontrolle des Inhalts unseres Jeeps oder Beschlagnahmen unserer manchmal üppigen Jagdbeute in Pedro Anwesenheit erlebt. Hinzu kam, dass ich beim zweiten Aufent-

halt im Land über einen Spezialausweis verfügte, der mich von jeglichen Waffenkontrollen befreite. Pedro verströmte in seinem würdevollen Alter mit der olivenfarbig, gebräunten Haut den Eindruck von urvenezolanischer, autoritärer Hochrangigkeit. Seine Erscheinung und ethnische Mischung hatte etwas von einem kämpferischen Kariben Häuptling mit den Manieren eines in Nordamerika studierten Soldaten und Politikers. Der gebildete und welterfahrene Mann hatte eine beherrschte ruhige Art. Tonfall und Stimmfarbe entsprachen dem eines halbindianischen, echten Venezolaners. Es war mir immer ein Hochgenuss von seiner reichen Lebenserfahrung zu lernen wie man sich im Lande, sozusagen auf dem kleinen Dienstweg, in jeder Lage durchsetzen konnte.
Bei unserem zweiten Aufenthalt in Venezuela entstand die bereits erwähnte wunderbare Jagdfreundschaft zu Frank. Er war Landesmitarbeiter eines deutschen Großkonzerns. Sie verbindet uns, trotz aller unserer Wanderungen und Abordnungen um die Welt, noch heute! Unser gemeinsamer Lieblingsplatz, unter vielen anderen in Venezuela, wurde ein Hato von ursprünglich 15.000 Hektar Größe beim Ort Santa Rita im Bundesstaat Guarico mit dem Namen San Antonio. Nur ein winziger Teil davon war umzäunt. Mein stellvertretender Leiter unserer Produktion und dem Labor unserer Firma, der loyale Dr. Fernando, hatte die Verbindung zu dem mit ihm verwandten Hato Besitzer und Oberlandesrichter Gonzalo Velasco hergestellt. Gonzalo war auf dem urigen Bauernhof seiner Eltern in tiefster Wildnis geboren worden. Er lebte nach dem Studium der Jurisprudenz in Caracas und war verheiratet mit einer wirklichen Lady aus England. Manche meinten, dass ihr Einfluss diesen studierten Naturburschen aus dem Dschungel des venezolanischen Bundesstaates Guarico richtig europäisiert hatte.
Gonzalo besuchte seine Farm höchstens ein bis zwei Mal pro Jahr um seinen in der Großstadt an der Garderobe der Landesgerichte abgegebener Llano-Identität in der wilden Natur wenigstens für Tage wieder aufleben zu lassen. Es soll heute nicht verschwiegen werden, dass er traditionell am Ankunftsabend das von uns für ihn mitgebrachte Fläschchen schottischen Lebenswasser still einlaufen ließ. Der Hato war eigentlich ungenutzt und verwahrlost und seine Natur herrlich wild, was ihn besonders geeignet für unser Jagen machte. Ein dreißigjähriger, von ihm noch immer unterstützter Sohn, lebte zu seinem großen Kummer mit einem dem Bundesrichter nicht genehmes Mädel im nahen Dörfchen.
Mein Freund Frank machte in Begleitung von unserem Dr. Fernando wegen meiner Terminprobleme die erste Kontaktaufnahme vor Ort. Er berichtete sofort begeistert von diesem kleinen Paradies. Am erstmöglichen Wochenende wollten wir gemeinsam die Farm besuchen. Die Einfahrt dazu von der Bundesstraße war, entgegen dem landestypischen Brauch, ohne aufwändige Eingangstore bewusst versteckt gelassen. Ein Uneingeweihter konnte die unscheinbare und zugewachsene Spur von der Bundesstrasse nicht finden. Selbst wir hatten jedes Mal wieder Mühe den Farmeingang zu finden. Ich bekam eine unbeschränkte Erlaubnis dort, am ganzjährigen Wasser führenden Llanofluß Manatire, jederzeit nach Herzenslust zu jagen und unter dem Dach des nach allen Seiten offenen Farmhaus zu übernachten. Auch bei Teilen von Gonzalos Familie auf den Nachbar-Farmen galt diese großzügige Erlaubnis. Diesen außergewöhnlich großzügigen Zugang hatte sonst absolut niemand. Der absolut unbestechliche Gonzalo und wir schlossen bald eine tiefe, vertrauensvolle Freundschaft. Bis zu zweihundert Stück mageres Vieh graste in seinem kleinen abgezäunten Teil nahe dem einfachen Farmhaus. Sie und die Milchwirtschafts-Selbstversorgung wurden mehr schlecht als recht von zwei Farmarbeitern knapp am Leben gehalten. Der Löwenanteil des Hatos bestand aus einer seit Jahrhunderten völlig unberührten, wildreichen Vegetation. Der Fluss Manapire, der die Grenze zum Nachbar-Hato eines der Verwandten von Ganzalo bildete, war

auf beiden Seiten von haushohen Bäumen eines Galeriewaldes umrandet. Ein noch vom Flusswasser profitierender, bis zu 100 Meter breiter Streifen buschigen Biotops, führte auf beiden Seiten in die mit mannshohem Gras bestandene Steppe hinaus. Kleine Zuflüsse aus der Zeit der jährlichen Überschwemmung mit abgestürzten Schluchträndern gruben tiefe mäandernde Spalten im Boden. Sie sahen aus wie die Falten in der Haut eines uralten vom Wetter gegerbten Gesichts. Diese Bodenfalten erzeugten auf unserer Pirsch uneinsehbare Räume für überraschende Begegnungen mit der Vielfalt an wilden Tieren. In der trockenen Jahreszeit verlandete der Manatire auf weiten Abschnitten.
Es war ein idealer Lebensraum für jagdbare Tiere. Dort lebten kilometerweit hörbare Brüllaffen, Kaimane, südamerikanische Wildschweine, zwei Arten von Sumpfhirschen (caramerudo oder matacan), eine Art von Wildtruthahn (Pauxis-Schopfvogel oder Helmkokko), Rebhühner, köstlich schmeckende Goldhasen/Acure/Picure, verwilderte Esel, seltene bis 250 Kilo schwere Tapire als Wechselwild, 20 verschiedene Enten- und Gänsearten, Tauben, Wasser- und Landschildkröten, Waldhühnern, Raben- und Königsgeier (Zamuros) sowie heimliche und seltene Jaguare in ihren riesigen Revieren. Die großen halbblinden Ameisenbären und den hochläufigen südamerikanischen Wolf habe ich in weiter entlegenen Gebieten nur jeweils einmal überhaupt im Anblick gehabt. Ungeheure Mengen an weißen, schwarzen und roten Ibisen und Reiher gehören zum typischen Bild des Llanos. Darunter fallen die dreimal so großen, in den Farben Schwarz, Rot und weiß der Deutschen Kaiser-Reichskriegsflagge (1871 bis 1945) gekleideten Soldatenreiher, bereits von weitem besonders auf. Das kaiserliche schwarze Kreuz auf weißem Grund war das Abzeichen der Ritter des Deutschen Ordens. Einer unserer adeligen Jagdfreunde lebt noch heute in dieser in Hospitälern ehrenamtlichen Dienst leistenden, feinen Tradition. Nicht nur ich, sondern auch viele andere unerfahrene Jäger, die abends oder bei einsetzender Dunkelheit mit ihrer Kopflampe durch das Llano auf Wildschweine pirschten, meinten anfangs der Ruf eines hungrig jagenden Jaguars hätte sie erschreckt. Dieser durch Mark und Bein gehende dunkle Schrei wird dann meistens im dicken Hals der Tiger-Rohrdommel erzeugt. Der gelegentlich genauso grollende Jaguar pirscht völlig lautlos. Von den beinahe 60 verschiedenen Raubvogelarten und Adlern ist der Gavilan der am meisten in den Volksliedern besungene. Der Schrei des Caricare Raubvogels erzeugt ein abergläubischen Menschen Angst einflößendes hysterisches Gelächter. Er hat auch mich anfangs in der einsetzenden Dunkelheit erschreckt. Der kleine Buho del Llano oder Machuelo de Hoyo, eine in Höhlen nistende Zwergeule auf seinen langen Beinen und perfektem Tarngefieder, springt nur wenige Meter vor dem sich erschreckenden Jäger laut platschend und wie eine Antipersonenmine in die Luft. Kilometerweit hört man die täglich lärmenden Brüllaffen. Als ich mich ihnen unter ihren Bäumen zum ersten Mal näherte, überschütteten sie mich furchtlos und weiterhin aufgeregt brüllend mit ihren Exkrementen.
Immer wieder sieht man, dass viele Llaneros und Indios Löcher in die Panzerrand von gefangenen Schildkröten bohren um sie mit einer Kordel bis zum Tag ihres Verzehrs am Haus festzubinden. Das gleiche machen sie auch mitleidlos an den Beinen der ihnen wohlschmeckenden Leguanen. Gewarnt wurde ich vor den fingerlangen Krallen des scheinbar so wehrlosen Ameisenbären. Die Muskelkraft seiner umschlingenden Arme war stärker als die eines Menschen. Das eigentlich völlig harmlose und halbblinde Tier konnte einen, wenn er bedroht wurde und einen umschlang, mit seinen handlangen Krallen durch drücken verletzten. Wie alle Tiere der offenen Ebenen war dieses extravagante, natürlich nicht jagdbare Tier, als Laune der Natur mit spitzem Rüssel, einen halben Meter langen Zunge und einer Lunte wie eine schwarz weiße Fahne von weitem zu sehen. Einmal bin ich beinahe auf einem am Boden

in seinen buschigen Schwanz eingerollten schlafenden Ameisenbären getreten. Der Bär stellte sich blitzschnell breit und in voller Größe auf. Ich weiß nicht wer von uns beiden mehr erschrocken war.
Ein gefährliches Gebiet für alle Tiere der Llanos waren die deckungslosen offenen Flächen abseits der des Dschungels der Galeriewälder. Charakteristisch für das Llano sind seine Millionen von bis zu 4 Meter hohen, zementharten Termitenbauten. Sie waren an manchen Stellen so zahlreich, dass wir dort mit dem Geländewagen nicht durchdrangen. Ihre Brüder, die Ameisen, bauen unterirdische weit verzweigte Tunnelsysteme. Diese und die häufigen ausgetrockneten Flussläufe aus der Regenzeit machen das scheinbar so einfache Befahren der Ebenen mit Geländewagen fast immer tückisch.
An Flussrändern und den mit der schnell wachsenden Wasser-Hyazinthe teilweise völlig zugewachsenen Sümpfen lebt das größte Nagetier der Welt. Der Chiguire oder das Wasserschwein. Es grast in mehr oder weniger zahlreichen Herden und wird bis zu 50 Kilo schwer. Chiguire hier, oder Capibara im Nachbarland Brasilien genannt, haben mit Abstand die höchste Vermehrungsgeschwindigkeit (8 Junge pro Wurf) aller Säugetiere des Llanos. Beim Zerteilen meines ersten und dann auch einzigen erlegten Chiguire stellte ich zu meinem Erstaunen fest, dass sein Gehirn winzig ist. Das macht verständlich, dass die Llaneros diese armen wehrlosen größten Nager der Welt zur Fastenzeit einkreisen und mühelos mit Knüppeln zu Tode bringen. Dieser Brauch, einmal im Jahr, kommt daher, dass die ungeschlachtenen Tiere wie kleine Nilpferde fischgleich im Wasser leben. Sie stellten eine wichtige, quasi bewirtschaftete Nahrungsreserve der Llaneros dar. Bereits die ersten spanischen Mönche und katholischen Missionare erklärten ganz pragmatisch, dass das begehrte Fleisch dieser Nagetiere zu der Familie der Fische gehörte. Das irdische Personal der katholischen Kirche war bekanntlich schon immer erfindungsreich wenn es um Speisen und Getränke für sich zur Fastenzeit ging.
Wir nutzten anfänglich die Ortskenntnis eines der Farmangestellten der uns eine zeitlang führte, bis wir die Farm selber genau kannten. Er pirschte, beinahe lautlos, auf den Spitzen seiner Alpargatas die als luftige Halbschuhe mit einer aus Reifen geschnittenen Sohle und aus dickem gewebtem Baumwollstoff genäht waren. Die Grassteppe zwischen den mäandernden Windungen und zufließenden Bachläufen war mit Moriechepalmen, Buschgruppen und mannshohem gelben Gras ein ideales Jagdgebiet in dem man sich leicht verlaufen konnte. Zum Abpassen der Pecaris suchten wir die Ränder von Sumpfgebieten auf und hockten uns auf die Hacken um unter der dichten Vegetation hindurch Anblick zu bekommen. Das hirschartigen Weißwedelwild liebte die mannshohen rohrartigen Grasflächen oder bei zunehmender Hitze den schattigen Galeriewald. Je ein Jäger pirschte auf einer Seite der Flussränder und man versuchte sich die flüchtenden Weißwedelhirsche dabei gegenseitig zuzudrücken. Erlaubt war grobes Schrot (6 bis 9 pro 12er Schrotpatrone) oder Brenneke Geschosse. Da es fast immer durch dichte Vegetation ging, galt es schnelle und situative Entscheidungen beim häufig hingeworfenen Flüchtigschießen zu treffen. Das Wild immer richtig anzusprechen erforderte sehr viel Erfahrung. Eine Art zu jagen, die so ganz anders ist, als die Ansitzjagd auf das vertraut stehende Rehwild in Europa.
Das Farmhaus unseres Freundes, des Richters, war unter einem weiten Dach wegen der meist drückenden Hitze nach allen Seiten hin offen und bestenfalls vom sanften Wind durchlüftet. Unter der auf Sitzhöhe von einer niedrigen Mauer umfassten Pergola gab es genügend Platz, Säulen und Wandhaken wo wir unsere Hängematten mit Moskitonetzen aufhängen konnten. Als wir unseren braven Hund einmal nicht mitführten, wurden wir nachts im Tiefschlaf von den Krallen der irren Haus- und Lieblingskatze unseres Richterfreundes geweckt. Sie sprang uns Schläfer von unten in den Netz-Hängematten schmerz-

haft an. Erst versetzte sie mir blutende tiefe Striemen in die Rückenhaut. Ich ziemlich angesäuerter Schläfer säuberte die Stellen wegen der Sepsis Gefahr mit Alkohol. Alle inzwischen wachgewordenen Schläfer lachten schadenfroh und schliefen wieder ein. Die nächste heimtückische Katzenattacke galt unserem alten Jagdfreund und Gast Ernst Fries von der schwäbischen Alb in Deutschland. Die verwilderte Hauskatze biss ihm kräftig und tief in seine ausgeprägte Nase. Am nächsten Morgen suchten wir diesen Geist der Nacht ernsthaft verärgert und mit vereinten Kräften. Die Katze, inzwischen unser Alptraum, hatte sich in die vermeintliche Sicherheit der offenen und rundherum mit einem Gitterkäfig versehenen Küche des Hausherrn verzogen. Sie putze sich und ihre an unseren Körpern manikürten Krallen. Auf dem kalten Ofen sitzend traf sie das Bleigeschoss im Kaliber .22er aus meiner ungemein präzisen Lothar Walther PP-Sportpistole genau zwischen die Augen. Damit hatte dieser selbsternannte „Chef" der Farm seinen selbstgewissen Terror in seiner nur scheinbaren Unerreichbarkeit verloren. Es war eine Wohltat als wir endlich alle wieder befriedigt und beruhigt schlafen konnten. Der kleine Terrorist tat das nun auch; allerdings für immer. Es musste einfach sein, auch wenn die verwilderte Teilzeit-Hauskatze mir leid tat.

Meine Hängematten waren von höchster Qualität. Ich besitze noch heute eine feine kleine Sammlung davon. Die dichter geflochtenen sogenannten Hamacas wurden aus Nylongarn von Gefängnisinsassen in Calabozo nach meinen Wünschen und mit Übermaßen geknüpft. Andere aus kühlenden, dicken und deshalb nachgiebigen Baumwollgarnen. Meine besten Chinchorro waren aus den Fasern der Morichepalmen oder denen der Cumarepalmen handgeknüpft. Die seltenen Cumare Chinchorro konnten, im Gegensatz zu denen aus Morichefaser, gewaschen werden. Beide Chinchorro sind in der warmen Jahreszeit besonders angenehm, weil sie wie ein luftiges Netz geflochten werden. Wie erwähnt, gab es für diesen wichtigsten Ausrüstungsgegenstand samt Halteseilen, Knotenarten und Moskitonetzen eine in jedem Landesteil eigene und vielfältige Kultur und Tradition.

Die Llano- und Morichepalmen formen Inselgruppen im monatelang überschwemmten oder trockenen Llano. Sie geben ihm stellenweise das Aussehen eines tropischen Parks. Ihre Blätter wurden gerne zum Decken der Häuser verwendet. Ihre eisenharten Stämme wurden durch die ständigen Buschfeuer während der Trockenzeit geglättet. Aus ihnen macht man tragende Pfeiler für die Häuser, kleine Einbäume oder Krale als Umzäunung für Vieh und Pferde. Wir bekamen einmal sogar aus der oberen, weißen Schicht seiner Früchte einen erfrischenden Moriche Saft kredenzt. Der taubstumm tuende Farmknecht El Mudo (er war wohl „nur" ziemlich taub geboren worden) zeigte mir, wie die anspruchslosen Llaneros sogar aus den gleichen Früchten der Morichepalmen einen gerösteten Kaffeeersatz zubereiteten. Manchmal verkürzten wir uns die Wartezeit auf das Abendessen mit einem nächtlichen Dominospiel und einer Partie Bolas Criollas (mit hier deutlich größeren Boule Holzkugeln aus Hartholz). Wir spielten unter der Krone eines riesigen, mehrere Jahrhunderte alten Saman (Schwarzakazien- oder Regen-) Baumes auf der gestampften Lehmfläche des großen Patios. Die zischende Petromaxlampe erhellte unsere Spielfläche in der geheimnisvoll im Dunklen verschwimmenden Umgebung. Dabei schien die Zeit stehenzubleiben. Man erlebt dabei den ganzen Zauber einer Nacht in der Stille des Landesinneren.

Unsere Essen an der freien Luft schmeckten dort nach den Mühen des Tages besonders köstlich. Wir trieben einen für die Umgebung ungewöhnlichen Aufwand beim Kochen. Das gute stärkende Essen belohnte uns mit einer wohligen Bettschwere und stimulierte zu entspannt geführten Gesprächen.

Die Freizeit der sich verschlossen gebenden Farmarbeiter war ereignislos und gleichförmig. Besuche

waren deshalb Höhepunkte in ihrem Jahresablauf. Wir brachten außer dem Freibier immer wichtige Geschenke und Trinkgelder mit. Ihr äußerst karges Einkommen bestand zu einem Löwenanteil aus Deputaten und Wohnrechten. Ihre geringen Ersparnisse reichten nur für wenige Ausflüge im Jahr in das nächste Dorf. Gerne fuhren sie in unseren Allradfahrzeugen mit, obwohl sie zu Fuß und mit ihren mageren Farmpferden selber dazu in der Lage waren. Es waren abgeschottete Menschen die, mit einem unergründlichen kleinen Schuss Misstrauen, traditionell völlig in ihrer eigenen selbstversorgenden Welt lebten. So waren sie aus Erfahrung von ihren Müttern und Großmüttern groß gezogen worden. Weder das gelegentlich gemeinsame Pirschen, noch andere ihrer Handreichungen erzeugten, trotz unserer Bemühen darum, eine für die nächsten Besuche anhaltende größere emotionale Nähe.
Neben dem offenen Farmhaus stand ein uraltes Windrad mit seinem von der Spitze des Förderturms in die Erde reichenden rostigen Gestänge. Diese Pumpe schöpfte Grundwasser aus 30 Meter Tiefe. Die sich drehende Windmühle spielte mit ihrem auf und ab pumpenden Gestänge eine rhythmische Melodie. War es aktiv, so hörte es sich wie das Atmen eines lungenkranken Urzeitdrachens an. Das Quietschen und das leise flirrende Geräusch des gegen den Wind gedrehten Propellerrades wirkten einschläfernd auf uns erschöpften Jäger. Alles geförderte Grundwasser sammelte sich in einem ebenerdigen offenen Betonbecken von etwa 8 Metern Durchmesser. Neben der beruhigenden Melodie des gelegentlichen Muhens der Rinder an der Tränke herrschte sonst die absolute Stille des Llanos. Die genossen wir besonders nachdem das Schöpfrad zur Nacht immer abgestellt worden war. Die Wände des Wasserbeckens aus vorgefertigten, runden Betonringen waren innen faustdick von glitschigen grünen Algen bedeckt. Für unsere Männerwirtschaft auf der Farm war der Brunnenrand breit genug zum Abstellen unserer Drinks. Einigen eiskalte Dosen Bier oder ein Palo (pfahlförmige hohe Gläser) des doppelten Whiskycito (die Endsilbe cito ist die zärtlich verharmlosende Verkleinerungsform) mit Soda und Eis oder einen großen Gin und Tonic mit Limonenscheiben fanden darauf ihren genügend Platz für unseren bequemen Zugriff. Im damals wohlhabenden Venezuela wurden die überall doppelten Whiskys gnadenlos in 20 cm hohen zylindrischen Gläsern mit Eis und Soda serviert. Für unsere zivilisierte, abendliche Zeremonie führten wir, beinahe zärtlich, einige breite Kristallgläser mit. Sonst war unser Campinggeschirr auf das Nötigste und bewährte beschränkt. Auf dieser häufig besuchten Stamm-Farm war es Ritual, vor dem Essen, ein abkühlendes nächtliches Bad in der warmen, kreisrunden Viehtränke aus Beton zu nehmen. Wir lagen nach den Strapazen des Pirschens im Dschungel, reglos auf dem Rücken treibend im Wasser und kühlten uns von innen und außen ein paar Grad ab. So schrumpften auch die brennenden Füße wieder auf ihr Normalmaß zurück. Anfänglich vermied man es mit den von glitschigen Algen überwachsenen Oberflächen der dicken, kreisrunden Wände in Berührung zu kommen. Aber bald störten uns die glitschigen Berührungen nicht mehr. Quakende kleine Frösche schwammen neben unseren von der Jagd erhitzten Körpern im Grundwasser der Tränke umher. Wir sahen in ihre nahen goldfarbenen Augen. Nach einigen Bieren oder Whiskys vor unserem Abendessen auf nüchternen Magen trugen manche von ihnen sogar goldene Kronen. Unweigerlich schauten wir auf dem Rücken treibenden in den weiten, immer klaren, nächtlichen Dom des Sternenhimmels. Ich bildete mir ein, dass der dort, genau wie in den afrikanischen Nächten, besonders dreidimensional war. Heimlich zählte ich die hier außergewöhnlich gut sichtbaren und häufigen Sternschnuppen. Sie versprachen Wunscherfüllung. Der nächtliche, klare Himmel entfaltete eine magische Wirkung auf unsere schweifenden Gedanken fernab jeder Zivilisation. Diese Natureindrücke erlebte man natürlich besonders intensiv nach all den Aufregungen der immer

anstrengenden Jagd zu Fuß im Busch. Nach dem Bad und dem nachlässigen Abtrocknen fühlte unsere Haut ein wenig der ersehnten Erfrischung für die restlichen Abendstunden beim Grillen am Lagerfeuer. In Afrikamanier wickelten wir uns langen Stoff oder das Badelaken um die Lenden. Unsere selbst zubereiteten Abendessen schmeckten hier immer besonders intensiv.
Es hörte sich gut an, wenn das Vieh um uns herum ihre Mäuler aus dem Wasser zog und noch einige Tropfen aus den Barthaaren auf die Wasseroberfläche zurückfielen. Die Kälber und ihre Mütter versicherten sich unter leisem Muhen ihrer gegenseitigen Anwesenheit. Die unvermeidliche Windmühle zum Fördern des Wassers spielte mit ihrem auf und abgehenden Gestänge die letzten Takte ihre rhythmisch quietschende Melodie dazu. In der endlich etwas weniger heißen subtropischen Nacht begannen nun die köstlichen Stunden. Außer dem Sirren der Zikaden und leisem Pfeifen der winzigen Baumfrösche hörten wir nur das zischende Brennen einer den Patio erhellenden Petromaxlampe. Mit sparsamen aber immer bedeutungsvollen Gesprächen oder auch langem Schweigen klangen diese köstlichen Abende aus. Wir waren ganz eingetaucht in die Natur, fern der Hektik und der kleinen Sorgen unseres schönen aber dagegen so normalen Lebens in der Großstadt. Es waren glückliche Zeiten im venezolanischen Busch in der die Barsche wie verrückt bissen und wir zu fortgeschrittener Nacht meinten, dass sogar die mitgebrachten Bratwürste und Empanadas gurgelnd in der Kühlbox zu unseren Witzen lachten.
Herz, was willst Du mehr, als die genüsslich hinausgeschobene Aussicht auf den erquickenden Schlaf in der luftig den Körper umschmiegenden Hängematte. Mein S&W Airweight Revolver lag beruhigend kühl im halboffenen Bezug meines Kopfkissens. Bei unserem zweiten Aufenthalt, ruhte unser geliebter Deutsch-Drahthaar Jagdhund Jago unter meiner Hängematte. Alle Jäger unserer Gruppe wurden stets zuverlässig von seinen wachen Sinnen beschützt. Niemals musste ich den Revolver auf dem Hatto benutzen; trotzdem gab er mir ein gern empfundenes, beruhigendes Gefühl. Wahrscheinlich war er nachts aber nur eine Schlafpille aus kühlem Edelstahl. In der Abgeschiedenheit und völligen Naturruhe der Farm, ohne irgendein unsere Anwesenheit verratendes elektrisches Licht, schliefen wir wahrscheinlich an einem der sichersten Plätze des ganzen Landes. Wie gerne nahmen wir solche weiten Fahrten auf uns, um aus der überfüllten Hauptstadt herauszukommen. Viele Momente unserer in sich versunkenen Aufenthalte in den tropischen Llanos erlaubten selbst den größten Realisten die entspannende Poesie der Natur zu erleben. Es fällt schwer den Zauber und die erfüllenden Eindrücke mit Worten zu vermitteln. Ich will es trotzdem noch ein wenig für den interessierten Jäger und genießenden Naturbeobachter versuchen.
Nach der relativen Kühle der Nacht empfing uns erwartungsfrohen Jäger der noch etwas hinausgeschobene, erwachende Morgen. Wir fühlten frische Kräfte, waren erquickt und ausgeruht. Um uns herum erwachten die Tiere welche, genau wie wir, nicht in der Dunkelheit gejagt hatten. Die Hühner hatten die Nacht im Schutz der breiten Ästen der Bäume mit unter den Flügeln gesteckten Köpfchen verbracht. Jetzt flatterten sie herab und scharten gackernd und gurrend am Boden. Hatte man Glück, so krähte der einzige und relativ diskrete Hahn erst dann, wenn sich die neue Sonne ankündigte. Wir saßen nur halb aufgerichtet in unserer Hängematte. Jetzt genoss man es, wenn das milde, purpurne Morgenrot nacheinander alle Gelb-, Rot- und Orangetöne wie in einem Glasprisma durchleuchtete. Aus den noch halbgeschlossenen Augen empfanden wir eine Besonderheit des Llanos. Es waren die intensiven physikalischen Phänomene des ersten Lichts, bevor es dann zum hellen Tageslicht wurde. Im Gewirr von Blättern und Bäumen glitzerten feuchte Stellen. Kurz und wie kleine, ihre aufblitzenden Strahlen

schleudernden Diamanten, um sich bald mit der Feuchtigkeit wieder in Nichts aufzulösen. Der Morgen setzte sich gemächlich in Gang. Beim ersten Morgenrot gackern, wie auf allen Bauernhöfen der Welt, die Hühner. Niemand von uns drängte den Anderen und die Umgangsformen ergaben sich aus den ewig eingeübten Zweckmäßigkeiten.

Nur die, wie Salz und Pfeffer in Bändern fein weiß gefleckten, dunkelgrauen, exotischen Perlhühnern mit ihren hässlich, schrillen Geräuschen, verbreiten manchmal einen ordinären, lauten „Putz". Man sagte mir, dass man sie auch deshalb unter dem Geflügel züchtete, weil sich in ihrer Nähe keine Ratten aufhalten. Mit ihre unangenehmen Geräuschen und dem hektischen Hin- und Herlaufen gehören sie zu den Weckern der Llanofarmen. Sie wurden von den Portugiesen im 16. Jahrhundert aus dem südlichen Afrika eingeführt. Erst in der Karibik wurden diese Helm-Perlhühner domestiziert, so erzählte der Richter. Sie heben sich mit ihren grellen, mittelblau und rot gefärbten Köpfen und ihrem schwarz-weißem Pfeffer und Salz Gefieder auffällig von Rest der Haustiere ab.

Jetzt grollen die über Kilometer heranrollenden Rufe der Brüllaffen. Das Llano steht auf. Seine Pflanzen- und Tierwelt bereitet sich vor auf den neuen Tag. Das Vieh an der Tränke bewegt sich erstmals unruhig. Auf einigen der Milch erzeugenden Hatos melkten die blutjunge Llanero-Cowboys die Mutterkühe. Erst danach durften die vor den Müttern kurz angebundenen Kälber an die Reste der Muttermilch im Euter. Ungeduldig und hungrig blökten sie vor Hunger beim Warten. Der Staub der trockenen Erde erhob sich unter den Hufen der Kühe und vermischte sich pastellfarben mit den rotgelben Strahlen der zwischen den Bäumen aufgehenden Sonne. Warme Milch- und Dunggerüche zogen in unsere Nasen. Alle diese Geräusche des Aufstehens verbanden sich mit den seit vielen Generationen überlieferten Melkliedern der Llaneros zu einer vertrauten Symphonie. Diese Geräuschkulisse und die morgendlich gesungenen Lieder der Llanerocowboys passten in diese ganz eigenartige und so reizvolle Landschaft. Es waren einfache, beruhigende Lieder und Melodien. Sie übertrugen ihre Wirkung auf die Kühe. Als Besucher aus der hektischen Millionenstadt Caracas fühlt man den Zauber einer entschleunigten Lebensweise und zeitweise angehaltenen Zeit. Wir immer wachsamen Jäger fühlten uns tief beruhigt, ohne Angst und in der Mutter Natur gleichsam auf unsere Grundbedürfnisse reduziert. Die uns warm umhüllende Natur vermittelte eine geruhsame Botschaft voller Sinn. Das Leben in ihr ist für die Landbevölkerung schwierig und einfach zugleich. Denn sie leben mit dem Wissen von hunderten von Generationen der Llaneros. Man existiert mit den indianischen Elementen der Urbevölkerung, rücksichtsvoll, extensiv und beschränkt sich in Abwesenheit von jeglicher Gier, auf eine nachhaltige Nutzung und Bescheidenheit.

Der Duft des grob gemahlenen, mild gerösteten Kaffees vermischte sich mit dem „küselnden" Holzkohlenqualm der absterbenden Glut unseres Feuers aus der Nacht. Turtel-, Türken- und Llanotäubchen gurrten ihr Morgenlied. Freundliche Viehhirten brachten uns auf manchen der Farmen stark gesüßten Kaffee noch an die Hängematten. Zum Frühstück gab es auf manchen Milch-Farmen, frisch abgetropften, beinahe salzlosen Handkäse aus süßlich schmeckender und nach Vanille riechender Kuhmilch. Er wurde, recht ursprünglich, in der getrockneten Schale eines Baumkürbisses gereicht. Ein esslöffelgroßer Klacks Honig, aus dem Dorf oder aus der Stadt mitgebracht, kam dazu. Ein unvergesslicher Dreiklang am Gaumen. Frischer vanilliger Handkäse, etwas Honig und der dunkel geröstete, ungefilterte, dampfende Kaffe. Ich habe den frischen Handkäse immer dem salzigen, alten gereiften Hartkäse vorgezogen. Auch wenn dieser meist trocken bröckelnde, zusammen mit dem häufig dazu verzehrten Quittengelee (Membrillo), viel würziger und intensiver schmeckte. Noch immer saßen wir in diesen Momenten auf

unserer Hängematte und der nun unter uns zusammengerollten Decke gegen die Morgenkälte, wie auf einer federnden Schaukel.
Die frische Kraft und das junge Licht eines neuen Tages hatte nun das „Grauen“ des ganz frühen Morgens endgültig besiegt. Ein wenig fröstelnd und etwas steif stieg man dann endlich aus der Hamaca (Hängematte). Erst einmal ausgiebiges Strecken und dann die Morgentoilette am winzigen Bach oder mit der Schöpfkelle am Wasserreservoir. Geduscht oder gebadet wurde am Zufluss der Tränke am Abend. So mancher erfahrener Llanero verbrachte, später am Tage, noch ein Stündchen auf einem von der Sonne erwärmten Stück Zementboden auf dem Rücken liegend. Die von der Hängematte gekrümmte Wirbelsäule sollte wieder in ihre gestreckte Form gebracht werden. Nach einiger Übung schliefen wir äußerst angenehm in der in handgemachten Hängematten aus federnden elastischen Naturmaterialien. Dabei half uns bereits die richtige Technik des Hineinlegens. Die ideale diagonale und dadurch wagerechte Lage konnte man nur mit dem richtigen Durchhängewinkel der Matte an den Befestigungsseilen erreichen. Durch möglichst hohe Befestigung an den Wänden und Säulen der Terrassen oder Bäumen waren eventuelle Höhenunterschiede und Abstände durch die Seillänge ausgleichbar. Wir beherrschten auch eine bestimmte Knotenkultur mit der die Seile an den Matten und Bäumen befestigt wurden. Diese mühelos wieder zu öffnenden Knoten ermöglichen das Platz schaffende Abnehmen der Matten auf einer Seite während des Tages. Dann hingen beide Enden als hoch gebundenes Bündel mit einem anderen Knoten, wie der einer kunstvoll gefassten festlichen Abendfrisur aus langen Haaren, hoch an der Wand. Der lockere Knoten verhinderte ein fatales Verwirren der bis zu 100 Knüpfgarne nebeneinander. Alle Llaneros auf Farmen und in Dörfern lieben, gebären, schlafen, heiraten und sterben in Hängematten. Meist herrschten beschränkte Platzverhältnissen in den Wohnungen und kleinen Rancho-Hütten der Städte. Überall gab es gut sichtbare Haken für Hängematten. So lebten kinderreiche Großfamilien und viele Besucher auf engstem Raum und mit wenigen Platz wegnehmenden Betten.
Bereits bei unserem ersten Aufenthalt herrschte in der Großstadt Caracas eine fortschreitende Kriminalität und von der Drogenindustrie finanzierte Mafia. Hellhäutige, wohlhabende Ausländer in teuren Luxuswagen und aufwendigen Villen waren natürlich bevorzugte Ziele von Überfällen. Wir Jäger und Fischer im Hinterland beantragten, neben denen für unsere Jagdwaffen, auch Erlaubnisscheine für Kurzwaffen zur Selbstverteidigung.
Dadurch und den behördlich geregelten Munitionserwerb bekam ich Kontakte zum Schießplatz des Militärs. Ich wurde dazu noch Mitglied in dem ultramodernen und privaten Schießclub Magnum. Er lag, mit Autos befahrbar und hermetisch abgeriegelt, in den umfangreichen Kellern und Fundamenten eines gewaltigen Hochhauses neben dem Stadtbüro unserer Firma. Die beiden Inhaber, Freddy Boulton und Hermes Rochas, waren ehemalige Mitglieder der geheimen Staatspolizei und Schießausbilder der Division für Schwerstverbrechen. Was ich dazu schildere, lag allerdings alles in der Zeit vor dem Chaves Regime. Die beiden jungen Inhaber von „Magnum“ hatten sich als ehemalige Banden- und Terroristenjäger, sowie der Spezialabteilung zur Bekämpfung von Drogenkriminalität, früh pensionieren lassen.
Ein besonderer Vorfall beim Import eines pulverförmigen, weißen Rohstoffs für die Herstellung unseres Blondierpulvers brachte mir einen irrtümlichen, erst erschreckenden, dann aber äußerst vorteilhaften Kontakt zur DISIP der geheimen Staatspolizei des Landes. Als der Geschäftsführer unseres Unternehmens musste ich erst durch peinliche Verhöre vom Verdacht befreit werden, dass ich dem Kreis des Drogenschmuggels mit angehörte. Als ein Ergebnis daraus, war es mir mit einem sehr exklusiven

Ausweis vergönnt, legal jede Art von Waffen in der Öffentlichkeit im Lande führen und benutzen zu dürfen. Ich erhielt eine zweitägige Einweisung in richtiges Verhalten und rechtliche Konsequenzen nach dem Gebrauch der Waffen im Angesicht von Opfern und bekam im zentralen Leichenschauhaus eine Demonstration der Wirkung verschiedenster Kaliber vorgeführt, unter anderem auch an Menschen unter Drogeneinwirkung, an den reichlich vorhandenen Leichen mit Schussverletzungen. Eine recht eindrucksvolle unvergessliche Vorstellung von den verschiedenen Arten unter tödlicher Gewalt aus diesem Leben zu scheiden.

Mit dem Sonderausweis eröffnete sich der jagdliche Himmel durch den unlimitierten Erwerb von weidgerechten Waffen. Bald gehörten eine Reihe von Kurzwaffen, eine Brünner Bockbüchsflinte mit Wechselläufen und Zielfernrohr, ein Suhler Drilling und diverse Büchsen und Flinten zu meiner im Innenministerium registrierten Ausstattung. Das veränderte meine legalen Jagdmöglichkeiten mit der gewohnten deutschen Waidgerechtigkeit und den Schutz für unsere Familie ganz entscheidend.

Ich trainierte bei meinem zweiten Aufenthalt im Lande mit etwa 200 Schuss der preiswerten Militärmunition pro Woche gemeinsam mit den Mitgliedern der Sondereinheiten. Viele internationale Gasttrainer des IPSC Schießen übten mit den Mitgliedern unseres Clubs. Unter ihnen waren weltberühmte Amerikanern wie Coronel Jeff Cooper, Ray Chapmann, der Israeli Massad Ayob und andere Straßenkampf und IPSC-Größen die nicht genannt werden wollten. Wir erwarben immer die neuesten Pistolen- und Revolver Modelle aus Amerika und Europa.

Durch das ständige Training nahmen die Schießfertigkeit mit Handfeuerwaffen und unsere Reaktionsfähigkeit, speziell in Stresssituationen, deutlich zu. Es war eine besondere Stimmung, wenn bis zu 30 Personen während der Schießpausen mit geladenen und gesicherten Faustwaffen im Holster friedlich und geordnet im clubeigenen Cafe saßen. Ihre gemeinsamen Themen waren Straßenkampf, Personenschutz, Einbruch und die Vereitelung von Entführung. Ich habe dabei viele Geschichten aus der Praxis gehört und manches gelernt. Die Mehrzahl waren professionelle Agenten der verschiedenen staatlichen und militärischen Sondereinheiten. Die perfekte Beherrschung ihrer Waffen als Handwerkzeuge war für sie eine nüchterne, lebenserhaltende Maßnahme. Überdimensionierte Absauganlagen entfernten die Luft bei unseren Übungen mit scharfer Dienstmunition in den Kellern. Sie war angefüllt mit Pulverdampf, Adrenalin und Schweißgeruch. Ich fühlte mich unter diesen extrem ernsthaften Vertretern des durchgesetzten Rechts außerordentlich wohl. Es ist in einem südamerikanischen Land immer von Vorteil, in einem Notfall überlegene Kenntnis der Selbstverteidigung zu besitzen und zu wissen, dass Hilfe von den Clubkameraden und ihren Behörden kommen würde. Das Überraschungsmoment ist immer auf der Seite der skrupellosen Gesetzesbrecher. Selbst, wenn man ein Maximum an Vorsorge täglich praktiziert. Daher sind Opfer bei fast allen Überfällen in den entscheidenden Momenten auf sich alleine gestellt. Das gezielte schnelle Schießen half mir, dem gesteigerten Sicherheitsbedürfnis für mich und die 4 auffälligen Blondschöpfe meiner Familie, im äußersten Notfall nachkommen zu können.

Während der fünfeinhalb Jahre unseres ersten Venezuela-Aufenthaltes gehörte ich noch nicht zu den in den einschlägigen Kreisen bekannten, entführungsbedrohten Entscheidern der Industrie. Später war meine Funktion in einer weiter verschärften Kriminalität etwas exponierter. Wir waren darauf trainiert, vor allen Dingen erst immer alle bekannten Arten von Vorsorge zu treffen. Das schulte natürlich das Beobachtungsvermögen an der Umgebung fürs ganze Leben. Man war darauf trainiert, allen Gefahren erst einmal aus dem Weg zu gehen. Das Schießen im Ernstfall wollte man, wegen der auch das eigene Leben

erschütternden Folgen und möglicher Rache, unter allen Umständen vermeiden. Wir waren alle in den Leichenhallen der Polizei und durch die Staatsanwaltschaft auf die unweigerlichen Folgen nach dem Gebrauch von Schusswaffen eindringlich hingewiesen worden. Mit einer auffallend blonden Familie und in den von uns bevorzugten Stadtteilen war jeder, der etwas besaß, zum Ende unseres zweiten Aufenthaltes der wachsenden Kriminalität und dem Moment der Überraschung, im Prinzip ausgeliefert. Beim zweiten Aufenthalt wollten wir diesen Preis nach so vielen Überfällen in unserer nächsten Umgebung am Ende nicht mehr länger für unser weiteres Leben und das unserer halbwüchsigen Kinder zahlen.
Aber zurück vom Waffenerwerb und der Stadtkriminalität zu den Erlebnissen auf der Jagd im Llano oder im Hinterland. Unsere Jagdausflüge per Jeep oder zunehmend per Kleinflugzeug erforderten jeweils eine in Europa unbekannte genaue Vorbereitung und speziell zusammengestellte Ausrüstung. Man war möglichst Mitglied in einem Jagdclub. Hatte eine Lizenz für die Jagdwaffe vom Innenministerium und besaß den jährlich beantragten Jagdschein mit allen Lizenzen. Alle Venezolaner versuchten, unter Verwendung aller überhaupt denkbaren Feiertage, beinahe in jeden zweiten Monat des Jahres eine Kurzurlaubswoche durch das Zusammenlegen von Brückentagen herzustellen. Darin war sich das ganze riesige Land mit seiner zeitaufwendigen Infrastruktur völlig einig. Mit dem vollgepackten Geländewagen fuhr man dann viele Stunden oder bis zu zwei Tagen lang in das Landesinnere oder an entfernte Strände und auf die in der Karibik vorgelagerten Inseln. Benzinvorräte wurden in eingebauten Zusatztanks und sogenannten Jerrytanks mitgeführt. Tankstellen gab es ab bestimmten Punkten kaum noch oder gar nicht. Selbst mit genügend Ersatzreifen war das Reisen in der Hitze zu den Jagdzeiten ziemlich beschwerlich und hatte stets den Geruch von etwas Abenteuer. Manche unserer Geländewagen hatten wichtige Nebenaggregate wie Zündspule und Batterie zum Wechseln doppelt bereits fest eingebaut. Fast immer mussten nach dem Einsetzen der Regenzeit anschwellende Flüsse und morastige Durchfahrten überwunden werden. Das ging ohne eine gewaltige elektrische Winde und genügend langem Stahlseil überhaupt nicht. Jeder Jäger im Land war sein eigener Outfitter um überhaupt Jagen und Fischen zu können. Wenn man an verlängerten Wochenenden endlich an der gewünschten Stelle im Llano oder Dschungel angekommen war, musste zuerst das Lager errichtet und der umgebende Boden frei gehackt werden. Das erforderte kostbare Zeit. Dabei waren auch die Beachtung der Windrichtung, geeignete Bäume für Schatten und zum Aufhängen der lebenswichtigen Hängematten mit Moskitonetzen sowie geeignete Stellen zum Waschen wichtig. Es dauerte, bei aller Übung, bis zu einem halben Tag, bis sich jeder im Lager an einem unbekannten Platz gut eingerichtet hatte. Diese ganze Mühe machte aber auch Spaß.
Spinnruten wurden für Welse, Pfauenbarsche und die mit Eckzähnen bewaffneten wild kämpfenden Pajarras mitgeführt. Das allerwesentlichste Ausrüstungsstück waren die unterschiedlichsten und immer hochwertigen großzügigen Kühlboxen voller Eis und Trockeneis. Alle Nahrung und Flüssigkeiten mussten bis auf Wildbret und die zu fangende Fische mitgebracht werden. Gekocht wurde reihum oder von denen, die wie ich gerne gut aßen. Als wesentliche Ersatzteile wurden ein bis zwei überdimensionierte hohe Wagenheber, Medizin- und Verbandskasten und eine Werkzeugkiste auf den Ladeflächen bereitgehalten.
Jeder Neue im Lande hinzu gekommene zahlte erst einmal Lehrgeld. Das übliche Kartenmaterial war kaum zu gebrauchen und so verliefen wir uns auf den Jagden mehrfach stundenlang. Deshalb führte man beim Pirschen in der Hitze der Trockenzeit einen grob gewebten Leinensack mit 5 Liter Wasser für sich und im Notfall auch für den Hund bei sich. Ich trug außerdem immer bei längeren Märschen und

in mir unbekannten Gelände eine winzige Nothängematte aus feinstem Nylon, Gasfeuerzeug, kleiner Spiegel aus poliertem Metall, Pinzette, Skalpellklinge, Mullbinde mit Pflaster, ein Kautschukschlauch zum Abbinden oder für eine Notschleuder, Angelhaken mit etwas Leine, ein Stück Militärtape auf dem Waffenschaft und eine eingerollte, hochfeste Nylonschnur. Vieles war luftdicht verpackt und wurde auf kleinstem Raum verdichtet in einer kleinen Ledertasche am Gürtel getragen. Außerdem trug man seine Flinte oder Bockbüchse mit ausreichend Munition im Patronengürtel. Hinzu kam bei mir meine präzise Walther PP-Sport Pistole im Kaliber .22 lr in ihrem Lederfutteral am Gürtel und eines meiner geliebten fest stehenden Jagdmesser mit Raum für Medikamente im Griff.

Jagden zu Pferde konnte man nur in der Nähe von Farmen oder Dörfern. Da war die Wilddichte aber meist uninteressant gering. Also pirschten wir am Tag nach einer kurzen Fahrt in die Wildnis zwischen 10 und 20 Kilometer und immer zu Fuß. Das natürlich unter großer Hitze und im feuchten Unterwuchs des Dschungel. Während des ersten Aufenthaltes in Venezuela war die Jagd auf die vielfach in der Nähe der Zivilisation stark gewilderten Weißwedelhirsche noch erlaubt. Hirsche, Venado genannt, trugen ein Bambi Geweih mit meistens 6 bis 8 Enden. Sie wogen unaufgebrochen maximal 80 Kilo. Da man zu Fuß jagte und der Jeep im Gelände nur begrenzte und frei zu hackende Strecken helfen konnte, musste man sich Gedanken über den Ort der Erlegung und die Größe der Beute machen. Wir passten das Wild an den Wasserlöchern, im Galeriewald an den verlandenden Flüssen ab. An manchen Stellen pirschten wir besser in der Mittagshitze im Schlagschatten der Buschinseln. Am schönsten waren die Savanne-nebenen voller mannshoher Glockenblumen die an trockenen, hellen und ungewöhnlich geraden Stängeln hingen. Diese Campanillal (von Glocke, spanisch Campana) genannten mannshohen Haine wurden besonders gerne von den heimischen Hirschen besucht. Sie boten Schutz und Nahrung zugleich. Das Jagen und extrem vorsichtige Pirschen darin war besonders spannend, weil die spröden Pflanzenstämmchen den unvorsichtigen Jäger laut knackend verrieten.

Ich habe einmal gelesen, dass die Eigengeräusche eines Menschen etwa 25 Dezibel erreichen. In den Städten liegt der Lärmpegel dem wir ausgesetzt sind eher zwischen 80 und 100 Dezibel. Eine der beeindruckenden Besonderheiten auf der Jagd ist es, dass wir uns dabei mit ganz wenigen Dezibel Geräuschpegel fortbewegen müssen um das mit den Naturgeräuschen vertraute Wild nicht zur Flucht zu alarmieren. Meine Freunde und ich lernten das richtige Pirschen in Venezuela. Das Auge wurde in besonderer Weise darin trainiert, selbst kleinste Bewegungen des Wildes im dichten Busch zu erfassen. Und auch mein Schießvermögen auf laufendes Wild wurde in den Galeriewäldern der Nebenflüsse des Orinokos besonders ausgebildet.

Einmal zeigte mir ein Llanero wie man die Hirnschale der damit abgetrennten Gehörne der Venado mühelos vom Restwildbret befreien konnte. Ganz einfach, er hielt das noch blutige Gehörn an einem Draht in den Fluss voller Piranhas. Eine andere, langsamere Methode ist es, die Hirnschale eines Gehörns oder Geweihs in einen Ameisenhaufen zu stecken.

Unsere zweite Hauptbeute war das wohlschmeckende Fleisch der Pekari Wildschweine. Sie kamen in Gruppen von zig aggressiven Tieren und meist im dichtesten Dschungel in der Nähe von Wasser vor. Auf den uns vertrauten Farmen oder an bekannten Stellen im Llano wussten wir bald wo die standorttreuen Tiere zu finden waren. Man jagte immer maßvoll weil die Versorgung und der Transport und die Konservierung des Wildbrets in der Hitze und fern von Kühlketten bereits limitierende Einschränkungen mit sich brachten. Eigentlich jagen die eingeborenen Indianer im dichten Busch vor allen Dingen mit

ihrem Hörvermögen. Ich hörte bereits damals schlecht. Um das zu kompensieren, waren meine Auge beim Pirschen besonders wachsam. Im Gelände galt es vornehmlich mit Blicken auf den Boden dabei die wichtigsten Giftschlangenfamilien zu vermeiden. Nach der Konzentration und Menge ihres unterschiedlich wirkenden Giftes unterscheidet man die häufige Cascabel (Crotalus), die Mapanare (Bothrops), die Cuaimas (Lachesis/Bushmaster) und die hochtödliche aber wegen ihres winzigen Mauls für den Jäger praktisch bedeutungslose bunt gestreifte Coral. Alle vorgenannten Giftschlangen können mit einem einzigen Biss eine für den Tod eines Menschen ausreichende Giftmenge abgeben. Mit den drei der vier vorgenannten Giftschlangen habe ich in den 13 Jahren einige persönliche Begegnungen gehabt. Alle unsere Kinder wurden genauestens mit der tödlichen Gefährlichkeit und den Gewohnheiten der Schlangen vertraut gemacht. Einmal erlebten die spielenden Kinder beim Spielen, auf Franks Finca in Bejuma und in einem kleinen Wasserbecken sitzend, wie eine Mapanare aus den Steinen am Beckenrand warnend hervorzüngelte. Das war für sie eine unvergessliche und lehrreiche Begegnung mitten in bewohnter Umgebung. Am Strand von Boca de Uchire züngelte eine Mapanare aus der geöffneten Klappe eines im Freien stehenden Ofens meine Frau und die herumstehenden Kinder an.
Mehrere Naturparks und Zoos sowie die Universität von Venezuela unterhielten Terrarien auch für die Unterweisung von Schülern und Studenten. Ein Subunternehmen unseres Konzerns befasste sich mit der Produktion von Schlangenserum. Die gleiche Firma besaß ursprünglich auch einen Betrieb in Venezuela unter Leitung des Dr. Berthold. Bei meinem zweiten Aufenthalt in Venezuela führte ich als einer der Wenigen bei einigen Ausflügen ins tiefere Landesinnere zwei verschiedene Sera und herzstärkende Injektionen in Ampullen gekühlt mit. Vorher hatte ich mich in der Anwendung gründlich unterweisen lassen. Wir haben sie glücklicher Weise nie einsetzen müssen. Wie bei allen Gefahren ist Aufmerksamkeit und Vermeidung die beste Medizin.
Neben diesen vier Schlangenarten gab es eine Unzahl von ungiftigen Schlangen. Beeindruckend sind die für den ausgewachsenen Menschen ziemlich harmlosen, bis zu 9 Meter langen, Würgeschlangen Anakonda (Wasserschlange) und die maximal 4 Meter lange Boa Constrictor. Die letztere wird in Venezuela „Tragavenado" genannt (Spanisch für Hirschverschlinger). Schlangen wie Jaraja, Mapanare, Klapperschlangen oder schmerzhafte Skorpione gingen dem Geräusche machendem Menschen zwar nach Möglichkeit aus dem Weg, waren aber durchaus präsent. Nie vergesse ich, wie mir eine davon in die Laufmündung meines in der Hand getragenen Gewehrs biss. Wir gingen dabei zu zweit, meistens gebückt und immer jeder auf einer Seite eines mäandernden halbtrockenen Bachlaufs durch das Gebüsch des Galeriewaldes. Ein anderes Mal pirschten wir drei Jäger hintereinander bei Franks Cousin „in fila de Indio", also einer hinter dem anderen, über eine relativ kleine Mapanare hinweg. Zwei von uns traten kurz nacheinander auf die hochgiftige Schlange. Sie war, zu unserem Glück, durch das Herunterwürgen einer fetten Kröte in diesem Moment am Beißen gehindert.
Die größten Gefahren waren, außer der Plage von Millionen von Zecken, die Malaria übertragenden Moskitos und die Hakenwürmer im stehenden Wasser, die sich, wenn einmal durch die Haut eingedrungen, in der menschlichen Leber festsetzen. Besonders in einigen Nebenflüssen des Orinokos, 150 Kilometer südlich von Puerto Ayacucho und in der Nähe der Piaroa Indianer, gab es besonders in stehenden Gewässern die gefürchtete Bilharziose. Es sind die Hakenwürmer die in Sekunden die menschliche Haut durchdringen und unbehandelt dem Träger einen qualvollen langsamen Tod bringen. In besonders abgelegenen Dschungeln gab es Reste von Lepra, Gelbfieber und Paludismus. Eine besondere Mücke, im

Volksmund lame-ojos genannt, war darauf trainiert, in unsere feuchten Augenschleimhäute zu kriechen. Sie verursachte eine minutenlange Blindheit und starkes Brennen. Andere, nur Stecknadelkopf große Stechmücken oder Je-Jenes, hinterließen extrem juckende, schwarze Einstiche und waren wegen ihrer Winzigkeit besonders belästigend. Die bekannten Zancudos oder puyones genannten, stechenden Fliegen bildeten eine weitere Variante aus der Abteilung Dschungel-Folter. Man gewöhnte sich aber an den für die menschliche Haut bitteren Cocktail der kleinen, nachhaltig juckenden Stiche. Wir lernten in bester Wiener Art, „sie net eimal zu ignorieren". Sandmückenmilbenstiche jucken wochenlang. Besonders in alten menschlichen Behausungen gab es Raubwanzen. Ihre Stiche übertragen die Chagas-Krankheit. Dabei zerstörten die Raubwanzen den Herzmuskel, den Darm und führten zur Demenz. Hüttenruinen brannte man deshalb ab und vermied sie. Besonders die Braunwasserflüsse können die Larven der Malariamücken mit sich führen. Man suchte deshalb bevorzugt „schwarze" Gewässer oder möglichst ganz klare auf.
Flugwild gab es in für Europa ungewohnter Vielfalt und manchmal in kaum fassbaren Mengen, besonders zur Regenzeit. Immer konnte man sich aus am späten Nachmittag abgepassten Tauben, Enten oder Rebhühnern mit Kartoffeln oder Reis und etwas mitgebrachtes Gemüse ein nahrhaftes Süppchen bereiten.
Eine besonders begehrte Spezialität war die Jagd auf die bis zu fünf Kilo schweren, gänseartigen Pato Real oder als Haustier gehaltenen Moschusenten. In Deutsch werden die auch Königsenten genannt. Als damals noch frisch im Lande angekommener Fremder nahm mich mein neuer Freund Dr. Roderick Römer Power in seiner Cessna mit auf die Jagd von Pato Real. Wir jagten in Begleitung einer Gruppe von mir damals noch völlig unbekannten Persönlichkeiten führender Familien Venezuelas. Dazu flogen wir auf einen riesigen Hato südlich des Naturparks Aguaro. Die andern Jäger der Gruppe waren bereits vor uns mit ihren Privatflugzeugen eingetroffen. Sie hatten ihre Hängematten mit Moskitonetzen an den Bäumen um ein Feuer mit Grill herum aufgehängt und sich eingerichtet. Ich hatte auf Kiekes Anraten eine eilig gekaufte, schlecht ausgesuchte Hängematte mitgebracht. Für dieses in Venezuelas Hinterland lebensnotwendige, hängende Bett gab es, wie bereits ausführlich beschrieben, eine ganz eigene vielfältige Kultur. Man unterschied sie nach Naturmaterialen, Garnen, Flechtarten, Größen und Herstellung für das Klima je nach Jahreszeiten. Noch heute hüte ich meine Sammlung von 10 äußerst verschiedenen Hängematten in zwei dafür reservierten, luftdichten Aluminiumzargen. Leider hatte ich damaliger Anfänger bei dieser ersten Jagd mit Kieke nicht an das zu dieser feuchtwarmen Jahreszeit absolut notwendige Moskito Netz gedacht. Kieke gab mir ohne Worte sein eigenes Netz. Erst im Laufe der Nacht sollte ich unter dem Gebrumme der Millionen Plagegeister erfahren, welche großherzige Geste der Selbstlosigkeit das Überlassen gewesen war.
Zwei der uns im Jagdgebiet führenden Llaneroindianer, auch Vaqueanos genannt, waren auf ihren Pferden zu uns gekommen. Sie bereiteten mitgebrachte, kross gebratene Rippenstreifen und saftige Rindersteaks auf dem sorgsam betreuten Holzkohlenfeuer bei niedriger Hitze vor. Dazu gab es die an Kohlehydraten reiche Yuka, schwarze Bohnen und eine selbst gemachte scharfe Soße. Als Nachtisch ganz frischen, weichen Queso de Mano (Handkäse) der wunderbar süßlich und ein wenig nach Vanille schmeckte. Noch am selben Abend tauschte Kieke bei den Indianern einige Flaschen Bier gegen ein von den Indianern aus vergorenen Ameisen hergestelltem angebliches Aphrosidiakum mit dem Volksnamen „Catara" ein. Sie wird aus den zerquetschten vergorenen Köpfen der Blattschneiderameise hergestellt.

Wir probierten die rotbräunliche Soße am nächsten Abend zu den in der Pfanne gebratenen Eiern halbwilder Zwerghühner. Sie schmeckte angenehm würzig, scharf, auf der Zunge prickelnd und ein wenig nach Maggi. Über die Wirkung der Catarra kann ich sonst im kraftvollen Alter wenig berichten.
Meine erste Nacht in der später so geliebten Hängematte war kurz. Sie war vom monotonen Summen der Insekten am geliehenen Moskitonetz erfüllt. Wie es wohl dem armen Kieke bei dieser Menge von blutdürstigen Moskitos erging? Die Jagd sollte frühmorgens mit gröberem Schrot auf die schweren, äußerst wohlschmeckenden Pato Real gehen. Wir liefen vor Sonnenaufgang zu unseren Ständen zu einem Fressplatz, comedero genannt. Dort, wo die Enten am Wasser aufwachen, Samen, Kräuter, kleine Früchte, Gras, Algen, Larven und kleinste Fische aufnehmen. In der Dunkelheit ging ich mit geschulterter Flinte und einem auf Anraten gefüllten Patronengurt leise hinter Kieke her. Er setzte sich auf einen dunklen Baumstamm im Schilf nieder und ich wollte es ihm an einen anderen umgefallenen, abgestorbenen Stamm an gegenüberliegender Stelle nachtun. Im Niedersetzen auf diesen vermeintlich anderen Baumstamm schnellte der blitzartig im Dunkel davon. Zum Glück bevor ihn im Niedersenken mein Kronleuchter mit dem daran hängendem Tafelsilber erreichte. Es war die unvergessliche Begegnung im Dunkeln mit einem schlafenden Alligator. Das ist kein Jägerlatein! Er war als wechselwarmes Reptil in der morgendlichen Kälte noch bewegungsunwillig. Ich bekam über diesen „brüllenden" Wachmacher einen heftigen Adrenalinstoß verpasst. Kieke hielt sich vor unterdrücktem Lachen noch lange den Bauch.
Nach einigem Warten gelang es auch mir im Morgenrot zwei dieser gänsegroßen Vögel aus der Luft zu holen. Sie platschten mit erstarrten Schwingen und einem dumpfen Aufprall ihrer fetten Körper auf die Erde. Die schwarz/grün/bläulich metallisch gefärbten Erpel mit den charakterischen weißen Flecken auf den Flügeln sind deutlich größer als die weiblichen Enten. Die Erpel haben außerdem eine feuerrote Geschwulst auf dem Schnabel. Wenn man sie einmal gejagt und verzehrt hat, versteht man, warum sie heute längst geschützt sind. Der Geschmack ist köstlich und die fette Beute lohnend. Weil sie relativ langsam und kaum höher als 20 Meter über dem Boden fliegen, sind sie relativ einfach mit dem Schrotschuss zu treffen. Die Vaqueanos trugen schwer an den durch Selbstbeschränkung von 6 Schützen erlegten Pato Reales. Ab 9 Uhr morgens ging die Jagd weiter auf einem ihrer Tagesruhebäume, sesteaderos genannt. Hier verdauten sie im Schatten während der heißen Tageszeit. Sie schlafen in Dormideros. Wir konnten diese Nachtplätze leicht an den mit Exkrementen verschmutzten Ästen und Baumstämmen erkennen. Die mit der Natur lebenden Llaneros erzählten, dass sie bei Bedarf einige der schlafenden Vögel nachts mit langen Stangen vom Baum ihrer Dormideros schlagen. Unser nächster Morgenansitz ergab erneut reiche Beute. Wir rupften den erlegten Enten gemeinsam das schillernde Gefieder aus. Sie erzählten, dass einige alte Leute in ihrem Dorf früher eine besondere Zubereitungsart für Enten praktizierten. Sie wurden nur durch den After oder die Kloake ausgenommen und mit ihrem ganzen Federkleid einfach zu einem großen Ball aus Lehm gewickelt und in die sie möglichst gleichmäßig umgebende Glut des Holzkohlenfeuers gelegt. Anschließend brauchte man dann nur den harten Lehm aufbrechen und alle Federn mit der Haut blieben daran hängen. Das Fleisch wäre dann besonders saftig. Die gleiche Methode habe ich mehrfach in Südamerika und auch bei einer Zigeunerfamilie in Ungarn erlebt. Die dortigen Zigeuner machten diese Lehmzubereitung aber nicht mit dem Gefieder von Vögeln sondern mit dem Stachelkleid von den so putzigen Igeln. Sonderbare, problematische und mir in unserem Europa voller Werte völlig fremde Menschen waren das in Ungarn, in jeder Hinsicht. Die Beute unserer Pato Real Jagd wurde brüderlich mit den Vaquanos geteilt. Mir gefiel das kameradschaftliche Verhalten dieser hoch

gebildeten Stadtjäger mit der einfachen Landbevölkerung. Ich habe das später immer genauso gehalten und so mit meiner Großzügigkeit wunderbare Aufenthalte bei den verschlossenen Llaneros erlebt. Auf vielen Farmen, Hatos genannt, fanden wir die leicht zu zähmenden Pato Real oder Moschusenten häufig unter dem Hausgeflügel. Die Llaneros zogen sie aus gestohlenen Wildeiern. Sie vermischen sich dann unkompliziert mit dem anderen Geflügel auf dem Hof.

Herrmann Zingg, seine Brüder und Cousins und der sich liebevoll um mich kümmernde Kieke Römmer wurden bei weiteren Jagden bald zu großherzigen Freunden. Sie ermöglichten mir den Anschluss an die für Neuankömmlinge normalerweise äußerst verschlossenen Familien. Während unserer insgesamt 13 Jahren in Venezuela, profitierten wir während 11 Jahren von diesen großherzigen und verlässlichen Freundschaften. Schnell öffneten sie uns die Türen zu anderen geschätzten Menschen und bei denen aus dem exklusiven Caracas Country Club. Die Moral aus dieser prägenden persönlichen Erfahrung ist, dass man als Neuzugang irgendwo auf der Welt eigentlich nur einen, aber den richtigen Kontakt braucht, um passenden weiteren Anschluss zu finden. Alle folgenden Schritte im Lande waren dann unendlich viel leichter. Für uns und unsere Kinder war diese Erkenntnis wichtig, weil wir in so vielen Ländern gelebt haben.

Sehr wohlschmeckend waren die in den Bäumen lebenden, sattschwarzen Paujis, (lat. Crax Nigra) Schopfhokko oder Hühnervögel mit weißem Bauch und ausgeprägtem nach vorne gestellten Schopf. Den konnten sie, wenn erregt, durch in sich gedrehte Federn aufstellen. Die tiefschwarzen Hähne werden, ähnlich wie ein Truthahn oder Auerhahn, bis zu 90 Zentimeter groß und sind, ähnlich wie der Auerhahn, aber viel schwieriger, durch ihre Balzrufe (ein langgezogenes paujiiiiiiii-Pfeifen) in den dichten Baumkronen anzupirschen. Die Hähne besitzen, je nach Alter, eine weithin leuchtende, zitronengelbe Stelle über dem Schnabel. Sie sind mit Ihren langen Stendern geübte Kletterer in den Baumkronen und schnelle Läufer am Boden. Hennen sind braunschwarz mit blassweißen Querstreifen auf der Brust. Die Paujis am Fluss Manatire im Grenzgebiet der Bundesrichter-Farm und zu der seiner Nachbarfamilien waren, trotz einer gesunden Population, nicht einfach zu bejagen. Sie hielten sich dort auch nicht ganzjährig auf. Leider hatten wir bei diesen hier besonders scheuen Vögeln das Gefühl, dass sie in unserer Abwesenheit ohne Zustimmung des Farminhabers bejagt wurden. Obwohl unser Freund der Richter das Jagen auf seiner Farm nur uns erlaubt hatte. Vielleicht wilderte da jemand uns bekannter mit Zwille und Stahlkugeln aus Radlagern.

Picure/Acure und der selten gewordene Lapa oder Goldhase sind deutlich größere, entfernte Verwandte von Meerschweinchen. Die Lapa oder der Goldhase ist braun gefärbt. Das Tier trägt wie ein Rehkitz, weiße, streifenförmige Flecken an den Seiten. Die hilflosen Wasserschweine und heimlichen Danta bejagten wir nicht. Beim Fischen auf begehrten Pavon Barsche hakte unser ältester Sohn, auf einer kleinen angeschwemmten Insel stehend, einmal einen Bagre Rayado. Der wohlschmeckende gestreifte Wels zog ihn samt dem Inselchen ganz langsam in den Fluss. Als wir ihm erschrocken beisprangen und halfen den Wels zu bergen, sahen wir, dass er mit einer Größe von über 1 Metern länger war, als der Junge groß war. Auch als Jäger hatte man wegen der fischreichen Flüsse häufig eine Spinnrute dabei. Der Fischreichtum ist besonders in den Seitenarmen des Orinokos und den Flüssen des Llanos überwältigend. Mit dem erfahrenen alten Buschpiloten und Ausnahmekenner des Landes Boris Kaminski erlebten wir die abgelegene Wildnis und die indigenen Bewohner Venezuelas an Orten, die nur wenige Previligierten vergönnt war. Es würde alleine ein weiteres Buch füllen, zu beschreiben, wie wir weit über Yutahe hinaus auf abenteuerlichen und provisorischen Pisten kühn mit seinem zweimotorigen Hochdecker landeten. Mit dem erfahrenen Boris besuchten wir Indianerstämme unweit der Grenzen zu Kolumbien, Brasilien und Guayana. Dabei lernten wir einzigartige Naturwunder, die Venezuela noch heute bietet, auf seinen geheim gehaltenen Abenteuertouren kennen.

Über die mit unserem Deutsch Drahthaar Rüden Jago beim zweiten Venezuelaaufenthalt erlebten Geschichten auf den zahlreichen Jagden würde ich gerne ein anderes Buch voller kleiner Vorfälle mit diesem braven Hund schreiben. Jago holten wir als Welpen aus der Leistungszucht einer Försterei unserer schwäbischen Freunde der Familie Von der Osten. Jago war unser dritter Jagdhund und in jeder Hinsicht ein Volltreffer auf jeder Art von Jagd. Sein gefestigtes und nobles Wesen trug entscheidend dazu bei das Zusammenleben in unserer Familie zu einem unvergesslichen und glücklichen Mittelteil unseres Lebens zu gestalten. 13 Jahre lang lag er in Venezuela jede Nacht als kampfbereite Lebensversicherung, im Haus, im Auto, unter meiner Hängematte oder vor unseren Schlafstätten. In der Millionenstadt Caracas war er als mannscharfer Beschützer bei jedem Gang der Familie dabei. Wir konnten, von ihm bewacht, in unserer Terrassenwohnung hinter den Gittern bei offenen Fenstern schlafen. Jago war unfehlbar wachsam und absolut unbestechlich. Füttern ließ er sich nur von uns Familienmitgliedern. Er wurde im Gegenzug als ein gleichwertiges Familienmitglied behandelt und von allen innig geliebt. Auf beinahe jeden Familienurlaub, wohin auch immer auf der Welt und gleich in welchem Transportmittel, haben wir ihn mitgenommen. Ein solcher Universal-Gebrauchshund hat einen großen volkswirtschaftlichen Wert auf der Jagd und als mannscharfer Wachhund. Am wichtigsten war er der Familie aber als der liebevolle und treue Begleiter unserer kleinen Kinder. Ich bin überzeugt davon, dass ein solcher, dem Menschen ergebener Hunde-Kamerad, einen großen bleibenden Einfluss auf die Erziehung unserer Kinder hatte.

Die uralte Domestikation des Hundes hat eine bedeutende Rolle in der Entwicklungsgeschichte der Menschheit gespielt. Wissenschaftler sagen, dass sich der Hund zum Beispiel aus dem Laika ähnlichen Wölfen entwickelte, die sich als Jagdverbündete den frühen Taigajägern in einem langen Prozess anschlossen. Im Prinzip sind ja alle Hunde ursprünglich als nützlicher Begleiter des Jägers für die Jagd oder den Schutz des Frühmenschen aus Abkömmlingen vom Wolf entstanden. Ausbildung und Züchtung durch den Jäger haben danach unsere vielen vorzüglichen Jagdhundarten zu universellen oder spezialisierten Helfern der Menschen gemacht. Deshalb gehören die in ihren Anlagen dem Wolf ähnlichen universellen deutschen Jagdhundrassen heute zu den am ursprünglichsten gebliebenen Hunden überhaupt. Ihr wichtigstes Sinnesorgan, die Nase riecht oder wittert räumlich und in Richtungen, wie wir in Stereo hören und das unendlich viel feiner und besser als die Nase des Menschen. Das weit überlegene Gehör unserer Jagdhunde reicht sogar bis in den Ultraschallbereich. Wir Jäger wissen alle von unseren Hunden mit ihren uns weit überlegenen Sinnen, dass sie über unseren Augenausdruck und unsere Mimik auf unseren Gemütszustand schließen. Die tausende Jahre anhaltenden menschlichen Kreuzungs-Bemühungen haben das breite Erbe des Wolfes in den allermeisten Hunderassen allerdings zu Spielkameraden und Gesellschaftern umgezüchtet. „Ein Mensch besitzt bis zu 5 Millionen und Hunde über 220 Millionen Riechzellen. Allein dieser imposante Unterschied erklärt die gewaltige Nasenleistung des Hundes. Wenn man alle Faktoren berücksichtig, riecht ein Hund 1 Million mal besser als ein Mensch. Hunde können in der Minute bis zu 300 Atemzüge ausführen und benötigen alleine fürs Riechen 10 Prozent ihrer Hirnleistung. Sie können stereoriechen und einer Fährte in der richtigen Richtung folgen. Das Jacobsonsche Organ, dass der Jäger auch von der Gemse her kennt (flehmen), perfektioniert

die Nase des Hundes“ (aus Oberwalliser Schweisshundführer).
Trotz vieler neuer Umgebungen, Umzüge und einigen überstandenen Gefahren und einiger ernster Verletzungen und einem Sturz aus 5 Meter Höhe auf Beton ist unser Jäger Jago 18 ½ Jahre alt geworden. Das Erreichen dieses ungewöhnlich hohen Alters ist nicht nur der Züchterfamilie, sondern besonders der einmaligen Pflege und Liebe meiner Frau zu verdanken. Im Alter von 2 bis etwa 12 Jahren war er ein gesunder und passionierter Jagdhund der alle Erwartungen, auch ohne die meisten in Deutschland zu Recht praktizierten Prüfungen, übererfüllte. Dann litt er unter zunehmender Blindheit und völliger Taubheit. Nur die unfehlbare Nase funktionierte bis zu seinem unsere Herzen zerreißenden traurigen und letzten Tag. Ganz sicher hat Jago, genau wie unsere ganze Familie, die ungeheure Freiheit und die für Mitteleuropa kaum vorstellbaren jagdlichen Möglichkeiten in Venezuela in vollen Zügen genossen. Zum Beispiel auf den zur Regenzeit üblichen Entenjagden in den Reisfeldern von Calabozo, in der Nähe von Acarigua und in den Dschungeln des Llanos. Ohne jede Anweisung zog er, mit seinen Instinkten des Wolfs, angeschossenes Schalenwild nieder und zeigte mir anschließend in den unwegsamen Galeriewäldern und über Kilometer zu mir zurückgelaufen, wo das Wild lag. Als wir das allererste Mal auf die südamerikanischen Wildschweine im dichten Unterholz stießen, griff der ganz junge, noch unerfahrene Hund eine Rotte von über 50 Pekaries (Familie der Nabelschweine) frontal an. Pekaries oder auch Vaquiro genannt, können ihr dolchartiges, messerscharfes Gebiss über 90 Grad weit öffnen und sogar ihren natürlichen Feinden, Jaguar und Puma, mit ihrem beeindruckenden Gebiss gefährlich werden. Die Weißbart-Pekaries findet man im venezolanischen Dschungel in Rotten von bis zu 200 Tieren. Die größeren Halsband-Pekaries bilden Gruppen von maximal 20 Tieren. Es gibt in ihrem großen Verbreitungsgebiet von Süd- bis Nordamerika insgesamt drei mir bekannte Arten. Weißbart-Pekari, Halsband-Pekaries und Chaco-Pekaries. Allen drei verdanken wir äußerst anstrengende, spannende Jagden und als Beute wohlschmeckende Mahlzeiten aus der Backröhre.
Bevor der abgelegte Jago beim Finden oder Verfolgen von Wild loslegte, schickte er noch einen kurzen um Erlaubnis bittenden Blick zu mir hoch. Dann stürmte er lauthals los. Bei diesem geschilderten ersten Mal sah ich ihn über die Rücken der Pecaris, wie von ihren zähneklappernden hoch gereckten Häuptern getragen, auf mich zurück hechten. Er hatte das Glück als Unerfahrener über den dicht gedrängten Köpfen und Rücken der Rotte durchgereicht worden zu sein. So eine Disziplinlosigkeit hat er später natürlich nicht wieder machen dürfen. Mehrere Male musste ich ihm die von den messerscharfen Zähnen der Wildschweine geschlagenen Wunden vernähen. Er war dabei voller Adrenalin. Wie ein Einbeiniger nach einem Wettbewerb des in den Hintern Tretens. Hilflos und sprachlos. Jago verzog allerdings bei den Stichen meiner halbrunden Nadel und dem nicht sehr geübten Zusammenziehen der Knoten keine Wimper.
In manchen Waldstücken traf der Hund auf dic Unterseite der Fächer einer niedrigen Palmenart voller Stacheln. Sie waren so lang, wie meine kleinen Finger. Die im Fell abgebrochenen Stacheln taten ungemein weh. Jago machte das Stechen und das abendliche Herauspulen der abgebrochenen Enden nichts aus. Ich empfand, dass sein ausgeprägtes Drahthaar in Venezuela nur Vorteile hatte. Seine Jagdleidenschaft war vom Wolf, Wildhunden und ihren urzeitlichen Fettern durch menschliche Zuchtauswahl tief eingezüchtet worden. Sie übertreffen die passionierte Jagdleidenschaft von uns Menschen mühelos um Längen. Auch das Wasser steckt in Südamerika voller gefährlicher Hundefresser. Anakondas, Kaimane, bei Verletzungen die Schwärme von Piranhas oder Piranas (Cariben genannt), elektrische Aale und

Stachelrochen um einige aufzuzählen. Einige der europäischen Jagdhunde starben nach den üblichen Begegnungen mit Giftschlangen. Gerne wäre ich bei seinen Begegnungen auf Nachsuchen, weit von uns weg, mit einer der heute üblichen kleinen Kamera auf seinem Rücken bei ihm gewesen. Leider gab es damals die heute so preiswerten Mini- Halsbandkameras noch nicht. Er und wir durchlebten trotzdem auch so ungemein glückliche Zeiten auf unseren Jagden in Venezuela.
Jago war ein Lustverstärker auf der Jagd. Sein Willen das Wild aufzuspüren und seiner Erregtheit beim Wittern der Beute, war ein Genuss beim Zuzuschauen. Das bebende Zittern der kupierten Rute beim Vorstehen steigert die Anspannung aller Jäger. Seine große Jagdleidenschaft hatte leider auch einen unausrottbaren bedeutsamen Nachteil. Einmal auf der Jagd angekommen, durfte ich ihn nicht nachlässig angeleint alleine zurück lassen. Dann war er beleidigt wenn wir Menschen nach der Anfahrt eines Tages aus Caracas mit unseren Gewehren, aber ohne ihn, im Galeriewald verschwanden. Er zertrennte eine lederne Leine in meiner Abwesenheit und richtete danach sogar einmal vor lauter Frust ein Blutbad unter Hausferkeln, Hühnern und Katzen an. Tiere die er sonst unter meiner Aufsicht oder in menschlichen Behausungen niemals beachtete. Danach legte er sich dann ziemlich befriedigt neben seine Beute und wartete nunmehr entspannt auf meine Rückkehr. Ich habe ihn nicht dafür bestraft, dass er, frustriert und von mir allein zurückgelassen, seinen berechtigten Unlust, seine Jagdleidenschaft und den ausgeprägten Beutetrieb befriedigte. Allerdings habe ich ihn dann nur wenige Male und klüger geworden, an einer Kettenleine abgelegt. Als Hund und Führer in unserer deutschen Kulturlandschaft hätten wir beide uns damit nicht ausgezeichnet. Man sehe dem Hund und mir aber nach, dass wir uns in der südamerikanischen Wildnis mit anderen Prioritäten auseinandersetzen mussten.
Eine einzige weitere Geschichte, allerdings in Deutschland, über diesen exemplarischen Jagdhund sei mir an dieser Stelle noch gestattet. Es hat mich in späteren Jahren tief gerührt, als ich Jago, er war bereits 14 Jahre alt, halbblind und völlig taub zur Nachsuche aus meinem warmen Auto holte. Wir lebten damals während meiner Selbstständigkeit in Frankfurt am Main. Die darauf folgende Geschichte hat mich betroffen gemacht. Er zeigte noch einmal eindrucksvoll, welche Anlagen in einen erfahrenen Alten Herren der Deutschen Drahthaarzucht stecken können. Ein kleiner Teil der Jägerschaft bei einer Jagd in der Eifel, in der Nähe vom romantischem mittelalterlichen Ort Dudeldorf, schaute ungläubig zu. Ich hatte einen weit von einem Hochsitz weg im hohen Gras stehenden Abschussbock auf weniger als 170 Meter Entfernung aus meinem zierlichen alten Mannlich Schönauer Stutzen, im Kaliber 6,5 X 57, sauber aufs Blatt geschossen. Anders konnte man an diesen Territorialen wegen der vorherrschenden Windrichtung nicht herankommen. Der Bock sprang im Schuss bergauf in ein den ganzen steilen Hang bedeckendes großflächiges stachelbewehrtes Brombeergebüsch und war verschwunden. Das empfand ich als ungewöhnlich weil „kranke“ Rehe in der Regel nach dem Schuss Brombeergebüsche vermeiden und er eigentlich im Feuer des Schusses hätte liegen müssen. Es war unvermeidbar, das eine gute Menge hoher Grashalme in der Schussbahn des weichen Teilmantelprojektils standen. Wir warteten die übliche Zigarettenlänge ab, damit die Wundstarre beim eventuell nur schwer angeschossenen Wild einsetzten konnte. Dann führte ich den blinden und tauben Jago mit seiner bis zum letzten Tag intakten Nase an den Anschuss. Er arbeitete von den breit gespritzten Ausschussrückständen beginnend die Fluchtspur des Bocks bis an den Rand der Dickung bedächtig und fast ein wenig gelangweilt, aus. Danach umfing er die große Brombeerengebüsch Dickung, in seinem typischen Stil und weiträumig gegen den Wind und verschwand im mannshohen Brombeer-„Wäldchen“. Meine Jagdbegleiter meinten nach einer Weile

der Ereignislosigkeit, dass der Hund die Fährte verloren hatte. Eine Zeit rührte sich gar nichts. Sein Standlaut blieb aus. Ich wusste felsenfest, dass er längst beim mausetoten Stück war. Nun wackelte das Gebüsch im oberen Teil und ganz langsam kam das Wackeln auf uns zu. Jago hatte das im Vergleich zu den gewohnten Weißwedelhirschen Südamerikas wesentlich kleinere und viel leichtere verendete Stück Rehwild den gesamten abschüssigen Hang heruntergezogen. Oder man könnte auch sagen, ziehend apportiert. Die bei seiner Rasse bekannt kräftige Halsmuskulatur war immer noch intakt. Er zog und halb trug er den Bock 50 Meter durch die Stacheln bis kurz vor unsere Füße. Eine gewaltige Leistung für einen so alten Hund. Es gab ein großes Hallo unter den Anwesenden. Ich war wieder einmal mächtig stolz auf meinen alten Kameraden mit seinem stark ergrautem Fang.

Jago durfte nach viel Lob sein bereits etwas einknickendes Hinterteil mit einem befriedigtem „Gesichtsausdruck" erneut auf die warme Decke im Fußraum des Autos schieben. Er schaute dabei ein wenig wie, als wenn er sagen wollte: "Na das war aber einfach, warum habt ihr mich dafür aus der Wärme des Autos geholt"? Die Anwesenden hätten es nicht verstanden, wenn ich ihnen erzählt hätte, dass der Hund, im Saft seiner jungen Jahre, es vermochte bis zu 8 Kilo schwere Landschildkröten mit glatten, eisenharten Panzern im hochgereckten Fang über einen Kilometer weit zu mir heran apportierte. Das war wirklich artistisch wie er die harten Panzer der lebendigen Landschildkröte dabei in seinem Maul balancierte und die mit ihren hornschuppigen Beinen hilflos in der Luft zu laufen versuchte. Auch dafür war sein ausgeprägt muskulöser Hals durch Zuchtauswahl angewölft. Wie soll ein mitteleuropäischer Jäger die eben berichteten Geschichten und von 400 apportierten Pfeifenten in den venezolanischen Reisfeldern vor zwei Flinten an einem Tag verstehen und gut heißen. Wir haben gemeinsam eines der Jagdparadiese auf Erden während der kurzen Zeit seines erfüllten Hundelebens erlebt. Jeder Hundebesitzer kennt den Schmerz und die Lücke, welche der Tod eines solchen treuen Kameraden in den Erinnerungen der gesamten Familie hinterlässt.

Allzu gerne erinnere ich mich bei diesen Schilderungen unserer Abenteuer und Jagdausflügen an den archetypischen Hato oder Fundo mit extensiver Viehzucht des Llaneros Hernan Fleites. Er selber und sein extrem abgelegener und versteckter Hof waren aus „altem Schrot und Korn". Dort ging es so urig zu, wie vor hunderten von Jahren. Hernan trug das weite Hemd lose über der halblangen Hose aus grobem Baumwollgewebe. Saß er auf einem seiner kleinen, zähen Pferde so meinte man einem Centaur (Pferdemensch der griechischen Mythologie) zu begegnen. Hernan thronte mit seinem leicht pockennarbigem Gesicht fest eingefügt in seinem selbstgemachten Sattel aus Holz, Schilf und Rohleder, vertraut und verschmolzen mit diesem zwar klapprigen aber gleichsam göttlichen Wesen. Die primitiven, meist selbst gefertigten Sättel lagen auf einer einfachen Satteldecke. Typischer kann man sich das Bild eines freien Llanero-Reiters auf diesen ursprünglichen Nachfahren der spanischen Konquistadorenpferde nicht vorstellen.

Auch Hernan trug das Blut der verschiedenen Indianerstämme des Landesinneren in sich. Sie waren nach der Eroberung durch die Spanier um 1550 in den weiten kaum bevölkerten Savannen des Inlandes die ersten weit auseinander lebenden Cowboyfarmer im Norden von Südamerika. Ihre Sprache ist immer noch gepfeffert mit Worten und im Volk wachen Redewendungen dieser brutalen ersten spanischen Konquistadoren. Obwohl die Llanero-Reiter mit ihren Kavalkaden wesentlich zum Sieg des südamerikanischen Befreiungshelden Simon Bolivar gegen genau diese Spanier beitrugen. Hernan war sein eigener Herr auf einem großen Fundo, also keiner der fast immer sehr großen Besitzungen die wir

gemeinhin als Haziendas bezeichnen. Hernan war auf eine wortlose Art voller Stolz auf seine und die Freiheit seiner Familie.
Sein breitkrempiger brauner Hut gab dem khakifarbenem Gesicht und den schmalen, meist halbgeschlossenen Augen ein wenig Schatten. Dieser typische Hut des reitenden Llaneros von Rang gab ihm außerdem die Gelegenheit, bei gesenktem Kopf, Zeit zu gewinnen, bevor er sich gezwungen fühlte, etwas ruhig und überlegt zu beantworten.
Seine Lebenseinstellung, im Gegensatz zum einfachen Landarbeiter ohne Pferd oder Peon genannt, beschreibt am besten ein von uns mehrfach im Llano gehörtes wunderbares Volkspoem. Es lautet zusammen mit meiner ungefähren Übersetzung:

„Sobre la hierba la palma,
sobre la palma los cielos,
sobre mi caballo yo,
y sobre mi, el sombrero.“

„Über den Gräsern die Palme,
über der Palme der Himmel,
über meinem Pferd ich,
und über mir, (nur) mein Hut.“

Dieser maßvolle, bedächtige, indianisch gedrungene aber leichtfüßige Mann und seine blutjungen Cowboys teilten gerne Ihre gleichförmige Kost mit uns. Meist aßen sie außer dem selbst gemachten Käse, eingeweichtes und in großen Mörsern erneut weich gestampftes Trockenfleisch. Dazu gab es immer den Maisbrei als Polenta oder die unvermeidlichen, schwer verdaulichen Arepas aus Maismehl. Die einfachen fladenförmigen Casabe wurden aus geriebener Yucca Maniokwurzel hergestellt. Anschließend wurden sie einmal pro Woche auf dem Dach in der Sonne wie Knäckebrot getrocknet. Die Haupterzeugnisse der Farm waren, wegen der einzigen Möglichkeit hier ohne Elektrizität oder Gas zu konservieren, der gesalzene Käse und täglich etwas frische Kuhmilch. Man machte manchmal aus der gemolkenen Milch ein wenig Butter und den etwas nach süßer Vanille schmeckenden köstlichen Frischkäse aus roher, ungesalzener Vollmilch für den sofortigen Verbrauch. Die Llano Kühe wurden früh am Morgen von den jüngsten Cowboys gemolken und die Milch in einer Hütte am Haus zu Käse verarbeitet. Die dabei abfließende Molke wurde von den Tieren und Menschen verwendet. Der sorgsam gepflegte Käse bildete eines der Hauptlebensmittel auf der Farm. Er wurde nach langer Reise zu Pferde gelegentlich auf dem Markt des nächsten Dorfes verkauft oder eingetauscht.
Wenn ich von unserem hellblonden Sohn Hayito auf die Farmen begleitet wurde, hat es mich immer beeindruckt, wie die jungen Farmarbeiter durch einseitige Ernährung und harte Kinderarbeit kaum größer waren als unser nicht einmal halbwüchsiger, halb so alter Junge. Die ernsten Gesichter der Cowboys machten sie in ihrer Bescheiden- und Besonnenheit bedeutend älter als sie waren. Ihre sehnigen Körper waren von früher Arbeit gestählt. Trotzdem strahlten sie, selber unter fünfzehn Jahren alt, eine Würde, ein Freiheitsgefühl und eine Zufriedenheit mit ihrer Welt aus. Genau wie die Cowboys aus Nordamerika, die Gaucho im Süden des südamerikanischen Kontinents und auch die Hirten anderer Teile unseres Planeten. Durch ihre der Natur nahe und harte Arbeit mit dem Vieh geht eine besondere Ruhe und Befriedigung von solchen Mitmenschen aus.
Im Llano habe ich diese ruhige und auf Viehtreiben zu Pferde begründete Symbiose ganz anders und wild bei den sehenswerten Toros-Coleados-Festen erlebt. Dabei fassten die Cowboys den Schwanz der Stiere und warfen sie im vollen Galopp in den Staub. Jedes Jahr werden neue, junge Pferde zugeritten

und nach dem Fest, zu Beginn der Regenzeit, auf den Hatos teilweise wieder frei laufen gelassen. Unter der Wirkung von reichlich Bier und Rum wurde auf diesen Llanero-Festen leidenschaftlich, wie sonst selten, bei Geschicklichkeitsveranstaltungen und Hahnenkämpfen gewettet. Die besser gestellten Männer in den Dörfern kleideten sich festlich im sogenannten Liqui Liqui. Das sind Llanero-Anzüge mit einem dem Nehru-Stil ähnlichen Kragen. Er stammt entweder aus den spanischen Philippinen oder was wahrscheinlicher ist, von den Uniformjacken oder Liquette der langen Uniformhemden mit Stehkragen der Soldaten. Dazu trugen sie Alpargata Baumwollsandalen mit Sohlen aus Autoreifen. Ihre Paare tanzten die im Ursprung indianischen Joropo Tänze auf dem gestampften Lehmboden zu den Klängen der typischen Llanero Musik. In weiße, weit schwingende Kleider gehüllte Schönheiten hatten dabei ihre schwarzen Haare artig mit farbigen Schleifen gefasst. Es ging überhaupt sittsam zu, denn jeder trug sein schnell gezogenes langes Universalmesser am Gürtel. Die vierseitige Minigitarre, der Cuatro, das transportable melodische klimpernde „Llanoklavier“ in Form einer kleineren Harfe mit großem Klangkörper auf kurzen Beinen und die den Rhythmus rasselnd treibenden Maracas spielten zum Tanz auf. Dazu erklangen ergreifende Texte durch eine die Tänzer führende Stimme eines Llano-Sängers. Man hörte diese Volksmusik, so authentisch vorgetragen, kaum außerhalb des Llanos. Die urige, traditionelle Lebensweise der stolzen Llaneros symbolisiert die echte venezolanische Folklore. Diese ganz eigene, unverstärkte Musik klang ungemein authentisch auf dem Lande und ihre Klangfarbe war scheinbar ganz nahe unter freiem Himmel in der ländlichen Natur.
Wie bereits gesagt, wusste der Nationalheld und gefeierte Befreier Simon Bolivar, dass er die Llanero Reiter für seinen Freiheitskampf gegen die kolonialen Spanier benötigte. Die verstanden seine Zuwendungen erst nicht, denn diese eigentlich in den Städten ungeliebten Mestizen sahen ihren Feind in den aristokratischen Criollo Großgrundbesitzern, welche die freien Savannen unter ihre private Herrschaft bringen wollten. Simon Bolivar lebte deshalb erst eine Zeit unter den Llaneros und überzeugte sie, ihr hartes Leben teilend, dass ihr gemeinsamer wirklicher Feind das koloniale Spanien mit seinen Besatzungstruppen war.
In der entscheidenden, heute mystifizierten Schlacht vom Ort Carabobo, spielten die Llaneros unter Simon Bolivar und seinen Generälen eine bedeutende Rolle. Ein pathetisches Denkmal erinnert an den aufopferungsvollen Freiheitskampf. Die bekannteste Novelle „Dona Barbara“ handelt über das Leben der Doña Bárbara als Hauptperson und das Leben in der Savanne. Sie behandelt den Begriff der sogenannten „Llaneridad“ welche, laut meinem Freund Pedro Izquierdo, erstmalig von Luis Camejo für den Bundesstaat Apure festgeschrieben wurde. (Dem der mehr über cowboys, gauchos, huasos and llaneros lesen möchte empfehle ich das Buch von Richard W. Slatta, Cowboys of the Americas , New Haven, Conn.: Yale University Press, 1990).
Ein Teil des Trinkwassers der Farm von Don Julio Hernan Fleites wurde während der Regenzeit auf einem Blech, als oberste Schicht des Daches, aufgefangen und in mehrere Reservoirs und Tonnen geleitet. Außerdem förderte eine alte anfällige Windmühle tief liegendes Grundwasser für die Viehtränken. In einer der überdachten Tonnen mit Trinkwasser schwamm unter eine Holzabdeckung eine Halbschale eines ausgehöhlten Flaschen-Kürbisses zum Schöpfen. Das Wasser füllte man auch in einen Tinajero oder Tinaja im Haus. Das ist ein poröser Steinbehälter, meistens in einem Holzschrank mit belüfteter Gittertür, dessen Poren das Wasser tropfenweise filtern und dadurch natürlich gekühlt, in ein darunter stehendes Tongefäß abtropfen ließen. Ihre Lebensweise war genauso, wie man sie im wunderbaren Mu-

seum der Quinta Anauco in Caracas, aus der spanischen Gründerzeit, in allen Einzelheiten anschaulich betrachten kann.
Gewaschen wurde sich während unserer Jagdausflüge bei Hernan an der Viehtränke, die während eines Teils des Jahres durch das quietschende, klagende Windrad mit Grundwasser versorgt wurde. Die kleine eingezäunte Landwirtschaft direkt am primitiven Haus bestand aus Mais, Yukawurzeln (ein Kartoffelersatz aus dem man auch Maniokmehl zur Herstellung des knäckebrotartigen Casabe gewinnt), Kürbissen, Zwiebeln und wenig Gemüse in einem Maschendrahtkäfig. An Festtagen wurde eine der vielen um das Haus laufenden Geflügelarten zubereitet oder wenn sich ein ganz besonderer Anlass bot, wurde eines der um den Hof herumlaufenden dunklen Schweine geschlachtet. Wild bereicherte den Speiseplan nur, wenn wir zu Besuch waren. Wir jagten früh morgens oder am Nachmittag, wenn die Kraft der Sonne gebrochen war. Hier allerdings meistens vom Rücken der klapperdünnen aber zähen Pferde. Nach Meinung des Eigentümers beunruhigten wir das Wild auf diese Weise am wenigsten. Die Pferdchen waren schuss- und wunderbar trittsicher, ruhig und durch puren Schenkeldruck leichtführig zu lenken. Deshalb hatte man die Hände zum Schauen mit dem Fernglas und zum Schießen frei. Das Wild war mit den Haustieren vertraut und hatte vor uns zu Pferde tatsächlich eine deutlich kürzere Fluchdistanz.
Es erstaunte mich jedes Mal, wie gering das Interesse der Menschen dieser Llanero Familie war, unsere mitgebrachten Leckereien mit uns zu teilen. Sie blieben, anders als auf verstädterten Hatos, bescheiden bei ihrer bewährten Ernährung. In meiner Heimat sagt man: „Wat de Bur nich kennt, dat fret er nich."
Man saß hart auf den primitiven Sätteln aus Holz und hellem ungegerbten Rohleder. Die Lassos und das gesamte Leder für Zaumzeugs und Sattel wurden aus den in Dung und dem Urin der Rinder kurierten Rohleder hergestellt. Das wurde mit etwas Schweineschmalz wo notwendig geschmeidig gemacht, geflochten, mit Tiersehnen vernäht und in die gewünschte Form gebracht. Der Ring, durch welche das Lassoseil zu einer Schlinge glitt, bestand manchmal aus einer Scheibe hohlen Markknochens. Die Steigbügel waren mit Rohleder umwickelten großen Eisenringen in die die weichen Alpargatas (geflochtene Jutestoff-Sandalen) der Farmmitarbeiter gerade hineinpassten. Die einfachen aber elastischen Hängematten stellten sie nur für sich selber aus den geflochtenen Fasern der heimischen Morichepalmen her.
Auf diesem Fundo lebten etwa 6-8 Personen, ein paar hundert Rinder, einige halbwilde dunkelhäutige Schweine, Hühner, Enten, Gänse und die überlebensnotwendigen Pferde. Sie alle waren auf sich alleine gestellt und lebten, wie seit hunderten von Jahren, abseits und vergessen, fern jeder Zivilisation. Ohne Einkaufsmöglichkeiten, ohne Telefon, ohne Ärzte oder Krankenhaus, ohne Elektrizität, ohne Gaskühlschränke und ohne das im glühendheißen Sommer für uns Freizeit Llaneros so tröstliche Eis. Nur mit zwei sparsam benutzten Petroleumlampen und kleinen Fett-Öl Lampen. Aber dafür waren sie beinahe völlig autark. Man kochte über dem offenen Feuer auf der selbst gemauerten Feuerstelle in der offenen Kochhütte. Der Hato war per PKW drei bis vier weglose Schrittfahrstunden von der nächsten Asphaltstrasse entfernt. Sie erzeugten als Selbstversorger alles, bis auf Brand- und Pferdeeisen, Alkohol zum Desinfizieren, Brenn-Petroleum, Salz, Zucker, Mehl, Speiseöl und Streichhölzer. Man konnte sich in der morastigen Regenzeit und den weiten Überschwemmungen nur auf dem Rücken der zähen Llaneropferde fortbewegen. Selbst wir wären zwei Mal beinahe mit unserem Allradjeep mit elektrischer Winde vom Hato aus nicht mehr in die Zivilisation herausgekommen. Einmal hatte ich meinen guter Jugendfreund und Geschäftsbesucher Manfred aus Hamburg auf der Jagd als Begleiter zu Beginn der Regenzeit dort hin mitgenommen. Manfred musste unbedingt pünktlich zurück nach Caracas um sein

Flugzeug für die Weiterreise in Südamerika zu erreichen. Bange Stunden verbrachten wir wartend am urplötzlich reißenden Fluss. Bis uns zufällig und zu unserem großen Glück, einer der amerikanischen um drei Meter höher gelegten Trucks mit riesigen Ballonreifen am Seil aus dem Morast zog und aus der misslichen Lage befreite. Danach waren die Bewohner in ihrer Abgeschiedenheit durch die überquellenden Flüsse, manchmal einige Monate lang, nicht in der Lage oder Willens, den Hato zu Pferd oder in einem schmalen Kanu zu verlassen. Das war seit jeher Normalität für einen Teil der Landbevölkerung außerhalb der Dörfer des Hinterlands.
Die Landschaft und beinahe alle Tiere und Pflanzen hatten sich diesen zwei Extremzuständen von entweder zuviel Wasser mit Überschwemmungen oder der staubigen Dürre und die den Gaumen reizende Trockenheit angepasst. Solche plötzlichen Veränderungen der Natur mussten wir in Venezuela, selbst auf bewohnten Farmen, bei der Planung unserer Jagd- und Angelfahrten genauestens einbeziehen.

Hochseeangeln und Schnorcheln an der beeindruckenden Küste der Karibik.

Unser guter Freund Gert flog mehrfach im Monat mit seiner privaten Queenair auf die 120 KM vor Caracas gelagerten unwirklich schönen Inseln von Los Roques. Die ragen rund um eine flache Lagune herum aus den Tiefen des karibischen Meeres. Die Inseln sind ein komplexes Ecosystem von Mangroven Sümpfen und Korallen Riffen mit weit über hundert Sandbänken die bei Ebbe verschwinden. Man erzählte mir, dass Kolumbus genau hier um 1500 herum vorbeigesegelt war. Karibische Piraten suchten Unterschlupf und Spanier und Holländer holten Salz, Guano Dünger und Perlen von den damals hier noch nicht ausgerotteten Arawak und Karibenindianern. Zu unserer Zeit gab es keinen öffentlichen Flug- oder Fährenverkehr zu dieser paradiesischen Inselgruppe. Wir wurden viele Male eingeladen, mit oder ohne geschäftliche Besucher, unsere Freunde in Gerts Flugzeug dahin zu begleiten. Natürlich profitierte ich als geschäftlicher Begleiter der vielen Besucher besonders von dieser regelmäßigen Betreuung. Etwa 500 Einwohner und geschätzte 200 Fischerbote befanden sich auf der Hauptinsel. 50 weitere Inselchen bilden die Wunderwelt eines flachen Unterwasserparks von 200.000 Hektar Größe. Dieses bedeutendste Unterwasserbiotop der ganzen Karibik wurde erst Anfang der 70er Jahre zum Nationalpark erklärt. Ich habe in all den Jahren in großen Teilen der Karibik nie ein bedeutenderes, heute für die Menschheit geschütztes, Meerwunder gesehen! Die smaragd- und aquamarinfarbenen Korallenlagunen und ihre Bilderbuchstrände aus feinstem Muschelkalksand sind atemberaubend, postkartenähnlich schön. Die karge Vegetation besteht aus Mangrovenbäumen und wenigen kleinwüchsigen Palmen. Unter der Wasseroberfläche leben, wie in einem unwirklichen Aquarium, alle nur denkbaren aquatischen Lebewesen. Meeresschildkröten legen ihre Eier nachts in den Sand aus weichem, pulverisiertem Muschelkalk. Die wachsamen Augen der riesigen Fregattvögel und allen Arten von Möwen kontrollieren die warmen Strände und halten Ausschau nach Beute. In diesem Paradies wurden 90 Prozent aller der in Venezuela verzehrten Langusten gefischt. Hier besaß die ganze Familie meines Vorgesetzten Rolf auf einer der kleineren Inseln eines der ganz wenigen einfachen, auf Stelzen in die Mangrovenbäume eingefügten, privaten Holzhäuser. Man konnte das damals für Venezuela ganz außergewöhnliches Privileg des Zugangs zu dieser unberührten Natur kaum in seiner Exklusivität beschreiben. Ich bezweifle, dass die gekauften Inseln der Milliardäre wie Bill Gates und Co. einen solchen Urzustand besitzen, wie wir ihn damals auf und um diese paradiesische Inselgruppe erlebten.
Die Privatmaschinen wurden auf der Hauptinsel Los Roques abgestellt und sorgsam vor der unbarmherzigen vom weißen Korallensand reflektierten und deckungslos brennenden Sonne abgedeckt. Nur mit dem Boot eines Fischers konnte danach die private Hütte auf Stelzen erreicht werden. Sie war gebaut worden, bevor die Inselgruppe zum Nationalpark erklärt wurde und hatte deshalb damals als Besitzstand einen unschätzbaren Wert. Die ständige Anwesenheit von Menschen beschränkte sich damals noch auf einige wenige Familien. Es waren eingeborene venezolanischen Fischer in den wenigen einfachen Steinhäusern auf der Hauptinsel und die wenigen Caracenos, die mit ihren Privatflugzeugen und vereinzelten großen Jachten oder Hausbooten manche ihrer Wochenenden dort verbrachten. Die Erhaltung dieses

paradiesischen Zustandes wurde von der Guardia National Staatspolizei peinlich genau kontrolliert. Wir tauchten morgens und nachmittags mit Handschuhen, Schnorchel, Flossen, Maske und vergaßen die restliche Welt über dem Wasser dabei völlig. Ich hatte mich mit stärkstem Sonnenschutz, langen Unterhosen und langärmeligen Hemden vor den gnadenlosen Strahlen der ewigen Sonne geschützt. Mit Speeren oder Harpunen wurden täglich, aber immer nur wenige, Langusten oder Zackenbarsche für unseren Verzehr erlegt oder mit der behandschuhten Hand aus ihrem Versteck gezogen. Man verzeihe mir mein Schwärmen. Wir verbrachten auf Los Roques in unserer begrenzten Freizeit, dank der Großzügigkeit der Inhaberfamilie und wegen unserer Geschäftserfolge, einige der kostbarsten Momente in der Natur. Mehrfach wurden, wie bereits erwähnt, besonders geschätzte, von meinem Chef als wichtig eingestufte geschäftliche Besucher aus dem Ausland dorthin geflogen. Die Kosten dafür trug dann natürlich unsere Firma. Wir bereiteten nach der erquickenden Siesta gegen Abend und mit der untergehenden Sonne einige köstlich schmeckende Sundowner Cocktails. Die schmeckten immer besonders gelungen wegen des ungewöhnlich guten Rums und des mitgebrachten Eis. Der kleine, mit Benzin betrieben Generator auf der vom Wind abgewandten Seite schnurrte perfekt gedämpft immer nur für eine oder zwei Stunden. Dann gab es nach Herzenslust einige einen eben noch mit dem Schwanz „ins Gesicht" klatschende und nun in der Mitte geteilte Langusten auf dem Grill. Ich belegte sie bei späteren Besuchen mit meinen Freunden der Zingg Familie gerne oben, im Stil des besten französischen Restaurants von Caracas, dick mit der mitgebrachten Sauce a la Mornay (französischer Staatsmann und Schriftsteller). Das venezolanische Rezept habe ich mir damals im Spitzenrestaurant „Lassere" für meine Unterlagen von dem mir bekannten Chefkoch geben lassen. Ausreichend Mehl etwas in Butter schwitzen lassen. Kochend heiße Milch mit Salz und weißer Pfeffer einrühren. Mit Eigelb binden und darin geriebenen Parmesan verquirlen. Dann steifgeschlagenes Eiweiß unter die Sauce ziehen. Halbgar gedünstete Langusten oder fleischige Fischfilets in diese dicksämige Mornaysauce hüllen, mit geriebenem Käse bestreuen und im Ofen oder, wie hier auf der Insel, einfach auf dem Grill fest in Aluminiumfolie gehüllt, nur überbacken. Das unvergleichbare dabei war neben der maximalen Frische der Beute aber etwas ganz Einfaches, unglaublich Kostbares. Wir saßen unter freiem Himmel in der warmen seidigen Luft in absoluter Ruhe. Die Füße und der Weißwein wurden im seichten Meerwasser und unter Zugabe von Eis wohltuend kühler als die Außentemperatur gehalten. Die Sterne funkelten an der klaren Luft überirdisch ausdrucksvoll.
Ich erinnerte mich in späteren Jahren an diesen unvergesslich Abendhimmel mit der Milchstrasse auf Los Roques beim Besuch eines meiner Lieblingsplätze in Paris. Hier im brodelnden Paris habe ich alleine, manchmal auch bedrückende und sehr einsame Momente verbracht. Es sind die auf königsblauem Grund gemalten goldenen Sterne der Sainte-Chapelle aus dem 13. Jahrhundert mit ihren leuchtenden kostbaren Buntglasfenstern. Sie entfalten mit ihrem mystischen Farbraum auf mich eine andere, aber durchaus ähnliche, ergreifende Wirkung, wie der überirdisch flutende natürliche Lichterglanz des Nachthimmels im Urzustand auf Los Roques.
Spätestens nach zwei Tagen hatten wir uns auf Los Roques an dem köstlichen, festen und trotz Grillzubereitung noch saftigen Langustenschwänzen satt gegessen. Bei Ausflügen an andere Strände gab es aus den Rücken der von uns gespießten Meros (Zackenbarsche) noch saftigere, bis zu zehn Zentimeter dicke und fleischige Steaks. Sie wurden mit einer bereits zuhause im Glas zubereiteten, üppigen Schicht aus Olivenöl, gehakter Petersilie, Zwiebeln und Unmengen fein gehacktem Knoblauch (gut gegen die manchmal in Armeestärke schwirrenden Mücken) bei niedriger Hitze am offenen Feuer gegart. Europä-

ischer Schaumwein oder der vor Kälte das Glas beschlagende, mineralische fette Chardonay aus Chile, flossen aus den kühlen Tiefen unserer Eisbox seidenweich über die Zungen und erfrischend am Gaumen entlang. Dieses Ensemble aus raffinierter Kulinarik, frischester Langusten oder Mero direkt aus dem Meer, der Komfort von Privatflugzeugen, einfache Selbstversorgung direkt am Meer und die unendlich bequemen Hängematten war schwer zu übertreffen. Wie privilegiert lebt dort selbst ein ganz einfacher Fischer. Bei den malerischen, bis zur Kitschigkeit unwirklichen Sonnenuntergängen in der vom Menschen unverschmutzten Natur kam ich jedes Mal wieder ins Grübeln über den Alltag von uns Menschen in den großen Städten.

Auch mit einem gleichaltrigen Sohn der Zingg-Familie flog ich mehrfach nach Los Roques. Wir beiden Freunde tauchten dabei an der Grenze meiner beschränkten taucherischen Möglichkeiten. Einmal tauchten wir langsam mitten durch den Schwarm von hunderten, etwa zwei Meter langen, Barrakudas. Beinahe im Gleichtakt öffneten sie ihre mit scharfen Zähnen versehenen Mäuler beim Atmen. Dabei schwammen sie, wie von einem geheimen Kommando geführt, alle mit den gleichen Bewegungen wie nach den Signalen eines heimlichen Choreografen. Ich musste mit meiner Panik kämpfen als wir inmitten des Schwarms dieser wehrhaften Raubfische schwammen und sie uns in nächster Nähe aus hundertfachen großen, starren Augen anschauten.

Dieses Gefühl von Panik unter Wasser vor bedrohlichen Großfischen erlebte ich noch ein zweites Mal. Es lag auf der Hand, dass wir die Küstenabschnitte in der Umgebung von Caracas erforschten. Auf einer der Touren fuhren wir mit meinem Chef und unseren Familien durch einen unwirklichen nebligen Küsten-Regenwald im Naturschutzpark Henri Pittier. Ein Weg führt bis Ocumare de La Costa und an die versteckte Bucht von Cata. Der andere nach Choroni. Durch die lange Abgeschiedenheit dieses Ortes sind noch einige einfache Gebäude aus der Kolonialzeit erhalten. Dort wird ein besonders begehrter Kakao angebaut. Ein Bekannter stellte uns seine unmittelbar am Strand von Cata auf Säulen stehende Holzhütte zur Verfügung. Wir hingen unsere Hängematten darin auf und ich stürzte mich unerfahren mit den anderen Männer der Gruppe mit Schnorcheln, Maske und Flossen in die Brandung. Es waren ungewöhnlich erfahrene, teilweise beinahe professionelle Sporttaucher. Zwei davon tauchten regelmäßig nur mit angehaltener Luft bis 40 Meter tief um große Speisefische zu harpunieren. Sie trugen dafür Furcht einflössende, stark gebrauchte aber messerscharf geschärfte Harpunen bei sich.

Die Bucht aus feinem Sand reichte wie ein Hufeisen mit einer steil aus dem Meer aufragenden 100 Meter langen felsigen Landzunge über die heftige Brandungszone hinaus. Wir schwammen um die Felszunge herum in das offene Meer. Mir wurde erst jetzt bewusst wie leichtsinnig ich dabei gewesen war. Sicher war ich ein ehemaliger Leistungs- und Rettungsschwimmer in Schwimmbecken oder in den ruhigen norddeutschen Binnenseen gewesen. Diese ungewohnte Umgebung eines unberührten tiefen Meeres voller Brandung und starken Strömungen war aber von einem völlig anderen Kaliber. Ich hatte mich, angesteckt von der Begeisterung der Gruppe, auf etwas eingelassen, was ich noch nicht beherrschte und kannte. Zwei der Männer tauchten mit klatschenden Beinen und Flossen schwungvoll ab und verschwanden beängstigend und weit unter mir in der dunkelblauen, scheinbar bodenlosen Tiefe des Meeres. So etwas hatte ich noch nie gesehen. Ich war dabei zu nahe an die Felsen heran geschwommen und lief Gefahr von den starken Wellen mit ihrer undurchsichtigen Gischt und der unberechenbaren Strömung gegen sie geworfen zu werden. Nach einer kleinen Ewigkeit kamen die beiden mit ihren Harpunen aus der Tiefe an die bewegte Wasseroberfläche zurück. Beide hatten armlange Meros (Za-

ckenbarsche) an ihren abgefeuerten Stahlspeeren. Nun paddelten wir alle mit unseren Flossen um den Felsen herum in Richtung Strand. Wieder hatte ich ein unbestimmtes Gefühl der Angst im bodenlosen, dunklen Wasser. Der Grund waren die dunklen Schatten von meterlangen Haien die in 10 bis 15 Metern Entfernung nervös hin und her schwammen. Sie waren von uns und den Beute machenden Tauchern angezogen worden. Es dauerte eine kleine Ewigkeit bis auch ich endlich in Panik um die Felszunge herum wieder in Richtung Strand geschwommen war. Hier erwartete mich die gleiche, vielleicht zwei Meter breite Fels-Passage durch die wir uns beim Hinausschwimmen gegen die anbrandenden Wellen vom Strand aus aufs Meer hinaus durchgekämpft hatten. Auf dem Rückweg sah das Passieren dieses Engpasses ungleich gefährlicher aus. Die Welle zog die hilflosen Schwimmer ziemlich steuerlos und mit großer Wucht gurgelnd durch das scharfkantige Nadelöhr aus Felsen. Ich zögerte kurz, sah aber im Umdrehen eine der Rückenflossen der Haie weit hinter mir. Ich konnte es nicht erwarten, bis ich an der Reihe war. Mit halb geschlossenen Augen ließ ich mich, wie der Vorwegschwimmende, in der um mich herum schäumenden Welle mit voraus gestreckten Händen in großer Geschwindigkeit durch die Enge voller schaumigen Wasser saugen und drücken. Es war noch einmal gut gegangen. Sicher hatte ich die Gefährlichkeit der Haie überschätzt und in meiner Unkenntnis dramatisiert. Einige Taucher der Gruppe lagen erst einmal, wie ich, minutenlang erleichtert und erschöpft am Strand.
Die unglaublich lässigen Fischjäger begannen damit, unbekümmert die zerteilten Barsche auf dem Grill zuzubereiten. Ich wollte mich noch ein Wenig in der warmen Dünung der ruhigen flachen Bucht mit goldgelben Sand von den Wellen schaukeln lassen. Dabei schaute ich nun erleichtert und erschöpft durch die Maske auf den nur bis zu 4 Meter tieferen Meeresboden. Der war ebenmäßig und aus beruhigend hellgelbem feinem Sand. Das im Vergleich zum offenen Meer fast zu warme Wasser der Bucht hatte eine verzaubernde resedagrüne Smaragdfarbe. Ich sah beim Schnorcheln an der Oberfläche abwechselnd die vielen Palmen am nahen Strand und durch die Tauchmaske manchmal nur das wunderbar klare Wasser unter mir. Es war beruhigend und schön sich als Teil der sanften Meeresbadewanne so dahin treiben zu lassen. Dann erhielt ich wie einen Gruß der mächtigen Natur noch einen weiteren unverhofften Adrenalinstoß. Ein mir riesig erscheinender Stachelrochen oder Manta, mit einer Spannweite von vielleicht fünf Metern, schüttelte im ruckartigen Aufstehen den Sand, in dem er für meine Augen versteckt gelegen hatte, von seiner rauen Haut. Mit den Schlägen seiner Unterwasserschwingen flog das mich anrührende Tier majestätisch langsam einmal direkt ganz um mich herum. Dabei schaute er mich interessiert aus seinen Stielaugen an. Es war, als wenn er sich mir in voller Größe präsentieren wollte und mir durch sein elegantes Dahinleiten noch einmal die ganze Schönheit der tropischen Unterwasserwelt zeigen wollte. Ich sah deutlich seine Augen auf mir ruhen und fühlte, dass dieser beeindruckende Ur-Rochen, trotz seines meterlangen Stachels aggressionslos war. Sein breites geöffnetes Maul und die symmetrischen Auslasskiemen erinnerten mich in ihrer Formgebung an die Frontschürze eines Maseratis. Welch ein anrührender Anblick.
Dieser wahrlich aufregende Tag endete nach dem Essen am Lagerfeuer aus Treibholzbalken mit den unvermeidlichen kalten Bieren und gepflegten Whiskycitos. Als die Flammen das trockene Treibholz umzüngelten, kamen zwei kleine Skorpione daraus hervorgekrabbelt und verschwanden mit aufgestelltem dickem Stachel unbelästigt im nahen Palmenhain. Wir waren nach dem Essen und der Schwimmerei todmüde und Rolf und ich legten uns glücklich in unsere Hängematten unter der offenen Pergola der Holzhauskonstruktion auf Stelzen. Die Frauen mit den Kindern schliefen derweil im Inneren des Holzhauses.

Die Nacht war um vier Uhr morgens noch nicht zu Ende als Rolf und ich unsanft geweckt wurden. Rüttelnden Stöße und Geräuschen eines Erdbebens oder von kräftigen Erdstößen der Stärke 6-7 schaukelten uns in unseren elastischen Hängematten. Erschrocken schauten wir uns an. Die Frauen und Kinder schliefen ungerührt in ihren Betten in der Hütte weiter. Wir wussten zu diesem Zeitpunkt noch nicht, dass in Caracas einige Hochhäuser zusammenbrachen Menschen unter sich begruben. Dort herrschte, wie wir später erfuhren, eine Panik wie Erdbeben oder heftige Erdstöße sie erzeugt. Es war im wahrsten Sinne des Wortes, ein „bewegendes" langes Wochenende welches am Montagnachmittag zu Ende ging. Unsere Freunde nahmen uns in ihrem riesigen amerikanischen Ranchera-Kombiwagen mit zurück in unseren Arbeitsalltag und die vom Erdbeben durch geschüttelte Stadt. Unsere Häuser und beinahe alle anderen auch waren zum Glück heil geblieben.

Die Geschichte vom Besuch der Missionen bei den Indianern im Orinoko Delta.

Das einzige Deutsche Geschäft für Delikatessen und Lebensmittel aus der Heimat gehörte in Caracas der Familie Dorn. Der kleine Supermarkt hieß Frisco. Wenn man dort einkaufte oder ein Stündchen Kaffee trank, konnte man dort neben der Deutschen Bücherei einen Gutteil der Deutsche Kolonie beobachten. Dorn pflegte seit Jahrzehnten eine Freundschaft zu dem spanischen Kapuziner Missionar Jose Nieves de Barral aus dem nordspanischen Vigo. Baral hatte sein Leben unter den Guraos und Warao Indianern in der Orinocomündung verbracht. Padre Joses Schützlinge waren Nachfahren der hier seit 5-6000 Jahre lebenden Arawak-Indianer die wahrscheinlich von den vorrückenden spanischen Konquistadoren zusammengeschossen wurden. Auf meinen Jagd- und Fischtouren fanden wir weiter landeinwärts noch viele in die Flussfelsen gehauenen Hirogliphen, und Felszeichen, teilweise in Höhlen, aus Pre-Kolumbianischer Zeit. Die Hauptmissionen San Francisco de Guayo, Guakajara, Maria Reina de Morcoto (Osibujana) liegen in der Mündung des Orinokos am Atlantischen Ocean südlich der Insel Trinidad und dem Golf von Paria. Er rennt Trinidad vom venezolanischen Festland. Wegen des bis heute andauenden Disputs mit den benachbarten Guayanas über den Grenzverlauf und den Indianerschutzgebieten war dieses riesige Labyrinth von Wasserläufen für niemanden ohne schriftliche Genehmigung des Ministeriums zugänglich. Das wurde streng vom Militär aus der Luft kontrolliert.

Eines Tages schlug Dorn mir vor, gemeinsam mit ihm, die Indianer und Missionen der spanischen Padres im Delta Amacuro des Orinokos zu besuchen. Ich war sofort hellauf begeistert, denn für den Besuch des Indianerschutzgebietes bekam der gewöhnliche Sterbliche absolut keine Genehmigung. Wir flogen über endlosen Dschungel unter uns soweit, bis sich die letzte Landebahn für uns aus dem dichten Dschungel auftat. Sie lag weit vom Hauptort des Deltas mit Namen Tucupita entfernt. Dort hatte Dorn zwei lange Einbaumboote (Curriaras) mit starken Außenbordmotoren organisiert. Darin fuhren wir, man stelle sich das vor, fünf monotone Stunden lang mit brüllenden Motoren in das Mündungsgebiet hinaus. Dieses wurde meine wohl interessanteste Reise zum Kennen lernen der Delta Indianer. Wir wurden auch Zeugen bei dem ominösen (bedenklichen) Werk, welches die katholische Kirche, als selbstgefällige von Gott Beauftragte, an den Ureinwohnern auf der Steinzeitstufe vollbrachte. Dem Padre Baral möchte ich in seiner eingeengten fundamentalistischen religiösen Sicht auf die Bekehrung der Indianer absolut nichts Böses unterstellen. Ich las die 400 Seiten seines faszinierenden Buches vom 25. 2. 1972 (Artes Graficas Galicias, S. A.) des Padres Baral „Mi Batalla De Dios“ (Untertitel: mein Nachdenken über das Leben und den Eifer eines Missionars) mit vielen Anekdoten und Fotografien. Er überreichte es mir als eines der wenigen gedruckten Exemplare mit seiner persönlichen Widmung und zum Dank für unseren Besuch bei seinen Missionen im Delta. Vielleicht auch wegen der hoch willkommenen Geschenke die wir dort hingebracht hatten.

Nach dem herzlichen Empfang durch die Padres vor Ort und getrennt lebenden Ordenschwestern in zwei weiteren Missionen wurden wir herumgeführt. Wo immer wir standen, kamen die wilden und völlig nackten Ureinwohner aus ihren Hängematten unter den offenen Palmenblattdächern herbeigelaufen. Sie bestaunten uns wie Kinder. Ein seltsames Unterfangen war es die nackten Indianer in einer christlichen Kirche aus Holz im unvorstellbar abgelegenen Delta des Orinokos mit dem von der Kirche aus dem modernen Spanien kommenden Material zu unterrichten. Da lag etwas für einen Film von Werner Herzog in der Luft. Die Padres wandelten wie kleine Götter oder deren vermittelnden Engel auf Erden, immer in kontrastreicher blütenweißer Kleidung von Kopf bis Fuß, unter den bewaffneten Indianern mit geschwärzten Gesichtern und bunten Papageienfedern hinter den Ohren herum. Das war unwirklich und traurig zugleich. Kein mir bekannter Film von Mel Gibson oder Werner Herzog kann diese unmittelbare und echte Eindringlichkeit der Gegensätze so vermitteln. Der krasse Gegensatz der in ihrer Ordenstracht verhüllten Missionaren und Nonnen zu den nackten unschuldigen Wilden erschien mir umwerfend grotesk.

Wir wurden auch deshalb so begeistert empfangen weil Herr Dorn den Missionaren jedes Jahr eine große Lebensmittelsendung schenkte. Auch ich hatte eine gute Menge an Haaröl und Shampoo aus zu vernichtender Umtauschware mitgebracht. Die Missionare hatten per Funk eine Bestellung anderer Dinge in Caracas aufgegeben. Die führten wir ebenfalls mit uns. Die Art der bestellten Artikel ließen bei diesem Personal Gottes eine gewisse Eitelkeit vermuten. Die katholische Kirche aus Holz wirkte im Flussdelta mit seiner Vielzahl von Armen und Kanälen unwirklich und merkwürdig fremd. Mehrfach am Tage wurde unter Glockengeläut zum Gebet gerufen. Kaum einer der Indianer, die sich direkt um die Mission in ihren überdachten Hängematten aufhielten, kam in die Kirche. Diese fragwürdige Unternehmung der Bekehrung machte mich in ihrer Gesamtheit auf eine neue Art über das Vermitteln von Religionen nachdenklich.

Am nächsten Tag fuhren wir in unserem Einbaum mit Außenborder durch ein verwirrendes System von natürlichen Kanälen und Wasserläufen des Deltas. Wir besuchten eines der geschützten Indianerdörfer welches sich in einem völlig authentischen, unberührten Zustand befand. Alle Bewohner waren nackt ohne ein einziges Stück Tuch oder sonstiges Zeugnis unserer westlichen Kultur. Ich kam mir seltsam falsch, weil bekleidet, vor. Wir landeten neben einer großen Zahl von kleinen Einbäumen aus ausgehöhlten Stämme. 5000 Jahre alte, Pre-Kolumbianische Urnen hat man hier, wie übrigens auch im Llano gefunden. Die Vorfahren dieser Eingeborenen haben hier also von Anbeginn der Ausbreitung des Menschen in Südamerika gelebt. Erst die spanischen Konquistadoren, wie auch die spanischen Missionare der Neuzeit und nun wir in ihrem Gefolge waren ausnahmslos Eindringlinge. In den ersten Minuten hielten die Menschen anfänglich Abstand zu uns. Weniger als hundert Indianer lebten dort in mehreren großen Langhäusern. Ein Oberhaupt, der ein wenig Spanisch sprach, führte uns in eines der großen Langhäuser. Wir betraten es tief gebückt und ich erinnere meinen großen Respekt. Die Häuser und die ganze Siedlung waren ohne jegliches Stück unserer Zivilisation nur mit den Naturmaterialien des Deltas kunstvoll gefertigt. Innen rochen die rußgeschwärzten Dächer durchdringend wegen des ständig durch das Dach nach oben entweichenden Qualms. Jede Familie unterhielt ihr eigenes Feuer im Langhaus. Man ließ sie Tag und Nacht brennen.

Nachdem sich unsere Augen an die Dunkelheit gewöhnt hatten, sahen wir einige der Indianer in ihren kleinen Hängematten um die Feuer herum liegen. Geflochtene Körbe und Stirntragen hingen an den soliden Streben des Daches. Angebundene Schildkröten, mehrere zahme junge Ara-Papageien und vertraute grüne Gelbstirnamazonen turnten herum. In den Armen eines Kindes kuschelte sich ängstlich ein junger Zwergaffe an seinen Körper. Wir sahen handgeschnitzte, kunstvolle Paddel aus Hartholz, Langbögen aus schwarzem Holz und lange Pfeile aus leichtem Rohr mit Hartholzspitzen sowie die unvermeidlichen Blasrohre (cerbatanas) mit ihren mit Baumwolle umwickelten Giftpfeilen. Köcher mit Pfeilen sowie einer Art Baumwolle von den Früchten des riesigen Ceibabaumes in einer ausgehöhlten Frucht. Sie lagerten über unseren Köpfen an den Querbalken des Daches oder waren zugriffsbereit an die Wand gestellt. Das dazu gehörende Pfeilgift Curare wurde ebenfalls in ausgehöhlten Früchten mit einem kleinen verstopften Loch darin aufbewahrt. Mehr konnten meine Augen im Dämmerlicht und dem beißenden Rauch nicht erkennen.

Dorn und ich hatten aus Respekt vor den Anweisungen und nach Absprache mit den Mönchen oder Padres unsere damals noch großen Kameras in der Mission lassen müssen. Ich verfluche mich noch heute für meine Folgsamkeit! Dies war eine der authentischen Gelegenheiten tief in die lebende Geschichte dieses faszinierenden Kontinents zu schauen. Außer den Missionaren sieht nur einmal im Jahr ein gemischtes Team aus Ärzten und Funktionären der Indianerbehörde der Regierung vorbei. Wir waren seitdem die einzigen Besucher. Sicher hatten wir beiden älteren Weißhaarigen die richtige Aura und ein freundliches unaggressives Benehmen. Vor einigen Jahren kam es genau dort zum Verschwinden und der Ermordung von nicht autorisierten Eindringlingen und Händlern die Ramsch, und man vermutete wohl auch Alkohol oder Marihuana, mitbrachten. Zum Glück konnte ich bei späteren Besuchen mit dem verwegenem Buschpiloten Kaminsky Indianer in ähnlichen Langhäusern fotografieren.

Als ich freundlich aufgefordert wurde, mich an einem der Feuer nieder zu hocken, streckte ein Indianer mir eine Schale aus einem halben Baumkürbis entgegen. Es krabbelte und schlängelten sich die mir bereits bekannten Engerlinge oder Maden des Palmrüsslers in den von ihnen zermahlenen Palmenholzspänen. Bei allen Indianern gelten sie roh oder geröstet als leckere hochkonzentrierte Eiweißquelle und Delikatesse. Sie konnten die halbe Länge und den Durchmesser unseres kleinen Fingers erreichen. Der Indianer fasste eine Raupe mit gespitzten Fingern an deren hellbraunem Kopf und biss den weißen, in vielen schmalen Ringen beweglichen Körper als sich nun kopflos windenden Snack ab. Ich kannte die unvermeidlichen „Schwarzenegger-Maden" von Besuchen bei anderen Indianerstämmen bereits und habe es ihm mit bemüht unbewegtem Gesicht gleichgetan. Ablehnen dieses pulsierenden Begrüßungsgeschenkes wäre unmöglich gewesen. Es hätte unserem Besuch ein schlechtes Vorzeichen gegeben. Ihr Inneres hatte die Konsistenz von Eierlikör und eine Farbe wie Eiter. Der Geschmack war gar nicht schlecht aber eben ungewohnt. Man spürte einen leicht fettigen Effekt dieser puren Portion aus konzentriertem Eiweiß am Gaumen. Dann schnitt der Indianer ein Stück von einem langen, überdimensionalen weißen Spargelstange ab. Sie sah etwa wie ein ganz langer Porree aus. Er reichte mir das Messer und die Stange. Jetzt fiel es mir ein. Das sind meine ersten frisch geernteten, wohlschmeckenden Palmenherzen (Palmitos). In Caracas und seinen Restaurants bekam man diese Gemüsebeilage in Salaten nur konserviert und in Gläsern eingemacht. So frisch schmeckte dieser Gemüseersatz viel besser. Ich fragte den Ältesten wo sie die ernten würden? Er versprach uns am nächsten Tag zu zeigen wo Palmitopalmen standen. Wir fuhren per Boot dort in Begeleitung einer zweiten Curriara voller nackter Indio-Frauen und Männer mit Kindern hin. Alle sprangen an Land und einige Männer begannen sofort mit dem Fällen der bis zu oberschenkeldicken weichen Stämme. Anschließend wurden sie der Länge nach gespalten und nur der weiße feuchte 3 bis 4 cm dicke Kern herausgelöst. Dort auf einer dieser Delta-Inseln war auch das Habitat der für die Indianer so deliziösen fetten Larven des Palmrüsslers. Sie wurden aus den Tiefen der Stämme einer großen Palmenart mit der Axt unter geschäftigem Hallo der Menschen herausgeschlagen. Die sich windenden Larven waren eine Delikatesse und hoch konzentrierte Portion Eiweiß.

Sie erwarteten hier tief im zu braunem Holzmehl zerkauten Palmenstamm ihre faszinierende und wunderbare Metamorphose oder Umwandlung von der Raupe in eine Puppe und dann zum fliegenden Insekt (Der Arzt Carl Nilsson Linnæus und später geadelte Carl von Linné erforschte das mich faszinierende Naturphänomen der Metamorphose im 18. Jahrhundert).
Danach fuhren wir samt unserer Beute zurück in ihre Siedlung. Hier schautem wir einem der Indios dabei zu, wie er aus Schilf, Federn, Hartholz, Sehnen und einer Art schwarzem Baumharz neue Pfeile für die Jagd fertigte. Ich benutzte die Gelegenheit und erwarb einige kunstvoll aus Hartholz geschnitzte Paddel, Pfeile und Bogen im Tausch gegen mein von ihnen begehrtes, Jagdmesser und einer Mütze. Natürlich konnte ich es mir nicht nehmen lassen mit einer Gruppe von ihnen in einem Boot auf die Jagd zu fahren. Uns war das Mitführen von Waffen strengstens verboten. Sie hingegen führten zwei Cerbatana Blasrohre und die kurz vor dem Schuss in Curare und stabilisierende Baumwolle gedrehten Hartholzpfeilchen mit sich. Beim gemeinsamen Pirschen fielen zwei Eidechsen und zwei kleinere Affen ihren tödlich genauen und lautlosen Blasrohrpfeilen zum Opfer. Die Affen hatten Sie mit deren imitierten Rufen neugierig aus dem dicken Blattwerk hervorgelockt. Ich gestehe, mir war in der Abgeschiedenheit des Urwalds und völlig alleine und unbewaffnet umgeben von splitternackten jagenden Indianern einmal kurzzeitig unwohl zumute. Zum Glück fuhren wir in unserem Boot zur Mission zurück bevor die Eidechsen und possierlichen menschlichen Verwandten zubereitet und verzehrt wurden.
Meine verschiedenen hochinteressanten Besuche bei den Indianern des Orinokodeltas und auch dieser bei den Padres und Nonnen der Missionen waren einmalig beeindruckende Erlebnisse. Zu meiner Zeit gab es nicht viele Menschen auf der Erde, denen ein Besuch dort vergönnt war. Meine Eindrücke über das Werk der christlichen Bekehrung dieser angeblich wilden, aber in ihrer ungestörten Welt glücklichen Menschen, haben in mir ausgeprägte Zweifel über jegliche moralische Berechtigung dazu hinterlassen. Der Prozess der Annäherung dieser Urvölker an unsere Zivilisation geschieht ohne jede Achtung und Gleichstellung der jeweiligen Werte. Wir vollbringen ein Verbrechen an diesen äußerlichen Andersartigen aus menschlicher Vorzeit. Andererseits könnte man sich auf den lakonischen Standpunkt stellen, dass die in der Begegnung mit unserer alles überrollenden Kultur sowieso zum Untergang verurteilt sind. Ich habe diese Eindrücke nur unter großem Bedauern verdaut. Die haben keine Chancen, weil die Stimme ihrer Interessenvertreter ungehört im Getöse unseres Kulturbetriebs verhallt. Wem gehören diese Naturschätze ihrer aus Urzeiten angestammten Lebensräume eigentlich? Im Sinne unserer Grundgesetze vollbringen wir seit Jahrhunderten, trotz besseren Wissens der Aufgeklärten, immer wieder die gleichen Verbrechen an ihnen. Mit diesen Gedanken fuhren wir nachdenklich geworden den mühsamen Weg in unsere Zivilisation nach Caracas und zu unseren Familien und meiner Arbeit zurück.
Ich trug als Geschenk des Dorfältesten einen possierlichen, zahmen und handgefütterten Zwergpapagei mit mir. Das blutjunge Kücken saß geschützt vor dem Fahrtwind an der Körperwärme in ein Papiertaschentuch gehüllt unter meinem Hemd in der Curriara. Der angekuschelte Zwerg hatte noch halbnackte Haut und schaute mich mit großen dunklen Augen an. Ich nahm ihn als Andenken und Spielkameraden für meine Kinder mit. Negative Gedanken über dieses bereits mit der Hand halb aufgezogene Geschenk der Indianer habe ich mir nicht gemacht. Dafür war das possierliche Kerlchen einfach zu süß und außerdem würde er es besonders gut und halbwegs artgerecht bei uns haben.

Ein Antepuy Tafelberg

Frank und mein Lieblingslager beim Richter im Llano

Abgeschaut von den spanischen Konquistadoren

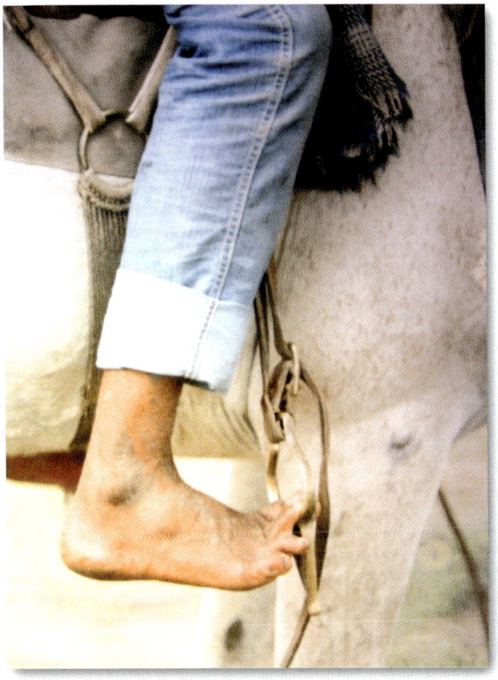

Reiten ohne Stiefel

Südamerikanische Ursprünglickeit

Lehrling mit Meister

Llaneros kennen keine Frühpensionierung

Moderne Cowboys

Wasserschweine im Llano

Unser Swimming-Pool mit Llanoblick

Llanopalmen

Letzte Rettung
Lianenwasser

Tropenregen im Llano

Rinder Fundo Hernan Fleites

Sohn Hayo bei den Indios

Schussfestes Llanopferd

Jagen zu Pferde mit Hund

Noch Kinder,
aber Männer

Guaica Indios, Venezuela

Freund Kieke und Rinder-Jaguar von Aguas Verdes

Kiekes Freund Dr. Fernandes in Venezuela

El Viejo

n sus veteranos compañeros tigreros, vemos a Juancito Ro-
guez y Don Goyo Peña, subir al carro el gran tigre de Raici-
cazado por Carlos Emilio Fernández en Veranos pasados.

Aquí entre las fotos de Carlos, vemos a Germancito con D
Goyo Peña, el conocido tigre del Paso de las Mujeres, caz
en Turagua, conjuntamente.

Germancito mit Jaguaren auf dem Hato Turagua,
Erinnerungen aus Venezuela

Mein Freund Kieke Römer mit Persönlichkeiten

Grüne Anakonda auf dem Hato Turagua

Wie die Wurstpelle im Kraftgang

Vermehrungsknäuel

Auf in die Llanos

Unser Wagoneer – eine fahrende Burg

Camp für 10 Tage Jagen und Fischen

Allrad ohne Winden,
undenkbar im venezola-
nischen Llano

Bunte Strecke mit Pedro im Galeriewald

Delta Indianer im Gemeinschaftshaus

Pauxi-Beute in Venezuela

Carl-Wilhelm und Frank mit Pauxi

Pedro Izquierdo El Lllanero

Bei Rebhühnern leider mit dem Auto angefahren

Don Pedro, der Venezolaner

3.000 Privatflugzeuge auch zum Jagen in Caracas

Patrollieren der Powerlines am Guri vom Guri-Staudamm

Hier entstehen junge Jäger

Jagen mit einheimischem Vaqueano

Pecarie im Dschungel Venezuelas Pecarie-Nabelschweine

Millionen Enten in den Reisfeldern
Calabozo mit Karlchen

Pfeifenten in den Reisfeldern

Enten in den
Reisfeldern

Unser unvergess-
licher DD Jago

Enten mit Pedro und Hayo Hubertus

Leckere Welse mit Hayocito

Schmackhafte Tigerwelse für Vater und Sohn Hayo

Barschefischen am
Capanaparofluss in Venezuela

Wohlschmeckende Pfauenaugen
Barsche am Capanaro

Vater mit einem Sohn und Barsch

Pfauenbarsch im Llano

Venezuela, meine zu beschützende Familie von Blondschöpfen

Zurück von der Auslandsjagd

Die Geschichte von den Enten in den Reisfeldern mit unseren Kindern und dem Deutschen Jagdhund Jago.

Über die mit unserem Jago erlebten Geschichten auf den vielen Jagden könnte ich ein ganzes Buch schreiben. Er hat jede Nacht in den Llanos, wie eine kampfbereite Lebensversicherung, unter meiner Hängematte gelegen. In der Stadt war er bei jedem Gang der Familie als mannscharfer Beschützer dabei. Wir konnten gelassen hinter den Gittern bei offenen Fenstern in unserer Terrassenwohnung schlafen. Jago war äußerst wachsam und unbestechlich. Füttern ließ er sich nur von uns Familienmitgliedern. Er wurde im Gegenzug wie ein gleichwertiges Familienmitglied von uns allen behandelt und geliebt. Bei jedem Familienurlaub, wohin auch immer auf der Welt und auf alle Deutschlandurlaube, haben wir ihn mitgenommen. Ein solcher Universal-Gebrauchshund hat einen großen volkswirtschaftlichen Wert auf der Jagd und als mannscharfer Wachhund. Am wichtigsten war er uns aber als der liebevolle treue Begleiter unserer Familie mit kleinen Kindern. Ich bin überzeugt davon, dass dieser dem Menschen treu ergebener Kamerad, einen bestimmten für immer bleibenden Einfluss auf die Erziehung unserer Kinder hatte.

In den Reis- und Sesamanbaugebieten wurden Enten zur Landplage. Der Diktator Perez Jimenes hatte diese ausgedehnten Reisfelder im tropischen Landesinneren an aufgestauten Flüssen errichten lassen. Sie waren ein ideales tropisches Biotop für unvorstellbare Mengen an fliegendem Wasserwild. So etwas in diesen Ausmaßen gibt es nicht in Europa. Man schoss sich, auch auf Wunsch der Farmer, die Läufe der Flinten buchstäblich glühend. Die apportierenden Hunde hatten unter jeweils zwei Flinten unglaublich viel Arbeit. Wir unterschieden die häufigsten, Pato Guiriri und Pato Teje, vom Rest der vielen Entenarten. Am Ende eines Jagdtages wurden die Enten nicht gerupft oder ausgenommen. Ihre Körper wurden einfach mit allen Federn daran aus ihrer zähen, nicht schmeckenden Haut herausgezogen. Nur wenige Federn am Hals blieben zur Identifikation im Fall von Kontrollen dran. Meistens machte man das bald geübt abends im Licht der Autoscheinwerfer oder der Straßenlaternen selber. Manchmal wurden kleine Jungen aus dem Dorf für ein Entgelt zur Unterstützung dazugeholt. Sie trugen einen von Zündhütchen befreiten Stoßboden einer Schrotpatrone am Band um den Hals. Damit konnten wir und sie die Schwärme von Enten heran pfeifen. Dieselben Dorfjungen waren auch begierig den Jägern die angeblich besten Stellen für den nächsten Tag zu zeigen.

Die Pfeifenten vermehrten sich explosionsartig und konnten ganze Reisernten in wenigen Wochen vernichten. Alle Reisbauern waren natürlich an der scharfen Bejagung der Enten interessiert. Es machte für uns eine große Menge Sinn in den Reisfeldern von Calabozo an einem langen Wochenende unseren Hund mehr als tausend (!) geschossene Enten apportieren zu sehen. Wir waren dabei meistens zwei Schützen. Auch diese Geschichte ist kein Jägerlatein. Manche schlecht getroffene Enten tauchten im knietiefen Wasser ab. Der Reis hatte scharfe Spitzen, die dem Hund beim Nachfassen die geschlossenen Augenränder und die Verbindungshäute an den Läufen blutig stachen. Selbst das hat Jagos Bringfreude wenig beeinflusst. Man kann zu Recht stolz auf einen gut ausgebildeten in Deutschland gezogenen Jagdgebrauchshund sein.

Meine beiden Jungen hatten die Taschen ihrer Armeejacken immer voller Schrotpatronen zu meiner

Unterstützung und Aufmunitionierung. Auch halfen diese beiden kleinen „Indianer und Cowboys" dem Hund und mir beim Einsammeln der geschossenen Entenmassen. Es war rührend anzusehen mit welchem Eifer ihre dünnen Beinchen bis zur Erschöpfung ganz freiwillig voller Begeisterung durch das Wasser der Reisfelder wateten. Das war harte stundenlange Arbeit im Wasser. Unsere beiden Jungen waren am Abend so müde, dass sie nach dem Abendessen im Landstrassen-Restaurant in Calabozo jeweils über zwei oder drei zusammen geschobene Stühle todmüde unter der überfallenden Tischdecke einschliefen. Hinterher trug ich sie zu unserem auch völlig erschöpften Hund in die weichen Ledersitzbänke unseres Wagoneer Jeep. Danach legte ich die selig schlafenden kleinen Gestallten auf dem Arm in ihre Betten in der ländlichen Jäger-Pension.
Trotz dieser Anstrengungen, dem mangelnden Komfort und dem erschöpfenden Waten kamen beide Jungen und natürlich auch Jago begeistert mit mir auf jede Entenjagd. Unvergessliche Erlebnisse die unsere Verbindung zwischen Vater und Kinder bestimmt vertiefte. Natürlich kam der drei Jahre jüngere unserer beiden Söhne nur während weniger Jahre in diesen gemeinsamen Genuss.
Wie kann man sich dem Knallen von bis zu 600 abgeschossenen Schrotpatronen pro Tag ohne Gehörschutz dabei aussetzen? Überhaupt nicht. Was bei mir davon blieb war ein zunehmender Gehörschaden und die immer noch unbändige Jagdfreude. Aus welchem Blickwinkel man das bewerten mag. Wir beide, mein guter alter Hund und ich, haben eines der damals noch zahlreichen Jagd-Paradiese auf Erden während der kurzen Zeit seines Hundelebens erlebt. Die den Grund besitzenden Reisbauern in diesen Jagdgebieten waren ausgesprochen dankbar für die Reduktion ihrer lästigen Entenschwärme. Einige Jungen (Muchachos) des Dorfes zogen gegen ein hochwillkommenes Entgelt mit uns den erlegten und noch warmen Enten ihr Federkleid mit der Haut vom Körper. Pensionen und Landgasthöfe freuten sich über unseren Besuch. Die einzige nationale Munitionsfabrik erzielte während der Entensaison ihren notwendigen Umsatz. Unser Kühlraum in der Firma wurde bevorratet. Die gleichermaßen knusperigen und saftigen Enten schmeckten mit Weintrauben und etwas Bauchschinken langsam im Ofen gebacken auch den Freunden und Mitarbeitern köstlich. Und was wichtig ist, die den Himmel verdunkelnden Entenschwärme waren, trotz der massenhaften Ernte durch uns Jäger, in all den Jahren dort genau wie die Moskitoschwärme unverändert zahlreich geblieben.
Eine andere für mich lebensgefährliche Geschichte mit der seltenen Spezies des „Kaimanbarsches".
Zu meinem endgültigen Abschied vom geliebten Venezuela organisierte ich mit meinen beiden Jungen und den Männern, mit denen ich unsere Firma geführt hatte, eine Abschiedsreise. Sie brachte uns dorthin, wo mir das Land am besten gefallen hatte. Tief in den Dschungel des Landesinneren. Wir charterten auf meine Kosten eine alte DC 3 Maschine und buchten über meine persönlichen Verbindungen ein abgelegenes einfachstes Camp. Das hatte die Firma Shell vor Jahren zur Exploration für Bodenschätze an einem der unbewohnten Enden der venezolanischen Welt eingerichtet. Meinen nächsten männlichen Vertrauten in der Firmenführung und unsere beiden Jungs waren mit mir zu einer letzten einwöchigen Abenteuer- und Angeltour aufgebrochen. Unser Fahrer und der treue Werkstattleiter fuhren mit zwei Jeeps in einer gefahrvollen Drei-Tagereise auf abenteuerlichen Wegen auf dem Landweg ebenfalls dorthin. Sie brachten zwei Aluminiumboote und zwei Außenbordmotore mit.
Das aus zwei halboffenen Holzhütten bestehende Camp der Erdölfirma lag direkt auf dem erhöhten Flussufer in malerischer Landschaft und am Fuß einer steil aufragenden Felswand. Es wurde von einem Criollo Venezolaner betrieben der mit einer Frau des nahe gelegenen Indianerstamms zusammen lebte.

Bald hingen unsere Hängematten mit ihren Moskitonetzen kreisförmig unter großen Samanbäumen. Die Feldküche wurde so aufgebaut, dass der Wind uns nicht ständig den Rauch des Lagerfeuers ins Gesicht blies. Die Lage am Fuß eines hoch aufragenden Tafelberges und am Steilufer eines streckenweise verlandeten Flusses war so unwirklich schön, wie man es an wenigen und besonders filmreichen Stellen in Venezuela finden kann. Besonders der unberührte Fluss war zum Fischen ideal. Man schaute auf einer Seite auf die brettflache Ebene die trotz der beginnenden Trockenzeit mit kurzem grünem Gras bewachsen war. Nur wenige einzelne Palmen ragten hoch über den Horizont hinaus.
Die Landebahn für unsere uralte DC 3 bestand aus einem gelben Sandstreifen der mit kurzem schütterem Gras bewachsen war. Wir hatten durch das Funkgerät des Weltkonzerns jederzeit einen beruhigenden Kontakt mit Caracas und unserem Charterpiloten. Dieses Camp am Fluss war ein absoluter Geheimtipp. Es war wenige Male im Jahr ausschließlich den Vorstandsmitglieder und einigen Auslandsgästen der Shell vorbehalten. Wir bekamen diese Ausnahmegenehmigung nur durch besondere Kontakte im Land. Dieser Platz war einigen Eingeweihten für sein kapitalen Peacock- (Pfauenaugen) bis zu 10 Kilo schweren Barsche bekannt. Wir fischten von morgens bis abends mit beiden Booten immer abwechselnd und nach Herzenslust. Viel zu früh hatten wir die vielen mitgebrachten Kühltruhen mit Eis voller leckerer Fische. Am vorletzten Tag vor unserer Abholung hatte ich in einem der Boote meine Hand am Griff des Außenbordmotors. Ich fischte direkt vor unserem Camp und schleppte finnische Rapala-Wobler hinter dem Boot her. Plötzlich gab es einen ungewöhnlichen und ziemlich gewaltigen Ruck an meiner zur Seite ausgelegten Rute. Ich wollte sie ergreifen und fiel bei dem Versuch folgenreich unglücklich, mit dem Oberarm am Handriff des Motors entlang und mit dem Oberkörper auf den hinteren Boden des kleinen Bootes. Der von mir zur Seite gedrückte Motor beschleunigte blitzartig auf Vollgas. Der vorne in den Himmel gestellte Bootsrumpf drehte sich rasend auf der Stelle und zog mich ganz nach hinten gefallenen durch eine mächtige Zentrifugalkraft ganz langsam über Bord. Ich wusste, dass ich dadurch bald in die schrill kreischende Motorschraube gezogen werden würde. Panisch dachte ich, dass die vielen Piranhas, nach meinem Fall in die Schraube, mit mir ein Übriges tun würden. Meine Kinder und Mitarbeiter standen nur 30 Meter weiter am hohen Ufer entfernt und sahen hilflos meinem verzweifelten Sekunden-Kampf zu. Auf so elende Art und Weise wollte ich nicht sterben. Man sagte mir später, dass die Situation grotesk wie in einem Mickey Mouse Zeichentrickfilm für sie ausgesehen hatte. Eine für mich unnatürlich starke Kraft hob mich urplötzlich und aus heiterem Himmel wieder in das Boot hinein. Ich glaube nicht an übernatürliche Kräfte. In diesem Moment war ich mir aber nicht ganz sicher, ob es nur mein eigener Willen war. Endlich konnte ich noch atemlos und mit immer noch rasendem Herzschlag den Motor abstellen. Offensichtlich hatte ein Kaiman angebissen und dadurch meine unglückliche hektische Überreaktion, bei der ich das Gleichgewicht verlor, verursacht. Man kann sich vorstellen, dass ich an diesen Abend sprachlos und noch lange wachsbleich um die Nase herum war.
Auf einer der Erkundungsfahrten in einem der Jeeps begannen wir die Umgebung zu fotografieren. Wir hatten eine Schrotflinte dabei um zur Abwechselung etwas Flugwild in unserer Küche zu bringen. Es kamen einige Rebhühner und Enten ziemlich mühelos zur Strecke. Als ich die Beute später einsammeln wollte, sprang plötzlich ein Cunaguaro (Ozelot) fauchend vor unserm Wagen auf. Leider haben unsere bremsenden Reifen die herrliche gezeichnete kleine Katze erfasst. Wir mussten sie schweren Herzens von ihren Qualen erlösen. Er hatte sich an einem der sich drückenden, angeschossenen Rebhühner gütlich getan. Es ist eine in ihrem Habitat wunderbar anzusehende gestreifte mittelgroße Katze.

Mit diesem schönen, bestimmt nicht alltäglichen Erlebnis in der Erinnerung ging es am nächsten Morgen mit unserer herbei gefunkten DC3 wieder nach Caracas zurück. Die Kühlboxen waren für einen guten Zweck diesmal randvoll. Die vielen leckeren Barsche wurden anlässlich meines Abschied für die gesamte Belegschaft in der Freiluftkantine unserer Firma zusammen mit mehreren Kühlboxen voller Enten und meiner etlichen erlegten Pekariewildschweinen zubereitet und gemeinsam während einer Firmenveranstaltung voller Trinksprüche, guter Wünsche und tränenreichen Ansprachen mit allen Mitarbeitern der Firma aufgegessen. So endete die für mich äußerst gefährliche Geschichte eines gewaltig ziehenden Barsches, der ein Kaiman war, doch mit einem Happy End.
Der folgende offizielle Abschied von Venezuela fiel mir und meiner Familie sehr, sehr schwer. Ich konnte den Kummer über die firmeninternen und hauptsächlich sachlichen Gründe über unsere Einschätzung der Zustände des Landes natürlich mit niemand der Angestellten teilen. Es hat mich viele Jahre gekostet, den von meiner Frau und mir getroffenen, damals absolut richtigen Entschluss innerlich emotional völlig zu verdauen. Insgeheim hatten wir noch lange an spätere ausgedehnte Urlaube in dieser zweiten Heimat während unserer Pensionierung gedacht. Das sollte sich wegen der unseligen Regierung von Colonel Hugi Chavez leider nicht erfüllen.
Erst 15 Jahre nach Ausreise verkauften wir schweren Herzens unser kleines eigenes Penthaus am Fuße der Avenida Sucre und die durch all die Jahre immer weiter bezahlte und nie mehr genutzte Aktie unseres geliebten Caracas Country Club weit unter Wert. Es war abzusehen, dass niemand von unserer Familie in absehbarer Zeit in das bald unter Coronel Hugo Chavez dramatisch veränderte und heruntergewirtschaftete Land zurückkehren würde. Die Träume von weiteren Jagd- und Angeltouren im Land sollten sich während der Regierungszeit von Präsident Hugo Chaves nicht erfüllen. Eine Entwicklung die ich zutiefst bedaure.

EIN PROBLEMJAGUAR IN PARAGUAY

Die Jagd auf den „Tiger“ des süd- und mittelamerikanischen Dschungels ist in den meisten Ländern seit Mitte oder Ende der 70er Jahre fast überall verboten. Es wird deshalb für einen europäischen Auslandsjäger nicht einfach sein, heute eine solche Jagd auf eine zu Schaden gehende Großraubkatze zu erleben. Gerne berichte ich deshalb über meine Erlebnisse vom Beginn der 1970er Jahre.

Solche Jagden werden heute auf privatem Grund in einigen Dschungelbiotopen von Bolivien und Peru durchgeführt.

Bei meinem ersten, von zwei Aufenthalten in Paraguay, lernte ich einen wohlhabenden Besitzer von Farmen und Plantagen kennen. Sein Spitzname war „Don“. Er besaß gleich mehrere, für europäische Verhältnisse, extensiv betriebene Farmen. Eine davon war eine riesige Rinderfarm, die ein gutes Stück Dschungel unweit der Grenze zu Brasilien und Bolivien im südlichen Pantanal (portugiesisch für Sumpf) umfasste. Das Pantanal ist mit der Größe der alten Bundesrepublik das größte Binnenland-Sumpfgebiet der Welt. Es gehört mittlerweile beinahe in Gänze privaten Großgrundbesitzern. Deren landwirtschaftliche Nutzung eines ursprünglichen Dschungelgebietes in einem geschütztem UNESCO-Welterbe hat einen Beigeschmack, den die beteiligten Politiker und Regierungen mit nicht vor Ort lebenden Großinvestoren verursachen. Lebensmittelerzeugung und Abholzung verkleinern die Wildnisflächen für die Urbevölkerung ständig. Hinzu kommt, dass durch die Abholzung und die Landnahme der Rinderbarone der Boden auf den höher gelegenen Landesteilen wegschwemmt. Dadurch werden die entwässernden Flusssysteme des Pantanal zugesetzt. Hier steigt der Wasserstand im Pantanal Jahr für Jahr immer höher. Schätzungsweise 4 Millionen Rinder bedrängen den Lebensraum des Jaguars akut. Nur dort, wo die natürlichen Beutetiere des Jaguars nicht von den Grundbesitzern und der Landbevölkerung abgeschossen werden, findet die große, berauschend schön anzusehende Raubkatze genügend wilde Beutetiere für ihre Existenz. Dort beheimatete Biologen, wie der brasilianische Jaguarexperte Fernando Acevedo, beobachten heute aber, dass Jaguare in Farmgebieten dem Reißen besonders von „dummen“ Kälbern, nicht widerstehen können.

Der Löwenanteil des Pantanal gehört zu Brasilien und Ausläufer davon erstrecken sich bis nach Nordparaguay und Bolivien.

Don hörte während meines ersten geschäftlichen Besuchs in diesem mir inzwischen etwas vertrauten Land von meinen Jagderlebnissen in anderen Ländern. Auch er hatte als junger Mann in Afrika und Nordamerika gejagt. Nun stand er während unserer Besprechungen spontan auf und führte mich in ein Jagd- und Angelzimmer mit Waffen, Fotos und Trophäen. Ich war überwältigt von der großen Zahl an kapitalen Jaguarfellen (panthera onca) und Ganzkörperpräparaten. Don hatte die Felle, samt den präparierten Häuptern daran, im Halbkreis um seinen wohl rein dekorativen Kamin herum an der Wand befestigen lassen. Beim näheren Herantreten zeigte er mir, dass das die dunklen Punkte auf dem Fell in Wirklichkeit Rosetten von völlig unterschiedlicher Zusammensetzung waren. Jede Rosette hatte ein anders Muster. So wie jeder Mensch einen eigenen Fingerabdruck besitzt. Die Fellzeichnung hatte die

Natur für eines der wohl besten Tarnfelle in der Natur hervorgebracht. Leopardenrosetten sind schwarz mit braunem oder goldfarbenem Zentrum. Die Flecken vom Geparden sind zum Beispiel vollkommen schwarz. Ich konnte hier eindringlich sehen, dass nur die Rosetten im Fell des Jaguars Linien und Punkte in sich hatten. Der Hausherr erzählte mir, dass die Guarani-Indianer in ihrer Sprache für den Felis Onca den Begriff „juaguareti" (abgeleitet vom Körper eines Hundes) verwendeten. Männliche und weibliche Tiere wären leicht zu unterscheiden. Die etwa 30 bis 40 Prozent kleineren Weibchen hätten einen sichtbar kleineren Kopf als die kraftvollen, gedrungenen Kuder. Weibliche Großkatzen hätten hellere Farben und weniger runde Flecken am Hals und auf dem Rücken. Jaguare besäßen eine reflektierende Innenaugenschicht (tapetum lucidum), welche Restlicht auf der Retina genannten Netzhaut des Innenauges sammelt. Daher sehen sie doppelt so gut im Zwielicht, wie am Tage. Man sähe diese Rückspiegelung bei sie bescheinendem Kunstlicht im Dunkeln.
Ich habe diese hellgelben bis orangefarbenen Augen häufiger selber in Venezuela bei einigen Jagdausflügen mit meinem guten Jagdfreund „Kieke" Dr. Roderick Römer Power gesehen, 500 Kilometer südwestlich von Caracas im Dschungel des Bundesstaates Barinas entlang der Nationalstraße Nummer 5 und am Rio Aguas Verdes bei Guanare, am sich schlängelnden Rio Suripa. (Dieses feuchtheiße Viereck zwischen den Orten Guanare und Santa Barbara auf der nördlichen Seite und dem Verlauf des Rios Apure auf der südlichen war in meinen 13 Jahren in Venezuela eine ideale Heimat für hunderte von auch Vieh räubernden Jaguaren). Aber das wären wieder andere aufregende Jagdgeschichten.
Mein paraguayischer Gastgeber war offensichtlich ein absoluter Kenner aller gefleckten Großkatzen, wie die doppelt so schweren afrikanischen Löwen und des majestätischen, noch gewaltigeren indischen Tigers. Er meinte, dass die Eingeborenen den schwachen Geruchssinn des Jaguars darauf zurückführen, dass die Großkatzen häufig faules Fleisch fräßen.
Als ich diese ausdrucksvoll und kontrastreich gemusterten Felle in größerer Menge im Raum angeordnet sah, spürte ich immer noch die packende Wildheit, die von diesen in goldgelb bis rotbraun gezeichneten Geschöpfen ausging. Sofort stellt sich natürlich auch die Frage nach der Rechtmäßigkeit der Jagd auf diese noblen Kreaturen. Um Pelzmäntel anzufertigen? Nein, denn wer möchte schon jemals Frauen in einem solchen Jaguarfell-Mantel sehen. Das passt nicht. Wie bemerkte ein typischer südamerikanischer Playboy hierzu bei einem Abendessen in Rio de Janeiro sarkastisch: *„es sei denn, eine wilde Carioca-schönheit (Mädchen aus Rio de Janeiro) trage nur das eigene Fell darunter"*. Don fuhr fort mit dem Wissen aus vielen Begegnungen. Der auch gerne am Tage jagende Jaguar verschwimmt durch seine gold-schwarze Fellzeichnung unglaublich perfekt mit der Umgebung seines Dschungel-Habitats. Weniger häufig wäre eine schwarze Variante des gleichen Raubtieres, der schwarze Panther, der im Dunkeln sagenhaft unsichtbar, wie ein Tarnkappenbomber ist. Es ranken sich Mythen und Glauben um ihn.
Da war aber noch die andere Seite dieser Raubtierproblematik im Zusammenleben mit den gezüchteten Haustieren als Existenzgrundlage des Menschen. Der ausgewachsene Jaguar hat keine Feinde. Anakondas wären die einzigen, die Jaguare in seltenen Fällen erwürgen. Estancieros wie Don besaßen tausende von Rindern auf ihren Farmen. Da passierten immer wieder Übergriffe an den frei lebenden Nutztieren durch sogenannte Problem-Jaguare und auch Schad-Pumas. Obwohl das Revier des männlichen Tieres, laut Don bis zu 10.000 Hektar groß sein kann, haben sie bestimmte Stellen, an denen sie bevorzugt auflauern und ihre typischen wilden Beutetiere (Affen, Kaiman, Danta, Wasserschwein, Picure/Goldhasen, Schildkröten, Gürteltiere, große Fische) blitzschnell überfallen. Diese Plätze liegen

bei dieser einzigen, das Wasser sehr liebenden Raubkatze, überwiegend an den Rändern von Gewässern. Die von ihnen mühelos im flachen Wasser erbeuteten Riesenwelse und erst recht die Danta genannten schweineartigen Tapire sind mit 200-300 Kilo deutlich schwerer als der durchschnittliche Jaguar. Jaguare markieren ihre Reviergrenzen eifersüchtig mit Urin und tiefen Krallenrissen in der Baumrinde, so wie wir sie auch bei meiner Jagd bald kennenlernen würden.
Wie alle Katzen haben sie Duftdrüsen auf den „Backen“ und zwischen ihren Krallen. Sie folgten ihrem natürlichen Beute- und Selbsterhaltungstrieb, indem sie normalerweise überwiegend nur Wildtieren nachstellen. Einige, meist ältere Jaguare, unterscheiden wenig zwischen wilden Beutetieren und jungen Rindern. Manche Problemjaguare hätten außerdem körperliche Gebrechen. Wenn die erst einmal erfahren hätten, wie einfach es ist, Nutz-, Haustiere und besonders die bequem zu jagenden Kälber zu erbeuten, dann müsste man sie auf den Farmen bis zu ihrem Tod mit allen Mitteln bekämpfen. Definitiv dokumentierte Angriffe von unbedrängten Jaguaren auf Menschen waren zumindest im letzten Jahrhundert mit unseren überlegenen Feuerwaffen, Fallen, Hundemeuten und vergifteten Ködern laut Don selten.
Ihr Fleischbedarf von bis zu 3 bis 4 jungen Rindern oder Wildtieren pro Monat machte Problemkatzen zu gnadenlos Verfolgten. Der Estanciero meinte, dass ein auf Rinder spezialisierter Jaguar für den Verlust von bis zu 5 Prozent seiner Herde im Jahr verantwortlich sein kann. Fast immer wurde die Katze dann von den Farmbesitzern oder den auch nach Ertrag bezahlten Verwaltern regelrecht „zum Tode verurteilt“. Die angestellten Gaucho der Farmen legten vergiftete Köder, stellten große Lebendfallen auf, bauten Selbstschussanlagen oder erschossen sie zu Fuß oder zu Pferde hinter einer großen Hundemeute. Eine der anderen Quellen für einschlägige Berichte darüber ist ein bekannter brasilianischer Jaguarexperte und ehemalige Jaguarjäger mit Namen Richard Manson. Leider habe ich es nicht vermocht, ihn persönlich kennen zu lernen aber in Dons Aufzeichnungen und aus seinen Erzählungen von ihm gehört. Die den Rinder nachstellenden Raubkatzen waren rechtloses Freiwild. Don hatte damals, wie andere Estancieros auch, eine von höchsten Regierungsstellen ausgestellte offene Lizenz zur Bejagung dieser Problemtiere. Erst 1976 wurde die Jaguarjagd in Brasilien und 1980 in Paraguay offiziell verboten. Die Gesetze wurden lange nach meinen beiden Aufenthalten im Land erlassen. Don machte mir das Angebot, auf einer seiner Estancias, tief im Landesinneren, südlich des paraguayschen Teils des Panatal selber einen seiner Problem-Jaguare zu jagen. Er ließ nur solche Tiere töten, die sich als Wiederholungstäter an seinem Vieh gütlich taten. Es war mein Eindruck, dass er mit seinen Capataces, Vorarbeitern, Farmverwaltern regelrecht über sie Gericht abhielt. Ich habe es nie verstanden, wie man in der Lage sein kann 4. bis 6.000 Stück Vieh auf 30.000 unwegsamen Hektaren (eine bald halb so große Fläche, wie meine Heimatstadt Hamburg) zu zählen und unter Kontrolle zu halten. Aber die dort aufgewachsenen Cowboys können das. Ihre übliche extensive Viehhaltung findet auch in teilweise zugewachsenem Gelände statt. Die mit der Natur vertrauten Landbewohner und die Viehtreiber der Farm konnten die Zeichen in der Natur wie aus einem Buch lesen. Das sollte ich bald selber erleben. Raben- und Königsgeier (Zamuros) zeigten die unterschiedlich typischen Zeichen von Puma- und Jaguarrissen und deren übrig gebliebenen Reste weithin sichtbar an.
Don erzählte mir, dass er sich als junger Mann unter der erfahrenen Anleitung seines verstorbenen Vaters und Onkels, viel mehr als heute, um das Vieh, edle Pferde und die Jagd auf seinen Farmen gekümmert hatte. Man merkte aber, wie sehr ihn die Schadjaguarjagd immer noch faszinierte. Einmal

saßen wir nach einem gemeinsamen Abendessen und dem obligatorischen Kaffee bis morgens um 3 Uhr bei einem exzellenten dickflüssigen spanischen Brandy, ich glaube mit dem merkwürdigen Namen „Peinado“, zusammen. Er erzählte mir begeistert und in dichter, passionierter Sprache von den teilweise sogar in seiner Familie überlieferten Erfahrungen bei der Jaguarjagd. Wurde der Riss eines Rindes von den Farmarbeitern gemeldet, so durften die Hunde bei der Annäherung der Jäger nicht gleich geschnallt werden. Erst pirschte man sich langsam gegen den Wind in Sichtweite des Risses heran. An der Größe des gerissenen Tieres und den Bisswunden erkannten die Peones, ob es sich um einen Puma oder Jaguar handelte. Nur wenn der Überfall ganz frisch war, lag das Raubtier meistens in der Nähe. Dann konnte man den Täter mit den erst jetzt geschnallten Hunden auf seiner Fährte erfolgreich stellen.

Don sagte: *„Merke Dir, der Jaguar kommt seltener, im Gegensatz zu seinen afrikanischen Vettern Löwe und Leopard, an seinen eigenen Riss zurück.“*

Man bediente sich bei seiner Verfolgung, außer dem stillen und schmerzhaften Vergiften, verschiedener Jagdarten. Meistens mit der Hilfe von Hunden, oder durch die Lockjagd mit perfekt nachgeahmten Rufen aus einem ausgehöhlten Flaschenkürbis, einem 30 cm langem Stück armdicken Bambusendrohr mit einem Rufloch für den Mund, einem simplen Tonkrug mit weitem Hals oder dem Gehäuse der großen Wasserschnecken.

Don erzählte weiter. *„Der Jäger sitzt wegen der besseren Übersicht am Besten auf einer hölzernen, mindestens 5 Meter hohen Plattform. Herraufspringen könnte der Jaguar auch dann noch. Noch unmittelbarer und für den Jäger aufregender ist es, die bestätigten und eifersüchtigen territorialen Männchen aus einem Erdloch heraus heran zu rufen und zu erlegen“.*

Don wusste sogar von einem Jäger, der es erfolgreich mit einem Revolver im damals stärksten Kaliber .44 Magnum gewagt hätte. Das Locken der Mähnchen in der Ranzzeit gelingt besonders leicht, wenn Weibchen nahe sind, sie rollig und in der Brunft sind. Bei allen Katzen herrscht bekanntlich Damenwahl wenn sogar mehrere Männchen auf ihre Duftmarken, die lockenden Rufe und ihr viel begrenzteres Territorium zustehen.

Auch wenn der Jaguar Köder seltener annahm, so hatten sie auf seinen Farmen erfolgreich versucht, mit einer lebenden und angebundenen Ziege oder einem verkrüppelten oder verletzten Kalb die Aussichten auf ein Anlocken zu verstärken. Auf den bis zu 1.500 Kilometer langen Viehtreiben im Pantanal zu Pferde brechen sich immer einige Kälber und Rinder die Beine. Die werden von den Cowboys zu Pferde erschossen und liegengelassen. Sie stillen den Hunger der Jaguars.

Am weitaus häufigsten und erfolgreichsten ist die Jagd mit einer Hundemeute von 5 bis zu 20 ziemlich furchtlosen Hunden an einem frischen Riss. Häufig besteht diese verwegenen Hundemischlinge aus Terriern, nordamerikanischen Coonhounds und Abkömmlingen davon. Die besten „Nasen“ unter den Spürhunden wie Bloodhounds und verwandte Jagdhunderassen riechen eine Million mal besser und feiner als wir Menschen.

Der Jäger reitet dabei auf dem Pferd mit einigen schnellen Findern der Meute oder folgt dem Hundeführer aus dem Boot heraus ins Delta der flachen Flüsse und Sümpfe. Im unwegsamen Gelände geht es nur zu Fuß und im Wettlauf mit der am Ende geschnallten gesamten Hundemeute. Das setzt eine große körperliche Fitness und Leidensfähigkeit des Jägers voraus. Das kann ich aus eigener Erfahrung wahrlich bestätigen. Er muss dabei durch die Gefahren der Stachel, Blutegel, Piranhas, mehreren Arten von giftigen Süßwasserstechrochen, Schlangenbissen, Zecken und Moskitos in schnellster Gangart hinter der

Meute bewegen. Ich wusste, niemals sollte man sich ohne eine gut abschließende Bade- oder Unterhose im Wasser aufhalten! Denn im Panatal und manchen Flüssen, bis hoch an den venezolanischen Orinoko, gibt es einen etwa zahnstochergroßen, durchsichtigen Blutsauger. Er setzt sich außer an Fischen, im ungünstigsten Fall, auch in den Anus oder nistet sich auch gerne in die menschliche Harnröhre ein. Dort verursacht dieses festgekrallte Wesen besonders unerträgliche Schmerzen im männlichen Penis. Vielleicht auch aus diesem Grund sieht man dort sonst nackende Indianerstämme, die ihr Glied mit einer Schnur um die Vorhaut hochbinden oder in einem Futteral tragen.

Meist werden bei der Jagd mit Hunden auf der Fährte des Viehräubers erst einige Finder mit besonders guter Nase geschnallt. Erklingt ihr Spurlaut, lässt man den Rest der Hunde von ihren Leinen. Die gehen dann wie aus Torpedorohren abgeschossen im Bewuchs davon. Ein mit Hunden erfahrener Jaguar kann, wenn der Jäger nicht dicht genug an den Hunden dranbleibt, mehrere von ihnen in Blitzesschnelle töten oder schwer verletzen. Gestellte Jaguare heulen, brüllen und grollen fürchterlich. Ich habe dieses wütende Geräusch eines auf das äußerste gereizten und in die Enge getriebenen Herrschers von Südamerika nur dreimal gehört. Man kann das und sein brunftiges Rufen im Dschungel nicht vergessen. Das Grollen zieht einem den Magen zusammen und lässt uns, besonders bei einsetzender Dunkelheit, erschauern. Sieht man des im Verhältnis zum massiven Körper, besonders bullige Haupt, die fast genauso mächtige Trägermuskulatur, und den genauso breiten Brustkorb, den breiten Widerrist sowie seinen geöffneten quadratischen Fang, so ist man äußerst beeindruckt von der Furcht und Respekt einflößenden Erscheinung. Er ist der absolute König der südamerikanischen Tierwelt. Einige Male haben wir von seinen langen Eckzähnen glatt durchbissene und geknackte eisenharte Landschildkrötenpanzer gefunden.

Der südamerikanische „Tiger" hat neben der Tüpfelhyäne das kräftigste Gebiss aller Großraubkatzen auf der Erde. Es ist zweimal so kräftig, wie das des Löwen! Seine vor Vitalität sprühenden, beinsteingelben Augen richtet er voller Verachtung auf den verhassten Verfolger. Das nervt auch furchtlose Jäger. Steht man einem angriffsbereiten, höchst erregten Jaguar gegenüber, so sollte man das nur hinter einer stellenden Hundemeute erleben. Die Begegnung mit einem verwundeten Tier und seiner von stämmiger Muskelmasse vorschnellenden Explosivität auf engem Raum gehört zu den gefährlichsten Momenten für den verfolgenden Jäger. Jaguare sind viel schwerer zu verfolgen als alles andere Raubwild, weil sie in ihren Sumpfgebieten, ähnlich aber mehr noch als die indischen Tiger, das Wasser lieben und darin lange Stecken schwimmend zurücklegen. Den blitzartigen Angriff auf den verfolgenden Menschen im Busch sieht der Jäger, nach Aussagen der erfahrenen Baqueanos, in den seltensten Fällen. Die erfahrenen sagen, dass man ihn so lange nicht sieht, bis das Tier bereits auf einem drauf ist. Der Fang und die Reißzähne sind deutlich kräftiger als die des afrikanischen Leoparden. Don meinte, er wisse, dass der Jaguar mühelos jeden menschlichen Knochen durchbeiße. Auch wurde mir gesagt, dass die meisten der wenig bekannten Angriffe auf Menschen bei einer Zufallsbegegnung im Llano und auf der Nachsuche häufig erst durch den direkten Augenkontakt und während der Verfolgung von verletzten Großkatzen ausgelöst werden.

Don wollte, trotz seiner begeisternden Erzählungen und der vielen Felle an den Wänden seines Jagdzimmers, nicht mehr mitjagen. Seine feinen Jagdwaffen hingen beleuchtet auf rotem Filz hinter Panzerglas an den Wänden. Gerne würde er mir eine davon leihen, sollte ich bei einem nächsten Besuch einmal die Zeit finden, auf einen seiner immer wieder vorkommenden Problemjaguare zu jagen. Eine führige Doppelbüchse (außerdem noch mit der Möglichkeit für ein Zielfernrohr) im mittleren Kaliber wäre die mit Abstand beste Wahl für Begegnungen auf kurze und weitere Entfernungen und im dichten Busch. Der Verwalter seiner Farm würde mich einweisen und begleiten. Bedingung Nummer eins wäre es, dass ich bitte niemals irgendwelchen Alkohol an die Farmmitarbeiter ausschenken würde. Mir überschlug sich das Herz vor Freude. Natürlich nahm ich dieses großzügige Angebot sofort und ohne Umschweife an, verschob es aber auf einen zweiten Besuch im Land. Ich erzählte ihm von einer schweren Armbrust, die ich besaß und fragte, ob er etwas dagegen hätte, wenn ich die auf die Jagd in einem der kommenden Jahre mitnehmen würde, um meine Jagd auf seinem Privatgrund waffentechnisch ein wenig in die Geschichte der Eroberung des südamerikanischen Kontinents durch die Spanier zurückzuversetzen. Kein Problem sagte er, denn die Kolonisatoren und ihre Nachfahren hätten tausende von Raubkatzen sicher mit den Bolzen ihrer Armbrüste getötet. Die meisten Jaguare würden heute von einigen Spezialisten der todesmutigen Landbevölkerung mit 12er Schrotflinten auf kürzeste Entfernung mit grobem Schrot oder bestenfalls mit SSG oder AAA Munition verletzt oder erlegt. Niemand von denen besaß eine der für die Landbevölkerung unerreichbaren und absolut illegalen Büchsen mit gezogenen Läufen. Das Penetrationsvermögen der gröbsten Schrote und ihre Energie wurde meistens nur ausreichen, um den überaus kräftig und muskulös gebauten Jaguar zu verletzen. Die dann völlig lautlos flüchtenden Jaguare würden dann auf der Nachsuche im dichtesten Busch einen Hund nach dem anderen außer Gefecht setzen. Erfahrene Jaguare wären geradezu Meister darin und einzelne Hunde gehörten sowieso zu dessen mühelosesten Vertretern seines Beuteschemas. Der Jäger würde danach den in die Enge getriebenen wütenden „Tiger" sowieso nur dann wahrnehmen, wenn er sich bereits im Anspringen auf ihn befinden würde. Don hatte großen Respekt vor dem Eindringvermögen der modernen Armbrustbolzen mit Rasiermesserspitzen. Er empfahl mir aber trotzdem für die Verfolgungsjagd hinter der Hundemeute eine wunderschöne englische Side By Side Doppelbüchse (DB) im Kaliber .350 Rigby und einen Revolver im Kaliber .357 Magnum aus seinem privaten und legalen Waffenbestand mitzunehmen. Die DB mit einem recht geraden Flinten-Schaft passte mir perfekt. Mit ihr, einem Ausländerjagdschein und einem temporären Erlaubnisschein für das Führen von Waffen mit gezogenen Läufen auf seiner Farm würden wir die problematische Einfuhr von Feuerwaffen vermeiden. Die temporäre Einfuhr der von mir im Gepäck mitzubringenden Armbrust als Sportgerät wäre mit Dons offiziellen Kontakten überhaupt kein Problem. Wir tauschten Briefe und führten lange Telefonate, in denen ich ihn weiter ein wenig freundschaftlich beraten konnte. Er erinnerte mich erneut an seine Einladung zur Jagd auf den nächsten Problemjaguar bei ihm.

Meinem zweiten Besuch in Paraguay gingen einige kurz vorher geführte Telefonate voraus. Don war inzwischen ein guter Bekannter und genoss meine berufliche Erfahrung aus den europäischen Märkten. Er würde mich benachrichtigen, wenn der richtige Zeitpunkt für einen zu Schaden gehenden Jaguar gekommen wäre. Ich müsste dann allerdings sofort anreisen. Gesagt, getan. Nach seinem nächsten Anruf flog ich ohne weitere Umschweife mit der nächsten Maschine nach Asuncion. Dabei nahm ich meine Armbrust in einem Koffer mit ins Flugzeuggepäck. In Asuncion wartete ein Assistent des paraguayischen Militärs, der von Don geschickt wurde und brachte mich samt Gepäck und Armbrust sicher und ohne jegliche Verzögerung ins Hotel.

Die Allgemeinheit kennt wenig über die ungeheure Bedeutung und Entwicklungsgeschichte der Armbrust. Wie alle Waffen ist ihre Verwendung und Entwicklung für die Jagd nicht von der für den Krieg

zu trennen. Ich fühle mich an dieser Stelle genötigt einige Worte über diese fatal tötende Waffe zu verlieren. Meine bis dahin wenig benutzte Armbrust Model Belgrad hatte ich mir für 300 US Dollar vor Jahren von einem Exiljugoslawen und dessen Firma Bellmann Engineering in Buenos Aires bauen lassen. Gebraucht hatte ich sie nur wenige Male zum Scheibenschießen und beim Erlegen eines einzigen aber kapitalen Wildschweins auf dem Ansitz. Beide Male mit fulminantem Erfolg. Daraus schöpfte ich mein Zutrauen für einen Schuss auf einen Jaguar. Ein stählerner verstellbarer Ringdiopter mit eisernen Korn machte erstaunlich genaues Schießen auf bis zu 50 Meter möglich. Voraussetzung für garantiert sicheres Töten ist, dass die Beutetiere bewegungslos und möglichst mit der Breitseite zum Jäger stehen. Diese schwere Armbrust war nur für die Ansitzjagd ein absolut zuverlässiges, beinahe geräuscharmes Tötungsinstrument. Zum Herumtragen im Dschungel war sie auf die Dauer eindeutig zu schwer. Die Tötungskraft ihrer Pfeile ist auch für Hirsche oder Raubkatzen mehr als ausreichend. Im Gegensatz zum sehr lauten Knall eines Gewehrs und den sich aufrichtenden Bogenjäger konnte das Tier den bewegungslosen und getarnten Jäger nach dem Bolzenschuss meistens nicht so schnell ausmachen. Man bedenke, dass die Soldaten des späten Mittelalters mit den geschmiedeten, kurzen und schweren Bolzen ihrer weiterentwickelten Armbrüste mühelos Kettenhemden, Schilde und Rüstungen durchschlugen.
Die Entwicklung unserer Urvorfahren des Homo Habiles wurde gefolgt vom Homo Erectus und dessen Nachfolger dem Homo Sapiens. Die Gruppen und Familienverbänden von jeweils wenigen hundert Menschen kamen aus dem südlichen Afrika und der Afrika in Nordsüd-Richtung durchlaufende Riftzone, den Großen Grabenbruch. Auf ihre Steinmesser, folgten Speere und Atlatl als Wurfverstärker (in Australien waren sie als „woomera“ noch bis vor 200 Jahren bei der Entdeckung der Aborigines durch Captain Cook im Einsatz). Dann vor etwa 60.000 Jahren erfand der Mensch den epochalen Pfeil und Bogen durch die südafrikanischen Buschmänner (sogar mit vergifteten Pfeilspitzen!). Danach entstanden die ersten primitiven Armbrüste in Rom und China kurz nach Christi Geburt. Diese ersten low tec Armbrüste waren nur von besonders starken großen Männern mühevoll zu spannen und besaßen eine den Pfeilen und Bögen extrem weit unterlegene Schussfrequenz. Tausend Jahre später konnten verbesserte Armbrüste im frühen Mittelalter durch die in Mitteleuropa führende Waffenentwicklung mittels Drehspindelübersetzungen und Hebelkraft selbst vom schwächsten und kleinsten Mann schnell und völlig mühelos gespannt werden. Auch noch nach der Erfindung der Feuersteinschloss- und Luntenfeuerwaffen behielten Armbrüste für eine Zeit eine gewisse Bedeutung für die Jagd. Man praktizierte damit Fairness und Waidgerechtigkeit des frühen Ritterstandes gegenüber dem Wild. Obwohl sie von den Feuerwaffen im Krieg bereits abgelöst waren.
Für die Pirschjagd mit Pfeilen werden heute ultramoderne und leichte Compoundbögen eingesetzt. Damit erlegen besonders getarnte Bogenjäger auf kurze Entfernungen Löwen und Büffel in Afrika sowie Hirsche, Elche und Grizzlys in Nordamerika. Die neuzeitlichen, leichten und ganz erstaunlich leistungsfähigen Recurvebogen-Armbrüste sind von noch größerer Durchschlagskraft und werden auch mit vormontierten Zielfernrohren gebaut. Die Bogenjagd ist seit Einführung der sogenannten Feuerwaffen bekanntlich nicht in allen Ländern Europas erlaubt. Bögen sind in manchen Ländern immer noch ein kontroverses Thema für die moderne Jagd, obwohl sie eine zigtausendjährige Geschichte im Krieg und auf der Jagd haben.
Ich konnte meine Armbrust unter Aufbietung aller Kraft mit einer Zuggewicht von wohl 100 Kilo nur mit dem entsprechenden stählernen Hebel spannen. Der stählerne Bogen war aus einer LKW Blattfeder

geschmiedet. Die zylindrisch, birnenförmig aus dem vollen Kern gedrehten Hartholzpfeile nur für die Jagd hatten um die Längsachse rotierende rasiermesserscharfe Spitzen. Nach den Angaben des Herstellers Bellmann Engeneering flogen die schweren Bolzen und ihre geschmiedeten zweischneidigen Spitzen mit bis zu 300 Kilometer Geschwindigkeit pro Stunde. Sie durchschlugen mühelos festes Holz von 10 Zentimetern Dicke. Zweischneidige dringen angeblich besser durch Rippen und Knochen bis in die inneren Organe des Wildes, als dreischneidige. Ich testete vor der Jagd, wie sie durch drei hintereinander gelegte unreife Wassermelonen drangen und diese in viele Stücke teilten. Bereits ein gut gezielter Pfeil durch beide Lungen lässt die Sauerstoffversorgung eines Beutetieres sofort zusammenbrechen. Dem zwangsläufigen sofortigen Blutdruckabfall folgen meist eine schmerzlose Ohnmacht und der endgültige Tod durch inneres und äußeres Verbluten. Der Jäger ist auch hiermit um ein schnelleres Töten bemüht, den Herzbeutel des Tieres mit einem präzisen Schuss zu treffen.
Jedes Land hat seine eigenen Regeln darüber, welche Mindestauszugskraft ein Bogen für die Jagd haben muss. Bereits die Pfeile mit geschmiedeten Stahlspitzen der gefürchteten englischen Langbogen flogen um 1.300 nach Christi mit 150 bis 180 Kilometer pro Stunde. Ich führte ja etwas anderes, noch stärkeres. Die historische Verbindung zwischen Bogen und Gewehr, die Armbrust. Sie übererfüllte die für Nordamerika und in einigen afrikanischen Ländern festgelegten Normen der damaligen Bogenjagd noch bei weitem. Ich war mir sicher, dass wenn andere, so wie der damals weltbeste Bogenjagdpapst Fred Bear Großwild in Afrika Büffel, Löwen und Elefanten mit seinem Bogen jagten, ich dem im Wildbret viel weicheren Jaguar mit dieser starken Armbrust geringere Qualen zufügen und zuverlässig und schnell töten würde. Bogenjäger verweisen immer wieder auf die kürzeren Fluchtfährten der Tiere. Der Grund dafür sind angeblich die mit dem im Vergleich zu einem Büchsengeschoss viel größeren Durchmesser versehenen rasiermesserscharfen, rotierenden Pfeilköpfe. Jede fliehende Bewegung des getroffenen Beutetiers mit dem durchdringenden Pfeil zerschneidet im breiten Schusskanal eine größere Anzahl von Blutgefäßen und Nervenbahnen.
Ich konnte es nicht erwarten mit dieser historischen Waffe eine zu Schaden gehende Raubkatze zu erlegen. Die allermeisten Rinder reißenden Jaguare werden auch heute noch zu tausenden heimlich und qualvoll vergiftet. Dagegen erschien mir das Töten mit dieser starken Armbrust human. Die Energiewerte wären bei der damals auf seiner Farm erlaubten Bogenjagd vergleichsweise mehr als ausreichend. Don bat mich, während seiner Lebzeit nicht unbedingt mit dem Erlebten an die Öffentlichkeit zu gehen. Er war damals etwa Ende 60 Jahre alt. Im Übrigen gab und gibt es bis heute darüber, was damals auf seinem privatem Grund und Boden mit legalen behördlichen Erlaubnissen passierte, nichts zu verheimlichen. Meine Armbrust passte in die Geschichte Paraguays. Bereits im 16. Jahrhundert hatten die spanischen Konquistadoren damit in ganz Südamerika gejagt und ihre blutigen Feldzüge geführt. Im Lande wurde und wird bis heute hauptsächlich mit den vom Gesetz erlaubten, weit verbreiteten Schrotflinten auf Jaguare gejagt.
Don faszinierten diese unumschränkten Herrscher der beiden südamerikanischen Kontinente. Die übermächtige Wildheit und Kraft des Jaguars besaß bekanntlich bereits bei den Inkas, Mayas und Azteken Kultstatus. Vor meiner Jagd erhielt ich von ihm außer seiner Ausrüstung und den von ihm geliehenen Waffen noch viele weitere gute Ratschläge über das Verhalten dieser drittgrößten Katzen auf der Erde. Unter anderem, dass Problemjaguare direkt im Sumpf, anders als die, die nur Wild jagten, eher seltener zu ihrem Riss zurückkämen. Auf den trockenen Teilen seines Dschungel aber schon. Don meinte, dass

ich als wichtigste Ausrüstungsstücke seine schwere Jacke aus dickem Rohleder und ein Paar lederne Beinlinge oder Chaps, so wie die Cowboys sie tragen, mitnehmen müsste. Auch gab mir die Señora des Hauses eine extragroße Hängematte mit. Schon bald war ich ihm für die im Chaco unverzichtbaren Lederwaren und seine Fürsorge dankbar. Als mich abends vor dem Schlafengehen der Blick meiner Augen in einem Spiegel traf, schaute da ein noch junges aber freudig angespanntes Gesicht heraus.
Das Buch des brasilianischen Urwaldjägers Tony de Almeida über die Jagd des gewaltigen Pantanal-Jaguars habe ich leider erst viele Jahre später, Ende der achtziger Jahre, in einem Stück durchgelesen. Einiges aus dem ungemein lehrreich geschriebenen Buch dieses Jaguarexperten kann ich aus eigener Erfahrung bestätigen. Ich besaß im Vergleich zu Tony nur bescheidene Freizeitjagderlebnisse in der argentinischen Provinz Formosa, der Jagd in Paraguay und später aus den 13 Jahren Jagd im Landesinneren, meiner zweiten Heimat Venezuela. Hinzu kamen die geteilten Jagdabenteuer und Erzählungen meines venezolanischen Freundes Kieke und die des erfahrenen venezolanischen Jaguarjägers Dr. Fernandez. Sehr empfehlen kann ich dem Interessierten auch das wunderbare Klassiker-Buch über einen legendären deutschstämmigen, professionellen Jaguarjäger mit Namen Sascha Siemel oder Simmel (er war eigentlich litauischer Herkunft). Sascha war Auftragsjäger im überschwemmten Pantanal Brasiliens und erlegte Problem-Jaguare mit seinen treuen Hunden. Dabei war er nur mit einem langen Speer und Pfeil und Bogen bewaffnet. Ich sah ihn nicht nur in einem vergilbten Tatsachenfilm mit einem halbwüchsigen Jaguar kämpfen, sondern fand später das rare Buch in der Bibliothek eines Jagdfreundes aus Südamerika. Es gibt einige Situationen wieder, die ich im faszinierenden Südamerika selber durchleben konnte. Bei meinen insgesamt drei absichtsvoll geplanten Puma- und Jaguarjagden hatte ich kein schlechtes Gewissen. Es existierte damals noch eine große gesunde Population dieser Kreaturen von Argentinien bis nach Mittelamerika. Anders als in Afrika, herrschte dort kein nennenswerter kommerzieller Jagdtourismus. Für den Rückgang der Bestände während der letzten Jahrzehnte sind nur die industrielle Rodung und Landnahme durch den Menschen, die kommerziellen Wilderer und zu einem Großteil das Vergiften und Wildern der ihr Vieh beschützenden Landbevölkerung verantwortlich. Natürlich hatte ich während meiner anderthalb Jahrzehnte in Südamerika auch einige Zufallsbegegnungen auf der Pirsch oder im nächtlichen Scheinwerferlicht mit dem König des Dschungels. Einmal sogar mit meinem Freund Kieke im Scheinwerferlicht seines abhebenden Kleinflugzeugs auf dem Landestrip, einer Farm tief im Inneren von Venezuela.
Wenige Jäger, die das nicht am eigenen Körper erlebt haben, können sich vorstellen, welche Mühen und Qualen vor der Überlistung und Erlegung eines ganz bestimmten Jaguars zu Fuß, im Chaco oder zu Pferde in seinem Territorium liegen. Die einheimischen Dschungelcowboys besitzen außerordentliche Fähigkeiten. Auch wenn die Schadjaguare meistens territoriale Gewohnheiten haben, sind diese Einheimischen für ihre Kenntnisse in der Wildnis und Leidensfähigkeit zu bewundern. Mir ist nicht bekannt, ob der über Afrikajagden so phantasievoll und spannend schreibende Peter Hathaway Capstick etwas Persönliches zum Jaguar in seiner wohl eher kurzen Zeit in Südamerika hinterlassen hat. Seine Afrikabücher sind ja bekanntlich starker aber auch unterhaltsamer lesenswerter Tobak.
Im dünn besiedelten Dschungel und den zeitweise überschwemmten Llanos Venezuelas gab es nach meinen Erfahrungen und den Erzählungen und Fotos meiner weit älteren Jagdfreunde noch bis in die siebziger Jahre des 20. Jahrhunderts eine große, gesunde Population von Jaguaren. Nochmals, auch deren Meinung war, dass nur die zunehmende Besiedelung, die extensive Viehzucht, Gift, Fallen, die

Erschließung durch Straßen, die große Anzahl von Privatflugzeugen und nicht zuletzt die modernen Feuerwaffen in den Händen von kommerziellen Holzfällern den Bestand an Jaguaren in Venezuela und den Lebensraum auf bestimmte Flächen reduziert hätten. Raubkatzen wie Jaguare und auch Pumas waren und sind immer noch Problemtiere und Nahrungskonkurrenten für die Viehzucht. Sie sind, wie wir Menschen, mit nach vorne blickenden Augen von der Natur für das Rauben von Säugetieren ausgestattet. Unsere gemeinsamen fluchtbereiten Beutetiere haben seitlich angebrachte Augen für eine beinahe immer wachsame 330 Grad Rundumsicht. Menschen und die großen Raubtiere stehen bekanntlich in der zoologischen Rangfolge und Nahrungskette ganz oben. Auch wir am weitesten entwickelten Primaten, stehen selber auf der Speisekarte der großen Raubkatzen (Löwen, Tiger, Bären, Hyänen, Leoparden, Pumas). Die auf wochenlangen Trecks bis zu tausend Rinder treibenden unglaublich harten Cowboys des Überschwemmungsland Panatal fürchten sich vor nächtlichen Angriffen bestimmter Jaguare, wie sie mir im äußersten Norden von Paraguay und an der Grenze zu Bolivien sagten. Dabei sind das furchtlose, mit der Natur vertraute Cowboys.

Im brasilianischen Pantanal sollen die gedrungenen und ausgesprochen muskulösen Jaguar Männchen bis zu 150 Kilo schwer werden. Sie können verletzt formidable Gegner auf der Jagd sein, auch wenn sie dem Menschen sonst ausweichen. Weibliche Jaguare wiegen nur etwas mehr als die Hälfte der besonders starken und ausgewachsenen Männchen. Ihnen allen hat die Natur das Recht und die Notwendigkeit gegeben, mindestens 1 bis 2 Mal die Woche zu töten, um zu überleben. Wir Menschen töten Raubtiere wegen der Trophäe und wegen des Erlebnisses, sie gejagt zu haben. Ich bin mir durchaus der Problematik bewusst, dass unsere Jagden auf große Raubtiere nur ihrem Fell, Klauen und deren Schädeln gelten. Wir jagen dabei nicht nur, um sie zu töten, obwohl das eine das andere bedingt, sondern, um uns für Momente von der Zivilisation zu befreien und uns als Kreatur in die gefährliche Wildnis zurück zu versetzen. Diese besonders gefährliche Jagd erlaubt uns, an unsere Ursprünge zurück zu kehren und uns Mut und eine besondere Geschicklichkeit zu beweisen.

Ich erlebte dabei immer wieder, gerade in Südamerika, wie man beginnt, die vertraute Umgebung mit den Augen der Tiere zu betrachten. Als Jäger bin ich sowieso ein immer wacher, die anderen Kreaturen beobachtendes, Wesen. Die wilden Tiere in der feindlichen Natur leben ja auch im ständigen Wachsein, mit der Bereitschaft zum Angriff oder zur sofortigen Flucht. Es bedarf in der lebensfeindlichen und mit Insekten verseuchten Natur Südamerikas vermehrter Anstrengungen, um das Wild mit seinen überlegenen Sinnen an seinen besendichten, feuchten, dunklen Rückzugsorten im Dschungel zu überlisten. Ganz besonders gilt das für den gefürchteten Herrscher, den Jaguar. Trophäen, also auch jene die unsere Erinnerungen in sich tragen, sind Haut, Felle, Zähne und in der Natur wertlose, verhornte Knochen die sonst weggeworfen verwesen wurden. Sie sind es, die uns Jäger unsere Jagderlebnisse fürs Leben erinnern lassen.

Ich habe, genau wie der spanische Philosoph Ortega y Gasset es beschrieben hat, mich zwei Arten von Beschäftigungen hingeben müssen: den mühsamen und den glücklichen. Am allerglücklichsten war ich bis zu einem gewissen Alter bei gefährlichen und außerdem mühevollen Jagden.

Es war meiner Generation vergönnt in keinen Krieg ziehen zu müssen. Ich musste glücklicherweise niemals als Soldat auf Menschen schießen. Auch deshalb bot mir das Leben für einen Mitteleuropäer ungewöhnlich viel Zeit, frei zu sein, um in der Natur meinen Beutetrieb auf der Jagd und im Fischfang ausleben zu können. Der Wunsch, dabei besondere Fertigkeiten im Schießen mit Jagdwaffen zu erwerben, ist waidmännisch und notwendig. Mit diesem essentiellen Handwerkzeug zum Jagen wird ausschließlich auf dem Schießplatz trainiert. Ethisches Jagen mit freiwilligen Begrenzungen des Menschen ist auch ein Aufeinandertreffen von zwei Instinkt-Systemen. Ein Mittel der Erziehung, welches auch der Verbesserung des Charakters dienen kann. Man erhält in diesem Spannungsfeld eine vollständigere Kenntnis der Natur und über die eigenen Unzulänglichkeiten. Traditionelles, waidmännisches Jagen hat einen positiven Einfluss auf das Wertesystem der jagenden Männer unserer Familie.

Zurück zum Beginn und den Begleitumständen meiner Jaguarjagd in Paraguay. Man lud mich und die Ausrüstung auf einem Privatflugplatz in ein Cessnasportflugzeug. Nach einem Flug über den endlosen Chaco landeten wir in der Nähe eines einfachen aber zweckmäßigen Farmhauses. Der freundliche Farmverwalter holte uns in einem uralten Jeep, mit an den Radläufen völlig durchgerosteter Karosserie, ab und half mir beim Sortieren unserer Ausrüstung. Meine große, elastische Hängematte mit Moskitonetz wurde an den dafür in die Wände gemauerten kräftigen Haken festgemacht. Ein Teller voller schwarzer Bohnen (caraotas negras), Yuka (Maniok) und gekochtes und vorher im Mörser zerfasertes eingeweichtes Trockenfleisch (carne mechada) mundete ganz ausgezeichnet. Das Licht der Petroleumlampe wurde gelöscht und ich schlief diese Nacht unter dem umsummten Moskitonetz mehr schlecht als recht. Nach einer Nacht voller Naturlaute wurde mir ein bereits fast zahnloser, unscheinbarer Mann mit Namen Jose vorgestellt. Dieser mit der heimischen Natur vertraute Halbindianer, mit von der Sonne gegerbter Haut, sollte mit mir bald einige aufregende und unvergessliche Jagdmomente teilen.
Anders als andere Menschen die ich kenne, habe ich durch mein Leben in verschiedenen Kontinenten auf der Jagd immer wieder viele neue Jagdkameradschaften knüpfen können. Es ist erstaunlich wie gemeinsames Jagen, und sei es nur für Tage, dazu erzieht, sich mit anfänglich völlig fremden Menschen in einer gemeinsamen Leidenschaft freiwillig und sofort zu verbünden. Durch Planung, Vorfreude, Überwindung von Frust und Entbehrungen kann fast immer eine tiefe und besonders vertrauensvolle Bindung bei der Jagd entstehen. Gegenseitiges für einander Eintreten, manchmal auch unter Gefahr für das eigene Leben, festigt das noch mehr. Die Freude über den Jagderfolg mit Trophäen und gemeinsam verzehrte Beute schafft Nähe für zwischenmenschliche Gespräche in einer unverstellten Intimität. All das macht die Jagd so einzigartig und ursprünglich für uns.
Der wortkarge Jose und ich waren gesellschaftlich von völlig verschiedener Herkunft. Das war aber im Chaco von Paraguay ohne jede Bedeutung. Er hatte, nach Aussage des Farmverwalters, zwei Jahre im Umfeld eines professionellen Chacojägers mit Namen Hugo Pesce, auf Jaguare und Pumas in einem Jagdbezirk von 30.000 Hektar jagen geholfen. Jose lebte damals nach eigenen Aussagen in der Nähe des Provinznestes Strongest, kurz vor der bolivianischen Grenze und 150 Kilometer östlich des Flugplatzes von Mariscal Estigarribia. Man zeigte mir den Ort, der noch heute auf meiner Paraguay-Karte eingekreist ist. Die dort als Hilfskräfte arbeitenden Chulupies Indios schmiedeten, nach Joses Erzählungen, ihre traditionellen Speere für die Jagd aus den metallenen Resten der zurückgelassenen Vehikel der Chacokriege. Jose erzählte mir viel zu wenig von diesen Jagden. Als ich fragte wie viele Jaguare er gejagt hatte, sagte er mit einem lang gezogenen *„OUUUU, muchos, Señor“* und machte eine wegwerfende Handbewegung. Fünf ziemlich zerzauste, mit Narben übersäte, undefinierbare Foxterrier-Coonhound-Dorfköter-Mischlinge strichen aufmerksam um seine Beine herum. Sein über 45 Zentimeter langes Messer hing mit dem Griff abgespreizt, und damit beängstigend schnell zugriffsbereit, hinten

seitlich am Gürtel. Er trug eine uralten doppelläufigen Hahnflinte im Kaliber 12, die er mit sogenannten „Cartuchos de Guaimaros“ (selbst gegossene Brennecke Flintenlaufgeschosse), Slugs und mit neun groben amerikanischen Bleischroten (tres en boca gleich: drei vom Durchmesser die Mündung ausfüllende Kugeln) lud. Er willigte ein, die Jaguarjagd mit der Armbrust zu versuchen, wollte aber nach meinem Bolzenschuss, mit seiner Flinte eingreifen dürfen. Ich machte einen Probeschuss mit einem der weniger wertvollen Pfeile auf die kleine Narbe eines Baumstammes. Die runde Stahlspitze hatte sich so tief in den Stamm eingegraben, dass wir sie nie wieder sahen. Der Hartholz Schaft war von dem harten Aufprall in Teile geplatzt und zerfasert. Jose war von der Wirkung und Präzision begeistert.
Der Farmbesitzer hatte vor einer Woche über Funk damit beginnen lassen, zwei klapperige und alte Ziegen an in den Boden gerammte Pfähle festzubinden. Eine war vor knapp einer Woche von einem auch Vieh fressenden, starken aber auf einem Lauf lahmenden, Jaguar halb aufgefressen worden. Der war bekannt und wurde „El Viejo“ (wegen seines geschätzten Alters von etwa 12 bis 14 Jahren) genannt. Es beeindruckte mich, als Jose mir den vom mächtigen Gebiss des Jaguars geknackten, noch stinkenden Schädel der Ziege zeigte. In einem anderen Teil der riesigen Farm verköstigte sich seit einem Monat noch ein anderer Jaguar unter einigen Kälbern der Farm. Auf diese beiden wollten wir jagen, so hatte es der Inhaber der Estancia nach Beratschlagung mit seinem Capataz (Vorarbeiter) angeordnet.
Die folgenden drei Tage liefen wir erfolglos hinter der Hundemeute auf alten Fährten dieser Katze mit den großen Tatzen. Jose sagte, dass es ein sehr raffiniertes und schon einige Zeit bekanntes, uralte Männchen war. Ich musste die Armbrust natürlich auf der Farm zurücklassen und war auf der kilometerlangen Pirsch im teilweise dichten Dschungel mit den von Don geliehenen Waffen unterwegs. Einer der Hunde verschwand dabei auf Nimmerwiedersehen. Kurz vorher konnten wir das entfernte tiefe Grollen des zu Fuß für uns nicht erreichbaren Jaguars und ein kurzes Todesquieken des Hundes hören. Ein anderer Hund wurde bei dieser heillos durch das dichte Unterholz taumelnden und hetzenden Verfolgung heftig verletzt. Er wurde, natürlich ohne Narkose, am Abend von Jose mit meiner Hilfe desinfiziert und mit Nadel und Faden zusammengeflickt. Ich war völlig erschöpft und hatte am Ende außer frischen Fährten bei den lauten Verfolgungen nichts vom Jaguar gesehen. Meine schwere Lederjacke war von den Dornen an einigen Stellen eingerissen und mein Körper von vielen winzigen Wunden übersät. Einmal war ich bei der wilden Jagd an ein Blatt voller Feuerameisen gekommen. Ihre Stiche brannten höllisch. Als hätte ich mir Tropfen von kochendem Öl über die Haut gegossen. Ich desinfizierte meine Schrammen, Stiche und kleinen Wunden mit dem mitgebrachten Liter vergällten medizinischen Alkohols und braunrotem Jod. Das war die Abendbeschäftigung vor einem zerbrochenen Spiegel. Anders als mit dem Farminhaber besprochen, gab es nun doch Alkohol. Allerdings nur schmerzvoll brennend auf der Haut. Der einzige, der keinen Ton bei seiner Fellreparatur sagte, war der bedauernswert zusammengeflickte Vierbeiner. Abends beratschlagte sich der Verwalter über das knisternde Funkgerät der Farm erneut mit seinem Chef in Asuncion. Wir kamen überein, es mit Joses Lockruf und einer festgebundenen Ziege, aus dem Erdloch heraus, zu versuchen. Am nächsten Tag ging es mit den angeleinten Hunden und mit einer weiteren armen Ziege, die sich erfolglos an ihrem Draht sträubte, zu Pferde los. Die arme bestand nur aus Haut und Knochen. Wir ritten zu einer Lichtung mit weichem sandigem Boden direkt an einem flachen Wasserloch im weitgehend eingetrockneten Sumpf. Jose begann mit seiner Machete und einem Klappspaten ein rechteckiges Zweimannloch von etwa 160 Zentimeter Tiefe auszugraben. Aus derselben Erde gestaltete er eine primitive Bank und ein Tischchen so, dass zwei Menschen, nebeneinander

sitzend, Platz darauf hatten. Jose meinte, dass die von ihm gewählte Stelle nicht weit davon entfernt war, wo der Jaguar die letzte Ziege gefressen hatte. Dann zeigte er mir auffällige Kratzspuren und Urin, den aber nur er wahrnahm, an Baumstämmen. Es waren Markierungen des großen Territoriums des Jaguars. Die frischen Spuren im Sand sprachen eine deutliche Sprache.

Für die Jagd und beim Segeln ist bekanntlich die Beachtung der Windrichtung, auch bei scheinbar absoluter Windstille, das Allerwichtigste. Das Erdloch lag auf der vom Wind abgewandten Seite nur 10 Meter von der Senke, wo die Ziege mit Draht befestigt war. Ich fragte meinen Kameraden, ob es denn so dicht sein müsste. Ja, nur so wäre es Erfolg versprechend. Er hätte Jaguare mit einem Satz aus dem Stand etwa 6 Meter weit springen sehen. Wir hinterließen unserem lebenden Köder auf meinen Wunsch hin eine in den Boden eingegrabene, halbe getrocknete Totuma-Frucht vom Baumkürbis- oder Kalabassenbaum mit Trinkwasser. Ich glaubte, bei aller Passion, zu diesem Zeitpunkt noch, dass die Ziege eine gewisse Möglichkeit zum Überleben hätte.

Jose zerstreute mein Mitleid indem er auf den erheblichen Wert des von den Jaguaren gerissenen Viehs hinwies. Der dichte Busch um die Ziege herum würde es dem Jaguar erlauben ungesehen an sie heran zu kommen. Das Ansitzen im gedeckelten Erdloch hatte den Vorteil, dass verräterischer Körpergeruch von uns dort drinnen verbleiben würde. Der aus der Senke leicht ansteigende Boden hinter dem Köder bestand aus hellem Sand und auf den Boden gelegten trockenen und knisternden Palmenwedeln. Jedes Tier würde vor diesem Hintergrund ein klares Ziel, selbst bei geringerem Mondlicht, abgeben. Mit zwei Stöcken, einem Dach und einer Matte mit je einem Loch für unsere Augen und die Armbrust sollte unser Erdloch, mit uns darin, von oben verschlossen und unsichtbar gemacht werden. Es wurden zwei dicke Astgabeln so in die Erde gerammt, dass die später gespannte Armbrust genau in die Richtung der Ziege zielte. Jeder mit großer Sorgfalt hergestellte Jagdpfeil lag in einem separaten Köcher. Ich prüfte bei zwei Pfeilen die ultrascharfen Spitzen des nicht rostfreien, geschmiedeten Stahls durch Rasieren der Unterarmhaare. Die Armbrust wurde, noch nicht schussbereit, auf die beiden Astgabeln gelegt, der Spannhebel und die zwei sorgsam ausgewählten Pfeile lagen daneben. Oben auf der vorderen Seite der hochgestellten Matte auf einem soliden Astgitter lagen zwei Arme voll Dornen und Gestrüpp als Camouflage die uns im Rücken außerdem einen zweifelhaften Schutz gewähren würden. Jose beseitigte Spuren unserer menschlichen Anwesenheit indem er mit einem mitgebrachten, frisch abgezogenen Kuhfell fegte und damit auch einige ausgegrabene Grasbüschel verteilte. Wir verschwanden wortlos in Richtung unseres Farmhauses und entfernten mit unseren Handschuhen alle Blätter und Zweige auf dem Pfad so gut es ging. Jose sagte mir erneut, dass die Wahrscheinlichkeit, dass ein Jaguar in die Nähe seines letzten Risses zurückkommt, nicht gerade hoch sei. Die kurze, unruhige Nacht erlebte ich mit wirren Träumen.

Jose ritt am darauf folgenden Vormittag alleine an den zur Begrüßung laut meckernden Köder heran. So konnte er sich vom Pferd aus vergewissern, dass unsere Ziege noch lebte. Mit etwas Anspannung in der Stimme sagte er, dass der einen Lauf nachziehende „El Viejo“, mit seiner alten Verletzung am Fußballen, in der vergangenen Nacht weiträumig um die Ziege herumgepirscht sei. Entweder hatte er gestern den „Braten“ der Anwesenheit von Menschen gerochen oder noch nicht wieder genügend Appetit entwickelt. Nun ging es schnell. Ich zog mir wieder Handschuhe an, eine dunkle Leinenmütze über die Haare und wir schwärzten unsere Gesichter mit der Asche des Feuers vom Vortag ein wenig. Ich rieb mir etwas von einem Mücken abweisenden natürlichen Mittel darunter. Außerdem zog ich meine langen Strümpfe wohlweislich über die Beinröhren der Jeans und band einen kleinen Tuchstreifen so fest darum, dass keine Plagegeister eindringen konnten. Wir ritten los. Mein Pferd hatte, anders als das von Jose, nicht die einfachen Gaucho-Steigbügel (Eisenringe für die nackte große Zehe), sondern zum Glück solche aus Holz zum Reinschlüpfen. Sie waren vorne gegen die Dornen geschlossen. Ich fühlte mich am ganzen Körper vor Muskelkater zerschlagen. So als ob ich an den vorangegangenen Jagdtagen in eine Erntemaschine gefallen und anschließend von einer Brigade chinesischer Masseure durchgewalkt worden wäre. Meine Jeans waren unter den ledernen Chaps teilweise von den bis zu 20 Zentimeter langen dolchartigen Stacheln des Murumuru (Astrocarium Murumuru) aufgerissen worden. Das extra in Asuncion gekaufte, grob getwillte Militärhemd sah aus, als wäre es zum Reinigen einiger Musketen benutzt worden. Ich sagte scherzhaft zu Jose: *„Hoffentlich erkennt mich meine Frau noch wieder!"* Es war das einzige Mal, wobei ich diesen ernsten Typen habe herzlich lachen sehen.

Romantische Gefühle von Hemingway in Afrika und die heroischen Inszenierungen von John Wayne konnten in den Dornen des Chacos und der Sümpfe von Paraguay bestimmt nicht aufkommen. Die Jagd auf Jaguare ist ein todernstes, die allermeiste Zeit sehr spannendes Unternehmen. Die Hunde und Pferde wurden weit von unserem Erdloch angebunden und unter der Obhut eines Farmarbeiters zurückgelassen. Wir setzten uns am frühen Nachmittag mit Trinkwasser, einem großen weithalsigen Kalebassen Kürbis und zwei dickwandige Blechdosen zum geräuschlosen Reinpinkeln ins Erdloch. Mit in das Loch kamen eine starke Taschenlampe und meine aus Asuncion mitgebrachte Kopflampe sowie aus der Hotelküche mitgebrachte und mit gebratenem Hack gefüllten Blätterteig-Teigtaschen (Empanadas) und ein Säckchen durstlöschende Orangen als lautlosen Zeitvertreib.

Die Armbrust wurde mit dem langen Hebel gespannt, gesichert, erneut ausgerichtet und ein Pfeil in die Führungsschiene gelegt. Ich legte ihn besonders sorgfältig so ein, wie es mir der Hersteller gezeigt hatte. Beide Schneiden der Jagdspitze konnten beim Auslösen des Abzuges nicht mit dem Schlitten und der Laufschiene kollidieren. Auf der Farm hatte ich alles frisch mit dem extra mitgebrachten geruchslosen Öl und ganz wenig unparfümierter Vaseline eingefettet. Der Revolver lag griffbereit vor mir. Die DB und Joses Schrotflinte standen gesichert und geladen jede in seiner Ecke des nun drangvollen Erdlochs. Wir tranken einige Schlucke Wasser gegen den von Mini-Insekten und Staub ausgetrocketen Hals. Nach etwa einer halben Stunde anfänglichen Schweigens und Orangenpellens erzeugte Jose durch seine zusammengelegten Hände den sehr heiser grollenden und zum Ende hin abgehackten Ruf des Jaguars. Er versuchte es auch durch den leeren Flaschenkürbis in Abständen von Minuten. Es kam keine Antwort nur die Ziege war auf ihre Läufe gekommen. *„Rufe erwidern und herankommen, das tun fast immer nur die Männchen"* flüsterte Jose kaum hörbar in mein beinahe berührtes Ohr. Sein stechend riechender Atem zog mir durch seine faulen Zähne entgegen. Ich dachte noch, dass dieser Gestank die Mücken eigentlich auf der Stelle töten müsste. Nun erlebten wir den sich langsam verabschiedenden Tag mit allen Geräuschen des Dschungels. Bei einer bestimmten Menge Feuchtigkeit in der Atmosphäre färbten sich die Vegetation Südamerikas und das eben noch gelbe Gras erst in das typische Dunkelorange und dann in hellen Brauntönen. Das Lebendige verschwindet dann später am beginnenden Abend aus allen Farben. Die bereits gedämpften, letzten Strahlen der Sonne schienen goldgelb und mit ersterbender Kraft durch die im Wind leicht flirrenden dünnen Spitzen der Palmenblätter. Der blies ganz sanft aber beständig und günstig für unseren ungewöhnlichen Hinterhalt im Boden.

Insekten umschwirrten uns und ein Chor von engagierten, männlichen Chicharras (Zikaden) zirpte so

laut, dass man das Liebeswerben dieser die Hitze und Feuchtigkeit liebenden Tiere bis hundert Meter weit hören müsste. Ich starrte auf eine von ihnen. Sie war mit ihrem schwarzen Kopf und den durchsichtigen geäderten Flügeln aus wie eine zärtliche und prachtvoll schimmernde Elfe aus Peter Pans Geschichten. Ich wusste, bald würde sie sich wie eine Smaragdeidechse häuten und für 10 Monate im Jahr auf geheimnisvolle Weise von der Erdoberfläche verschwinden. Dieses Insekt labte sich vor meinen Augen genüsslich am grünen Pflanzensaft eines frisch abgebrochenen Astes. Ich war bei dieser Betrachtung abgelenkt und völlig gedankenverloren. Endlich, nach einem erneuten Rufen durch Joses Flaschen- oder Kalebassenkürbis konnten wir in weiter Ferne ein leises Jaguargrollen hören. Dann war wieder Stille. Jose flüsterte *„der wird kommen"* in mein Ohr. Oh, wenn doch sein Atem und die verrotteten Zähne nicht wären! Der Jaguar rief jetzt erneut und bereits deutlich näher. Jose erwiderte seinen Ruf nochmals. Wir hatten einige stumme Berührungssignale vereinbart und wollten uns abwechselnd nach etwaigem Dösen gegenseitig durch Anstoßen am Arm wecken. Gar nichts passierte. Der ist doch weg, dachte ich. Als die Spannung abflaute wurden mir die Augenlider schwer. Kaum zu glauben. Aber ein wenig Dösen nach der Aufregung tat gut.
Ich weiß nicht nach wie viel Zeit Jose mich leise aber energisch anstieß. Wir lauschten in die fahle Abenddämmerung hinein. Ich konnte den auf seinen Mund gelegten Zeigefinger gut wahrnehmen. Die Ziege begann aufgeregt mit dem Vorderlauf zu stampfen und starrte in die Richtung, aus der die leichte Brise auf uns zuwehte. Sie meckerte jetzt äußerst energisch und voller Nervosität. Wir hatten vorher ein Signal vereinbart bei dem ich mich an der gespannten Armbrust fertig machen sollte. Ich zog den hinteren Hakenabschluss des Schaftes aus schwerem, gegossenem Messing in meine Schulter. Der plötzliche Adrenalinstoß von Null in eine maximale Anspannung meiner Nerven schüttelte mich durch. Nun hörten wir die im südamerikanischen Dschungel typischen Geräusche von Vögeln beim Herannahen eines anderen Tieres. Ein Affe bellte plötzlich heiser aus der Nähe und Reiher, Guacharacas und Schreivögel wurden laut. Dann erstarb jedes Geräusch um uns herum. Die Minuten tropften dahin. Plötzlich hörte ich ein merkwürdig fremdes, leises Klicken in der absoluten Abendstille vor uns. Jose erzählte mir Ungläubigen später, dass der Jaguar das angeblich mit seinen Lauscherknorpeln macht, wenn er sie vor einem Angriff mit angezogenen Lefzen flach an den Kopf anlegt. Ob das stimmt, bleibt herauszufinden. Urplötzlich stand der Herrscher des Dschungels lautlos und geduckt weniger als 15 Meter entfernt vor uns. An seinem vorgestreckten Kopf waren im leicht geöffneten Fang seine blitzenden Zähne und die nach hinten gespreizte Barthaare gut sichtbar. Welch ein Bild. Das sind Momente die man ewig festhalten möchte. Ich hielt den Atem an. Das grummelnde Geräusch bei seinem etwas hechelnden Atmen ließ mich vor purer Angst und so viel irgendwie nicht erwarteter Präsenz erstarren. Ich erinnere mich, dass ich noch dachte, wie wichtig der helle Hintergrund doch war. Nun zog ich die liegende Armbrust langsam noch einige Millimeter fester in die Schulter und schob den ausgestreckten Zeigefinger seitlich am bronzenen Abzugsschutz entlang ganz langsam vor. Die rechte Wange meines nun unbeweglichen Kopfes lag auf dem Schaft. Der Blick aus meinen nur halb geschlossenen Augen saugte sich auf dem Raubtier fest. Der muss uns doch bald wahrnehmen. Ich wagte nur ganz leise zu atmen. Welch eine herrlich anzuschauende und kraftvolle Kreatur. Der gedrungene Körper war schätzungsweise einen Meter hoch und mit seinem kurzen dicken Schwanz 2,5 Meter lang. Seine ausgeprägten bulligen Muskeln zeichneten sich über dem kräftigen Brustkorb und den Schultern ab. Aus dem Blickwinkel unserer Bodenhöhe und in seinem Dschungelhabitat vermittelte die Zeichnung des Fells noch mehr Wildheit. Sie gab uns und

seiner gesamten Umgebung ein Signal von unmittelbarer Lebensgefahr. Gleichzeitig wurde diese immer noch unbeweglich sichernde Großkatze beinahe konturenlos. Die kontrastreiche Zeichnung des Fells war am Kopf und auf dem Rücken besonders dunkel und markiert. Diese wirklich unübertroffen gute Tarnung war für sein Habitat gemacht und bestimmt nicht für Pelzmäntel, das dachte ich noch einmal. El Viejo gab jetzt ein tiefdunkles, leicht ratterndes Grollen aus den Tiefen seiner Kehle ab. Die vorher zerrende Ziege erstarrte mit ihrem uns zugewendeten Hinterteil. Es ging blitzschnell und wie zwangsläufig aufeinander abgestimmt. Vergeblich flüchtete die Ziege mit einem kurzen Zug bis an das Ende ihres Drahtes. In einer lautlosen, fließenden Bewegung war der Jaguar von seinen Hinterbeinen geschnellt und wie von Zauberhand über der Ziege. Sie zappelte ganz kurz unter dem Biss seiner beinahe zeigefingerlangen Reißzähne in Nacken und Kopf welcher Hirn und Rückenmark sofort zerstört haben muss. Innerhalb von wenigen Sekunden war dann jedes Leben aus dem verendeten Tier gewichen. Ein schneller Tod, denn Jaguare haben nach dem Tiger die größten Kiefer und gemessene Beißkraft aller Raubkatzen! Ihr Zahnfleisch soll, laut Don, mit druckempfindlichen Nerven versehen sein, so dass sie ihren Biss, damit zielgeführt, sofort tödlich ansetzen können. Tiger, Löwen und Leoparden beißen bevorzugt in die Kehle oder den Äser um ihre größeren Opfertiere zu ersticken. Man hat ihre Beißkraft in einem amerikanischen Zoo mit 120 kg pro Quadratzentimeter ermittelt. Das ist bis zu zehnmal stärker als der eines kräftigen Menschen. Der aufgewirbelte Staub machte das packende Schauspiel für uns aus nächster Nähe noch unwirklicher. Er versuchte mit hochstemmenden muskulösen Läufen vergeblich seine Beute samt Draht wegzuzerren. Dabei sah ich ihn jetzt nicht mehr nur über die Visierlinie der Armbrust sondern auch aus den Augenwinkeln. Er gab dabei dunkel hustende Laute, wie beim Holzsägen, von sich und erzeugte ein raues Schnurren beim erregten Ausatmen. Unwillkürlich stellte ich mir vor, was er mit mir tun würde, wenn er einen von uns so auf Bodenhöhe packen könnte. Das Ergebnis war ein noch heftigeres Jagdfieber. Die unerwartet große Nähe und umwerfende Präsenz ließen sein beeindruckendes Haupt und die muskelbepackte Brust noch riesiger erscheinen. Aus dem Erdloch heraus schauten wir wie aus der ersten Reihe eines 3-D Kinos. El Viejo leckte jetzt die verendete Ziege mit seiner rauen Zunge ab, als wenn er ihr Fell säubern wollte. Später sah ich, dass die Zunge beinahe 30 Zentimeter lang war und voller Sandpapierknorpel saß, welche zum Abziehen des Fleisches von den Knochen seiner Beutetiere dienten.

In diesem Moment gab mir Jose unendlich sanft mit seinem Ellenbogen das vereinbarte Signal zum Auslösen des Bolzens. Der Jaguar stand aber halb spitz mit seinem Vorderteil zu mir. Er schaute aus seinen sprühenden, bernsteinfarbenen Augen zur Seite. Ich beschloss möglichst eine veränderte Körperhaltung abzuwarten. Der Farminhaber hatte mir eindringlich erklärt, dass man beim Jaguar im Blick ausschließlich auf die Stellung und Muskelanspannung seiner Läufe aber nicht auf die Bewegungen seines Kopfes achten sollte. Die Erregung über mein Zögern war für den angespannten Jose nicht mehr auszuhalten. Plötzlich stand der Jaguar breit und ließ die regungslose Ziege zu meinem Erschrecken wieder aus dem Fang fallen. Er schaute aufgerichtet über uns hinweg, als wenn er etwas vernommen hätte. Ich hatte leise ganz ausgeatmet und hielt den Atem jetzt kurz an. In so einem Moment vergisst man alles um sich herum. Es war wie ein versunkener, sich scheinbar unendlich hinziehender Moment der Ruhe. Alle Abläufe bei mir passierten in Zeitlupe. Jetzt nur aufpassen, dass das Muster des Fells meine zielenden Augen nicht verwirrt. Der Diopter lag genau auf dem oberen Drittel seines Herzens. Das sitzt, laut Jose, ganz tief und direkt hinter dem Vorderlauf. Nachdem diese gefühlte, kleine Ewigkeit an ihr Ende kam, löste der Abzug

über seinen sanften Druckpunkt hinweg den Pfeilbolzen mit einem sattem und harten "twong" aus. Die gebündelten und gedrehten Klavierstahldrähte erzeugten ein unvergesslich stählernes Geräusch.
Der nach vorne rasende Schlitten katapultierte den schweren Pfeilbolzen mit weit über hundert Meter pro Sekunde vom Armbrustbogen der LKW-Achsfeder. Gewicht, Dichte, Länge und Geschwindigkeit des Jagdbolzens besaßen mehr als genug Momentum für den relativ weichen Körper der entspannten Großkatze. Das kurze harte Geräusch des „twong" ist gegenüber dem Geräuschlevel eines Gewehrschusses kaum hörbar. Es hörte sich wie ohne jedes Echo an. Das erschwerte es dem Beutetier uns Jäger auszumachen. Etwas, was in diesem Fall auf 10 Meter Entfernung vielleicht von geringerer Bedeutung war. Mir kam die Entladung der Energie des geschmiedeten Stahlbogens und des nach vorn rasenden Schlittens in der Stille des späten Abends trotzdem so laut vor, wie das Geräusch einer Kanone. Der Jaguar stand auf beiden Hinterbeinen, mit geöffnetem Fang und wie sich selber beißend, für den Bruchteil einer Sekunde irgendwie in der Luft und war dann blitzartig und wie von Geisterhand verschwunden. Obwohl ich gelernt hatte, durch den Schuss einer Feuerwaffe hindurch zu schauen um das Verhalten des Tieres beim Anschuss und seine Fluchtrichtung zu verfolgen, war mir das hier nicht recht gelungen. Nichts in der Welt war in diesen Momenten für meine Augen wichtiger gewesen. Seine Bewegungen waren so blitzschnell gewesen, dass ich sein Wegspringen nicht verfolgen konnte. Nun war ich völlig aufgewacht. Aus versunkenen und kostbaren Momenten. Die erste aufgekommene, heftige Angst war besiegt und die Dinge würden ihren Lauf nehmen.
Vor Aufregung und wegen des Adrenalins, war mir ein Pelzmantel auf der nach Kupfer schmeckenden Zunge gewachsen. Jeder Jäger kennt die angespannten Momente und unbeantworteten Fragen nach dem Schuss. Dann, wenn das Wild nicht sofort am Anschuss zusammenbricht und sichtbar liegen bleibt. Es ging möglicherweise um einen fürchterlichen Gegner in dichtem Dschungel. Ein nur angeschossenes Raubtier würde uns nicht den kleinsten Fehler verzeihen! Ich legte die, im Gegensatz zu mir, nun völlig entspannte Armbrust in ihre Gabeln zurück. Versuchte aufzuspringen und nahm dabei die geladene Doppelbüchse in die Hand. Der Revolver steckte bereits im Holster am Gürtel. Jose hielt seine alte Flinte und stieß die Matten mit den Dornensträuchern nach oben und nach hinten über unsere Köpfe von uns weg. Wir sprangen nebeneinander über den Tisch aus dem Erdloch. Beide knipsten wir vorsorglich unsere Kopflampen an. Es war nichts zu hören. Deutlich konnten wir die tiefen Eingriffe der Pranken neben der toten Ziege sehen. Sein Sprung am Anschuss muss gewaltig gewesen sein. Mir fehlte doch etwas von dem üblichen Zutrauen, welches ein Schuss mit der Explosivität und dem Feuerstrahl einer vertrauten Büchse vermittelt.
Jose zeigte wortlos auf die Ballenverletzung im Abdruck. Sie bestätigte, dass es El Viejo war. Es lag nicht ein Tropfen roter Schweiß am Anschuss. Ich war mir absolut sicher, die richtige Stelle getroffen zu haben. Beide meinten wir den Einschlag des Pfeils zeitgleich zum „twong" des Stahlbogens deutlich gehört zu haben. Jose lehnte seine Flinte und seinen Rücken zwischen zwei Baumstämme um sich eine seiner selbst gedrehten, stinkenden Maisblattzigaretten anzuzünden. Ich tat es ihm gleich und zündete mir mit unsicheren Fingern eine kurze kubanische Zigarre aus einem Aluminiumröhrchen von der Hotelbar aus Asuncion an. Natürlich war ich aufgeregt und durch dieses beeindruckende Erlebnis aus nächster Nähe, sagen wir es gelinde, verunsichert. Mein Gefühl von Sicherheit war nun etwa so gering, wie sich die Mitglieder einer dunkelhäutigen Reggae Band auf einer Ku-Klux-Klan Versammlung in den Südstaaten fühlen würden.

Erst nach zehn langen Minuten legten sich meine Anspannung und das laute Klopfen des Herzens ein wenig. Die hereinbrechende, kühlere Dämmerung schmiegte sich angenehm um unsere ausschreitenden Körper. Wir gingen auf dem Pfad zurück in Richtung der Pferde. Jose rauchte inzwischen an meinem Zigarrenrest weiter. So, dass mir ihr angenehm stimulierender Geruch in die Nase stieg. Unberührt hatte den schweigsamen Jose das eben erlebte auch nicht gelassen. Endlich erreichten wir im fahlen Mondlicht den etwa 1 Kilometer entfernt wartenden Farmarbeiter mit den festgebundenen Hunden und Pferden. Sie hatten die Unruhe nach den Armbrustschuss und dann unsere wippenden Kopflampen beim Näherkommen lange vorher bemerkt. Ich fühlte mich auch in der Gesellschaft der schweigenden anderen mit meinen insgeheim peinigenden Zweifeln alleingelassen.
Die unruhigen Hunde knurrten an ihren Leinen. Pferde und Maultiere scharrten nervös im sandigen Boden. Wir schwiegen weiter und stellten unsere geladenen Gewehre gegen einen Baum. In solchen Situationen steigen, trotz anfänglicher Sicherheit, alle Arten von Zweifel in einem hoch. War es richtig einer solchen Großkatze den Tod anzutragen? Eigentlich ja, denn es war ja auf diesem Privatbesitz über den Viehräuber zu Gericht gesessen worden. Die Gedanken zu Jagdmoral und eventuelle Schmerzen des Jaguars wichen bei mir jetzt definitiv dem wild entschlossenen Wunsch, endlich das sicher inzwischen verendete Tier in Besitz zu nehmen. Verstohlen holte ich in der Dunkelheit abgewandt die Taschenflasche mit Whisky aus meiner Satteltasche. Zwei, drei, den Mund füllende, egoistische Schlucke liefen wie Feuer durch Kehle und Speiseröhre hinunter. Der ekelige Pelzmantel auf meiner Zunge war verschwunden. Erst dann wandte ich mich zu den anderen und nahm einen langen Zug aus dem Leinensack mit dem Trinkwasser. Immer noch sprach keiner ein Wort. Bis Jose mit leiser Stimme bemerkte, dass es jetzt zu dunkel wäre um dem Jaguar noch heute Abend nachzugehen. In meinen Gefühlen kämpfte auch ein guter Teil Angst damit einem vielleicht nur schwer verletzten Jaguar im Halbdunkel nachzugehen. Ich wusste, dass die meisten Halbblutindianer abergläubisch aber deshalb nicht zwangsläufig ängstlich sind. *„Lass uns die Hunde doch nur im Umkreis von wenigen Metern um den Anschuss angeleint auf der Fluchtspur suchen“.* Ich versprach ihm dafür als Extra-Prämie mein rotes Schweizer Taschenmesser. Es trug den Schriftzug unseres Konzerns und sollte als Werbegeschenk eigentlich für geschäftliche Vorgänge dienen. Aber dieses war das mir geschenkte Exemplar. Er war nach einigem abwägenden Zögern bereit. *„100 Schritte vom Anschuss, aber nicht mehr“!* Die Hunde zerrten mit lautem Geheul sofort und wie verrückt an ihren Leinen. Wir pirschten halb gebückt zurück zum Anschuss und der toten Ziege. Die beiden führenden Finder-Hunde folgten dann mühelos und laut kläffend der Spur des Jaguars.
Zu meiner unbeschreiblichen Erleichterung fanden die angeleinten Hunde heulend den bereits verendeten Jaguar nur 50 Meter vom Anschuss. Nachdem die Hunde sich vor dem verendeten Jaguar heftig in die Leinen legten, war die Hölle losgebrochen. Sie wollten dem verhassten Feind an die „Wäsche“. Unter Aufbietung der Kraft aller Männer wurden sie an einen Baum gebunden. Der verendete Jaguar hatte den Ein- und Ausschuss auf den Schultern. Mein Pfeilbolzen hatte anscheinend beide Schulterblätter, den Herzbeutel und wohl auch den unteren Teil der Lungen durchgeschlagen. Das würde ich mir später noch genau anschauen. Der Bolzen lag im Licht der Kopflampen und kaum blutverschmiert, bereits auf den ersten Metern seitlich der Fluchtspur. Die beiden nur leicht gehärteten Kohlenstoff-Stahlschneiden waren völlig verbogen und eine halb abgeschert. Ich drückte die Laufspitze der Doppelbüchse vorsichtig mit dem Finger am Abzug gegen die offen stehenden aber jetzt gebrochenen Lichter von El Viejo. Keine Reaktion. Das bernsteinfarbene Funkensprühen war der Farbe einer matten Olive gewichen. Pedro sagte

den unvergessenen, später häufig in Südamerika gehörten, lakonischen Satz: *„Viejo, llego tu sabado" (Alter, heute war dein Samstag gekommen)*. Gemeint war damit der eines Tages für jedes Lebewesen unausweichlicher Tod. So wie der eines Hausschweins zum Festessen.
An den arbeitsfreien Samstagen kamen Familie oder Freunde auf den entlegenen Farmen zu Besuch. Dann erfüllte sich im Moment die Bestimmung eines bis dahin frei lebenden Hausschweins in einer Kultur ohne Kühlschränke.
Welch eine wunderschöne Raubkatze, die zwar leblos im Tod war, aber immer noch wie völlig lebendig aussah. Sie war alt und hatte eine Reihe von Kampfspuren, Narben und eingerissene Lauscher. Man konnte das fehlende Stück unter dem nachgezogenen Lauf am Fußballen des El Viejo deutlich erkennen. Der Jaguar hatte einen relativ schnellen Tod ohne quälendes Leiden gehabt. Es war richtig, noch eine gute Zigarettenlänge nach dem Schuss zu warten. Ich hätte später in all den Jahren in Venezuela bestimmt mehr als zehn Mal Jaguare mit erfahrenen Jagdfreunden und Farmbesitzern erlegen können. Habe aber, bis auf ein ganz bestimmtes Mal als Begleiter meines alten Freundes Kieke Römmer auf einer venezolanischen Farm im Landesinneren, darauf verzichtet. Ich war nun ungeheuer erleichtert und konnte mich an diesem wunderschönen gedrungenen Tier nicht satt sehen. Wir betrachteten seine herausgedrückten messerscharfen Krallen und gewaltigen Eckzähne. Ausgiebig konnte ich die ausgeprägt kissenartigen Fußballen befühlen. Jose hob ihn an und sagte sofort, dass er 200 Pfund, etwa soviel wie ein starker Mann wog. Für einen Jaguar dieses Biotops, und nicht aus dem Zentrum des brasilianischen Pantanal, war es eine kapitale Trophäe. Ich empfand große Freude und zwiespältige, aufgewühlte Gefühle.
Jose bekam sein Messer und später am Farmhaus eine für ihn schöne Summe Geldes für seine Bemühungen und den Mut. Es war das Doppelte von seinem Monatslohn. Einem angeblich alten Brauch auf der Farm zufolge wurde mir der sauschwere Jaguar über beide Schultern gelegt. Ich konnte ihn kaum tragen, musste aber einmal mit ihm um das offene Feuer herum stolpern. Als ich ihn mit beiden Armen unter den Vorderläufen zusammen gefasst anhob war er so schwer und so groß, dass das Ende seines relativ kurzen Schwanzes zusammen mit den Hinterläufen auf den Boden auflag.
Nach dem aufwühlenden Erlebnis mit glücklichem Jagderfolg kam nun die Rote Arbeit. Beim Zuschauen, wie der Jaguar von geübten Händen aus seinem Fell geschnitten wurde, und dieses ins Salz gelegt wurde empfand ich Wehmut. Zu allem Unglück hatte ich Aufgeregter bei meiner hastigen Abreise aus Asuncion meine alte Voigtländer Kamera im zurückgelassenen Teil meines Gepäcks vergessen. Keine Fotos diesmal also. Jahrelang konnte ich mir das nicht nachsehen. Vielleicht ist das heute ganz gut so. Aber vom Jaguar blieben mir damals ein Schädel und das auf der Farm nur roh präparierte, gesalzene Fell. Man hatte es auf dem unteren bauchigen Stamm eines dicken uralten Baumes aufgespannt und von allen Haut- und Fleischresten befreit. Dick in Viehsalz eingerieben, kam es in einen luftigen Jutesack zusammen mit viel die restliche Feuchtigkeit absorbierendem Zeitungspapier. Es erreichte nach dem Flug wohlbehalten mit mir mein damaliges Zuhause in Venezuela. Ein Gerben des Fells der gefleckten Katze war, trotz meiner absolut legalen Kopie der Erlaubnis des Farminhabers, aus Paraguay nicht anzuraten. Die offizielle Ausfuhr von Jaguarfellen war außerhalb Paraguays und Brasilien bereits damals verboten. Vor meiner Rückreise aus dem Dschungel nach Asuncion hatte ich in den Seitenstraßen einer städtischen Industriesiedlung riesige Lagerhäuser voller Schmuggelwaren (Zigaretten, Kubanische Zigarren, Trockenmilch, brasilianische Lebensmittel und vieles Andere mehr) gesehen. Als ein Angestellter des

Hotels von meiner Jagd hörte, zeigte er mir in einer hohen Lagerhalle von mindestens 15 X 30 Metern Außenlänge etwas Unglaubliches. Es war das Lager einer Kürschnerei in der kommerziell von der Landbevölkerung gewilderten rohen Häute und Felle zur Weiterverarbeitung eingeliefert wurden. Nach Tiergattungen geordnet lagen in einer Ecke der Halle vom Boden bis an die Decke zum Beispiel viele hunderte, aufeinander gestapelten Jaguarfelle. Ich war erschrocken über diesen durch industrielle Wilderei und Holzfällerei angerichteten Schaden an der Natur. Auch lagen dort die Häute von Pumas, Krokodilen, Tapiren, Sumpfhirschen, Wildschweinen, riesige Anacondahäute und von vielen anderen Wildtieren. Der entsetzlich stinkende Gerber und Kürschner erzählte mir, dass die meisten aus den Nachbarländern (vor allen Dingen dem riesigen Brasilien) kämen. Weil die kommerzielle Jagd oder besser Wilderei dort bald verboten und bereits eingeschränkt wären oder die Felle dort keinen Wert hatten. Hier von Paraguay und auch aus dem angrenzenden Bolivien heraus, wäre es dann angeblich kein Problem, die Felle in alle Welt zu exportieren. Der Wert des Fells eines schwarzen Jaguars betrug weniger als die etwa US $ 30, welche der bitterarme Landarbeiter zur Aufbesserung seines Einkommens für eine gefleckte Haut bekam. Als ich allerdings darum bat, ein Foto von den Fellbergen machen zu dürfen, schob mich der Kürschnereimeister entschlossen zur Tür heraus. Ich sah mit meinen eigenen Augen, welches Ausmaß die kommerzielle Wilderei durch die Landbevölkerung damals in diesem Teil unserer Welt hatte. Wie bereits erwähnt, gab es dort keinen mir bekannten, nennenswerten Jagdtourismus. Erst der Tourismus und die kontrollierte Lizenzjagd geben dem Wild einen hohen Wert und wecken damit das Interesse, es durch Wildaufsicht zu schützen. Im Falle des südamerikanischen Jaguars sehe ich durch die industrielle Abholzung und extensive Viehwirtschaft allerdings in Zukunft langfristig schwarz. Seit 30 Jahren ist die von Rangern überwachte Trophäenjagd auf ihn in den meisten Ländern verboten. Heute wird er bei der zunehmenden Landnahme, den Soja- und Papierbäumen Monokulturen und den riesigen Rinderfarmen lautlos und ohne Spuren heimtückisch vergiftet. Die lokale Landbevölkerung profitiert nicht an einer kontrollierten und schonenden Entnahme in ihrer wilden Natur.
Wilderer und einige Großgrundbesitzer werden dieser herrlichen und so wertvollen Raubkatze bereits in den nächsten Jahrzehnten den Rest geben. Man schätzt den Bestand an Jaguaren im Panatal heute auf weniger als 20.000. Die äußerst heimliche Lebensweise in einem der unzugänglichsten Habitate der Erde macht bisherige Schätzungen unzuverlässig und das Anlegen von Funkhalsbändern unmöglich. Der gleiche Mechanismus der Ausrottung durch die Farmwirtschaft wirkt ja auch bei der dort im großen Stil üblichen Holzwilderei. Nur durch Beteiligung der Ureinwohner, der Landbevölkerung und die Aufsicht der Ranger der unbestechlichen Naturschutzbehörde erhält die Natur mit ihren Tieren einen Wert. Nur das sichert ihr Überleben. Aus heutiger Sicht und vierzig Jahre später, bleiben zwiespältige Gedanken über das Abenteuer dieser legalen Schad-Jaguarjagd. Es folgte eine sehr freundschaftliche Verabschiedung durch meinen guten und großzügigen Bekannten Don.
Ich war traurig, als mein zweiter und bislang letzter Aufenthalt am Flughafen von Asuncion zu Ende ging. Es werden heute kaum Angriffe von unbedrängten Großkatzen auf Menschen bekannt. Verletzt und bedrängt ist sie eines der gefährlichsten Tiere auf unserem Planeten. Alexander von Humboldt berichtete aus einer Zeit in der die Ureinwohner vor Übergriffen hungriger Großkatzen nicht sicher waren. Immer wieder wurde jedoch in der Neuzeit beobachtet, dass Jaguare Menschen in ihrem Revier bis an dessen Grenzen nachschleichend eskortieren. Von Angriffen auf Menschen, wie sie zu Zeiten der Kolonisatoren an der Tagesordnung waren, habe ich wenig gehört. Zweifelsfrei führen das Holzfällen,

das Ausbeuten von Bodenschätzen, die industrielle Landwirtschaft und die Rinderzucht langfristig zur Ausrottung der natürlichen Beutetiere der Jaguare.
Über 90 Prozent des Pantanal gehören heute privaten Bodenbesitzern die Rinder züchten. Sollten nicht mehr Jaguar-Schutzgebiete und -Forschungsstationen eingerichtet werden, so wird ihre Zahl weiter zurückgehen. Manche Farmer verkaufen ihre Jagdrechte auf den Jaguar. In Ecuador, Guayana (das Land führt den Jaguar im Staatswappen) und Bolivien ist ihre beschränkte Jagd meines Wissens nach noch erlaubt. Wer geschützte Jaguare in der Wildnis sehen will, kann sie im Cockscomb Basin in Belize oder am helllichten Tag auf geführten Boot-Touren in Brasiliens UNESCO Jaguar Research Center im Herzen des 100.000 Hektar großen Meeting-of-the-Waters State Park im Pantanal erleben. Auch auf dem Hato El Frio bekamen Touristen zu meiner Zeit in Venezuela hin und wieder Jaguare in den Abblick. Der Zauber dieser magischen Großkatzen wurde bereits vor der der Eroberung der Amerikas von den Schamanen der Maya, Olmeken und Azteken als Gott und Dämon zu Recht gefürchtet und hoch verehrt. Ich hatte das große Glück diesem stolzen furchtlosen und grandiosen Raubtier während meiner aufregenden 15 Jagdjahre in Südamerika mehrfach zu begegnen.

LEBEN, JAGEN UND FISCHEN IN ARGENTINIEN

Die drei Jahre meiner Abordnung nach Argentinien Anfang der 1970er Jahre waren, durch für uns privat glückliche Umstände, prall an jagdlichen Erlebnissen gefüllt.
Es waren geschäftlich jedoch trostlose Zeiten. Wir wurden jedoch überaus herzlich in diesem Land mit vielen Einwanderern in der zweiten und dritten Generation aufgenommen. Die große Mehrzahl davon war um die Jahrhundertwende aus Süditalien und Südspanien gekommen. Natürlich war ich versessen darauf, die gewaltige abwechslungsreiche Natur des 12 Mal so großen Landes wie die alte Bundesrepublik, kennen zu lernen. Kurz nach der Ankunft schlossen wir eine lebenslange, innige Freundschaft mit Chuni Brandes, ihrem Mann Arturo Molinares und ihren Kindern im Nachbarhaus. Das hatte auch für meine jagdlichen Unternehmungen große Auswirkungen. Sie waren uns bald so ans Herz gewachsen, dass unsere beiden Familien unzertrennbar wurden. Chuni war mehrfache südamerikanische Meisterin im Golf. Ihr Vater besaß eine der bedeutendsten Pharmafirmen des Landes. Unsere Freunde waren entsprechend einflussreich, gesellschaftlich eingebunden und wohlhabend. Chunis Schwester war mit dem Polo spielenden Julio verheiratet. Wir alle wurden schnell ein enger Freundeskreis. Der Schwager Julio hatte außer Polo und seiner kleinen Kosmetikproduktion, besonders das Jagen im Kopf. Ich konnte mit ihm und seinen Polopferden nach Herzenslust entsprechend seinen Anweisungen trainieren und sie, so oft ich es wollte, einfach nur bewegen.
Richtig reiten lernte ich bei diesem sehr rauen Umgang mit den schnell hin und her gerissenen Pferden als Sportgerät nicht. Als Pensionär hat Julio sich später in seinem Leben ganz auf das Polotraining seiner Schüler verlegt. Er und ich erlebten einige Rebhuhn- und Entenjagden an den Wochenenden auf den Farmen der Pampas. Mir ging das Herz dabei auf. Wo man hintrat in der unendlichen Pampa fand sich bis zum Horizont ein unvorstellbar dichtes Rebhuhnvorkommen. Natürlich waren Julios erstklassigen Pointer Vorsteherhunde eine entscheidende Hilfe. Er bildete sie, zusammen mit seinem pensionierten Vater, einem Oberst der Armee, hingebungsvoll aus. Auf jeder unserer Jagden überließen sie mir eine ihrer besonders erfahrenen Zuchthündinnen.
Bei unseren herzlich unbeschwerten Ausflügen passierten auch einige raue Scherze. Einmal fuhren wir zu dritt mit Julio, einem Freund und vier Pointern zur Rebhuhnjagd. Julio jagte mit einem Rüden und der Freund mit zwei Hündinnen. Offensichtlich hatte der Freund, während einer Abwesenheit von Julio, dessen Rüden mit einer läufigen Hündin so erschöpft, dass dieser den ganzen Vormittag ohne jede Jagdlust war. Ich musste bei dem aufkommenden typisch argentinisch leidenschaftlichen Streit an mich halten. So können sie sein, diese rauen, scherzhaft gemeinten Männer-Späße. Wenn Jagdlust die spirituelle Rückkehr in eine verlorene Daseinsform ist, so habe ich sie hier in der unglaublich weiten Natur mit seinen vier Klimazonen erlebt. Die langen Wochenende, weg vom städtischen Alltag der brodelnden Zehn-Millionen-Stadt am Rio de la Plata, waren ungemein erholsam. Wir jungen Stadt-Jäger konnten uns unbeschwert an unseren Jagdstrecken erfreuen. Es machte großen Spaß mit diesen, besonders für die Niederwildjagd ausgebildeten englischen Pointern, zu jagen. Sie waren mit ihren steil aufstehenden, vor Erregung wippenden Ruten, herrlich anzusehen. Beim Ausarbeiten der Spur der Rebhühner oder auch der gelegentlichen Hasenjagd liefen sie manchmal erst an den sich drückenden Hühnern vorbei.

Dann, wenn sie frischen Wind von ihnen bekamen, blieben sie mit einem harten Ruck abrupt in Pointermanier stehen. Sie standen wie fest gemauert vor. Ihr Fang zeigte dabei in typischer Manier genau auf das sich an den Boden und den Bewuchs drückende Huhn. Nur mit den großen etwas herausquellenden Augen schielten sie seitlich zu uns zurück, als wenn sie uns sagen wollten: *„siehst du die zum Fliegen fertige Kette Hühner denn nicht?“*

Der englische Name Pointer (hinweisen, zeigen), ist absolut richtig gewählt. Bei dem für Europäer unvorstellbar großen Niederwildreichtum im Lande war es häufig so, dass der Hund sich mit einem oder zwei geschossenen und apportierten Rebhühnern im Fang, auf dem Weg zu seinem Herrn befand und bei einem weiteren sich drückenden Huhn nochmals vorstand. Es war privilegiertes Niederwildjagen welches ich damals erleben konnte. Wir schöpften in herrlicher Natur aus dem Vollen, in einer in Europa unvorstellbaren Fülle und auf riesigen Flächen.

Julios pensionierter Vater war ehemaliger Förderer und intimer Freund von Augusto Guillermo Sosa Laprida. Der war zweimaliger Gouverneur der Provinz Formosa. Die Provinz gehört zur Gran Chaco Region und liegt an zwei Seiten an der wilden Grenze zu Paraguay im Nordenosten von Argentinien. Sein kleines Hauptstädtchen liegt an einer Kurve, welche der Rio Paraguay hier macht und unweit von Asuncion.

Der Gouverneur lud uns drei zu einer Wildschweinjagd in den lebensfeindlichen Dschungel, Chaco genannt, ein.

Großzügig ließ er uns dafür mit einer seiner kleineren Militärmaschinen in Tarnanstrich mitfliegen. Es war ein tolles Gefühl, so alleine ohne Anstellen und Formalitäten am Flughafen von salutierenden Offizieren abgeholt zu werden und eine Militärmaschine über eine schmale Pilotenleiter zu besteigen. Auf dem Militärflugplatz begeisterte uns dann das kraftvolle Geräusch der beiden knackig brüllenden Motoren mit einigen knallenden Fehlzündungen. Es war beeindruckend, wie der schwarze Qualm aus den kurzen fetten Auspuffrohren die Umgebung des Rollfeldes einnebelte. Danach zogen zwei gebückte Soldaten die hölzernen Parkklötze unter den Rädern weg und los ging es. Wir waren außer den beiden Piloten in der offenen Kanzel und einem Soldaten als Bedienung in der Kabine die einzigen Passagiere. Sofort suchte der Kapitän das Gespräch aus dem offenen Cockpit mit mir, dem Gast aus Europa. Ich fragte wie viel PS die Motoren hätten. Der offensichtlich in Amerika ausgebildete Militärpilot antwortete ganz locker und jovial in Amerikanisch mit texanischer Klangfarbe: *„Our f..... plane normally transports 50 soldiers with full gear. Today, with you skinny guys, it is nearly empty. Horsepower? Sufficient! This thing will go up like a fart out of hell, right into the sky!"* Er schob die Gashebel auf *„full throttle“* und wir wurden erbarmungslos wie ein klobiger Kleiderschrank von Supermann unter dem Höllenkrach der beiden überdimensionierten Turboscharged Motoren in den Himmel geschoben. Die Maschine hatte diese kraftvollen Motoren zum Transport von viel Gewicht. Dafür flog sie mit ihrem dicken Flügelprofil für maximalen Auftrieb nur relativ langsam. Wir saßen inmitten den „Hügeln“ unserer Jagdausrüstung, Revolver und Gewehren an der mit einem Netz gesicherten offenen Seitentür. Für zwei Stunden schauten wir auf das silbern glänzende Band der riesigen Flusssysteme und über die endlose Tiefebene mit wechselnder Vegetation herunter.

Julio, sein Vater und ich wurden in der Gouverneursresidenz in der Provinzhauptstadt Formosa auf das herzlichste empfangen. Es wurde uns bereits am Flugplatz eine kleine Militäreskorte zur Verfügung gestellt. Eine Hand voll Soldaten mit automatischen Gewehren begleiteten uns am nächsten Morgen in zwei Lastwagen auf Sandwegen entlang des Grenzverlaufs zu Paraguay. Es ging stundenlang weiter weg von der Zivilisation. Unsere Beute sollten Pekarie-Wildschweine werden. Die Familie der Nabelschweine unterteilte sich in Pecari de colar blanco (Halsband), das etwas größere und seltenere Chaco Pecari und das Pecari cachete blanco (Weißbart).

Das Basis-Camp oder militärisches Hauptquartier wurde direkt am Ufer des Grenzflusses aufgebaut. Wir schliefen auf dem weißen Flusssand, oder wie ich, dankbar auf Militärklappbetten aus groben Canvas. Gewaschen wurde sich im leicht salpeterhaltigen Wasser am Ufer mit Vorsicht vor den Piranhas, den bis zu 700 Volt starken elektrischen Entladungen der Zitteraale und den Stacheln von äußerst heimtückischen, im Sand eingegrabenen Rochen. Julios Vater erzählte, dass bereits Humboldt die spannende Jagd der Indianer auf diese für den Menschen und sogar die Pferde todbringenden elektrischen Aale geschildert hatte. Man trieb Pferde und Esel in die verlandeten Tümpel, die voller Aale waren. Diese griffen die sie tretenden Tiere mit der Entladung ihrer Elektrizität an. Es entstand dadurch ein wildes Getümmel bei dem die Indios die Pferde und Maulesel mit langen Bambusstangen immer wieder in die Tümpel zurücktrieben. Nach ihren kräfteraubenden galvanischen Entladungen flüchteten die erschöpften, bis zu 2 Meter langen Aale vor den panisch stampfenden Pferdebeinen ans Ufer. Dort wurden die größtenteils Luft an der Wasseroberfläche atmenden Fische von den Indios mit langen Harpunenstangen aus nicht leitendem Holz aufgespießt. Hier in Paraguay gab es bei unserer Morgentoilette zum Glück keine Störung durch elektrische Aale. Sie waren sowieso nur eine Gefahr in den flachen und dann mit Schlamm gefüllten, verlandeten Tümpeln der Nebenflüssen der mächtigen, südamerikanischen Wildnisflüsse.

Immer aufpassen mussten wir auf die im gelben Flusssand eingegrabenen Süßwasser-Stachelrochen, Blut saugende Egel und Unmengen von Zecken. Natürlich wurden wir eindringlich vor giftigen Schlangen und Spinnen gewarnt. Es herrschte im subtropischen Urwald drückende, feuchte Hitze. An der vom Wind abgewandten Seite, etwa 50 Meter vom Lager, hoben die Soldaten eine Latrine aus. Der Koch des Gouverneurs und sein Assistent bereiteten abends wohlschmeckendes, frisches Essen auf dem offenen Feuer zu. Meistens gab es die unvermeidlichen butterzarten nur außen über dem Holzkohlenfeuer kross gebratenen Bife Steaks auch schon zum Frühstück. Julios wesentlich älterer Vater nutzte unseren Wildnisausflug zum gemütlichen Angeln. Dabei fing er sofort einen noch nicht ganz ausgewachsenen 1,5 Meter langen Pintado Süßwasserwels von schätzungsweise 60 Kilo Gewicht. Der Fisch zog den Köder am langen Haken mit grober Leine mitsamt dem kleinen Ruderboot und Julius Vater darinnen am Ufer entlang. Beide konnten nur durch das beherzte Hinzuspringen eines der Soldaten angelandet werden. Der Bartwels sah mit einem flammenden, schwarzen Muster auf Rücken und Seiten und seinem weißen Bauch wie der Tiger der Flüsse aus. Es gab ein frohes Hallo und der zerlegte Fisch wurde dem Koch übergeben. Aus dessen Rückenfleisch wurden wunderbar saftige Fisch-Steaks für unsere gesamte Mannschaft geschnitten. Sein weißes, festes und von ein wenig Fett durchzogenes Fleisch schmeckte uns nach unserer Rückkehr ins Lager köstlich. Es wurde mit einer Schicht aus getrockneter und eingeweichter Tomate, viel Knoblauch und in mit etwas Salz und Rohrzucker süßlich geschmorten Zwiebeln über dem Holzkohlenfeuer gebraten.

In der allerersten Morgenfrühe ging die Jagd auf Vaquiro zu Fuß hinter der Hundemeute und ihren Führern los. Erst jetzt erfuhr ich am eigenen Leib, wie lebensfeindlich das dichte Yaqueri-, Caraguata-, Coronabuschwerk und das der 15 Zentimeter langen Dornen der Carandillopalme ist. Julios Vater erklärte uns mit der Hingabe eines sein Wissen weitergebenden Großvaters, Überlebens-Ausbilders und Dschun-

gelmilitärs die Flora und Fauna. Die Dornen drangen mühelos durch feste Stoffe und dünnes Leder und zerfetzten es, so als wäre es Packpapier. Dankbar war ich für den Tipp gewesen, mir in Asuncion ein paar feste Rohlederhandschuhe gegen die Dornen zu kaufen. Wie besessen und anfangs manchmal der Verzweiflung nahe, versuchte ich hinter der höllisch geifernden Hundemeute „dranzubleiben". Bedrohte Pekaries können äußerst angriffslustig sein. Sie stellten sich in Rudeln aller Altersstufen den Hunden mit großem Mut entgegen. Man erzählte uns, dass die sogenannten Chaco Pekaries größer als alle anderen Wildschweine des Kontinents sind und man sie auch daran erkenne, dass sie keine Afterklauen an den Hinterläufen haben. Sie werden etwa 120 Zentimeter lang und bis zu 60 Zentimeter hoch. Ein Verlaufen bei ihrer Verfolgung in der dichten Wildnis hätte für mich eine große Gefahr dargestellt. Es galt also dranzubleiben und den im Chor mit den Zähnen knatternden und die Unterkiefer zusammenschlagenden Wildschweinen ohne ablenkende Hunde nahe zu kommen.
Ich verlegte meine ganze Aufmerksamkeit darauf, die durch die Dornen hetzenden Jäger nicht zu verlieren. Natürlich habe ich mich während meiner 15 Jahre in Südamerika einige Male heftig verlaufen. Wir jagten noch ohne GPS, ohne mobile Telefone und meist ohne Landkarten oder Messtischblätter des Militärs am Mann. Selbst mit meinem tüchtigen Hund habe ich mich in späteren Jahren mehrfach kurzzeitig in der weglosen dichten Wildnis Südamerikas verlaufen. Da ein Hund die Fähigkeit besitzt, auf unserer Fährte zurückzufinden, fühlt man sich aber bedeutend besser mit ihm ausgerüstet. Beim Verlaufen in Dschungel überfiel mich der tröstende Gedanke, dass es uns jagenden Menschen gerade deshalb gibt, weil wir während unserer Entwicklung auch in dieser feindlichen ursprünglichen Wildnis auf unserem Planeten zu bestehen wussten. Wir Menschen sind in unserer Entwicklung Teil von ihr und existieren als Art nur, weil bereits unsere Vorfahren in ihr überlebt haben. Tief in uns drinnen, haben Jäger und Naturvertraute ein Urvertrauen, welches mir stets schnell die aufkommende Panik beim Verlaufen nahm. Wir alle Jäger zusammen erlegten in vier Tagen 22 Pekaries. Gelitten habe ich dabei unter den Stichen von lästigen Insektenschwärmen und auch beim Laufen hinter einer rohen und undisziplinierten Hundemeute im dichten Unterholz des Dschungels. Einige der Pecaris kamen durch grobes Schrot zur Strecke, andere durch die Bleigeschosse aus den führigen Unterhebelkarabinern. Es sind in Argentinien gebaute Kopien der amerikanischen Winchester Originale. Zweiundzwanzig Wildschweine mögen für europäische Verhältnisse nach unnötig viel Beute klingen. Solche wilden Jagden in Rotten lebenden Tiere hinter den todesmutigen Hunden macht man auch dort nicht alle Tage. 16 Schweine blieben im Kühlhaus des Legaten zurück. Ich hatte mir vom Präsidenten unseres Jagdclubs in Buenos Aires, Jorge Ecke, einem baumlangen Mann und erfahrenem Jäger mit deutschen Vorfahren, seinen kurzläufigen Winchester Unterhebelrepetierer und einen Coltrevolver im gleichen Kaliber 44-40 Winchester geliehen. Diese alte nordamerikanische Wildwest Kombination war im dichten Dschungel ideal und die Munition für beide Waffen gleichermaßen zu verwenden. Er hatte mir außerdem ein spitzes Deutsches Mauser 1898er Bajonett der Marke Weyersberg aus Solingen mitgegeben. Ich habe es, trotz des Revolvers, zweimal zum Abfangen eines angeschweißten Pekaries vor den stellenden und in Lebensgefahr befindlichen Hunden, verwendet. Das Abfangen mit dem kurzen Bajonett als ehemalige Lanzenverlängerung an Militärkarabinern erlebte ich als eine gefährliche Angelegenheit. Man musste den Stich hinter das Blatt und durch Schwarte und an Knochen vorbei des mit seinen Hauern beim Eindringen auskeilenden, sich schüttelnden Tieres setzen. Alte Deutsche Hirschfänger haben einen leicht birnenförmigen Klingenverlauf. Der ist weniger knochengierig und eröffnet einen breiteren, schnell tötenden Stichkanal. Das tat dieses ge-

liehene, zweckentfremdete und scharf geschliffene Bajonett nicht. Nach dieser Erfahrung habe ich zum Abfangen in Südamerika fast immer das Gewehr oder eine Kurzwaffe verwendet. Die in Deutschland übliche lange Saufeder-Spieße oder die Eisenspeere von Einheimischen in Afrika eignen sich im dichten Bewuchs besser. Man kann damit beherzt einen für den Jäger gefahrloseren und das Wild erlösenden Stich durch den Herzbeutel und die Blätter setzen. Lange Speere, neben dem Gewehr, hätten aber beim Tragen, zusätzlich zum Gewehr, gestört.
In einem vom Altern vergilbtem Film sah ich, wie der Litauer Jaguarjäger Sascha Simmel sogar einen der damals blitzschnell annehmenden, allerdings nicht ausgewachsenen, Schadjaguare auf einer Rinderfarm im brasilianischen Panatal mit einer Art langen Saufeder tötete.
Bei unserer wilden Jagd im Chaco von Formosa gab es einen Vorfall, den ich nicht vergessen kann. Wir saßen gerade mit dampfenden Socken und der üblichen Erschöpfung nach einem langen Jagdtag bei einem kühlen Bier unweit eines offenen Zeltdaches. Darunter hatte unser Koch seinen Ofen und die Vorräte eingerichtet. Meine Flasche und auch die von Julio war leer getrunken. Also wollte ich mich erheben, um für kühlenden Nachschub zu sorgen. Einer der umstehenden Gaucho wartete, wie immer, barfuss in der Hitze der Subtropen neben seinem Pferd. Als Steigbügel dienten ihnen lediglich zwei Eisenringe, durch die sie die abgespreizten großen Zehen beim Reiten stecken. Er sah meine Absicht und sprang zuvorkommend und freundlich wie alle uns begleitenden in die Küche, um uns ein kaltes Bier zu holen. Sofort nach seinem Verschwinden unter dem Küchendach stand er plötzlich mit einer zuckenden, herabhängenden, armdicken Giftschlange mit beinahe völlig abgetrenntem Kopf in der einen Hand im Eingang. In der anderen hatte er sein typisches langes und spitz zulaufendes Universalmesser. Unwiederbringlich wild fluchte er mit vor Entsetzen geweiteten Augen. Wir liefen natürlich alle sofort herbei. Er war in einen Fuß gebissen worden. Am Vortag, wohl durch Wetter und Paarungszeit begünstigt, war uns bereits eine ungewöhnlich hohe Zahl von Schlangen begegnet. Dieser Biss in der Küche zwischen den Bierflaschen in die Hand, oder wie bei ihm in den Fuß, wäre um ein Haar mir beschieden gewesen. Die Soldaten riefen, aufgeregt mit den Armen wedelnd, ein zufällig nahebei patrollierendes Grenzschutzboot ans Ufer. Unser hilfsbereiter armer Mann wurde nach einer Vollgasfahrt von einer guten Stunde Dauer im Hospital von Formosa versorgt. Wir sahen diesen Gaucho mit seiner typischen Plusterhose eine Woche später bei unserer Rückkehr nach Formosa bereits wieder quietsch vergnügt mit verpflastertem Fuß. Ich habe niemals, auch später nicht, auf einer Jagd derartig viele Giftschlangen gesehen.
Auch die schönste Jagd geht einmal zu Ende und wir fuhren in unserer Militärkolonne nach Formosa in die Mansion des Gouverneurs zurück. Bereits am Nachmittag war alles für einen fürstlichen Empfang hergerichtet.
Dort angekommen veranstalteten der Gouverneur und sein Militär erst einmal eine militärische Schießübung für uns. Wir kamen uns wie die Verteidiger das Fort Allamo in Texas gegen tausende imaginäre Angreifer vor. Mit für uns kostenloser Militär-Munition wurde mit Pistole, Revolver, Militärkarabiner (blitzblanke, arsenalfrisch entfettete Deutsche 98er Militärmauser), Maschinen-Pistole und Maschinengewehr auf dem Schießplatz um die Wette geschossen. Zuletzt, als Krönung, eines der ursprünglich für die Verteidigung des Flughafens vorgesehenen automatischen Zwillingsgeschütze (FLAK), im Kaliber 200 Millimeter, wenn ich es recht erinnere. Irgendwann ergriff der bislang unbekannte Krieger in mir derartig die Kontrolle über meine ausgeschalteten Sinne, dass man mich am Geschütz bremsen musste.

Ein Megaspaß, solange das nicht einem Krieg dient. Danach sah ich mit schlechtem Gewissen zu, wie die rennenden Soldaten die Haufen von Munitionshülsen aus Messing in Metallkörben entsorgen mussten. Nein, Pazifist bin ich in dieser Stunde nicht gewesen, und mit Jagd hatte das bis auf das ähnliche Handwerkszeug nichts zu tun. Aber ich gestehe, das militärische Schießen auf Scheiben machte einen enormen kindlichen Spaß, weil ich das kriegerische daran sofort vergessen hatte.
Dann wurden wir zu einem prachtvollen Abendessen gebeten. Es spielte eine Gruppe paraguayischer Musiker leise Gitarrenmusik im Hintergrund. Julio und ich bekamen Gelegenheit, das richtige Abschlagen der argentinischen Champagnerflaschen mit dem teilweise vergoldeten Gouverneur-Paradesäbel zu üben. Julios stets bescheidener Vater war in der Armee eine Art Ersatzvater und früher Förderer des Gouverneurs gewesen. Er war bislang keiner von dessen vielen Einladungen gefolgt. Deshalb wollte man an diesem Abend so Manches gutmachen. Der Abend verlief nicht melodramatisch, aber eben argentinisch voller großer Gefühle. Dankbarkeit und eine lebenslange große Freundschaft bahnten sich in Form verschämter Tränen ihren Weg über die geröteten Gesichter. Die beiden älteren Herren lagen sich in den Armen. Es gab auch einen Orden für Julios Vater. Mir war, als wäre ich der einzig Erfolgreiche im Zurückhalten der Tränen gewesen. Beide hielten ergreifende Ansprachen an einem nur für uns besetzten gewaltigen Tisch mit mächtigen silbernen Kandelabern voller sich in der Hitze biegender Kerzen.
Der Leibkoch tranchierte am kleinen Nebentisch persönlich eine Abfolge von Köstlichkeiten. Hinter jedem von uns und zu allen vier Seiten des Innenhofs stand ein beigeordneter Soldat in vollem „Wichs“. Es war ein wahrlich ausführliches Abendessen mit großartigen Unterhaltungen. Zum Glück war der Weg zu unseren Gästezimmern kurz und nicht zu verfehlen. Einige lodernde Fackeln wiesen uns unmissverständlich die Richtung durch den peinlich sauber gepflegten Innenhof. Ich stolperte durch den tropischen Garten voller „mit der Nagelschere“ kurz gehaltenen Grasflächen und dann hinein in das riesige, altmodische und koloniale Mahagonibett. Es war ein erlebnisreicher Abend gewesen. Ich war trunken vor Wein, dem verklungenem Jagderlebnis, viel Ehre und dem gerade erlebten Bad großer Gefühle einer Männerfreundschaft. Es dauerte bis zum nächsten Mittag bis wir die Folgen der nächtlichen, inneren „Ölung“ überwunden hatten. Dann nahmen wir Abschied unter den in ganz Südamerika stets üblichen Umarmungen und wortreichen dankbaren Gegeneinladungen.
Sechs der von uns gejagten Pekaries warfen wir ausgenommen und im Kühlhaus kerngefroren ohne jede Verpackung aber mit einem Leinensack im Brust- und Bauchraum auf die Transportbänder unserer Militärmaschine. Es gab bei der Rückkehr, diesmal am zivilen Stadtflugplatz in der Innenstadt von Buenos Aires, einen ziemlichen Menschenauflauf. Die borstigen Wildschweine rollten urig und kontrastvoll zwischen den Reisekoffern vom Band. Wir haben sie in das Kühlhaus des nahe gelegenen Jagdclubs gebracht, wo sie später zerwirkt und mit gutem argentinischem Rotwein in mehreren großen Runden verzehrt wurden. Dieses gemeinsame Essen hätte auch vielen Nichtjägern das Sinnvolle am Jagen und Verzehren von köstlich zubereitetem Wild vermitteln können.
Durch Zufall lernte ich den älteren Deutschen Alfredo kennen. Er war geschäftsführender Mitinhaber des größten Kunststoff verarbeitenden Betriebes für Haushaltswaren des täglichen Bedarfes, der Firma Di Paolo Hermanos. Dieser Betrieb war ein bedeutender Kunde unseres Konzerns. Von Alfredo Rabe wurde ich nach eingehenden prüfenden Unterhaltungen und dem gemeinsamen Trinken von einer Flasche des lokalen Whisky auch den anderen Vorstandsmitgliedern des exklusiven Jagdclubs CLUB ARGENTINO DE CAZA MAYOR als neues Mitglied vorgeschlagen. Während der Aufnahmeprozedur

Doris mit unserem Rugby in San Martin de los Andes

Bariloche; kleine, leckere Browntrout

Fette Beute

Doris mit Natalie, 1970 Bariloche

Zwischendurch Polo-Training

Yours truly
mit Einwachser
Parque Diana

Bei Vogels Jagdgebiet

Mein Jagdpate Jorge Ecke, Buenos Aires

Jagdpartie im Chaco von Formosa, Argentinien

musste ich mich nach einem Essen mit einigen anderen Mitgliedern über meinen Lebenslauf, meine Jagderlebnisse, meine Liebe zur Natur, Kenntnis ihrer Kreaturen und meine Motive zur Jagd in mehreren Sprachen unterhalten. Ich erzählte auch von der deutschen spirituellen Rückkehr in eine verlorene Daseinsform, welche wir in unserer heutigen täglichen Welt nicht ausleben konnten. Gedanken, die ich auch im Buch des spanischen Philosophen Ortega y Gasset nachempfunden hatte. Es war mein Eindruck, dass andere, die am Tisch saßen, genau solche Sätze von einem jungen tiefgründigen Deutschen aus der alten Welt erwarteten. Den Abschluss bildeten Drinks an der Bar mit jedem einzelnen der Vorstandsmitglieder (Laut meinen Aufzeichnungen von damals waren es: Dr. Eduardo Campo Mercandino, Sr. Esteguy, Dr. Eduardo O. Dürnhöfer, Eddy genannt, Dr. Roux, Sr. Cartasso und noch weitere andere wichtige Mitglieder des Clubs Argentino de Caza Mayor. Darunter waren der unvergessliche Jorge Ecke, Dr. Horacio Beines, Horacio Randle, Dr. Campos Olmos und Felix Elisalde). Das Zuprosten abwechselnd mit allen, war bestimmt ein wohl berechneter Teil der Aufnahmeprozedur. Ich muss gestehen, dass meine Trinkfestigkeit damals noch ausreichend war. Sie half mir allerdings wenig, als ich um vier Uhr morgens mit einem Taxi, dieses Mal etwas orientierungslos, dafür aber um so fröhlicher, nach Hause kam. Trotzdem gab es da kein Bedauern nach dem Ausschlafen des Rausches. Ich meinte etwas Sinnvolles getan zu haben. Meine Frau hatte großes Verständnis für dieses notwendige Männerabenteuer. Nach einer kurzen Überprüfung meiner Personaldaten und dem Beibringen von zwei Bürgen (Alfredo Rabe und Jorge Ecke) bekam ich endlich meine Mitgliedsbescheinigung im Jagdclub feierlich überreicht. Sie öffnete mir wichtige Türen im Land. Und wie ich später noch erfahren sollte, sogar im fernen Venezuela. Auf dem weitläufigen Clubgelände beim Stadtflughafen standen außer den obligatorischen Grillplätzen eigene Schießbahnen für Kugel und Schrot für alle Mitglieder zur Verfügung. In den Jahren 1971/72 gewann ich bei den Clubmeisterschaften im Schießen mehrere auf Besen reitende Hexen aus reinem Silber, „Brujas de Plata" als Schlüsselanhänger und als Hutnadeln. Sowie eine Reihe von Medaillen. Es waren Auszeichnungen für meine Schießwettbewerbs-Ergebnisse in den Disziplinen Jagdgewehr und eine im schweren Afrika-Kaliber .458 Winchester Magnum mit einer „umwerfenden" Afrikabüchse des Clubs an den heranfahrenden Scheiben mit Büffelzeichnungen.
Es folgten, wie man sich vorstellen kann, einige Jagdeinladungen von neuen Freunden. Dem Club gehörten eine große Reihe wichtiger Personen des öffentlichen Lebens an. Elizaldes, Videla, der besagte Sosa Laprida, Rosenfeld, Staudt, Carlos Vogel, Roemmers, Di Paolo, Pedro Westen, Saenz Briones, Sanguinetti, Pienovi und ein ehrenwerter Herr von Zitzewitz, der eine Estancia vom Hamburger Ballindamm aus verwalten ließ. Der feine, ältere Schwede Bertil Grahn betrieb mit seiner Frau, zwei Töchtern und dem Sohn Andino die Bilderbuch Estancia „Mamuil-Malal" in Neuquen und die einflussreichen ersten Familien des Landes wie die Anchorena besaßen die Estancia „La Suerte" en La Pampa und „Las Achiras" in der Provinz Buenos Aires. Andere Mitglieder waren Heinrich Dieter Rauert mit seiner Estancia „La Helada", Jorge Reynolds Estancia „Via Monte" en Tierra del Fuego und nicht zuletzt mein neuer Kumpel und Mentor Alfredo Rabe mit dessen Freund Addi Vogel.
Addi war Besitzer der berühmten Farm Lago Hermoso 1.800 km südlich von Buenos Aires. Leider habe ich in der Kürze unseres Aufenthaltes nur einen Teil der vorgenannten Mitglieder persönlich kennen gelernt. Beinahe alle waren Geschäftsleute und mit einander bekannte Personen des öffentlichen Lebens. Viele davon im vorgerückten Alter und manche mit ihren Söhnen. Die älteren Herren hatten, im Gegensatz zu mir jungem Sprinter, große internationale Jagderfahrung. Das Bild von einem Mann, mein neuer

Freund und Pate Jorge Ecke vertrat Argentinien 1971 auf der gewaltigen Internationalen Jagdausstellung in Budapest. Er stand noch ganz unter dem Eindruck des dort aus 52 Ländern und vier Kontinenten erlebten und meinte, dass die argentinischen Rotwildtrophäen dort gut mithalten könnten.
Unser Club war mit Abstand der bedeutendste und einflussreichste der etwa 250 konföderierten Jagdclubs des Landes. Das Clubhaus beherbergte, außer einer gemütlichen Bar im englischen Stil, eine große Menge Trophäen an den Wänden. Ein clubeigener Barkeeper, in eine schneeweiße gestärkte Leinenjacke gekleidet, sowie der abends und an Wochenenden engagierte Küchen-Chef beeindruckten mich außerordentlich. Während der endlosen und passionierten Gespräche über die farbigsten Jagdabenteuer an der Bar lernte ich einiges über die Zubereitung von mir bis dato unbekannten Drinks. Damals mochte ich die harten Drinks für gereifte Männer insgeheim alle nicht. Das hat sich im Laufe des Lebens für bestimmte von ihnen etwas geändert.
Wie gerne hätte ich diese schillernden Persönlichkeiten und Männer über mehr verbindende Jahre, genau wie ihr Land, näher kennen gelernt. Leider blieb dies ein unerfüllter Wunsch. Meine großen Träume in diesem Land führten an einen kommenden Wendepunkt meines Lebens. Damals war ich, jauchzend vor Freude, in den großen Jagdmöglichkeiten dieses gewaltigen Landes angekommen. Leider sollte mein beruflicher Aufenthalt viel kürzer werden, als ich vor unserem Umzug mit Sack und Pack und viel Optimismus geplant hatte. Das spätere Zerschlagen meiner beruflichen Aufgabe in Argentinien habe ich nie ganz verwunden. Es war einer der nicht selbst bestimmten Brüche, die wohl dazu da sind, sie durchzustehen und um an unerfüllten verlockenden Wünschen zu reifen.
Glücklicherweise ist in diesen Jahren unsere geliebte deutsch/argentinische Tochter Natalie Vanessa geboren. Außer diesem so beglückenden Ereignis sind uns die Erinnerungen an unser kuscheliges Landhaus des freundlichen Literatenriesen Luis Borges, die phantastischen Angel- und Jagdausflüge und unsere so guten Freunde Chuni und ihre Familie geblieben.
Damals ging ich beinahe an jedem Wochenenden der Jagdsaison (März bis Juni oder August) mit Erlaubnis meiner verständnisvollen Frau auf unvergessene Jagden in einem der damals wildreichsten, dünn besiedelten Länder der Welt. Ich habe kaum jemals in einem Privathaus, wie in dem von Alfredo Rabe, so viele kapitale Trophäen des europäischen Rothirsches (hier Ciervo Colorado) an den hohen Wänden versammelt gesehen. Auch, wenn denen das Ideal der ausgeprägten europäischen Becherkrone meistens fehlte. Die Neuquen- oder Pampas-Hirsche trugen lange dicke Stangen von gewaltigen Ausmaßen.
Der befreundete Alfredo Rabe war damals etwa 55 Jahre alt. Er war ein noch rüstiger und umtriebiger Mentor für mich. Dieser gut aussehende, wacher Lebe- und Weltmann besaß untadelige Manieren und einen stets sprühendem Optimismus. Man kannte ihn als unermüdlichen, humorvollen Unterhalter mit unbändiger Freude an Menschen. Häufig strich er sich, nach dem für ihn typischen Lachen, die naturblonden, etwas schütteren langen Haare bei zurückgelegtem Kopf nach hinten. Seine Stimme war aus allen anderen herauszuhören. Denn er litt zeitlebens unter einer Sinositis und sprach ein abgekürztes, begeisterndes aber stark Deutsch eingefärbtes Spanisch. Alfred soll aus einer bedeutenden Funktion der Hitler-Zeit am Kriegsende angeblich etwas vom deutschen Militärapparat nach Argentinien begleitet haben. Zumindest war das eine, vielleicht zu Unrecht, ihn umgebenden Geschichte. Über Einzelheiten seines Vorlebens als Wehrmacht Offizier in der Nazizeit habe ich ihn nie ausfragen mögen. Es gab allerdings, für aus Deutschland geflüchtete Landsleute, eine geheime Fluchtorganisation ehemaliger Nazis mit dem Namen O.D.E.S.S.A. Als ich ihn darauf ansprach, sagte er mir, dass er keine Kenntnis und keinen Kontakt dazu hätte.

Der im Lande jetzt sehr gut vernetzte Alfredo war als junger Mann, nach eigenen Erzählungen, mit der schwedischen Schauspielerin Zarah Leander im untergehenden Berlin und anschließend mit Dolores del Rio, einer bekannten südamerikanischen Filmdiva, verheiratet gewesen. Er lebte in einem Villen-Anwesen direkt am Hochufer des Tigres vor San Isidro. Seine dritte Frau war die warmherzige, vollbusige und italienischstämmige Frau Theresa. Sie und ihr gemeinsamer, spät geborener, blonder Sohn teilten die wenige Zeit, die Alfredo zuhause war, mit ihm. Die vollreife, attraktive und joviale Theresa sah wie eine südamerikanisch/italienische platinblonde Michel Morgan aus. Sie sprach immer in dritter Person und nur mit seinem Nachnamen Rabe von ihrem Mann. Theresa bewunderte ihn in ihrer mütterlich, verständnisvollen Art. Ihr häufiges Lachen brach mit einem nachsichtigen Zwinkern der dunklen Augen jedes Eis. Alfredo war mit einem weithin schallenden Humor und von der Natur mit dem gewissen Extra eines Sympathiebonusses ausgestattet worden.
Die meisten seiner außergewöhnlich kapitalen Hirschtrophäen kamen aus der Umgebung der Jagdfarm Lago Hermoso seines Freundes Addi Vogel. Ein guter Teil auch von den nur durch Expeditionen mit Pferden zu erreichenden, abgelegenen Brunftplätzen an der chilenischen Grenze. Die gebirgigen, wilden Naturlandschaften der Nationalparks waren damals kaum durch Straßen erschlossen. Nur der auf Farmen erbarmungslos verfolgte Puma und die manchmal strengen Winter waren die Feinde der Hirsche. Wolfsrudel wie auf dem nordamerikanischen Kontinent gab es nicht und der Jaguar kam hier nicht mehr vor. Obwohl der Name des größten Nahuel Huapi Naturpark „Insel des Jaguars“ in der indianischen Mapuche Sprache bedeutet. Der Hirschbestand hatte sich nach der Freilassung und Verbreitung des europäischen Rotwildes um 1900 gleichsam wie in einem Paradies entwickelt. Hirsche wurden in manchen Gegenden zur Plage. Auf der völlig bewaldeten Beinahe-Insel Huemul im sich 40 Kilometer erstreckenden Nahuel Huapi See war es deshalb auch durch Innzucht zu Krankheiten und Seuchen unter dem Rotwild gekommen. Die Zeiten waren bei meiner Ankunft längst vergangen. Aber das Hirschvorkommen war immer noch überaus reichlich. Besonders in der damaligen völligen Abgelegenheit und zerklüfteten Unzugänglichkeit an der Chilenischen Grenze. Die ganze Landschaft um die Unzahl von Seen war dicht bewaldet. Alfredo nahm mich zur Hirschbrunft auf Vogels Estancia mit. Eine große Ehre und beeindruckende Erfahrung für einen jungen Mann, wie mich. Die Farm „Lago Hermoso“ und der „Parque Diana“ des Deutschen Salzbarons mit ihrem europäischen Rotwildvorkommen liegt zwischen dem gleichnamigen See und dem Lago Meliquina in einer der schönsten Gegenden der Welt.
Alfredo erzählte mir auf unseren langen Fahrten und während gemeinsamen Jagden Einiges über die Entstehungen der Population von europäischem Rotwild im Lande. Der Estanciero Pedro Lugo führte 1906 in dem Gatter „Coto San Huberto“ seiner Farm in der Pampa Rothirsche (Ciervo Colorado) aus den ungarischen Karpaten und Österreich ein *(Quellen: Alfredo Rabe und das Studium des damals von ihm gewidmeten Buches Parque Diana)*. Alfredo erzählte mir, dass ein starker Regen Teile des Zauns zerstörte. Das Wild begann sich darauf großräumig zu verbreiten. Der deutsche Verwalter und Inhaber der 75.000 Hektar Estancia „Collun-Co“ in der Provinz Neuquien war der Deutsche Robert Homann. Er hatte Anfang der 1920er Jahre Abkömmlinge von der Farm Lugos, also Hirsche mit Geweihen, die viele Enden aus der englischen Zucht von Warnham-Court und mit schweren Maishirschen aus Ungarn und den Karpaten besaßen, eingekreuzt. Anfang der 1930iger Jahre hatte der deutsche Karl Deckert auf seiner Farm bei Lago Hermoso, die Addi Vogel später von ihm kaufte, weitere Hirsche von der Farm Collun-Co ausgewildert. So erzählte Alfredo Rabe mir die Geschichte über die Quelle aller europäi-

schen Rothirsche in Argentinien. Ich habe das damals so aufgeschrieben und den Wahrheitsgehalt nicht weiter prüfen können. Warum auch. Es entstand die wohl bis dahin feinste Auswilderung größter Trophäenträger des europäischen Rotwildes auf der Welt in völlig freier Wildbahn. Der noch in Argentinien lebende Schweizer Berufsjäger Beat Affholter dürfte heute über eine der größte Erfahrung bezüglich der Rotwildjagd in Argentinien verfügen.
Die Jagd (nicht die industrielle Wildbretproduktion in Zuchtgattern wie in Neuseeland) der hier vor hundert Jahren ausgewilderten Hirsche hatte den besonderen Charme einer von der Jahreszeit her genau entgegen gesetzten Brunftsaison zu Europa. Die Temperatur in diesem idealen Hirschbiotop Argentiniens um die 40 Breitengrade herum beträgt im Jahresdurchschnitt 18 Grad. Die Variationsbreite in den Jahreszeiten erlebte ich mit bis zu minus 20 Grad Celsius im Winter und mit bis zu 30 Grad plus im Hochsommer. Das Wild verbreitete sich schnell in der Wildnis des heutigen Parque Lanin zwischen den Seen Huechulafquen im Norden und Lolog im Süden. Auch die ursprüngliche Estancia „Collunco" ging teilweise in diesem Naturschutzpark auf. Die von der Naturschutzbehörde festgelegte Jagdzeit in der Brunft ist vom 1. März bis zum 30. April. Es wurde und wird bis heute jährlich eine bedeutende Zahl an Trophäen in der Klasse von bis zu 15 Kilo Geweihgewicht in herrlicher Wildnis und völliger Freiheit erjagt.
Der hervorragende Biotop mit seinen strengen Wintern brachte auch kapitale, sich zur Plage entwickelnde, ursprünglich europäische Wildschweine hervor. Nur in Russland, Rumänien und Anatolien kommen genauso häufig, meines Wissens nach, Schweine mit so gewaltigem Körpergewicht von bis zu über 250 Kilo vor.
Alle Gästehäuser der Estancia an den Seen Meliquina und Lago Hermoso waren im rustikalen Stil der alten deutschen Jagdhäuser aus Rominten und der Schorfheide sowie als alpenländische Holzhütten von bekannten deutschen Architekten geplant worden. Teilweise von Addi Vogel eingeflogene alpenländische Zimmerleute hatten bei ihrer Fertigstellung mitgewirkt. Eine ganze Koppel eigener Pferde und Jeeps standen den verwöhnten zahlenden Gästen zur Verfügung. Konsul Vogel wollte, dass alles wie eine Dependance seiner Jagd nahe seinem weltberühmten Burghotels Fuschl im Salzkammergut bei Salzburg aussah. Die rollende Gebirgslandschaft um die Vogelsche Estancia herum war mit herrlichen Seen durchsetzt. Sie hat eine gewisse wilde Ähnlichkeit mit dem Alpenraum oder Norwegen.
Alfredo stellte mich dem Leiter des Lago Hermoso und Parque Diana einem Dr. Arturo Palavicini (ein italienischstämmiger Graf) vor. Dieser willigte ein, dass ich vor der eventuellen Ausreise aus Argentinien gerne einige Wochen bei seinem neuen Assistenten und Berufsjäger Urlaub verbringen könnte und den in seiner täglichen Arbeit begleiten dürfte. Dieses Angebot habe ich später dankbar angenommen. Alfredo war der Partner, Freund und Vertrauensmann von dem in Oberfranken geborenen österreichischen Salzbaron Herrn Konsul Addi Vogel. Ihm wurde ich natürlich auch persönlich vorgestellt. Ich konnte deshalb einige unterhaltsame Gespräche im Haus von Alfredo, in unserem Club in der Hauptstadt und auf Vogels Farm mit diesem bedeutendem Unternehmer führen. Er war mit der entzückenden und freundlichen deutschen Filmschauspielerin Winny Marcus verheiratet.
Vogel besuchte Argentinien zum ersten Mal, nach seinen eigenen Aussagen, bereits nach dem ersten Weltkrieg Ende der 1920iger Jahre. Er verliebte sich, wie er mir sagte, sofort heftig in die umwerfend schöne und beeindruckende, reine Natur der Provinz Neuquien. Addi hatte mit seinem Bruder Dr. Veit Vogel sowie einigen jagenden Unternehmerfreunden, wie zum Beispiel Max Schmeling, dem Swarowski Inhaber und dem Unternehmer Max Grundig die Möglichkeit einer zusätzlichen Hirschbrunft jähr-

lich auf der südlichen Halbkugel der Erde für sich entdeckt. Vogel kaufte daraufhin ein für europäische Verhältnisse großes Areal (80.000 Hektar). Es lag 30 Kilometer südlich des Städtchens San Martin de los Andes und 120 Kilometer nördlich von San Carlos de Bariloche. Seine beiden zusammengefügten riesigen Jagd-Estancia im argentinischen Naturschutzgebiet Lanin hießen „Lago Hermoso“ und Estancia „Lago Meliquina“. Sie liegen benachbart zum Nationalpark Nahuel Huapi. Die dort nach Vogels Plänen gebaute Siedlung im alpenländischen Stil trug den Namen „Parque Diana“. Das war auch der Vorname seiner spät geborenen, einzigen Tochter mit Winnie Marcus.
Die Herrschaftsjäger und einige Industrielle der Nachkriegszeit und des boomenden Wirtschaftswunders hatten naturgemäß wenig freie Zeit. Sie schickten deshalb ihre Leibjäger aus Europa, zwei Wochen vor ihrer Ankunft, zum Auskundschaften und Ansprechen der Hirsche auf ihren Brunftplätzen voraus. Nach Alfredos Erzählungen kamen die illustren Gäste wie in einer Filmszene, teilweise mit eigenen Flugzeugen oder Chartermaschinen, aus Buenos Aires eingeflogen. Das wurde eifrig von Filmteams dokumentiert. Es standen als wissenschaftliche Berater bekannte Persönlichkeiten wie: Lutz und Heinz Heck vom Zoo Hellabrunn, Dr. Prinz Reuss, Heinrich III., Gerd Tolzin, Alfred Zoll Hellabrunn, Professor Alfred Kölliker Frers aus Buenos Aires, Esteban Lyka aus Buenos Aires und Professor Graf Tisca aus New York beratend zur Verfügung. Auch der mir bekannte wesentlich ältere Clubkamerad (Club Argentino Casa Mayor, Buenos Aires) Estanciero Bertil Grahn, mit schwedischen Vorfahren, trug als Nachbar seinen Teil zum Gelingen des Vogelschen Projektes bei.
Ich konnte mir einen von Dr. Melton Parisch erstellen Film über das Projekt und die Freilassung der aus Europa gebrachten Hirsche und Mufflon in Buenos Aires anschauen. Nach der Begrüßung von Vogels Freunden und zahlenden Jagdgästen mit großem Hallo gab es bei meinen ersten Besuchen aus der Hand vom alpenländischen Koch- und Hauspersonal große Bankette auf der Terrasse oder im Speisesaal mit Blick auf das herrliche Panorama der Berg- und Seenlandschaft um Bariloche. Die umliegende Landschaft ist mit vielen großen und kleinen Seen durchsetzt. Alfredo erklärte mir, dass die extensiven Wälder aus den endemischen Maiten- und Coihuebäumen und an manchen Stellen auch von den weiter südlich vorkommenden über 50 Meter hohen Alercesbäumen (eine Zypressenart) durchsetzt sind. Abends ging es in den festlichen Speisesaal. Fackeln leuchteten vor der Tür. Von der hohen Decke hingen, im scharfen Kontrast zu den Wänden und der Decke aus Holz, barocke kerzenbestückte Lüster und urige Petroleumlampen. Ein knisterndes, nach frischer Tanne riechendes mannshohe Feuer im riesigen Kamin erzeugte eine magische Stimmung der Vorfreude. Es hatte auch ein wenig von einem hochherrschaftlichen Maskenball. Der gastronomische Hintergrund des Weltklassehotel Fuschl des Alpenraumes, feine Unternehmerpersönlichkeiten, Vertreter des damaligen Deutschen Filmgeschäfts, stilvolle Jagd und urige Natur ergaben eine mich jungen Burschen als „Zaungast“ faszinierende Atmosphäre. Die Damen erschienen im Dirndl oder waren alpenländisch elegant gekleidet. Die jagenden Herren trugen entsprechende Jagdkleidung aus Loden und Leder.
Nach der Rückkehr von der Jagd standen einige wunderschöne, handgearbeitete und wertvolle Jagdwaffen in einem speziellen Regal nebeneinander aufgereiht. Die Leibjäger oder das Personal kümmerten sich um alle Details vor dem nächsten Jagdausritt am frühen Morgen. Es herrschte auch ein unterschwelliger Wettbewerb, welcher Leibjäger den stärksten Hirsch für den nächsten Jagdtag ausgemacht hatte. Ich hatte ein seltenes Glück, dass mir mein argentinischer Jagdpapst und Jagdpate Alfredo diese Aufenthalte dort ermöglichte.

Zweimal konnte ich mich als Assistent und Begleiter auf der preiswerteren Jagd in der Nähe der Stadt La Pampa nützlich machen. Der offizielle Abschuss eines Trophäenhirsches während der Hauptbetriebszeit, wäre für mich auf der Farm „Lago Hermoso" zu teuer gewesen. Es blieb mir nur ein Abschusshirsch zu weit günstigeren Konditionen in der Nachbrunft in La Pampa. Mir erschienen die Tage auf der Jagd so, als wenn die Zeit anhielt und der Rest der Welt um uns herum versank.

Das Bergen der Hirsche aus unwegsamem Gelände war mühevoll. Dabei konnte ich mich nützlich machen und vieles über die Rotwildjagd erlernen. Gut erinnere ich mich aber auch an den köstlichen, nach Vanille duftende Topfenstrudel und die im Hause frisch zubereitete, hausgemachte Apfeltorte. Zum Bankett reichte man Rebhuhn- oder Hasenpastete und üppigen Hirsch- oder Wildschweinbraten in allen denkbaren alpenländischen Variationen. Die Stimmung unter den Jägern und Gästen war fein aber auch durchgehend euphorisch.

Das farmeigene kleine Dorf aus verschiedenen Häusern auf der der Estancia „Lago Hermoso und Parque Diana" hatte sogar eine an einem Haussee gelegene stilechte Zwiebelturmkirche. Vogels Privatanwesen lag etwas zurückgezogen. Alles war im alpenländischen Stil im bald weltberühmten Herzland des argentinischen Rotwildes erbaut. Allein das Gatter am Parque Diana umfasste dreitausend Hektar. Bei den regelmäßigen Kontrollen des wildsicheren Zauns war das Gatter zu Pferde an einem Tag von Addi Vogels damals neu dazukommenden Schweizer Berufsjäger Beat kaum zu umreiten.

Finanziert wurde dieser aufwendige Betrieb der Estancia Lago Hermoso, nach vertraulichen Aussagen von Alfredo, bestimmt nicht nur über die Trophäengebühren. Ich erbat damals eine Preisliste, die ich viele Jahre aufhob. Man zahlte in den Jahren 1968 bis 70 bei einem Hirsch mit einer Trophäe mit 175 Nadler Punkten eintausend US$. Die Gebühren steigerten sich für Goldmedaillenhirsche bis auf 5.000 US$. Die Unterkunft mit Vollpension und kompletter Jagdführung betrug bescheidene US$ 50 pro Tag. Natürlich kamen für Nordamerikaner und Europäer die damals noch sehr teuren und langwierigen Flüge hinzu. Bei den sonst im Lande (La Pampa, Provinz Neuquen, Parque Lanin) üblichen Jagden, natürlich ohne jeden Luxus, betrugen die Kosten bei Rothirschen nur 25 Prozent der vorgenannten Lago Hermoso Gebühren. Wildschweine wurden meistens, wie auf der El Monasterio Estancia, nach Körpergewicht abgerechnet. Hier kostete ein Stück Schwarzwild oder Keiler bis 100 Kilo US$ 60 und endete bei 200 Kilo Gewicht und mehr bei US$ 130. Diese andere Jagdfarm lag bei Santa Rosa, 650 Kilometer von Buenos Aires entfernt, in der Provinz La Pampa. Wer eine der jährlich vom Staat im Parque Nacional Lanin in Bezirken von jeweils 5.000 Hektar Größe versteigerten Lizenzen auf kapitale Hirsche erwarb, kam noch weit günstiger davon. Besonders, wenn er mit einen lokalen Gaucho als Outfitter und mit eigener Ausrüstung, Jeep und Leihpferden jagte. Alles war eben überhaupt noch nicht kommerzialisiert. Die heute in Europa so teuer angebotenen Jagden auf Rebhühner, Enten und vor allen Dingen Tauben in Argentinien waren damals für uns alle völlig kostenlos.

Argentinien war und ist immer noch für den, der sich auskennt, ein unendlich freies, weites und vielfältiges Paradies für Fischer und Jäger. Eine der wenigen Jagden bei der Familie Grahn dürfte eines der best gehüteten Geheimtipps für den Rotwildjäger sein.

Eines Tages lernte ich Vogels neu angekommenen bedächtigen Berufsjäger aus Europa näher kennen. Der sympathische Mann wohnte in einem der gemütlichen Holzhäuser von Parque Hermoso mit seiner manchmal recht einsamen, jungen Ehefrau. Ich hörte Jahre später, dass sie sich wohl einem anderen lokalen Mann zugewendet haben soll. Ihr dann geschiedener Mann soll vor einigen Jahren die Tochter

des neuen Besitzers der Estancia geheiratet haben. Das habe ich auf einer SCI Tagung in Nordamerika gehört. Wenn es so ist, dann wäre es ein Märchen für den Rotwildjäger mit einer der meisten Erfahrung in Argentinien. Dort wo Beat in jungen Jahren als kleiner Angestellter angefangen hatte.
Als wir uns in den 70er Jahren kennen lernten, hatte er die arbeitsaufwendige Jagdaufsicht über die Farm. Außerdem musste er im Frühjahr, während der Hirschbrunft, den hektischen Betrieb für die Gastjäger organisieren. Er war ganzjährig für den Unterhalt des für das Publikum geöffneten kleinen Privatzoos Parque Diana zuständig und mit dem Zuchtgatter beschäftigt. Einmal war ich dabei, wie ein sogenannter Jagdtourist aus einem europäischen Nachbarland, der bestimmt kein Jäger von Schalenwild war, sich den Traum einer Trophäe für seine Bibliothek erfüllte. Im Großgatter zogen mehrere kapitale Mufflon Widder, so genannte alte Einwachser, mit gegen den Hals wachsenden Schnecken, ihre vertrauten Bahnen. Die im Gatter vor der Estancia lebenden Einwachser wurden mit dem Betäubungsgewehr in den Schlaf versetzt. Dann wurde die Trophäe durch Absägen der Hornspitzen unter Narkose, wieder weitgehend natürlich ausschauend, hergerichtet. Schlau und kommerziell denkend, brachte man den Gast auf einer kleinen Fußpirsch an ein standorttreues Stück heran und vermittelte ihm die Gattertrophäe. Bei abgenommenem Hut wurden dem Widder die üblichen Brüche als letzten Bissen in den Äser geschoben und einer dem Erleger feierlich überreicht. Dann folgte das traditionelle Verblasen mit dem Jagdhorn und allem Drumherum. Der zu Füßen sitzende heulende bayerische Schweißhund komplettierte dieses den Gelegenheits-Jäger sichtbar ergreifende Erlebnis. Wir fotografierten den offensichtlich angerührten und sehr zufriedenen Erleger nach seiner Gatterjagd auf einen Einwachser.
Es war für mich ein harmloses Beispiel dafür, was Jagen für mich nicht sein sollte. Eine garantierte Beute und Trophäe ohne körperliche Anstrengungen und jagdliche Fertigkeiten in einem befütterten Großgatter. Das war ein reiner Abschuss gegen Geld. Zum Wesen einer Jagd gehört bekanntlich, dass das Tier gute Möglichkeiten hat, dem ihm nachstellenden Jäger zu entkommen. Absolut garantierte Abschüsse sind dort nötig, wo der Mensch in die Natur mit Zäunen oder dichten Gattern eingreift und schnell gezüchtete Beute machen will oder Wildtiere in Gehegen auf Farmen hält. Zur Klarstellung muss ich aber noch ausführen, dass alle anderen Jagden auf der riesigen Vogelschen Estancia echt urig und anstrengend waren. Beat ist ein entscheidender Anteil am Aufstieg dieser wohl wichtigsten Jagdfarm in der Provinz Neuquen zu verdanken.
Ich verlebte einige Wochen mit dem gastfreien Schweizer Ehepaar die als Jagdaufseher abgeschieden in einer der Holzhütten am Parque Diana lebten. Es ging urig und bescheiden bei Ihnen zu. Der nächste kleine Ferienort, San Martin de los Andes, war 35 und die Stadt Bariloche 130 unbefestigte Kilometer entfernt. Das Ehepaar war völlig auf Selbstversorgung angewiesen. Mit einem Teil des Teigs vom Vortage wurde der nächste Laib im mit Holz gefeuerten Ofen von der reizenden Hausfrau gebacken. Das Fleisch wurde sich, genau wie für die ganze Estancia, vom wöchentlich geschlachteten Rind abgeschnitten. Für das Füttern der Pumas oder Berglöwen des Zoos in ihren Käfigen mussten täglich einige Hasen abgeschossen werden.
Als ich Hausgast war, kramte der damalige Jagdaufseher eine vergilbte Schachtel alter .22er Munition, die wohl bereits einen Wasserschaden hatte, unter seinem Ehebett hervor. Er überreichte mir sein Kleinkaliber Gewehr mit der Bitte, aus seinem Wagen heraus, schnell ein Paar Hasen als tägliches Futter für die Pumas zu schießen. Ich tat das unangezogen in der heftig beißenden Morgenkälte hastig und als reine Futterbeschaffung. Beim Schuss aus dem offenen Seitenfenster des Geländewagens heraus erlebte ich

eine böse Überraschung. Aus nicht mehr zu rekonstruierenden Gründen gab es eine peitschende Explosion beim Abdrücken und ich hatte außer einigen kleinen Brandverletzungen an Backe, Kinn und Hand einen bösen Hörsturz. Die Kammer der Büchse war minutenlang verklemmt. Ich musste ohne Pumafutter zum Haus zurückfahren. Ohne ärztliche Hilfe weit und breit, dauerte mein kompletter Hörverlust auf dem linken Ohr beinahe die nächsten zwei weiteren Wochen an. Die Moral aus dieser Geschichte ist, dass ich mich völlig falsch verhalten hatte. Es war eine fremden Waffe, die ich weder kontrolliert hatte ob der Lauf frei war, noch war ich misstrauisch der völlig veralteten und nachlässig gelagerten Munition gegenüber gewesen. Es war überhaupt nicht klug, mal eben ausnahmsweise aus einem Auto heraus zu schießen. Auch wenn es bei beißender Kälte nur um schnelles Futter holen ging. Meine Frau und ich bedauern es, dass für uns nicht zu beeinflussende Umstände es verhinderten, dass wir Beat und seine Frau auf deren geplanten Durchreise in Venezuela nicht wiedertreffen konnten.
Mit meinem großzügigen Mentor Alfredo waren wir vom Präsidenten des Jagdclubs Bahia Blanca, einer Sommerurlaub-Stadt am Meer, zum Ansitz auf Keiler in der Provinz eingeladen. Eine Woche vor unserer Ankunft wurden alle Windräder der Viehtränken, bis auf eines, abgeschaltet. Nicht ganz fair für die Wildschweine aber Erfolg versprechend für uns Jäger. Wir bezogen dort in der zu dieser Jahreszeit trockenen Landschaft einige Tage vor Vollmond unseren Nachtansitz auf einer niedrigen, zu einer Seite offenen und klapperigen Kanzel. Alfredo hatte seine brandneue, wie er sagte „formidable", Mauser Model 66 mit einem beim Repetieren laut klickendem Teleskopverschluss im Kaliber 8x68 S, mitgebracht. Bereits nach weniger als einer Stunde fing Alfredo mit seiner Sinositis an im fahlen Mondlicht wie ein kapitaler Keiler zu Schnarchen. Er litt ständig unter diesem Markenzeichen. Ich versuchte ihn wenigstens ein paar Mal aus seinem Rausch und den damit einhergehenden Verdauungsanstrengungen zu erwecken. Es war nicht einfach und man macht sich als wach gebliebener keine Vorstellung davon, welche anderen Vorgänge in unseren Körpern so alle ihre Dienste verrichten.
In einer Schnarchpause trottete ein starker, einzelner Keiler an die Tränke. Es gelang mir Alfredo aufzuwecken. Der Keiler warf sein Haupt auf und trollte sich in hastigen Sprüngen, nachdem er uns bemerkt hatte. Welch ein Wunder bei dem Lärm. Ein zweiter, nicht weniger kapitaler Keiler, rauschte an das begehrte Wasser heran. Wider weckte ich meinen Freund. Ansatzlos verfiel Alfredo nun in ein starkes Jagdfieber. Dabei schüttelte er die ganze fahrbare Kanzel auf Rädern hin und her. Er reichte mir verzweifelt sein brandneues Gewehr. Ich legte schnell an und sah im Mondlicht das Blatt des uns ungünstig halb spitz zugewandten Keilers. In dem lichtstarken Zeiss Zielfernrohr konnte ich klar die hell leuchtenden, elfenbeinfarbenen Enden seiner Hauer und Haderer sehen. Ich glaubte in dem Moment, dass es das „Schwein" meines Lebens gewesen wäre. Beim Abdrücken machte es „Klick". Mein sonst so erfahrener Freund hatte nach dem Aufbaumen vergessen, eine Patrone in die Kammer zu repetieren. Am nächsten Morgen sah ich an der mir nicht vertrauten Waffe, dass man den Ladezustand über einen Kontrollstift deutlich erfühlen konnte. Welch eine verpasste Chance. Das Stück war natürlich noch während meines vergeblichen Versuchs, leise eine Patrone in die Kammer zu repetieren, verschwunden. Der einzigartig kurz bauende Verschluss dieses wunderschönen und reich ziselierten Jagdgewehres hatte in seiner ersten Version leider den Nachteil, beim Repetieren laut zu klappern. Spätere Modelle wurden deutlich leiser. Ich weiß das genau, weil ich mir viele Jahre danach, während einer Beratung beim nahe gelegenen Unternehmen auf der Alb, bei Mauser in Oberndorf eine meiner Traumbüchsen dieses letzten ausgereiften Modells nach meinen Wünschen bauen ließ. An der hängen heute auch die Erinnerungen

meiner Jagdabenteuer in Argentinien, dem großen und schnarchenden Freund Alfredo, den kapitalen argentinischen Keilern um Bahia Blanca und ein Stück des erarbeiteten Honorars von der Alb.
Der ausgeschlafene und diesmal völlig nüchterne Alfredo beließ mir in der nächsten Nacht sein Gewehr und bedeutete mir vor seinem erneuten Einschlafen, ich sollte bei erneutem Anblick einfach schießen. Wieder wackelte der Sitz unter seinem, jetzt leiserem Schnarchen und ich konnte einen anderen, ebenfalls für europäische Verhältnisse, starken Keiler strecken. Wir haben beide, Alfredo und ich, nie wieder über unsere verpassten Chancen in diesen denkwürdigen Vollmondnächten und sein ihm ziemlich peinliches Schnarchen gesprochen.
Der persönlichen Freundschaft von Alfredo und dessen Freund dem Konsul Vogel verdanke ich auch die unvergessliche Einladung zu einer Wildschweinjagd zu Pferde bei einer gastfreundlichen, ursprünglich aus Schweden und Deutschland stammenden Familie, in Neuquen. Bertil Grahn besaß mit seiner Frau Elly und den drei erwachsenen Kindern eine der größten Estancias des Landes in Neuquen auf dem Weg nach Tromen an der chilenischen Grenze. Der Sohn Andino und sein Vater waren ebenfalls Mitglieder in unserem Jagdclub in Buenos Aires. Dort lernte ich den älteren Schweden Bertil kennen. Wegen der Schule für Kinder und Enkel lebten sie traditionell nur 6 Monate des Jahres auf ihrer Estancia Mamuil Malal. Sie waren beide bei unserer lange vorher verabredeten Jagd nicht anwesend sondern der nicht völlig gesunde Bertil hatte seinen Verwalter mit unserer Betreuung beauftragt. Ich begleitete Alfred Rabe auf dieser und anderen tagelangen Reisen als sein Freund, Fahrer und Assistent. Er überließ mir großherzig und wohl auch etwas erleichtert seinen Platz zu Pferde beim Pigsticking. Außer mit einem Revolver, war jeder mit einer langen scharfen Lanze aus dem Haupthaus bewaffnet. Gejagt wurde im Winter vom Rücken der Pferde herunter.
Der Monat Mai war der schneereichste Zeitraum im launischen Wetter dieses Teils von Neuquen. Die Grahns waren und sind bis heute, sogar bei Polopferden, die reinsten Pferdenarren. Einige ihrer besonders großrahmigen und starken Arbeitspferde der Gaucho wurden für unsere Verfolgung zu Pferde hergerichtet. Diese exzellenten Cowboypferde hatten Mühe durch Schneeverwehungen, Gestrüpp und das Unterholz hindurch zu treten und am Ende der hatz zu galoppieren. Ich merkte an meinem Pferd einen unwillig gespannten Rücken. Etwa so, wie sie Katzen beim Springen formen. Es war schwierig, mich im Sattel zu halten und den geübten Gauchos der Estancia zu folgen. Das hügelige Gelände war mit einigen Stümpfen von abgesägten Bäumen unter den abgefallene Zweigen und Ästen recht tückisch. Die stark ausgeformten Sättel unter den Schaffellen gaben mehr Halt, als ich das von den Dressur- und Springsätteln gewohnt war. Mein ziemlich festgekralltes Reiten durch niedriges Gebüsch auf einer solchen Jagd bleibt eine besondere Erfahrung. Leider hörte ich bei einem späteren Besuch von Alfredo bei uns in Deutschland, dass der honorige Vater Bertil dann bereits im Jahr 1971 verstarb.
Auf der Farm Mamuil Mamal wurden wir von ortskundigen Gaucho und einem Hundeführer mit langer Peitsche zu Pferde geführt. Einmal klatschte mir, zum Glück nicht im Galopp, eine Ladung Schnee von einem beladenen Ast einer Tanne ins Gesicht. Eine lauthals bellende Hundemeute aus Mischlingen von amerikanischen Coonhounds, Dogos Argentino und allerlei anderen Mischungen trieb die inzwischen aufgemüdeten Wildschweine beim Pigsticking über Schnee- und Gebüschflächen vor sich her. Als wir endlich an die schwerfällig flüchtende Rotte herankamen teilte die sich in viele Einzeltiere auf. Die kopfstarke Meute der Hunde stellte mehrfach verschiedene Stücke. Ich versuchte eines davon, genau wie die Gaucho, vom Pferd herab, möglichst hinter dem Schulterblatt mit der messerscharfen Lanze abzufangen.

Das gestaltete sich für mich ungeübten viel schwieriger als gedacht. Immer wenn ich versuchte mein Pferd mit Schenkeldruck in eine Position zum Zustechen zu bugsieren, brach das Schwarzwild aus dem Halbkreis der Hunde aus oder einige der ausrastenden Hunde standen mir im Weg. Bald war ich durch die von den Bäumen herunterklatschenden Schnee und meinen Schweißbächen am ganzen Körper, trotz der Kälte, völlig durchnässt. Durch die ungewohnte Anstrengung zu Pferde spürte ich, wie meine Kräfte nachließen. Die schweißtreibende Jagd ging teilweise durch besendichte, mit Schnee bedeckte Einstände, die bis an die Stiefel reichten.

Endlich schien mir das Glück hold zu sein. Die Hunde schoben einen Keiler vor mir mit dessen Rücken gegen die hoch aufgereckten Baumwurzeln eines Windbruchs. Er hatte Schaum vom wütend wetzenden Wurf herabhängen. In der angeheizten Situation achtete ich überhaupt nicht mehr auf das völlig unübersichtliche Gelände, sondern trieb das Pferd mit beiden Knien und Schenkeln schlagend fieberhaft auf die gestellte Beute zu. Das robuste Criollopferd trat in ein Loch, überschlug sich und war ohne mich erst einmal einige Meter davon. Dadurch wurde ich vor dem Keiler in den zum Glück hier besonders dichte Büsche mit Schnee in eine leichte Kuhle geschleudert. Ich dachte im Fallen: *„der Keiler wird dich jeden Moment annehmen"*. Zum Glück geschah nichts dergleichen. Mir war durch den Sturz nichts passiert und ich konnte mich schnell wieder aufrappeln. Der Ruger Revolver saß noch fest in seinem Holster denn die Lederschlinge um seinen Hahnsporn hatte ihn gehalten. Ohne die im Sturz verlorene Lanze hatte ich mich im Liegen einen lähmenden Augenblick lang völlig hilflos gefühlt. Wir konnten uns später nicht erklären, warum das bedrängte Tier seinen Verfolger nicht sofort mit seinen scharfen Waffen angenommen hatte. Nach dem Aufrappeln und im Schutz der giftig kläffenden und inzwischen nachsetzenden Hunde konnte ich den gestellten Keiler aus nächster Nähe mit einem Schuss aus dem Revolver hinter einen seiner Teller erlegen. Die Freude über meinen Erfolg war groß. Ich nahm die aufgehobene Lanze in die andere Hand. Mir war klar, diese wilde Jagd war nur mit zugerittenen, robusten Arbeitspferden und einer Meute von vielen schneidigen Hunden zu bestehen. Wiederholen möchte ich das nicht. Die anderen Reiter hatten vor den erregten Hunden, zwei weitere gestellte Stücke mit den Lanzen erlegt. Bei einem halbweißen Dogo Mischling sah das anschließende Vernähen der Wunde besonders martialisch aus.

Zum Andenken an die wilde Jagd habe ich mir die Knochen und die Schwarte seines Hauptes als Schultermontage in Bariloche präparieren lassen. Beim Ansehen der montierten Trophäe denke ich unwillkürlich daran, wie ich gedemütigt und wehrlos vor dem Keiler lag und der mich, neben den furiosen Hunden, verschonte. Bei der Anlieferung per Flugzeug nach Venezuela wurde ihm leider einer seiner beiden Hauer auf Nimmerwiedersehen abgeschlagen.

Am knisternden offenen Feuer verzehrten wir einen über Stunden kross gebratenen Überläufer, während wilde Geschichten erzählt wurden. Der von den englischen Militärs aus deren Kolonien mitgebrachte „Sport" der Schwarzwildjagd vom Pferd herunter verlangt jede Menge Reitkünste, die ich nicht besaß. Und dazu eine ganze Portion Mut. Ich möchte nicht zu klischeehaft in Lobpreisungen über die argentinische Fleischqualität und Zubereitungskultur verfallen. Aber darüber wäre es mir ein Leichtes begeistert ein ganzes Buch zu füllen. Argentinier sind für mich die absoluten Weltmeister im Zubereiten und Essen vom mir am besten schmeckenden Fleisch ihrer freilaufenden Fleischrinder. Sicher gibt es noch andere konkurrierende Nationen in dieser Disziplin wie zum Beispiel Japan und Nordamerika.

Alles, was ich in so kurzer Zeit in diesem Land erleben konnte, habe ich nur einigen guten Freunden zu verdanken. Es herrschte eine besondere und lässige Großzügigkeit unter diesen zu Geld und Einfluss gekommenen Nachfahren ehemaliger Emigranten. Unvorstellbar, was mir ein längerer Aufenthalt im Land an Erlebnissen beim abenteuerlichen Jagen und alleine durch meine Clubmitgliedschaft noch alles an Erlebnissen gebracht hätte.

Bei einem unserer Besuche im Süden Argentiniens wollte Alfredo einen Welpen für einen Freund aussuchen und reservieren und mir dabei etwas Außergewöhnliches zeigen. Mit seiner typischen Begeisterungsfähigkeit sprach er von einer Hunderasse, die ich unbedingt näher kennen lernen musste und von der ich ja bereits bei der Schwarzwildjagd einen Eindruck bekommen hatte. Wir fuhren nach dem Flug nach San Carlos de Bariloche 280 Kilometer südlich in das abgelegene verschlafene Provinzstädtchen Esquel in der Provinz Chubut. Dort besuchten wir die Hundezucht der Familie eines Dr. Agostin Nores Martinez. Der ursprüngliche Züchter war Chirurg gewesen. Die Familie dieses weit gereisten Senor Doctor schickte mir und Alfredo, als potentielle Interessenten, später einen Prospekt, den ich aufbewahrte. Er hatte über mehrere Hundegenerationen seit den zwanziger Jahren eine neue Hunderasse, den sogenannten Dogo Argentino gezüchtet. Sie sollten als Monteria- (Hetz) Hunde, auf der Wildschweinjagd und auf der Verfolgung des Pumas eingesetzt werden. Martinez vermischte scharfe Wildverfolger aus dem Raum Cordoba mit Bullterriern, Bulldogen, Doggen, Alano Espaniol und Mastin del Pirineos. Um diese „Araucarias" genannte Kampfhundrasse für die Zwecke der Jagd zu verbessern, züchtete er Abkömmlinge des englischen Pointer in seinen dann Dogo Argentino genannten Wild-Hetz und -packhund ein. Anfang der 1940er Jahre wurde dieser Dogo als argentinische Jagdhundrasse anerkannt. Aber erst 6 Jahre vor meinem Besuch beim Züchter wurde die Rasse in das weltweite Register aufgenommen. Die schneeweißen, etwa 42 bis 45 Kilo schweren Hunde besitzen ein wachsames aber ruhiges Temperament. Sie waren bewegliche, weniger gedrungene, große Bullterrierabkömmlinge. Ihre dunklen Augen stehen weit auseinander und die Nasenspitzen sind kontrastreich schwarz. Es sind kraftvolle Kämpfer am wehrhaften Wild mit einer beweglichen ausgeprägten Muskelmasse. Und außer ihrer Schmerzunempfindlichkeit haben sie ein, im Verhältnis zur Größe ihres Hauptes, wirklich Furcht erregendes Packer-Gebiss. Ich konnte es mir im von einem Mitarbeiter geöffneten Fang aus nächster Nähe ansehen. Diese damals neu gezüchtete Gebrauchshund-Rasse der Dogos ist ein gutes Beispiel dafür, warum wir Menschen Rassehunde bevorzugen, obwohl doch so viele wunderbare Mischlingshunde hervorragende Freunde des Menschen sind. Weil ihre gewünschten Eigenschaften in der Zucht weitgehend voraussehbar und aussortierbar sind.

Die meisten Hunderassen definieren sich zuerst über die Art ihres Aussehens. Aber die Zuchtauswahl von Jagdhunden war entscheidend von deren Anlagen und Formwerten bestimmt. Es ging den Züchtern um Leistung, Brauchbarkeit, Form und Charakterwerte. Bei ihnen folgt die Form wirklich der Funktion. Heute haben Menschen ihre Hunde fast ausschließlich zum Spaß. Jahrtausende lang vorher wurden sie vor allen Dingen wegen ihrer diversen Fähigkeiten vom Menschen gehalten.

Ich konnte zusehen, wie zwei von den Dogos, ohne jede Hilfe, einen ausgewachsenen Keiler auf beiden Seiten bei den Tellern fassten und festhielten. Bis der Jäger sie abrief. Ich sah, wie ein einziger, gerade erwachsener Dogo über einen noch nicht ausgewachsenen Puma, allerdings in einem großen Käfig, herfiel, und dieses wehrhafte Raubtier halb tot biss. Das waren grausame und nach unseren Maßstäben wohl illegale Zuchtauswahl- und Abrichtemaßnahmen, die ich aus jagdlicher Sicht als schockierend empfand. Als der Dogo vom Puma durch einen mutigen Gaucho an einer kurzen Leine endlich abgerufen wurde,

hatte der stark blutende Hund tiefe Risse von Biss- und Krallenwunden. Sie sahen auf dem schneeweißen Fell dramatisch aus. Der auf einer der vielen Schaffarmen in der Falle gefangene Schadpuma im Käfig war dem Tode nahe und wurde von seinen Qualen erlöst.
Die Dogos sind mir Angst einflößende Hunde. Wer jemals einem verletzten, eingeschobenen Keiler Auge in Auge nahe kam, weiß, über welche Wildheit, Kraft und Unerschrockenheit ein Hundepaar verfügen muss, um einen mit seinen Waffen seitlich nach oben schlagenden Bassen festzuhalten. Es dauerte eine Weile, bis sich die Staubwolke über der Kampfesstätte mit dem quiekenden Keiler verflüchtigte. Der ausbildende Angestellte fing den gestellten Keiler mit seiner Lanze oder Saufeder ab. Die eben noch todesmutigen Dogos trotteten nun mit heraushängenden Zungen hechelnd und lammzahm hinter ihrem Ausbilder her. Das Wildschwein wurde hinter den Sattel eines Reiters gelegt, festgeschnallt und zum nahen Haus gebracht.
Die mich aufwühlenden Szenen erinnerten mich damals an Drucke von Kupferstichen, die ich seit meiner Jugend gesammelt hatte. Eine Radierung des wohl besten Jagdmalers und Kupferstechers aller Zeiten, dem Augsburger Martin Elias Ridinger aus dem 18. Jahrhundert, zeigt eine solche Szene zwischen Keilern, Hunden und Jägern mit Spießen, Hirschfängern, Bögen, Armbrüsten und Netzen. Dabei ging es den Jägern darum, sich in Mut und Geschicklichkeit zu üben. Man benutzte die traditionellen Waffen der Ritter und auf den Bildern bewusst nicht die damals bereits existierenden moderneren Feuerwaffen. Bereits während meiner Lehrzeit hatte ich einige Ridinger Motive in der Hausdruckerei auf Papptafeln aufgezogen und zusammen mit Zeichnungen von Leonardo da Vinci begeistert an die Wänden meines Zimmers im Haus meiner Eltern gehängt. Nach dem in Argentinien Erlebten wurde mir bewusst, wie außergewöhnlich genau die Kenntnisse aus der Jagdpraxis dieses Jagdmalers gewesen sein mussten, um solche wilden Motive zu Papier bringen zu können.
Zurück in Buenos Aires, begann ich mich für diese Furcht erregende Hunderasse weiter zu interessieren. Neben unseren unmittelbaren Nachbarn und guten Freunden Silberstein, bei denen wir nach meinem Ausflug im Süden des Landes zu Besuch waren, standen plötzlich zwei dieser gewaltigen schneeweißen Hunde vor uns. Zum Glück auf der jenseitigen Seite des Zauns. Ihr freundlicher Besitzer versicherte, sie streichelnd, dass sie wunderbare Wach- und Familienhunde und mit seinen Kindern lammfromm wären. Er betonte aber, dass er die Tiere aus einer besonders dem Menschen nahe gebrachten Familienaufzucht als sozial und handzart bereits mit 3 Wochen bekommen hätte. Auch wüsste er, dass man diese Hunde niemals zu Kämpfen und scharf abrichten dürfte. Ich fragte mich, ob dieser Nichtjäger eine Vorstellung davon hatte, was diese Jagdhunde als trainierte Kämpfer anderen Kreaturen zufügen können. Mir flößte diese Jagdhunderasse mit ihrer völligen Schmerzunempfindlichkeit, brachialem Mut und einem unbedingten Kampfeswillen mit wehrhaftem Wild mächtigen Respekt ein. Im dicht besiedelten Europa sehe ich in unseren gesellschaftlichen Verhältnissen wohl wenig Platz für sie. Sie sind hier etwa so extrem, wie die für die Wüstenjagden einiger arabischer Milliardäre von der Sportwagenfirma gebauten Lamborghini Jagdgeländewagen.
Auf der Rückfahrt aus dem tiefen Süden dieses gewaltigen Landes besuchten wir das berühmteste Gestüt für Renn- und Polopferde mit Namen Ojo de Agua, ehemals La Quinua. Es war seit seinem Umzug in den Ort Balcarce, nahe dem heute mondänen Badeort Mar del Plata, Ende des 19. Jahrhunderts, in Harras Ojo De Agua umbenannt worden. In jedem der Ställe, die wie Wohnzimmer mit einem duftenden Heuteppich aussahen, schlief und lebte ein Leibbursche mit dem ihm anvertrauten Pferd. Die von

hohen Bäumen bestandene Eingangsallee des Gestüts führte vorbei an einem Spalier von in der Reihe aufgestellte Grabplatten der verstorbenen Deckhengste. Wir erlebten im Verlauf der Führung eine beeindruckende Pferdewelt. Manches erinnerte mich an das dagegen unbedeutende Gestüt meines Onkels in Schleswig Holstein während meiner Kindheit. Angeblich soll sogar das englische Königshaus edle zugerittene Pferde aus diesem Gestüt bezogen haben.
Die Argentinier haben den Polosport, wie keine andere Nation auf der Welt, kultiviert. Die allerbesten Spieler der gesamten Welt kommen aus Argentinien. Man kann an den Wochenenden der Polo-Saison die in mehr als 100 Mannschaften und verschiedenen Divisionen in organisierten Teams in Buenos Aires spielen sehen. Polo ist ein besonders fairer Mannschaftssport mit festen Regeln und Leistungsausgleich durch „Handikap". In Europa haftet dem argentinischen Volkssport Polo etwas extrem Exklusives und Elitäres an. Das ist in seinem Heimatland überhaupt nicht der Fall. Natürlich ergibt sich schon eine gewisse Differenz zum normalen Reitsport. Denn ein guter Polospieler braucht bekanntlich Zugang zu mindestens zwei oder aber vier trainierten Pferden. Idealerweise ein erholtes für jeden Spielabschnitt (4 bis 8 „Chukker"). Es sind kurz bauende, außerordentlich wendige Pferde, die teilweise mit der Knubbernase der harten Gaucho Pferde, trotz des eingezüchteten englischen Vollbluts, nicht immer die „schönsten" sind. Aber das muss man auch nicht unbedingt von den dickarschigen Beschleunigungsweltmeistern, den Quarterhorses der nordamerikanischen Cowboys behaupten können. Was besonders zählt sind Antritt-Geschwindigkeit, Härte, Ausdauer, ein gewisser Mitspielverstand, Kampfgeist und führiger Gehorsam.
Polo ist seit unseren Jahren in Argentinien ein mich faszinierender Mannschaftssport. Durch unsere enge Freundschaft mit der Molinari/Brandes Familie lernte ich auch den Schwager Julio kennen. Er und sein Vater waren ein passionierter Jäger und Julio entwickelte sich zu einem bekannten Polotrainer. Bei ihm durfte ich seine Pferde ausreiten und auch ein wenig das spielerische aber höchst komplizierte Schlagen eines Balles beim Reiten in vollem Galopp trainieren. Die Regeln und die Eigenheiten sind komplex. Das Polospiel auf zwei gegnerische Tore kam zusammen mit dem „Pato" Spiel durch die englischen Offiziere der Kolonialzeit ursprünglich von den asiatischen Turkvölkern, über Indien, mit Vieh züchtenden Engländern nach Argentinien. Nicht groß genug kann man die Bedeutung des Reit- und Zugpferdes für die Entwicklungsgeschichte der Menschheit einschätzen. Die Eroberung von Südamerika war nur durch die Pferde der iberischen Konquistadoren möglich. Militärgeschichtlich spielte das Pferd und seine Zucht innerhalb der letzten 1.000 Jahre eine entschiedene Rolle. Das wird bei diesen wendigen „Formel-Eins-Pferden" im Polosport besonders deutlich sichtbar. Im ersten Weltkrieg starben auf britischer Seite in der Zeit des maschinellen Tötens 8 Millionen Pferde *(Broschüre Imperial Museum of War)*. Die deutsche Seite des zweiten Weltkrieges setzte immer noch 2,8 Millionen Pferde. Davon starben 1,5 Millionen *(Bundesarchiv)*.
Hasen und Rebhühner wurden von den einheimischen Jägern, für Deutsche unweidmännisch, mit der billigen Munition der .22er Kleinkaliber Gewehre erlegt. Ihr Wildbret-Handelswert lag aufgrund ihrer damals noch unvorstellbar großen Zahl weit unter dem Preis einer einzigen Schrotpatrone. Die Gaucho führten mir vor, wie sie Junghasen oder auch unvorsichtige Rebhühner im vollen Galopp erschlugen. Tief seitlich heruntergebeugt von ihren antrittsstarken Criollo Pferden trafen sie mit dem umgedrehten, knochengefüllten, aus Leder geflochtenen Handgriff ihrer Reitpeitsche die flüchtenden oder auffliegenden Kreaturen. Sie taten das mit tödlicher Sicherheit.

Es war bei den tagelangen Reisen im Auto damals durchaus üblich, sich am Straßenrand ein paar Rebhühner oder ein zwei Hasen zu schießen. Dafür brauchte niemand einen Jagdschein, sondern nur die zwischen den vorderen Sitzen steckende, kleine doppelläufige Schrotpistole im Kaliber .410 kurz. In Argentinien reisten einige Clubkameraden mit einem Grill und ein wenig Holzkohle im Auto. Gerne wurden solche kleinen „Wildereien“ auf dem Camino Real Streifen von hundert Meter Breite zu beiden Seiten der Landstraßen toleriert. Die Reisenden bereiteten sich auf den langen Reisen manchmal an Ort und Stelle in der Pampa ihre frisch geschossene Beute zu.
Ich hörte mehr als einmal, dass größere Reisegruppen sich Anfang des letzten Jahrhunderts durchaus manchmal das Recht herausgenommen hatten, ein Kalb der 120 Millionen freilaufenden Rinder zu schießen und an Ort und Stelle zu verspeisen. Es ist anzunehmen, dass das nicht der Grund war, weshalb sich die Anzahl der Rinder in Argentinien, heute am Anfang des 21. Jahrhunderts, gegenüber den Jahren meines Aufenthalts halbiert hat. Im Landesinneren begegnete einem damals manchmal während einer viertel Stunde lang überhaupt kein Auto. Die gastfreundlichen Estancias waren bis 250.000 Hektar groß. Wie kleine Bundesländer in Deutschland. Man fand bei einigen Estancieros auf ihren Farmen im Nirgendwo, getreu ihrer europäischen Herkunft, Rekonstruktionen von Miniatur-Prachtbauten. Die hatten fast immer einen eigenen Poloplatz. Viele Besitzer wohnten in der Hauptstadt. Sie besuchten ihre Farm mit eigenen oder gecharterten Privatflugzeugen.
Der eigentliche Chef der Farm war fast immer der Verwalter oder der Vorarbeiter der Gaucho. Diese anspruchslosen Rinderhirten lebten mit ihren Familien in einfachen Angestelltenunterkünften auf der Farm. Ihr Fortbewegungsmittel war fast immer nur das Arbeitspferd. Damals trugen sie alle mehr oder weniger die typische Gaucho Tracht. Sie verwendeten ausschließlich selbst geflochtene Rohlederlassos welche mit frischem Dung der Rinder „kuriert“ wurden. Selbst das kunstvoll verzierte Zaumzeug und die eisengefüllten Bolas wurden aus demselben Material von ihnen selbst geschnitten und mit getrockneten Tiersehnen in traditionell kunstvollen Mustern vernäht. Bolas wurden zwischen die Beine der flüchtenden Rinder geschleudert um sie zum Straucheln und Niederfallen zu bringen. Gaucho tragen traditionell meistens malerisch überhängende Baskenmützen oder kurzkrempige wild nach oben geschwungenen Sombreros mit dem typischen Kinnband, Pluderreithosen und aus Schafswolle gewebte Ponchos. Ihre um die 40 bis 50 Zentimeter langen, spitz zulaufenden Universalmesser trägt jeder von ihnen, vom Aufstehen bis zum Schlafengehen, am Rücken im breiten münzenbesetzten Gürtel.
Man könnte mühelos ein lesenswertes, eigenes Kapitel über diese rauen, wortlosen Männer und ihre spartanische Lebensweise schreiben. Dem europäischen Jäger werden sie auch heute noch im Landesinneren begegnen. Wenn sie einmal von ihren Pferden stiegen, war es das unausweichliche Ritual, am immer brennenden Feuer den berühmten Matetee zu trinken. Dabei trinken alle Anwesenden durch einen einzigen silbernen Trinkhalm mit Siebboden, immer reihum aus dem gleichen versilberten handgroßen Baumkürbis-Gefäß, dem sogenannten „Mate“.
Ich lernte noch einiges mehr von diesen genügsamen Männern. Einer zeigte mir, wie sie die dort in Höhlen unter der Erde in Bauen lebenden schmackhaften Gürteltiere (cachicamo) mit ihren behaarten Schuppenpanzern lebend fingen. Wir ritten gemeinsam in die Pampa und er fand nach einer Weile ein vor uns weglaufendes Gürteltier, das sich bei seinem Herangaloppieren mit seinen Krallen blitzschnell in den weichen Boden eingraben wollte. Die halbblinden Tiere sind normalerweise nachtaktiv und in mehreren Bauröhren zuhause. Der Gaucho, dem ich kaum folgen konnte, sprang noch im fliegenden Ga-

lopp von seinem Pferd und packte das „Cachicamo“ an seinem nackten beschuppten Schwanz. Gleichzeitig führte er einen Finger in den Anus des Tieres ein. Das Gürteltier hörte diesen kleinen Moment auf zu graben. Während dieser zwei Schrecksekunden erstarrten seine Grabbeine. Der Moment reichte dem Gaucho um das zerklüftete Cachicamo aus der bereits zu einem Stück gegrabenen Höhle heraus zu ziehen. Das sollte man gesehen haben, um es zu glauben. Unter der Landbevölkerung in Uruguay und Teilen Argentiniens herrscht teilweise die Meinung, dass Gürteltiere Überträger von Lepra und anderen Hautkrankheiten sind. Trotzdem wurden sie bevorzugt gerne gegessen. Bei Ermanglung von Elektrizität oder gasbetriebenen Kühltruhen wurden die possierlichen Tiere, genau wie die begehrten Landschildkröten, mitleidslos an einer Schnur mit einem Loch am äußeren Rande ihres Panzer, zusammengebunden als lebender Vorrat auch paarweise auf dem Pack-Pferden mitgeführt.

Ich sah wie bei langen Viehtreiben selbst lebende Hühner auf diese Weise hinter den Sattel geschnallt, mitgenommen wurden. Ihr Fleisch wurde gerne für die fein mit dem Messer zerhackte Füllung von faustgroßen Teigtaschen verwendet. Außerdem enthielten die, je nach Rezeptur, scharfen Chili, süße Rosinen und rohe oder gebratene Zwiebeln. Diese Empanadas sind ein bequemer, tagelang haltbarer, Happen als Mahlzeiten für zwischendurch. Ein Gaucho oder Pampasbewohner aß damals 400 bis 500 Gramm außen knusprig und innen saftig geröstetes Rinder-Fleisch (nur das von Rindern wurde Carne genannt) vom offenen Holzkohlen-Feuer. Bei jedem längerem Viehtrieb in der endlosen Pampa wurde „religiös“ ein Mann abgestellt, um den ganzen Nachmittag, bis zur Rückkehr der Gaucho, mit großer Liebe das abendliche Grillfleischessen vorzubereiten. So wichtig war diese mit religiösem Ernst zelebrierte Essenzubereitung.

Dazu gehörten die Holzkohlen aus der großen Familie der Quebracho Bäume. Sie wachsen über 20 Meter hoch. Man zeigte mir die Holzunterschiede. Denn sie waren wichtig und jedes Kind auf den Estancias kannte sie. Das im Kern rote Holz ist wegen seiner Dauerhaftigkeit, Härte und dem hohen Gerbsäuregehalt geschätzt. Noch weit besser jedoch ist das Quebracho blanco (weiß). Man zeigte mir, dass dieses keine lästigen Funken versprüht.

Die Gaucho waren verwegene, wettergegerbte Gestalten die abends auf der Jagd an ihrem Sattel mit Unterlage und dem aufgelegten Schaffell in einer dicken, eingerollten Decke am Feuer lehnten. Sie waren meistens malerisch unrasiert. Besonders ihre Pluderhosen und dicken Schafwollponchos gaben ihren eigenartigen Silhouetten im Dunkeln am lodernden offenen Feuer eine unverwechselbare wilde Note. Ihre viel besungene Historie ist voll von ihren Ehrenhändeln mit den dabei früher unvermeidlichen Messerstechereien.

Die gewürzten Rippenstücke vom Rind wurden mit abgespreizten Keulen und Vorderläufen an eisernen Kreuzen im Halbkreis, leicht nach vorne übergebeugt, an der Glut des Feuers in den Boden gerammt. Diese sanfte Art bei niedriger Temperatur zu grillen erfordert eine stundenlange Exposition des Fleisches gegen die sanfte Hitze des Feuers. Die gegrillten Fleischstücke aus dem Bereich der Rippen hatten das begehrte, direkt am Knochen gewachsene Fleisch. Es schmeckt wegen der Mineralien und den Röstaromen der sanften „Verbrennungen“ durch die Holzflammen besonders würzig. Hinzu kamen aus dem Rinderrücken oder Sattel geschnittenen Bife de Lomo (Englisch Backstrips) sowie Flankenlappen und die unvermeidlichen Chorizowürstchen. Ein kompletter Asado Argentino besteht aus folgenden typischen Schnittstücken: dem famosen Bife de Chorizo, Würsten, Cuadril, Lomo, Bife Ancho, Vacio, und Matambre. Eine Wissenschaft für sich.

Hier im Feld auf der Jagd schnitt sich jeder ein längeres Fleischstück von den Stücken auf der Parilla ab und steckte es an einem Ende in den Mund zwischen die Zähne. Dann wurde mit dem langen feststehenden Universalmesser (facon), gefährlich nahe an der Nase vorbei, Bissen für Bissen abgetrennt. Jeder Gaucho benutzte dazu als einziges Besteck sein eigenes, auf dem Rücken in der Lederscheide getragenes Messer. Die gleichen Messer wurden am Tage mit derselben Selbstverständlichkeit für das Abschneiden der Hoden und markierende Herausschneiden von Stücken des Ohres der Kälber benutzt. Als Getränk gab es natürlich immer den grünen, anregenden Matetee. Die gehackte Yerba- Kräutermischung des wilden Matestrauches, aus der Familie der Stechpalmen, schäumte jedes Mal unter dem immer bereit gehaltenem kochenden Wasser und verbreitete seinen charakteristischen anregenden Duft. Er wurde ständig mit heißem Wasser aus einem Kessel über der Glut aufgefüllt. Dann wurde das auch Mate genannte Kugelgefäß der Reihe nach herum gereicht und alle schlürften nacheinander aus demselben metallenen Trinkhalm. Alkohol oder Wein und Bier als wohlschmeckende sozialisierende Getränke spielten bei meinen Übernachtungen in der Natur auf den weiten Estancias so gut wie keine Rolle.
Täglich vier bis fünfhundert Gramm gegrilltes Rindfleisch zu essen, war zu meiner Zeit für einen hart arbeitenden Mann durchaus üblich. Anstelle des Rindfleisches, Schweinefleisch zu essen, war eines Argentinier zu meiner Zeit nicht würdig. Wir bezahlten in der Hauptstadt für ein Kilo des für mich damals besten Rinderfilets der Welt den Gegenwert von drei bis vier DM. Der kaum vorstellbare Pro-Kopf-Verbrauch (inklusive Babys und alte Leute) betrug deutlich über 100 KILO RINDFLEISCH pro Jahr! Für alles andere Fleisch kam dieser sonst generische Ausdruck Fleisch (carne) im Alltagsspanisch Argentiniens nicht zur Anwendung. Carne hieß nur das Rindfleisch. Dazu aß man Salate und allenfalls etwas Yuka. In den Restaurants servierte man das für mich einzigartige, überirdisch gut schmeckende Almendrado-Eis aus Milcheis mit viel Vanille, gehackten Mandeln und feinen gerösteten Krokantsplittern als Dessert. Die anderen überall präsenten Nachspeisen waren kleine Panquekes (Pfannkuchen) mit Manzana (karamellisierter Apfel) oder mit Dulce de Leche, eine eingekochte, reine Kuhrohmilch mit Zucker und Vanille. Früher wurde sie mit etwas Zimt zubereitet. Sie wird unter langsamem, stundenlangem Kochen hergestellt. Es kann beim Kochen auch Sahne und Natron hinzugefügt werden. Gerne wurden auch eingelegte Membrillofrüchte, also Qittengelee, in ihrem Saft mit frisch gemachtem Handkäse als Dessert gereicht.
Das Fleisch der Schweine, Hammel, Ziegen und Kaninchen gehörte damals nicht zu dem Oberbegriff Fleisch. Es war weniger beliebte Nahrung für die armen Leute. Der Assado (Grill) ist in Argentinien eine ernste und professionelle Angelegenheit. Die geachtete, handwerkliche Tätigkeit des Parilleros (Grillmeister) ist ein offizieller Lehrberuf. Es musste immer die von mir bereits geschilderten richtigen Holzarten für die genau festgelegte Zubereitung der Holzkohlenfeuer verwendet werden. Die Herstellung der häuslichen Grillsaucen wie Chimichurri erfolgte nach Familienrezepten und das Wissen um die richtigen Gewürzmischungen wird in Generationen weitergegeben. Die gleichmäßige Größe der selbst stets nachgelegten und klein geschlagenen Holzkohlenstücke ergab immer aufs Neue die gewünschte richtige uniforme Hitze. Darüber nahm das Fleisch von frei laufenden Weiderindern durch wohl dosierte Röstaromen seinen unnachahmlich „argentinischen" Geschmack an. Der Abstand zwischen Fleisch und Holzkohle wurde mittels eines an Ketten hängenden Grillrostes, je nach Ablauf des Grillprozesses, reguliert. In jeder Phase wurde streng darauf geachtet, dass das ablaufende Fett auf keinen Fall in die Glut fiel. Deshalb besteht der argentinische Parilla Grillrost aus nach oben offenen, v-förmigen, eng beieinander

verlaufenden „Eisenlatten“. Das bis zu vierwöchige Reifen der besten Stücke des frischen Bife, in auf 4 - 6 Grad gekühlten Räumen der Restaurants, wurde wie eine Wissenschaft genauestens eingehalten. Die bis zu einem Meter langen, hängenden Rückenstreifen der reifenden Bifes wurden stolz hinter den Glastüren der Kühlkammern präsentiert. Sie wurden zu Stücken von meistens 400 bis 500 Gramm quer zur Faser geschnitten, gegrillt und dann innen saftig rosa und außen knusprig braun an die Tische gebracht. Fleischbehandlung war eine Religion und Wissenschaft für sich. Wer das häufig in den besten Fleischrestaurants der Stadt, zum Beispiel im clubeigenen Restaurant der Viehzüchtervereinigung der Aberdeen Angus Rinder gegessen hat, möchte niemals mehr von diese Fleischkultur der Argentinier oder auch Uruguayer lassen. Die Basis sind nicht nur die reinen Fleischrinderrassen (sie geben Milch nur für ihre Kälber) Hereford und Aberdeen Angus, sondern die absolut biologische Freilandhaltung auf extensiven und saftigen Grasflächen. Die leben ganzjährig, auch in den kühleren Wintern Argentiniens, auf ihren riesigen Weideflächen wild und frei draußen. Das hier heute in Europa auch gerne als südamerikanisch servierte Fleisch aus dem heißen brasilianischen Süden stammt meistens von weniger hochwertigen Fleischrindern wie Cebu Einkreuzungen.
Der Reichtum Argentiniens basierte auf seinen immensen Agrar- und Viehzuchtflächen. Das Land reicht vom arktischen Kap Horn im Süden bis an den warmen subtropischen Norden der Grenzen zu Bolivien, Paraguay und Brasilien. Direkt oberhalb von Buenos Aires grenzt es an das mit vergleichbarem Klima ausgestatte Schwesterland Uruguay. Das Land hat eine lange Nord-Süd-Ausdehnung von 3.700 Kilometer und 1500 Kilometer Breite bis an die Cordillera von Chile mit 6.000 Meter hohen Gipfeln. Daher besitzt das Land zahlreiche Klima- und Vegetationszonen von denen die Herstellung seiner landwirtschaftlichen Erzeugnisse in besonderem Maße profitiert. Argentinien ist der größte Rindfleischerzeuger der Welt! Freunde weihten uns in den Trick ein, ausnahmsweise etwas zäheres, nicht abgehangenes Fleisch durch 2 Tage Umwickeln mit Papayablättern im Kühlschrank mürbe zu machen. Das Herausragende am argentinischen Fleisch der Sonderklasse ist für mich der einmalige Geschmack dieser absolut wilden, in reiner südamerikanischer Natur mit wilden Kräutern und Pampasgräsern groß gewordenen, reinen Fleischrinder. Mir schmecken diese Rinder besser, als das so hoch gelobte Koberind und die meisten der super gereiften, butterzarten amerikanischen oder marmorierten australischen Steaks. Jedes Kind weiß in diesem Land wie Fleisch von in der wilden Pampa freilaufenden Fleischrindern schmecken muss. Es gab dort wenig dicke Menschen. Man sagt, dass die sprichwörtliche argentinische Vitalität, wie auch die ausgeprägte Körperbehaarung der Männer, aus dieser proteinreichen Nahrung resultiert. Saftige Steaks „verbrennen“ mit einer kurzen Aufenthaltsdauer im Körper bekanntlich schnell. Sie geben die Kraft der Rindfleischproteine. Viele grüne Salate und Gemüse werden als Beilage gereicht. Kohlehydrate gehören weniger zu dieser Powerernährung. Besprechungen in der Geschäftswelt, die zu schnellen Ergebnissen kommen sollen, legte man möglichst auf 11 bis 12 Uhr mittags. Spätestens um 14 Uhr konnte man allergrößte Unruhe der Vorfreude auf die Steaks spüren. Ab 13 Uhr hörte ich die knurrenden Mägen allenthalben.
Zu unserer allergrößten Freude war meine Frau ein Jahr nach unserer Ankunft im Land schwanger geworden. Ob die Fruchtbarkeit auch auf die proteinhaltige Ernährung oder die bis zu 100 Prozent hohe Luftfeuchtigkeit zurückzuführen war, wissen wir nicht. Bereits kurz vor der Geburt unserer Kleinen Tochter Natalie hatte ich das Gefühl, dass mein berufliches Projekt, trotz meiner Hingabe, wahrscheinlich über die intensive Phase der Vorbereitung nicht hinauskommen würde. Die wirtschaftliche Lage des

Landes wurde mit einer Inflationsrate von über 1.000 Prozent immer aussichtsloser. Ich wollte unseren wahrscheinlichen Abschieds-Urlaub dazu nutzen meiner hochschwangeren Frau den mir inzwischen gut bekannten abwechslungsreichen Süden des Landes zu zeigen und gemeinsam mit ihr zu einem der besten Lachs- und Forellenplätze der Welt fahren.

Leider hatte, wegen der schlechten Lebensumstände, für viele Minderbemittelte die Kriminalität in der Großstadt zugenommen. Mein Clubkamerad Alfredo sagte mir, dass es üblich wäre, für jede Kurzwaffe im Haus immer einen zweiten, unregistrierten Lauf vorrätig zu haben. Den benutzten könnte man dann nach Gebrauch in Notwehr verschwinden lassen. Solche Gedanken kommen vielleicht nur Verbrechern in Mitteleuropa. Das Recht erlaubte Hausbesitzern, Einbrecher, die sich nachts im Haus aufhielten, sogar ohne Anruf zu töten. Alfredo meinte, wohl leicht makaber, das gelte auch für solche, die man im eigenen Garten erschossen hätte. Ein Polizist erzählt zu diesem Thema, dass man die in Notwehr Erschossenen nur bis über die Schwelle des Hauses hineinzuziehen brauche. Mit diesen uns unwirklich erscheinenden Ratschlägen fuhren wir eines Tages mit meiner fortgeschritten schwangeren Frau tagelang in Richtung Süden des Landes. Damals dachten wir noch nicht daran, dass unser Verhalten mit einer schwangeren Frau eventuell leichtsinnig gewesen wäre.

Ich führte meine legal erworbene und eingetragene, doppelläufige 40 Zentimeter kurze Hahn-Schrotpistole in einem Cowboyfutteral zugriffsbereit und geladen zwischen den Sitzen unseres Peugeot 404 mit Lenkradschaltung mit uns. Das Model Safari der Alsacia Metalurgia hatte Läufe von nur 25 cm Länge. Sie war mit Posten oder groben Schrot geladen. Beides wäre auch legal und hervorragend für die Selbstverteidigung in großer Nähe geeignet gewesen. Mehrfach habe ich uns damit Rebhühner aus kurzer Entfernung geschossen. Mit uns führten wir auch ein halbautomatisches Gewehr der Marke Halcon Metalurgia Centro im Kaliber .22 lr und meine umfangreiche Angelausrüstung. Das Gewehr war legal zum Auseinandernehmen und mit extralangen 10 Schuss Ersatzmagazinen konstruiert.

Wir hatten auf dieser ersten Urlaubsreise in den Süden Argentiniens keine bestimmten Reiseziele gebucht, wollten aber zum Jagen und Fischen der berühmten Browntrouts und Bachforellen in die Seenplatte Richtung chilenischer Grenze. Man sagte uns, dass ein gutes aber primitives Fischercamp am Nordostufer des Lago Lolog lag und erklärte uns mündlich und ungefähr den umständlichen Weg. Dieser völlig unbefestigte „camino“ dahin sei um diese Jahreszeit wegen einiger Zuflüsse ohne Brücken am Besten mit einem Allradfahrzeug zu schaffen. Als Alternative gab es noch ein anderes, äußerst versteckt gelegenes Camp für hervorragendes Fischen am Lago Huechulafquen. Wir erreichten die heute bei Google als Hosteria (Herberge) ausgewiesene Hütte nach einer beinahe einen halben Tag dauernden Fahrt von San Martin über Junin de Los Andes auf schmalen völlig unbefestigten Pisten und Uferwegen. Heute braucht man dafür auf Asphalt nur 2 Stunden. Es ging für meine am Ende des 6. Monats schwangere Frau die letzten 30 Kilometer über Baumwurzeln, große Steine und durch ziemlich viele Wasser führende Furten und Zuflüsse um den halben See herum. Unser braves, hochbeinig gefedertes Straßen Auto des Models Peugeot 404 „kletterte“ dabei ganz langsam auf dem Weg (heute Straße Ruta Provincial 61) bis zu einer Flusszufahrt, dort, wo der Paimun- in den Huechulafquen See einmündet.

Wir kamen an diesem Abend an eine bis unters Dach mit Anglern gefüllte Hütte. An deren Platz steht heute eine moderne Hosteria. Es gab kein Festnetz Telefon und das Mobiltelefon existierte noch nicht. Das Schlimmste war, wir waren nicht angemeldet. Restlos alle Betten in der mit Holz geheizten Hütte waren besetzt. Uns durch die Nacht zurück schicken war unmöglich. Deshalb wurde uns bis zur Abfahrt einiger der anderen Angelgäste eine feuchte Abstellhütte ohne jede Heizung oder Ofen angeboten. Es war um diese Jahreszeit nachts empfindlich kalt. Wir froren aneinandergekuschelt, trotz unserer Jugend, auf einer Matratze und Paletten aus Holz als Unterlage wirklich erbärmlich. Ich erinnere mich, dass meine Frau Doris beim morgendlichen Aufwachen kleine Eiszapfen im Haar und ich einen vom Atem vereisten Oberlippen-Bart hatten. Die einfachen Umstände gingen langsam bis an die Schmerzgrenze meiner tapferen Frau. Man hatte ein Einsehen mit meiner schwangeren Ehefrau. Mich alleine hätte man wahrscheinlich zurückgeschickt. Zum Glück wurde nun ein kleines Zimmer im gewärmten Haus freigemacht. Als wir in die glasklare Morgenluft traten, begann die aufgehende Sonne den schneeweißen Gipfel des 3.800 Meter hohen Vulkanberges Lanin zu bescheinen. Der wunderschöne eisbedeckte Berg liegt genau auf der Grenze zwischen Argentinien und Chile. Er ist, wie wir erfuhren, das heilige Nationalsymbol der lange verfolgten und diskriminierten Mapuche Indianer. Alle Straßen fanden in dieser Gegend ein Ende. Noch heute werden nicht weit von dieser inzwischen weltberühmten Anglerunterkunft die kapitalsten Hirsche Argentiniens gejagt. Wir frühstückten mit den anderen Anglern, dicht gedrängt und im einzigen Raum mit Kamin. Als die Campbetreiber erfuhren, dass wir frisch aus Deutschland gekommen waren, fühlten wir, dass sich die Stimmung der Wirtsleute merklich abkühlte. Sie waren aus Belgien oder Frankreich vor den Nazis geflohene Juden. Die Wunden ihres tiefen familiären Leids waren noch frisch.

Angeln wollten wir jedoch sofort. Also bekamen wir ein Ruderboot zugeteilt und ich hängte meine zwei erlaubten Ruten mit ganz bestimmten, tief laufenden argentinischen Woblern für große Seeforellen hinten in die Halterungen ins Wasser. Mir wurde auf einmal klar, dass ich mit meiner am Ende des 6. Monats schwangeren Frau auf dem vorderen Sitz leichtsinnig und ohne angelegte Schwimmwesten auf einem eiskalten, hunderte Meter tiefen See ruderte. Motorboote waren in diesem Teil des Nationalparks Lanin verboten. Schnell verflogen diese Gedanken, denn wir wurden mehr als reich für unsere Abenteuerlust belohnt. Täglich hingen mehrere, in Ausnahmefällen bis acht Kilo schwere Lachsforellen an meinen Haken. Es waren kapitale amerikanische Bachsaiblinge und kleinere, aber durchaus ebenso kapitale Regenbogenforellen. Sie mussten alle hart „errudert“ werden.

Am Einlauf eines eiskalten aber glasklaren Baches fing ich nach dem Tipp des Campbetreibers noch einige stark kämpfende Bachforellen mit der Fliege. Wie in einem selten beim Fischen in Süßwasser erlebten Beuterausch verging die Woche mit Forellenessen in allen vorstellbaren Zubereitungsformen. Die Frau des Besitzers war eine Meisterköchin. Langsam kamen wir uns menschlich ein wenig näher. Die Browntrout- und Fontinalis Forellen wurden der Länge nach aufgeschnitten, filettiert und kalt geräuchert. Sie wurden dazu in einem Drahtkorb in der Krone eines kleinen Baumes aufgehängt und darin vom dem bis dahin unterirdisch geleiteten Rauch aromatisiert und konserviert. Der Rauch von einem Räucherfeuer mit ganz bestimmten Hölzern wurde zehn Meter weit, immer unter der Erdoberfläche und mit leichter Steigung, nach oben in der kalten Erde gekühlt. Damit wurden die Lachs Filets durch Kalträuchern für den Transport nach Buenos Aires haltbar gemacht. Was sollten wir bloß mit all den wohl schmeckenden Fischen bis zur Rückfahrt machen?

Jeden Morgen standen wir erneut an einem menschenleeren, glasklaren See eingerahmt von wild gewachsenen Wäldern und schneebedeckten Berggipfeln. Unser herzhaftes und schnell eingenommenes üppiges Frühstück wärmte uns glücklicherweise von innen. Das gab mir die Kraft für das folgende stundenlange anstrengende Rudern. Meine damals zarte Frau stand mit ihrem prall und spitz gewölbten

Schwangerschaftsbäuchlein so brav wie ein Männlein im Walde bereit für unsere Abfahrt auf den See. Wenn wir uns dann mit unserer Ausrüstung vom Ufer abstießen, verloren sich die wenigen anderen Boote unseres Camps schnell auf der weiten Wasserfläche. Wir waren dann bald einsam in der nach Pinien riechenden frischen Morgenluft. Der fettgeschwängerte und nach Gewürzen riechende Räucherrauch der Lachse mischte sich mit dem der Holzofenfeuer aus den beiden Kaminen des Haupthauses. Das einzige Geräusch war das rhythmische Eintauchen der Riemen und das der auf die Wasseroberfläche zurückfallenden Tropfen. Langsam erwärmte die schwache aber beständige Wintersonne uns und das Wunderland um uns herum. Die Natur Südargentiniens erschien uns jeden Tag aufs Neue wie unwirklich gemalt und einfach phantastisch schön. Das langsame Aufwachen in einer solchen Umgebung erzeugte magische Momente, wie wir sie noch nie vorher gesehen hatten. Wir verfügten damals über relativ beschränkte Finanzen und fühlten uns vor der eindruckvollen Naturkulisse ungewöhnlich reich und luxuriös beschenkt. Das uns so intensiv anrührende Naturerlebnis war die Hin- und Rückreise von mehr als 3.500 Kilometer im Auto wert gewesen. Meine schwangere Frau und ich verbrachten einen der schönsten Angelurlaube unseres Lebens am Lago Huechulafquen.

Auch Niederwildjagden auf die in Mengen vorkommenden Hasen, Enten und die drei verschiedenen Rebhuhnarten waren ursprünglich eingeplant gewesen. Dafür hatten wir aber auf dieser Fahrt, bis auf ein paar Hände voll der weniger häufigen Hauben-Rebhühner (Copetonas) und Hasen, keine Zeit gefunden. Zum Glück gelang mir auf der Rückfahrt auf einer riesigen Farm noch der Abschuss eines südamerikanischen Straußenvogels, dem Emu. Ich hatte es mir in den Kopf gesetzt, ihn zu verzehren und seine feine, genoppte Lederhaut gerben zu lassen um sie als typisches Andenken aus Südamerika mitzunehmen.

Unsere Hinfahrt hatte uns über den berühmten Ort Bariloche bis zum unwirklich in der Berg- und Seenlandschaft liegenden Hotel Llau Llau. Es liegt am Fuße der Anden zwischen dem Nahuel Huapi- und dem Moreno-See. Ursprünglich bestand das im zweiten Weltkrieg gebaute imposante Hotel ganz aus gewaltigen Baumstämmen. Nach seiner Zerstörung durch ein Feuer wurde das heutige immer noch imponierende „Leading Hotel of the World" aus Natursteinen und verstärkendem Beton inmitten seiner großartigen Landschaft wieder aufgebaut. Wir übernachteten in einer der vielen angenehmen Pensionen von den vielen vorzüglichen Deutschen und Schweizer Einwanderern am See.

Die Hirschjagdsaison ging im herbstlichen März auf. Deshalb war ich auf der zuvor geschilderten Fahrt mit meiner Frau zu einem anderen Zeitpunkt hierher gekommen. Rund um den See konnte man dann, während der Hirschbrunft, im gesamten Tal das Schreien der brunftigen Hirsche hören. Auf den Inseln Victoria und besonders der Halbinsel von Huemul im Nahuel Huapi See hatte Alfredo in den Jagdabschnitten der Nationalpark-Verwaltung einige seiner stärksten Rotwild Trophäen erlegt. Wäre die Flugentfernung von Mitteleuropa nicht so groß, ich bin mir sicher, wäre das urige Argentinien eines der bevorzugten Jagdländer deutscher Jäger.

Auf der Rückfahrt vom Angelausflug mit meiner Frau nach Buenos Aires entdeckten wir im hintersten Winkel eines Bootshauses in San Martin de los Andes einen hochbeinigen Pick-Up der amerikanischen Marke Rugby. Er stand dort ziemlich unbeachtet und völlig verwahrlost in einer Garage mit den Resten des ersten Lacks im Originalzustand, nur bedeckt von einer Staubschicht. Wir verliebten uns sofort in diesen Donald Duck Pritschen-Wagen und fragten den verwahrlosten Besitzer ob er ihn uns nicht verkaufen würde. Nachdem er unser unerwartet drängendes Interesse in unseren Augen gesehen hatte, bekam sein Gesicht einen leicht verschlagenen Ausdruck. *„Warum nicht"*, war seine Antwort. *„Wir brauchen den seit dem Tod unseres Großvaters nur hin und wieder zum Transportieren von Kaminholz"*. Es war unglaublich, aber der Motor sprang nach einigen Umdrehungen mit der Handkurbel mit einer kleinen Rauchwolke an. Wir kauften ihn mit einem winzigen Kaufvertrag auf einem Stück Papier kurz entschlossen für den Gegenwert von $ US 500. Unvorsichtiger Weise beauftragten wir den nun wieder solventen Verkäufer mit dem Transport unseres Schnäppchens nach Buenos Aires. Eine Woche später erhielten wir die 500 Dollar zurück geschickt, mit der Bemerkung, er hätte den Wagen auf halber Strecke für einen vielfachen Betrag davon verkauft. Man konnte hier im extensiven Landsinneren damals einige solcher Schnäppchen mit antiken Autos, die noch im Gebrauch waren, machen. Dieses Oma Duck Auto mit der aus Holz beplankten Ladefläche war aber einfach zu günstig gekauft. Aus solchen Erfahrungen lernt man. Wie sagte mein Vater: ein stumpfes Messer wird beim Schärfen erst scharf, dann sehr scharf und dann wieder, wenn man es übertreibt, stumpf.

Auf der gemütlichen Rückfahrt machten wir Rast bei einem Gaucho und seiner Familie. Er züchtete Schafe und machte sich eine Freude daraus, Doris einen von ihm erlegten drei Meter spannenden, ausgestopften Kondor in ihre ausgestreckten Arme zu legen. Der Kondor hatte seine Lämmer dezimiert. *„Sie können ihn doch als Andenken mitnehmen"*, sagte er. Wir lehnten das natürlich ab und hatten Mühe unserer Entrüstung über den Abschuss des aussterbenden Vogels zu verbergen. *„Machen sie doch wenigstens ein Foto mit dem Vogel und ihrer schönen Frau aus Deutschland"*. Ich tat es nach einigem Zögern. Dieser ungebildete Mann wusste offensichtlich nicht, welche unverzeihliche Sünde er an diesem vom Aussterben bedrohten Tier begangen hatte. Das denkwürdige Foto sowie einige andere von den gewaltigen Saiblingen und Forellen sind einige der wenigen Zeugnisse dieser Tour mit meiner Frau durch den Süden Argentiniens. Wir hatten nur die Mitte und den nördlichen Teil des Südens dieses riesigen Landes erkundet.

Ich kann jedem unternehmungslustigen Jäger diese gewaltige Landschaft voll europäischer Kultur uneingeschränkt empfehlen. Im Gegensatz zu anderen Kontinenten fühlt man sich als deutschsprachiger Jäger hier auf Anhieb wohl. Die dort im März herbstliche und vertraute Natur erlaubt dem Bewohner der nördlichen Erdhalbkugel eine zweite Hirschbrunft im Jahr. Eine Jagdreise dorthin lässt sich vortrefflich mit dem lohnenden Kennenlernen von Südamerikas immenser kultureller Vielfalt verbinden.

KLASSISCHE AFRIKA SAFARI IN SIMBABWE

An einem Jahresende erhielt ich, wie jedes Jahr, einen Sonderbonus für außergewöhnliche Erträge der von mir geleiteten Auslandsfiliale während unseres zweiten Aufenthaltes in Venezuela. Mit einem Teil davon erfüllte ich mir 1981 einen zentralen Lebenstraum. Den hatte ich bereits in früher Kindheit geträumt. Eine klassische Safari im wilden Afrika auf wehrhaftes Wild.
Meine Frau hatte an einer Teilnahme kein Interesse. Am Ende meiner Lehrzeit war es eigentlich mein Ziel gewesen, nach Südafrika auszuwandern. Die ursprüngliche jugendliche Lebensplanung entwickelte sich, auch durch die schicksalhafte Begegnung mit meiner späteren Ehefrau, ein wenig anders. Der Wunsch nach einer abenteuerlichen Safari in Afrika saß mir aber seit diesen frühen Träumen sehnsuchtsvoll in der Seele. Ich war nach all den inzwischen vergangenen Jahren stolzer Familienvater mit Kindern geworden. Jetzt, mit 38 Jahren, befand ich mich in einer starken und besonders erfolgreichen Phase unseres Lebens. Ich empfand, es war endlich der lange gereifte Moment für die Erfüllung meines Wunsches gekommen. Ich hatte mir genügend zusätzliches Geld aus Jahresboni verdient, um ihn mir endlich ganz egoistisch zu erfüllen.
Nach intensiven Erkundigungen entschied ich mich auch auf Anraten von bekannten Afrikajägern für die Lone Star Farm der Sparrow Familie in Simbabwe. Die Sparrow hatten zu meiner großen Freude, wegen des halbbezahlten plötzlichen Totalausfalles eines nordamerikanischen Jägers, ein einmalig günstiges Sonderangebot. Ich hatte mir für meinen Anfang in Afrika das Land Zimbabwe und seine Menschen auch aus anderen Gründen ausgesucht. Erstens ist es vom Biotop und den Tieren her ein Juwel in Afrika. Zweitens galten die Maßstäbe der Berufsvereinigung der Berufsjäger des Landes damals als die höchst entwickelten in ganz Afrika. Drittens haben die Tracker oder Spurenleser einen Ruf der herausragenden Exzellenz. Simbabwe war damals das Vorbildland in Erziehung und Wirtschaftskraft für ganz Schwarzafrika. Sein Tabakanbau und die Landwirtschaft machten es reich. Bis der despotische Diktator Mugabe nach sieben Jahren Guerillakrieg gegen das weiße Regime Rhodesiens 1980 an die Macht kam und es mit seiner Vertreibung der meist weißen Farmbetreiber restlos ruinierte. Ich plante meine erste Jagd genau nach dieser eben erfolgten Revolution und Abspaltung der Kolonie von England. Der neu gewählte Guerillaführer Mugabe schreckte nach dem Ende meiner ersten Jagd in diesem Land zunehmend vor nichts zurück. Er ließ sogar Regierungsgegner und Angehörige des Nbedele-Stamms umbringen. Durch eine Verfassungsänderung legte er 1987 die Ämter des Staatsoberhaupts, des Regierungschefs und des obersten Befehlshabers der Streitkräfte zusammen. Damit schaffte er die für die Minderheit der Weißen garantierten Sitze im Abgeordnetenhaus und im Senat kurzerhand ab. Ab 1992 wurden weißen Farmer, die einen Großteil der Ackerfläche des Landes besaßen, enteignet. 2012 wird er sich mit der Opposition auf eine neue Verfassung einigen. Der brutal regierende bald 89 Jahre alte Mugabe könnte bis kurz vor seinen 100. Geburtstag weiterregieren. Dieser halsstarrige und raffiniert agierende Präsident und ehemalige kommunistische Guerillakämpfer behält sich auch in der neuesten Verfassung das Recht vor, den Chef von Polizei und Armee zu berufen. Trotzdem blieb das Jagdwesen in Simbabwe, auch aufgrund seiner von weißen Rhodesiern aufgebauten Strukturen, Nationalparks und Farmen, bei meinen ersten Besuchen erst einmal seriös und organisiert. Die Prinzipien von „fair Chase",

also weidgerechtes Jagen, waren hoch entwickelt. Ganz erhebliche Einkünfte und das Wildbret aus der Trophäenjagd kamen der damals noch intakten und hoch entwickelten Wildererbekämpfung aus dem verblichenen Rhodesien der Bevölkerung zugute. Rhodesische Jagdführer waren während meiner ersten Besuche alles Weiße aus dem Farmwesen und ehemalige Buschsoldaten. Der erste schwarze Jagdführer hieß Makoni (soll die Bezeichnung für „König" in der Shonasprache sein) und führte als gleichberechtigter Angestellter der Sparrow Familie einen Teil der Jagdgäste auf der Lone Star Farm.
Das von den englischen Kolonialherren befreite unabhängige Simbabwe ist so groß wie Deutschland und hatte aber nur 10 Millionen Einwohner. Vor seiner Unabhängigkeit hieß es Britisches Kolonialprotektorat Rhodesien und war nach dem Briten Cecil Rhodes benannt. Die englische Verwaltung hatte nicht nur eine beispielhafte, blühende Farmwirtschaft hinterlassen, sondern besaß darüber hinaus Anfang der 80er Jahre eine einheimische Bevölkerung von denen für Afrika sagenhafte 88 Prozent Lesen und Schreiben konnten. Die wichtigsten Sprachen waren Englisch, Fanagalo, Cishona des Shonastammes und Isindebele des Ndebele Volks. Etwa die Hälfte der Menschen waren gläubige Christen und die andere Hälfte glaubte weiter an ihre traditionellen afrikanischen Religionen.
Ich konnte die lebendige christliche Tradition in den vollen Kirchen an Sonntagen selber erleben.
Mein Jagdgebiet war das wichtigste Kerngebiet innerhalb der Save Conservancy. Sie war ein Zusammenschluss von mehreren Großfarmen. Es war mit seinen beinahe 400 Quadratkilometern so groß wie ganz Mallorca. Darin gab es eine zu 99 Prozent von Menschenhand absolut unberührte Natur. Die Sparrow hielten das gesamte Gebiet, welches traditionell ohne irgendwelche Eingeborenensiedlungen innerhalb der Farmgrenzen war, bis dahin so gut wie frei von Wilderern. Das südöstlichen Lowfeld Simbabwes hat angeblich die größte Vielfalt an Landschaft, Pflanzen und Tieren auf unserem ganzen Planeten. Ich war wirklich gut beraten worden bei meiner Auswahl. Hier sollte mein Traum einer ersten Afrikajagd mit Wildnisjagderlebnissen und Trophäen aus Schwarzafrika endlich Wirklichkeit werden.
Simbabwe, so erklärte mir der alte Sparrow, heißt in der Sprache des ehemaligen Herrenvolkes Shona, Häuser oder Paläste aus Stein. Ich besuchte auf sein Anraten, ganz in der Nähe meines Jagdgebietes, die in dieser Umgebung unglaublichen Ruinenfelder von kunstvoll behauenen Steinen in Masvingo. Es sind beeindruckende, gewaltige Mauern und wuchtige lang gezogene Königs-Paläste aus ohne Mörtel zusammengefügten, ebenmäßigen Granitquadern. Sie bezeugen die historische Großartigkeit Simbabwes, ihrer Regenten und frühen Herrscher Schwarzafrikas. Sogar Mugabe führt seine Herkunft auf diese damaligen Herrscher zurück. Ich konnte den berechtigten Stolz der afrikanischen Zimbabwer über die 1500 Jahre alten Spuren einer hochgestellten schwarzen Kultur im Herzen vom südlichen Afrika gut verstehen. Bei dem Anblick der Ruinen drängte sich mir der Vergleich zu den vom Dschungel überwachsenen Wohnanlagen der Ureinwohner Mittel- und Südamerikas auf. Bei den Ruinen nahe Masvingo denkt man über die sagenumwobene Bedeutung dieser frühen Städte und die möglichen Gründe ihres Zerfalls nach. Der Überlieferung und den Legenden nach soll von hier ein umfangreicher und früher Handel getrieben worden sein. Die beladenen Karawanen der arabischen Händler voller Gold, Elfenbein und mit Sklaven zogen bis an die Küste des Indischen Ozeans. Vorbei am heutigen Mozambique, Tansania, Sansibar, Kenia bis nach Arabien. Welche Qualen und Leiden müssen die endlosen Safari Kolonnen mit den bedauernswerten Sklaven in einem Land voller wilder Tiere damals erfahren haben.
Beginnen wir mit dem Anfang einer meiner spannendsten Reise von Europa aus zu den Träumen meiner Kindheit. Erst flog ich nach Hamburg zu meinen Eltern und dann weiter mit meinem mit ausgesuchter

Afrikamunition eingeschossenen Gewehr, nach London. Das Gewehr blieb dort samt Munition bis zum Weiterflug in der Zollverwahrung. Damit ersparte ich mir die umständlichen Formalitäten und stellte sicher, dass mir die Waffe beim Umsteigen nicht abhanden kam. Man hörte immer wieder Berichte von in London umsteigenden Jägern, denen ihre Jagdwaffen verloren gingen oder, anders gesagt, gestohlen wurden. In London hatte ich zwei wichtige geschäftliche Termine.

Natürlich gehört für mich geborenen Hamburger, London seit den Familienaufenthalten meiner Kindheit, zu meinen Lieblingsplätzen. Ich gönnte mir während der geschäftlichen Treffen und Besprechungen ein renommiertes Hotel am Hyde Park und danach den Luxus von einem privaten Wochenende in einem kleinen Hotel mit dem Namen Monkey Island (Insel der Affen). Das liegt auf einer winzigen Insel inmitten der Themse nahe dem pittoresken Dorfe Bray-on-Thames mit wenigen tausend Einwohnern downstream from Maidenhead. Das „cozy" Hotel war nur über eine Holzbrücke zu Fuß zu erreichen! Man hatte mir die entzückende Peakocksuite über einen ungewöhnlich günstigen Lufthansa HON Preis reserviert. Morgens wurde ich von den durchdringenden Schreien eines Pfaus direkt unter meinem Fenster geweckt. Gesehen habe ich ihn allerdings nicht und weiß deshalb nicht ob das ein echter war oder Schrei vom Lautsprecher. Dieses Hotel auf einer Themseinsel war damals ein extravaganter Geheimtipp. Seine besondere exzentrische Lage auf einer Privatinsel mitten in der Themse und die Ruhe waren so recht nach meinem Geschmack. Es bot für meine Erwartungen einen besonders hohen Gegenwert für den Sondepreis (heute scheint das Hotel angeblich viel von seinem Charme verloren zu haben). Den Abend verbrachte ich mit meinem Geschäftspartner, anders als von ihm geplant, auf für mich zumindest typisch englische Art. Ich wollte mit aller Macht in einen den beiden ältesten Village Pub von England. Dem Hinds Leg oder dem Crown Inn. Ein Kollege hatte weit im Voraus bei dem Schweizer Star der Londoner Kochszene, wenige hundert Meter entfernt, einen der heiß begehrten Tische für uns gebucht. Ich konnte meinen Gesprächspartner aber diesmal davon überzeugen, dass wir unseren ersten angenehmen Sommerabend besser in einem diesem urigen Pub aus dem 13. Jahrhundert in einer bunten Gesellschaft von lustigen aber stilvollen englischen Trinkern verbringen sollten. In der rollenden Landschaft in Parks mit Wegen zum Flussufer herrschte gepflegte englische Parkkultur. Keine Chauffeurlimos versperrten die Gassen am Abend. Die ursprünglichen Pubs gehörten noch nicht der heutigen ehrenwerten Gastro-Haute-Volaute. Brays noch wenig berührte, natürliche Umgebung verkörperte für mich etwas Besonderes. Ich habe das bei meinem letzten Besuch leider nur noch teilweise wiedergefunden. Windsor, das Heim der Queen lag nahe. Auch das Eton College. Die vielen alten Riverside Villen im Tudorstil oder als historische „Almshouses" erbaute prächtige Landhäuser lugten aus ihren verträumten Gärten am Fluss hervor. Dieses Dorf mit seinem speziellen Geist war damals einer meiner Lieblingsplätze im Großraum von London. So nahe und doch irgendwie fern vom Stadtzentrum. Noch lärmte die nahe M4 Autobahn nicht an der „Affeninsel" vorbei. Heute schickt der dichte Autoverkehr leider seinen lästigen Dauerton herüber. Die kolonialen Engländer waren die Vorreiter der Afrikajagd. Davon kann man sich bei Besuchen in den verschiedenen Museen Londons anschaulich überzeugen. Ein Einblick in diese Kultur und die vergangenen Großwildjagden lohnt sich.

Am Samstag machte ich meinen traditionellen Spaziergang durch die Antiquitäten-, Textil-, Bücher- und Waffengeschäfte der „Name-Gun" Hersteller Londons. Beinahe unbemerkt verbrachte ich einen ganzen Tag Urlaub zwischen den Jagdwaffen-Traditionshäusern oder den berühmten Maßschneidern für Hemden und Anzüge. Gekauft und an die Adresse meiner Eltern in Hamburg geschickt habe ich

Schallplatten, Jagdbücher, einige englische Hemden, Traditions-Rasierartikel, Traditionsparfüms und Seidenkrawatten. Es ging mir um das Schwelgen mit den Augen in der Hauptstadt der ehemals größten Kolonialmacht der Welt. Hier ließ ich mir meine Sinne und die Phantasie befruchteten und mich gleichermaßen für die Jagd und meinen Beruf anregen. Ich konnte mich an den Inhalten der Geschäfte nicht satt sehen. London ist eine Stadt, in der ich anglophilierer Hanseat bei jedem Besuch glatt vergessen könnte, weiterzufliegen. Sicher spielen bei dieser Sympathie die diversen, ganz frühen Sommerferienaufenthalte bei unserem englischen Familienzweig eine Rolle. Nur diesmal war der Aufenthalt kurz, denn Mutter Afrika wartete mit seiner verlockenden Fauna und Flora auf mich.

Dann ging es mit einem Nachtflug weiter von London nach Harare in Zimbabwe. Ich hatte ein Zimmer im Meikles Hotel in der zimbabwischen Hauptstadt gebucht. Wusste aber nicht, dass dort die eben neu gewählte „schwarze" Regierung eine Konferenz mit anderen Abgesandten Schwarzafrikas organisiert hatte. Das führende Hotel war, wie alle offiziellen Organisationen des Landes, nun bereits voll in den Händen von dunkelhäutigen Afrikanern. Außer mir traf ich nur noch zwei angesäuerte weißhäutige Südafrikaner an der Hotelbar. Bereits hier war dann Schluss mit dem städtischen Komfort und den verinnerlichten Werten von unserer westlichen Kultur des alten Rhodesiens. Ich persönlich war das hautnahe Zusammenleben mit allen Schwarztönen der Hautpalette aus Südamerika bestens gewohnt. In Südamerika sind es Nachfahren von bedauernswerten gegen ihren Willen nach Amerika verschleppten Sklaven. Sie haben sich dort in allen Hautfarben mit den iberischen Eroberern und der indianischen Urbevölkerung vermischt und sind heute als freie Menschen von fröhlichem Charakter. Jetzt traf ich zum ersten Mal Afrikaner in ihrem Ursprungskontinent. Generell ist für mich die Hautfarbe das geringste Problem zwischen uns Menschen. Denn jeder Chirurg weiß, dass wir Menschen unter dieser dünnen Oberfläche alle Brüder und Schwestern sind. Probleme empfand ich mit dem kulturellen Entwicklungsstand und dem hier drastisch unterschiedlichem Bildungsniveau. Daraus ergeben sich bei manchen Afrikanern im Zusammensein mit gebildeten Weißen Komplexe. Hinzu kommen die überall herrschenden Gewalt-Strukturen der Häuptlinge und die untereinander konkurrierenden Stämme. Auch geht von manchen Individuen, denen ich begegnete, eine höhere Grausamkeit untereinander aus. Die kann durchaus an in einem bereitwillig zupackenden, lauten Humor über das Missgeschick des anderen spürbar werden. Offen gallopierende massive Korruption herrschte überall.

Die vielfältigen Erfahrungen mit schwarzen und weißen Afrikanern auf der Jagd und der auch der ländlichen Bevölkerung waren aber dann für mich überwältigend positiv. Es ist eben ungerecht die Menschen in diesem riesigen Kontinent und seinen vielen Stämmen und Völkern zu verallgemeinern. Man kann ja auch nicht von einem einzigen Typ des Europäers sprechen. So erscheint es mir, nach weit über 20 Jagdreisen in Länder der südlichen Hälfte Afrikas und aus meinen Reisen nach Marokko, Mosambik, Senegal sowie nach Kenia. Hinzu kam meine interessante und ganz andere Erfahrung von einer eindrucksvollen Saudi Arabien Reise. Während Jahrhunderten haben die Einflüsse der damals noch armen Araber das gesamte nordöstliche Afrika entscheidend beeinflusst. Durch den frühen Seehandel, bereits vor dem Erscheinen der ersten Portugiesen und Europäer, ist Ostafrika bis zum Kap hinunter auch von Indern und Malaien verändert worden. In Simbabwe herrschte nun fast ausschließlich das „schwarze" Afrika auf den noch sehr wachen Grundlagen der englischen Kolonialmacht.

Von Simbabwes Hauptstadt Harare flog ich mit Zwischenlandung nach Buffalo Range. Dem Flugplatz der verschlafenen Provinzstadt Chiredzi. Die liegt im äußersten Südosten des Landes. Die Farm der

Sparrow mit den Ausmaßen von Mallorca grenzte auf der einen Seite an den berühmten Gonarezhou National Park und auf der anderen an den Save Fluss der hier nach Mozambique hinein fließt. Beim Anflug sahen wir eine Warzenschweinbache mit ihren vier Frischlingen im Schlepptau mit aufgestellten Ringelschwänzen neben der Landebahn dahinmarschieren. Unser Pilot der zweimotorigen Maschine der Zimbabwischen Airways knallte in einer Windbö das Fahrwerk auf die Landebahn. Es fühlte sich an, als wenn er keine Lust mehr verspürte weiterzufliegen. Handgepäck fiel uns aus den offenen Ablagen um die Ohren. Mein Gewehr lag zum Glück wohl verpackt im Laderraum. Ich war trotzdem tief zufrieden, denn wir waren endlich am Ort meiner Träume gelandet.

Der Flugplatz bestand aus zwei kleinen unscheinbaren Holzhäusern. Beim Verlassen der zweimotorigen Maschine umfingen uns die Ruhe des tiefen Busch und die schläfrige Stille des wilden Afrikas. Ich war in diesem unwirklichen Gemütszustand in den man gerät, wenn man mit dem Jet Länder, viele Zeitzonen und Städte in kurzer Abfolge hinter sich bringt. Der kleine Flugplatz lag wirklich mitten im Busch. Einen sonst üblichen Flugfeldtower gab es nicht. An der Gepäckausgabe kam ich überraschend mit einem abfliegenden deutschen Arzt aus Westfalen ins Gespräch. Er hatte bei den Sparrow, die ja auch meine Gastfamilie waren, gejagt. Mir gefiel seine grüne Lederjacke und ich fragte ihn im Verlauf des Gesprächs nach der Bezugsadresse. Wir tauschten unsere Anschriften aus und er versprach mir die Adresse des Fabrikanten aus Italien, zuzuschicken. Monate später geschah etwas, was zu den manchmal außergewöhnlichen Verhaltensweisen von Menschen gehört. Nach meiner Heimkehr zog ich dieselbe Lederjacke zuhause als sein Geschenk aus einem Paket heraus. Der Arzt war auch ein Freund von unserem gemeinsamen Großwildjäger Horst. Der edle Spender wünschte mir in einem kurzen Brief erfolgreiches Jagen. Ich konnte soviel spontane Großherzigkeit kaum fassen. Natürlich habe ich mich riesig über dies wertvolle Geschenk gefreut und mich ausführlich bei dem mir leider unbekannten Gönner bedankt. Die mir inzwischen ein wenig zu klein gewordenen Lederjacke tut mit der Patina von vielen Afrikajagden unserem erwachsenen jüngsten Sohn weiterhin gute Dienste.

Endlich erhielt ich meinen Gewehrkoffer und das nur auf die Jagd reduzierte weniges Gepäck. Beim Herausgehen aus der primitiven Halle der ankommenden Passagiere kam mir ein wettergegerbter, kräftiger Mann meiner Größe mit auffällig stämmigen Beinen in kurzen Hosen und einem breiten Lächeln entgegen. Er fragte, ob ich als Venezolaner außer Spanisch auch Englisch sprechen würde? „Yes I do." Worauf er in kernigen südafrikanischem Englisch hinzufügte: „Ich bin Horst, Ihr Jäger von den Sparrow. Sie sind Hajo Weber Moek, nicht wahr?" Das war die knappe Begrüßung als er mein Gepäck mit Hilfe seines dunkelhäutigen Assistenten auf die offene Ladefläche seines Toyota Landcruiser legte. Horst sagte mir freimütig, dass er wegen meiner Buchung aus Venezuela eigentlich einen südamerikanischen Latino erwartet hatte. Die gelten gemeinhin als schießwütig. Ihm war seit der Buchung, auch wegen der Sprachkenntnisse, wegen unserer Mentalitätsunterschiede etwas mulmig im Magen gewesen. Im Auto stellten wir unter großem Gelächter fest, dass wir beide zumindest unsere Kindheit in Deutschland verbracht hatten.

Das niedertourige Brummen des Vertrauen erweckenden Dieselmotors des Toyota Landcruiser beruhigte mich von Anfang an zutiefst. Am liebsten wäre ich in dem Jeep sofort eingeschlafen. Das ließ die Spannung in mir, trotz großer Müdigkeit von der tagelangen Reise, jedoch nicht zu. Majestätische Kudus sprangen mit nach hinten auf den Rücken gelegten Spiralgehörnen über die Schotterstraße. Es ist immer ein faszinierendes Bild zuzusehen, wie diese riesigen Spiralgehörn-Antilopen als majestätische

„Hirsche" lautlos und wie von Zauberhand im dichten Busch verschwinden. Eine kleine schwarz/rote Speikobra erhob sich angriffsbereit beim Herannahen unseres Autos auf dem warmen Kies. Ich kann dieses Bild nicht vergessen. Wie grotesk aggressiv wir in unserem großen Geländewagen in Form eines Haufen Stahls herannahten und den Schotter vor dem kleinen Tier erzittern ließen. Sie ist lebensgefährlich giftig, wäre aber auf der sonnendurchwärmten Straße hilflos den Reifen der Autos ausgeliefert gewesen. Wir befanden uns am nördlichen Ende des berühmten Gonarezhou Nationalparks. Nicht weit von der Stelle wo die Save und Lundi Flüsse die Grenze zwischen dem damals noch kommunistischen Mozambique und dem unabhängig gewordenen Zimbabwe durchfließen. Auf der anderen Seite des Saveflusses liegt das mozambikanische Provinznest Mavue.
Viele Jahre später hatte sich Mozambique von seiner kommunistischen Revolution befreit. Mein Freund Andres und ich erreichten danach auf mozambikanische Seite, von Maputo kommend, erneut genau diesen Punkt wo der Fluss die Grenze beider Länder durchschneidet. Diese andere Safari mit meinem Freund war teuflisch gefährlich, denn das vom Bürgerkrieg befreite, aber noch von Minen verseuchte Land, hatte eine andere Qualität. Aber das ist, viele Jahre später, eine andere Geschichte. Über nicht restlos geräumte Landminen erhielt ich folgende Information. In den 40 Jahren nach dem bereits beendeten Krieg in Vietnam wurden noch über 100.000 Zivilisten von Landminen getötet oder verstümmelt.
Eine kleine Beschreibung aus einem Prospekt in englischer Sprache, nur für den Interessierten, über die Gegend wo die Lonestar Ranch, mein damaliges Jagdgebiet der Sparrowfamilie, liegt: *„In the southeastern corner of Zimbabwe lies an area known as the lowveld which contains several prominent wildlife reserves. These include Gonarezhou National Park, the Lonestar Reserve, and the Save Valley Conservancy. The Lonestar Reserve is a privately owned game reserve 98.000 acres in size and bordering Gonarezhou National Park, one of the few remaining areas in Zimbabwe where rhino are still plentiful; Lonestar also hosts elephant, lion, leopard and buffalo. Gonarezhou means „Place of the Elephants" and this national park is home to substantial herds of these gentle giants. Set on the border of Mozambique, Gonarezhou features some spectacular scenery. A true wilderness area in Zimbabwe's lowveld, even today it remains largely unexplored. The wide valleys of the Mwenezi Rhunde (rimmed by red sandstone cliffs) and Save rivers cut through the vast park, where lion, leopard, rhino and buffalo are encountered. Situated in one of the wildest and most remote parts of Zimbabwe, the valley of the Save River is part of a world biosphere area that incorporates the lowveld of Zimbabwe, south west Mozambique, and northern Natal, including Kruger National Park. The whole area constitutes one of the largest regions of bio-diversity on our planet".*
Hier der Versuch meiner Kurz-Übersetzung: Die herausragende Wildreserve des „Lowfeld" liegt in der südöstlichen Ecke Simbabwes. Sie besteht aus dem berühmten Gonarezhou National Park, der Lonestar Farm und dem Save Valley Schutzgebiet. Die private Lone Star Farm ist 400 Quadratkilometer groß. Sie enthält reichlich Nashörner, Elefanten, Löwen, Leoparden und Büffel. Die echte Lowfeld Wildnis an der entlegenen Grenze zu Mozambique ist auch noch heute unentdeckt. Sie hat spektakuläre Landschaften durchzogen von roten Sandsteinklippen der Täler der Save und Rhunde Flüsse. Diese Landschaften sind Teil einer ausgedehnten Region mit der größten Biodiversität auf Erden.
Der auf der wirklich immensen Jagdfarm so typische vorherrschende dichte Mopane Busch für die Jagd auf gefährliches Wild erweckte sofort meine ganze Aufmerksamkeit. Die Jagd darin versprach besonders spannend zu werden. Ein kleiner Vorgriff aus der heutigen Sicht. Das Pirschen auf die wehrhaften

Big Four, also die großen Vier in diesem Buschwald mit seinem mannshohen, trockenen Gras dazwischen, ist eine der gefährlichsten und spannendsten Arten zumindest Büffel, Löwen und Leoparden zu jagen. Dieser für das südliche Afrikas so typische Bewuchs gibt den Tieren maximale Deckung und außerdem große Chancen gegen die Verfolgung durch Jäger. Andere Afrikajäger werden das bestätigen können. Das zur Trockenzeit mannshohe gelbe Gras dazwischen erfordert sorgfältiges Pirschen und schafft eine ständige Hochspannung zwischen Jäger und Gejagten. Trockene Halme auf dem Boden, Geröll und abgefallene trockene Blätter geben dem Wild maximale Chancen sich dem pirschenden Jäger zu entziehen. Auch das den Jäger angreifende wehrhafte Wild hat in diesem Biotop einen idealen Begegnungsraum für den Wettkampf ihrer Sinne mit den unterlegenen der Jäger. Mopane und mannshohes trockenes Gras garantieren Anspannung beim Belauern, Verstecken sowie für Flucht und Angriff. Die Jagd ist gefahrvoll. Hier passieren ernsthafte und manchmal tödliche Unfälle.
Nur im dichten Schilf der Mana Pools und dem Jesse (Dickbusch) genannten unglaublich besendichten Bewuchs aus Gräsern, Bartwursten-Pflanzen und der großen Familie der Combretum Pflanzen (buswillow oder Buschweiden) empfand ich die Gefahr für uns Jäger noch größer. Darin durfte ich Horst in späteren Jahren bei der Elefantenjagd mit anderen Gästen begleiten. Er jagte mit den Gästen direkt auf der Grenze von südöstlichem Zimbabwe und dem nordwestlichem Botswana zwischen dem Chobe- und dem Hwange-Nationalpark. Ich selber habe in diesen Jahren aus Überzeugung, wegen der damals noch herrschenden Gefahr des Aussterbens durch massive Wilderei, keine Elefanten oder erst Recht niemals Nashörner gejagt. Glücklicherweise haben sich die Elefanten inzwischen deutlich vermehrt. Dort, wo sich der dichte Combretum Bewuchs mit Schilf mischt, so wie an den Mana Pools oder an der Kazuma Pan, setzt man sich in diesem undurchdringlichen Rückzugsraum für das Großwild als unerfahrener Freizeitjäger höchster Lebensgefahr aus. Der Bewuchs ist so dicht und hoch, dass man Elefanten meistens erst auf wenige Meter Nähe sehen kann. Selbst die einzige sich in Rudeln organisierende Katze, die Löwen, meiden nach Horst Erfahrungen und aus naheliegenden Gründen dieses Habitat. Wir Jäger pirschten darin sowieso nur auf den von Elefanten oder Büffeln niedergedrückten Wechseln. Trotzdem ist es abenteuerlich und verwegen, denn die Höhe und Dichte des Jessebewuchses erlaubt nur diesem riesigen Großwild sich darin mit seinen überlegenen Sinnen und höher liegenden Sinnen zu orientieren und zu bewegen.
Unvergesslich bleibt für mich direkt auf dem Grenzweg zu Botswana (Hunters Road) der Anblick eines einzelnen Elefantenbullen mit deutlich über 85 Pfund geschätztem Elfenbein auf jeder Seite. Wir waren nicht weit von den Kazuma Pans und 3 Stunden Fahrt südlich von den Victoria Fällen. Horst war einer der ganz wenigen Berufsjäger mit der Lizenz um im Kazuma National Park zu jagen. Der Wind stand so günstig, dass wir in langsamer Fahrt 15 Meter an dem genüsslich rupfenden und kauenden Bullen mit Horsts Wagen vorbeifuhren. Dabei sahen wir nur des alten Bullen gewaltiges Haupt mit ungewöhnlich breiten Hautfalten auf seinem oberen Rüssel und der Stirn. Dann, als wir nach 20 Metern angehalten hatten und leise zurückgepirscht waren, trat der kapitale Bulle mit den Vorderbeinen ganz gelassen halb aus dem Jessebusch heraus. Als er den Kopf langsam mit einem erfahrenen Ausdruck in seinen sich suchend bewegenden Lichtern schüttelte, sah man die seitlichen tiefdunklen Stellen. Sie deuten auf Brunft oder „Musth" bei männlichen UND weiblichen Elefanten (austretendes Schläfendrüsen-Sekret) hin. Die Tiere haben dann einen erhöhten Hormonspiegel. Bei den Bullen tröpfelt in diesen Zeiten der erhöhten Aggressivität Harn aus dem Penis-Schaft. Ich näherte mich dem majestätischen alten Tier im

engsten Schlepptau von Horst an der Jessekante vorsichtig bis auf etwa 10 Meter vor dieser mich besonders tief beeindruckenden Kreatur. Mir erschien gerade dieser alte Elefant wie ein Bild aus Urzeiten. Wir wagten vor Bewunderung kaum zu atmen. Dann zog der außerordentliche erfahrene Elefantenjäger mich nachdrücklich und ganz leise zurück. Später ließ der stets so ruhige Horst die Luft langsam und vernehmbar aus seinem Mund. Er flüsterte mir ins Ohr: *„Dieser Gigant hat eine ganz ungewöhnlich starke Trophäe. Wie ich sie in den letzten Jahrzehnten nur wenige Male auf meinen Elefantenjagden in der Wildnis gesehen habe. So eine reife Supertrophäe zumal eines gewaltigen Bullen wirst du heute eventuell noch im Norden Namibias oder im hohen Norden von Mozambique erbeuten können."* Dann drehte der Bulle auf dem „Teller" um und sein gewaltiger Körper wurde in drei Sekunden vom dichten Busch völlig aufgesogen. Meine Kamera hatte ich während dieser überraschenden Begegnung auf dem Vordersitz des Autos liegen gelassen.
Wie sagte Horst immer: *„entweder man jagt erfolgreich, oder man fotografiert, beides geht schlecht zusammen"*. Den magischen Anblick, seinen studierenden weisen Augenausdruck und die Lautlosigkeit des tonnenschweren Urtieres werde ich nie vergessen. Ich fühlte mich darin bestätigt in den Jahren davor wegen der rückläufigen Zahlen keinen Elefanten selber gejagt zu haben. Horst hatte mich zweimal mit einem amerikanischen Klienten mitgenommen. Das dabei Erlebte ließ verschiedene Gefühle in mir zurück. Bei der heute herrschenden „Überbevölkerung" hätte ich keine Bedenken gegen die Erlegung eines ausgewählten alten Elefanten.
Zurück zu den Schilderungen meiner ersten Safari in Zimbabwe. Für jeden muss bei der Wahl seines natürlichen Jagdgebietes klar sein, dass ein direkter Zusammenhang zwischen Wildvorkommen und Landschaft besteht. Ist der nicht schlüssig in den Auslobungen und Versprechungen, dann deutet das auf Unaufrichtigkeit oder Manipulation hin. Auf beides sollte man auf ungezäumten Auslandsjagden genauestens achten. Eine gute Quelle für Informationen sind die Landwirtschafts- und Naturschutzbehörden. Auch ich hatte auf diese Weise meine „Schularbeiten" vor Buchung dieser ersten Jagd in Afrika gemacht.
Für den Interessierten ein kleiner Artikel über den Zusammenhang von Bewuchs und Tierwelt in Zimbabwe Lowfeld von Peter Taylor. Er beschreibt für den Interessierten die dort (auf der Lone Star Ranch) so einzigartige Mopane „Bewaldung" in seinem Artikel Tree Life (scrubmopane) im September 2000: *„I was interested to read what John Wilson had to say about scrub mopane in the Lowveld. John and I have discussed this subject on several occasions. (Anmerkung, der John Wilson war ein Zeitgenosse der Ray Sparrow Familie, Lone Star Ranch in Chiredzi und intimer Kenner meines Jagdgebietes). Right from my early days in the Lowveld (1962) I was led to believe that basalt gave rise to scrub mopane due to the natural root pruning this type of soil inflicted upon these trees"*. In diesem Artikel sagt John weiter *„The general absence of trees on these soils may lie not in the cracking phenomenon, but in some other factor." As John pointed out in the article, the absence of trees in the Mashonaland vleis is caused by seasonal water-logging inhibiting root growth, with fires taking care of any trees that may have managed to establish themselves. The Lowveld basalts are basically the same - root pruning restricts growth and fire does the rest. When I first arrived at Chipinda Pools in 1962, Lone Star Ranch had quite a lot of scrub mopane. Ray Sparrow, in later years, took great pride in advising that he had for many years excluded fire from his property and that the scrub mopane had now become mopane woodland. However, Ray would also bemoan the fact that the hartebeest population had deserted Lone Star and that*

there were far less ostrich than in the past. He was somewhat upset with me when I suggested to him that it was his own fault due to his practice of fire control which had, over the years, converted grassland into woodland thus eliminating the habitat of these two creatures. Fire is obviously John's missing factor. There is also scrub mopane in the cretaceous sandstone in the lower-lying areas on Gonarezhou. Here, the soil is very poor and shallow restricting tree root development. Fire, again, completes the process. "

Es lohnt sich immer vor einer Jagd herauszufinden, auf welchen natürlichen Bewuchs man dort trifft. Horst und ich im Fahrerhaus seines Toyota Landcruiser und die beiden Boys oben auf der Jagd-Aussichtsbank erreichten nach langer Fahrt durch den tiefen Busch endlich das versteckt liegende, mit haushohen, beleuchteten, elektrischen Zäunen umgebene Farmhaus der Sparrow Familie. Als wir dort eintrafen, fühlte ich eine starke elektrische Spannung, die bestimmt nicht nur aus dem Zaun kam und gleichzeitig ein unbeschreibliches Glücksgefühl. Endlich war ich im Herzen Afrikas am Ziel meiner Träume angelangt. Es war eines der stärksten, jemals erlebten Glücksgefühle auf einer Auslandsjagd. Afrikas Luft fühlte sich an, als wenn ich nach Hause kam – als etwas, was meine Seele streichelte. Nicht weit von hier erstreckte sich das Große Riff Valley herunter aus dem Libanon im Norden bis nach Mozambique. Das war die Wiege, wo die Menschheit begann. Unsere Gene müssten tief versteckte Erinnerungen daran in sich tragen. Ich fühlte mich euphorisch. Die goldene Sonne versank hinter den Baumgipfeln. Es war angenehm kühl, ich atmete eine federleichte, trockene Luft. Kostbare, unberührte Wildnis umgab das entlegene Farmhaus in einer einzigartig schönen Natur. Ich fühlte mich trotz aller Müdigkeit plötzlich voller in mir aufsteigender Inspirationen. Ich stellte mir vor, dass nicht weit von hier Löwenrudel lebten und wie sich ihr Brüllen in freier afrikanischer Natur anhören wird. Ich war unendlich glücklich, endlich hier zu sein.

Ich bekam mein Rondavel zugewiesen. Eine mit Materialien und Natursteinen aus der Wildnis gebaute, runde Hütte. Horsts Assistenten brachten mein Gepäck sofort herein. Es war auch später immer ein besonderer Moment, seine Mitbringsel auf einem der Betten auszubreiten und vor Beginn der Jagd die daheim sorgsam vorbereitete Ausrüstung zu ordnen. Nach einer erfrischenden Dusche setzte ich mich von der langen Reise erschöpft auf mein breites Bett. Als ich an meinen Beinen auf den zementierten Boden herabschaute, fiel der Blick auf einen handlangen Skorpion mit dünnen Zangen und einem breiten Schwanz. Der war das untrügliche Zeichen dafür, dass dieser kleine Kerl ein besonders giftiger Vertreter seiner Art war. Er saß, wohl genauso erschrocken wie ich, mit erhobenem Stachel nur Zentimeter neben meinem Fuß. Das fing ja gut an. Mit der Sohle meines Schuhs habe ich den armen, verirrten Zimmergenossen und diese eigentlich harmlose Mitkreatur totgeschlagen. Aber in Räumen, in denen man wohnt, ist bei mir kein Platz für giftige Tiere.

Mein Reisewecker war auf zwei Stunden später gestellt. Um das Dauergeräusch noch von den Triebwerken der langen Reise aus meinen Ohren zu bekommen steckte ich mir die Ohrhörer meines nagelneuen Walkman in die Ohren. Unvergesslich selig bin ich bei Paul McCarthys leisen Song „Ebony and Ivory" sofort in einen tiefen erquickenden Schlaf gefallen.

Zum folgenden Jagdauftakt wurde ich vom alten Ray Sparrow persönlich begrüßt. Er war der Inhaber dieser damals größten Farm des Landes. Der alte Sparrow war nach unbestätigten Meinungen der Geheimdienstchef des besiegten alten Regimes der ehemals herrschenden weißen Siedler von Rhodesien gewesen. Dieser Hintergrund erklärt ein wenig diese zurückgezogene, schweigsame und beinharte verinnerlichte Persönlichkeit des Mannes den ich nun beinahe täglich traf. Im Verlaufe der Jagd hatte ich

außer ihm das Glück auch seine ganze Familie persönlich kennen zu lernen und von deren Naturkenntnis seit Generationen zu profitieren.
Nach einer kleinen Nachmittagsmahlzeit in der rustikalen Messe-Hütte wurde meine Ausrüstung kontrolliert und der Ablauf der kommenden Jagdtage besprochen. Dann folgten die obligaten Probeschüsse aus meiner Büchse. Sie saßen im schwarzen Zentrum der Zielscheibe und das sogar nach dem langen Transport. Horst war danach sichtlich entspannter. Er hatte mich und meine Sorgfalt und Umsicht mit der Waffe beobachtet. Berufsjäger schließen bereits viel aus der Art der Ausrüstung und dem Umgang mit der Waffe beim Kontrollschießen bezüglich des auf sie zukommenden jagdlichen Verhaltens ihres Safarigastes. Nun konnte er mich besser einschätzen. Da ich die 3 Wochen Safari mit meiner venezolanischen Adresse gebucht hatte, erwartete er einen vielleicht unkontrollierten, abknallfreudigen, wilden Südamerikaner mit gemischten Gefühlen.
Der Ablauf einer Safari muss immer auf die ständig verschiedensten Persönlichkeiten und Jagdwünsche der Gäste abgestimmt sein. Berufsjäger lernen deshalb mit allen Arten von Menschen umzugehen. Die Jagd in der afrikanischen Wildnis birgt vielfältige Gefahren. Sie werden meistens durch das Fehlverhalten und die mangelnde Erfahrung des Gastes heraufbeschworen. Schlechte Schützen und vor Aufregung versagende Jagdgäste verursachen immer wieder ernste Probleme. Hinzu kommt, dass die gewählten „dicken“ Kaliber und schweren Büchsen für den Schützen und das fremde Wild in seinem Biotop ungewohnt sind. Nichts ist schlimmer, als Ängste vor einem ungewohnt starken Rückstoß beim Schuss. Es ist nun einmal die Physik, die diese Kräfte diktiert, besonders das Newtonsche Momentum Gesetz. Wenn am vorderen Ende ein schweres, schnelles und penetrationsstarkes Geschoss den Büchsenlauf verlässt, tritt die gleiche kinetische Energie des Gasstoßes und des wegfliegenden Geschosses am hinteren Ende des Schaftes gegen die Schulter des Schützen manchmal wie ein kleines Pony aus. Nur ein kleiner Teil davon entweicht der Laufmündung seitlich am Projektil vorbei. Dem muss ein großkalibrig bewaffneter Afrikajäger gewachsen sein. Bestimmte Mündungsbremsen und ein passender Schaft helfen. Bei schlechter Schussplazierung verbleibt dem Berufsjäger, trotz des dicken Kalibers, die immer gefährliche und mühevolle Nachsuche nach dem verwundeten Wild.
Viel Jagdtouristen haben Angst wenn sie plötzlich auf Augenhöhe mit dem angriffsbereiten Wild konfrontiert stehen. Berufsjäger sehen dabei unglaubliches Verhalten einiger Gäste. Es hat laut meinen afrikanischen Freunden immer wieder Fälle gegeben, in denen der Schütze vor Aufregung den Abzug nicht abgedrückt hat und das ganze Magazin repetierend (!) auf die Erde entleert hat. Bekannt ist auch, dass Jäger beim Wildanblick derart zittern, dass sie die Laufmündung, vorm Schuss, einen Kreis beschreiben lassen. Andere laufen vor dem grimmig schauenden Büffel einfach weg oder lassen das Gewehr fallen. Am häufigsten kommt das Mucken vor dem Rückstoß und ein in Folge irgendwo hin Schießen vor. Die vordringlichste Aufgabe eines professionellen Berufsjagdführers ist es seinen Kunden unter allen Umständen zu beschützen und unkalkulierbare Gefahren zu vermeiden. Der berühmte Safari-Berufsjäger Bartle Bull sagt in seinem Buch auf Safari gilt immer der das Gesetz der Bergführer und Alpinisten: „Und wenn nur einer vom Berg zurückkommt, dann muss es der Kunde sein“. Horst hat bezüglich einiger seiner gefährlichen Nachsuchen auf von schlecht schießenden Kunden angeschossenes wehrhaftes Wild gesagt: „dann gnade dir Gott, du bist dabei alleine und einsamer als der erste Mann auf dem Mond!“
Viel später erfuhr ich, dass der bauernschlaue Horst mit 15 Jahren aus seiner Heimatstadt Köln abgehauen war. Bereits als Jugendlicher hatte er von den Abenteuern bei der Fremdenlegion und den Sambatän-

zerinnen in Brasilien geträumt. Er erzählte mir, dass er versucht hatte Gold zu schürfen bevor er 1955 zu seinem Onkel Wally und der Schwester seiner Mutter nach Lorenzo Marques, dem heutigen Maputo eingeschifft wurde. Sein Onkel Wally „Walker" Johnson war bereits zu Lebzeiten einer der ganz großen, berühmten Afrika-Profijagdführer gewesen. Legendär sind seine Jagden mit der jagenden Prominenz seiner Zeit. Er bestand viele beschriebene Abenteuer zusammen mit seinem Kollegen dem Berufsjäger Harry Manners. Der Jagdschriftsteller Peter Hathaway Capstick hat der Legende von Wally mit einem Buch, „The Last Ivory Hunter", ein Denkmal gesetzt. Horst erzählte mir, dass er mit diesem Onkel als jungen Begleiter und Berufsjäger Lehrling dabei war, als der amerikanische Bogenjäger Fred Bear einen Löwen und einen Büffel, jeweils mit einem einzigen Pfeil erlegte. Das waren damals kunstfertige Sensationen und wohl auch eine etwas fragwürdige Mutprobe für einen Bogenschützen. Obwohl Wally ja mit seiner Doppelbüchse hinter Bear stand. Wally hatte die Schwester von Horsts Mutter aus Köln geheiratet. In Köln war Horst bis zum 15. Lebensjahr aufgewachsen. Seine Mutter und Schwester lebten, als wir uns kennenlernten, immer noch in Köln. Beiden Damen habe ich, aus Dankbarkeit zu Horst, Blumen in seinem Namen geschickt und ihnen nach den Safaris mit Horst per Telefon seine warmherzigen Grüße ausgerichtet.

Im laufenden Safaribetrieb erlernte der junge Horst Isselbächer von der Pike auf alle, auch die einfachsten Tätigkeiten die mit dem Betreiben eines Jagdcamps verbunden sind. Reifen flicken, Latrinen bauen, Autos reparieren, die Sprachen der Eingeborenen, Einkäufe für ein Camp zu organisieren, Spuren zu lesen, mit den Schwarzen im Busch richtig umzugehen und das wichtigste, die Anatomie, Lebensgewohnheiten und Eigenheiten aller Tiere genau zu studieren. Jahre später bestand er als Jüngster seines Jahrgangs die ersehnte Jagdführer Prüfung. Horst setzte seine Karriere als Berufsjäger und naturalisierter Rhodesier im benachbarten Zimbabwe nach dem Niedergang des Jagdparadieses Mozambique fort. Er hatte als Neu-Rhodesier von 1974 bis 1978 an dem zermürbenden Buschkrieg auf der Seite der weißen Regierung von Ian Smith in dessen berühmten Dschungel-Einheiten in einem am Ende verlorenen Guerillakrieg gekämpft. Dabei hatte er auch seinen jetzigen Arbeitgeber und Freund, den alten Sparrow, als seinen Vorgesetzten und Mentor kennen gelernt.

Horst erzählte, dass die nur 1500 Männer der rhodesischen Special Forces für 80 Prozent aller im gesamten Krieg eliminierten Rebellen verantwortlich waren. Man kann sich vorstellen, dass in einem von der weißen Regierung „befreitem" Zimbabwe absolutes Stillschweigen darüber bewahrt wurde, wer von den Weißen dabei war. Das Motto dieser außerordentlich hart trainierten Erkundungssondereinheit war „pamwe chete". Das heißt in der Shonasprache, laut Horst, soviel wie „all together", „together only" or „forward together". Sie waren nach einem erbarmungslosen Selektionsverfahren für alleiniges, unabhängiges Handeln in kleinen Gruppen im Busch ausgewählt und trainiert worden. Noch heute gelten sie, genau wie die asiatischen Ghurkas, als die härteste und effektivste Sondereinheit aller Zeiten im ehemaligen britischen Afrika. Wie der berühmte Kommandant Lt. Col. Ron Reid Daly über seine Auswahl sagte: „ein Special Force Soldat muss ein sehr spezieller Mann im idealen Alter von 24-32 Jahren sein. In seinem Profil ist es notwendig nach Intelligenz, Stärke und besonderem Mut, Loyalität, hingebungsvoller tiefer Sinn für Professionalität, Reife, Verantwortungsbewusstsein und mit besonderer Selbstdisziplin zu suchen." Man kann sich anhand dieser Beschreibung vorstellen welch ein loyaler mit dem Busch und seinen Tieren vertrauter guter Freund Horst als Lehrmeister während unserer verschiedenen Safaris für mich wurde. Zu seiner reichen Erfahrung des jahrelangen Buschkrieges kamen die teilweise gefährlichen

Jagdführungen an 200 Tagen pro Jagdsaison mit insgesamt etwa 800 Jagdgästen während 40 Jahren hinzu. Er fuhr in seinem peinlich genau gewarteten Toyota Landcruiser Diesel jeden Monat 3000 sorgsame Kilometer durch Busch, über Felsen, steinigen Pisten voller Geröll und durch Flussbette. Das meiste davon beinahe geräuschlos im ersten oder zweiten Gang. Dann begann das endlose Pirschen und Verladen der Beute. Horst wurde außerhalb seines Berufs als Jagdführer jedes Jahr für Arbeiten mit der Parkverwaltungsbehörde engagiert. In der jagdfreien restlichen Zeit war er an den Culling- (Staatliches Abschießen, Ausdünnung) Annimal-Reduktions-Programmen für Elefanten und Büffel maßgeblich beteiligt. Das hat nichts mit der Jagd zu tun, sondern ist ein Abschuss Programm zur Erhaltung des begrenzten Lebensraumes der Wildtiere in ihrem immer problematischen Zusammenleben mit der ländlichen Bevölkerung. Einmal, zu später Stunde und nachdem eine seiner Jagdführungen auf Elefanten erfolgreich abgeschlossen war, nahm er sich, ausnahmsweise direkt von unserem Feuer eine Flasche Whisky mit in sein Zelt. Ich hörte als einziger Zuhörer, wie er im Abdrehen in die Dunkelheit hinein murmelte: „Ich habe die staatliche Elefantenreduktion mit dem Gewehr schon lange satt. Aber auch davon muss ich auch leben." Wir waren gleichaltrig und unternahmen insgesamt 5 Safaris im Laufe der Jahre. Das letzte Mal jagten wir im Jahr 2007. Horst als selbständiger Berufsjäger (LIKOSI SAFARIS) und ich als zahlender begleitender Jäger, mit zwei europäischen Freizeitjägern und Afrika Neulingen unweit der Sambesi/Victoriafälle. Die Konzession liegt zwischen dem Wanki- sowie dem Kazuma Park und dem Hwange National Park direkt an der Grenze zur berühmten Elefantenreserve Chobepark von Botswana. Hier fand ich eine mich berührende und überraschende Eintragung im Buch eines unserer staatlichen Jagdcamps. Es waren die handschriftlichen Eintragungen zweier sehr guter alter Freunde aus Venezuela aus früheren Tagen. Sie hatten in den 1970er Jahren mit dem berühmten spanischen Afrikajäger Tony Sanchez Arino an genau der gleichen Stelle und aus dem gleichen Camp heraus kapitale Elefanten gejagt.

Genau hier waren wir jetzt auf Büffel für die Gäste und einen der vielen zahnlosen oder Tuskless Elefanten (Zahnlos) für mich unterwegs. Welch eine beinahe Zufallsbegegnung in einem so großen Kontinent. Botswana hatte damals und heute bereits wieder die größte Elefantenpopulation Afrikas. Sie zerstören durch ihre große Zahl ihren eigenen Lebensraum. Ich jagte mit einer von der zimbabwischen Naturschutzbehörde ausgestellten Abschuß-Lizenz für einen „Tuskless" Elefanten. Doch dazu mehr später. Horst war bei dieser letzten Safari mit mir schweigsam und wirkte ungewöhnlich ermüdet und nachdenklich. Wir jagten mit den beiden Afrika Anfängern auch aus einem anderen weit entfernten Camp der Regierung unweit der Victoria Fälle, heraus. Zwangsläufig verbrachten wir viel zu viel Zeit mit langen An- und Abfahrten von bis zu 120 Kilometer. Keine idealen Umstände. Aber das waren die Auflagen für das Jagen in Regierungskonzessionen in einem von Präsident Mugabe herunter gewirtschafteten Simbabwe.

Ich erinnere diese atypische Safari als eine, die ich besser nicht begleitet hätte. Die kräftige „Kampfmaschine" Horst stampfte, wie immer, auf seinen ungemein soliden Säulenbeinen in Turnschuhen, Tackies genannt, und kurzen Gamaschen nach vorne. Ich habe dabei neue, deutlich hervortretende Krampfadern gesehen aber ihnen keine nachhaltige Bedeutung beigemessen. Noch wusste ich nicht, dass wir beide uns nach Ende dieser Safari nie wieder sehen würden. Denn Horst verstarb 2008 ganz plötzlich nach dem Tod seiner Frau Helga in seinem Haus unter für mich nicht glaubhaften Umständen in Bulawayo. Ihr aus Südafrika angereister einziger Sohn berichtete mir, dass Horst sich mit dem Tod seiner Frau und den verwahrlosten abgewirtschafteten Zuständen im ehemals so prächtigen afrikanischen Vorzeigeland

Zimbabwe nicht abfinden konnte. Es geht mir unter die Haut, dass ein Mann wie er, der seit seinem Jungendtraum sein Leben 50 Jahre lang auf einer scheinbar endlosen Safari eingesetzt hatte, so an gebrochenem Herz gestorben sein soll. Dieser vorsichtige „Meisterjagdführer" und seine Klienten wurden in all den Jahrzehnten niemals ernsthaft von wehrhaften Tieren verwundet. Immer noch höre ich seine leise vorgetragenen, bescheidenen Erzählungen an den Lagerfeuern während unserer fünf gemeinsamen Jagden, den vielen Besuchen in unseren Häusern und mehreren Treffen auf seinem Stand und in einer gemeinsamen gebuchten Stamm-Pension bei Dortmund zur „Jagd und Hund" Messe. Es waren wunderbare Abende mit ihm, dem anderen alten sehr erfahrenen deutschen Großwildjäger Paul Klotsch und anderen Afrikakennern, dem befreundeten Trophäen-Spediteur Jochen Bucholdt und dem hervorragenden Tierpräparator Manfred Kröker. Ich genoss die Zeiten voller humorvoller Freundschaften mit gegenseitigen Besuchen bei unseren Familien. Es wurde mir damals am Beispiel von Horsts Lebens klar, wie schwer es für einen Berufsjäger und seine Familie ist, mit seinen monatelangen Abwesenheiten im Busch und damals ohne jegliche moderne Kommunikation ein halbwegs funktionierendes Ehe- und Familienleben zu führen.

Mehrfach habe ich ihm angeboten, nach meiner Pensionierung, Teile seiner meist am Lagerfeuer oder auf unseren langen Autofahrten nach Harare oder Bulawayo erzählten Biografie für ihn aufzuschreiben. Er meinte nur, dass das Schreiben schon seit den wenigen Jahren in der Volksschule nicht seine Sache wäre. Es ist sehr schade, dass die unwiederbringlichen Erlebnisse und Gedanken dieses tiefgründigen und bedächtigen Mannes, für immer mit ihm in die ewigen Jagdgründen gegangen sind. Er hatte auf Cullingprogrammen der Regierung in Zimbabwe nach eigenen glaubhaften Angaben mehr als 3000 Elefanten in Reduktionsaktion abgeschossen und vorher als junger unerfahrener Fleischversorger für Farm- und Plantagenarbeiter tausende Büffel in den Zuckerrohrfeldern von Mozambique erlegt. Seine alte, ausgeschossene und mehrfach reparierte englische BSA Büchse, im Kaliber .458 Winchester, war ihm bis in den Schlaf vertraut und als butterweich repetierendes Handwerkszeug ans Herz gewachsen. Er hatte wegen der zigtausend abgegebenen Schüsse bereits mehrfach den Lauf erneuern lassen. Welch eine Bescheidenheit, wo doch viele seiner Kunden mit englischen Doppelbüchsen, die bis zu 200.000 Euro Wert waren, anreisten.

Als hätte ich eine Vorahnung von seinem plötzlichen Lebensende gehabt, so fragte ich ihn bei einer mitgebrachten guten Flasche Rotwein aus meinem Keller Abends auf der Jagdmesse in Dortmund, was denn sein Tracker (Spurenleser), der ihn seit 30 Jahren durch viele gefahrvolle Situationen begleitet hatte, tun würde, wenn Horst in Pension gehen würde. Er sagte bedächtig, mich nachdenklich und von der Seite anschauend: „Der setzt sich dann ganz einfach vor die im Kreis stehenden Hütten seiner fünf Frauen und trinkt das von denen gebraute afrikanische Bier." Ich fügte nach einer längeren Pause hinzu: *„Und Du, Horst?" „Wer weiß, vielleicht kann ich es genießen dann endlich immer bei meiner Frau zu sein.... Und wenn alles schief läuft, dann sterbe ich eben wie ein alter, zahnloser Elefantenbulle, ganz leise, alleine und abseits der Herde"*. Ein beschaulicher Lebensabend sollte den beiden Isselbächer im hiesigen Leben leider nicht vergönnt sein. Das zu schreiben, ist schmerzhaft, und macht mich traurig!

Zurück nun in einem weiten Bogen zum Beginn meines ersten Jagdtages bei den Sparrows mit meinem geduldigen Lehrer Horst. Morgens, vor dem ersten afrikanischen Sonnenaufgang meines Lebens, wurde ich vom Campboy mit einer Tasse gesüßten, köstlichen Rooibush Tees geweckt. Nach dem hastigen Hineinschlüpfen in Shorts, Hemd und Windjacke packte mich vor der Tür eine unverhofft anspringende

Kälte. Es herrschten im südlichen Teil Afrikas im Winter (Juni, Juli, August) Temperaturen bis unter den Gefrierpunkt. Wir erlebten im niederschlagsarmen Kontinentalklima des hoch gelegenen Simbabwes große Temperaturschwankungen an den sonnenreichen Tagen von beinahe Null Grad morgens bis zu 25 Grad am Mittag.
Meine Ausrüstung bestand aus einer Nikon F3 mit Zoomlinse und einer kleinen aber hochwertigen Canon Knipskamera, Gewehr, reichlich Munition und feststehendem Messer am breiten Gürtel aus englischen Armeebeständen und dem unentbehrlichen Zeiss Safari Glas in der Brusttasche meines dick gezwillten Jagdhemds aus Baumwolle. Ich setzte mich in den Safaristuhl neben Horst und saß dann mit einem kribbelnden Glücksgefühl in der Dunkelheit am offenen Feuer. Durchdringend schallten die aufgeregten Morgenrufe der Paviane über den aufgestauten See. „Woaaahuu, woaaahuu". Dieses Wachgebrüll sollten unsere menschenähnlichen Verwandte, die im südlichen Afrika baboons oder Kees (kleiner Cornelius) genannt werden, jeden Morgen wiederholen. Etwas abseits lief sich der seidige Dieselmotor von Horsts Safarijeep warm. Der volle extragroße Dieseltank und das Funkgerät wurden nochmals kontrolliert.
Unser Koch hatte sich am Vorabend in einer in dieser Umgebung unwirklichen Perfektion danach erkundigt, womit ich meine Sandwiches belegt haben wollte. Sie wurden genauso, wie gewünscht, mit viel Tomate, Hühnerbrust, Ei und knackigen Salatblättern in einer Kühlbox auf den Wagen bereitgestellt. Außerdem gab es die unvermeidlichen, diagonal geschnittenen Sandwiches aus pappigen Toastbrot, welche mit englischer bitter süßen Marmelade bestrichen waren und ein paar Orangen, Bananen und Kekse dazu. Der Boy brachte uns mit breitem Lächeln ständig neuen Rooibushtee (Roiboos sind die Blätter und Zweigspitzen der afrikanischen Rotbusch Weide) mit Zucker und Milch ans Feuer. Der Rooibush schmeckte mir von diesem ersten Moment an so gut, dass ich seitdem, also mehr 30 Jahre lang, täglich bis heute ohne 1 ½ bis zwei Liter davon nicht existieren will. Rooibushtee ist für mich „The Taste of Afrika".
Meine nackten Beine froren erbärmlich in den Baumwollshorts. Ich schob meinen Campingsessel dichter an das Feuer. Horst und einer der beiden Söhne der Sparrow saßen ohne ein Wort zu sagen ebenfalls am Feuer. Horst rauchte in seiner morgendlichen Routine seine Zigarette, wahrscheinlich auf nüchternem Magen. Ich glaube dass wir, jeder auf seine Weise, die Tier-Geräusche und den eigenartigen Zauber des erwachenden Morgen nicht stören wollten. Diese Stimmung an den Lagerfeuern in Afrika wurde für immer eine der ganz besonderen Tankstellen für meine Seelennahrung.
In Harare hatte ich mir bei meinem Zwischenaufenthalt ein Paar teure, bis an die Knöchel reichende, unzerstörbare Safaristiefel aus Elefanten- Büffel- und Kuduleder gekauft. Ich hatte sie jede Minute außerhalb meines Hotelbettes getragen. Sie werden bis heute unter dem Namen The Courtney Boots und seit einigen Jahren von dem kraftvollen Professional Hunter und geübten Selbstdarsteller John Sharp (Inhaber) auch in Europa verkauft. Es sind einige der besten leichten Jagdstiefel für flaches afrikanisches Gelände, die ich kenne. Die besondere Gummimischung der quer gerillten Gummisohlen und ihre mit den Erfahrungen aus dem langen Buschkrieg im damaligen Rhodesien kombinierten verschiedenen Wildtier Ledersorten und Halt gebenden Nähten erlauben ein beinahe geräuschloses Pirschen.
Inzwischen trugen die Boys meine Jagd- und Fotoausrüstung in die offene Fahrkabine. Horst empfahl mir, noch schnell einen Pullover aus meiner komfortablen Hütte zu holen und fügte beruhigend hinzu, dass es nach Sonnenaufgang beim Pirschen sehr rasch warm werden würde. Dann wurde noch einmal

der Zustand, das Funkgerät, die Tankfüllung und die Ladung des warmgelaufenen Toyota Land Cruisers kontrolliert.

Der grimmig schauende, Spurenleser mit seinem ständig schlecht gelaunten Gesichtsausdruck, ein freundlich lachender Assistent und der skinner als Zweitwaffenträger stiegen hinten auf die offene Ladefläche. Manchmal täuscht der erste Eindruck über einen fremden Menschen, der einem zwar zutiefst unsympathisch sein kann aber dessen außergewöhnliche Fähigkeiten man erst später erkennt. So war das auch in diesem Fall. Der tracker war bereits sein Leib-und-Magen-Assistent während der Zeit, als Horst bei den Special Forces im Buschkrieg kämpfte. Er war sein treuester und in Momenten der Lebensgefahr, zuverlässigster Begleiter. Als wir den auch vorne offenen Wagen bestiegen legte Horst seine alte Büchse in zwei gepolsterte Gabeln quer über das gesamte Armaturenbrett. Sie lag unterladen beim Fahren über dem Lenkrad. Blitzschnell zugriffsbereit. Die Frontscheibe war natürlich längst abgenommen und wir saßen nach allen Seiten offen, im morgendlich kalten Fahrtwind. Ich war im venezolanischen Klima verweichlicht. Zum Glück konnte ich mir die kleine Decke, die auf meinem Sitz lag, um die Knie legen. Mein Gewehr stand unterladen mit vollem Magazin aber ohne einen Schuss in der Kammer, mit dem hinteren Ende des Schaftes auf meinen federnden Pirschstiefeln. So konnte ich das stoßempfindliche Zielfernrohr zwischen meinen Unterschenkeln schützen. Die Kameras lagen griffbereit zwischen Horst und mir auf der vorderen Sitzbank in ihrer offenen Tasche. Ich genoss immer noch frierend das Schauspiel der am Horizont schnell aufgehenden Sonne.

Wir fuhren schweigend und unter den Lauten der Tiere auf sandigen, sich schlängelnden Wegen in langsamer Fahrt leise dahin. Die wärmeren venezolanischen Sonnenaufgänge können durchaus Ähnlichkeiten mit denen in Afrika haben. Die gleiche Intensität haben sie nicht. Der Morgentau glitzerte wie kleine Diamantsplitter auf den Blättern. Meine Augen glitten angestrengt ausschauend durch die, wie in einem Film, vor dem Jeep langsam vorbeiziehende Buschlandschaft. Nur alles mit den Augen aufsaugen und mit der gespannten Wachheit eines Jägers alles blitzschnell erfassen. Hineintreten in die Welt der Tiere. Es war der Wahnsinn, ich platzte vor frohen Erwartungen: „Endlich in Afrika und auf meiner eigenen Großwild-Safari!" Etwas, wovon ich seit frühester Kindheit, ein halbes Leben lang geträumt hatte. Erneut fühlte ich dieses unbeschreibliche Glücksgefühl dort angekommen zu sein, worauf ich so lange hingearbeitet hatte. Alles machte ab jetzt soviel mehr Sinn für mich. Ich fühlte mich versöhnt mit den jahrelangen Mühen, Kämpfen und eingegangenen Risiken meines Berufslebens. Mir war Einiges gelungen und ich floss über vor Vorfreude auf das, was jetzt kommen sollte. Während des gesamten Simbabwe Aufenthaltes hatte ich dieses ungemein gute Gefühl von etwas Gelungenem, was mir ohne weitere Rechtfertigung zustand. Ich dachte an die Sanella Margarine Figuren afrikanischer Tiere mit denen ich während meiner frühen Kindheit auf dem Boden der bescheidenen Dachwohnung am Hamburger Schlachthof so hingebungsvoll gespielt hatte. An die nie geäußerten Träume von damals, die daran hingen. Dann daran wie viel inzwischen in unserem Leben passiert war. Ich hatte eine junge, schöne und liebevolle Frau, unsere süße Tochter und zwei kleine Söhne mit denen ich ganz sicher eines Tages zusammen auf Afrikajagd gehen würde. Der überdurchschnittliche berufliche Erfolg hatte mir ein für meine Verhältnisse gehobenes Einkommen garantiert und unserer ganzen Familie ein privilegiertes Leben ermöglicht.

Meine damaligen Gefühle habe ich auf einer der natürlich an diesem Tag leeren Seite meiner Arbeitsagenda aufgeschrieben. Hier gebe ich sie wieder und erfreue mich daran! Ich dachte daran, dass ich hier

in der Natur auf meinem Bauch liegen konnte und drei Tage in die nächste Woche schauen konnte. Daran, dass ich mit den afrikanischen Adlern über die Berge fliegen konnte und dass mein Schatten von den roten Sandsteinklippen sich mit der aufgehenden Sonne über das gesamte Tal ausbreiten würde. Daran, dass ich mit jedem Atmen die frische sauerstoffreiche afrikanische Luft einatmete. Dass ich fern jedes Lärms und jeder Luftverschmutzung sein durfte. Keine Automotoren im Stau die Reifen auf heißem Asphalt abrieben. Man die Sterne jede Nacht mit unendlicher Klarheit über sich sah und ich unter ihrem fernen Scheinen ihnen in die Arme der süßen Jagd-Müdigkeit fiel. Ich dachte an das abendliche Privileg um das Funken sprühende, prasselnde Feuer an dessen beruhigenden Wärme man den Erlebnissen des Tages nachhängen konnte. Natur und relative Einsamkeit sind zusammengenommen explosive Elemente im Hirn. Sie pulverisieren unsere aufgesetzte Mischung aus Selbstüberhöhung und aufgeblasenem Ego mit den sich Manche von uns prätentiös umgeben. Ein passionierter, erfolgreicher Jäger hat alle seine Sinne geschärft. Er ist sich all der Dinge, die um ihn herum passieren, auf das Äußerste bewusst. Wind, Lichtintensität, Schlagschatten, Vegetation, Topografie, Temperaturen, Gerüche, Geräusche und Entfernungen sind in meinen Sinnen allzu präsent. Man befindet sich in einem viel höherem Grad von Aufmerksamkeit als in der gewohnten zivilisierten Umgebung. Es durchströmt einen eine angereicherte Empfindung von Erfüllung. Besonders wenn man sich in eine gefahrvolle Auseinandersetzung mit wehrhaftem, mutigem Wild mit weit überlegenen Sinnen bewährt hat. Dieses in absoluter Wildnis sein, womöglich an Stellen wo kein Mensch für tausende Jahre seinen Fuß hingesetzt hatte, erfüllt eine tiefe Sehnsucht in mir. Daraus sind der Homo Sapiens (bekanntlich der denkende Mensch) und wir alle einmal hervorgegangen. Schwer in Worte zu fassende, aufgewirbelte Gefühle gehen einem im afrikanischen Sinnenrausch durch alle Sinne.
Bald nach dem ersten weichen Bremsen des Toyota-Jeeps sollte ich an diesem jungen Morgen aus meinen Träumen erwachen. Nach einer kurzen Pirsch in einem ausgetrockneten Bachbett kam ich auf einen Impalabock zu meinem ersten Schuss auf afrikanisches Wild. Wir hatten ihn am Ende seiner kurzen Flucht pirschend überlistet. Er lag, hoffentlich ohne große Schmerzen, gnädig verendet im Knall. Ich nahm den Hut ab und schaute mir die nadelfeinen Spitzen der Trophäe an. Auf dem Rückweg zum Wagen trafen wir auf ein Warzenschwein welches sich mit dem Hinterteil kampfbereit in eine viel zu kurze Höhle eingestellt hatte. Horst sagte leise in mein Ohr: *„der hat die richtige Größe für den Spieß am Feuer“*. Bei diesem mittleren Braten erlebte ich zum ersten Mal die große Schusshärte afrikanischen Wildes. Waidwund getroffen lief dieser tapfere Kerl mit einem fingerdicken Loch im Herzen noch eine erstaunliche Strecke weiter. Dann fanden wir ihn, dank der Fertigkeit unseres Spurenlesers, mit gebrochenen Lichtern im hohen Gras verendet liegen. Das Warzengesicht des Keilers war so grotesk hässlich, dass ich mich für immer in die Schönheit dieses Ausdrucks, und später am Grill auch das Fleisch, dieser urigen Tiere verliebte. Zwei Schultermontagen musste ich mir unbedingt aus der wertlosen Decke und den Keilerwaffen für mein Büro als Erinnerung an Afrika präparieren lasse.
Horst pirschte in einfachen Turnschuhen. Darüber trug er praktische lederne Gamaschen gegen Dornen und Bisse der Giftschlangen auf seinen beeindruckend stämmigen Waden. Angesprochen darauf erwiderte er, dass er zwei bis drei Paar von den billigen Tennisschuhen pro Saison verbrauchte und, dass seine Füße sich an den 230 Jagdtagen im Jahr darin am wohlsten fühlten.
Wir jagten die nächsten Tage auf Großantilopen. Meistens in lichten Flächen voller vertrockneter 1 bis 2 Meter hohen Gräser mit Mopane Bäumen die vielfach nur die Höhe von hohen Büschen hatten. Sie

ließen an den offenen Stellen kaum mehr als eine Sicht von 5 bis 15 Meter zu. Die Tiere waren uns mit ihren überlegenen Sinnen in diesem gelben Grasmeer durchsetzt mit dem Schlagschatten der fettgrünen Mopaneblätter an ihren dunklen Stämmchen klar im Vorteil. Ich versuchte Horst und seinem Spurenleser immer ganz dicht auf den Fersen zu bleiben. Das gelang an den ersten Tagen unserer Jagd noch nicht perfekt. Durch meine Jagderfahrung im Llano und Dschungel von Südamerika, besaß ich eine nur an Wochenenden erworbene gewisse Ausdauer und Fitness. Es brauchte aber einige Tage, damit ich mich mit meiner Kondition als vollwertig in unsere kleine Gruppe einfügen konnte. Alles war größer, intensiver, gefährlicher und noch anstrengender als in der ähnlichen südamerikanischen Flora. Die fingerlangen Dornen, die Hitze ab Mittag, die Tiere, die Trophäen und der Biotop. Alles viel gewaltiger. Immer, wenn ich an Afrika denke, dann steigen mir unwillkürlich der unvergleichliche Duft der afrikanischen Erde, ihrer Gräser, Blüten, Kräuter und Büsche in die Nase. Stets bekam ich, nur hier in Afrika, die ersten Tage eine Pollen-Allergie die mir die Nase laufen ließ.

Es war für mich ein besonderer Genuss der lautlosen, beinahe hellseherischen Arbeit des Trackers zu folgen. Diese magische Fähigkeit konnte ich auch während meiner späteren Afrikajagden immer wieder erleben. Auf meinen vielen Jagden im Busch Südamerikas hatte ich die Fähigkeit erworben gleichzeitig auf das Wild vor uns und den mit trockenem Gras und Blättern übersäten Boden zu achten. Durch das viele Schießen auf der Jagd dort war mein Hörvermögen bereits damals stark reduziert. Der Körper, so scheint es mir, glich diesen Mangel durch eine erhöhte Fähigkeit meiner Augen in der Wahrnehmung von geringsten Bewegungen aus.

Horst hatte mir in einem kleinen Büchlein die wichtigsten Giftschlangen und ihre Färbungen gezeigt. Die Sparrow lagerten in einem Kühlschrank der Farm einiges Gegengift und das Herz stärkende Injektionen. All diese Vorsorge wollte ich auf keinen Fall näher kennen lernen. Schlangen liegen gerne in Blättern, unter umgefallenen Baumstämmen und auf felsigem Boden. Da muss man seine Schritte überlegt setzen. Deshalb sollte man auch in den spannendsten Momenten bei der Jagd in Afrika ein drittes Auge dafür haben, wo man hintritt. Das hat die Natur nur bei einer einzigen Kreatur auf unserem Erdball eingerichtet. Es gibt auf den Kapverdischen Inseln vor Senegal eine Eidechsenart die tatsächlich ein drittes Auge oben auf dem Schädel trägt.

Es folgten spannende Jagdwochen auf Zebrahengste und die ganze Vielfalt großer Antilopen. Unser waidmännisches Ziel waren natürlich fast immer die alten männlichen Stücke. Unvergesslich werden mir die fast schwarzen, stolzen Säbelantilopen und die majestätischen Kudus in Erinnerung bleiben. Im riesigen Gebiet der Sparrow gab es besonders viele Rappen- oder Säbelantilopen. Säbel sind territorial, so lernte ich von Horst. Sie sind das nationale Wappentier von Simbabwe. Zwei, drei Tage suchten wir vergeblich nach einem kapitalen Bock. Zur Strecke kamen dabei drei starke Kudus. Sie sind für mich mit ihrer majestätischen Leichtigkeit, den hoch gewachsenen Körpern und ihren imposanten Spiralgehörnen wie gewaltige afrikanische Brüder der europäischen Rothirsche. Dann endlich sahen wir die vor und im Gebüsch ziehenden braunen Umrisse einiger weiblicher Säbel. Am Ende der Herde kam endlich der gesuchte Schwarze. Es war ein kapitaler Alter. Seine Erlegung kostete unser Gruppe schweißtreibende Stunden bis unsere Pirsch von ersehnten Erfolg gekrönt wurde. Der Anblick der Trophäe dieses simbabwischen Wappentieres tut mir immer im Herzen gut. Ganz langsam brachte man mich in Schussposition. Der Bock hatte uns natürlich mehrfach vorher bemerkt. Er stand nun kampfesbereit mit seinem kurzen, aufgeregt peitschendem Wedel und stampfendem Vorderlauf am Rande einer der seltenen offenen Flächen auf gute 120 Meter Entfernung. Ein wunderbares Bild mit seinem Fell aus stark kontrastierendem leuchtendem Weiß und Schwarz. An dieser muskulösen und furchtlosen Antilope kann ich mich nicht satt sehen. Horst leises Zischen „Schieß endlich“ beendete meine staunende Bewunderung im Knall der Büchse.

Als den Säbelbullen (Rappenantilope mit Skimitar-, also säbelförmigen langen Spießen) das Kegelspitzgeschoß aus meiner rasanten 8x68 S mitten aufs Blatt traf, sprang er blitzartig in den nahen Bestand. Er erschien dabei so gesund, als wenn ich vorbeigeschossen hätte. So schnell, wie ich hinter dem Bock herlief, konnte Horst mir nicht sofort folgen. Er rief aufgeregt hinter mir her „sei vorsichtig, denn gerade die angeblich toten greifen an“. Dann standen wir beide respektvoll und voller Vorsicht am hinteren Ende des dramatisch zusammengebrochenen Tieres. Selbst mit seinen jetzt unbewegten Lichtern bot es ein spektakuläres Bild wie ein Herrscher, der uns umgebenden Natur. Ganz sicher ist er für mich der König der Antilopen. Säbelantilopen, noch mehr als Roan-Antilopen, verkörpert die Andersartigkeit und Einzigartigkeit der Tierwelt im südlichen Afrika in ihrer Fellfärbung und der Art der imponierenden, geriffelten Waffen, wie kaum eine andere Kreatur. Horst drückte die Mündung des Laufes seines Gewehrs respektvoll von hinten in eines der Lichter der Antilope. Keine Reaktion des Bocks mehr. Ich verstand beim Prüfen der messerscharfen dolchartigen Spitzen augenblicklich, dass ausgewachsene Säbelbullen es im Kampf sogar mit Löwen aufnehmen. Horst hatte selber den Kadaver eines verendeten und durchstochenen Löwen neben den Resten einer Säbelantilope gefunden. Welch ein brutaler Kampf muss das gewesen sein.

Nachzutragen wäre aus meiner Sicht noch zum Thema Beute, dass das Fleisch dieser Antilope zum Besten gehört, welches ich je mit zubereitet und gegessen habe. Kein Wunder, dass er einmal seiner Ausrottung einmal ziemlich nahe gewesen war. Die formidablen Säbelantilopen sind furchtlos, stolz, muskelbepackt und kampftüchtig. Als auffällig gezeichnete Träger einer gewaltigen Trophäe und als Beute mit besonders schmackhaftem Wildbret sind sie gesucht. Kein Wunder, dass es heute nur noch wenige in der echten Wildnis Simbabwes davon gibt. Als wir auf einer meiner Jagden in Sambia direkt auf der vom Krieg (erst 2002 beendet) gezeichneten Grenze zu Angola jagten erzählte mir einer meiner afrikanischen Freunde vom angolanischen Riesensäbel. Welch ein Anblick wäre es den in freier Natur zu sehen. Neueste Berichte zeigen, dass dieses gewaltige Tier, nur in wenigen den Wilderern entkommenen Exemplaren zwar, aber den Bürgerkrieg in seiner Heimat Angola überlebt hat.

Töten gehört zum Jagen so wie der Fisch beim Angeln unbarmherzig am Haken aus seinem Element gezogen wird. Viele Male war man stundenlang hinter dem Wild hergepirscht und hatte keinen Schuss abgegeben. Zu Afrika-Safaris reiste man von weit her und mühevoll an. Das finanziell aufwendige Auslandsjagen unter Anrechnung von Jahresurlauben auf eine Reihe von Tieren sollte vorher abgesprochen und geplant werden. Trotzdem ist es auch in Afrika nicht selbstverständlich und notwendig jeden Tag Beute zu machen. Afrikas Tiere sind schusshart und, mir scheint, sie sind stärker auf Flucht und Überlebenskampf durch die vielen Raubtiere vorprogrammiert! Wir alle haben häufig den typischen Schlag des Auftreffens der Kugel „whoupp“ gehört. Trotzdem hat man nach dem Schuss mit starken Kalibern immer mal wieder Zweifel, wenn das Wild so scheinbar gesund ins Dickicht springt und nicht auf der Stelle tödlich getroffen umfällt.

Jeden Tag lernte ich Erstaunliches von Horst und seinem Fährtensucher. Auf der Farm sollten die nur noch wenigen Nashörner ausgeschossen werde weil sie professionelle Wildererbanden anzogen die gro-

ße Verluste unter den anderen Tieren der Konzession anrichteten sowie aufwendige Zaunreparaturen erforderten. Gestellte kommerzielle Wilderer konnten manchmal nur unter Lebensgefahr bekämpft werden. All das wollten die Sparrow nicht mehr.
Es war ein großer Zufall, dass wir auf einer Lichtung unter Akazien auf zwei dieser klobigen Urzeittiere stießen. Horst sagte: „Lass uns die jagen. Sparrow will sie aus seiner Farm weghaben. Nie wieder, in Deinem ganzen Leben, wirst du ein Nashorn für (nur) 1000 US $ jagen können". Er sollte absolut Recht behalten, aber das war keine Jagd für mich. In den Felsbrocken Bergen des Matopo Naturpark, 35 km südlich von Bulawayo, hatte ich mich ihnen mit meinem gastfreundlichen Freund Jochen und deutschen Trophäenspediteur, bis auf wenige Meter nähern können. Diese beinahe blinden, ungeschlachtenen Tiere auf 20 Meter Entfernung abzuschießen kam mir selbst in dieser absoluten Wildnis wie Scheibenschießen auf Garagentore vor. Ich bereute meinen Entschluss, auch später im Leben nicht, sie nicht gecullt zu haben. Als Cullen bezeichnet man bekanntlich den Abschuss beim Wildmanagement auf einer beschränkten Vegetationsfläche. Es kann bei aussterbenden Nashörnern keine ökonomische Ernte sein oder als Schutz vor der Selbstzerstörung durch eine übervölkerte Population dienen. Beides trifft auf den künstlich erhaltenen Bestand dieser grauen Urzeitlokomotiven nicht zu. Ich verstand Horst Aufforderung. Es wäre Cullen für ihn gewesen und der Farminhaber hätte dabei auch noch wenigstens eine Trophäengebühr für die Konzession vereinnahmt. Es war keine Jagd, wie ich sie meine, und hatte in dieser freien Natur auch nichts mit Massentierhaltung oder Aufzucht von Wildtieren in Gattern zu tun! Man bedenke, dass wir auf einer unvorstellbar riesigen Fläche jagten. Die Chance, die gleichen Tiere während der 4 Wochen Jagd wieder zu treffen, war für mich gleich Null. Bald traute mir Horst sowohl die körperliche Kondition als auch die nötige Vertrautheit mit dem Busch zu um auf meine Hauptbeute zu jagen. Die ersehnte Konfrontation mit den wehrhaften Cape Buffalos und einem alten männlichen Leoparden. Einen Löwen würden wir beide zusammen erst viele Jahre später jagen.
Eines Morgens fuhren wir an eine der wenigen Wasserstellen. Sie sind frühmorgens und am späten Nachmittag die idealen Ausgangspunkte für eine Büffeljagd. Ihr wohlschmeckendes Fleisch macht das in Herden lebende sehr wehrhafte Wildrind zur allseits begehrten Beute. Die Büffel hielten sich angeblich in einem Umkreis von kaum mehr als 15 Kilometer um das Wasser herum auf. Sie hatten beim überlebensnotwendigen, täglichen Wasserschöpfen einige frische, deutlich zu erkennende Spuren hinterlassen. Es waren 1-6 sogenannte Dhagaboys (Mudd/Schlamm ist „dhaga" in der Aafrikans Sprache). So nennt man die alten von der Herde getrennten, reifen mit Schlamm und Lehm bespritzten männlichen Junggesellen. Der tracker stoppte und Horst rief überrascht so etwas wie „Aiesch" oder „Eeash" aus. „Tracks of a big bull" (Spuren eines starken Bullen) sagte der tracker. „Izit" („Is It?", wirklich?!) sagte der herbeieilende Horst und zeigte mir damaligen Greenhorn die großen Hufabdrücke. Der ist älter als 10 bis 12 Jahre und gehört nicht mehr zu denen, die die Herde befruchten. Von jetzt ab wirst Du kein „Vootsak" (Afrikaans für eine Begrüßung von Fremden die, wie ich später feststellte, aber auch für flatulierende Hunde gebraucht wurde) mehr sein. „Den alten big foot mit seinen 900 Kilo muskulöser Kampfkraft holen wir uns jetzt."
Aus den gesammelten Erfahrungen von neun erlegten Büffeln auf 6 Safaris kann ich heute Jahrzehnte später über meine gesammelten Erfahrungen berichten. Außer eigenen habe ich alle Erzählungen meiner afrikanischen Freunde und Berufsjäger über diese bevorzugte afrikanische Jagdbeute stets begierig in den Schatz meines Jagdwissens aufgenommen. Ich hatte vor der Jagd zwei Bücher über die Jagd auf Büffel gelesen. Außerdem erzählt Horst mir jeden Abend am Lagerfeuer, in seiner unaufgeregten

glaubwürdigen Art, ein Stück mehr von seinem immensen Wissen über den wahrscheinlichen typischen Ablauf meiner ersten Büffeljagd. Mit einigen der guten Ratschläge und dem Wissen darüber, was schief laufen könnte, ging ich in meine erste Büffeljagd. Entsprechend aufgeregt war ich trotz der Begleitung durch den erfahrenen Berufsjäger. Außerdem haben mich in späteren Jahren die Erfahrungen meines Freundes Andre und den Rangern des Krüger Nationalparks bereichert und orientiert. Den exakten Ursprung meines gesamten Wissens kann ich heute nicht mehr genau auseinander halten. Vieles davon habe ich in Stichworten und mit ziemlich roten Ohren an Lagerfeuern oder nach dem Essen in meinem kleinen voll geschriebenen Afrikanotizbuch notiert. Ich will versuchen, all das, gemischt mit meinen eigenen Erfahrungen und Beobachtungen auch aus meinen folgenden Büffelsafaris für meine beiden Söhne und den Interessierten wiederzugeben.

In den Jahrzehnten meiner Afrikajagden erlebte ich, dass diese mutigen Tiere, besonders während der Regenzeit, sich gegenüber allem störendem besonders aggressiv verhalten. Das hängt damit zusammen, dass dann für sie Paarungszeit im südlichen Afrika herrscht. Kaffernbüffel sind das robusteste und gefährlichste Wildrind auf der Erde. Es muss sich am unteren Ende der Nahrungskette stehend, lebenslang seiner Haut erwehren. Nur die meiste Zeit in der Herde und mit Glück, überlebt es bis zu seinem meist gewalttätigen Ende. Auch wenn diese noblen Tiere von einer Kugel getroffen werden, verteidigen sie ihr zähes Leben todesmutig bis zum letzten Atemzug. Ein langgezogenes Todesbrüllen begleitet fast immer ihr Ende. Ein schneller Tod durch einen präzis gezielten Schuss des Jägers ist würdevoller, als wenn die Tiere alt und wehrlos, langsam und schmerzhaft von den immer lauernden Hyänen oder Löwenrudeln erstickt und in Stücke gerissen werden. Etwa ein Viertel der Kälber fallen, trotz des Schutzes ihrer Mütter und in der Herde in der Panik des Jagdgetümmels durch Angreifer dem frühen Tod anheim.

Von einem der Veterinäre des Krueger Nationalparks erfuhr ich viel Lehrreiches. Büffel sind Überträger der Maul- und Klauenseuche und Zwischenwirte für die von der Tsetse Fliege übertragene Schlafkrankheit (nangana). Außerdem übertragen die Zecken auf diesen Wildtieren noch zwei für alle Haustiere tödlichen Krankheiten: das east coast fever (malignant theilerioses) und Büffel- oder corridor-desease. Weibliche sind genauso wie männliche Tiere Furcht einflößend und gleichsam gefährlich. Männliche Tiere erkennt man ganz sicher an ihren langen Penis-Schäften mit dem Kurzwildbret und den vorne an der Stirn herauswachsenden sich gegenseitig nähernden Hornwurzeln oder Bosse. Bei den Kühen wachsen die manchmal noch längeren Hörner mehr seitlich aus dem Schädel. Alte und ausgewachsene Bullen haben für das geübte Auge einen gedrungenen muskelbepackten Körper. Beide Geschlechter sind, wenn sie verwundet sind, in ihrer Angriffslust auf den Menschen, besonders gegenüber dem, der ihm Schmerzen zugefügt hat, schwer zu stoppen. Büffel haben eine finstere Reputation. Sie sind absolut furchtlos. Wenn sie verwundet sind, verhalten sie sich besonders schlau und hinterhältig. Sie haben trotz der modernen Büchsen, auch in der Neuzeit, eine große Menge toter oder schwer verletzter Jäger unter der Landbevölkerung oder uns Afrikajägern verursacht. Kaffernbüffel ziehen vor oder nach dem Schöpfen möglichst wieder in dichten Bewuchs. Sie verbringen die weitaus meißte Zeit des kühlen Teiles des Tages und der Nacht mit Grasen und Widerkäuen.

Auf der Nachsuche und kürzeren Schussentfernung pirscht man gerne im dichteren Bestand mit abgenommenen Zielrohr. Man braucht gute Nerven, tief eindringende Geschosskonstruktionen und ausreichend schwere Kaliber aus Büchsen, die man sicher beherrscht. Sauberes Schießen mit einem passenden Schaft und Kenntnis der Anatomie des Büffels sind besonders lebensnotwendig.

Anders als bei Elefanten und Löwen gibt es bei ihnen keine Scheinangriffe! Kommt es zum Angriff. So ziehen sie den bis zum Ende durch. Es sei denn eine sehr heftige Verletzung zwingt sie zum Abdrehen. Wenn sie verletzt werden, müssen sie in jedem Fall zur Strecke gebracht werden. Ein verletzter, sich mit Schmerzen einstellender Büffel ist eine ernste und heimtückische Gefahr für das Leben aller Menschen um ihn herum. Ein berühmter Afrikajäger und Schriftsteller, Robert Ruark sagte einmal und wird seitdem viel zitiert, dass sie einen mit einem Gesichtsausdruck anschauen, als wenn man ihnen Geld schulde. Nicht einmal der stärkste und gesunde Büffel ist sicher vor den vereinten Anstrengungen seiner im Rudel der Herde folgenden Todfeinden, den Löwen.

Für den Jäger in Zimbabwe ist eine Hornauslage von über 40 inch mit den auf der Stirn zusammengewachsenen und leicht nach hinten, kurvig geschwungenen Hörnern eine besonders begehrte Trophäe. Besonders wenn die an der Stirn Bosse genannten Hornwurzeln so rau wie die Borke des Stammes einer uralten Eiche sind. Die längsten im südlichen Afrika spannten bis zu etwa 51 inch und die in Ostafrika bis etwa zu 70 inch (Quelle: Trophäenverzeichnis von Rowland Ward).

Horst hatte mehr als 3000 Büffel erlegt. Einen Großteil davon in seiner Jugend als Fleischrationen für die Farmarbeiter in den Zuckerplantagen von Mosambik, beim Cullen in Simbabwe oder für den berühmten Großwildjäger und Onkel Wally Johnson. Um eine bestimmte Trophäe eines alten Büffels sicher in schwierigem Biotop zu erbeuten brauchen wir Gastjäger, nach dem Gesetz, die Begleitung durch einen erfahrenen Berufsjäger. Ein wenig Glück und möglichst Kenntnisse und Übung gehören ebenfalls dazu. Büffel jagen ist keine Wissenschaft, aber unter bestimmten Umständen vom kunstvollen nicht weit entfernt. Dabei helfen natürlich eingeborene Spurenleser und erfahrene Berufsjäger in ganz entscheidender Weise. Die körperliche und nervliche Beanspruchung der Jäger dabei ist meistens heftig. An der Büffeljagd scheiden sich die Geister. Für den Großteil der Jäger, die diese Erfahrung einmal hatten, wird die Büffeljagd zu einer Sucht. Die Auseinandersetzung mit diesem noblen, schlauen und äußerst mutigem Wildrind nimmt einem jedes Mal den Atem. Büffel reproduzieren sich schnell und leben in den offeneren Landschaften in gewaltigen Herden. Die wohlschmeckende große Fleischmenge eines Wildrindes ist überall willkommen. Auf seiner Jagd spürt man die Nähe des Todes für alle Lebewesen besonders eindrucksvoll, auch für den Jäger. In dichtem Busch kann viel schief laufen. Man verhält sich waidmännisch, wenn man den Bestand schonend bejagt indem man bevorzugt die alten Bullen erlegt. Kühe sind genauso schlau, aggressiv und todesmutig wie Bullen. Bei den gleichermaßen wohlschmeckenden Kühen weiß man aber nie genau ob sie nicht gerade ein Kalb führen welches in der Mitte der Herde geschützt wird.

Nur Bullen leben in der letzten Phase ihres Lebens meist einzeln oder in einer Gruppe von maximal etwa fünf bis sieben Exemplaren abseits der Herde. Beinahe alle reifen Bullen der Herde sondern sich zum Ende der Reproduktionszeit (im Süden Afrikas spätestens gegen Ende September) ebenfalls von der Herde ab. Gerade die Bullen bewegen sich gerne nur wenige Kilometer um ein oder zwei Wasserlöcher herum. Meistens in dichtesten Busch und an völlig unzugänglichen und schattigen Stellen. Die ganz alten Burschen mit abgenutzten und auf der Stirn völlig zusammengewachsenen Hornwurzeln (englisch Boss) sind im Kampf um die Vermehrung von jüngeren und stärkeren aus der Herde verdrängt worden. Diese von schmerzender Arthritis geplagten, übelgelaunten Alten Herren laufen nicht mehr viel und suchen daher versteckte Stellen mit schmackhaftem Gras. Die Hitze des Tages verbringen sie dösend und wiederkäuend im dichtesten schattigen Busch. Sie grasen nicht notwendigerweise gegen die

Windrichtung sondern, Achtung, auch mit dem Wind. Wenn der kühle Morgenwind aufhört stetig in eine Richtung zu wehen, dreht sich die dann von der Bodenthermik angewärmte Brise sowieso verräterisch in verschiedene Richtungen.
Zum angeblich typischen Verhalten der Herden und Bullengruppen habe ich im Verlaufe der Jahre auch viel Unsinn gehört und gelesen. Auf jeden Fall sind sie unstet und grasen unabhängig von den wechselnden Windrichtungen gerne in den dichten Busch oder tiefen Schatten hinein. Etwa zwei Drittel ihres Lebens verbringen diese Wildrinder mit Grasen und Wiederkäuen. Das schwierige Biotop, ihre wachen Sinne und ausgeprägte Wehrhaftigkeit machen diese Art der Jagd, besonders auf erfahrene Büffel in Kleinst-Gruppen fast immer ziemlich gefährlich. Vereinzelte Tiere können auch von den in Afrika immer präsenten kommerziellen Wilderern bereits vorher angeschossen worden sein. Das Wildrind steht dann übellaunig und explosionsbereit wie Tretminen mit länger schmerzenden Wunden im Busch und nimmt jeden an, der sich ihnen sogar völlig ahnungslos nähert. Das sieht dann wie ein gestellter Hinterhalt aus, ist aber nur die Folge von schonungsloser Wilderei. Es ist doch verständlich, dass sie sich an den verhassten Menschen, der ihnen die Verletzungen beigebracht hat, voller Schmerzen erinnern. Unter Berufsjägern und Farmern ist es deshalb ein ehernes Gesetz und Ehrensache angeschossenen Büffel auf jeden Fall so lange und mit allen verfügbaren Mitteln (Hilfe sogar durch Hunde, Auto, Licht) nachzusuchen bis das Tier von seinen Qualen erlöst ist und keine öffentliche Gefahr mehr darstellt.
Das Bejagen eines starken Büffels aus einer bis zu hunderten zählenden Herde ist von einer ganz anderen, jagdliche leichteren Art und Qualität. Man versucht die ziehenden Herden an den Flanken gebückt, laufend zu überholen. Um sich dann seitlich lauernd ein passendes, männliches Stück von den Rändern aus der auf einen zugrasenden Herde auszuwählen und zu erlegen. Auf die Verwendung von Vollmantel- oder zu harten Geschossen sollte man bei diesem Schuss unbedingt verzichten. Schnell könnte sonst ein hinter dem beschossenen Stück ziehendes, anderes mit verletzt werden. Die starken Büffel halten sich meistens am Ende eines lang gezogenen Trecks der Herde auf. Das Bejagen dieser noch in der Fortpflanzung produktiven Büffel ist weniger wünschenswert. Auch wenn Sie über hervorragende Trophäen verfügen. Ich habe bei meinen erlegten Büffeln die Bejagung der nicht mit der Herde ziehenden Einzelgänger in Kleingruppen vorgezogen.
Wie bei beinahe allen anderen Jagden ist das ständig gegen den Wind Pirschen der wichtigste, einzelne Erfolgsfaktor für den Jäger. Was die Sache aber nicht einfacher macht ist, dass Büffel, abweichend vom Verhalten anderer Tiere, wie bereits gesagt, auch mit dem Wind ziehen. Das hat mir zweimal den Schweiß aus allen Poren schießen lassen, als wir lauernd und in der Hocke wartend plötzlich von der grasenden und ziehenden Herde von allen Seiten umschlossen waren.
Nun aber zurück zur ersten Jagd eines Büffelanfängers. Ich war ja bei Horst und seinem kleinen Team in besonders guten Händen. Im Morgengrauen begannen wir mit dem erwachenden Gesang der Vögel zu der vom Gesetz vorgeschriebenen Uhrzeit. Wir liefen auf den ausgewählten frischen Spuren vom Wasserloch hintereinander her. Die Büchsen lagen mit seitlich abgewandten Mündungen unterladen auf den Schultern und wurden mit einer Hand um das vordere Ende des Laufes gehalten. Langsam schickte die Sonne noch hinter dem Horizont ihre ersten orangenfarbigen Strahlen durch den Staub und die anfangs unscharfen Konturen der Vegetation. Nur langsam besiegte ihre Wärme die fröstelnd machende Kälte der Nacht auch auf dem Boden. Unsere steifen Beine bewegten sich jetzt geschmeidiger. Die erste Zwiebelhautschicht der Kleidung wird um die Hüften gebunden. Nach einigen Kilometern aufmerk-

samem Pirschen spürten wir den Schweiß auf der Haut. Ich war für diesen schnellen Fußmarsch noch jung genug. Die damals noch besonders ausgeprägten Gefühle der Vorfreude und der Spannung auf das Ungewisse, waren während meiner ersten Büffeljagden am größten. Der Busch wurde immer dichter und trotz der aufsteigenden Sonne dunkler. Wir trabten auf den mäandernden Spuren der Büffel wortlos dahin. Der Tracker steckte seine Finger in immer frischer abgesetzten Dung oder Losung und nickt mit einem Ausdruck der Gewissheit bestätigend mit dem Kopf. Ich erinnere, dass ich böser und ahnungsloser damals ironisch dachte, dass der tracker gleich den Kotfinger im Mund lutschen würde um das Alter des Tieres, wie bei einem guten Wein, zu bestimmen. Jetzt konnten wir den stechenden Kuhgeruch des Wildrindes ganz deutlich in dem uns ins Gesicht stehenden Wind riechen. Als weiteres Anzeichen unserer Nähe zu den Büffeln sahen wir einige amselgroße Vögel (Oxenpicker genannt) geschäftig über den Spitzen der Mopanebüsche hin und herfliegen. Sie leben als Ungeziefer- und Zeckenvertilger auf der Haut und dem Fell der Büffel und bilden als Reinigungs- und Warnkolonne eine lebenslange Symbiose mit ihnen.
Die beiden gebückten tracker fielen zeitgleich wie ein zusammen klappendes Taschenmesser auf ihren Hacken nieder. Wie auf ein von mir nicht wahrgenommenes Signal hin. Unsere Schritte erfroren auf der Stelle als Horst langsam nur die Finger einer Hand hob und angestrengt ausnahmsweise einmal durch sein kleines Fernglas schaute. Nach einigem vorsichtigen Pirschen zeigte er ganz langsam aber fest mit dem Zeigefinger des nicht ausgestreckten Armes auf einige dunkle, schattige Stellen im Busch. Wir waren endlich dran. Ich sah durch mein lichtstarkes Safariglas erst einmal nur Busch und dann, durch Lücken im Blättergewirr, Umrisse von Häuptern und Hörnern. Adrenalin floss mir in das Blut. Es kamen auch Zweifel in mir hoch ob ich wirklich gekommen war, um Freude an dieser Art von gefährlicher Jagd zu empfinden. Ich erinnere mich an eine Mischung von Anspannung, Respekt vor der Gefahr die man jetzt mit den Händen greift und der Verantwortung die man mit der Gruppe teilt. Die anderen Teilnehmer unserer kleinen Gruppe wussten ja im Gegensatz zu mir genau, was nun folgen würde. Man nennt diese mich jetzt durchschüttelnde Jagdlust auch gerne Büffelfiber. Alle Büffel, die ich bejagte, nahmen durchaus nicht immer beim ersten Geräusch oder Anzeichen eines Löwen oder Menschen Reißaus. So war es auch dieses erste Mal. Mir erschien es mehrfach, als ob sie warteten bis ihre erste Wahrnehmung durch einen zweiten Sinn (Gehör oder Nase) zusätzlich bestätigt wird. Sie beginnen allerdings, laut Horst und den Veterinären des Krueger Park, sofort das Adrenalin in ihrem Blut aufzubauen. Dessen Effekt schützt sie dann, wie eine kugelsichere Weste, bei einem nicht ideal gesetzten Schuss. Das Adrenalin verstärkt ihre Kampfesbereitschaft und setzt ihr Schmerzempfinden herunter, erklärte mir hierzu später der Veterinär im Krueger Park. Besonders bei nicht sofort tödlichen Schüssen, also bei woanders platzierten als auf den obere Teil des Herzbeutels, das Gehirn oder das Rückrat.
Viele Geschichten, die sich um die Schusshärte der Büffel ranken, sind nichts weiter als die Erklärung für schlechtes Schießen, fehlende Anatomiekenntnisse und inadäquate Kaliber und Geschosswahl. Man kann Büffel, die einen nicht wahrgenommen haben, relativ mühelos mit präzisen Schüssen aus mittleren Kalibern mit Monolith oder Vollmantelgeschossen töten. Das sollte man bei liegenden, wiederkäuenden Tieren jedoch nicht versuchen. Schießen auf das dann kleinere Ziel mit in ihrer Lage schlechter kalkulierbaren inneren Organen und riesigen gefüllten Pansen ist nicht weidgerecht und leichtsinnig. Für äußerst risikoreiche Trägerschüsse muss man den genauen Verlauf des kurvigen Rückrats in einem äußerlich geraden verlaufenden Träger kennen.

Der Punkt, wo die kleine Gruppe uns auf meiner ersten Büffelpirsch voll wahrgenommen hatte, war jetzt erreicht. Plötzlich kamen sie mit lauten Geräuschen alle erneut auf die Läufe. Rot geäderte, frisch abgerissene Mopane Blätter, Zweige und der Sand spritzten in alle Richtungen weg von ihren scharfen Hufen. Die Büffel stoben krachend und jetzt für Sekunden schemenhaft sichtbar, vor uns davon. Ihre schwarz glänzenden Hufe trommelten in dunkler Tonlage eindrucksvoll auf dem Boden. Der Staub stieg über den Büschen auf, Hörner stießen aneinander, Zweige und Äste brachen und das Schnauben und dunkle Bellen der wilden Rinder hing zusammen mit ihrem stechenden Geruch noch Minuten lang in der Luft. Es war für mich ganz erstaunlich zu sehen, mit welcher Leichtigkeit die dunkelbraunen bis schwarzen Tiere ihre gewaltigen muskulösen Körper mühelos durch die armdicken Mopane Stämmchen trieben. Das sah aus und machte Geräusche, wie wenn ein Jagdhund auf der Entenjagd locker und prasselnd durch trockenes Schilf prescht. Unsere Bühne war bis auf den Staub, den die flüchtenden Büffel wie einen halbtransparenten Vorhang in der Luft hinterließen, leer.
Wieder begann erneutes hastiges Pirschen durch das umgelegte gelbe Gras und selbst unter unseren weichen Sohlen verräterisch knirschenden toten Blättern. Jetzt prüften die Tracker den weitflächig verstreuten fast flüssigen Kot. Der stechende frisch abgesetzte Urin hatte noch blasig schaumige Ränder. Ich erinnere mich daran genauso wie an die sich darauf setzenden dicken Fliegen. Die Büffel waren auf der Flucht nicht weit vor uns, einem ihrer beiden meist verhassten Feinde, Menschen und Löwen. Nun waren sie mehrfach nacheinander alarmiert worden, definitiv kampfbereit und entsprechend nervös und gereizt. Wir waren seit 5:30 Uhr morgens, also seit sechs Stunden, pausenlos und unter beinahe ständiger Hochspannung unterwegs. Die verstrichene Zeit erschien mir wie eine Stunde. Meine anfängliche Angst vor dem unbekannten war verflogen. Ich dachte: *„Welch ein Genuss und welch kostbares Privileg ist es Büffel zu jagen“.* Nun hörte ich Horst sagen, dass die Spur unserer Büffel in einem weiten Kreis um die Wasserstelle herumführte. So weit reichte meine Orientierung in dem ihn vertrautem Gebiet nicht. Wir machten im Schatten einer Akazie nochmals eine hochwillkommene Pause von ein paar Minuten. Meine Büchse wog schwer und hatte die von der Sonne gespannte Haut auf meinen Schultern schmerzhaft gerötet. Es war ein Labsal die schwere „Feldschlange“ einmal neben mir an einem Busch abstellen zu können. Auf geht's. Bereits nach einer weiteren viertel Stunde „nachrücken“ rochen wir die Büffel erneut und hörten ihre typischen Kuh-Geräusche. Ein oder zwei von ihnen lagen wieder auf dem Boden. Vorsichtig wurde der weitaus stärkste mit den Ferngläsern ausgemacht. Horst flüsterte, dass die beiden Hörner am Ansatz noch nicht ganz zusammengewachsen waren und fügte hinzu, dass es jetzt aber ganz schnell gehen müsste. Der ausgewählte wäre nur etwa 6-7 Jahre alt aber reif und trug eine kapitale Trophäe. Jetzt standen Sie alle auf den Läufen und uns zugewandt. Ich hatte mich auf einem schmalen Streifen mit guter Sicht schussfertig gemacht und war, wie sich später herausstellte, wegen einem über dem Herz liegenden Horn etwas hoch, durch beide Lungen mit dem schnell abgegebenen Schuss abgekommen. Wie bereits vorher gelernt. Es ist der erste Schuss, der zählt.
Sie stoben danach in verschiedene Richtungen auseinander und wir liefen in ihrem Staub hinterher. Der tracker zeigte auf Spritzer von hellen, schaumigen Lungenschweiß und zwei tiefe Abdrücke der scharfkantigen Hufe am Anschuss. Als ich das sah, konnte ich mir gut vorstellen, welche schwersten Verletzungen alleine diese Hufe unter einen 800 bis 1000 Kilo schweren Büffel bei einem auf dem Boden geworfenen Menschen anrichten konnten. Ganz abgesehen von der Zerstörungskraft der zerdrückenden und aufspießenden Hörner. Selbst ein Mensch mit wenig Vorstellungskraft lernt in diesem Moment, dass man diese Wild-

rinder, niemals wie eine Kuh auf der Weide, an sich herankommen lassen darf. Das empfindet man noch mehr, wenn man erlebt hat, wie sich die mit Adrenalin gefüllten kampfbereiten Büffel nach einem nicht tödlichen ersten Schuss verhalten. Sie „saugen" im Heranstürmen die weiteren Schüsse geradezu auf. Wir befolgten die Regel etwa 5 Minuten abzuwarten, damit sich das sicher schwer verletzte Tier niederlegen konnte. Warum habe ich meinen einzigen und ersten Schuss nicht nach all der Vorrede präziser setzen können? Ich hatte wenig Zeit dafür gehabt und die Gruppe stand nach all den Mühen unter Anspannung und Druck. Suchte ich Ausreden oder hatte mich nur die pochende Gier auf die Beute zu einem suboptimalen Schuss angetrieben? Das war eine situative Entscheidung in Bruchteilen von Sekunden. Jeder Jäger ist dafür ganz alleine verantwortlich, trotz professioneller Begleitung! Horst meinte später, dass dieser erste Schuss und seine Folgen eine gute Lehre für mein weiteres Jägerleben in Afrika gewesen wären.
Wir hofften, dass die einsetzende Wundstarre das eventuelle wieder Aufstehen des alten Kämpfers mühsamer machen würde. Nun pirschten wir auf einer einzelnen deutlichen Fährte von langsamen Eingriffen. Nur langsam und schrittweise in größter Anspannung und versammelter Aufmerksamkeit unserer Sinne gingen wir weiter. Unser tödlich verletzter Büffel hatte sich abgesondert. Sein eigentlich roter Lebenssaft war schaumig und sprühend aus seinen Nüstern geströmt. Er hinterließ frisch mit Sand koagulierte Spuren. Der Schweiß hatte sich direkt vor uns mit dem Sand und grauen Staub vermischt. Seine Lungen müssten jetzt längst voll gelaufen sein. Die schleifenden und leicht schlenkernden Spuren zeigten uns deutlich, dass der verwundete Kämpe nicht mehr gerade ziehen konnte. Was dieses todgeweihte Tier wohl noch wahrnahm? Ich fühlte mich bei aller Euphorie irgendwie schlecht und wollte nun seine Qualen energisch zu Ende bringen. Mit äußerst angespannten Nerven und den Büchsen im Halbanschlag pirschten wir immer langsamer in dem noch dichter werdenden Busch. Dabei gingen wir leicht versetzt und mit den Augen seitlich Kontakt suchend nebeneinander her. Wir hatten ausgemacht, dass nur mir alleine wieder der nächste Schuss gehören würde.
Horst schärfte mir ein, nichts sei bei einer Nachsuche im dichten Busch gefährlicher, als in einer Gruppe zusammen auf einem Haufen zu stehen oder sehr dicht zusammen zu laufen. Das vermittelt eine völlig falsche Sicherheit und behindert gegenseitig beim Schießen auf ein urplötzlich annehmendes Tier. Man geht besser ganz leicht aufgefächert aber natürlich immer in absoluter Sichtweite zueinander. Sowie einer von uns Verfolgern etwas wahrnehmen würde, würden alle natürlich sofort gebückt stehen bleiben und den Jäger zum Schuss kommen lassen. Die unbewaffneten Tracker schauten gebückt über den Boden nach vorne. Sie hielten sich jetzt hinter uns Gewehrträgern und sicherten mit ihren geübten Blicken auch unsere Flanken. Wir hatten unsere beiden Büchsen im Halbanschlag in die Fluchtrichtung und vorsichtig voneinander weg gehalten. Es herrschte eine zerreißende Spannung. Jedes kleinste Geräusch eines auffliegenden Vogels drückte mehr Adrenalin in die Venen. Nichtjäger können sich die Intensität der antizipierenden Gedankensprünge vor dem nun in jeder Sekunde annehmenden Tier nicht vorstellen. So ein Büffel ist voller Schmerzen, Wut und Todesverachtung. In dieser finalen Annäherung während der Nachsuche-Situationen geschehen die meisten Jagdunfälle in Afrika.
Unsere Beute hatte einen Halbkreis in der Form eines Angelhakens um seine breit sichtbare Spur und Schweißfährte geschlagen. Er stand wahrscheinlich mit pumpenden Flanken und hatte seinen geradeaus gestreckten Nüstern mit der letzten Kraft der Trägermuskeln auf uns Verfolger gerichtet. Das zeigten uns jedenfalls später seine Spuren im Boden und das Tropfbett. Der Büffel war schwer verletzt und seine

Vorderläufe schleiften bereits etwas nachziehend im sandigen Boden. Danach hatte er sich um 180 Grad gedreht, um auf die eigene Spur zurück zu schauen. Ob er das mehr aus Erschöpfung oder in der häufig unterstellten listigen Absicht getan hatte? Wer weiß das wirklich?
Plötzlich stürzte der mit meinem ersten Schuss in die Kammer tödlich verletzte Büffel aus einer Distanz von maximal 10 Meter direkt auf uns zu. Er kam in zwei kurzen galoppierenden grotesken Bocksprüngen. Ich schoss zuerst. Horst pirschte zwei Meter seitlich neben mir und in diesem Moment etwa einen Meter hinter mir. Der Büffel hatte nach meinem zweiten Kammerschuss die mit schaumigem Schweiß bedeckte schwarze „Nase" vorgestreckt. Ich fuhr in diesem Gemenge vom unteren Hornansatz herunter auf den Stich und sah ihn in Zeitlupe über dem fetten weißen Korn meiner Büchse immer näher kommen. Horst donnerte nach meinem zweiten Schuss mit seiner Büchse im Kaliber .458 Winchester Magnum direkt neben meinem Ohr. Es tat an einer Seite meines Kopfes einen Schlag, als wenn man den Sitz meiner Zahnfüllungen testen wollte. Ich war für den Bruchteil einer Sekunde von dem so nahen Mündungsknall wie versteinert. Als der Büffel dann 5 Meter mit erhobenem Kopf vor uns anfing endlich auf die Knie seiner Vorderläufe zu stürzen, erhielt er von beiden noch einen beinahe synchron abgefeuerten Schuss auf den vom Jäger Stich genannten Trägeransatz und die Schulter. Mit einem lang gezogenen, kehlig rasselnden Todesbellen war sein Leben bereits wenige Sekunden später zu Ende. Alle Luft war bellend aus den Lungen entwichen. Das schwere Haupt lag auf einer Seite. Seine Hinterläufe zuckten noch einige Male und streckten sich dann langsam steif ganz aus. Das verursachten sicher nur die Nerven mit den Befehlen seines noch auf Angriff programmierten Hirns. Die feuchten Nüstern waren nicht mehr schwarz sondern voller blasigem rotem Schaum. Ich ging von hinten seitlich heran und steckte ihm vorsichtig die Laufmündung in ein Auge. Keine Bewegung. Trotzdem gab ich ihm, auf Horst Geheiß hin, noch einen Gnadenschuss am Trägeransatz von hinten durch das Rückrat. Das waren einige Schüsse plus den Gnadenschuss um ganz sicher zu gehen und um sein Leiden definitiv zu beenden. Denn es sind die angeblich toten Büffel, die wieder aufstehen. Dieser kurze Moment nach dem Geschmack von Lebensgefahr und unmittelbar nach den durchschüttelnden Aufregungen, war für mein weiteres Jägerleben prägend. Hier formten sich bereits einige meiner unnachgiebigen Grundsätze bezüglich Kaliber und Geschosse für gefährliches Großwild.
Das Finale hatte ich wie in Zeitlupe und durch Watte in den Ohren wahrgenommen. Wir waren zurück in der Wirklichkeit. Ich setzte mich mit abgenommenem Hut nach einer genauen Inspektion des gewaltigen Kämpen staunend neben den Bullen in den Schatten eines Mopane Busches. Meine Kleidung sah nach dem Laufen während der Nachsuche durch die Vegetation so aus, als wenn sich ein Hund darin verbissen hatte und man sie zum Reinigen einer Flinte durch schmutzige Läufe gezogen hätte. Das kann man nur teilweise auf den anschließenden Fotos sehen. Ich muss zugegeben, dass ich das klebrige, dreckige Hemd für einige Fotos mit einem zweiten, weniger schmutzigen aus dem heran geholten Wagen gewechselt hatte.
Horst entschuldigte sich schuldbewusst nach dem ersten langen Schweigen für seinen an meinem Ohr abgegebenen ersten Schuss. Der klang in meinem rechten Ohr immer noch nach. *„Der Büffel war ziemlich nahe, ich musste schnell nach dir Schießen."* Er wünschte mir ein deutsches Weidmannsheil. Ich steckte dem alten Bullen mit dabei abgenommenen Hut noch voller Dankbarkeit und Respekt einen letzten Bissen zwischen die „Lippen". Auf den Schützenbruch verzichteten wir. Der Alte hat Hörner knapp unter 45 Inch Auslage. Er war reif und kapital. Seine Decke, hinten auf den Keulen, war von Löwenan-

griffen mit Eingriffen der daumenartigen Krallenrisse entstellt. Seine eben noch lauschenden Lauscher waren ausgefranst. *„Hajo, das ist eine nach hinten geschwungene, tief gebogene kapitale Trophäe, die zum Besten gehört, was du hier in unserem riesigen Jagdgebiet erwarten konntest. Er ist wegen der noch nicht ganz zusammengewachsenen Hörner am Boss nicht maximal alt, besitzt aber eine beeindruckende Trophäe. Herzlichen Glückwunsch zu Deiner ersten und wirklich aufregenden Büffeljagd. Ich glaube, die hast Du besonders genossen“.*

Ich saß wohl noch 10 Minuten andächtig und mit schnellem Puls wie nach einem Marathonlauf bei meinem ersten Büffel. Meine Beine fühlten sich erst jetzt wie aus Gummi an. Ich starrte auf ein starkes Bild in einem Biotop von hohen gelben Gras zwischen den Mopane Bäumchen. Welche Kampfmaschine und welche einem das Letzte abverlangende Herausforderung war die Jagd auf dieses wehrhafte afrikanische Wildrind gewesen. Ob meine Frau mich wohl noch wieder erkannt hätte, wenn er mich die letzten Meter vor seinem Ende doch noch mit seinen steinharten Hörnern und Hufen erreicht hätte? In diesem Moment vor den kommenden obligaten Erinnerungsfotos stand für mich fest, dass ich eine solche Jagd, so oft es ginge, wiederholen würde. Ich fühlte mich unsagbar glücklich und empfand aus noch etwas diffusen Motiven heraus ein klein wenig Stolz. Beim mühsamen Aufstehen fühlte ich meine Beine zittern und die rot glühenden Ohren fühlten sich an wie heiße Lampen.

Es folgte nach den Fotos das Abtrennen des Hauptes mit der daran hängenden Trägerdecke. Die wollte ich für eine Schultermontage als Erinnerung für mich daheim ins Salz gelegt haben. Haut und Horn kann man bekanntlich nicht essen. Man würde sie ja sonst der Verwitterung im Busch überlassen. Wir hatten vorher beinahe eine Stunde lang gewartet bis der Umwege fahrende Jagdwagen uns im Busch gefunden hatte. Das Gras vor dem Büffel wurde sorgfältig niedergetreten um die mir jetzt wichtigen Fotos zu schießen. Dann begann das erste grobe Zerwirken der gewaltigen Menge Fleisch. Ich bat um das Heraustrennen der beiden Filets für unser heutiges Abendessen. Bereits dabei begutachteten wir mit dem skinner den Verlauf einiger Schusskanäle in den Organen und den Zustand einiger gefundener Geschosse. Ich habe sehr viel von Horst „Culling“ Erfahrung und den Erzählungen aus hunderten von Jagden mit Gästen von ihm gelernt.

Mit der elektrischen Winde am Vorderwagen und einer Umlenkrolle auf dem Überrollbügel auf dem offenen Kasten wurden die von Innereien und „Geräusch“ entleerten Hälften auf die Ladefläche gezogen. Der zurückgelassene Magen und Darm samt Inhalt formten einen Hügel, der so groß war, wie ein kleiner Misthaufen. Horst bemerkte, dass das gefüllte Innere und die in den Sand geflossenen Körperflüssigkeiten etwa ein Drittel des gesamten Körpergewichtes ausmachen. Er erklärte anschaulich, warum man deshalb mit einem Schuss seitlich von hinten in dieser Menge feuchter, verdichteter Grasnahrung kaum die vorne im Brustraum liegenden, vitalen, inneren Organe erreichen kann. Der Inhalt des gefüllten Inneren bildet eine undurchdringliche Barriere, stärker als die bei Ballistikversuchen benutzten vielen hintereinander gelegten nassen Telefonbücher oder üblichen Gelatine-Blöcke. Der Wahrheit wegen sei noch erwähnt, dass ich mir, nachdem der Büffel lag, mit ganz leicht zitternden Händen hinter dem Jagdwagen eilig eine der kubanischen Zigarren im Churchillformat angesteckt hatte. Horst kam mit Dung verschmierten Händen dazu. Er rauchte seine englischen Zigaretten stets so in der zur Kugel geformten Hand, dass keine Glut in das knochentrockene Gras fallen konnte. Als ich ihn darauf ansprach ob er das auch machte, um sich dem Wild gegenüber nicht zu verraten, erwiderte der alte rhodesische Elitesoldat: *„Das Wild ist es nicht. Es ist aus alter Gewohnheit wegen der Feuergefahr und der feindlichen Soldaten.“* Ein abenteuerliches

Jagderlebnis war zu Ende und wir hatten die gewaltige Menge an Beute für das professionelle Kühlhaus der Großfarm samt meiner Trophäe hinter uns auf dem Wagen liegen. Einmal die Woche holte ein Kühl-Lastkraftwagen die erlegten Stücke zum Verkauf an die Bevölkerung ab.
Mein zweiter Büffel wurde während eine anderen Tages aus einer Herde heraus erlegt. Diesmal war es ein ganz anderer Jagdverlauf. Der alte, ein wenig „klapperige" Bulle befand sich am äußersten Herdenrand. Die vertraut im Ziehen grasenden Tiere hatten unsere auflauernde Anwesenheit nicht bemerkt. Horst deklarierte ihn nach dem ersten Zusammenbrechen als I. T. B. („in da bag"). Er lag sofort nach meinem völlig ruhig abgegebenen Schuss. Dann kam er schwerfällig ganz langsam erneut auf die Läufe. Das Teilmantel Projektil von über 400 Grains hatte zusammen mit Fragmenten zweier Rippen die oberen Herzgefäße durchtrennt. Das fanden wir später nach der Arbeit des skinners heraus. Das Stück hatte immer noch die Kraft sich tödlich verletzt und lahm in ein ganz nahes Gebüsch einzustellen. Auch dieser Büffel versuchte in einer letzten Anstrengung einige Meter auf uns zuzuhalten um dann aber mit dem Brüllen seiner entweichenden Luft aus den Lungen im Sand zu verenden. Die Herde war davon geprescht.
Anschließend durfte ich aufgrund Horsts Initiative bei der aufregenden schweißtreibenden Erlegung zweier vorsichtig angesprochenen alter Büffelkühe, die keine Kälber führten, „helfen". Sie wurden als Fleischration für die Farmarbeiter und im Kühlhaus der Farm als Löwen-Bait (Köder oder Luder) für einen anderen Jäger gebraucht. Es folgte ein langes, gebücktes Rennen um die langsam gallopierende Herde zu überholen. Die Anstrengungen wollten überhaupt nicht aufhören. Ich fühlte ich mich wie bei Gebirgsjagden. Die gesamte Rückenmuskulatur tat mir inzwischen weh. Das waren vier Büffeljagden in drei verschiedenen Variationen und an drei verschiedenen Tagen. Alle waren herrlich erschöpfend, spannend und mit ganz ureigenen Gefahren versehen!
Ein starker männlicher Leopard hatte einen unserer ausgelegten Impala Antilopen Köder angenommen. Die Stelle lag, wie mir Horst meinte, ideal ausgesucht neben einem Bachlauf. Wir bauten 70 Meter weiter sorgsam unser wohl platzierten „blind" (Versteck) und legten uns jeden verbleibenden Nachmittag darin auf die Lauer. Der Köder wurde mit einer frischen Antilope aufgefrischt. Aber alle Mühe war vergebens. Diese erste Leopardenjagd verlief genau wie vier weitere erfolglos. Ich hatte einfach kein Jagdglück auf einen alten männlichen Leo der passte. Der Jagdgast nach mir schoss „meinen" geköderten alten männlichen Leopard am ersten Abend seiner Jagdreise aus dem von mir eigenhändig gebauten Ansitzschirm heraus. Horst hatte den Köderplatz mit einer weiteren Impala Antilope bis dessen Ankunft frisch gehalten. Er schickte mir später ein Foto mit dem breit grinsenden Texaner. So geht das mit der Jagdgöttin Diana. Sie verteilt gerade die besonders heiß ersehnten Gaben nach Belieben.
Als die Abreise von dieser ersten Jagd in echter afrikanischer Wildnis nahte, stand für mich fest, dass mich der Reiz der Jagd auf wehrhaftes Wild in Afrika nie mehr los lassen würde. Es folgten in weiteren Jahren noch einige weitere Jagden mit Horst. Dankbar jedoch bin ich ihm und seiner eingespielten Mannschaft besonders für diese unvergessliche, erste klassische Safari! Immer wenn ich an diesen braven Afrikaner-Freund denke, der nun in den ewigen Jagdgründen auf mich wartet, muss ich an einen Satz von ihm und sein sympathisches breites Lächeln dabei denken. „Horst, remember the risky situation we went through, when you told me: Hajo, happyness sometimes is a warm gun!" (etwa: Glück ist manchmal ein warmer Gewehrlauf in den Händen).
Horst ist seiner früh verstorbenen deutschen Frau und Frohnatur Helga allzu bald nachgefolgt. Diese beiden Recht schaffenden Freunde und warmherzigen Gastgeber haben nach langen berufsbedingten

Zeiten der Trennung nunmehr alle Zeit im Himmel beieinander zu sein. Ihr gastfreies Landhaus-Anwesen in Bulawayo war eingebettet von einigen gewaltigen Felssteinen die mit Wildfeigen überwachsen waren. Für mich schweben ihre beiden Seelen immer noch durch die Hügel vom Ortsteil Burnside in Bulawayo East.
Durch meine Aufenthalte in ihrem Gästehaus, vor oder nach unseren Jagden, hatte ich ausgiebig Gelegenheit das verschlafene Städtchen Bulawayo und einige denkwürdige Menschen kennenzulernen. Angeblich wohnte damals der Löwenanteil aller zimbabwischen Berufsjäger und Farminhaber in dieser Kleinstadt mit dem Flair und Lebensstil des 19. Jahrhunderts. Sollte im Land wirklicher einmal wieder Frieden und Gesetzestreue einkehren, in einer Zeit nach President Mugabe, so wäre dieser Ort mit Landhäusern, Schilfdächern, Natursteinwänden, gewaltigen Balkendächern, Bourgonvilla Ranken und einem ganz eigenen Rhythmus für vom alten Afrika begeisterten Investor einer der absoluten Geheimtipps. Genau wie für unseren Freund Jochen von Laserline, der sich dort ein Traumhaus gebaut hat. Das Simbabwe, welches ich noch kennenlernen durfte, bleibt für mich ein unvergesslicher Traum und für seine schwarzen und weißen Bewohner ein prosperierender aber gleichzeitig beschaulicher Platz ideal für ein gemächlichen Leben, wie es einmal war, im südlichen Afrika.
Nie vergesse ich die herzliche Einladung in das neu im Stil des Landes gebaute wunderschöne Landhaus von Jochen und seiner Frau. Bei zwei meiner Bulawayo Aufenthalte genoss ich außerdem eine Einladung zum Tee und einmal zum Dinner auf der Freiterrasse bei zwei älteren englischen Ladys. Es lag knisternder Kies, unter den mächtigen Kronen der ausladenden Bäume vor dem alten Herrschaftshaus. Dort verschnaufte ihr würdevoller uralter Rolls Royce unter der Pflege ihres beinahe genauso alten Chauffeurs. Man sah diesem englischen Stammvater automobilen königlichen Stolzes an, dass er direkt aus der ländlichen Manufaktur des Beginns der dreißiger Jahre des vorherigen Jahrhunderts kam. Das polierte solide Vogelaugenwurzelholz seiner Armaturenbretter und Innenverkleidungen glänzten cognacbraun und warm aus dem Inneren. Der Wagen schaute seine Welt aus den „Augen" zweier überdimensionierten Kutscherlampen auf den geschwungenen Kotflügeln aus der Endzeit des englischen Kolonialreichs an. Seine Einstiegstüren, Formensprache und Konstruktionsprinzipien entstanden in einer Zeit in der die Damen mit Wagenradhüten und die Herren mit Zylindern in den wohnlichen Passagierabteilen seiner hinteren Connolly-Leder Fauteuils versanken. In der zweifarbigen Lackierung spiegelte sich Ewigkeit. Man sah ihm selbst hier im innersten Afrika die Unverwüstlichkeit seiner 24 Lackschichten an. Die unter dem fingerdicken Blech arbeitenden geschmiedeten Chassisteile, wie für Lastwagen überdimensionierten, schienen für die Ewigkeit konstruiert. Seine vom Verchromen glänzenden riesigen Radkappen hätten in der Not als Wok verwendet werden können und ihr Inhalt eine 25-köpfige chinesische Familie satt machen können. Ich war den beiden beinahe 80-jährigen Damen dankbar, dass ihr würdevoller Chauffeur mich in diesem Museumsstück einmal von meinem bescheidenen „Irenes Guesthouse" abgeholte. Als ich von dem Erlebnis im Rolls gefahren zu werden schwärmte, sagte die eine der noch koketten Damen nur: „Ach Hajo, Rolls und Bentleys zeigen Geldbesitz. Wir fanden es viel mehr sexy als unsere Männer mit senfgelben Shorts in ihre eingestaubten chelsea tractors (uralte landrover) von unseren Farmen mit den verschossenen Barbour Jacken und dem Bulldog und Neufundländer auf der Ladefläche zurückkamen. Als sie noch lebten, zählte für unsere Familien doch nur das Leben auf unseren Landgütern in der afrikanischen Natur." Nun gut, was sollte ich Menschlein voller Bewunderung für das alte koloniale Afrikas diesen beiden alten anachronistischen Damen zu ihrem Schwärmen

sagen? Ich fühlte leider, dass ihre Zeiten unter einem Mugabe mit der restlichen Lebenszeit der Damen zu Ende gehen würden.
Es wurde nicht nur Tee mit Gurken Sandwiches serviert, sondern beide Damen ließen sich von ihrer weißhaarigen eingeborenen Haushälterin noch bei zwei überdimensionierten Gins and Tonic zubereiten. Die eisgekühlten handgeschliffenen Gläser aus schwerem Kristall waren der ideale Resonanzboden für einen klingenden Zusammenprall von grünen Limonen, Soda, Gin und tief gefrorenem, knisternden Eis. Hier in der ausklingenden afrikanischen Nachmittagswärme war der „Dialog" von Soda und minzgrüner Limette mit dem üppig dosierten Gin und den noch knackenden tief gefrorenen Eisstücken der Höhepunkt ihres Tages. Ich hätte nach all dem geschluckten Staub und den hoch beglückenden Anstrengungen auf der zurückliegenden Jagd für immer auf dieser Terrasse bei den beiden unendlich kultivierten und verwitweten Damen sitzen bleiben können. Hätte nun nicht dringend Horst, meine Familie und die beruflichen Verpflichtungen nach mit gerufen. Die betagten Ladys lauschten, nachsichtig mit meinem Englisch und mit ihrer größeren Lebenserfahrung, unseren rotwangigen vorgetragenen Männer-Erzählungen und Jagderlebnissen. Dann führte uns ihre so weise Konservation über die so wichtige Rosenzucht zu den Geheimnissen der afrikanischen Rasenpflege. Um schließlich humorvoll und mit Understatement über das Leben und die Jagd mit ihren verstorbenen Männern auf dem Lande fortzufahren. Es blieb leider nur bei zwei Besuchen, denn bei meinem dritten Besuch im köstlich verschlafenen Bulawayo hatten sich beide Ladys mit britischer Oberlippenmanier diskret in den Himmel verabschiedet. Ich meinte sie zu hören: „Over the clouds, where the dreams have no end". Die Lücke, die sie für mein Afrikagefühl hinterließen, war nur der symbolische Auftakt dazu, was mit dem ganzen Land unter ihrem eingeborenen Herrscher an weiterem „braindrain", passieren sollte. Trotz unwiederbringlicher Verluste im Land liegt mir die Erholung des Jagdland Simbabwe auch zum Nutzen aller verarmten eingeborenen Bürger sehr am Herzen. Wo ich tiefste Glücksgefühle auf der Jagd empfunden habe? Meine rechtschaffenen Heimatjäger verzeihen mir bitte, aber bestimmt auch auf den Büffeljagden im südlichen Afrika.

IM WILDEN SAMBIA AUF LÖWE UND BÜFFEL

Panik befiel mich während einer unverhofften unbewaffneten Begegnung. Mit einem bekannten Jagdführer jagten wir in der Gegend um die Strydpoortberge und Southpansberg auf Antilopen und Leopard. Nach der erfolglosen Jagd auf den Leopard in einer Konzession des Jagdführers hatte ich auf der Farm der Familie Potgieter eine nächtliche Begegnung mit einem ehemals angeblich halbzahmen Leoparden. Er war inzwischen ausgewachsen, jagte und lebte in völliger Freiheit um das Farmhaus herum, inmitten einer pittoresken Felsenlandschaft am Ufer eines Flusses. Wir schliefen auf unserer Rückfahrt nach Pretoria nur eine einzige unvergessliche Nacht auf dieser Farm. Allen Menschen hier waren die Existenz dieses Raubtieres und seinen nächtlichen Rundgängen offensichtlich bekannt. Mir hatte mein Berufsjäger kein Wort davon erzählt.

Als ich nachts im Haus ohne meine Jagdwaffe und mit einer Kerzenlaterne zur Toilette durch den offenen Flur ging, sah ich seine schemenhafte Gestalt selenruhig ganz langsam vor der Veranda vorbeigeistern. „Spots“ wird der Leopard im südlichen Afrika genannt. Die Großkatze sah unbeteiligt zu mir herüber, beim völlig entspannten Trotten mit einem zu mir gedrehten Haupt. Natürlich hatte er mein Gehen und meine Gestalt genauestens wahrgenommen. Mich wunderten seine Gelassenheit und der entspannte Ausdruck. Die meinte ich an seinen Verhalten zu erkennen. Hoch, nach vorne und etwas nach außen aufgestellte und nicht angelegte Lauscher, sein ruhiger Blick, der leicht aufgerichtete Schwanz und die abgespreizten im Mondlicht blitzenden Schnurrhaare.

Sein aufregend gepunktetes Fell leuchtete im Mondlicht geheimnisvoll. Ich blieb einen Moment voller faszinierter Neugier und gleichzeitig mächtigem Respekt im Schatten der um das Haus herumlaufenden Veranda stehen. Leoparden können, nach meiner heutigen Erfahrung, bei einem solchen deutlichen, ausgiebigen Augenkontakt und auf diese Nähe, das größte Aggressionspotential von allen Großkatzen entwickeln. Dieser Hausgeist verschwand so unverhofft, wie er ums Haus lief, immer noch gelassen in der Dunkelheit. Mancher Jäger wird nun sagen, na und, das passiert eben manchmal in Afrika. Für mich war es eine nur aufregende und einseitig „bewaffnete“, nächtliche Begegnung direkt im Eingang eines festen Hauses mit weit offenen Türen. Der völlig unverhoffte Anblick hatte mir einen gewaltigen Schrecken eingejagt. Sofort hatte ich die wegen der erfrischenden Nachtkühle weit geöffneten Fenster und die Tür meines Zimmers sowie den Eingang zur Veranda verschlossen. Erst danach bin ich erneut „dem dringendem Ruf der Natur“ gefolgt.

Am nächsten Morgen hatte der Berufsjäger wenig Verständnis für meine Panik, denn dieser Hausgeist war dort gut bekannt. Er wurde angeblich, nach Aussagen seiner Bewohner, bereits mehrfach auf dem Flur im Farmhaus gesehen. Man vermied es, ihn direkt anzusehen. Die Eingeborenen der Farm behaupteten, dass sein Anblick kein Glück bringen sollte. Ich empfand dieses Verhalten diese mir erst kurz bekannten Berufsjägers gar nicht lustig. Meine Begegnung mit einem Leoparden im Mondlicht mag für erfahrene Afrikakenner nichts Besonderes sein. Wir befanden uns in einem idealen Leopardenbiotop auf einer abgelegenen Farm vor einer steinigen Berglandschaft voller guter Wasserstellen in einem scheinbar erschlossenen ländlichen Teil von Südafrika.

Im Laufe meiner vielen Safaris hörte ich noch viele andere und ähnliche Geschichten die bezeugen, wie diese heimlichen Raubkatzen in nächster Nähe zum Menschen mühelos und beinahe ungesehen existieren können. Ich glaube nicht an die in Afrika unter den Eingeborenen üblichen Verhexungsgeschichten. Merkwürdig bleibt es aber trotzdem, dass es mir auf den diversen Jagden in all den Jahren danach, mit insgesamt 24maligem Anblick dieser Raubkatzen, niemals gelungen ist, einen ausgewachsenen, passenden männlichen Leopard zu erlegen. Ich sah fast immer nur halbwüchsige, weibliche und nur 2 alte männliche Kuder für jeweils 2 bis 3 Sekunden und auf für mich zu große Schussentfernungen im Wegdrücken.

Nach dem Ende der erfolglosen Leopardenjagd gönnte ich mir ein erstes luxuriöses Abendessen in der südafrikanischen Zivilisation. Bei aller Faszination des Lebens in der Wildnis schätzt man dann wieder auch deren Annehmlichkeiten. In einem Restaurant im Zentrum von Pretoria wurde ich von einem schönen, blonden jungen Mädel bedient. Sie hieß Gerda und hatte gerade ihr Studium zum Lehramt beendet. Es stellte sich heraus, dass sie deutsche Vorfahren besaß und ihr Verlobter Andre sich mit einer Berufsjägerlizenz Geld durch Jagdführungen dazu verdiente. Ich erzählte ihr am Tisch von der vergangenen Jagd. Am nächsten Abend brachte sie mir ein interessantes Fotoalbum über die Jagdführungen ihres Verlobten mit. Er war auf der Farm seiner Familie groß geworden, hatte Medizin studiert und bei Spezialeinheiten der südafrikanischen Armee in Angola, Namibia und Mosambik auch hinter den Linien in der verdeckten RECCE (Reconnaissance) gekämpft. Ich verstand darunter das Sammeln von Informationen und das Ausspähen des Hinterlandes sowie die Teilnahme an Kommandoaktionen im Feindesland. Darüber hat der spätere so gute Freund nie weiter mit mir gesprochen. Der Armeedienst im Stellvertreter-Krieg führenden Südafrika war hart. Es gehörte damals zum Ausbildungsstand, dass die jungen südafrikanischen Soldaten es lernten, einen Monat ohne Lebensmittel und Zelt oder Schlafsack, unerkannt und nur auf sich alleine gestellt im Busch zu überleben. Es war ihnen dabei verboten, mit anderen Menschen zu sprechen oder Kontakt zur Zivilisation aufzunehmen. Mir ist ein solcher militärischer Einzelkämpfer als „Buschgeist" einmal ganz kurz und unverhofft in seiner vollen Tarnung begegnet. Es geschah bei beginnender Dunkelheit auf einer meiner Jagden direkt am Fluss Limpopo auf der Grenze zu Botswana. Dort infiltrierten sich immer wieder gegnerische Terroristen aus dem damals noch feindlichen Land. Der einsame soldatische Geist in Camouflage erhob nur wortlos den Finger zum Gruß und war dann schnell wieder im Busch verschwunden.
Andre, *„He has a strong assertive personality with leadership and is a great loyal friend, M. D. Doctor, Pilot, definitely a man of firm resolve, trained reconnessance cleverness. He is determined, ardent and a born hunter who controlled the art of hunting with minimal expense"*. So werde ich ihn später anderen afrikanischen Freunden in English in einem Brief beschreiben. Wir beide uns noch Unbekannten trafen uns zum ersten Mal im Haus meines alten Freundes Bert. Der Afrikajäger Bert Trexler hatte ein halbes Leben in Südafrika gelebt. Er war nach dem Krieg mit seiner Frau aus Weinheim nach Südafrika eingewandert. Sie besaßen mit ihren zwei Söhnen die bedeutende Tankstelle und Autoreparaturwerkstatt in Pretoria Nord. Bei herzhaften Drinks in Berts stimmungsvoller Jagdbar voller Trophäen, einem Rondavel (Rundhütte) im Garten, lernten Andres und ich uns erstmals persönlich kennen. Auf der Farm seiner Eltern war Andres im engen Kontakt mit den Eingeborenen und ihren verschiedenen Sprachen aufgewachsen. Kein Wunder, dass er trotz der damals herrschenden Apartheid, bestens mit ihren Kulturen vertraut war. Außerdem besaß der angehende Mediziner eine gültige Lizenz als Pilot und Berufsjä-

ger. Wir lernten uns dann gegenseitig schnell außerordentlich schätzen. Ich älterer und im Berufsleben damals deutlich weiter entwickelter, lernte eine Unmenge von seiner Bushcraft und Andres Unerschrockenheit und selbst erworbenen Jagderfahrung eines als Burenjungen aufgewachsenen Ex-Soldaten und geprüften Jagdführers. Es entstand eine wunderbare Freundschaft zwischen uns und wir teilten einige gefahrvolle und immer urige Jagden. Die Erlebnisse bei meinen vielen Aufenthalten in Gerdas und Andres Haus sowie ihr Besuch in unserem Haus in Frankfurt führten zu einer der wunderbarsten und lebenslangen Freundschaften unserer Familien.
Das Kennenlernen dieses Freundes und seiner Familie trug entscheidend zu meiner besonderen Vertrautheit mit dem südlichen Afrika und seinen liebenswerten Menschen bei. Zwei jeweils mehrere Monate lange Zwangsunterbrechungen meines Berufslebens verbrachten wir jagend und, dank grenzenloser Gastfreundschaft, in ihren Häusern im nördlichen Namibia und Südafrika. Die kommenden Jagden mit Andres verliefen wie zeitversetzt in die Vergangenheit des alten Afrikas. Ich habe dabei jeden Moment genossen. Und ich bin meinem engen Freund dankbar dafür, dass ich das Afrika mit ihm so stimulierend und aufregend von seiner wilden Seite erleben konnte, in einer Manier und Ursprünglichkeit zu Jagen, wie es einmal vor hundert Jahren üblich war. Dieser geliebte Kontinent ist hart und verzeiht nichts, aber es gibt für mich keinen schöneren Platz, um in der Natur traditionell zu leben, zu jagen und zu genießen. Hoffentlich dürfen zukünftige Generationen auch noch ein Stück davon erleben.

Am Beginn unserer Freundschaft half Andre mir bei der Suche und dem Kauf einer gebrauchten englischen Doppelbüchse. Die Preise für alte, handgefertigte englische Doppelbüchsen von bekannten Herstellern (Name-Guns), waren zu diesem Zeitpunkt, wegen des Mangels an neu gefertigter Munition, an ihrem Tiefpunkt angelangt. Ich meinte, auch wegen der Verantwortung gegenüber meiner Familie, bei gefahrvollen Jagden unbedingt eine Doppelbüchse auf Safaris mitführen zu müssen. Man besaß mit einer passenden Doppelbüchse eine Lebensversicherung mit dem konstruktionsbedingten schnellen zweiten Schuss durch zwei getrennte Schlösser und Abzüge. Der ist von Vorteil bei der Nachsuche, im Combretum-Dickbusch oder auf der Jagd von wehrhaftem Großwild. Ich gestehe, dass ich auch nach dem Kauf einer alten englischen Doppelbüchse fast immer, bis auf zwei Ausnahmen, ein Jäger verschiedener Repetierbüchsen blieb.
Die Neuaufnahme billiger, moderner Munitionsherstellung für die alten Doppelbüchs-Kaliber zeichnete sich für einen Eingeweihten wie mich bereits ab. Die Engländer mit ihrem um die Jahrhundertwende noch großem Kolonialreich und den wehrhaften Tieren darin, stellten die bekanntesten Doppelbüchsenbauer für Afrikakaliber. Ihre zwei nebeneinander liegenden Läufe mit zwei unabhängigen Systemen wurden als „Nahkampfwaffen" im dichten Busch (Jesse in Englisch), übermannshohem Gras oder Schilf auf kurze Sichtweite über Kimme und Korn geschossen. Wer einmal in Nordsambia oder der Kazuma Pan auf dem Weg von den Victoria Falls und auf der Grenze zwischen Simbabwe und Botswana nach Matetsi gejagt hat, der schätzt das sichere Gefühl, welches diese führigen Doppelbüchsen ihrem Besitzer vermitteln. Ihre hervorragende Komponenten-Balance und Ausgewogenheit hat große Ähnlichkeit mit der Führigkeit von Flinten. Doppelbüchsen (DB) mit ihren dickwandigen Laufbündeln waren bedeutend schwerer als die viel billigeren Repetierbüchsen mit ihrer größeren Magazinkapazität. Der weitaus höhere Preis der DB entsteht bekanntlich durch das langsam aussterbende Kunsthandwerk des aufwendigen Garnierens, dem Verlöten und Regulieren der beiden parallel zueinander schießenden

Läufe. Gerade weil ihre verlängerten Seelenachsen sich in einer festgelegten ganz bestimmten Entfernung überkreuzen müssen.

Dem Schützen passende Doppelbüchsen sind unübertroffen führig und fliegen dem Schützen schnell in die natürliche Visierlinie der Augen an die Backe. Genau wie Kipplaufflinten und andere auseinandernehmbare Waffen konnten sie in kleinen Koffern bequem, sicher und unauffällig auf den in Afrika früher monatelangen, beschwerlichen Jagdreisen raumsparend transportiert werden. Ganz im Gegensatz zu den damals für Afrikas Großwild fast ausschließlich lang gebauten Standard-Repetierbüchsen. Mit einer einläufigen Repetierbüchse, mit nur einem Schloss, war man bei einem möglichen Versagen/Verklemmen einer Patrone oder eines anderen Defekts gegenüber einem annehmenden Stück Großwild für entscheidende Momente wehrlos. Die beiden nebeneinander liegenden Läufe der Doppelbüchse, gewähren mit dem zweiten Schloss sofort einen blitzschnellen, unabhängigen zweiten Schuss. Ejektoren und zwei weitere Patronen zwischen den dafür geübten Fingern einer Hand sorgen bekanntlich für weitere schnelle Folgeschüsse. Ein für den Schützen komplettes und dann höchstwahrscheinlich tödliches Waffen-Versagen war mit der DB ausgeschlossen. Hinzu kam bei Jagden in der Abgeschiedenheit des Busch oder Dschungels dass, wenn ein Schloss kaputt war, man mit dem anderen der beiden Systeme und Läufe stets weiterjagen konnte. Selbst wenn man Tagereisen weit von der nächsten Zivilisation entfernt war. Über die sonstigen verschiedenen Vor- und Nachteile wie Magazinkapazitäten, Gewicht, Einsatz von Zielfernrohren, Nachladeschnelligkeit, möglichst gleiche Trefferpunktlage und nicht zuletzt auch die teilweise riesigen Preisunterschiede zu modernen Büchsen gibt es eine Unzahl von sachkundig und passioniert geschriebenen Bücher. In einem der folgenden Kapitel versuche ich einige wichtige persönliche Eindrücke zu Jagdwaffen weiterzugeben. Die Beliebtheit der deutlich preiswerteren Repetierbüchsen wird seit etwa einem Jahrzehnt noch breiter gesteigert durch zerlegbare Versionen, austauschbare Kaliber/Läufe und blitzschnelle Geradezug-Biathlon-Systeme. Viele moderne Repetierbüchsen haben den Vorteil, dass man für relativ wenig Geld einen Lauf mit einem ergänzenden, anderen Kaliber und eine meistens der gleichen Montage für ein oder zwei Zielfernrohre oder Rotpunkt Visierungen dazu erwerben kann.
Andres half mir sach- und landeskundig beim Auffinden und dem Kauf einer gebrauchten Westley Richards Doppelbüchse aus privatem Besitz. Sie besaß Hülsen Auszieher aber keine Ejektoren und war wahrscheinlich aus den 1930er Produktionsjahren, im Kaliber .450 Nitro-Express 3 ¼ Zoll. Ich bezahlte am 12. Mai 1988 dem Inhaber der Firma AIMCOM Pty. Ltd. in Pretoria, DM 6.000 inklusive 100 Schuss Kynoch Cordite Munition. Die war ihm zu alt geworden und die einzige alte original Kynoch Fabrik Munition war deshalb eventuell unzuverlässig. Es war ein magischer Moment als der Verkäufer mir die schnörkel- und relativ schmucklose „Working Rifle“ aus dem Bürotresor seiner Fabrik überreichte. Er sagte, dass er sie vor vielen Jahren von einem bekannten und alten Berufsjäger erworben und selber die DB nur auf einer einzigen Elefantenjagd benutzt hatte. Mittlerweise hatte er kein Vertrauen mehr zu der uralten, eventuell unzuverlässigen englischen Cordite Pulver Munition. Ihm erschien die noble DB ohne frische zuverlässige Munition deutlich an Wert verloren zu haben. Im Kaufpreis enthalten waren einige mit dickem originalem braunem Wachspapier und mit Schnur versiegelte rot-gelbe Pappschachteln mit grünen Etiketten und braunem Packpapier aus der englischen Kynoch Fabrik.

Meine „neue“ alte Doppelbüchse war vom jahrzehntelangen Tragen geschwärzt. Sie hatte einen flintenähnlichen von der Zeit wunderbar geglätteten Schaft mit einem schweren Laufbündel und war ideal um ihren gewünschten Drehpunkt balanciert. Die Schaftlänge, ihre Schränkung und eine kaum vorhandene Senkung passten mir hervorragend. Als ich sie in die Hände nahm, fragte ich mich sofort, welche aufregenden Jagdabenteuer die Büchse wo und mit wem, vor dem Erwerb durch mich, erlebt hatte. Wenn sie doch bitte über ihre Vorbesitzer und ein vergangenes Afrika mit mir sprechen könnte. Äußerlich sah man ihr die 60 Jahre pfleglichen Gebrauch an. Sie war aber, trotz des wahrscheinlich vielen Tragens, in allen Funktionen perfekt und technisch in absolut tadellosem Zustand. Die Fischhaut des Holzes war abgegriffen glatt und das Schaftholz wunderbar schwarz vom jahrzehntelangen Gebrauch aber ohne jeden Makel oder Riss. Die originalen, sparsamen goldfarben eingelegten Ziselierungen auf dem Metall waren in nur noch matten Resten stellenweise sichtbar. Beide Läufe glänzten innen spiegelblank und der Verschluss arbeitete weich und absolut spielfrei. Vielleicht war es im Laufe des langen Lebens nicht zum Einlegen eines neuen Laufpaares gekommen. Meine Gedanken kreisten noch mehrfach um die Frage, wer diesem handwerklichen Stück englischen Stahls, mit der Waffennummer T 3671, die vergangenen 60 Jahre sein Leben anvertraut hatte und welche wunderschönen Momente dieser mir leider unbekannte, ehemalige Erstbesitzer mit ihr verbracht hatte. Leider gelang es mir bislang nicht mehr über ihre Vita herauszufinden. Vielleicht hilft mir ein freundlicher Leser oder der heutige Besitzer bei der Aufklärung. Die Büchse erfuhr in den wenigen Jahren in meinem Besitz und Gebrauch eine Wertsteigerung von über 100 Prozent. In den Jahren danach bis heute bestimmt noch ein zweites Mal genauso viel. Alte englische Doppelbüchsen von bekannten Premium-Herstellern sind eine hervorragende Kapitalanlage. Im Gegensatz zu alten Automobilen beanspruchen sie kaum Platz, werden von keiner neuen Technologie übertroffen, fressen nichts im Tresor, brauchen keinen aufwendigen Unterhalt, machen Freude beim Anschauen, „Streicheln“ und besonders beim jagdlichen Gebrauch und steigern auch noch ihren Wert. Andre und ich unternahmen in den nächsten Jahren einige, für mich denkwürdige Jagden im ursprünglichen Afrika. Wir jagten dabei mit geringstem Komfort und im Stil, so wie vor hundert Jahren. Ich verdiente gut, konnte mir wegen meines beständigen Geschäftserfolgs meine Zeit einteilen und hatte eine große Zahl von Freiflug-Meilen. Zweimal wurde ich unverschuldet beruflich mit halbjährigen Freiräumen zwischen zwei Arbeitgebern abgefunden. Die unverhofften beruflichen Ruhezeiten nutzte ich selbstverständlich gerne für ausgedehnte Jagden im geliebten Afrika.

Mein Medizinerfreund kannte sich hervorragend in der afrikanischen Wildnis aus. Er beherrschte die mich ungemein anziehende Art mit einem Minimum an Aufwand und in großer Einfachheit formidable, einem alles abverlangende Jagden für vergleichsweise kleines Geld zu realisieren. Allerdings waren die auch immer durch seine spezielle Persönlichkeit mit einem besonderen „Schuss“ Abenteuer und unvorhersehbaren Überraschungen verbunden. Alle Lizenzen erwarb er als lokal Ansässiger zu einem Bruchteil der Preise welche kommerzielle Safariunternehmer mit ihren verständlichen Gewinnabsichten von ausländischen Jagdgästen verlangen. Das „Outfitten“, also die Ausstattung unserer Jagdausflüge, machten wir restlos selbst. Wir besaßen eine aufs Überleben und das Wesentliche begrenzte Ausrüstung. Aus sehr einfachen mobilen Camps heraus jagten wir auf ehrliche Art, so wie vor hundert Jahren und fast immer zu Fuß. Dieser Stil erinnerte mich stark an unsere geschätzten, selbst organisierten Jagden in Argentinien, Paraguay und im ursprünglichen Llano in meiner zweiten Heimat Venezuela. Hier

in Afrika mit meinem Freund kam mir meine Erfahrung darüber, sich selber ausrüsten und zu bekochen, zugute. Wenngleich unsere manchmal gefährliche Jagd auf wehrhafte afrikanische Tiere ungleich größere Kenntnisse und Vorsicht verlangte. Die handschriftlichen Briefe von Andre endeten meistens mit *„Hajo, stay well there"*, und einmal mit *„May the wind be allways in your face"*. Sie wurden natürlich jedes Mal von mir im fernen Europa oder Südamerika mit gespannter Vorfreude erwartet.
Der Südafrikaner Andre lebte nach Pretoria mit seiner sich in den Jahren vergrößernden Familie erst in Katima Mulilo. Eine Kreisstadt im äußersten Norden des ehemaligen deutschen Namibias im Caprivizipfel. Das Kreisstädtchen liegt 100 Kilometer von der Stadt Livingstone und den donnernden Sambesifällen entfernt in einem hochinteressanten und bewegten Fünf-Länder-Eck. Der preußische General Graf Caprivi folgte auf Bismarck. Er war Sieger im deutsch-französischen Krieges 1870/71 (Orden Pour le Mérite). Im Bismarck-Vertrag tauschte er Sansibar und Teile des Betschuanaland gegen Helgoland und dem nach ihm benannten Caprivi-Zipfel im damaligen Deutsch-Südwestafrika (heute Namibia) von England ein.
Hier leitete mein Freund als Chirurg, zusätzlich zu seiner gut besuchten Landarzt-Praxis, die Chirurgie des weit und breit einzigen Bezirkskrankenhauses. Seine Jahresurlaube und Teile seiner Freizeit verbrachte er mit mir auf der Jagd. Unser erster Jagdausflug von Katima aus sollte uns in die äußerste süd-westliche Ecke von Sambia führen. Dieses ursprüngliche und abgelegene Gebiet grenzte direkt an das während unserer Jagden von unübersichtlichen Bürgerkriegen fürchterlich durchgeschüttelte Angola. Keinem amerikanischen Jagdtouristen wäre es jemals in den Sinn gekommen, während der nahen Kriegshandlungen unter Rebellen, an dieser heißen Grenze zwischen Angola und Sambia zu jagen.
Zum nur Kilometer entfernten Angola mit seinen marodierenden Milizen muss man wissen, dass nach dem Sturz des portugiesischen Salazarregimes 1974, die mit Rohstoffen und Ressourcen proppevolle Kolonie Angola von Portugal unabhängig wurden. Die angolanischen Bürgerkriege dauerten mit Unterbrechungen von 1975 bis 2002. In den Stellvertreterkrieg entsandte Fidel Castro 40.000 kubanischen Soldaten. Die USA und Russland schickten gewaltige Waffenlieferungen und das südafrikanische Militär war aktiv mit seinen Soldaten beteiligt. Andre hatte als Soldat diese bunte Ecke voller Ländergrenzen genau kennengelernt. Selbst nach dem Ende des Kalten Krieges war Angola dann noch mehr als 10 Jahre lang ein Spielball geopolitischer Interessen. Daraus ging Afrikas dienstältester Staatschef Santos (geschätztes Privatvermögen über 30 Milliarden Dollar) hervor. Seine Familie, die Generalität und die staatliche Erdölfirma beherrschen das superreiche Land. Es hieß, Santos wurde als ehemaliger Bauernjunge in der UdSSR zum Erdölingenieur ausgebildet. Der sprudelnde Erdölreichtum des zerstörten, ehemals bitterarmen Landes und seine amerikanischen Investmentbanker machten ihn in den letzten Jahren, unter anderem, zum größten privaten Grundbesitzer in Brasilien! So viel zu den direkt benachbarten typisch schwarz-afrikanischen Verhältnissen. Andre und ich waren meinem Wissen nach, damals wohl ziemlich die einzigen legalen Lizenzjäger in dieser konfliktiven Wildnis des nicht ungefährlichen Grenzgebietes Sambias mit starken Trophäen. Die politischen Umstände in Südafrika, Nordnamibia und Südangola haben sich bis heute erheblich zum Guten verändert.
Einige dunkelhäutige kubanische Ärzte, die sich aus den Busch-Stellvertreter-Kriegen aus dem benachbarten Angola abgesetzt hatten, unterstützten den Mediziner Andre im Hospital von Katima. Mein Freund war sehr schmallippig in seinen Erzählungen darüber, was er als Soldat von besonderen Einheiten der südafrikanischen Armee genau in dieser Gegend gemacht hatte. Jedenfalls waren seine Kennt-

nisse über die im Norden Südafrika vorgelagerten Länder und dessen Bevölkerung beeindruckend. Aus seinen wenigen Bemerkungen war zu entnehmen, dass er vor Jahren auch hinter den Linien des ehemaligen kommunistischen Vasallenlandes Angola gegen diese entsandten kubanischen Soldaten des Stellvertreterkrieges gekämpft hatte. Nun arbeiteten einige davon gemeinsam mit ihm im einzigen Krankenhaus im Umkreis von mehr als 500 Kilometern.
Der Chirurg Andres war, wie man sich vorstellen kann, ein weithin geachteter Mann. Im Ort betreute er die etwa 250 Weißen und mehr als 3000 dunkelhäutigen Namibianer. Mit seinem kleinen Privatflugzeug hatte er so manchen Notfallpatienten, Farmer oder Häuptling in Angola, Namibia, Sambia und Botswana notoperiert, behandelt oder dessen Leben gerettet. Seine von deutschsprachigen Einwanderern abstammende Frau Gerda betrieb damals ein kleines Hotel mit Restaurant in Katima. Die Rasenflächen des einfachen Hotels und Restaurant endeten unter großen Bäumen direkt an den Ufern des Sambesiflusses. Der Caprivizipfel liegt inmitten eines der wildreichsten und Natur belassenen Gebietes des mittleren und südlichen Afrikas. Andres hatte mehrfach den damaligen Litunga (König/Häuptling) des Barozelandes in Südsambia mit Namen Illute Jeta medizinisch behandelt (heute herrscht dort der im Westen studierte und sehr aufgeklärte Jeta III). Ilute regierte sein Reich und unabhängiges Bundesland Sambias von seiner Sommerzeit-Hauptstadt Mongu aus. Im Winter, mit seinen Regenfällen und Überschwemmungen, zog er mit Sack und Pack, Hausrat und Hofstaat feierlich in seinen höher gelegenen Palast in Lotsi. Andre hatte an dieser traditionellen und farbigen Prozession auf speziellen Boten mit jeweils über 50 bunt gekleideten Ruderern als Gast teilgenommen. Das Recht des Königs auf sein autonomes Bundesland war sogar in der Verfassung des modernen Sambia verankert. So erklärte es mir Andres.
Wir hatten durch Andres die Erlaubnis, in der Konzession des Königs im äußersten Südwesten Sambias am Rande eines Wildschutzgebietes zu jagen. Dieses direkt an der angolanischen Grenze liegende Naturschutzgebiet wurde damals heftig von Wilderer- und Milizbanden benutzt. Entsprechend scheu und schwierig zu bejagen war das Wild. Eine von Andres Auflagen war es, die Wilderer zu stoppen und die Abgeordneten des Königs jedes Mal mit einer Fleischration für seinen Hof zu versorgen.
Die Grenze zwischen Nord-Namibia und Sambia war nicht nur für die wandernden Wildtierherden recht durchlässig. Mit anderen Worten kaum erkenntlich und über weite Strecken damals nicht richtig bewacht. Natürlich brauchten unsere legalen Jagdwaffen für Sambia ihr legalisierendes Formular mit Stempeln vom Zoll und von der zuständigen sambischen Wildschutzbehörde. Unser Campboy ging auf eigenen Wunsch zu Fuß über die grüne Grenze. Das war damals in diesem von vielen Grenzen umgebenen Landstrich üblich. So sparte er umständliche Ein- und Ausfuhrformulare, Gebühren und allzu gerne geforderte „Beschleunigungsgelder“. Wer das in diesem Länderdreieck wollte, konnte auf diese Weise 1 bis 2 Tage weniger Aufenthalt an den langsamen und eventuellen Wegzoll kassierenden Grenzübergängen gewinnen. Einige Grenzlandbewohner betrieben ein einträgliches Geschäft auf Hufen. Kuhherden wurden, je nach Preisgefälle in den Ländern von lokalen Halbwüchsigen durch den tiefsten Busch über die Grenzen getrieben und mit erheblichen Gewinnen im Land mit dem jeweilig höheren Preisen verkauft.
Die von uns genutzte unwegsame und straßenlose Jagd-Konzession war rechteckig mit 60 x 50 Kilometer langen Seitengrenzen. Sie war von den Flüssen Cuando, Sambesi, den Grenzlinien zu Angola und Namibia eingefasst. Die sambische Natur vom donnernden Sambesifluss bis nach Südangola war weitgehend unberührt und wirklich wild. Eingeborenen liefen dort noch splitternackt herum. Ich hatte

mehrfach die überwältigende Erkenntnis, dass hier alles so wie vor hunderten von Jahren geblieben war. So erschien es mir bei unseren einfach ausgerüsteten Jagden zu Fuß. Man merkte den hier besonders scheuen Wildtieren an, dass sie hier seit jeher von den Eingeborenen gejagt und in der Neuzeit im Grenzgebiet zu Angola sogar im Park heftig gewildert wurden. Die Wilddichte war entsprechend gering. Die Stärke der Trophäen dafür ungewöhnlich beeindruckend.

Unsere magischen Nächte verbrachten wir immer in unüberdachten Bettrollen am Lagerfeuer unter freiem Sternhimmel. Zelte führten wir keine mit uns. Unsere Lager waren deshalb sehr mobil und zeitsparend zu errichten. Abgesehen von unserem Landcruiser, modernen Gewehren und unserer westlichen Entwicklungsgeschichte, Kultur und Bildung waren wir dem afrikanischen Ursprung der gesamten Menschheit hier ganz nahe. Wir erbeuteten kapitale Trophäen, die notwendigen Proteine für unsere Ernährung und die unserer ganzen Mannschaft. Unsere Beute waren am Ende manchmal, fern einer Kühlkette, Säcke voll von im Camp hergestelltem Trockenfleisch. Es waren ursprüngliche echte Wildnisjagden. Die dornige, trockene Schönheit der ursprünglichen afrikanischen Natur in Sambia war ein Genuss besonderer Art für mich, der ich anfänglich noch nicht viele Jahre Afrika erlebt hatte.

Wir benötigten im Geländewagen manchmal Tage, um durch das unwegsame Jagdgebiet des Königs und der Wildschutzbehörde von einem zum anderen Ende zu gelangen. Am Rande des Nationalparks lagen drei winzige Dörfer mit Hütten aus Zweigen, Lehm und Dornenwällen als nächtliche Abwehr gegen Löwen, Hyänen und Leoparden. Dort vegetierten insgesamt etwa 300 für unsere Begriffe bedauernswerte, nackte Bewohner in ihrem Naturzustand. Bis heute kann ich die Unmengen kleiner Kinder mit den grotesk aufgetriebenen Bäuchen nicht vergessen. Sie litten unter massiver Mangelernährung und wir sahen ihre von Viren und Bakterien befallenen Augenschleimhäute. In diesem harten und seinen Eingeborenen wenig vergebendem Land der Tsetse Fliegen und Raubtiere gab es keine wirkliche Rinderhaltung, so wie weiter nördlich oder südlich. Nur mit Hühnerhaltung, dem Verzehr von Maismehl, Gemüse und Früchten besaß ihre Diät wenig Proteine und kaum Calcium aus Milch und Käse. Die Menschen waren deshalb klein und unterernährt. Staunend standen sie um uns fremde „Marsmenschen" herum. Ich konnte obszöne Gedanken nicht verdrängen. Wir sahen durch ein ungebremstes Vermehrungsverhalten, wie vor tausend Jahren, sinnlos in die Welt hineingeborene kleine Menschlein. Das ging zu, wie bei den Kaninchen, verantwortungslos und instinktiv. Wann immer Mann und Frau „Bock" hatten. Es herrschte nicht die Spur vom angeblichen Recht auf Leben und elementare Menschenrechte. Mindestens 50 Prozent der Kinder waren aber bereits meistens vor dem 6. Lebensjahr zum Kindstod verdammt. Sie waren absolut chancenlos. Vom Anbeginn ihrer unromantischen, verantwortungslosen und beiläufigen Zeugung. Es waren einseitig ernährte, fröhliche aber arme Ahnungslose, die durch Krankheiten und mangelnde Hygiene unter diesen seit Jahrhunderten herrschenden Umständen nur eine kurze Lebenszeit erwarten konnten.

Ich dachte auch, dass sind genauso Menschen wie wir, die das gleiche Recht auf dieser Erde haben. Welchen Wert hatte ein junger, wehrloser Mensch in dieser Umgebung Afrikas? Sie lebten höchstens auf der Stufe der europäischen Eisenzeit. Es gab dort keine Schulen, Krankenhäuser, Elektrizität, Fernseher, Fahrräder, oder Radios. Also auch kein Zugang zu Bildung und Aufklärung. Das einzige, was Halt gab, war die über Leben und Tod entscheidende Zugehörigkeit zum Stamm mit seinen Häuptlingen und Zauberern. Auf dieser Entwicklungsstufe haben diese Menschen seit Jahrtausenden gelebt. Ihre übermäßige Vermehrung wird zu einer immer stärkeren Landnahme für Ackerflächen führen. Eines nicht zu fernen

Tages wird für die Wildtiere nur noch Platz in Naturparks sein. Oder auf Farmen, wo sie gezüchtet und eingezäunt gehandelt werden würden.

Sambia erhielt große Summen an Entwicklungshilfe. Hier im Inneren des schwarzen Afrika kam an dieser Stelle nichts Sichtbares davon an. Im Hinterland dieser vom weißen Kolonialismus befreiten Länder erreicht die Hilfe der aufgeklärten Industriegesellschaft vor allen Dingen Regierungsbeamte. Die reisten wohlgenährt in teurer Kleidung und schweren Oberklasse PKWs. Wer denkt an die, wie ich sie nenne, naturverbundenen „Randmenschen" im abgelegenen Dschungel. Dieser Eindruck drängte sich mir damals auf. Deshalb auch die Landflucht und die unsäglichen Ghettos Afrikas an den mit dem Wunder der Elektrizität erleuchteten Stadträndern und ihren unsäglichen Müllhalden. Afrikas größte Probleme sind die Nachteile des immer noch herrschenden Stammessystems, der mangelnde Zugang zu Bildung, die fehlende Aufklärung und Gesundheitsversorgung. Darüber hinaus das unhygienisches Wasser sowie die explosionsartige Bevölkerungszunahme, eine willkürliche Zersiedelung und ungeregelte großflächige Landnahme. Dann als Folge dieser unsäglichen Melange auch die industriell organisierte Wilderei und Vernichtung der freilaufenden Wildbestände durch die Eingeborenen selber.
Selbst nach einer graduellen Verbesserung ihrer Lebensverhältnisse wird diese Mechanik nur langsam außer Kraft gesetzt werden. Es tut als zahlender Besucher weh, zuzuschauen, wie dieser Kontinent und seine überaus reichen Ressourcen immer nur ausgebeutet wurden und werden. Was hilft einem das gute Gewissen dabei, wenn man mit der kontrollierten Lizenzjagd dringend benötigtes Geld mitbringt und dabei nachhaltige Arbeitsplätze auf dem Lande schafft. Selbstverständlich habe ich, genau wie die meisten Gastjäger in Afrika, außer den hier üppigen Trinkgeldern für die Mannschaft ständig gebrauchte Kleidung, Schuhe, Bleistifte, Batterien und Hefte für die Kinder dort gelassen. Nur lächerliche Almosen und Tropfen auf dem heißen Stein. Sicher nicht mehr als der Versuch einer Beruhigung seines schlechten Gewissens.
Bei unseren verschiedenen Jagden in Sambia war es anfangs wie immer. Jeder Auslandsjäger kennt die spannenden Momente, gleich zum Beginn einer Afrikajagd. Man trifft, zumindest beim ersten Mal, auf die Menschen, mit denen man bald unvergessliche Momente in absoluter Wildnis und häufig unter Lebensgefahr verbringen wird. Wie immer beeindruckte die Leistung unserer Fährtensucher. Sie entsteht bei diesen instinktstarken Menschen aus der weitergegebenen Erfahrung ihrer Väter und ihrem Aufwachsen mit der Natur in der Wildnis. Unter den Spurenlesern erlebte ich durchaus unterschiedlich ausgeprägte, handwerkliche Kunstfertigkeiten. Die besten haben über das wunderbare Lesen der Spuren hinaus die Fähigkeit entwickelt, sich durch instinktives Beobachten in das Verhalten der Beutetiere hineinversetzen zu können. Sie können selbst in von uns kaum wahrnehmbaren Spuren und Hinterlassenschaften der wilden Tiere wie wir in einem gedruckten Buch lesen. Mehrfach habe ich erlebt, wie sie darin sogar später zutreffende Rückschlüsse auf die momentane Laune und die körperliche Verfassung der Tiere zogen.

Das umfangreiche Wissen zur Erlangung eines schwierigen deutschen Jagdscheins und die Notwendigkeit, diesen ständig auf dem aktuellen Wissensstand zu halten, ist für europäische Verhältnisse beeindruckend. Unsere in der Heimat erworbenen Fähigkeiten sind aber im Vergleich zu den Instinkten der afrikanischen Jäger und ihren Fähigkeiten, das Verhalten der Tiere zu erahnen und ihre Spuren zu lesen, dort nur von eingeschränktem Wert.

Mein Freund wurde, wie viele Südafrikaner, auf der Farm seiner Eltern groß. Er hatte dabei im Spiel mit den eingeborenen Kindern mehrere afrikanische Sprachen, zusätzlich zu Afrikaans und Englisch, erlernt. Als junger Soldat hinter den Fronten wurden seine Sprachkenntnisse der verschiedenen Stämme noch erweitert. Ohne die Beherrschung zumindest einer davon, bleibt man als Gastjäger in den meisten Ländern endlos entfernt von der Kultur der Einheimischen. In mehr als 20 Afrika-Safaris, jahrzehntelangen Jagden in den Ländern des Ostblocks, in den entlegenen Teilen von Kanada und Alaska und zig Südamerika-Jagden, also auch überwiegend in absoluter Wildnis, habe ich aber gelernt, vieles instinktiv zu erfassen. Trotzdem wiederholen sich bestimmte entscheidende Momente niemals in der Zeitspanne, die einem als Gastjäger dort jeweils gegeben ist. Diese ständig neuen Moment der Überraschung, der Geheimnisse und die andersartigen Eindrücke machten die Auslandsjagden, in Kulturen, deren Sprachen ich leider nicht verstand, andersartig und reizvoll.
Die Eingeborenen jeder Jagdmannschaft gaben dem Jagdgast einen Spitznamen in ihrer Sprache. Es lohnte sich, den zu erfahren. Schon deshalb, weil man dann wusste, wann sie sich über mich und mein Verhalten in bestimmten Situationen unterhielten, und um mit ihnen gemeinsam in das so schön herzliche Lachen der Afrikaner einzustimmen.
Auf dieser Jagd ging unsere Anfahrt vom sambischen Sioma die M 10 nach Chanyati am ohrenbetäubend tobenden Sambesifluss entlang. Dort übernachteten wir direkt am donnernden über die Felsen und Stromschnellen seinen Weg suchenden Fluss. Erstaunlicherweise wachte ich völlig erfrischt nach einem erquickenden Tiefschlaf neben meinen mich bereits zur Weiterfahrt antreibenden Jagdkollegen auf. Wir fuhren mit zwei alten aber hervorragend hergerichteten Langachsen Toyota Landcruisern. Weiter ging es über die Nester Kufala, Samanyati bis nach Sinyembela und zu der Ansammlung einiger Hütten mit dem wunderschönen Namen Mambo. Alle Örtchen bestanden aus wenigen Dornenwällen und Grashütten. Aus der Provinzstadt Sioma holten wir vorher einen weiteren Campboy, einen Skinner (Fleisch- und Trophäenbearbeiter) und als Hauptperson unseren alten Tracker (Spurenleser und Tierverfolger) Josef Matende ab. Der schweigsame zähe Josef hatte einen schmalen, edlen Kopf mit extragroßen wachsamen Augen. Sein Gesichtsausdruck war auch später fast immer ernst. Nach unserer kurzen männlichen Begrüßung mit typisch dreifachem Händedrücken schauten seine wachen Augen gerne abwesend in die Ferne. Der wortlose Mann kannte sein genaues Alter selber nicht. Andre bemerkte mit dem Blick des Mediziners, dass er aber ganz sicher über die 70 Lebensjahre hinweg war. Ich meinte in den kommenden Wochen mehrfach auch eine kriegerische, stolze Persönlichkeit in Josef gesehen zu haben. Der Kerl wollte absolut niemandem gefallen. Wir waren die ihn bezahlenden Weißen. Ich hatte niemals den Eindruck, dass er unterwürfig vorgetragene Sympathie für keinen von uns empfand. Er fühlte sich auf seine Art mindestens auf gleichem Niveau mit seinen Arbeitgebern auf der Jagd. Er war eine starke und trotz des für die Anstrengungen unserer Art der Jagd im vorangeschrittenen Alters, kaum zurückgenommene afrikanische Persönlichkeit.

In Sioma lösten wir erst die notwendigen legalen Lizenzen. Zu uns gesellten sich dieses Mal die uniformierten Scouts der Naturschutzbehörde Kosmos Tindalo und Moses Mokalabai. Beide Soldaten trugen abgewetzte aber durchgeladene sowjetische AK 47 Maschinenpistolen. Das robuste, unverwüstliche und inzwischen meistgebaute Sturmgewehr der Welt wurde vor 65 Jahren auf Befehl Stalins als Nachbau der Konstruktionsprinzipien des deutschen Maschinenkarabiners 42H entworfen. Andre bemerkte meinen langen Blick auf die Dauerschuss-Maschinenpistole und sagte: *„Hajo wenn du eine willst, kann ich sie dir für weniger als US $ 50 besorgen". „Nein danke, mein Blick galt nur der Stellung des Sicherungshebels, Andre".*

Dadurch, dass wir uns selbst ausrüsteten, selber bekochten, Andres Toyotas verwendeten, ohne Zelt oder anderen Aufwand nur in Bettrollen unter freiem Himmel an wechselnden Feuer schliefen und mein guter Freund eine Berufsjägerlizenz besaß, jagten wir nach Herzenslust unbelastet und das zu unschlagbar günstigen Konditionen. Die unvergleichlich günstigen Lizenzen für „locals" wurden auf Andres Namen erworben. Es war aber legal, dass ich als Andres Assistent auch damit jagte. Wir erwarben auf dieser wirklich kompletten Safari das Recht, auf einen Löwen, einen Leoparden, drei Büffel, je eine Kuh-, Roan- und Kuduantilope, Zebras, ein Weißschwanz-Gnu, 3 Warzenschweine und 5 Impalas zu jagen.

Als Afrikaanfänger hatte ich Anfang der 80er Jahre, auf einer anderen Safari, das unverschämte Glück, die Haut meines ersten männlichen, ausgewachsenen Zufallslöwen für kleines Geld ins Viehsalz legen können. Es wurde durch den Freund Bert transportiert und beim Gerber und Präparator Quicktan in Krügersdorf zu einem Sonderpreis präpariert. Ich hatte durch diese Jagd bereits die Erfahrung einer haarsträubenden Löwennachsuche mit einem vom Farmbesitzer schlecht getroffenen Raubtier erfolgreich durchgestanden. Ich sage durchgestanden, denn einen schlecht getroffenen, annehmenden Löwen im hohen Gras nachzusuchen, war eine der unverzichtbaren großen Mutproben in meinem Leben. Aber diese erste Löwenjagd nahe der Grenze zu Botswana ist eine andere lehrreiche Geschichte.

Auf dieser nur von uns selber als Outfitter vorbereiteten Safari in Sambia kam eine nicht begrenzte Zahl von Fleischtieren für unser Camp und als Köder für den Ansitz auf die Raubkatzen noch dazu. Außerdem wünschten sich der König Illute Jeta und seine zu uns gestoßenen Abgesandten seines Hofes des autonomen Barozelandes das Fleisch von einem Büffel und zwei Großantilopen. Diese große Menge an Beute wollten wir versuchen, in drei Wochen zu erlegen. Durch die ständige Wilderei und den Hunger der Einheimischen, war die Wilddichte um den Nationalpark und wohl auch drinnen nicht hoch. Starke Tiere hatten sich aus dem direkt angrenzenden Kriegsgebiet Südangolas hier eingestellt. Der ganzjährig Wasser führende Sambesi und die Grenzflüsse zu Angola und Botswana ließen große Herden Grasfresser weiträumig herumziehen.

Es gibt in Afrika überall zwei Arten von Wilderei. Beide habe ich intensiv erlebt. Die eine kann relativ harmlos sein. Diese Amateurwilderer töteten immer nur so viel, um die hungrigen Mägen der Familie zu stopfen. Die andere professionelle Wilderei, ist ein nimmersattes, brutales und organisiertes Geschäft. Die von den kriminellen Wilderern rücksichtslos und wahllos beschossenen Tiere waren auch hier recht schwierig zu bejagen. Es sollte also in zweifacher Hinsicht spannend werden!

Mein Freund und ich waren zwei völlig ungleiche aber auch kongeniale und engste Freunde. Meine besondere Glückseligkeit beim Jagen mit ihm entstand aus seiner urigen Art uns auszurüsten und aus unserer geteilten, selbst beschränkten Einstellung beim Jagen. Die Wildnis-Expeditionen hatte wenig mit dem gemeinhin teuren, bequemen und kommerziellen Jagdtourismus gemein! Natürlich brauchten wir den unnötigen Luxus, durch das Beschränken auf das Wesentliche, auch nicht mit zu bezahlen.

Die uns nicht fehlende, sonst bei Afrikasafaris üblichen Annehmlichkeiten und unsere großen physischen Anstrengungen zu Fuß war echtes Jagen im Stil von früher. So wie ich sie viele Jahre lang aus Südamerika gewohnt war und liebte. Tägliches stundenlanges Pirschen zu Fuß vermittelt außerdem einen besonders eindringlichen Naturgenuss. Der viel gebrauchte Satz: *„wir tauchten in die Natur ein*

und wurden Teil von ihr" traf durch unsere reduzierten Mittel auf unseren Safaristil zu. Unser Jagen in beinahe völlig wegloser Wildnis unterschied sich von der, wie sie vor hundert Jahren betrieben wurde, nur dadurch, dass unser Ochsenkarren von damals heute Toyota Geländewagen waren. Außerdem schossen wir statt mit den gewaltigen Rohren der Schwarzpulver Gewehre mit Munition aus modernen Nitropulvergewehren, die mit Zieloptiken versehen werden konnten. Wir besaßen kein Kühl- oder Stromaggregat und gewaschen wurde sich manchmal nur in den wenigen mit Elefantenexkrementen und Parasiten gefüllten Pans. Das sind die vom Regen zurückgelassenen Bodenvertiefungen mit viel Losung aus denen auch die Wildtiere schöpften und in die sie sich auch erleichterten.
Unser immer bräunliches, abgekochtes Trinkwasser ergänzten wir aus einem modrigen Wasserloch einer Eingeborenensiedlung. Wir trafen während der drei Wochen nur auf einige hundert Eingeborene in den drei Dörfern. Drei Viertel davon waren Kinder. Jede Frau versorgte mindestens 10 dieser armen, verwahrlosten Würmer. Sie sahen uns aus tief bewegten Augen und ziemlich atemlos an. Ihre unschuldigen, erwartungsfrohen Blicke gingen mir durch Mark und Bein. Denn wir wussten, dass viele dieser Menschlein in ihrem ganzen kurzen Leben chancenlos waren. Man musste sich immer wieder wundern, aus welchen Quellen sich die stets herrschende Fröhlichkeit und Unbekümmertheit dieser ahnungslosen Mitmenschen speiste.

Nur für ein paar Tage kamen außer dem Abgesandten des Königs noch der Chiefranger Alfred und Francis, der Manager des Wildlife Department in Senanga, zu Besuch. Sie besuchten uns, um nach dem Rechten zu sehen, und weil wir uns im direkten Grenzgebiet zum angolanischen Bürgerkrieg und in der unmittelbaren Nähe eines Wilderer Hauptquartiers bewegten. Sie nannten diese illegale Ansammlung direkt auf der Grenze und mit geschätzten 500 Menschen auch Little Luanda, nach der Hauptstadt von Angola.
Unser Tracker Josef hatte abgewetzte, geflickte aber immer saubere Kleidung. Er besaß, trotz seines Alters, einen stählernen und sehnigen Körper, wie den von einer Großkatze. Er selber aß schon seit Jahrzehnten kein rotes Fleisch mehr. Den Grund dafür werden wir noch im Verlauf dieser für mich ersten Jagd mit ihm erfahren. Ich habe selten wieder einen so begnadeten Spurenleser und unfehlbaren Jäger erlebt, der nicht vom Volk der Buschmänner war. Sein Gewehr war eine uralte, völlig ausgeschossene Mannlich Schönauer im dem längst nicht mehr üblichen Kaliber 9,5 Millimeter.
Der wortkarge und völlig furchtlose Mann hatte der Wilderei bereits in jungen Jahren abgeschworen. Er arbeitete danach als Scout an dem von den Engländern gezogenen Drahtzaun unter anderem auch in unserem Jagdgebiet. Entsprechend profund und genau war seine Kenntnis dieses Gebietes. Die Übertragung der Schlafkrankheit durch die tödlichen Bisse der Tsetse Fliege vom dagegen immunen Wild auf das Hausvieh sollte, als Joseph noch jung war, durch den Totalabschuss und einen Wildzaun verhindert werden. Es war das fatale und letztlich wirkungslose System der englischen Kolonialmacht in den 50er und 60er Jahren des letzten Jahrhunderts. Josef und seine diversen Kollegen rotteten auf Geheiß der Kolonialmacht auf einem hunderte Kilometer langen, abgeholzten Korridor, von 2 Kilometern Tiefe, restlos alles Wild aus. Das galt auch für die Elefantenherden und Zigtausende von Büffeln. Genau hier jagten wir nun mit seiner genauen Ortskenntnis und Erfahrung. Man vermag nur vermuten, welche haarsträubenden Abenteuer und Gefahren dieser ernste alte Mann damals erlebt hatte. Diese jungen professionellen „Abschießer" waren in der Wildnis ganz auf sich alleingestellt. Der stahlharter Josef Matende besaß eine ernste, schweigsame, mich total beeindruckende Gestalt. Es wäre interessant ge-

wesen, wenn man in sein bisheriges Leben hätte hinein schauen können. Ich stellte mir vor, mit welcher Menge an Gefahren er in seiner damaligen Aufgabe überlebt hatte. Leider stehen seine Geschichten in keinem Buch. Sie gehen an den verglimmenden Feuern seines Stammes mit Josefs Tod für immer verloren. Es wäre eine kulturgeschichtliche Aufgabe ersten Ranges, ihm dabei zu helfen, seine Erlebnisse aufzuschreiben.

Von ihm und meinem südafrikanischen Freund hing natürlich unser Jagderfolg ab. Beide hatten bereits eine Reihe von gemeinsamen Jagden in diesem Landesteil durchgeführt. Sie kannten sich gegenseitig ganz genau. Bei der letzten Jagd war Josef bei der Verfolgung und Festnahme von professionellen Wilderern von einem Steckschuss in den muskulösen Teil seiner vier Buchstaben getroffen worden. Der Chirurg Andres hat das vorher an einem Baum abgeprallte Projektil vor Ort mit einem Skalpell und einer rostigen Zange des Toyotawerkzeugs herausgeschnitten. Josef wurde von Andres im Camp versorgt und ohne lokale Betäubung, unweit der Rosette am Allerwertesten, wieder zusammengenäht. Er soll trotz fehlender Betäubung bei dieser Erstversorgung nicht mit einer Wimper gezuckt haben.

Auch wenn mich die medizinische Anwesenheit meines Chirurgenfreundes und ehemaligen Frontkämpfers natürlich beruhigte, so war die tägliche Gefahr, mit berufsmäßigen Wildererbanden zusammenzutreffen, dadurch nicht weniger gefährlich. Bei einigen unserer Jagden war mein Blut durch das wie Rattengift wirkende, für mich lebenserhaltende Marcumar, auf mehr als das Doppelte verdünnt. Natürlich hatte ich das verdickende und normalisierende Vitamin K dabei. Aber wer auch nur einmal über die Vielzahl von Verletzungsrisiken nachdenkt, sollte solche Safaris in abgelegener Wildnis auf wehrhafte Wildtiere sowieso unterlassen. Stark blutende Verletzungen aus Fehlern auf der Jagd konnte ich mir nicht erlauben. Zumindest auf der Jagd nahm ich meine besondere Verletzlichkeit nicht so wichtig, wie die unersetzlichen Abenteuer, die ich damals erleben konnte.

Sambia hatte, als erstes Land in Afrika, seine frühe Unabhängigkeit von den Engländern erhalten. Unter Kennern gilt es noch bis heute als eines der wenigen Länder, in denen man in absolut ursprünglicher Natur echte Wildnisjagden durchführen kann. Also Jagden, die nicht in Großgehegen und auf mehr oder weniger großen Farmen oder in Wildparks stattfinden.

Die Ladeflächen beider Geländewagen waren während unserer Anfahrt mit unserer kargen Ausrüstung beladen. Über dem Dach der Fahrerkabine lagen unsere zusammengeschnürten Bettrollen und zwei Ersatzreifen pro Wagen. Die Jagdwaffen waren während der Anfahrt unterladen und nur bedingt zugriffsbereit in Ihren Futteralen mit ausreichend Munition hinter den Sitzen verstaut. Andre und ich verzichteten auf Zelte. Wir würden in den empfindlich kalten Nächten der afrikanischen Winterzeit im Zeitraum Mai bis August direkt zwischen zwei, drei wärmenden Feuern schlafen. Unseren Bettrollen vom südafrikanischen Militär waren nur mit einer äußeren Hülle aus Zeltplane oder Canvas gegen den Morgentau geschützt. Wen die weiteren Details unserer Safariausrüstung nicht interessieren, der sollte den nächsten Absatz überspringen.

Die Autos waren so stark überladen, dass sich die Ladeflächen, trotz der extralangen und überdimensionierten Stoßdämpfer, nur Zentimeter über den Ladeflächen befanden. Die gesamte Ausrüstung für 3-4 Wochen und den beiden unverwüstlichen Toyota Landcruisern bestand aus: zwei 150 cm hohe Spezialwagenheber, drei Aluminium Klappsesseln, einem großem Klapptisch, einem 80 Liter Wasserbehälter aus imprägnierter Zeltbahn mit Duschkopf zum Aufhängen an Bäumen, einem Teekessel, Machete und

Axt, einem eisernen Spaten und viel Klopapier, zwei großen, dreibeinigen gusseisernen Töpfen mit einem primitiven Grillrost aus Gusseisen, zwei Sturmlaternen mit Brennstoff, Werkzeug, Einwegfeuerzeuge, 50 Meter Nylonseil, zwei um die stählernen Stoßstangen gewickelte, kräftig dimensionierte Stahlketten und wenige, essentielle Ersatzteile für die Geländewagen. Wir führten außerdem einen klitzekleinen Arztkoffer und zwei große Tiefkühlboxen mit Eis/Trockeneis, ausreichend Softdrinks, 4 Bierdosen pro Person und Tag sowie wenige Flaschen Gin und Whisky für die gesamte Dauer der Jagd mit uns. Haltbares Gemüse, Bananen, Salat und Kartoffeln waren in Holzkisten gelagert. Hinzu kamen eine große Dose mit Zucker, mehrere Säcke mit Viehsalz für die Trophäen- und Fellbehandlung, Reis, Gewürze, Konserven, Trockenmilchpulver, große Mengen des köstlichen Roiboostee in Beutelchen, Bestecke, Emaillebecher und Emaillegeschirr sowie die zwei wichtigen Zentnersäcke mit dem unvermeidlichen Miliepap-Mehl (halb-gekochtes, geschrotetes Maismehl) für unsere Boys. Auf meinen besonderen Wunsch hin hatten wir (trotz des zusätzlichen Gewichts) 30 Flaschen guten südafrikanischen Rotwein (ich erinnere Needernburg, Meerlust und Kanonekop) auch für mein Kochen an Bord genommen. Ich hatte in meinem Seesack zusammen mit wenigen Kleidungsstücken und persönlichen Dingen eine große Kiste allerbester kubanischer Zigarren und ein paar Tafeln Schokolade eingepackt. Wir nahmen, auch auf meinen Wunsch hin, als Geschenke für die Kinder der Busch-Bevölkerung einen Sack lokaler Bonbons, Bleistifte und Papier mit. Beide Cruiser waren mit umlaufenden, soliden Rammschutzrohren, einer Zusatzbatterie, Keilriemen, Ersatzbirnen, Zündkerzen, Kühlerschutznetz, und gewaltiger elektrischer Seilwinde mit 80 Meter Stahlseil ausgestattet. Über der Fahrerkabine war, wie oben erwähnt durch einen angeschweißten Drahtkorb zusätzlicher praktischer Stauraum über der vorderen Achse geschaffen worden. Auf jeder Ladefläche standen zwei große Ölfässer die neben den eingebauten Zusatztanks mit Dieselöl gefüllt waren. Hinzu kam eine Handpumpe für den Dieseltreibstoff sowie ein Stahlfass und zwei 50 Liter Plastikkanister mit Trinkwasser. Unser weniger Abfall wurde in Müllsäcken aus Jute gesammelt und der größte Teil davon restlos verbrannt und die Asche eingegraben. Die zwar deutlich mehr als 10 Jahre alten, aber mechanisch hervorragend gewarteten Wagen mit besonders verstärkten, neuen Blattfedern und Stossdämpfern, waren entsprechend der vorher aufgezählten Ausrüstung bis auf den tiefstmöglichen Stand der Federn und der Achsen vollgeladen.

Um zu unserer königlichen Konzession zu gelangen, mussten wir erst durch die Silowana Plaines. Dann ging es vorbei am Nangwe Pool und im rechten Winkel vom Sambesi weg in Richtung angolanischer Grenze. Wir fuhren einen halben Vormittag lang über einen wenige Male im Jahr befahrenen, grasigen Sandpfad, auf dem sich die überladenen Wagen langsam und teilweise im Kraftgang voranmalten. Der anfangs relativ gut zu erkennende Weg endete vor dem nur auf einer Armee-Karte als Nationalpark ausgewiesenen Gebiet. Deren genaue Begrenzungslinien konnte man an manchen Stellen nur erahnen. Wir fuhren dann parallel zu dieser imaginären Grenze auf einem alten Pfad an jenem vor mehr als 50 Jahren schnurgerade gezogenen Drahtzaun entlang weiter in Richtung der angolanischen Grenze. Was anfangs mühelos begann, wurde ab hier zu einer Tortur.
Der in 50 Jahren verwitterte und durch hindurch wechselnde Tiere lange zusammengebrochene Zaun war damals aus gespanntem englischem Draht errichtet worden. Der Zaun auf diesem Streifen sollte, zusammen mit dem Totalabschuss durch eingeborene Scouts wie unser Joseph, das Vieh im Süden vor dem Krankheiten übertragenden Wild aus dem Norden schützen. Das war eine Schnapsidee aus dem

fernen London gewesen. Die mit der Vegetation nunmehr verwachsenen Reste der hochwertigen, geschmiedeten englischen Qualitätsdrähte lagen immer noch an vielen Stellen im Sand versteckt. Eine ideale und noch lange nicht erschöpfte Quelle für Generationen von grausamen mit Schlingen wildernden Wilddieben. Dieser Weg war die einzige Schneise in sonst für die Jeeps weitgehend undurchdringlichem Gelände. Verdeckt im Sand liegende Drahtlinien stellten nur langwierig von Hand und nur mit der Zange zu entfernende Hindernisse dar. Wirklich unzählige Male mussten wir halten, um die Stücke der Reste des gehärteten Drahtes aus den Kardanwellen und Achsen der Toyotas mühsam heraus zu schneiden. Wertvolle Zeit ging dadurch verloren. Er sollte uns auch an späteren Tagen beim Kreuzen der Schneise ärgern. Eine dabei durchgerissene Dieselzuleitung aus Kupfer wurde von Andre mit Draht, dem Aluminiumblech einer Softdrink-Dose und aus einem alten Reifenschlauch geschnittenen Gummiringen in wenigen Minuten, bei komplett nach vorne geklappter Fahrerkabine, geflickt. Diese, selbst für südamerikanische Verhältnisse, improvisierte Reparatur hielt anstandslos bis zur Beendigung der Jagd und unserer Rückkehr nach Katima Mulilo.

Auf unserer Hinfahrt hatte die Sonne gerade den mit niedrigem Gras bewachsenen Rand des sandigen Pfades mit ihren ersten Morgenstrahlen erwärmt. Auf den höher gelegen Gräsern war der Morgentau in einem ganz leichten Bodennebel verdampft. Ich „junger Wilder" war voller Vorfreude und euphorisch. *„Andre, wie wird das? Wird es relativ einfach sein, hier einen reifen Löwen zu finden? Hattest du hier schon mehrfach Leoparden im Anblick?"* Er antwortete, dass es ein hartes Stück Arbeit sein würde, die wegen der Wilderer hier besonders heimlichen Löwen zu finden. *„They never come easy, but i am a cat man."* (Das wird nicht leicht, aber ich bin ein Katzenmann).

Die Jagd auf diese ausgebufften Katzen würde hier in der Domäne von Wilderern also nicht einfach für uns werden. Professionell bewaffnete, eingeborene Wilderer dezimieren Löwen als Konkurrenten gnadenlos und mit allen Mitteln. Ihre Jagd könnte in diesem Gebiet eine große Herausforderung mit blank liegenden Nerven werden. Aber, meinte Andre, Löwen im Anblick kündigen ihren Angriff glücklicherweise meist zornig und laut vorher an. Sie schlagen mit dem Schwanz, pressen ihren Körper dabei flach auf den Boden und brüllen vorher markerschütternd. Weit gefährlicher wäre es, wenn man zu Fuß zufällig in einen lauernden Hinterhalt des Rudels oder zwischen die Mütter und die abgelegten Jungen gerät. Beim ihrem Angriff in Formel I Rennwagen-Geschwindigkeit bilden sie nur ein kleines und dramatisch unruhiges Ziel. Gereizte Löwen kennen bekanntlich keine Scheinangriffe. Die bis zu 400 Pfund steinharter Muskeln, Krallen und ein furchtbares Gebiss kommen flach wie ein Pfeil auf einen zugerast. Wenn sich die ausgefahrenen messerscharfen Krallen der Vorderpranken durch Haut oder das Fell ihrer Opfer schneiden, so halten sie den Löwen durch ihre Widerhakenform, besonders der „Daumenkralle", wie mit Angelhaken sicher am angesprungenen Körper des Opfers fest. Sie durchbeißen beim ersten Biss mit ihren 4 fingerlangen Reißzähnen in einem weit aufgerissenen Maul den menschlichen Schädel oder unseren Torso so mühelos, wie wir es mit einem Apfel tun. Ihr gemessener Kaudruck gehört neben dem des Tigers, des Eisbärenen, des Kodiak Braunbärenen, der Hyäne und nach des südamerikanischen Jaguars, den Du Hajo ja kennst, zu den stärksten von allen Landsäugetieren. Die messerscharfen Backenzähne durchtrennen menschliche Muskeln, Sehnen und Knochen so mühelos, wie eine überdimensionierte Blechschere. Ihre bis zu sechs Zentimeter langen, wie Sichelmesser gekrümmten Daumenklauen reißen jede Haut bis auf die Knochen auf. Die leckende Zunge zieht mit den Hornknorpeln darauf ihren Opfern die Haut von Muskeln und Knochen. Aber ein gut platzierter Schuss mit unseren

Kalibern erledigt sie schnell. Alle Katzen, auch die großen, haben ein besonders auf rasante Geschosse hoch empfindlich reagierendes Nervensystem. Hajo, nun zu deiner Frage bezüglich der normalerweise scheuen und unsichtbaren Leoparden. Sie sind hier immer und beinahe überall präsent." Ich lauschte fasziniert seinen Erzählungen aus der Sicht eines Großwildjägers und jagenden Chirurgen. Leider nicht alles habe ich mir am Lagerfeuer notiert.

Was dann geschah, grenzte an Magie. Plötzlich sahen wir ein offensichtlich verliebtes Leopardenpärchen nur 80 Meter von unserem vor sich hin brummelnden an sie herannahenden ersten Toyota. Sie saßen dicht nebeneinander in der Morgensonne auf ihren Hinterläufen. Die sichtbar kleinere Leopardin umgarnte jetzt ihren stärkeren Liebhaber und dessen kräftiges Haupt, indem sie, Haupt und Leib mit hoch aufgestelltem Schwanz an ihm rieb. Nachdem wir bei uns ins Gesicht wehendem Wind nahe heran gekommen waren, verschwanden sie schnell und lautlos im dichten Busch. Andre trat auf die Bremse und ich lief in kindlich, spontaner Manier, wie ein Junge, der auf seine Geschenke unter dem Tannenbaum zusprang, unbewaffnet ein kurzes Stück hinter den gerade entschwundenen Leoparden her. Nicht, weil ich besonders mutig war, sondern weil ich damals mit Leoparden relativ wenig Erfahrung hatte. Als ich mich zum Wagen umdrehte und zurückging lachte Andre ein wenig gequält und leise. Dann zog er seine unterladenes Büchse aus dem Futteral und sagte: *„Niemals darfst Du Leoparden, unbewaffnet wie Du warst, direkt hinter ihnen im hohen Gras nachlaufen. Sie könnten sich mühelos vor Dir sogar hinter einer mittleren Zimmerpflanze unsichtbar machen und verstecken. Besonders nicht, wenn es ein Paar ist, oder eine Leopardin mit ihren vielleicht in der Nähe abgelegten Jungen ist. Das war leichtsinnig von Dir. Hast Du nun die Antwort auf Deine Frage mit eigenen Augen gesehen? Man sieht das, was wir gerade gesehen haben, äußerst selten. Besonders nicht am helllichten Tag. Obwohl hungrige Leoparden durchaus gerne noch am kühlen Morgen jagen. Aber Leoparden sind selbst in den Dörfern unsichtbar und leben unbemerkt an und sogar in den Siedlungen von Menschen! Sie kündigen, im Gegensatz zum Löwen, ihren blitzschnellen und völlig lautlosen Angriff nach dem ersten und von ihnen äußerst verhassten Augenkontakt mit uns kaum vorher an. Meines Erachtens nach haben Leoparden von allen Großkatzen manchmal das größte Aggressionspotential."*

Wir fuhren lange schweigsam weiter. Ich erwachsener Mann schämte mich nachträglich für meinen Leichtsinn. Mir hatte diese völlig unerwartete Begegnung mit einem verliebten Leopardenpärchen auf kürzeste Distanz vor Aufregung erst einmal das Reden verschlagen. Etwa 20 mühselige Busch-Kilometer von der angolanischen Grenze und dem Eingeborenendörfchen Sinjembela auf der anderen, angolanischen Seite der Grenze entfernt, errichteten wir spätnachmittags unser erstes, frugales Lager im Busch. Dafür wählte mein Freund das sandige Ufer einer flachen Wasserstelle. Die hatte der Regen in einer versiegenden Pfanne (Pan) im Boden hinterlassen. Mit dem Spaten und durch kontrolliertes Abbrennen eines 30 Meter breiten Streifens der Vegetation um das Lager herum wurde eine übersichtliche Lagerstelle für unsere Feuer und die Bettrollen freigemacht.
Direkt um unser Lager herum standen einige nach ihren essentiellen Ölen würzig riechende Mopane Bäumchen. Darüber spannte ein einzelner hoher Johannesbrotbaum seine Schatten spendende Krone. Das Harz der rötlichen Hartholz-Bäume oder Mopane Sträucher verströmte seinen charakteristischen starken Terpentin-Geruch. Ihre paarweise angeordneten Blätter dienten vielen Laub-Äsern, wie Elefan-

ten und Giraffen, als gehaltvolle Ernährung. Die hier niedrigen Sträucher auf kargem Boden können auf fetten Böden manchmal anderswo zu ganzen Mopane Wäldern mit Baumhöhen von bis zu 15 Metern wachsen. Die Vielfalt der Jagdmöglichkeiten und die meistens auch mit dem Landcruiser undurchdringliche Vegetation unseres Jagdgebietes machte es, je nach bejagter Wildart, notwendig, unseren Hauptlagerplatz für das Jagen zu Fuß mehrfach zu wechseln.
Insgesamt haben wir während der gut drei Wochen dieser Jagd an etwa 8 verschiedenen Stellen unsere Bettrollen für die Übernachtungen ausgerollt. Die hatten wir mit der Dusche und einem großem Topf beinahe jeden Tag auf den Wagen bei uns. Gerade dieses mobile einfache Übernachten im freien Bush machte den besonderen Reiz unserer Pirschjagd aus. So muss es auch vor hunderten von Jahren gewesen sein, als die bekannten Großwildjäger mit ihren Trägerkolonnen und Ochsenkarren durch das ursprüngliche, noch weitgehend menschenleere Afrika umherzogen. Wir schliefen selten mehr als drei Nächte in Folge am selben Feuer.
Warm geduscht wurde mit unparfümierter Kernseife und unter dem über dem Feuer in Töpfen erhitztem Wasser. Abends ließen wir es wohltuend aus dem aufgehängten Segeltuchbehälter auf unsere verschmutzten Körper in herrlich dicken Tropfen herabfallen. Die Körperhygiene, natürlich ohne jedes Parfüm, erweist sich für die Gesundheit und das Wohlbefinden auch hier als essentiell. Meine Zähne habe ich mir mit der kalten Asche unseres Feuers auf der Bürste geputzt. Effektiv und ohne verräterische Gerüche. Unsere Bettrollen wurden abends einfach vom Wagen auf die vorbereitete Lagerstelle geworfen. Ihre noch sorgsam eingerollte äußere Segeltuchhülle war dann noch mit einem Bindfaden verschlossen. So konnten sich keine Skorpione und Schlangen darin verkriechen. Diese dicken Rollen dienten als Rückenlehnen, wie die Sättel der Cowboys am Lagerfeuer oder als Chaiselonge und wurden erst zur Nacht als bequemes Bett am Feuer auseinandergerollt. Als Toilette für den „long drop" (langer Tropfen nennen es Engländer und Südafrikaner) musste ein Spaten mit einer Rolle Toilettenpapier am Griff ausreichen. Man entfernte sich für deren Benutzung natürlich immer auf der vom Wind abgewandten Seite und in gebührender Distanz von den anderen. Grub ein kleines Loch für die Erleichterung in den Boden und verrichtete sein Bedürfnis da hinein und verschloss das Grübchen wieder mit Sand. Beim Verlassen eines Camps fuhren wir dann manchmal an den vielen frisch aufgeworfenen Hügelchen unserer ökologisch düngenden Hinterlassenschaften vorbei.

Nachdem die Boys eine Menge abgestorbener Bäumstämme und trockener Zweige gesammelt hatten, wurde flink ein brennendes Lagerfeuer für uns und zugleich ein weiteres für die Mannschaft entfacht. Die Nächte im südlichen Afrika können bekanntlich von Mai bis August, je nach Höhe über dem Meeresspiegel, häufig bis um Null Grad Celsius kalt werden (in Namibia habe ich 100 Kilometer von Windhuk dabei geholfen, morgens vereiste Wasserleitungen an Tränken wieder durchlässig zu machen). Dann wurden unsere drei zusammenlegbaren Safaristühle aus Aluminium und Segeltuch sowie etwas entfernter vom Feuer der leichte große Klapptisch dazu aufgestellt und mit unseren Proviantvorräten beladen. Darüber wurde eine Dachplane gegen die Sonne und den Tau der Nacht gespannt. Die Buschdusche befestigten wir an einem Ast hinter einem Busch und hinter einer kleinen Umrandung aus geschlagenen Stöcken. Ein weiteres Stück daneben rammten wir den WC-Spaten mit dem im leichten Wind wehenden Klopapierrollen-Ende in die Erde. Das zeigte uns den Weg zur ökologischen Toilette in der Natur. Fertig war unser Camp.

Beinahe jeden Abend kochte ich in den drei mehrbeinigen gusseisernen Töpfen über der Glut eines offenen Kochfeuers aus abgestorbenen Stämmen. Sie konnten ja nach der Glutmenge unter ihnen und im Zusammenspiel mit den schweren Deckeln schnell große Hitze entwickeln. Auf diese Weise koche ich in der Wildnis besonders gern. Natürlich weil ich selber gerne esse und gutes Essen entscheidend zu unserem Wohlbefinden und einer guten Stimmung beitrug. Kleingeschnittene Zwiebeln, Karotten, Butternut-Kürbisse oder Eierfrüchte wurden in Olivenöl scharf angebraten und warm bereitgehalten. Grob gewürfeltes Wildgoulasch aus den Rückenstreifen kam dann gewälzt in ein wenig Mehl, Salz, Pfeffer, reichlich zerstoßener Koriander, Ingwerpulver, Kreuzkümmelpulver, Senfpulver, scharfen Currypulver oder Kurkuma in einen Plastikbeutel. Die Mischung aus Fleischwürfeln und Gewürzen wurde im Beutel kräftig hin und her geschüttelt. Dann rollte der nun gewürzte Inhalt zischend zum scharfen Anbraten in das siedende Öl. Das Ganze wurde täglich immer etwas anders variiert. Dieses scharfe Anbraten in den dicken Gusseisernen Töpfen, natürlich erst mit abgenommenen Deckeln, ergab viel Geschmack und entwickelte schnell die wohlschmeckenden Röstaromen. Häufig wurde dann mit mehreren langen Schlucken einer Flasche südafrikanischen Rotweins abgelöscht. In einem weiteren Topf kochten ausreichend Kartoffeln, Reis oder Millipap. Hatten wir frische Wildfilets, so wurden die im Ganzen oder als oberarmdicke Steaks über dem Grill oder in wiederverwendeten starkem Aluminiumpapier zubreitet. Die Boys bereiteten sich ihre gehaltvolle und üppige Fleischmenge vom Wild mit dem unvermeidlichen Millipap dazu an ihrem nur etwa 20 Meter entfernten Feuer zu. Manchmal campten wir im gemeinsamen Lager nur für eine kurze Nacht und ohne jeden Luxus wie warmes Essen oder eine Dusche. Oder wir fielen spät und erschöpft in unsere Bettrollen nur mit etwas Biltong (Trockenfleisch) zwischen den Zähnen. Jeden Tag gab es den unvermeidlich stets dampfenden Kessel mit Roibuschtee am Feuer. In unseren sogenannten Hauptcamps genossen wir beim abendlichen Kochen auf dem offenen Feuer meistens eine Flasche Rotwein zum Abendessen. Danach einen Gin Tonic oder Whisky. Als Begleitung schmauchten wir an manchen Tagen genussvoll eine lange besonders edle kubanische Zigarre. Es waren meine besonders guten Urlaubszigarren mit ausgewählten Tabakblättern von der roten Vulkanerde der Lage „vuelta abajo". Ich hatte damals eine ungewöhnlich günstige zollfreie Quelle.

Wie auf allen Afrikasafaris schauten wir vor dem Einschlafen nach langen freundschaftlichen Gesprächen und den Fußmärschen selig erschöpft in den hier besonders dreidimensionalen Sternenhimmel. Häufig dachte ich dann an die ewigen Seins-Fragen unter dem glitzernden Firmament. Die aufregenden Jagderlebnisse des Tages wurden noch einmal vor den Augen und im Geiste zurückgerufen. Diese Art echter Afrika-Wildnisjagd kann man nicht nur mit Geld kaufen. Die Insekten und Tiere krächzten, kollerten, zirpten, lachten, meckerten, kullerten und grollten. Manchmal hallte das irre Gelächter von Hyänen aus der Ferne herüber. Um uns herrschte sonst Stille und unsere Haut berührte nur die angenehm seidige Luft. Dem warmen Boden entströmten beruhigende Gerüche. Man nahm alles mit Augen, Ohren und Nase wahr. Ich genoss diese übliche Einschlafmusik ganz ungemein. Besonders die Sinfonie von nahen und fernen Tiergeräuschen. Das berührende Keckern, Grollen und Trompeten war so pur und unmittelbar, wie man es nicht einmal in einem Zoo erleben kann. Ich fragte Andre, wie nahe denn Hyänen, Elefanten, Leoparden und andere Wildtiere zu uns am knisternden Feuer liegenden Schläfer herankamen? Er machte sich einen Spaß daraus, auf seine Art zu antworten. *„Hajo, wir liegen hier am Rande einer den Tieren vertrauten Wasserstelle."* Am nächsten Abend ließ er die Boys einen Kreis von 50 Meter um unsere Schlafsäcke herum bis auf den goldenen Sand mit dem Spaten frei kratzen. Dann wurde der noch mit gezogenen Gummimatten aus dem Wagen geglättet. Morgens sah ich an den frischen Spuren, dass unsere nächtlichen Besucher Leoparden, Hyänen, Elefanten (!), Antilopen uns schlafenden Menschen aus nächster Nähe im Licht unserer flackernden Feuer zugeschaut hatten. Leider waren Löwenspuren nicht darunter. Andres hatte meine besorgte Frage wieder einmal eindrucksvoll beantwortet. Hätte ich das nicht selber erlebt, so hätte ich diese Geschichte nicht geglaubt.

Mein mich beruhigendes Gewehr stand auch nach der Jagd zugriffsbereit näher und unterladen an einem primitiven Ständer am prasselnden Feuer direkt neben mir. Es wurde zum Schlafen (unterladen) mit in die Bettrolle genommen und dann beruhigend neben der Matratze im Inneren der Canvas Hülle hineingelegt. Meine mit Pflaster geschützte Gewehrmündung schaute dabei deutlich über die Höhe meines Kopfes an der Seite aus dem über dem Gesicht fast ganz geschlossenem Reißverschluss der Schlafsackhülle heraus. Ich schlief auf allen Safaris jede Nacht sozusagen mit meiner unterladen Braut im Kaliber .416 Rigby, 9,3 x 62, 8x68 S oder .375 H&H Magnum im Arm. Dabei genoss ich das beruhigende Aroma des Waffenöls.

Natürlich weiß jeder, dass das tödlichste Tier Afrikas das Anopheles Moskito als Träger der Plasmodum Malariaparasiten ist. Gegen die Stiche der weiblichen Mücke in der aufkommenden Dunkelheit war das Gewehr in Griffweite keine Lösung. Aber gegen die Malaria nahm ich religiös meine Atovaquon-Proguanil Medikamente (Handelsname Malarone, Malanil) ein und achtete auf lange Hosen und Hemden bei eingebrochener Dunkelheit.

Gegen Hyänen, tollwutinfiziert oder nicht, war das nahe Gewehr eine Beruhigung. Denn mehrfach hatten Hyänen frei herumliegenden Schläfern nachts das halbe Gesicht weggebissen. Wer mehr über diese wirklich merkwürdigen, andersartigen Tiere lesen will, kann das in Ernest Hemingways Afrikabüchern oder den krachenden Lesereißern vom Großwildjäger Peter Hathaway Capstick und dem ungemein populären Südafrikaner Wilbur Smith tun.

Hunderte von verschiedenen Menschen fressenden Löwen in ganz Afrika haben tausende Schläfer aus Zelten oder Krals mit offener Zelttür in ihrem tödlichen Fang davon geschleppt und genüsslich mit laut brechenden Menschenknochen verzehrt. Von meinem Freund und Berufsjäger Horst Isselbächer wusste ich, dass durch die rasch zunehmende Armut Zimbabwes die Prostitution auf den Fernstrecken des Landes in ganz erheblichem Maß zugenommen hatte. In Folge wurden tausende unerwünschte Neugeborene, die aus den Kontakten mit Fernfahrern entstanden, einfach im Busch ausgesetzt. Diese kleinen menschlichen Kadaver plus Nachgeburten wurden von Löwen und Hyänen gefressen. Solche in der Öffentlichkeit verschwiegenen grausamen Gewohnheiten erzeugen Menschenfresser.

Die uns begleitenden Ranger berichteten, dass es zu ihrem Alltag gehörte wegen solcher und ähnlichen Übergriffe durch Wildtiere in die Dörfer gerufen zu werden. Die im Busch lebenden Eingeborenen wurden häufig nachts von Löwen und am Tage von Krokodilen beim Wasserholen am Fluss angefallen und zerrissen. Tausende von Eingeborenen werden von Krokodilen beim Staken, Fischen oder Paddeln aus ihren Einbäumen (Mokoros genannt) heruntergerissen oder fallen als ertrinkende Nichtschwimmer ins Wasser. Alleine Mosambik meldete 2005 (FOA-Statistik) 300 Tote durch die heimtückisch lauernden Ur-Echsen. Es sind für den Eingeweihten die alltäglichen afrikanischen Nachrichten. Sie werden wegen der Einnahmen aus Besucherströmen des Fotosafaritourismus gerne unter der Decke gehalten.

Der bedauernswerte Leiter des Postamtes in Katima Mulilo wurde gerade eine Woche vor einer meiner

Ankünfte beim Sonnen am flachen Ufer des Sambesiflusses im Ort von einem Krokodil auf Nimmerwiedersehen ins Wasser gezogen. Das geschah vor den Augen seiner Familie. Die Zahlen beim illegalen Durchqueren des Krügerparks von Löwen gefressener Eingeborener aus Mozambique gehen in die Tausende. Darüber wurde wenig bekannt. Wir lesen in der Öffentlichkeit so gut wie gar nichts über diese ständigen im abgelegenen Busch immer noch ganz alltäglichen Vorfälle. Der Game Ranger, Soldat und Jäger Kevin Thomas beschreibt in seinem plastisch und drastisch bebilderten Buch „Shadows in an African Twilight“ einige dieser traurigen Vorfälle. In einer Reihe von Ländern in Afrika werden auch gesonderte Statistiken über Verletzte und Tote bei der Lizenzjagd auf die Big Five geführt. Hierbei spielen völlig unerwartete und deshalb so fatale Angriffe auf professionell geführte Jagdgäste durch Tiere, die vorher von Wilderern oder in Fallen schmerzhaft verletzt wurden, eine bedeutende Rolle. Bei den Todesfällen steht der Elefant in den Statistiken mehrer afrikanischer Länder meines Wissens nach klar an erster, Büffel und Löwe etwa zusammen an zweiter Stelle. Bei der Häufigkeit von Angriffen auf Jäger mit vielfach „nur“ Verletzten ist die Nummer eins immer der Leopard.

Die zu unserer Jagdmannschaft gehörenden eingeborenen Afrikaner übernachteten, auf ihren eigenen Wunsch hin, nach der Arbeit immer knapp in Rufweite von uns, im Abstand von 20 bis 30 Metern am eigenen Feuer. Wir setzten uns häufig zu ihnen und sie kamen jeden Abend auch an unser Feuer. Ein entspanntes Miteinander, wie ich auf den sonst üblichen, rein kommerziellen Safaris nicht erlebt habe. Man teilte vieles von der Nahrung und das Fleisch der erlegten Tiere sowieso. Die getrennten Feuer waren ganz natürlich, denn jede Gruppe hatte seine eigenen Vorlieben zu kochen, sich in seiner Sprache über die Erlebnisse des Tages zu unterhalten und sich im Nachtlager in den Schlaf zu murmeln. Ich habe niemals ein Wort von Andre in Richtung Rassismus gehört, obwohl er teilweise zu Zeiten der Apartheid aufgewachsen war. Als Arzt behandelte er täglich unterschiedslos beide Gruppen. Scherze über bestimmte Eigenheiten der Stämme oder eingeborenen Begleiter gab es häufig. Die dunkelhäutigen Afrikaner lieben und genießen den Humor aus vollem Herzen. Sie lachten wiederum auch laut und ganz offen über unsere kleinen Missgeschicke. Für unser nach der Jagd und ihrer Arbeit so entspanntes Verhältnis war es ausschlaggebend, dass der von ihnen respektierte weiße Chef fließend in den Sprachen der Eingeborenen mit ihnen scherzte und lachte. Wenn man in einer Sprache Witze, Doppelsinniges, Andeutungen und lustige Bemerkungen austauschen kann, dann ist das gegenseitige Verständnis bekanntlich immer gesichert. Wir waren tief im Busch besonders aufeinander angewiesen. Die Jagd im Busch auf wehrhaftes Wild schweißt jede noch so gemischte Gruppe zusammen.
Wir jagten kein Rehwild von Kanzeln in endlos vertrauter heimischer Kulturlandschaft sondern Tiere, die verletzt oder in die Enge getrieben, gefährlich waren und uns in unübersichtlichem Gelände angreifen würden. Ein Zusammenstoß mit rücksichtslosen Wilderern war hier, direkt an der Grenze zu einem Kriegsgebiet, vorprogrammiert. Man konnte sich folgenreich verlaufen oder von tödlichen Schlangen gebissen werde. Jede kleinere Verletzung konnte, mehr als eine Tagesreise von der Zivilisation entfernt, zu einem eiternden Problem werden oder die Jagd sofort beenden. Wir besaßen keine Radioverbindung, geschweige denn ein Telefon. Von beinahe jedem angeschossenen oder nachgesuchten größeren Wild ging eine Verletzungsgefahr für uns Jäger aus. Ich habe diese Fähigkeit zum „Zurückschlagen“ des schussharten afrikanischen Wildes selber bei einem liegenden Spießbock in Zimbabwe mit durchtrenntem Rückgrat erlebt. Der Bock wurde mit einem zweiten Schuss tödlich getroffen und blieb ohne

weitere Regungen zusammengebrochen liegen. Wie immer näherte ich mich als Erleger voller Vorsicht an seinem hinteren Ende. Ein unerwarteter Rundschlag mit seinem Träger und den beinahe zwei Meter langen nadelscharfen Spießhörnern verfehlte mich nur um Haaresbreite. Auch eine erlegte Rappenantilope versuchte in einem letzten Aufbäumen uns mit ihren säbelförmigen Hörnern zu erreichen.
Das wertvolle Wildbret, welches wir nicht zu unserer und des Teams sofortigen Ernährung verwendeten, wurde mit einer Würz- und Salzmischung bestreut und in langen Streifen über auf Ästen gefertigten Gestellen aufgehängt. Dort im Halbschatten wurde es an der Luft zu Trockenfleisch. Kühleinrichtungen standen uns bei dieser Art Wildnisjagd nicht zur Verfügung. Wir jagten meistens das Fleisch von reifen, männlichen Tieren mit gut entwickelten Trophäen. Auf die richtige Auswahl wurde auch von den beiden begleitenden Scouts der Naturschutzbehörde geachtet.
Auf manchen kommerziellen Safaris geht es, nach Aussagen von Berufsjägern, schon manchmal Kunden ausschließlich nur um bestimmte, vorher besprochene, Trophäenstärken. Dabei wird das Wildbret meistens über eine Kühlkette der lokalen Vermarktung zugeführt. Üblicherweise hat man als Jagdgast, der kein einheimischer Trockenfleischjäger ist, in staatlichen Konzessionsgebieten oder privaten Großfarmen kein Recht auf das wertvolle Wildfleisch. Dabei soll es Gäste geben, die in ihrem auf die Trophäe zielendem Eifer als Erstes mit dem Maßband in einer Hand an die erlegten Tiere heran gehen. Das Wildbret gehörte ihnen ja nicht und sie haben keine Möglichkeit es zu exportieren oder es selber mit nach Hause zu nehmen. Andere wiederum sprechen vor der Jagd nur darüber, welche Trophäe zuhause mit welcher Montage und an welche Stelle der Wände ihres Trophäenraumes hängen soll. Wie gesagt, so kann es manchmal bei der reinen Trophäenjagd zugehen. Für die allermeisten von uns Jägern, geht es in erster Linie um das Erlebnis in Fauna und Flora sowie um die Trophäe und ein Foto des erlegten Tieres als Erinnerung.

Mehrfach in der Woche hatten wir Begegnungen mit Giftschlangen. Die in der Morgenkälte des afrikanischen Winters noch trägen, armdicken Puffottern oder Grubenottern waren beim Pirschen besonders im abgefallenen Laub schwer zu erkennen. Auf einer der Fahrten mit einer Geschwindigkeit von 10-20 Kilometern pro Stunde sahen wir den Kopf und vorderen Teil einer beinahe vier Meter langen Schwarzen Mamba. Sie glitt in Fahrtrichtung drei Meter neben unserem immer GEÖFFNETEN Wagenfenster des Wagens durch das kurze Gras. Dabei behielt sie uns mit ihrem Kopf auf der Höhe unserer Fensterrahmen im Auge. Das geschah über alle Unebenheiten des Bodens und die wechselnde Vegetation hinweg. Die sogenannte schwarze und hier stumpfgraue Mamba hielt ihren auf uns gerichteten Kopf wie das auspendelnde, auf ein Ziel gerichtete Geschützrohr eines Leopardpanzers, immer auf gleicher Höhe mit uns. Andre und ich hatten unsere Unterarme, wie immer beim sehr langsamen Fahren, auf den offenen Seitenscheibenrahmen gelegt. Ihr dem Fahrer nahes, halb geöffnetes und uns zugewendetes Maul zeigte ein seltsam schwarzes Inneres. Sie sah uns dabei mit ihren wie feucht glitzernden pechschwarzen Augen und einem Ausdruck von völlig unerschrockener Aggressivität und Überlegenheit eindringlich an. Es war ein Anblick, den man bei einem Exemplar dieser Größe und Gefährlichkeit, welches uns dabei so nahe war, niemals vergisst.
Ein anderes Mal hatte sich eine offensichtlich jüngere Mamba im Motorraum eines unserer beiden Geländewagen im Camp verkrochen. Einer der Boys hatte sie beim schnellen Hineingleiten beobachtet. Sie war trotz der geöffneten Motorhaube und dem Stochern mit drei Meter langen Stöcken nicht dazu

zu bewegen, diesen warmen Platz wieder zu verlassen. Kein gutes Gefühl in der Nähe einer solchen Schlange die Nacht auf dem Boden zu verbringen. Am nächsten Morgen war sie spurlos verschwunden. Man lebt in so temporären Camps, zumal mitten im Busch, immer in der Nähe und meistens unbemerkt in irgendeiner Gemeinschaft mit Giftschlangen. Bei uns Menschen gibt es, bei aller Sauberkeit, immer kleine Spuren von wohlschmeckendem Abfall. Hinzu kommen unsere winzigen Schlachtabfälle in der Nähe des Lagers. Das zieht, als beliebte Schlangenbeute, Ratten und Nager an. Die an den weniger warmen Stunden träge eingerollt und unbeweglich liegenden Puffottern sind für die meisten fatalen Bisse verantwortlich.
Beim Auslegen und Befestigen eines unserer Baits (Köder) für die Löwen stiegen wir alle mehrfach und mit viel Glück, über eine im Laub reglos liegende Puffotter hinweg. Bis Josefs scharfe Augen sie entdeckte. Worauf er mit einem unterdrückten Ausruf der Überraschung von ihr weg sprang. Mitten auf dem Weg im warmen Sand sahen wir ein anders Mal eine sich wärmende kleine Spei-Kobra ihren aufgeblasenen Kopf gegen unser herannahendes Auto erheben. Afrika ist voller Schlangen die aber fast immer, bis auf Boomschlange, Rinkhals, Mamba, Zentralafrikanische-Grubenotter und die oberarmdicke, träge liegende Puffotter, versuchen dem Menschen auszuweichen. Man versteht sofort, dass wir Jäger uns, auch durch die Bedrohung durch Giftschlangen, in Afrika zu jeder Zeit besonders wachsam bewegen. Um Häuser und festen Lodge herum sieht man, wegen der besseren Übersichtlichkeit, fast immer gut ausgeleuchtete, manchmal zementierte Wege und stets kurz gehaltenen Rasen.

Besonders zur Jagdzeit, also in den kühleren Monaten, gehören im südlichen Afrika mehrere Feuer in den Mittelpunkt des Camps. Wenn wir nachts abwechselnd wach wurden, schoben wir die mit dem brennenden Ende sternenförmig zusammengelegten trockenen Baumstämme immer ein Stück weiter in das Zentrum der Glut vor. Beim nächtlichen Pinkeln, einige Meter abseits des Feuers in die Dunkelheit der absoluten Wildnis hinein, nahm ich das unterladene Gewehr und die unentbehrliche kleine Kopflampe mit. Wild war immer nahe. Mehrfach wurden wir um das Lager herum von Äste abbrechenden Elefanten aufgeweckt. Die Elefantenbestände waren hier und in halb Afrika durch Wilderer bis auf wenige dezimiert. Deshalb habe ich damals auf die Jagd der grauen Riesen verzichtet.
Zu den Elefanten und ihrer Regulierung sowie auch der Wilderei gestatte ich mir an dieser Stelle deshalb heute einen kleinen Ausflug mit Blicken hinter den „Vorhang" des Management des Krueger National Park in Südafrika. Dann fahre ich mit Jagderzählung in Sambia fort.
In den siebziger bis achtziger Jahren waren die Elefantenbestände von organisierten Wildererbanden in ganz Afrika hauptsächlich wegen ihres Elfenbeins für Asiaten zusammengeschossen worden. Ich habe in dieser Zeit freiwillig und gerne auf das Jagen dieser auf uns so beseelt und gewaltig wirkenden Tiere verzichtet. Obwohl ich bei zu Schadelefanten erklärten und Stoßzahnlosen (tuskless) zu Gebühren hätte erlegen können, die unter dem Erlös des Verkaufs der gegerbten und legal mit CITES exportierten Decke lagen! Nach dem späteren Anwachsen der Bestände durch sich auswirkende Schutzmaßnahmen sah ich, wie man das Problem der Überpopulation der Elefanten zum Beispiel im wilddicht eingezäunten Krüger Park löste. Ihre dort notwendige Regulierung wurde mit professionellen und wissenschaftlich geleiteten Abschüssen durch die Ranger der Parkverwaltung betrieben. Das von den Besuchern unbemerkte und für sie spurenlose Culling dort, also die Ausdünnung ganzer Herden (bis heute insgesamt 15.000 abgeschossene und in der Park-Großfleischerei restlos verwertete Elefanten) in einem täglich von tausenden

Touristen befahrenen Nationalpark, ist nach Aussagen des Managements eine traurige Kunst für sich. Zwischenzeitlich scheiterte der Versuch, durch Geburtenregulierung in den natürlichen aber ungewollten Zuwachs einzugreifen.
Die Regierungen aller an den Flüssen Sambesi, Save und Limpopo angrenzenden Länder sind zum Glück dabei, einen großen, grenzübergreifenden, zusammenhängenden Lebensraum (Projekt KAZA) für die zu hunderttausenden zählenden, zusammengedrängte Elefanten-Population der Länder des südlichen Afrikas herzustellen. Jetzt hat sich durch zwei Jahrzehnte Schutzmaßnahmen die Situation der Elefanten in Afrika bekanntlich grundlegend verändert. Heute gibt es aber weiterhin durch Bevölkerungsexplosion und Landnahme der Eingeborenen leider sich ständig weiter reduzierende Lebensräume. Trotz ihres begrenzten Lebensraums gibt es in vielen der Elefanten-Ballungsgebiete leider eine zu große Zahl von ihnen. Ich hätte deshalb zum jetzigen Zeitpunkt keine moralischen Bedenken mehr gegen die legale regulierte Jagd auf sie. Die New York Times berichtet von 4-5.000 illegal gewilderten Elefanten im Jahr und ihrem geschmuggelten Elfenbein im Gewicht von 40-50 Tonnen. Das Elfenbein wird hauptsächlich nach China verschifft. 40 Tonnen davon im Marktwert von 20 Millionen US $ stammen aus Kenia und Tansania (Status Report from Convention on International Trade in Endangered Species FTIS). Ein Kilo gewildertes Elfenbein kostet im Jahr 2010 auf Pekings Strassen 500 US $. Mein Freund Andre und seine Frau Gerda sind lange Jahre eng mit dem Landsmann Bruce (Happy) Brydon (1947-2009) und seiner Familie befreundet. Bruce war seit 1983 Chefranger und einer der stellvertretenden Leiter des Krüger-Nationalparks gewesen. Ein verdienter, graduierter Biologe mit profundem Wissen über das wilde Afrika und seine Tiere. Die 400 – 500 Ranger, und eine Reihe von Tierärzten, Biologen, Managern und Wissenschaftler der Parkverwaltung praktizieren und besitzen eine wohl weltweit herausragende Erfahrungsansammlung. Er entwickelte zusammen mit Büchsenmacher Fritz Röhr und Rangern die heute als hervorragend bekannten lathe-turned solid brass rifle bullets. Sie werden heute von der ehemals halbstaatlichen Munitionsfirma PMP kommerziell hergestellt. Nach Bruce Pensionierung zog die Familie an den Austernort Knysna. Leider infizierte sich Bruce bei einem Angelausflug in Mozambique mit Malaria und verstarb daran. Tragisch für jemanden der beim Cullen im Park unverletzt auch einige Angriffe von tausenden gecullten Elefanten und Büffel überstanden hatte. Ich hatte, aufgrund meiner Freundschaft zu Andre und Gerda, die seltene Gelegenheit, Bruce und seine Familie als gute Bekannte kennen zu lernen. Zweimal verbrachte ich je eine unvergessliche kurze Woche zu Gast im Privathaus von Bruce und seiner Familie in Skukuza, dem Verwaltungs- und Wohnzentrum in der Parkmitte. Meine Aufenthalte dort und die herzliche Gastfreundschaft von Helena, Sohn Robert, Tochter Annic und Bruce gaben mir intime Einblicke in das komplexe Management des größten und ältesten Wildparks der Welt.
Unvergesslich bleibt mir die Ehre ein ganzes Wochenende zusammen mit Bruce und seinem damals etwa 22 jährigen Sohn Robby in dem privaten, unbewirtschafteten Mini-Camp, ich glaube, Mthssauh neben dem Pretorius Kop oder dem Mokohlolo Camp, beide mitten im Krügerpark, zu verbringen. Hier wurde natürlich nicht gejagt, sondern das Wild hautnah in seinem Lebensraum beobachtet und das Erlebnis unverfälschter hautnaher Wildnis genossen. Das kleine rudimentäre Wildniscamp bestand aus einer winzigen Hütte mit einem Grill- und Feuerplatz von etwa 20 Quadratmetern. Es war umgeben nur von einem leichten Zaun aus Bambus, dünnen Pfählen und etwas Draht. Dieser zauberhafte Platz an einem kleinen aufgestauten See mit den abendlichen Tierlauten Afrikas ist nur wenigen leitenden

Angestellten der Parkverwaltung und ihren Familien vorbehalten. Wir waren dabei wenige Meter durch den mich nervös machenden dünnen Zaun von der ganzen Skala der afrikanischen Wildtiere entfernt. Man hörte brüllende Löwen und am Morgen ganz nahe einen Leoparden beim Ausatmen mit seinen leise grollenden „Handsägegeräuschen". Bei Hauskatzen entsteht ein ähnliches aber viel leiseres und angenehm kontinuierliches Behaglichkeits-Schnurren. Hauskatzen machen das sowohl beim Ein- wie auch Ausatmen. Hier hörte ich wenige Meter von ihm entfernt, ein unterbrochenes Purren eines Leoparden, allerdings in einer weit tieferen Tonlage. Bruce erklärte mir später, dass er das nur beim Ausatmen macht und daher die Unterbrechung wie bei einer gezogenen Handsäge entstünde. Deshalb hört sich das Schnurren bei diesen Großkatzen, laut Bruce, besonders bedrohlich für unser Ohr an. Ich hatte Bruce von meinem chronischen Jagdpech mit dieser Katze erzählt. Er lachte nur, und meinte *„try harder oder vielleicht haben die afrikanischen Zauberer dich verhext"*.
Dicht unter der primitiven hölzernen Terrasse schob sich drängelnd eine kleine Herde der zum Wasser strebenden Kaffernbüffel mit ihren ruhigen Kuhgeräuschen vorbei. Die sich schiebenden grauen Leiber beunruhigten mich mit ihrer unmittelbaren Nähe zu meinem ganz niedrigen Stand überhaupt nicht. Niemals zuvor hatte ich eine völlig ruhige Herde und ihr Verhalten von erhöhter Warte aus genüsslich beobachten können. Ich saß dann sonntags morgens, offensichtlich als einziger Frühaufsteher von uns dreien, in den ersten Strahlen der Morgensonne auf dem Boden vor den glimmenden Resten unseres abendlichen Feuers. Die beiden Freunde, Vater und Sohn, mit ihrem automatischen Schnellfeuer-Sturmgewehr schliefen noch hörbar fest in unserer kleinen Hütte. Meine Gastgeber und Beschützer hatten sich an diesem arbeitsfreien Sonntagmorgen verständlicherweise nach einigen Bierchen und unseren langen Gesprächen am Feuer jedes Recht darauf. Auf so wenige Meter Entfernung vermittelte die Nähe des Leoparden in seinem wilden „Wohnzimmer" als Unbewaffneter ein schönes aber auch leicht haarsträubendes Gefühl. Sehen konnte ich den leise grollenden Leoparden nicht. Aber er war hörbar da und ganz nahe bei mir. Deshalb erinnere ich mich an Momente der Angst und das anschließende, mich erlösende Aufstehen der beiden Freunde.

Ich wusste aus den Erzählungen meiner Freunde Andres, Horst und Bruce sowie durch meine inzwischen gewachsenen Erfahrungen in Afrika wie viele der Parkangestellten in ihren Gärten, in Häusern und Zelten oder sogar inmitten des Ortes Skukuza von Leoparden getötet und gefressen worden waren. Bruce erzählte, dass bei einer der Wildbestand-Erfassung im Jahr 1970 im 5 km Umkreis des Hauptortes Skukuza des Krüger Parks (1.000 Einwohner), 25 Leoparden gezählt wurden. Ganz abgesehen von den armen, ungeschützten Eingeborenen in den abgelegenen Dörfern in völliger Wildnis. Wir saßen in diesem rudimentären Spezialkamp, nicht geborgen wie in einem Touristenauto, sondern befanden uns in diesem riesigen, wild belassenen Park beinahe von der Größe Hessens in absoluter Einsamkeit, die voller Wild war. Dörfer gibt es im Park keine. Wohl einige hoch umzäunte und nachts hell beleuchtete, bewachte Touristenkamps. Allen Besuchern des Parks ist das Tragen von Feuerwaffen jeder Art strengstens untersagt. Es beruhigte mich, dass Bruce oder sein junger Sohn Robby stets abwechselnd ein Sturm- oder Schnellfeuergewehr (das R1, ist ein belgisches FAL-Sturmgewehr im Kaliber 7,63 Zentimeter oder .308 mit Klapp-Schaft und zwei 30 Schuss Magazine mit Voll-Messing Geschossen) salopp auf der Schulter trugen.

Nun aber eilig weiter und in der Zeit zurück zu den Schilderungen unseren verschiedenen Jagden in Sambia. Morgens suchten wir vor Sonnenaufgang als erstes die wenigen weit voneinander gelegenen Wasserlöcher ab. So fanden wir die Spuren einer Büffelherde. Ihr folgten wir teilweise den ganzen Tag zu Fuß, buchstäblich bis zum Umfallen. Das ausgedehnte Laufen bei den vielen Jagden auf 4 Kontinenten trug bestimmt auch zur vorzeitigen Abnutzung meiner Hüftgelenke bei. Auch mein Hörvermögen war durch die viele tausende Schüsse (Rebhuhn- und Entenjagd in Südamerika) mit ungeschützten Ohren in der Natur früh reduziert. Ansonsten hatte ich keine nennenswerten äußeren Verletzungen auf den Jagden davongetragen. Ich war unser stundenlanges, spannendes Pirschen in Afrika bereits aus den 15 Jahren in Südamerika gewohnt.
Irgendwann stieg unserer Gruppe der merkwürdig vertraute Kuhdunggeruch bei der Verfolgung der Büffelherde in die Nase. Er war mir bereits aus den Ställen des Schleswig Holsteinischen Gutes meines Onkels in der frühen Kindheit vertraut. Die beim afrikanischen Wildrind stechend riechende Losung wurde während unserer Verfolgung immer feuchter. Frisch abgesetzter, blasiger Urin und die Abdrücke der Hufeingriffe in der dunklen Erde hatten scharfe Kanten im Sand hinterlassen. Diese scharfen Grate waren noch nicht unter der Austrocknung der Sonnenwärme zusammengefallen. Schon bald hörte man die ersten Geräusche der von uns wegziehenden Herde. Wir sahen die unvermeidlichen Oxenpicker-Vögel (Oxpecker) über sich kaum wahrnehmbar abzeichnende, dunkle Rücken hin und herfliegen. Ihr aufgeregtes „Kssss Ksss“ sagte uns, dass sie und die Büffel uns längs wahrgenommen hatten. Die eifrigen Vögel blieben, wie gewohnt, an den Dünnungen und auf dem Widerrist der Büffel sitzen. Es ist aus den heutigen Erfahrungen von insgesamt 9 gejagten Büffeln mein Eindruck, dass die Symbiose der Vögel mit diesen Tieren sowohl ein Nachteil als auch ein Vorteil für den sich nähernden Jäger sein kann.

Die Jagd in dem vertrockneten, übermannshohen Gras (Longgras), gemischt mit dichtem Buschbewuchs und lichten Öffnungen von verschieden hohen Mopanebüschen, war in einem Höchstmaß spannend und aufregend.
Während vieler Jahre habe ich Erlebtes und meine Gedanken während Jagden aufgezeichnet. Bei meiner ersten Büffeljagd in Simbabwe schrieb ich: Besonders Jagden auf wehrhaftes Wild wie Büffel oder Löwe in bürstendichten Mopane „Teppichen“, in Dornenwäldern, oder in langem Elefantengras nährt meine Seele mit Vorfreude, positiver Spannung und Begeisterung. Ich empfinde Freude wie wenn ich nach Hause komme. Herausfordernde Wildnisjagden in unberührter Einsamkeit in trockener warmer und seidiger afrikanischer Luft sind pure Medizin und lassen uns Jäger starke Erlebnisse mit allen Sinnen spüren. Das ferne gewaltige Brüllen von Löwen und der Gedanke einer Begegnung mit diesen Raubtieren in ihrem für sie gemachten Habitat wirkt seltsamerweise heilsam und erfrischend auf mein Gemüt. Entbehrungsreiches Jagen und große Fische fangen gab mir Mann stärkste Gefühle.
Wer hat nicht schon mal Gedanken daran verdrängt, dass die eigene Passion für raues herausforderndes Jagen sich über tausende Generationen vom Anbeginn der Menschheit vererbt hat und sich in unseren Genen in einem bislang endlosem Band von Vorfahren bis zu meinen Enkeln wach blieb.
Wir mussten stets gebückt laufen. Versuchten unser Auftreten im leicht krachend splitternden, knochentrockenen Gras zu dämpfen und dem stellenweise losen Geröll auszuweichen. Dieses eilige Pirschen mit nach Atem ringenden Pausen im Tempo der Ziehgeschwindigkeit der Herde vermittelte jederzeit das Gefühl von prickelnder Gefahr. Es ist schwierig, kapitale, männliche Büffel in der langsam in dichteren

Bewuchs hinein ziehenden Herde auszumachen. Bullen wie Kühe tragen bekanntlich beide Hörner. Wenn auch die der Kühe mehr seitlich, wie bei den Bisons, aus dem Haupt herauswachsen. Natürlich sahen wir hin und wieder auch die anderen Zeichen ihrer Männlichkeit. Wir versuchten, sie jetzt seitlich gebückt laufend zu überholen. Mehr als einmal waren wir dabei von der weitflächig aufgefächert grasenden Herde umzingelt. Die vereinten Sinneswahrnehmungen unseres Trackers Josef, von Andre, des Scouts und mir reichten nicht aus, um zu verhindern, dass uns die vielen Augen, Ohren und Nasen der Herde fast immer zuerst wahrgenommen hatten. Ich war bei den meisten meiner Büffeljagden zwischen Ende 30 bis Mitte 50 Jahre alt. Also noch fit und fühlte mich mit 188 Zentimetern Größe und 95 Kilo Körpergewicht doch als das schwächste Glied der Gruppe. Es fiel mir, als körperlich Größtem, nicht immer leicht, meinen Führern, die ebenfalls jeder ihre eigene Büchse trugen, beim gebückten Laufen auf den Fersen zu bleiben.

Meine damaligen Afrika Büchsen in verschiedenen Afrikakalibern, mit schnell abnehmbarem Zielfernrohr, wogen mit vollem Magazin zwischen 7 und 8 Kilo. Ich wählte für die erste Sambiajagd eine zu klobige und unnötig schwere deutsche Fabrikbüchse mit Magnum System, im Kaliber .416 Rigby. Der nicht ideal geschnittene Standard Schaft übertrug zuviel Rückstoß (Meister Büchsenmacher Martini hat den Schaft und die Büchse inzwischen überarbeitet). Die modernen harten Geschosse der .416 Rigby besitzen einen hervorragenden Penetrations-Index um die gesamte Tiefe des Wildkörpers zu durchschlagen. Er wird nach der Formel PI (Geschossgeschwindigkeit und Querschnittsbelastung) mit einem Wert von 130 angegeben. Die .416 Rigby liegt damit ganz vorn unter den großen Afrikakalibern. Obwohl die Geschosse mit 400 Grain oder 25 Gramm leichter sind als die des Kalibers .458 Winchester.

Noch effiziente als die .458 Winchester ist die .458 Lott. Mister Lott wurde nach den Erzählungen meines verstorbenen Freundes und Berufsjägers Horst Isselbächer 1959 von einem Büffel trotz einer Büchse im neuen Kalibers .458 Winchester in Mozambique verwundet. Ich zog die alte .416 Rigby Originalkaliberhülse und nicht die dicht gestopften modernen amerikanischen Varianten vor. Sie hat den Vorteil, dass sie mit den modernen Pulvern wegen ihrer Länge und Geräumigkeit mit niedrigem Gasdruck zuverlässig funktioniert, und das selbst in der größten afrikanischen Mittagshitze. Hinzu kommt das garantiert reibungsloses Zuführen und Auswerfen beim Repetieren! Außerdem töten moderne Geschosse dieses Kalibers besonders zuverlässig. Es kommt vor, dass diese äußerst wehrhaften Büffel den nachstellenden Jäger annehmen. Da verbleiben dem Schützen im dichten Busch nur wenige entscheidende Sekunden und ein kurzer Moment der klaren Sicht auf den nahenden Büffel. Die Durchschlagskraft und das Momentum solcher Kaliber sind einfach erforderlich. Wenn sich von Wilderern angeschossene Wildrinder heimtückisch im Busch eingestellt haben, kann ihr Überraschungsmoment fatal sein. Alle Arten von Nachsuchen auf Büffel werden meistens als besonders pikant erlebt. Es soll Jäger geben, die sich gerade dieser jagdlichen Ausnahme-Situationen, wegen des damit verbundenen Kitzels, besonders gerne aussetzen. Eine unzureichende oder unglückliche Schussplatzierung verlängert natürlich den Todeskampf in unwaidmännischer Manier für das Stück.

Mancher Auslandsjäger hält intensive Betrachtung über Schussplatzierung und -wirkung deshalb für überflüssig, weil der neben ihm stehende Berufsjäger die Schützenfehler des Jagdgastes mit seinem Schießen sowieso ausgleicht. Für mich scheidet eine solche Einstellung völlig aus! Mit der Wahl von Waffe, Kaliber und Geschossart muss ich mich besonders bei schussharten afrikanischem Wild selber ausreichend auseinander gesetzt haben. Selbstschutz, Achtung vor der Kreatur mit dem symbolischen

Lüften des Hutes stehen an vorderster Stelle.
Aus dieser Achtung vor der Kreatur kommt auch der häufig gehörte Satz aus dem englischen Sprachraum: *„Use enough gun!" (Genügend Kaliber mit ausreichend Dampf dahinter verwenden).* Mit hochwertigen Geschossen im Kalibers .416 Rigby ist man in Ballistik und Wirkung im Wildkörper für jedes wehrhafte Großwild auf unserem Planet auf der sicheren Seite. Nicht absolut perfekt mit dem ersten Schuss getroffene Büffel sind auch für den erfahrenen Großwildjäger die aggressivsten, furchtlosesten und zähesten Gegner. Büffeljagd sollte für immer die mich am meisten faszinierende Jagd in Afrika bleiben. Beim stundenlangen, eiligen Pirschen hinter den ziehenden Büffeln sollte die Büchse absolut passen und nicht allzu schwer sein. Das Gewicht und die Geschwindigkeit des Geschosses, welches man aus der Mündung auf die Reise schickt, wirken beinahe mit der gleichen Kraft (Rückstoss) auf unsere Schulter. Dieser Geschossimpuls nach hinten entsteht, weil das Projektil beim Durchpressen durch das Laufprofil, getrieben von den zur Laufmündung nach vorne drängenden Pulvergasen, auch noch die auf den Schützen wirkende Masseträgheit und Reibung im Lauf überwinden muss. Wichtig ist, ob die Geschosse (Gewicht und Aufbau) mit hohem Restgewicht, als Monolithgeschosse (bonded oder homogen) oder als Vollmantel, möglichst beinahe ihre ganze Energie im Körper des schweren Tieres hinterlassen. Heute gibt es außer den klassischen Geschossen eine große Auswahl an zu empfehlenden modernen und zuverlässigen Monolithgeschossen. Alle Geschosse sollten möglichst etwas Ausschuss für eine gut sichtbare Schweiß-Fluchtfährte ermöglichen. Die Sicherheit dafür erhält man nur durch gelernte oder eigene Erfahrung aus der Praxis.
Mein selbst zusammengestellter, führiger Lieblingsstutzen im Kaliber 9,3 X 62 mit teilweise extra geladenen langen Geschossen (Starkmantel oder Monolith) war mehr als ausreichend für alle Großantilopen. Dieser Stutzen wäre auf dieser Jagd entscheidend leichter und wesentlich angenehmer gewesen. Sogar für vertraut stehende, nicht angreifende Büffel oder Löwen. Der Berliner Büchsenmacher Otto Bock entwickelte dieses Lieblingskaliber bereits 1905 für die Jagd in den deutschen Afrikakolonien. Seine Geschossgeschwindigkeit an der Mündung liegt bei den magischen 750-800 Mindest-Metern pro Sekunde. Die Verbindung von harten langen Geschossen und dieser Geschossgeschwindigkeit ergeben eine zuverlässige Schockwirkung und ein tiefes Eindringvermögen. Mir gefallen für Büffel in diesem Kaliber des „unteren Randes" am besten angespitzte Starkmantel-, Flussstahl-, Vollmantel- Bonded-, Messing- oder Kupfergeschosse. Auf mittlere Antilopen verzichte ich wegen der dann großflächigen Hämatome auf zu hohe Geschossgeschwindigkeiten. Für Büffel hat dieses alte deutsche Kaliber mit zusammenhaltenden Vollmantel- oder Monolithgeschossen nur ein knapp ausreichendes Penetrationsvermögen. Es ist aber bei präzisen Schüssen von der Seite noch ausreichend. Für das sogenannte Stoppen (schlagartiges, bannendes Töten oder Fixieren des Tieres), auf kurze Entfernung (natürlich ohne Zielfernrohr) ist es im dichten Bewuchs auf Löwe, Büffel und Elefant zu leicht. Außer man besäße die Fähigkeit, stets und in allen Situationen, immer präzise Gehirn- oder Rückgrattreffer anzutragen. Es fehlt diesem einst in Afrika so verbreitetem Urvater der Mittelkaliber mit schweren Geschossen doch etwas Reserve an Geschossgeschwindigkeit und -gewicht. Letztlich sind beide Faktoren, nach der nun genug besungenen Schussplatzierung, für den sogenannten Hydrostatischen-Schock im Blut und in der Gewebeflüssigkeit am Effekt des sofortigen Tötens beteiligt.
Die 9,3x62 war lange das Universalkaliber in ganz Afrika weil die Munition noch in die preiswerten Standardsysteme des Mauser Gewehrs, Modell 98, passte. Als Universalkaliber für afrikanisches Groß-

wild bleibt es ein Minimalkaliber. Man versuchte diesen Mangel mit der Entwicklung des Kalibers 9,3x64 zu beheben. Für meinen Geschmack reichte das stärkere Kaliber völlig aus, hatte aber zumindest in einer Standard BRNO-Büchse einen ziemlich scharfen Rückstoß. Die deutsche 9,3 wurde dann bekanntlich durch die kolonialen Engländer und ihr heute vorherrschendes Afrika-Universal-Kaliber .375 Holland & Holland Magnum zumindest in Südafrika abgelöst. In den meisten anderen Ländern des südlichen Afrikas ist die entsprechend hochgeladene 9,3 mit einer Mündungsenergie von 5.400 Joule auch auf Großwild zugelassen.
Ich habe auf einer anderen Afrikajagd im Süden von Zimbabwe erlebt, wie selbst meine schwerste Büchse im Kaliber .500 Jeffery (nur 53 Zentimeter Lauflänge) die in Büchern so viel besprochene Stoppwirkung, zumindest in diesem einen Fall, nicht lieferte. Beim Schuss auf einen flüchtenden Zebrahengst flog das wohl für dieses Wild zu harte Woodleigh Teilmantelgeschoss, ohne Stoppwirkung oder wesentliche Knochentreffer, durch beide Lungen. Es führte zu absolut keiner Geschoss-Expansion und konnte daher seine gewaltige Energie nicht voll im Zebra abgeben. Der verendete Zebrahengst lag erst nach einer Fluchtfährte von beinahe 200 Metern.
Über Zielballistik gibt es eine Unzahl von sehr erfahrenen Kennern und Fachleuten. Sie vertreten verschiedene Meinungen zum idealen Afrikakaliber. Bei Reduktions-Totalabschüssen im Krüger Park demonstrierte ein lebenslang jagender südafrikanischer Veterinär und Biologe, dass es mit geringeren Kalibern wie .308 oder 7 x 57 und durchschlagstarken, langen Geschossen auch funktioniert. Dabei wurde Großwild chirurgisch präzis von der Seite beschossen zuverlässig auf die Decke gelegt. Eine besondere Fähigkeit, die aus unendlich viel Erfahrung entsteht und die der berühmte Elefantenjäger „Karamojo" Bell ebenfalls in seinem Buch beschreibt. Das Geheimnis des Veterinärs im Krueger Park und seiner Kollegen war eine einzige herausragende Fähigkeit. Eine stets genaue Schussplazierung. Er hatte durch das Cullen genannte Totalabschießen ganzer Herden oder Familienverbänden eine tausendfach geübte anatomische Kenntnis. Hinzu kam die Erfahrung seines Berufstandes über die Lage der vitalen, inneren Organe bei jeder Körperstellung des Tieres.

Auf einer der Safaris mit Andres, auf der ich meinen beiden halbwüchsigen Jungen mit nach Sambia genommen habe, erlebten wir etwas Erstaunliches bezüglich Geschosswirkung. Am ersten Tag der Jagd fuhren wir mit den beiden Jungen auf der offenen Ladefläche durch eine Steppenfläche mit gelbem, hoch gewachsenem Gras. Plötzlich sprang vor uns ein starker Tsessebe Bock (Leier- oder Halbmondantilope) auf die Läufe und äugte starr und spitz von vorn auf unsere inzwischen abgesessene Gruppe. Wir pirschten ihn nur über eine kurze Strecke an. Andres sagte: *„Schnell, den nehmen wir mit für den Topf, der passt."* Ich schoss freihändig und etwas zu eilig auf 120 Meter durch das 4-fache Zielfernrohr auf den Stich. „Wumms" und der 130 Kilo Bock sackte bilderbuchmäßig in das Gras. Nach 3 Sekunden stand er zu unserem allergrößten Erstaunen wackelig wieder auf allen Läufen und schaute erneut herüber. Noch mal „Wumms" und wieder war er aus dem Blickfeld wie vom Blitz getroffen halb zu Boden gegangen und wieder aufgestanden. Es waren alles keine Krellschüsse. Das mit dem diesem Kaliber! Na, jetzt aber. Nun ist Schluss mit der Quälerei. Weit gefehlt. Der brave Bock rannte noch 100 Meter weiter, stand halb breit und erhielt zur Sicherheit die ihn endlich für immer umwerfende Kugel erneut aufs Blatt. Ich hatte unglücklicherweise nur Vollmantelgeschosse geladen. Was wir und die ungläubig zuschauenden Kinder daraus lernten? Eine ganze Menge und für mich immer unvergessen. Spitz von vorne und hastig, um nicht zu sagen hungrig, war meine erste Schussplatzierung eben nicht präzise genug gewesen! Das Geschoss war durchmarschiert. Ein Schuss traf das Herz tief und ein anderer ging durch die Lungen. Da hilft auch das stärkste Kaliber, mit überwältigender durchschlagender Penetration schon bei einer mittleren Antilope manchmal nicht. Afrikanische Tiere gelten zu Recht als besonders schusshart und zäh. Welches Kaliber ich benutzte? Kaum zu glauben, es war eine .416 Rigby.

Fahren wir fort mit der begonnenen Schilderung meiner Büffeljagd in Sambia. Zu dem Gewicht der Büchse von 8 Kilo kamen das kleine Fernglas seitlich auf dem Rücken, die Ersatzmunition am Gürtel und das robuste, stehende Messer hinzu. Aus Portugal hatte ich meistens eine kleine lederne Gürteltasche mit etwas eingeschweißtem Verbandszeug/Wundkompresse, Stahlspiegel, Gasfeuerzeug, extra Medikamente und ein winziges Fläschchen Antibiotika Puder dabei. Die Gürteltasche und das Messer störten hinten am Gürtel in dichtem Gebüsch ein wenig. Damit mir das Jagen gefällt, trage ich mein Gewehr grundsätzlich selbst! Stundenlanges Bücken beim Wildverfolgen und Nachrennen mit schweren Büchsen in Großwildkaliebern ist auslaugend. An den ersten Tagen strengt es besonders die Rücken- und Bauchmuskulatur an. Mein kleinerer und etwas leichterer Freund trug sein vertrautes Winchester Gewehr mit einem vor 1964 produziertem System. Allerdings immer ohne Zielfernrohr. Seine Büchse ist vom Kaliber .375 Holland&Holland Magnum. Der sehnige Tracker Josef führte seinen leichten Mannlicher Karabiner im uralten Kaliber 9,5 und je nach Geländebeschaffenheit, die beiden „shooting sticks“ zum Auflegen meines Gewehrs beim weiten Schuss auf offenen Vegetationsflächen. Außerdem trug Josef meistens einen imprägnierten Leinenbeutel mit 5 Liter Trinkwasser für uns drei.
Mein an Körpergröße etwas kleinerer Vater hatte mir mal in einem Gespräch über mein Wachstum als jugendlicher Leistungsschwimmer gesagt, dass es beim Militär mehrere Nachteile für die körperlich größten Soldaten gab. Sie besitzen, wie ich auch, meist eine schwerere Knochenkonstruktion. Das gebückt Laufen und Überwinden von Hindernissen ist anstrengender für sie und sie werden schneller vom Gegner wahrgenommen. Sie laufen langsamer und kommen langsamer aus den Startlöchern. Er hatte mit seinen Erfahrungen als Soldat auch auf dieser Art von Büffeljagd mit anhaltendem Laufen und Pirschen Recht gehabt. Zum Glück mussten wir großgewachsenen Jäger, anders als Soldaten, uns nicht mit zurück schießenden menschlichen Gegnern befassen und das Tragen eines schweren Maschinengewehrs oder Granatwerfers aushalten.
Besonders jüngere Jäger lieben es, Anstrengungen beim Jagen zu ertragen. Das Büffeljagen außerhalb jeglicher Gebiete mit Zäunen und nur zu Fuß in hohem Gras entspricht ganz und gar dem Geschmack vieler Afrikajäger. Kommen dann noch Brachistegia- oder Miombowald und bürstendichten Stellen der Mopanevegetation mit kleinen und meist angetrockneten Marschflecken hinzu, sind die wehrhaften Wildrinder bei der Verfolgung noch mehr im Vorteil. Büffel garantieren unter solchen Terraingegebenheiten ein besonders ursprüngliches und aufregendes Jagen. Außerdem reproduzieren sie sich schnell und stellen reife Trophäen sowie reichlich schmackhaftes Wildbret zur Verfügung.
Auf meiner ersten Jagd in Sambia auf insgesamt drei Büffel und mit vielfachem weitläufigem Umfangen der Herde, natürlich gegen den Wind, verbrachten wir dafür insgesamt vier Tage auf der fordernden Fußpirsch. Zweimal saß mein Schuss etwas zu hoch und nur in beiden Lungen. Vollmantel-Schüsse nur durch Lungen erzeugen manchmal einen engen Wundkanal und können gefährliche Nachsuchen mit wenigen Tropfen Schweiß über bis zu einigen Kilometern nach sich ziehen. Es ist deshalb trotzdem immer

wichtig, durch den Schuss hindurch zu sehen und das Verhalten/Zeichnen des Stücks und die Art und Weise seines Abspringen genau zu beobachten. Die Schweißfährten bei meinen beiden Lungenschüssen waren schaumig und beinahe rosafarben und nicht wie beim Schweiß aus Arterien hellrot. Natürlich keinesfalls gar wässrig wie aus dem Verdauungstrakt oder tief dunkel nur aus reinem Muskelfleisch.
Es waren die zwei ersten abgegebenen Schüsse unter leichtem Drängen meines Freundes und in dichter Vegetation auf ziehende Büffel. Bei einer der Nachsuchen wurden wir im undurchsichtigen Mopanebusch und mannshohen Gras vom 10 Meter vor uns wartenden, bereits todgeweihten Tier angenommen. Josef sprang sofort zur Seite, Andres ging simultan mit mir in den Anschlag und ich schoss erneut. Der Büffel drehte glücklicherweise vor uns ab. Seine nachlassende Vitalität brachte ihn nach wenigen Metern wieder zum auf uns zu Stehen. Das sofortige Nachladen des Standardmagazins ist immer wichtig. Mir fielen dabei vor Hektik, allerdings nur dieses eine Mal im Leben, zwei der schweren Patronen in das am Boden liegende Laub. Deshalb ging es knapp aus. Wir mussten bei der spannenden und bewegten Nachsuche jeder noch zweimal schnell repetieren. Unsere hingeworfenen Schüsse saßen alle im Leben. Zum Schluss prickelte es dann noch mal besonders. Der eine Tonne schwere Körper des Büffels machte seinen letzten Versuch uns anzunehmen und brach dann wenige Meter vor uns zusammen. Er rammte dabei sein massives Gewicht sterbend quasi „in den Sand des Boden". Das sind Momente in denen die Zeiger der Lebensuhr scheinbar Sekunden lang stehen bleiben. Solche knapp ausgehenden jagdlichen Begegnungen machen sprachlos und nachdenklich, denn der eigene Tod könnte dabei durchaus sprungbereit zuschauen. Man denkt dann schon mal daran, welchen Todesmut die Jägerhorden der Urzeit mit ihren Lanzen in solchen Situationen aufgebracht haben müssen. Ich erinnere mich an besondere Glücksgefühle und Gedanken an den möglicherweise gerade danebenstehenden eigenen Tod. Es war interessant, zu beobachten, wie man mit seinen eigenen Ängsten in selbst gesuchter Lebensgefahr umging. Bei meinem ersten Büffel legte ich mich andächtig auf die staubbedeckten Mopanebusch Blätter neben ihn und setzte den Hut erst spät wieder auf.
Büffel, Elefanten und grasende Flusspferde an Land kann man häufig nicht einfach wie Antilopen mit einem Schuss durch die Lungen oder in den in Englisch „Maschinenraum" genannten Brustkorb (der Kammer) von den Läufen holen. Das dem Büffel spätestens nach dem ersten Schuss einschießende Adrenalin macht ihn, selbst bei tödlichen Verletzungen, für entscheidende lange Sekunden noch schusshärter und heimtückischer. Alle seine Instinkte richten sich dann auf die nach seinem Leben trachtenden Verfolger. Der Chirurg Andre erklärte mir, warum es bei einer solchen, wie eben erlebten, Jagd im Dickbusch oder hohem Gras immer wieder zu Jagdunfällen mit tödlich getroffenen Büffeln kommt. Das, obwohl der erste Schuss das Schicksal des Tieres eigentlich bereits besiegelt hatte. Nur Schüsse durch das Gehirn oder Rückgrat führen bekanntlich zur sofortigen blitzartigen Bewegungsunfähigkeit. Durch das Herz geschossene Tiere können noch viele Meter auf den Schützen zu galoppieren und ihn töten, bevor seine Nerven und Muskeln die tödliche Wirkung des Schusses endlich erreicht hat.
Ein Schuss durch eine der beiden oberen Herzkammern (Vorhof) lässt auch das stärkste Stück fast immer beinahe auf der Stelle kollabieren oder Waidwund stehen. Während einer durch die untere Herzkammer (Ventrikel) kann das Stück manchmal noch einige hundert Meter marschieren.
Manche der vital getroffenen Büffel können sich lauernd auf der eigenen Fluchtfährte in Angelhakenform meist in den dicksten Busch hineinstellen und den nachpirschenden Jägern auflauern. Sie warten vollgepumpt mit Adrenalin und äußerst entschlossen auf ihre verhassten Verfolger. Der Angriff erfolgt

dann auf ganz kurze Entfernung. Ich hatte es ja gerade erlebt mit welcher Wucht das zwischen 900 und 1000 Kilo schwere Stück mühelos durch die armdicken Stämmchen der Büsche fegte. So, als ob es nur Gras- oder Schilfhalme wären. Selbst bei Treffern ins Herz oder in die großen Blutgefäße darüber können auf diese kurze Entfernung entscheidende, lange Sekunden vergehen bis die Blutleere im Gehirn des auf die Jäger zustehenden Büffels eintritt. Traf man präzis und hatte besonderes Glück, so fand der Schuss den gerade mit Blut voll gepumpten Herzbeutel. Der konnte dann förmlich explodieren. Dieses Phänomen konnte ich beim Aufbrechen mehrfach ansehen. Ist der Herzbeutel beim Eintreten des Projektils jedoch gerade blutleer gepumpt, so kann ein hartes Vollmantelgeschoss durchmarschieren, ohne seine blitzartige Wirkung zu entfalten. Man kann sagen, eigentlich ist der Büffel schon tot. Er weiß es aber in diesem kurzen Moment seines Angriffs noch nicht. Sein Hirn und die Nervenbahnen sind darauf programmiert auf die verhassten Jäger zuzustürmen. Solange, bis, trotz Adrenalin, ganz am Schluss bei ihm das Licht ausgeht. So erklärte es mir mein Medizinerfreund. Er sagte auch den nicht vergessenen Satz: *„Du bist aufgeregt gewesen Hajo? Ich kenne mehrere rauchende Jäger, die nach ähnlich haarsträubender Nachsuche mit zitternden Fingern eine hastig angezündete Zigarette in nur drei Zügen weg gesogen haben“.*
Josef, mit seiner Erfahrung von vielen tausend geschossenen Büffeln, erzählte mir mit der Hilfe von Andres Übersetzung einiges Haarsträubendes auf unseren gemeinsamen Fahrten oder abends am Feuer. Er sagte aber auch, dass der Prozentsatz der Büffel, die ihn angegriffen haben, insgesamt nicht so hoch war, wie immer erzählt wird. Er musste es wissen. Aber schon einer davon, der annimmt, ist ein erregendes Erlebnis. Das Zusammenbrechen unserer Büffel wurde fast immer von dem kehligen, rauen und ratternden „Death Bellow“ (Todesbrüllen) begleitet. Er entsteht, wenn sich die Lungen entleeren. Man tritt dann grundsätzlich nur von hinten an jedes verendete Tier heran und gibt zur Sicherheit noch einen Gnadenschuss ab. Ich zerstöre dabei die Wirbelsäule etwa auf der Höhe des Trägeransatzes. Es gehört dann bekanntlich zur Routine mit der ausgestreckten Laufmündung oder den shooting sticks ein Auge des Tieres zu berühren um etwaige Reaktionen mit der schussfertigen Büchse abzuwarten. Andres konnte mich auch noch auf die nur im Tode sich ganz starr ausstreckenden Hinterläufe hinweisen.
Es war für mich ein archaisches Gefühl neben den gestreckten, mächtigen staub- und lehmbedeckten, beinahe schwarzen Bullen noch ein Wenig zu sitzen. Man sieht die hellere Unterseite und die Dünnungen der mit Gras und Blättern vollgefressenen Bäuche. Daran saßen manchmal vollgesogene Tstse-Fliegen wie dunkelrot fliegende Johannesbeeren und man betrachtete das faltige Scrotum voller blutsaugender Zecken. Schaut respektvoll auf die steinharten schwarzen Hörner mit der rissigen Maserung wie am Stamm einer Eiche und bemerkt die deutlichen Spuren ihrer Abnutzung durch ein bewegtes Büffelleben. Nicht immer waren die beiden Hornansätze zu einem sogenannten Boss ganz zusammengewachsen. Ich fühlte in solchen, dem noblen Großwild ganz nahen Momenten, das Abklingen des Adrenalins in meinem Körper. Die Geschehnisse werden im Kopf noch einmal zurückgeholt und erneut wie in einem Film abgespielt. Häufig fielen erst dann eine besondere Erregung und ein spätes Zittern von einem ab. Meine empfundenen Gefühle von tiefster Belohnung waren nach unserer harten langen Jagd vom Morgengrauen bis zum Dunkelwerden unbeschreiblich profund. Selbstverständlich waren auch mir mehrere Fotos, mit und ohne die ganze Mannschaft, hinter dem erlegten Tier und dem nun wieder aufgesetztem Hut als Erinnerung außerordentlich wichtig.
Nicht nur die „Big Four“ und Flusspferde an Land können den Jäger in Afrika lebensgefährlich anneh-

men. Selbst Warzenschweine, Großantilopen oder auch eine viel kleinere verletzte Buschbock Antilope mit ihren nadelspitzen Hörnern macht das unverhofft. In den tiefen europäischen Urwäldern Rumäniens habe ich erlebt, wie sogar getriebene, hochkapitale Keiler oder sogenannten Bassen uns Schützen an die Wäsche wollten. Es gibt mir ein besonders gutes Gefühl, mich im angestammten Habitat wehrhafter Tiere gegen ihre überlegenen Sinne und Schusshärte als Erleger durchzusetzen. Ich gebe zu, dass solches Jagen für mich auch ein rauschhaftes Erlebnis sein kann. Dabei konnte ich Glücksempfindungen nach der gelungenen Überwindung der eigenen Ängste an mir beobachten. Sollen andere bitte seltene Briefmarken sammeln, in Gleitschirmen fliegen, gefahrvolle Berggipfel besteigen, hüpfende Wildwasser im Kanu befahren oder bockende Pferde dressieren. Natürlich kenne ich die Hingabe und Zärtlichkeit am Odontometer beim Ausmessen der Zahnabstände bei der Passion der Briefmarkensammler. Ich meine das absolut nicht verächtlich und respektiere das, wie viele andere Passionen von uns Menschen, als gleichwertig. Man sollte es aber doch bitte auch mir überlassen, ob ich bestimmte gefährliche Momente auf der Jagd von Großwild auch als Mutbeweis erlebt habe.
Natürlich gehören in diesem ältesten Beruf des Menschen das unabdingbare Töten und die Inbesitznahme der Beute dazu. Es ist ein Kampf unserer Jagdfertigkeit mit überlegenen Distanz-Feuerwaffen gegen die uns weit überlegenen Sinne der Tiere. Schon wer in unserer, wie mit der Nagelschere gepflegten, europäischen Kulturlandschaft jemals eine Saufeder oder einen Hirschfänger in das pulsierende Leben eines gestellten Keilers vor den Hunden gestoßen hat, kennt diese unmittelbare Nähe des Tötens als einen archaischen Bestandteil der Jagd. Es ist nicht lange her, dass brutal starke Bären in Europa mit dem Netz beworfen und nur mit dem Speer abgefangen wurden. Mit zunehmender Lebensreife kam mir einmal Zweifel, ob ich meine Passion mit dem Preis des Todes von anderen Kreaturen so ausleben darf. Meine heutige Antwort darauf ist, nach Abwägungen von Vernunft und meiner von Instinkten getriebenen Jagdlust, dass mir gerade die Jagd auf wehrhaftes Wild in dorniger Wildnis wie in Afrika das Gefühl gab, diesen ebenso wesentlichen, wilden Teil meines Lebens ausgelebt zu haben. Das war bei mir von der Schöpfung oder in meinen Genen wohl so gewollt. Wir haben unsere Beute, bis auf die Raubtiere, meistens selber mitgegessen oder sie wurde mit wenigen Ausnahmen verwertet. Diese Art der Jagd ist voller Sinn für mich. Zugegeben, etwas anders, aber deshalb nicht geringwertiger, sind meine dagegen weniger wilden Empfindungen bei der Jagd auf den majestätischen König unserer europäischen Wälder, den Rothirsch, das possierliche Reh und das den Boden brechende heimische Schwarzwild.
Biologen und wir Jäger kennen die natürlichen Gründe dafür, dass alte Büffel aus dem Vermehrungsprozess in der Herde von jüngeren verdrängt werden. Wir haben ihre abgesonderten Gruppen die häufig von 2 bis 3 jüngeren männlichen Büffeln begleitet werden, im dunkelsten Busch aufgemüdet. Ob die jungen, in einer Art Transfer, den alten wohl ihre noch scharfen Sinne leihen und die alten denen ihre Erfahrungen? Es ist anzunehmen, dass es von der Natur so gewollt ist, dass die Alten in kleinen Gruppen den Jungen ihre Kenntnisse übertragen. Diese Dagga- oder Dagha-Boys (Schlammjungen) genannten trifft man oft in Gruppen von einer handvoll Tieren an. Einzelne oder wenige alte Bullen werden oftmals von wenigen jungen „Askaris“ (Swahili für Soldat, Polizist) begleitet. Sie lieben es, sich durch ausgiebiges Wälzen zum Schutz gegen Zecken und andere Haut-Parasiten mit einer dicken Schlammschicht zu schützen. Bruce Brydon erklärte mir den Ursprung dieses Ausdrucks „Dagga“. Er kommt vom Material aus dem die ersten europäischen Siedler ihre manchmal bis heute noch stehenden dagga building, also Fachwerkhäuser mit Lehmfüllungen, herstellten. So bezeichneten die Buren den pulverisierten,

harten Lehm der Ameisenhaufen, der gemischt mit Wasser in die gewünschte Form gebracht wird. Die spannende Jagd auf die alten abgesonderten, dem Tode geweihten Dagghaboys, konnte ich insgesamt neun Mal in Simbabwe und Sambia erleben. Jedes Mal ein gewaltiges, aufwühlendes Naturerlebnis des Messens und des Beutemachens.
Dagghaboys ziehen sich ohne den Schutz und ohne den Lärm der Herde nach dem morgendlichen Trinken in das dichteste Gebüsch zurück. Dort ruhen sie wiederkäuend im tiefen Schatten nachdem sie sozusagen ihr Sofa, also den Einstand zum Wiederkäuen grasend erreicht haben. Aufgescheuchte Dagga Bullen sind übellaunig, griesgrämig, erfahren, schlau und gefährlich. Mehrfach haben wir auch die Spuren eines einzelnen kapitalen Büffels gefunden. In einem Fall, in Sambia, wurde der von denen eines einsamen, gewaltigen (Prankendurchmesser) Löwen verfolgt. Einen ganzen Tag lang haben wir versucht ihre Spuren zu halten. Leider am Ende ohne Ergebnis.
Es ist das unweigerliche Schicksal heimatloser alter Einzelgänger-Büffel, meistens beim Wasserschöpfen, von Löwen und kopfstarken Hyänengruppen niedergerungen und gefressen zu werden. Leider war es mir nur in Filmen vergönnt, Zeuge solcher grausamer aber auch faszinierenden Titanenkämpfe in der afrikanischen Wildnis zu sein. In Afrika fällt kein Gramm Protein in einer Nahrungskette ungenutzt zu Boden. So wollen es der Kreislauf der Natur und die von Darwin beschriebenen Gesetzte der Schöpfung. Die Alten, Schwachen und Neugeborenen erleben jede Minute ihrer Existenz mit ständigen Angriffen und Vernichtungsversuchen als lebensgefährlich! Wohl auch daraus resultiert eine besondere Zähigkeit und Härte der afrikanischen Opfer der Raubtiere. Löwen, Leoparden, Hyänen und Krokodile haben die Grasfresser mit ihren seitlich angebrachten Rundumsicht-Augen so typisch wachsam und stets fluchtbereit gemacht.
Es gelang uns bei der geschilderten ersten Safari in Sambia zwei alte Büffel in äußerst spannenden Jagden zu erlegen. Sie trugen Trophäen mit 43 und 45 inch Auslage und weitgehend zusammenstehenden Bossen. Eine Nacht lang mussten wir dabei in kurzen Hosen erbärmlich frierend auf dem nackten Boden eines trockenen Wasserlaufes schlafen. Sogar die erfahrenen Spurenleser und Scouts fanden im Dunkeln nicht mehr zum Wagen zurück. Das sagt einiges über die Vegetation aber auch über die großen Strecken die wir hinter dem Wild laufend, zurückgelegt hatten. Es dauerte jedes Mal Stunden den Wagen quer durch den weglosen und häufig dichten Busch an die Orte der Erlegung zu fahren. Dabei mussten voraus laufende von uns ständig Hindernisse beseitigen und den Fahrer orientieren. Das Aufbrechen mit Säge und Axt und das anschließende Verladen von bis zu zwei Büffeln auf die Ladefläche mittels eines Ketten-Flaschenzuges und von Hand war eine schweißtreibende fordernde Aufgabe für unser Team.
Bekanntlich macht der Magen-Darminhalt eines Büffels etwa ein Drittel seines Gesamtvolumens von bis zu einer Tonne Gewicht aus. Diesen Teil des Aufbruchs ließen wir für die Geier und Raubtiere als kleinen Hügel von vitaminreichem blassgrünem Gras am Ort der Erlegung liegen. Andre versicherte mir, dass diese gewaltige Menge von Magen- und Darminhalt aus halbverdautem, vorgekautem Gras am nächsten Mittag restlos durch Geier, Schakale und Raubtiere begierig weggefressen sein würde. Beim Zerwirken der Büffel konnte ich studieren, dass sich die dicht liegenden, schützenden Rippen, wie bei einem nordischen Klinkerboot, übereinander schieben können. Besonders bei seitlich gedrehten Körperhaltungen oder mit zur Seite gerichtetem sichernden Haupt und Träger sollte man das berücksichtigen. Es wurde mir ganz deutlich, dass billige und zu weich aufgebaute Projektile, die bei schlechten Schüssen seitlich von hinten durch den gewaltigen Inhalt des Verdauungstraktes pflügen, kaum jemals die lebenswichtigen Organe des Brustraums erreichen können.

Der erste Büffel und eine Großantilope wurden ohne Haupt und Unterschenkel aufgebrochen und zusammen mit zwei kleinen Antilopen sofort verladen und dann mit dem Abgesandten des Königs an dessen Hof in Mongu gefahren. Damit war der König Illute Jeta zu seinem Recht gekommen und Andre hatte sich den weiteren Zugang zu dieser Konzession erhalten. Er betreute den König natürlich auch als Mediziner und war so zu dieser Konzession gekommen. Von dem Wildbrett unserer Büffel und den Antilopen verwendete ich zumindest die sogenannten Backstrips (Rückensattel) und die Filets restlos täglich in unserer Campküche. Der Großteil des anderen Fleisches wurde in Streifen geschnitten, reichlich in Salz und einer fertigen aromatischen Gewürzmischung gewälzt und wie bereits erwähnt, zum Trocknen im Schatten beim Camp aufgehängt. Man muss es selber gesehen haben, um zu glauben, welche Mengen Fleisch eingeborene Afrikaner täglich verzehren können. Die Boys und Scouts wurden teilweise mit diesem dann in Jutesäcken hoch in den Bäumen gelagertem Trockenfleisch oder Biltong entlohnt. Die abgeschabten, gewässerten Rohfelle und die abgekochten und mühsam von Fleischresten befreiten Trophäen verblieben bis zum Ende der Jagd im groben Viehsalz in der Obhut von einem Boy in unserem Hauptcamp. Die auf Gestellen ausgebrachten Mengen des Trockenfleisches der gejagten Tiere sahen bald wie ein Schlachtbetrieb aus. Für einen Europäer ist das ein ungewohntes Bild. Alles Fleisch der Tiere mit von uns bezahlten Gebühren hatte einen hohen volkswirtschaftlichen Wert und diente der Ernährung der lokalen Menschen. Zur Metzgerei des Wildes in der Natur gehören bekanntlich handwerkliche, geübte Fähigkeiten mit Messern, Säge und Beil. Trotz der Winterzeit enthielt das Wissen für die sorgsame Konservierung ihre kleinen Geheimnisse. Diese Arbeit erledigte unser ausgebildeter Skinner. Wann immer es möglich war, habe ich durch Mithilfe und Zuschauen meine Kenntnisse der Anatomie und über die Wirkung meiner Schüsse und Geschosse dabei erweitert. Klar ist, dass man nur solche Schüsse vergleichen kann, die ähnliche Geschossvorderformen hatten und an ähnlichen anatomischen Körperpartien (mit oder ohne Knochentreffer) eingetreten waren. Manchmal fanden wir am Ende der durchaus im Moment des Aufpralls unterschiedlich geöffneten Wundkanäle und Hämatome, die begehrten Projektile als Studienobjekte. Starke Geschosskonstruktionen, wie die aus Vollkupfer mit kleinen Hohlspitzen sowie eingepressten Fahnenverlaufslinien oder auch Bonded-Geschosse, also mit dem Kern „verschweißte“ Projektile, expandierten kontrolliert und behielten viel Restgewicht. Sie hinterließen keine sich unerwünscht ablösenden Geschosssplitter. Das Fleisch war somit hochwertiger für den Verzehr. Wer am Geld für hochwertigere Premium Munition spart, begeht sowieso eine der allergrößten Dummheiten auf kostspieligen Auslandsjagden mit erheblichem Reiseaufwand und aufwendigen Vorbereitungen.

In den frisch abgebrannten, lichten Steppenebenen erlegte ich ein einzelnes, dort seltener vorkommendes Weißschwanzgnu und einen schnell ziehenden kapitalen Kudu. Das attraktiv ausschauende Gnu wurde durch sein groteskes Flucht- und Kampfverhalten, wie das eines Clowns, zur leichten Beute. Später habe ich darauf verzichtet ein weiteres dieser possierlichen Tiere zu jagen. Ihr Verhalten machte klar, warum sie damals in freier Wildbahn immer seltener wurden. Kudus sind mit ihren riesigen Spiralgehörnen und ihrer Fellzeichnung hervorragend im Busch getarnt. Niemand kann sich ihrer majestätischen Anmut entziehen. Besonders wenn diese gewaltigen Antilopen leichtfüßig und lautlos im Bewuchs verschwinden. Es erscheint immer rätselhaft wie sie es dabei mit ausgestrecktem Träger vermögen ihre gewaltigen Schraubbohrergehörne geräuschlos durch das Unterholz zu bugsieren. Kudufleisch ist für mich, genau wie das vom kuhähnlichen Eland, nach dem der Säbelantilope das schmackhafteste. Für unseren Ver-

zehr schoss ich, immer möglichst am Rande unseres Gebietes, zwei Warzenschweine und zwei ziemlich fettig schmeckende Impalas. Zum Fleischmachen mussten wir ohne Rücksicht auf Trophäenstärke oder Geschlecht Beute relativ schnell und unauffällig erlegen. Unser Jagen galt ja vornehmlich Großantilopen, Büffeln, Leoparden oder Löwen. Jeder Schuss auf anderes Wild schaffte unnötige Unruhe im Gebiet und wurde deshalb, wo es ging, vermieden. Unsere eingeborenen Begleiter aßen täglich ihren Brei aus gekochten Millipapmehl. Sie waren nur bei Laune zu halten, wenn sie dazu erstaunliche Mengen an Fleisch und Bratensoße verzehren konnten. Wir jagten den ganzen Tag. Von vor Sonnenaufgang bis zu ihrem Untergang. Meist ohne Mittagspausen. Den Tagesverlauf diktierte Andre und die Umstände unserer Jagd. Mittags kamen wir selten zu unseren zurückgelassenen Vorräten im Auto zurück. Jeder erschöpfte Jäger kennt den ausgehungerten und durstigen Moment der Rückkehr zum Wagen vor der Rückfahrt in das Camp. Es ist ein besonderer Genuss nach einem halben Liter Wasser und einem Softdrink ein zwei Bierdosen zischen zu lassen. Die Dosen erscheinen einem dann lächerlich winzig. Solange wir noch etwas von dem mitgebrachten Eis hatten, waren sie sogar eiskalt. Welch ein Genuss. Dem Ende unserer Jagd zu ging ihr Inhalt genauso gerne warm durch die ausgetrockneten Kehlen. Das stets mitgeführte Tages-Snack war Biltong-Trockenfleisch. Man steckte das eine Ende eines handlangen fingerdicken Stücks in den Mund und schnitt das außen überstehende Ende direkt vor der Nase mit dem Messer ab. Auch ich gewöhnte mich schnell an diese aromatischen Proteinriegel. Sie waren mit Salz, Koriander und Pfeffer gewürzt und lagen zu jeder Tageszeit zugriffsbereit ohne mühevolle Zubereitung in unseren Hosentaschen oder hinter den Autositzen. In der Dunkelheit und Kälte gab ich es bald auf, mir morgens Brote zu belegen. Als Notration hatten wir stets: ausreichend Trockenfleisch, Trinkwasser, einen vollen Dieseltank, Ersatzmunition, immer Softdrinks, Decken, Grillrost, Einwegfeuerzeuge, anfänglich einige Corned Beef Konserven, Millipap (vor gekochtes Maismehl), Mehl zum Brotbacken und die ersten zehn Tage noch ein paar halbgrüne Bananen dabei. Hinzu kamen ein Sack Orangen sowie die unvermeidlichen Roibuschteebeutel mit einem Wasserkessel auf dem Wagen. Damit wurde manche kurze Erholungspause in der größten Hitze oder Notübernachtung überbrückt. Wir lebten ein wenig spartanisch aber jagten frei und vom Feinsten, wie es einmal war! Nach drei Wochen im Busch bei dieser ersten Jagd in Sambia hatte ich beim anschließenden Wiegen in der Zivilisation von Katima Mulilo 8 Kilo an überflüssigen Wohlstands Körpergewicht verloren. Ich fühlte mich entsprechend gut, auch wenn sich der Körper einiges Gewicht in folgenden Monaten wieder zurückholte. Wenn es nach Andres gegangen wäre, so hätten wir häufig nur von Trockenfleisch, Corned Beef und Trinkwasser gelebt.
An den weniger als 10 Meter tiefen Brunnen der Malombe- oder Kalau-Waterholes von zwei Dörfern im Busch konnten wir unsere Brauchwasservorräte ergänzen. Die wenig Vertrauen erweckende, trübe Brühe wurde nur nach vorherigem Abkochen getrunken und sonst zum Express-Duschen oder einer Katzenwäsche verwendet. Zum abendlichen Schmoren und Kochen in den großen gusseisernen Töpfen opferte ich meistens eine Flasche meines guten Rotweins. Unsere tägliche Hauptflüssigkeitsquelle waren Unmengen des 24 Stunden auf dem Feuer stehenden Roibuschtee. Wir veredelten ihn manchmal mit Zucker und Trockenmilch oder gaben erfrischenden Zitronensaft hinzu. Während der letzten Tage unserer Safari waren fast alle unsere Vorräte aufgebraucht. Ich erinnere, dass wir sogar alle ausgekochten Roibusch Teebeutel, die noch nicht mit dem gesammelten Müll verbrannt waren, noch mal hervorsuchten und sie erneut aufkochten. Die Autos wurden in der letzten Woche nur so wenig wie notwendig bewegt, dann auch der Diesel-Kraftstoff ging zu Ende.

Unsere bisherigen Bemühungen an einen alten männlichen Mähnenlöwen heranzukommen verliefen frustrierend und buchstäblich im Sande. Auch Andre gefiel das nicht, denn er hatte ja zu Recht behauptet: "I am a cat-man!" Auf vielen seiner persönlichen Fotos hatte ich ihn vor den erlegten Löwen und den toten Leoparden auf beiden Schultern liegend abgebildet gesehen. Wir hatten nur in einer der ersten Nächte Löwen in weiter Ferne brüllen hören. Uns aber wegen der vordringlichen Büffel- und Fleischjagd anfänglich nicht weiter um sie gekümmert. Jetzt sollte wir auf Bitten der Nationalparkverwaltung und Wildschutzbehörde ein bestimmtes Löwenrudel bejagen. Es bestand aus schätzungsweise 15-17 Raubkatzen. Sie hatten in einem Gebiet um die zwei Eingeborenen Dörfer herum jeden Respekt vor dem Vieh und auch den Menschen verloren. Es war zu mehreren Übergriffen gekommen. Unser Chiefranger hatte uns eine günstigte Jagdgenehmigung für die Mitnahme der Trophäe und die gültigen CITES Papiere des anführenden Schadlöwen ausgestellt. Mein Freund palaverte lange mit dem auf seinen Hacken sitzenden Dorfältesten. Die Löwen waren in der Nacht dreist und in aller Ruhe durch die beiden Dörfchen marschiert. Mehrfach waren sie dabei mit Haustieren im Fang aus den Dornenwällen der Viehställe (bomas) herausgesprungen. Früher hatten wahrscheinlich die gleichen Löwen sogar einmal ein Kind auf dem Weg zum Wasserloch verschwinden lasen ohne Spuren zu hinterlassen. Eine alte Frau verschwand aus ihrer nicht ausgebesserten Hütte. Solche alltäglichen und traurigen Vorfälle kommen hier in keine Zeitung. Denn die gibt es hier nicht. Die Ranger bestätigten, diese Angriffe auf bitterarme, nicht dokumentierte und unbewaffnete Menschen.

Diesem Rudel galt jetzt unsere letzte Jagd. Sie sollte uns und einen der Ranger bis direkt an die Ränder des Naturschützgebietes führen. Der begleitende Ranger sollte uns gegen Wilderer beschützen und sicherstellen, dass wir im äußeren Randgebiet dieses Sioma-Ngweizi-Nationalpark von Westsambia nicht andere Tiere erlegten. Was ich zu dem Zeitpunkt noch nicht wusste, war, dass wir meine Löwenjagd zweimal unterbrechen mussten, um eine Gruppe Wilderer festzusetzen und Andre sie den Behörden übergab. Am Ende dieser Expedition war die Menge der von uns eingesammelten und fängig gestellten Wilderer-Drahtschlingen so groß, dass wir zwei große Jutesäcke damit gefüllt hatten. Die qualvolle Schlingenwilderei forderte einen konstanten Blutzoll am Wild. Die Engländer im fernen London hatten mit ihrer Schnapsidee des ewig haltbaren Stahldrahtes die Basis für das qualvolle Vernichten der Tiere durch Wilderer gelegt. Nun kann man sich auf den Standpunkt stellen, dass diese nur der Ernährung der Bevölkerung diente. Die Erfahrung hat aber überall in Afrika gezeigt, dass mit dem Erlös der Kleinwilderei vielfach illegale Schnellfeuergewehre gekauft werden. Mit denen wird dann eine organisierte Ausrottung der letzten Tiere noch beschleunigt. Es ist ein Teufelskreis, der am Besten durch selektive Trophäenjagd gegen hohe Gebühren, den Einkünften daraus für die lokale Dorfbevölkerung und durch ständige Präsenz von daraus auch bezahlten überwachenden Rangern durchbrochen wird. Die dadurch sparsam entnommenen Wildtiere haben für die umliegenden Dörfer einen weitaus höheren und nachhaltigen volkswirtschaftlichen Wert, als die Dörfer durch das gewilderte „Buschfleisch" erzielen können. Außerdem schafft diese Art der bewirtschafteten Jagd in bestimmten Jagdblöcken begehrte Arbeitplätze und Einnahmen. Mit diesen Erlösen sind die Stämme in der Lage, weiteres Geld durch jede Art von Tourismus mit wilden Tieren zu verdienen. Nur gut ausgerüstete, paramilitärische Ranger Truppen können die Nationalparks bewachen und professionell verwalten. Die großen Massen der mit Kameras jagenden Touristen bringen Arbeitplätze. Die notwendige Hotellogistik für den umfangreichen Strom an Menschenmassen des Kameratourismus belastet aber die Umwelt ganz entscheidend mehr als ein Jagdcamp.

Der hohe „Fußabdruck“ genannte Aufwand für den Hotelkomfort, die Berge von Müll, die Entnahme von zumeist knappen Wasservorkommen, der Bau von Landepisten, Wasserstellen mit Bohrlöchern und Windrädern, das notwendige Straßen- und Wegenetz durch die voll gepackten, täglich herumfahrenden Sightseeing-Autos und Logistik LKWs verschandelt dann die immer weniger ursprüngliche Natur. Der so genannte ecological footprint von regulierter Jagd belastet, bei gleich hohen Einnahmen, die dadurch weiter unberührte Natur um ein Vielfaches weniger. Mit dem ökologischen Fußabdruck, er wird in global Hectar (gha) gemessen, veranschaulicht und vergleicht man den Umweltverbrauch, der durch unseren Konsum und die menschlichen Handlungsweisen verursacht wird. Bei dem berechneten Flächenbedarf wird die unterschiedliche Biokapazität und Fruchtbarkeit von Böden gemessen, ebenso wie dessen Fähigkeit vom Menschen erzeugte Belastungen und Hinterlassenschaften abzubauen. Gerade weil große Teile Afrikas arm und für die intensive Landwirtschaft weniger geeignet sind, ist die regulierte Jagd durch Gastjäger der sparsamste Nutzer mit dem höchsten Ertrag. Weil sie den Originalzustand der Natur am wenigsten belastet und erhält. Zusammengefasst sollten auch Kritiker der Auslandsjagd in Afrika diesen Tatsachenkern im Auge behalten. Fakten sprechen überzeugend für die Jagdnutzung.
Durch regulierte Trophäenjagd werden nur wenige Prozent des Wildbestandes pro Jagdsaison entnommen. Sie gibt dem Wild seinen größtmöglichen Wert und ermöglicht davon bezahlte Ranger, die dessen Schutz und die Kontrolle gegen das Wildern garantieren. Deshalb geht die Wilderei dort erheblich zurück, wo in den Conservancies (Erhaltungsgebieten) die lokale, umliegende Bevölkerung an den Einnahmen und Arbeitsplätzen wirklich unmittelbar beteiligt ist. Auf diese Weise haben alle etwas von dem Wild in ihrem Lebensraum. Jagen ist die rücksichtsvollste Naturnutzung, besonders in den ausgedehnten Gebieten Afrikas, in denen sich der Boden und das Biotop nicht für Viehzucht und Landwirtschaft eignen. Die Natur und ihre Artenvielfalt werden dadurch erhalten. Außerdem wird die Landbevölkerung durch die lokal verteilten Einnahmen in Schulen an Bildung und eine menschenwürdige Entwicklung herangeführt. Ein Prozess, den nicht nur der Internationale Rat zur Erhaltung des Wildes (CIC) und der Jagd sondern auch der Internationale World Wildlife Fund (WWF) unterstützt! Jagdgegner und fast immer einseitig gegen die Jagd berichtenden Medien verschweigen diese längst wissenschaftlich bewiesene Tatsache. Wir Jäger tun zu wenig Drastisches und Eindringliches, um das der Öffentlichkeit plakativ vor Augen zu führen. Die jährlichen Jagderträge zwischen 500 und 800 Mio US$ von 1,4 Millionen großen Säugetieren (allein 600.000 Wildschweine erzielen 100 Mio. Euro) des dicht besiedelten Deutschland mit einem System der Jagd gehen an die Landbesitzer. Seit hundert Jahren ist kein jagdbares Wild in Deutschland ausgestorben! Warum sollten deutsche Steuerzahler Entwicklungshilfe an solche unterentwickelten Länder zahlen, die durch Jagdverbote diese Einnahmen vergeuden?
Wir kontrollierten erneut alle Wasserlöcher dieses Gebiets und fanden nach Tagen der Suche an einem Morgen endlich die frischen Spuren der Löwen. Andre meinte zu meinem aufkommenden Optimismus, dass es immer noch ein schweres Stück Arbeit sein werde bis wir, mit etwas Glück, an die Löwen herankommen würden. Ihre Spuren führten zu unserer Überraschung nun in die offene Steppe hinaus. Die war viel spärlicher bewaldet als das Gebiet, in dem wir sie vorher gejagt hatten. Trotzdem weiß derjenige, der Löwen gejagt hat, wie schwer es sein kann, ihre nicht immer frischen Spuren auf grasigem oder steinigem Boden zu halten. Das Schleppen mit der hinteren Hälfte eines unserer Büffel zeigte keinen Erfolg. Wir erlegten danach erst eins und dann das zweite Zebra von unseren Lizenzen als Köder. Zebrafleisch enthält am meisten Fett und trocknet daher nicht so schnell wie andere Köder aus. Immer mindestens ein ganzes

Vorder- oder Hinterviertel schleppten wir mit Teilen des duftenden Gescheides hinter unserem Geländewagen auf dem Boden her. Damit wollten wir weiträumig um die wenigen Wasserstellen herum eine weithin wahrnehmbare Spur für das Löwenrudel hinterlassen. Das Zebra-Viertel wurde dann mit einer der mitgebrachten Eisenketten halbhoch an einem geeigneten Baum so festgemacht, dass Löwen aufgerichtet davon fressen konnten. Das hatte unter anderem den Vorteil, dass Hyänen keinen Zugang bekamen. Die Kette wurde mit dem weithin duftenden Mageninhalt und dem Innenfell der Zebras vom Menschengeruch gereinigt. Zu jedem Köder kamen halbverdautes Gras aus den Mägen und weithin bestialisch stinkende Innereien dazu. So machten wir das an drei weit auseinander liegenden Luderplätzen. Bei jeder Kontrollfahrt wurde der Wagen mit den Boys weit entfernt vom Köder geparkt. Schon beim Anpirschen trug uns der ins Gesicht stehende Wind den beißenden Geruch der Baits entgegen. Meine Nerven waren jedes Mal aufs Äußerste angespannt. Dann wieder und wieder die Enttäuschung, dass das Löwenrudel unsere Köder nicht angenommen hatte.
Ich dachte zuhause immer an diese nervenden und frustrierenden Umstände der Jagd zurück, wenn mein Blick auf das vor dem Kamin liegende Fell- und Kopfpräparat fiel. Man schaut auf die Furcht einflößenden Fangzähne, die messerscharfen Krallen und fühlt über die vom Präparator aus Plastik lebensecht nachgemachte Zunge. Sie ähnelt einer groben Raspel. Noch angesichts dieser Bettvorleger-Präparate (rug mounts) wird einem deutlich, wie gefährlich diese Großkatzen mit ihren natürlichen Waffen sind.
Bei einer der vielen Kontrollen stellten wir endlich fest, dass die Löwen in der Nacht einen Großteil des Zebrafleisches von den angeketteten Knochen gefressen hatten. Sie sind dann leider nicht dahin zurückgekehrt. Zwei weitere Tage vergingen ergebnislos, während wir weiträumig mit dem Jeep und viele Kilometer zu Fuß kontrollierend unterwegs waren.
Um Diesel und Fahrzeit auf dem Weg zu unseren kleinen Camps zu sparen, beschlossen wir jeweils in der Nähe unserer letzten zwei aufgefrischten Baits zu übernachten. Wir waren verdreckte und nach altem Schweiß stinkende Gestalten. Jeder versuchte sich so zu postieren, dass er den Geruch der anderen nichts in die Nase bekam. Einmal ließ ich mich erschöpft und achtlos in eine der letzten Pans mit stinkendem Wasser fallen. Wasserpflanzen, Würmer, Knochen, sehr viel Tierkot, Urin und vielleicht auch die Reste einer zahnlosen Großmutter aus dem Dorf habe ich einfach ignoriert um ein wenig Erfrischung und Reinigung vom eigenen Schweiß zu finden. Unsere Kleidung hatten wir in dieser Phase seit Tagen nicht gewechselt.
Meine Haut war von Stichen der Moskitos und denen der fingerlangen Dornen übersäht. Durch die mein Blut verdünnenden Tabletten sah ich an ungeschützten Hautstellen wie ein angeschnittenes, verkrustetes Schwein aus. Der Inhalt der Schachtel Pflaster hatte ich bereits zu Beginn an den Blasen meiner Füße verbraucht.
Wir beschlossen kein weithin riechendes Feuer mehr zu machen und aßen Cornedbeef aus der Dose. Ein wenig problematisch waren die Nächte mit Temperaturen nahe dem Gefrierpunkt. Auch meine Jagdleidenschaft wurde jetzt kräftig auf die Probe gestellt. Von Andre und den Trackern hörte ich kein einziges böses oder enttäuschtes Wort. Das gehört zu unserer Art Jagen in Afrika dazu. Weit und breit kein Brüllen und wieder keine frischen Spuren, an deren Ende wir Löwen finden konnten. Bei unseren Fahrten hörten wir frustriert, dass diese schlauen Kerlchen erneut nachts durch eines der beiden Dörfer geschlendert waren. Es war wie verhext und ganz anders als in den Afrikafilmen, wo die Löwen in großer Zahl im Krüger Park oder in den offenen Steppen die Touristenbusse umlagerten. *„Hajo, dont*

forget, these wild and constantly by poachers in the near Park hunted Lions never come easy" sagte Andre als er mich von Dreck geschwärzten Haufen Erschöpfung tröstete. Wir fielen danach in ein viel zu lautes erst irritierendes aber dann erlösend gurgelndes Gelächter. Die Gruppe gab mir Kraft und die tägliche notwendige neue Zuversicht.

Wenn ich an die beinahe 10 langen Tage und Nächte dieser Löwenjagd zurückdenke, dann wird es beinahe egal, wer den ersten, so entscheidenden Schuss, am Ende der erregenden Jagd abgeben durfte. Natürlich würde ich das sein. Aber eigentlich jagten alle gleichermaßen und der Löwe gehört am Ende doch allen. Ich konnte mir in diesem Zustand gut vorstellen, warum die Jagd der frühen Menschen reine Gruppenarbeit war.

Am vorletzten Tag fuhren wir mittags gerade mit dem Toyota Land Cruiser in ein halboffenes Gelände mit hohem, vertrocknetem Gras. Andre hatte sich seine letzte kurze und einigermaßen saubere Hose mit einem typischen sardonisch lächelnden Gesichtsausdruck angezogen. Ich werde diesen Moment und seinen Blick aus den dunkelgrünen harten Augen nie vergessen. Die Farbe seiner kurzen Hose war mittelblau und eigentlich nur für den nächtlichen Gebrauch im Schlafsack gedacht. Dann sagte er bedrohlich glucksend: *„this is my spezial Lion-Outfit. It will bring us luck"*. Die ganze Besatzung des Geländewagens bestand nur noch aus angestrengt schauenden Augenpaaren. Josef stand wie immer auf der Ladefläche hinter dem Fahrerhaus. Sein typisches Telefon zu uns in der Fahrerkabine war dessen Blechdach als Trommelfläche. Plötzlich klopfte er leise aber wie närrisch drängend auf das Dach. Andres trat voll in die Bremsen. Josef beugte sich zu unserem geöffneten Fenster herunter und zeigte sich langsam bewegend, angestrengt mit halb geschlossenen Augen nach vorne. *„Da, fern am Horizont, Geier!"* Das erlösende Wort „vultures" meinte ich klar verstanden zu haben. Wir alle stiegen auf die Ladefläche und sahen nun wie sie von dort am fernen Horizont wie winzige Moskitos kreisten. Schlagartig bemächtigte sich unserer Gruppe eine vibrierende Aufregung. *„Hajo, da sind professionelle Wilderer am Werk oder Löwen haben etwas frisch gerissen."* In beiden Fällen wird es jetzt sehr ernst, wir hofften, dass es ein Riss ist und uns kein Schusswechsel mit der Wildererbande erwartet. Allen war klar, dass wir nun unmittelbar in ein frisches Geschehen hineinplatzen würden. Die große Anzahl noch kreisender, nicht niedergesetzter Geier konnte hier in der Nachbarschaft von Wildererei an einer durchlässigen Grenze zu einem Kriegsgebiet die Gefahr von Schusswechseln mit sich bringen. Die beiden Scouts der Naturschutzbehörde hatten die ernste und robuste Dienstanweisung auf bewaffnete oder Widerstand leistende Wilderer auf frischer Tat ohne Anruf mit ihren Kalashnikov zu schießen. Im Fall von sich ergebenden Wilderern wären Verhaftungen und eine erneute Unterbrechung unserer Jagd die Folge. Vielleicht standen wir aber auch endlich vor der ersehnten Belohnung für unsere Anstrengungen. Endlich ein frischer Löwenriss weit entfernt von unseren letzten Baits? Frisch, auf jeden Fall, weil die Geier in großer Zahl noch hoch am Himmel kreisten.

Andres, Josef und die beiden Ranger mit ihren Maschinenpistolen schwärmten aus. Ich musste alleine zur Bewachung des Toyotas einige Meter davon versteckt im Gebüsch liegen bleiben. Sie wollten mich Touristen und Ausländer mit meinen beschränkten soldatischen Fähigkeiten in der brutalen Wildererbekämpfung und sich ergebenden Komplikationen nicht in vorderster Linie dabei haben. Sicher brauchte der Toyota auch Bewachung. Ich hatte aber das Gefühl, dass sie mich keinesfalls in eine bewaffnete Konfrontation hineinziehen wollten. Mir war mulmig zumute und ein wenig flau im Magen. Zum ersten Mal auf der ganzen Safari war ich in der Wildnis völlig allein. Das Bewusstsein dieser plötzlichen

Einsamkeit und über das auf sich allein gestellt sein in einer möglichen Konfrontation mit aggressiven Verbrechern, empfind ich in hier in dieser afrikanischen Wildnis besonders heftig. Mir war klar, dass es Andre in erster Linie um mein geschicktes Fernhalten beim im Notfall auf Menschen schießen ging. Etwas, was ich in Südamerika unter ganz anderen Umständen ausgiebig, aber allerdings mit der Kurzwaffe, und nur im Verteidigungsfall, trainiert hatte.
Ich hatte mir einige Zweige und Gras hinter das Band des in das Gesicht gezogenen Huts gesteckt und meinen verdreckten, luftigen Netzschal aus Baumwolle mit Tarnmuster halb über das Gesicht gezogen. Den Lauf und das Zielfernrohr der Büchse bedeckte ich mit dem Transportstrumpf des Gewehrfutterals und meine grüne Lederjacke. Gut versteckt, lag ich zwischen zwei grünen Büschen im trockenen Laub. War das zu viel Theater? Das weiß man erst hinterher. Ich fühlte mich aber mit den 5 Schüssen meines Repetiergewehrs gegenüber den automatischen Kalashnikov Sturmgewehren einer Wildererbande ziemlich hilflos. Das Mitbringen von Handfeuerwaffen war sowohl in Namibia als auch Sambia für Gastjäger verboten. Die Situation machte mir drastisch verständlich, welcher Umwandlung es bedarf, um aus einem Jäger einen Soldaten oder Ranger gegen rücksichtslose und bewaffnete Mitmenschen, zu machen. Man muss hier zum besseren Verständnis nochmals erklären, warum in diesem zwar minenfreien sambischen Landstrich noch bis vor wenigen Jahren der Stellvertreter Guerillakrieg an der Tagesordnung war. Südafrikanische und rhodesische Truppen auf der einen und die verschiedenen Befreiungstruppen der Länder Angola, Sambia, Botswana und Mozambique auf der anderen Seite bekämpften sich. Jetzt herrschte immer noch Bürgerkrieg in Angola. Ich lag nur wenige Kilometer von der Grenze Südwest-Sambias und der angolanischen Grenze in 60 km Luftlinie zum namibischen Caprivi Streifen mit meinem weißen, deutschen Hintern im Sand. Unser Geländewagen stand weithin sichtbar und provozierend in der Landschaft, weniger als 50 Meter auf dem Präsentierteller vor mir. Jetzt fragte ich mich, warum der immer so bedächtige Andres den in der Eile so weithin sichtbar geparkt hatte? Er hatte den Schlüssel allerdings weit weg vom Toyota unter einem Stein gelegt.
Nachdem das hohe gelbe Gras die gebückt schleichenden vier Gestalten unserer Gruppe in sich aufgenommen hatte, vergingen scheinbar endlose, totenstille 30 bis 40 Minuten. Mein ausgetrockneter Mund schmeckte wieder nach Kupfer. Die Spannung wurde durch die ungewohnte Totenstille um mich noch gesteigert. Es gehen einem in so einer Ausnahmesituation viele abenteuerliche Gedanken durch den Kopf. Einige Vögel begannen aufgeregt zu melden. Ich wusste, was das bedeutete. Das sind sich nähernde Menschen! Ich legte die Sicherung leise nach vorne. Es waren glücklicherweise die unseren. Sicherung zurück. Dann ging alles ganz schnell als die Truppe leise und gebückt zurückgepirscht gekommen war. Keine Wilderer! Hallelujah. Ein besonders kopfstarkes Löwenrudel hatte einen 5 bis 6 Jahre alten männlichen Elefanten am Ende der gerade vergangenen Nacht gerissen! Ich empfand unsagbare Freude. Kaum zu glauben, dass Löwen es fertig bringen, einen jugendlichen Elefanten in Begleitung seiner kopfstarken Herde zu töten.
Mit Andre und Josef gelangte ich endlich an den Riss. Jedes Kind konnte die frischen, breitflächig verteilten, blutigen Spuren eines brutalen Titanenkampfes erkennen. Sie zogen sich über mehrere 100 Meter auf und neben den frischen Spuren einer Elefantengruppe her. An den tiefen Eingriffen und dem langen gelben Gras konnten wir die voranstürmender Panik der Herde und das Taumeln des Opfers erkennen. Voraussichtlich war das getötete Tier bereits bei einem ersten Angriff an anderer Stelle von den Löwen geschwächt worden. Der junge Bulle lag an diesem viel versprechenden Morgen noch ganz frisch

verendet auf der Seite. Die Verwesungsgase hatten seinen Leib noch nicht aufgetrieben. Seine jungen Stoßzähne schauten nur 20 bis 30 cm heraus. Er hatte blutige Bissspuren an der Spitze seines Rüssels und an der Kehle. Geringe Fressspuren konnten wir nur an seinen Lippen, im Bereich seines Waidloches (Afters) und an seinem Kurzwildbret (Hoden) sehen. An der hinteren Bauchpartie schaute ein kleines Stück der Innereien heraus. Das muss schon ein ziemlich großes Löwenrudel gewesen sein, um dieses Gewicht zu Boden zu drücken.
Die Elefantenhaut ist mächtig dick und man kann sich die Beißkraft vorstellen mit der sie durchtrennt wurde. Natürlich stehen Löwen mit 1800 Kilo N/pro Quadrat Zentimeter mit an vorderer Stelle im Tierreich. Sie sind keine der in Spitzbergen gefundenen und ausgestorbenen Pliosaurier, Megalodone oder Tyrannosaurus Rex oder Weißen Haie (Wikipedia). Die hatten mit der stärksten Beißkraft aller Tiere, die je gelebt haben, von bis zu 30 Tonnen Gebissdruck, einen ganzen Elefanten locker mit einem Biss durchtrennen können. Kein Vergleich, aber trotzdem kostete es die Löwen offensichtlich ihre ganze Kraft, um diese Beute anzuschneiden und seine Haut zu zerlegen. Auf dem oberen Hinterteil des auf der Seite liegenden Elefanten waren tiefe Einschnitte der Daumenkrallen von den Prankeninnenseiten zu sehen. Mehrere Löwen waren erst auf dem Elefanten geritten und hatten ihn dann, auf den Hinterpranken kauernd, wohl vereint zu Boden gerissen. So sah das jedenfalls für mich aus. Diese urtümliche, brutale Auseinandersetzung um Leben und Tod war vor ein zwei Stunden am frühen Morgen passiert. Wir wagten kaum und nur flüsternd zu sprechen. Es war sonnenklar, dass die Löwen erschöpft vom Kampf dieses Morgens, sich nun ganz in der Nähe ihrer Beute ausruhten. Sie würden sich die von niemand wegnehmen lassen und garantiert zurückkommen! Ein Hineinpirschen in die lauernden, den Spuren nach einer aus mindestens 10 ausgewachsenen Tieren bestehenden Gruppe, wäre in dem bis über 2 Meter hohem Gras unklug und lebensmüde gewesen. Zweifellos vernahmen sie unsere Geräusche die ganze Zeit in aller Deutlichkeit. Jetzt hatten sie uns, aber wir sie auch! Sie würden hundertprozentig an ihren natürlichen Riss zurückkommen, wenn sie wieder zu Kraft gekommen und unsere Nähe nicht mehr wahrnehmen würden. Welche Erlösung für unsere hartnäckigen und zähen, großräumigen Bemühungen während mehr als einer langen Woche. Ich empfand Gefühle einer großen Erlösung und plötzlich die erstaunliche Gewissheit eines kommenden Jagderfolges.
Nach den blutigen Spuren im Gras und weichem Sand zu urteilen, war ihr Kraftaufwand bei dem auch für sie risikoreichen Kampf gewaltig gewesen. Josef bestätigte, dass es höchstwahrscheinlich das gleiche kopfstarke Rudel war, welches die Dorfbewohner terrorisierte. Er meinte, dass sich zwei rivalisierende Rudel niemals gleichzeitig im gleichen Gebiet aufhalten würden. Das klang eigentlich ziemlich wahrscheinlich. Wo er und die Scouts aber die absolute Sicherheit her bezogen, vermochte ich nicht zu erkennen. Aber Afrikaner wie Josef mit seiner Erfahrung lesen Spuren und den Busch wie ein Buch. Diese Löwen kannten keine Angst vor dem Menschen. Besonders in der Kühle und Dunkelheit der Nacht nicht. Löwen sehen dann nach Messungen von Biologen mindestens 7 Mal so gut wie Menschen. Ihre Licht empfangenden Sehstäbchen auf der Retina wirken wie Restlichtverstärker.
So einen absolut frischen Riss eines beinahe erwachsenen Elefanten inmitten seiner Herde sieht auch der erfahrene Afrikajäger sehr, sehr selten. Es sei denn, der junge Elefant hatte sich vorher bereits verletzt. Dafür fanden wir aber keine äußerlich sichtbaren Anzeichen. Die Erregung unter uns allen konnte man beinahe mit den Händen greifen. Nach dem erfolglosem Jagen über so viele Tage machte sich jetzt Entschlossenheit und beinahe Gewissheit in unseren hastigen Vorbereitungen breit. Wir bauten mit fliegen-

den Fingern und leise, mit dem Verbot untereinander zu sprechen, etwa 30 Meter vom toten Elefanten ein dem Wind abgewandtes, dichtes mannshohes Versteck. Es bestand aus großen, starken Ästen von wahrlich garstigen Dornenbüschen. Die boys und Scouts trugen sie unter unserer Bewachung von weit entfernten und vom Wind abgewandten Stellen erstaunlich leise heran. Wir legten unsere Schlafsäcke, Wasser, Orangen und zwei Liter Softdrinks hinein. Aus zwei in den Boden gerammten Astgabeln bauten wir eine feste Auflage für mein Gewehr. Dessen Laufmündung schaute, nachdem ich mir einen Kanal durch die Dornen zum Zielen gebahnt hatte, oben auf den liegenden Elefantenkörper. Das Gewicht dieses Köders hatte den immensen Vorteil, daß die Löwen ihn nicht wegzerren konnten. Ein Dach hielt Andres für entbehrlich. Kein Löwe konnte wegen des ebenen Geländes von oben zu uns hineinsehen. Hineinspringen wohl. Aber damit wollte sich meine Phantasie jetzt bestimmt nicht befassen. Es musste schnell gehen!
Andre hatte sein Gewehr und eine kleine Taschenlampe mit in unser Versteck genommen. Als erstes zog er im „blind“, wohl aus Gründen der Bequemlichkeit, seine Turnschuhe auf dem Schlafsack sitzend aus. Die Scouts, Josef und die boys entfernten sich bewusst lautstark gut einen Kilometer mit dem Jeep. Alle waren wir der Meinung, dass die Löwen bestimmt noch im Licht des späten Nachmittags an ihren Riss zurückkommen würden. Wir hatten vereinbart, dass das Auto nach dem ersten Schuss sofort zu uns in voller Fahrt durch die relativ offene Landschaft zurückkommen würde. Dann saßen wir beide für Stunden reglos auf den ausgerollten Bettrollen. Einige Geier setzten sich zu meiner Verwunderung nur wenige Meter direkt über unsere Köpfe in den Baum und schauten völlig vertraut und siegesgewiss auf uns herab. So wenig Scheu hatte ich niemals vorher erlebt. Nichts regte sich. Die Stille um uns herum wurde nur von den üblichen afrikanischen Wildnisgeräuschen und dem Gurren von Täubchen unterbrochen. Man mag es glauben oder nicht. Irgendwann müssen wir beide vom Dösen in einen leichten Schlaf gefallen sein!
Eine rüttelnde Hand an meinem Arm machte mich schlagartig hellwach. Andre hielt mich mit seinem eisernen Griff nieder und sagte direkt in mein bereits etwas taubes Ohr, es erschien mir unendlich laut, *„die Löwen sind da.“* Ich sah mit Entsetzen den einsetzenden Abend um uns herum und wollte zwar leise aber sofort an mein aufgebocktes Gewehr. Andre deutete mit der kleinen Taschenlampe oder besser gesagt Funzel auf seine ausgezogenen Tennisschuhe und bedeutete mir, ihm bei deren Anziehen behilflich zu sein. Welch eine absolut kuriose Situation. Wir lagen tief im afrikanischen Busch, nach vielen Tagen harter Arbeit endlich am Ziel unserer Sehnsucht und waren in der einsetzenden Dunkelheit halb von einem jetzt eintreffenden und grollenden Löwenhalbkreis umgeben. Sie labten sich nun gierig und krachend am Elefanten und wir waren immer noch mit dem Anziehen von Andres Schuhen beschäftigt. Muss man erlebt haben, um das zu glauben. Endlich, konnte ich durch mein von Anfang an auf 2,5 herunter gedrehtes Zielfernrohr der Büchse klar mehrere Löwen erkennen. Sie lagen halbverdeckt durch den Elefantenkörper auf der von uns abgewandten Seite der Karkasse. Noch waren sie in der nachlassenden Abendhelligkeit gut anzusprechen. Einen gewaltigen Mähnenlöwen konnte ich nicht dabei finden. Andre versuchte sich derweil, tonlos fluchend, mit der bloßen Hand einen Weg für die Taschenlampe durch die Dornenwand zu bahnen. An die einsetzende Dunkelheit hatten wir beim Bauen unseres Verstecks nicht gedacht. So war das nicht geplant gewesen. Aber es passieren auf der Jagd manchmal unvorhergesehene Dinge. Besonders, wenn man zu leichtsinnig ist oder wie in unserem Fall, erschöpft in den Nachmittag hinein döst.
Im letzten, mit dunklen Orangetönen gesättigtem Tageslicht, verstärkt durch das Kunstlicht der hin und herwandernden kleinen Taschenlampe, konnte ich unter vielen Augenpaaren einen männlichen Löwen

unter mindestens 15 sich anknurrenden Rudelmitgliedern erkennen. Die knackenden Fressgeräusche und das eifersüchtige Knurren eines so großen Rudels aus der Nähe waren furchteinflößend und gingen durch Mark und Bein. Mir wurde mein absolutes Vertrauen in meinen immer furchtlosen Freund wieder einmal sehr bewusst. Ob meine Nerven eine solche Situation, ganz auf mich alleine gestellt, ausgehalten hätten? Ich weiß ich nicht.
Der schwache Schein der Lampe machte den Löwen nichts aus. Natürlich hatten sie uns bemerkt. Einige von ihnen begannen jetzt in unsere Richtung zu starren. In musste mich in Sekunden entscheiden. Ein kräftiger ausgewachsener männlicher Löwe mit einer geringeren Mähne als ich mir das vorgestellt hatte, schaute mit flach nach vorne gestrecktem Kopf direkt auf uns. Die Löwinnen lagen lauernd um und halb auf den Elefanten herum. Ich setzte das Fadenkreuz meines Afrika-Zielfernrohrs einige Zentimeter über seine pechschwarze Nasenspitze. Wegen der großen Nähe und der ballistischen Flugkurve durch die Seelenachse des Gewehrlaufs korrigierte ich meinen Zielpunkt. Das Haupt des männlichen Löwen lag relativ unbewegt auf dem Elefanten. Diese perfekten Raubtiere waren offensichtlich völlig ausgehungert und in ihrem Element beim großen Fressen. Wir waren eine unangenehme Störung und verhasste Gegner bereits aus archaischen Zeiten. Der meinen Zielfernrohrausschnitt beherrschende männliche Löwe bildete sich mit geschürzten Lefzen und einem typischen Ausdruck der Aggression und Verachtung aus seinen sprühenden Augen in meiner Optik ab. Mein Gewehr war in zwei Astgabeln fest aufgelegt. Das war eine seltene, ideale Vorraussetzungen auf einer sonst durchaus äußerst bewegten Löwenjagd. Hier im schwindenden Büchsenlicht bot das blitzschnell abnehmbare und völlig herunter gedrehte Zielfernrohr einen unschätzbaren Vorteil für den ersten entscheidenden Schuss. Jetzt korrigierte ich, wegen der großen Nähe, den Haltepunkt noch einmal und zog den Abzug unendlich sanft gegen den Auslösepunkt durch.
Das sorgsam ausgesuchte rasante Teilmantel Geschoss traf genau dort im Leben, wo ich es hinhaben wollte. Das meinte ich bereits jetzt felsenfest, weil ich genau durch den Schuss hindurch gesehen hatte. So sollte es sich Nerven zerreißende lange Momente später auch bestätigen. Es durchschlug das flache, ausgestreckte Nasenbein, den unteren Teil des Hirns und zertrümmerte die Hirnschale und dann die Wirbelsäule bevor es etwas abgelenkt über der Schultern seitlich am Hals heraustrat. Wie es zu diesem Schusskanalverlauf kam, weiß ich nicht. Der Löwe machte tatsächlich einen für uns beide gut sichtbaren Kopfstand und fiel hinter den Elefanten über die seitlich von ihm liegenden Nachbarlöwen. Nun kam nach diesem Salto und dem Donnern meiner Feldschlange richtig knurrendes Leben in die Schadlöwenhorde. Aber wer gedacht hatte, dass der satte Schussknall die Tiere wegscheuchen würde, hatte sich gründlich getäuscht! Ich riss das Gewehr aus der Auflage, repetierte und führte dabei ganz automatisch eine Patrone aus dem Gürtel in das Magazin. Einige Löwen fingen an sich grollend in einem Halbkreis am Elefanten vorbei ein wenig auf uns zu zuschieben. Es herrschte ein bis ins Mark gehendes Konzert von Raubtiergeräuschen, welches ich nie vergessen werde, und noch heute exakt erinnere. Andre schrie unterdrückt halblaut und mit einer sonst bei ihm nicht gekannten Aufregung in der angerauten und gepressten Stimme: *„Sofort hinten raus aus dem blind. Sie werden uns jetzt angreifen! Die sind uns in der aufkommenden Dunkelheit mit ihrem Sehvermögen zehn Mal überlegen, und anders als am Tag, äußerst angriffslustig und aggressiv.“* Ich erinnere mich, dass ich die Aufregung meines sonst wirklich in allen stressigen Situationen absolut coolen Freundes ein wenig übertrieben fand; muss aber im Nachherein einsehen, dass diese völlige Fehleinschätzung von mir nur meiner mangelnden Erfahrung zuzuschrei-

ben war. Er hatte viele Begegnungen mit Löwen auf der Jagd hinter sich und wird noch heute gelegentlich von der mosambikanischen Wildschutzbehörde angefordert, um Schadtiere wie Löwen, Büffel oder Elefanten in der Nähe von Siedlungen im südlichen Landesteil abzuschießen.
Wir befanden uns längst in absoluter Lebensgefahr. Vor uns lag nur noch ein kurzer Moment in dem sich entscheiden würde, welche von uns beiden Prädatoren Gruppen den Angriff auf die von den Löwen gerissene Beute weiter eskalieren lassen würde. Nachdem wir unsere Dornentür hinten mühsam geöffnet hatten, standen wir ziemlich hilflos in der jetzt schnell zunehmenden Dämmerung mit dem Rücken zu den Dornen unseres Erdversteckes. Wir waren eine leichte und gut sichtbare Beute vor der Ansitzburg aus Dornen in unserem Rücken für das sich bewegende Löwenrudel. Uns trennten nur 30 Meter Entfernung. Eine Distanz, die sie in zwei oder drei Sekunden überwinden könnten. Ich dachte noch einmal, wie unglaublich es war, dass die Raubtiere nicht von meinem heftigen Schussknall vertrieben worden waren. Andres hielt die Funzel am Vorderschaft seines Gewehrs nach vorne gestreckt. Er stieß laut aus dem Mundwinkel heraus in etwa *„jetzt passiert es“*. Ich hatte das Zielfernrohr meiner Büchse vorher im Blind abgenommen und zielte mit dem aufgestellten fetten weißen Nachtkorn unschlüssig auf die Augenpaare von mindestens 14 jetzt aufgestandenen Löwen. Die waren in großer Überzahl. Natürlich mussten die ja empfinden, dass wir ihnen ihre hart erkämpfte Beute wegnehmen wollten. Sie fixierten uns wirklich böse und Furcht erregend. Die vordersten Löwinnen schoben sich noch unentschlossen langsam und an den Boden gepresst einen Meter näher. So hatte ich den unmittelbaren Tod in Afrika noch nie vor mir gehabt. Mein Gott, was müssen nur mit zwei Peitschen bewaffnete Zirkus-Domteure für Nerven aus Stahl haben.
Wer Afrika kennt, weiß wie schnell der Übergang vom Sonnenuntergang bis zur völligen Dunkelheit vergeht. Es war jetzt ziemlich dunkel und Andres sagte mir, dass, wenn die Löwen noch näher kämen, ich schießen müsste. Das wandernde Licht wurde zunehmend in den Augenpaaren reflektiert. Mein Freund hatte weiter die jede Sekunde wichtiger werdende kleine Lampe unter dem Vorderschaft seines Gewehrs auf die Tiere gerichtet. Er wäre dadurch selber bei einem Angriff etwas behindert gewesen. Ich fragte verunsichert und weil ich aus Unkenntnis die Gefährlichkeit der Lage immer noch nicht in vollem Umfang erkannt hatte, was zu tun wäre: *„Welchen“? „Egal, immer den, der uns am nächsten kommt“.*
Der Leser mag kaum glauben, welche lange Unterhaltung sich zwischen uns abspielte. Ich nachträglich auch nicht. Aber so war das. Noch erschien mir seine befehlende und bellende Anweisung übertrieben. Die jetzt beginnenden vielstimmigen fauchenden und grollenden Geräusche aus den Mäulern mit zurückgezogenen Lefzen waren zutiefst einschüchternd. Ich empfand jetzt eine mich plötzlich anfallende Angst und wurde für ewige Sekunden, die ich nie vergessen werde, völlig sprachlos. Es waren doch nur 5 Schuss in jedem der beiden Gewehre, zwei Patronen in der linken Hand unter dem Schaft zwischen den Fingerwurzeln und bei mir 5 weitere am Gürtel. Mir war klar, dass ich im Falle eines Angriffs aus der kurzen Entfernung wohl kaum mehr als zwei, drei Schuss hätte abgeben können. Zwei der am dichtesten kauernden Löwinnen begannen jetzt mit ihren Schwänzen zu schlagen und machten mit unschlüssigen Zick-Zack Bewegungen ihrer vorgestreckten Häupter erste Anstalten eines Angriffs. Trotz des so tödlichen großkalibrigen Gewehrs in meinen Händen befiel mich in diesen Momenten, zwischen Dämmerung und beginnender Dunkelheit, das panische Gefühl der aussichtslosen Unterlegenheit. Zum Teufel noch mal, wie konnten wir uns bloß in diese Situation bringen? Ich klammerte meine Gedanken an die fünf Schuss in meinem Magazin und zielte mit der Büchse in den sie eisern umklammernden Fingern zwischen die Lichter der nächsten Löwin.

Afrikanische Gegensätze

Duftspur für Löwen

Nervenzerfetzende Jagd auf den Herrscher Afrikas

Anspannung nach Löwenjagd

Nach überstandener Gefahr

Bei Sparrow in Zimbabwe

Ray Sparrow

Die Spuren des Krieges in Mozambik

Buschtechnik

Büffelwechsel zwischen Zimbabwe und Mozambik am Save Fluss

Büffel in Mopane Busch

Drei Mal kapitale Beute auf einen Streich

Sambia Jagderinnerungen

Ursprüngliches Jagen, wie es einmal war

Schwieriges Ansprechen und Pirschen

Vergebliches Auflauern des Büffel-Methusalems

Von der Lone Star Conservancy Simbabwe

Einer meiner unvergessenen Jagdpaten, Berufsjäger Horst Isselbächer

Ein leiser unvergesslicher Berufsjäger, Freund Horst Isselbächer

Erfolg der Gruppe mit Andre und Tracker Joseph

Andres erstes Camp in Nordmozambik

Gefunden bei der Jagd in Zimbabwe auf der Lone Star Ranch

Leopardenbiotop

Magische Stunden am Feuer

Mein Afrikanerfreund Andre

Mein unglaublicher Eland in Südsambia

Unser Sohn Vincent mit zweitstärksten Souther Elend wohl aller Zeiten

Perfektes Schussfeld auf Bait

Mit Bruce und Roby Brydon im Direktionscamp Krügerpark

Uriges Jagdgebiet in Südwest-Sambia

Vom Leoparden zugedeckter natürlicher Riss

Hajo, i am a Cat-Man

Nachsuche im Jeep

Aufregendes Jagen im dichten Mopanebusch

Perlhühner für den Topf

Kudu in Sambia

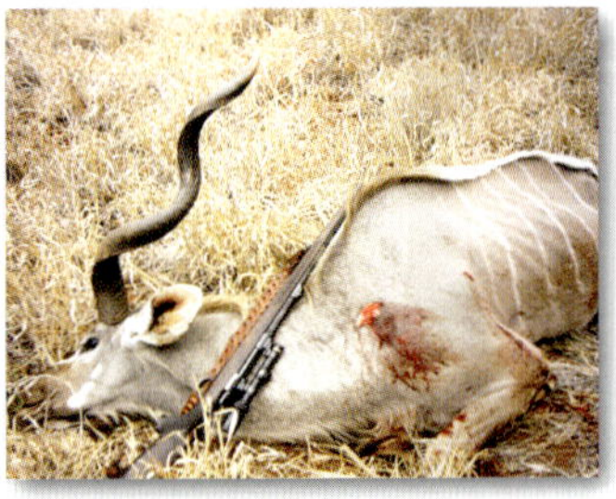

Schmackhafte Beute

Kudu mit geliehener passender Büchse

Rückstoß meiner .500er, wenn man falsch steht.

Sofortige Beuteverwertung

In Nico van Royens Haus

Nico van Royens Trophäe

Freude am Jagderfolg

Andacht ohne Hut

Schusshart, trotz .500er Kaliber

Noch einen Schritt näher…

Lone Star Ranch und meine Weigerung zum Cullen für US$ 1.000 pro Rhino

Guter social tree für den Gefleckten

In Reno mit Sullivan Familie

Tunafishing
Ilha Inhaka

Tigerfisch im Sambesi

Morgens im Rondavel

Trophäen
als Erinnerung

Dann endlich hörten wir den herantuckernden Dieselmotor des Cruiser auf uns zu kommen. Den hatte ich in der tickenden Spannung völlig vergessen. Er hatte nach dem Schuss etwa 2 Kilometer langsam in der relativ offenen Buschlandschaft zurückgelegt. In dem Zeitraum war all das eben geschilderte passiert. Sein Kommen signalisierte äußerst willkommene Verstärkung, Übersicht durch das Scheinwerferlicht und die sehnlichst erwartete Erlösung aus unserer lebensgefährlichen, verfahrenen Situation. Viele Male im Leben habe ich diese erst äußerst prekären aber aus der Nachsicht glücklichen Bilder an meinen Augen vorbeiziehen lassen. Der Wagen bahnte sich kurvend seinen Weg durch das etwas unwegsame aber ziemlich offene Gelände und den losen, tiefen, hellen Sand. Die Fahrgeräusche, die der Diesel und seine Zündtakte dabei machte, erschienen langsamer als meine Herzfrequenz. Diese unaufgeregt mahlenden Motor- und Fahrgeräusche erzeugten, neben dem Licht, endlich etwas Beruhigung in meinen aufgewühlten Gefühlen. Völlig irrational, denn die Löwen hätten uns immer noch in Sekunden annehmen können. Ich nahm dann im Lichtkegel der Auto-Scheinwerfer mindestens 15 der Großraubkatzen wahr. Josef hatte Recht behalten. Es war, mit an Sicherheit grenzender Wahrscheinlichkeit, das kopfstarke Rudel aus den Dörfern. Niemals hätten sich zwei so starke Rudel im gleichen Revier gegenseitig geduldet. Das niedertourige, sonore Geräusch des herannahenden Jeeps mit seinen breiten Lichtkegeln machte aus uns Gejagten wieder Jäger. Durch die Verstärkung der Hinzukommenden fiel die lähmende Angst von mir ab. Alle Löwen wandten ihre ganze Aufmerksamkeit dem nahenden Wagen zu und standen immer noch unschlüssig am Rand der Reichweite des Lichts der Scheinwerfer herum. Aber ihre eben noch sprungbereite Aufmerksamkeit war jetzt von uns abgewendet. Sie wandten sich in einem geschlossenen Abzug im Rudel der Dunkelheit zu. Für uns sahen ihre nun von uns abgewandten schmalen Hinterteile auf einmal halb so bedrohlich aus wie vorher. Einen Moment sah es so aus, als wenn einige von ihnen durch den zwischen ihnen durchfahrenden Wagen berührt wurden. Dann endlich wichen sie ihm nur widerwillig aus, als unsere Mannschaft mit vorgestreckter Kalashnikov und großem Hallo vom Wagen herab sprang. In diesem Moment war ich einmal kurz dankbar für die unwaidmännischen automatischen Sturmgewehre. Ihre leicht ins Taumeln kommenden Geschosse hinterlassen manchmal furchtbare Wunden. Auch wenn die chinesische und russische Militärmunition der Wilderer bei Elefanten und Büffeln nicht immer das notwendige tiefe Eindringvermögen besaß.
Dann fielen uns die Boys feiernd um den Hals. Nur der erfahrene Josef blieb wie immer ernst und zurückhaltend. Unsere Mannschaft auf dem Toyota war vorher an dem für uns immer noch unsichtbaren toten Löwen hinter dem Elefanten vorbeigefahren. Erst jetzt hatten sich das Rudel dieser nachts angstlosen Tiere ganz in die Dunkelheit zurückzogen. Von einer Flucht konnte man wirklich nicht sprechen. Wäre der Wagen in diesem Moment nicht erschienen, so wäre unsere Löwenjagd garantiert nicht in dieser Form zu Papier gekommen. Man muss es selber erlebt haben, um zu verstehen, wie furchtlos Löwen sich bei ihrer gerissenen Beute in herabsenkender Dunkelheit benehmen. Wie sie sich selbst gegenüber bewaffneten Menschen und nach einem Schuss, auf einen von ihnen, aus nächster Nähe verhalten. Mir wurde verständlicher warum die unbewaffnete Dorfbevölkerung mit ihren wenigen Ziegen unter ihren frechen übergriffen litt. Es ist zu bezweifeln, dass unser Jagderfolg das Rudel in ihrem Verhalten gegenüber den Eingeborenen für die Zukunft einschüchterte. Erneut dachte ich daran, wie die stolzen und sehr tapferen Masaikrieger (Moranen) nur mit dem Eisenspeer und einem Schild in der Hand, Löwen von Angesicht zu Angesicht entgegentreten. Deren Todesverachtung übersteigt nach diesem Erlebnis mein Vorstellungsvermögen.

Nun begann das große Gratulieren mit viel afrikanischem Tam Tam und abergläubischen Ritualen. Andre und ich waren beide immer noch starr und schreckensbleich. Der Löwe lag mausetot mit dem Loch meines Einschusses direkt oberhalb der Nase hinter dem Elefanten. Ein kerniges Bild diese beiden Big-Five Kreaturen, Löwe und Elefant, nach dem Kampf so direkt nebeneinander in der dunklen Landschaft liegen zu sehen. Unser Löwe sah, jetzt leblos mit starren Augen und flach auf der Seite liegend, irgendwie miserabel aus. Sein verdrecktes struppiges Fell stank, als ich mich einen Moment neben ihn setzte. Wir waren erleichtert und jetzt erst wich die Spannung hinter den Stolz der Erleger zurück. Andre und ich zogen die einsetzende Kühle der Nacht mit tiefen Atemzügen ein. Der dunkel blubbernde Motor und der breite Lichtkegel der Zusatzlampen unseres rollenden Zuhauses gaben uns endgültig unsere Fassung zurück. Die Bettrollen aus dem Blind und mein Löwe wurden mit vereinten Kräften verladen. Einer der Boys brachte mir die ausgeworfene Hülse der einzigen abgefeuerten Patrone. Das gewaltige Tier sah mit seinem blutigen Haupt und stinkendem, stumpfen Fell gar nicht mehr wie der eben noch stolze König der Wildnis aus. Wir begutachteten seine unabgenutzten Zähne und Andre schob die kräftigen Krallen aus einer Vorderpranke hervor. Es war immer ein erhabenes Gefühl, wenn ich in späteren Jahren meine beiden Löwenfelle mit den aufgerissenen Mäulern auf den Auslegeteppichen unseres Hauses betrachtete. Der ausgewachsene, kraftvolle Löwe war wahrscheinlich nicht der alte Anführer des Rudels aber trotzdem eine starke Trophäe.
Später wurden diverse Vermutungen über den Verbleib des ganz sicher zum Rudel gehörenden Alpha Mähnenlöwen angestellt. Hatte er sich eventuell bei dem mörderischen Kampf mit den Elefanten verletzt und lag jetzt irgendwo im tiefsten Busch? Es war zu vermuten aber niemand wird es jemals wissen. Mutter Afrika behält auch dieses Geheimnis für sich. Die Geier und Hyänen würden dann wahrscheinlich die Einzigen sein, die auch das letzte Kapitel des so stolzen Herrschers der Wildnis beendeten. Wir machten vor dem Aufladen glücklicher Weise wenige, mir dieses Mal besonders wichtige Fotos. Man sieht darauf die immer noch nicht verloschene große Anspannung über das gerade Erlebte in unseren Mienen.
Unter den Augen der Park Ranger machte sich Josef vorschriftsmäßig daran, die Stoßzähne des jungen Elefanten mit seiner Demo genannten afrikanischen Axt aus dem Kieferknochen herauszuhauen. Das Elfenbein musste nach unserer Rückreise zusammen mit einem kurzen Bericht bei der Naturschutzbehörde abgegeben werden. Ich wurde bei diesem Vorgang im Scheinwerferlicht in tiefer afrikanischer Nacht, wie mir Andre sagte, Zeuge eines nicht seltenen Falles von afrikanischer Witchcraft (Verhexung). Es gibt für Eingeborene eine real existierende Macht von Verhexung und der Verwandlung von Verstorbenen in Tiere. Ich kann heute noch andere, ähnliche Vorfälle bestätigen. So etwas passiert bei abergläubischen Schwarzafrikanern, wie in dieser Nacht bei unserem alten Josef, durchaus häufig im Busch. Persönlich erlebt habe ich so etwas unglaubliches bislang jedoch nur zwei Mal. Josef war vor vielen Jahren durch einen Zauberer von der Schuld der Elefantenwilderei durch Verhexung befreit worden. Der Preis dafür war aber, sollte er noch einmal Stoßzähne entnehmen, dass ein böser Geist über ihn kommen würde. Mein Freund kannte diese Geschichte. Ich natürlich nicht. Nach den ersten Schlägen mit der Axt sah ich, wie der scheinbar so furchtlose Josef Matende Schaum vor den Mund bekam und die traditionelle Demo im hohen Bogen aus seinen Händen fiel. Er hatte seine Augen verdreht und sank mit raschem Atem zu Boden. Der erfahrenen Mediziner Andre untersuchte den konvulsierenden und zuckenden Joseph ausführlich. *„Es gibt absolut kein Anzeichen für einen epileptischen Anfall oder spontan*

physiologisch zu erklärende Gründe. Nicht das erste Mal sehe ich so etwas, was für den europäischen Kulturkreis rätselhaft bleiben wird". Wir hoben den brettsteifen und erstaunlich leichten Körper Josefs in eine stabile Seitenlage auf die Sitzbank des Wagens. Dort normalisierte sich sein weggetretener Zustand, nach einer halben Stunde, ganz langsam. Er konnte sich danach, laut Andre, nicht klar an den Vorgang erinnern und blieb für den Rest des Abends teilnahmslos und abwesend.
Auszüge meiner Jagdschilderung über dieser Löwenjagd in Sambia wurden in einem Artikel in „Jagen Weltweit" im Jahre 1997, verwertet. Ich bin meinem Freund außerordentlich dankbar für seine vielen unvergesslichen Afrikajagden mit mir. Und hoffe, dass die Gründe dafür bereits aus dieser Schilderung einer nicht alltäglichen Löwenjagd deutlich werden. Wir teilten während gemeinsamer Jagden eine für mich bedeutungsvolle Jagdkameradschaft und Freundschaft, abenteuerlichen Erlebnisse und fette Beute. Unser ehrliches Jagen verlief fast immer unter beschwerlichen Umständen und wurden mit minimalem Aufwand durchgeführt. So wie es frühere europäische Jagdreisende bereits vor mehr als hundertfünfzig Jahren erlebt haben dürften. Es war ernstes Jagen mit langen Gesprächen am Lagerfeuer und einigen humorigen Begebenheiten. Ich kann mich nur an wenige andere, so bedeutungsvolle Wochen und Monate in meinem Leben erinnern, wie wir sie in der ernsten und glückseligen Blutsbrüderschaft auf unseren ursprünglichen Wildnisjagden geteilt haben.
Besondere Wildheit und Abgeschiedenheit erlebten wir beide während einer späterer Jagd und Expedition in Mozambique.
Nach dem Ende des Bürgerkriegs öffnete sich das geschundene Mozambique, Ich hatte nach dem zusammengebrochenen Kommunismus das Glück, meinen Freund als einen der ersten Pioniere in diesem wieder zugänglichen Land zu begleiten. Wir jagten und erforschten an der Grenze zum Krüger Nationalpark in der „Land of Thirst" (Durstland) genannten, meist knochentrockenen Landschaft. Auch erlebte ich es, als mein Freund eine neue Jagd-Konzession am Grenzfluss Rovuma zu Tansania und später im äußersten Süden von Mozambique erschloss. Aber das wären wieder andere Geschichten über einen mir grenzenlos vertrauten und rastlosen Freund. Der ehemalige Soldat, Student, Arzt, Familienvater und Pilot ist mittlerweile Großunternehmer der größten Bananen-Plantagen des sich rasant entwickelnden ehemals kommunistischen Mozambique am indischen Ozean. Tausende Menschen finden inzwischen Arbeit in seinen Betrieben. Wenn unsere Jagden zu Ende waren, teilten wir unsere Passion der Hochseefischerei im Indischen Ozean. Wir angelten kapitale Yellowfin Tuna (Gelbflossentunfisch) und lebten mit seiner Familie in deren Strandhaus auf der bezaubernden Insel (Ilha) Inhaca, 34 km vor der Maputo Bay im indischen Ozean.

Vor zwei Jahren schrieb mir der sonst wortkarge Jagdkamerad: *„Hallo Hajo, It was good to hear from you again on the e-mail. Here in Mozambique everything is fine, I am still hunting the occasional buffalo and elephant. This year I hunted elephant, hippo and lion. I am doing control of all problem animals for the government in the Maputo province. The animals come from the Krueger Park and make a lot of damage to the local Population. One month ago I was charged by a hippo bull and was lucky to kill him before he killed me. The banana business grew to a massive enterprise employing more than 3.000 people. You should realy visit me here in Mozambique again. The house on Inhaca Island is still there and the boat is ready for some fishing. I am happy to hear that your family are all happy and doing well. I miss you a lot and insist that you visit me in the near furure so we can talk about our wonderfull and* *exciting times in the jungle. I am still enjoying excellent health and understand from Gerda that you are with nearly 70 year also still in good condition. Hajo you are my best hunting companion I ever had and I shared many wonderful times with you. Please come and visit me again, maybe we can kill an animal or two and catch some fish. Looking forward to hear from you again. Your dear friend Andre".*

Jeder entnehme aus diesen Zeilen was er möchte. Ich teile dieses eigentlich intime Schreiben, um einen Freund über unsere tiefe Jagdfreundschaft zu Wort kommen zu lassen. Freunde haben wir in der Heimat, in vielen Ländern und auf vier Kontinenten. Was kann man sich neben einer geliebten Frau mit unseren Kindern und Enkeln, Erfolg und Erfüllung im Beruf als Jäger, Fischer und Freizeitabenteurer noch mehr wünschen. Richtig, eine möglichst anhaltende Gesundheit und noch viele Aufenthalte in der Natur! Die gilt es zu bewahren und dieses wunderschöne Leben zu genießen.

JAGDERKUNDUNG IM GESCHUNDENEN MOSAMBIK

Mich fasziniert seit frühester Kindheit der schwarzafrikanische Kontinent, besonders südlich des Äquators. Bereits während meiner Lehrzeit waren meine konkreten Pläne für die Auswanderung nach Südafrika weit gediehen. Durch das Kennenlernen meiner zukünftigen Frau haben sich diese Jugendpläne erst einmal zerschlagen, sich aber auf andere Weise später erfüllt.
Der afrikanische Kontinent ist ethnologisch und sprachlich äußerst reich. Der Reisende findet dort die unterschiedlichsten Landschaften, hunderte von Völkern, Sprachen und Kulturen. Die blutigen und archaischen Konflikte zwischen den Stämmen, die Weltpolitik im Ringen um Bodenschätze und auch die fundamentalistischen islamischen Gesellschaften oder Stämme im nördlichen Teil Afrikas sind an einer Weiterentwicklung und Anschluss an die moderne Welt leider hinderlich.
Ich beschränkte deshalb mein faszinierendes Jagen auf den südlichen Teil des schwarzen Kontinents. Genau gesagt auf die Länder Namibia, Sambia, Simbabwe, Mosambik und Südafrika. Ich habe das verlockende Angebot vom erfahrenen Afrika- und Wildnisjäger Dr. md. Reinhold von Meurers, gemeinsam mit ihm, eine seiner selbst organisierten Regenwaldsafaris mit eigenen Trägern und Spurensuchern in Kamerun zu erleben, nicht angenommen. Mir gefiel seine urige und ehrliche Art zu jagen und sich selbst zu organisieren, zumal ich mich damals noch in einem Alter mit guter körperlicher Fitness befand. Ich habe mich schweren Herzens gegen dieses ursprüngliche Jagen im tiefsten Dschungel entschieden. Aus Furcht vor der erhöhten Gefahr von Malaria und anderen Krankheiten im Herzen Schwarzafrikas.
Die tragische und lange vom kolonialen Sklavenhandel ausgebeutete Geschichte des afrikanischen Kontinents hat mich von frühester Kindheit fasziniert. Bereits vor meinen ersten beiden Jagden in Südafrika und Simbabwe wusste ich von seiner missbrauchten unaufgeklärten schwarzen Bevölkerung, die keine ausreichend Zugang zu moderner Bildung hatte. Man sollte Afrika nicht nur als Kontinent für Jagdtourismus besuchen, sondern sollte sich auch ein wenig für die Historie zwischen schwarzen Eingeborenenvölkern, weißen Kolonialmächten und den arabischen Sklavenjägern interessieren. Nicht umsonst lenkt der jüngste menschenverachtende, fundamentalistische Terror durch arabische Einflüsse die Augen der Weltöffentlichkeit erneut auf die nördliche Hälfte Afrikas. Die arabische Sklavenhändler holten seit Jahrhundert ihre Sklaven aus diesem Teil der Erde. Das war aber erst der Auftakt. Europäische Regierungen von England, Belgien, Holland, Spanien und Frankreich plünderten während der Hochblüte dieses Menschenhandels in diesem geschundenen Kontinent. Das belgische Königshaus veranstaltete ein ungeheures Massaker in seinen zentralafrikanischen Kolonien. Die Spätfolgen dieses Missbrauches der Afrikaner als Sklaven und die Jahrhunderte ihrer unwürdigen Behandlung als Wesen zweiter Klasse durch beinahe alle europäischen Kulturnationen reichen bis in unsere Zeit.
Erfunden wurde der Sklavenhandel allerdings nicht nur in Afrika. Denn zum Thema Versklavung von Menschen, in allen seinen Formen, dürfen wir etwas Wichtiges nicht unterschlagen. Bereits in den frühesten Hochkulturen der Menschheit, wie Mesopotamien, Ägypten, Palästina und sogar in Griechenland gab es Sklaven und Sklavenhandel. Bei meinem Sprachstudio in Rom konnte ich zu meiner Überraschung erfahren und darüber lesen, dass zeitweise jeder dritte Einwohner dieser Stadt, ein Sklave war. Entscheidend für die Beendigung dieser frühen Sklaverei in Nordwesteuropa seit dem 11. Jahrhundert,

war der Geist der Bürger einiger europäischer Städte. *„Stadtluft macht frei“*. (Quelle: Die Weltwoche). *„Der größte Sklavenmarkt in Europa war Al-Andalus, das arabisch besetzte Spanien – angeblich ein Hort der Liberalität und des harmonischen multireligiösen Miteinanders. Nur ein Mythos, denn die historische Realität war anders.“* (Historiker Egon Flaig)

Ab dem 16. Jahrhundert bis weit in das 19. Jahrhundert hinein, erlebte der Sklavenhandel zwischen Westafrika und den beiden Amerikas seine fürchterliche Hochblüte in der Neuzeit. Europäischen Nationen, deren Bevölkerungen selber gerade die Läuterung der Aufklärung hinter sich hatten, waren als Händler und Transporteure federführend am kommerziellen Sklavenhandel, mit ungeheuren Opferzahlen unter den Afrikanern.

„Seit dem Mittelalter wurden geschätzte fünfzig Millionen Afrikaner versklavt! Hauptsächlich von islamischen Eroberern und europäischen Staaten. Erst die Bürgerkriege unter den europäischen Siedler in Amerika setzten dem brutalen Treiben ein Ende. Der deutsche Historiker Egon Flaig spricht von «humanitärem Kolonialismus». „1794 verbot die französische Nationalversammlung für alle ihre französischen Territorien den Handel und Besitz von Sklaven. Erst 1833 folgte das britische Parlament dem französischen Beispiel. Auf dem Wiener Kongress beschlossen 1815 die europäischen Monarchen, den Sklavenhandel zu unterbinden“ (Botho Keppel, Die Weltwoche).

Nördlich des afrikanischen Äquators haben die schwarzen Völker seit Jahrtausenden in direkter Nachbarschaft und dem Handel mit den muslimischen Arabervölkern gelebt. Die arabische Gesellschaft war es, welche viele Jahrhunderte lang Jagd auf das schwarze Sklavengold und das weiße Gold des Elfenbeins machte. Das taten die Muslime mit großer Hingabe, trotz der im Koran verkündeten Heilsversprechen im Himmel, welche auch an die Freilassung von Sklaven geknüpft sind. *„In der islamischen Welt dagegen gab es nie eine Diskussion über die Sklaverei. Weil Sklaven im Koran vorkommen und auch der Prophet Sklaven hatte, war die Sklaverei über jeden Zweifel erhaben“*. (Aus Egon Flaig: Weltgeschichte der Sklaverei von Egon Flaig – Bericht, Botho Keppel, Historiker)

In ihren brutalen Raubzügen durchquerten die arabischen Händler und aggressiven Ausbeuter in langen Karawanen Jahrhunderte lang den schwarzen Kontinent. Von der Ostküste bis an die Westküste. Dabei dienten die bedauernswerten geketteten Sklaven gleichzeitig als Träger und Handelsware auf Beinen. Diese Raubzüge führten die muslimischen Arabervölker bis tief ins Innere von Simbabwe und bis nach Westafrika.

Arabischen Händler segelten entlang der afrikanischen Ostküste nach Sansibar und Mauritius. Sie beherrschten auch die Küsten Von Tansania und Mosambik. Ihr traditioneller Schiffstyp der „Dhau“ mit ihrer ein- bis maximal drei Masten Besegelungen beherrschte im Mittelalter darüber hinaus den gesamten Indischen Ozean. Man nimmt an, dass sich diese einfachen hölzernen Segelschiffe aus Persien über Indien bis Arabien, Ostafrika und auch in das Mittelmeer verbreiteten. Ich habe sie, wie beinahe jeder Kenia- und Ostküstentourist, mit ihrem großen, trapezförmigen Segel und einem aus dem Kiel fortlaufenden, langen Vorsteven, als das vorherrschende Boot bis in den Norden von Mosambik erlebt. Noch heute sind die einfachen aber effektiven Holzboote das einprägsame und charakteristische Bildelement an den Küsten Ostafrikas.

Die europäischen Nationen der Belgier, Holländer, Briten, Spanier, Portugiesen und Franzosen waren dann die traurigen Weltmeister des Sklavenhandels. In diesem schmutzigen Geschäft mit Afrikanern fehlten die Deutschen beinahe gänzlich! Der Menschenhandel der Europäer ging Hand in Hand mit der

Ausdehnung des europäischen Seehandels und der Gründung europäischer Überseekolonien. Mit dem ausdrücklichen Auftrag ihrer Königshäuser und Regierungen verschleppten diese Kolonialeuropäer systematisch und „industriell bis ins Kleinste organisiert" mehr als 12 Millionen Sklaven (!) aus Schwarzafrika. Eine weitere bedeutende Anzahl dieser bedauernswerten Menschen kam bei deren gnadenlosen Verfolgung und brutalen Vernichtungslagern und den Umständen des Seetransports ums Leben. Afrikanische Sklaven garantierten als billige Arbeitskräfte den Profit der Plantagen in den europäischen Kolonien auf beiden amerikanischen Kontinenten und auf den Inseln der Karibik. Dadurch bereicherten sich die Volkswirtschaften der genannten europäischen Kolonial-Nationen Jahrhunderte lang in unmenschlicher und schamloser Manier. Der Sklavenhandel der oben genannten europäischen Nationen während drei Jahrhunderten ist ein monumentales Verbrechen gegen die Menschlichkeit.

Man traut es auch dem kleinen und in der Neuzeit so liberalen Holland einfach nicht zu. Dieses früh aufgeklärte Land von calvinistischen und pietistischen Kaufleuten war für Jahrhunderte eine der bedeutendsten Seefahrtsnationen und Kolonialmacht. Nicht nur der Reichtum der erbarmungslos die Welt erobernden Seefahrernation England sondern auch die Pracht der Grachten, des Venedig des Nordens genannten Amsterdam, wurde von den Erlösen des Handels mit Sklaven und Gewürzen erbaut!

Afrika, dieser gewaltige „schwarze" Kontinent mit seiner großen Bandbreite von Ressourcen an Menschen, wunderbaren Tieren und endlosen Rohstoffquellen wurde also systematisch von Kolonialmächten ausgebeutet. Das rohstoffgierige China schickt heute seine neuzeitlichen Kolonisatoren und Händler unter dem Mantel der Entwicklungs- und Aufbauhilfe zum Aufkauf Afrikas Schätze in und auf dem Boden. Man schätzt die Zahl der temporär in Afrika arbeitenden Chinesen auf eine Million! Das dort verdiente Geld dieser fleißigen und billigen Wanderarbeiter fließt zurück in die zentral gelenkte Volksrepublik China. Die Zukunft wird zeigen, ob dieser Austausch von billigen disziplinierten Arbeitskräften gegen billige afrikanische Rohstoffe für China am Ende das große Geschäft für die Masse der afrikanischen Bevölkerung sein wird. Warum ich diese Einführung meinen Jagdgeschichten in Afrika voranstelle? Mich hat diese historische Dimension niemals verlassen, wenn ich in den Ländern des südlichen Afrikas den schwarzen und weißen Eingeborenen begegnet bin. Das mag manchem ein wenig paradox erscheinen, weil ich mich in diesem Kontinent über meine schönsten Monate und Jahre in der Wildnis auslasse.

Afrika spiegelt für unsere westliche Zivilisation die gesamte Vielfalt der historischen Phasen der Menschheitsgeschichte wider. Ich kann alle dort nicht geborenen Menschen verstehen, die ihr Leben auf das Innigste mit diesem beeindruckenden Kontinent verbinden, ohne aber dabei diese Länder auszubeuten. Das größte Problem, worunter seine Bewohner heute immer noch leiden, war auf meinen vielen Besuchen die zum Himmel schreiende Abwesenheit von Bildung, Gesundheitsfürsorge und Aufklärung. Viel mehr noch, als die sofort ins Auge fallende unbestreitbar völlig andere Mentalität und der nicht zu vergleichende kulturelle Entwicklungsstand.

Ich habe dort, nicht nur auf der Jagd, Leben und Tod gleichmütig, wild und archaisch direkt nebeneinander gesehen. Wenn Länder, wie dem aufstrebenden Brasilien, welches beinahe so groß ist wie die USA, mit China und Indien die nächste Zukunft gehört, dann gehört die nicht allzu ferne Zukunft der Menschheit auf unserem Planeten mit Sicherheit auch Schwarzafrika. Erklären will ich das an dieser Stelle nicht. Aber mein Auge, mein Herz und mein Bauch lassen mich diese langfristige Voraussage empfinden. Ob diese notwendige Entwicklung für die Afrikaner unserem Wunsch von auch in Zukunft ursprünglicher Wildnisjagd gut tun wird, das sollte man dahin gestellt sein lassen.

Nach dieser mir wichtig erscheinenden Vorrede berichte ich nun über meine frühen Erkundungsfahrten zu Jagdmöglichkeiten im geschundenen Nachkriegs-Mosambik.
Ich hatte keine Farm in Afrika wie die romantische Afrikaschwärmerin Karin Blixen, aber außerordentlich gute Freunde dort. Dies ist nicht der Beginn eines zu Herzen gehenden Romans wie „Out of Afrika". Mein guter, deutlich jüngerer Freund und Bruder im Geiste, Andres war auf der Farm seiner Familie im ländlichen Südafrika in der Natur aufgewachsen. Er wurde Student, Soldat, Mediziner und qualifizierte sich daneben noch als Berufsjäger und Pilot. Nach der Gründung einer eigenen Familie übernahm er, nun als Chirurg und allgemeiner Arzt tätig, die Leitung des Hospitals im Fünf-Länder-Eck des Caprivistrips, unweit der donnernden Victoriafälle. Dort arbeitete er nach Bürgerkriegsende mit ursprünglich in das kommunistische Angola und Mosambik entsandten kubanischen Ärzten zusammen.
Eines Tages, kurz nach dem Ende des Bürgerkriegs in Mosambik, beschloss er sein Glück in dem gerade wieder aufstehenden geschundenen Land Mosambik zu versuchen. Andre sah als einer der Ersten, welche unberührten Landschaften und jagdlichen Möglichkeiten sich im Norden des Landes eröffneten. Er verlegte seine Residenz nach Maputo, um über Regierungskontakte Jagdkonzessionen zu erkunden und persönlich zu erschließen. Als einer seinen engen Freunde lud er mich ein, daran teilzunehmen. Parallel dazu begannen seine ersten Maßnahmen, um sich als zukünftiger als außerordentlich erfolgreicher landwirtschaftlicher Großunternehmer im Land mit lokalen Partnern zu etablieren.
Der Bürgerkrieg in Mosambik begann 1977, nur zwei Jahre nachdem das Land die Unabhängigkeit von Portugal erkämpft hatte. Er dauerte 15 lange blutige Jahre bis 1992 und hinterließ ein gründlich zerstörtes, ehemals blühendes Land. Andre sah die historisch einmaligen Chancen in Mosambik und deren Hauptstadt, dem ehemaligen Lourenzo Marques und dem heutigem Maputo. Er wagte sich in privater Finanzpartnerschaft mit einem Regierungsangestellten an die Anpflanzung von Bananenplantagen. Eine risikoreiche Unternehmensgründung aus kleinsten Anfängen. Sie nimmt heute, mehr als ein Jahrzehnt später, mit Tausenden Arbeitern und Angestellten eine der landwirtschaftlichen Schlüsselfunktionen für die Versorgung des Landes mit Grundnahrungsmitteln ein. Heute bedaure ich es, eine angebotene Beteiligung dabei ausgeschlagen zu haben. Die Familie unseres Freundes lebte, wegen der besseren Ausbildungsmöglichkeiten der beiden jugendlichen Kinder, gleich hinter der Grenze im nahen Südafrika. Die vielen Wochenendfahrten und -flüge zu seiner Familie in 150 Kilometer Luftlinie Entfernung waren durch Geländewagen und sein Privatflugzeug schnell zu überwinden.
Sein erstes provisorisches Büro und Stadthaus für seine Geschäfte und die Plantagen bezog er in einem alten Kolonialhaus im aufstrebenden Maputo. Dort trafen wir uns 1996/97 erneut. Für mich waren die ersten Eindrücke über die wie offene Wunden sichtbaren Probleme im Land wie eine Berg- und Talfahrt durch ganz unterschiedliche Gefühlslandschaften. Andre sah mit dem sicheren Blick des weit gereisten, geborenen Afrikaners auch die ungeheuren Möglichkeiten bezüglich Jagd und vielfältiger geschäftlicher Entwicklungen. Durch meine in früheren Jahren auf zwei Jahre befristete Arbeit in Portugal konnte ich die Sprache in dieser ehemaligen portugiesischen Kolonie noch einigermaßen verstehen. Gelernt hatte ich in meinem Beruf im Marketing den Grundsatz: dort wo die Probleme am größten sind, liegen immer auch die größten Möglichkeiten. Das traf auf dieses vom Krieg zerstörte, ehemals blühende Land und seine traumatisierte Bevölkerung, in besonderem Maße zu. Auch für die ungeheuren Möglichkeiten der kommerziellen Jagd.
Eine Einschätzung für meine Leser möchte ich heute im Jahr 2003 vorweg schicken. Mosambik mit seiner langen Küstenlinie am indischen Ozean und Nähe zu Südafrika wird sich wieder zu einem der

bedeutendsten Jagdländer Afrikas und einem der schönsten Tourismusziele entwickeln. Alleine seine traumhafte Küste am hier völlig ursprünglichen indischen Ozean mit unzähligen vorgelagerten Inseln ist 2.500 km lang. Wie vorweggeschickt waren Araber Jahrtausende lang an den ostafrikanischen Küsten entlang gesegelt. Ihnen folgten die kühnen portugiesischen Seefahrer um das Kap der Guten Hoffnung herum und auf der Suche nach Gewürzen bis nach Indien. Sie gründeten Stützpunkte entlang dieses alternativen Seewegs (statt vorher auf der Seidenstraße über Land) nach den indischen und indonesischen Gewürzen, Gold, Elfenbein und afrikanischen Sklaven. Die Spuren ihrer befestigten Stützpunkte findet man noch heute an der Ostküste von Mosambik, Sansibar, Tansania, Kenia und bis ins chinesische Macao. Die Herrschaft der Portugiesen in den auch heute Portugiesisch sprechenden Angola und Mosambik dauerte bis ins 20. Jahrhundert.

1964 traten die Widerstandskämpfer der FRELIMO ein in den bewaffneten Befreiungskampf von Mosambik gegen die Portugiesen. Er endete 1975 mit der Befreiung des Landes nach 500 Jahren kolonialer Fremdherrschaft! Es folgte die erste Unabhängigkeit als Volksrepublik Mosambik. Samora Machel wurde der erste, aber nicht in freien Wahlen gewählte Staatspräsident. Das Land durchlebte von 1976 bis 1992 einen weiteren tragischen 16-jährigen Bürgerkrieg. Er tobte zwischen Mozambiquanern der FRELIMO und der anderen kriegerischen Gruppierung der RENAMO. In den Frelimo gewannen die marxistisch-leninistischen Kräfte die Oberhand. Dieser Bürgerkrieg führte zum endgültigen totalen, wirtschaftlichen Zusammenbruch. 1986 kam der siegreiche Frelimo-Präsident bei einem Flugzeugabsturz ums Leben. UN-Friedenstruppen stabilisierten das Chaos-Land und ermöglichten, dass erste Oppositionsparteien gegründet werden konnten. Da auch die letzten Weißen das Land während der Bürgerkriege verlassen hatten, geriet Mosambik, als ärmstes Land der Welt, in wirtschaftliche Abhängigkeit zu seinem naheliegenden reichen Nachbarn Südafrika. Seit Mitte der 90er Jahre besitzt das aufstrebende Land eine eigene Verfassung mit dem ersten demokratischen Mehrparteiensystem. Danach ging es anfangs recht langsam aber dann umso rasanter ständig wirtschaftlich aufwärts. Die Beziehungen zum Nachbarstaat und wichtigen Investor sowie tatkräftigen Entwicklungshelfer Südafrika haben sich inzwischen längst normalisiert.

Unsere Erkundungsfahrt fand auf dem denkbaren Tiefststand eines kommunistischen Regimes vor dem Siegeszug einer neuen und wirklichen Demokratie statt. Das lang gestreckte Land endet im völlig unberührten Norden am Rovuma Fluss. In diesem sei jeher abgelegenen Niassagebiet kommen noch heute einige Hundertpfünder-Elefanten vor. Das waren Andres Beobachtung auf seinen vielen Erkundungsflügen als Pionier. Der Fluss Rovuma bildet die Grenze zum wildreichen Jagdland Tansania. Die 500 Kilometer lange Landesgrenze zu Südafrika und dem Krüger National Park befindet sich im äußersten Süden und Südwesten des Landes, nahe der mosambikanischen Hauptstadt Maputo. Die weiter nördliche Grenze im Osten zum unruhigen und völlig abgewirtschafteten Mugabe-Simbabwe ist 1.200 km lang. Mosambik wird von 4 großen Flüssen vom Hochfeld im Westen bis zum indischen Ozean im Osten des zum Meer abfallenden Landes durchflossen. Soviel kurz zur Geografie und 500 Jahren kolonialer Geschichte.

Wir machten unsere ersten Schritte in einem für die Afrikajäger und -liebhaber außerordentlich spannendem Land. Unserer Erkundungsfahrt und kleine Safari sollte uns im Jahr 1996 von der Hauptstadt Maputo aus an den Zusammenfluss von Save und Runde direkt auf der Grenze zwischen Mosambik und Zimbabwe führen. Das Grenzgebiet, 12 Kilometer nach dem winzigen Dorf Mavue war unser Endziel.

Zwischen den Gonarezhou North Transfrontier Park in der Provinz Gaza in Mosambik und der Save Valley Conservancy auf mosambikanischer Seite stößt es mit dem wildreichen Gonarezhou National Park in Zimbabwe zusammen. Das Ende unseres mühsamen Weges sollte genau dort sein, wo der Runde Fluss aus Zimbabwe die Grenze zu Mosambik durchfließt. Wir fanden ein ehemals teilweise vermintes Wildrückzugs-Himmelreich im verwunschenen Schilfgürtel des Zusammenflusses der flachen Runde und Save Flüsse. Hier sollte viele Jahre später die Vision eines Trans Frontier Parks zwischen Südafrika und Mosambik genau an diesen Grenzen Wirklichkeit werden. Dort haben Andres und ich eine der ersten Erkundungsfahrten unternommen deren Verlauf ich jetzt schildere. An gleicher Stelle sollte später ein großartiger Wildschutz-Park, auch aufgrund alter Wildtierfernwechseln und dem friedlichen gemeinsamen Teilen und Nutzen von grenzübergreifenden Wildvorkommen, entstehen. Eine großartige Idee, von der wir Jäger und Naturschutzinteressierten nachhaltig profitieren werden. Sie stammt nicht nur vom internationalen CIC Wildschutz Verband sondern ist durch die Schutzherrschaft eines der größten Afrikaners aller Zeiten möglich geworden. Dem rückhaltlos zu bewundernden Vorbild Nelson Rolilhahla Mandela. Deshalb gehört seinem Gedenken an dieser Stelle ein besonderer Platz in meinen Erinnerungen.

Es lagen 750 Kilometer auf teilweise zerstörten Straßen und unbefestigten Sandpisten vor uns. Wir durchquerten auf dem außerordentlich mühsamen Weg von Xai Xai an der Küste eine reine Trockensavanne mit einer Vegetation aus trockenem Grasland. Man sah wenige Schirmakazien, Brotbäume und Galeriewälder an Sümpfen und Flussrändern. Nach einer Fahrt Richtung Norden, entlang der westlichen Landesgrenze, kurz vor der Grenze nach Simbabwe, trafen wir auf einen 100 Meter breiten, völlig baum- und buschfreien Streifen von Horizont zu Horizont. Die mächtigen, überraschend perfekt instand gehaltenen Masten und Leitungen der Überland-Starkstrom-Linie wirkten in dieser verwilderten Landschaft völlig surreal auf mich. In den Starkstromleitungen flossen, 40 Meter hoch über unseren Köpfen, gewaltige Mengen Wasserkraft-Elektrizität aus dem Norden in den Süden des Landes. Hier noch parallel an der Grenze zu Südafrika entlang.
Die ehemals so wildreichen Provinzen waren damals, bis auf den völlig unberührten hohen Norden, in den ehemaligen Bürgerkriegsgebieten von Wild beinahe ganz leer geschossen. Das sollte sich durch Zuwanderung der Tiere aus den überfüllten Nationalparks der angrenzenden Länder, dem erwähnten Transfrontier Wildpark und dem Schutz der Naturschutzbehörde der beteiligten Länder jedoch bereits in wenigen Jahren schlagartig verbessern.
Wir wählten für unsere erste Fahrt den Anfang des Monats Juni. Der lag am Ende der Regenzeit, die von November bis April andauert. Die winterlichen Tropenregen-Überschwemmungen waren bereits ganz versickert. Unsere Tagestemperaturen im Hinterland lagen, laut Andre, zwischen 25 und 30 °C. An der langen und völlig natürlich belassenen Küstenlinie des indischen Ozeans wehte stets eine angenehme Brise. Sie machte das Klima dort an der Küste erträglicher. Da unsere Erkundung tief ins Inland führte, maßen wir am Tage Temperaturen von bis zu 35 °Celsius im Schatten. Es kühlte nachts einigermaßen ab. Hier im Hinterland sah ich, dass Mosambik sich mit seiner malerischen Küstenlinie zu einem der interessantesten Urlaubsländer Afrikas entwickeln könnte. Eine ähnliche Transformation passiert gerade in Nord-Vietnam. Ein geschundenes Land, auf welches Amerika mehr Bomben als auf Deutschland im zweiten Weltkrieg geworfen hat, wird zu einem neuen Urlaubsparadies.

Wo immer Portugiesen als Kolonisatoren vorherrschend waren, haben sie nicht nur wie alle Kolonialmächte ausgebeutet, sondern sich auch, wie in Brasilien augenfällig sichtbar, völlig vorbehaltlos mit den Einheimischen vermischt. Ihre Verbindung mit Eingeborenenvölkern brachte unter den braunhäutigen Eingeborenen oder schwarzhäutigen Sklaven interessante und äußerst liebenswerte Mischlinge hervor. Von meinem Leben und Arbeiten in Portugal war mir der bekannt milde und arbeitsame Volkscharakter der Portugiesen vertraut. Ihre Einmischung mit den toleranten eingeborenen Mosambikanern hatte seiner teilweise gemischten Bevölkerung auch eine Reihe von Vorteilen gebracht. Das Land ist noch dünn besiedelt. Obwohl die überwiegend unverheirateten Frauen des vorherrschenden Bantuvolkes im Durchschnitt 6 Kinder haben (UNO).
Eine für uns auffällige Besonderheit stellen die beinahe 20.000 Deutsch sprechenden Mosambikaner dar. Sie wurden im Sozialismus der ehemaligen Deutschen Demokratischen Republik (DDR) innerhalb ihres kommunistischen Bruderblocks ausgebildet. Wir trafen viele von ihnen an allen möglichen Brennpunkten des Landes. Jedes Mal überraschend war ihr prächtiges Deutsch, manchmal sogar mit sächsischer Färbung und ihre Geschäftstüchtigkeit. Bestimmt hatte man vor ihrer jahrelangen Entsendung und Ausbildung in der DDR besonders Tüchtige und Intelligente bevorzugt. Es wäre wegen der deutschen Sprach- und Mentalitätskenntnissen dieser gut ausgebildeten Menschen eine lohnende Investition, für die deutschen Industrie und staatliche Institute über die Vermittlung von Krediten und die Betreuung der Handelskammer erneut mehr an das wiedervereinte Deutschland zu binden. Man könnte damit in diesem aufstrebenden Land, zusätzlich zu Namibia, einen weiteren natürlichen Schwerpunkt für deutsche Interessen in Afrika schaffen!
Man spricht 40 verschiedene Sprachen in Mosambik. Mit der englischen hapert es noch vielfach. Portugiesisch ist die einzige Amtssprache. Aber nur die Hälfte der damals 18 Millionen Einwohner sprach sie neben ihrer jeweiligen Stammessprache. Das Land ist weit mehr als doppelt so groß wie Deutschland. Heute kommen durch Zuwanderung und Fruchtbarkeit beinahe 30 Menschen auf jeden Quadratkilometer (in Deutschland 225). Die Schätzung über die Toten durch die Kriege und Aids belaufen sich auf mindestens eine halbe Million. Als Folge von Kriegen und Aids, schätzt man, gibt es mindestens 1,5 Millionen Waisen. Kinderarbeit und eine familiäre Verwahrlosung konnte ich überall erleben. Wer keine Dokumente (Geburtsurkunde) besaß, war sozusagen offiziell nicht existent. Mindestens jeder zweite Erwachsene konnte nicht lesen und nicht schreiben (bestätigende Quelle: UNICEF). Andres empfahl mir vor meiner Einreise mich gegen Cholera und Gelbfiber impfen zu lassen. Was man tun sollte.
Das Vorgenannte klingt in dieser nüchternden Aufzählung wenig einladend. Aber genau aus den Erfahrungen der gepeinigten Menschen in einer gesellschaftlich grausamen Verstümmelung haben sich wunderbare Zusammenschlüsse und Notfamilien gebildet. Der schwedische Krimiautor und Theaterregisseur in Maputo, Henning Mankell, berichtet darüber. Trotz dieser abschreckend klingenden Fakten trifft der Tourist in diesem aufstrebenden Land nach den furchtbaren Kriegen jetzt auf eine Fülle von extrem freundlichen, offenen und besonders friedfertigen Menschen.

Auf dieser ersten Reise in Mosambik hatte ich eine Lebensversicherung für unsere geplante Büffeljagd mitgebracht. Sie war nach eigenen Maßen und Wünschen im Kaliber .500 Jeffery oder Schuler 12,5 X 70 von Magnum Arms in Nelspruit hergestellt worden. Nun lag sie in ihrem Koffer neben Andres bewährter Winchester Büchse im Model 70, die vor 1964 hergestellt worden war. Beide wurden fach-

männisch hinter den Sitzlehnen unseres Landcruiser verstaut. Nachdem unser robuster Allradwagen mit der wie immer knapp gehaltenen Ausrüstung beladen war, starteten wir unsere Expedition. Die Erkundungsfahrt sollte uns bis in das Grenzland der Zusammenflüsse des Save- und des Runde-Flusses zu einem kleinen mosambikanischen Örtchen führen. Dieses winzige Dorf Mavue liegt wenige Kilometer vor der grünen Grenze zu Zimbabwe. Trotz seiner ehemals strategisch wichtigen Lage war es seit dem Bürgerkrieg ziemlich verlassen. Wegen der Unsicherheit seiner ungeräumten Minenfelder war es für Fremde ein völlig abgelegenes Reiseziel und überhaupt nicht einladend. Das Gebiet wird aber durch den Zusammenfluss zweier Flüsse und den prall mit Großwild gefüllten Nationalparks, am anderen Ufer in Zimbabwe, für Jäger in Zukunft besonders interessant werden. Ich hatte im Geiste die grausame Vorstellung, dass das schwere Großwild bei der Rückeroberung ihres alten Lebensraums gleichzeitig als Minenräumer dienen würde. Die bestimmt bald wieder offene Grenze zwischen den beiden Nachbarländern, ohne einen trennenden elektrischen Zaun, wird Begehrlichkeiten bei bettelarmen Wilderern aus Mosambik wegen der 15.000 Breitmaulnashörner und tausenden von Spitzmaulnashörnern im Krueger Park erwecken. Aber das wird ein anderes trauriges Thema werden.
Wir beide wollten damals mit eigenen Augen überprüfen, ob es für Andre sinnvoll gewesen wäre auf der hiesigen Grenzseite eine der staatlichen Coutadas (Jagdkonzessionen) gegen Pachtgebühren zu ersteigern. Die abgelegene, ehemals verminte Grenze war so kurz nach dem Ende des Bürgerkriegs (1992) mit all seinen Verwüstungen, außer durch wenige Militärs und Regierungsbeamte, weitgehend unerforscht. Kaum einer in Maputo wusste, auf welche Zustände wir dort treffen würden. Die Grenzen des ehemals leninistisch-kommunistischen Landes waren zum Zeitpunkt unserer Erkundung nur an wenigen Übergängen geöffnet. *„Early bird catches the worm"*. Frühes Kommen sichert bekanntlich die besten Plätze, so dachte der mit Afrika bestens vertraute Freund Andre. Mich reizten die Aussichten auf ein neues Jagdgebiet und die Abenteuer bei dessen Entdeckung an der Seite meines großen Freundes in Afrika.
Unser Ziel auf unserer kostbaren Militärkarte war, wie bereits erwähnt, das am Ende der zivilisierten Welt gelegene winzige Dorf Mavue. Es liegt nur 50 Kilometer vom mir gut bekannten Städtchen Chiredzi (auf der Zimbabwe Seite) mit dessen berühmten und wildreichen Nationalpark Gonarezhou und den Chipinda Pools entfernt. Ich ahnte vor der Abfahrt noch nicht, dass wir hier genau an die gleiche Stelle, nur ans andere Ufer kommen sollten, an der ich viele Jahre zuvor mit einem anderen zimbabwischen Freund und Berufsjäger Horst Isselbächer auf Büffel, Buschbock und einen bestimmten Leoparden im Schilf des Save Flusses gejagt hatte. Damals hatten uns die weithin hallenden Stimmen der Rebellen in portugiesischer Sprache aus einem Funkgerät über den Fluss hinweg einen überstürzten Rückzug antreten lassen.
Wir jagten dabei auf der riesigen Farm der Ray Sparrow Familie.Von Maputo aus hatten wir unsere erste Übernachtung im am Meer gelegenen, touristisch bereits ein wenig erschlossene, Xai Xai verbracht. Bis dahin spürte man den Einfluss der sich aus Maputo vortastenden Tourismus-Zivilisation. Wir trafen auf einem Campingplatz mit einem Hüttenhotel am Meer erste südafrikanischen Camper und Fischer mit ihren auf Hängern gezogenen Booten. Die Buren sahen sich stets als Entwickler von neuem Lebensraum. Wir aber fuhren weiter über die Nester Chigubo, Machalla und Chigamane durch das sogenannte Land des Durstes (The Land of Thirst). Von den ausgefahrenen Wegen und der heutigen Landstraße Nummer 412 waren große Abschnitte völlig unbefestigt. Sie wurden nur von wenigen LKWs pro Woche im Schritt-Tempo und mit quietschenden oder sogar häufig brechenden Achsfedern befahren. Alleine für

diese Fahrt von über 500 km benötigten wir abenteuerliche 2 Tage. Sie führte uns zeitweilig neben einer heruntergekommenen Güterwagen Bahnstrecke entlang und forderte das Letzte vom Material unseres Allradwagens.
Dann hatten wir es endlich bis in das im Wesentlichen durch die Güterbahn verbundene Provinzstädtchen Massangena zu der dort ansässigen Wild- und Naturschutzbehörde geschafft. Hier füllten wir unsere Tanks und ein ehemaliges Ölfass auf der offenen Ladefläche bis an den obersten Rand voller Diesel. Andre löste nach endlosen Palavern einige wenige Jagd-Lizenzen für einen Büffel, ein Zebra und Antilopen für unseren Kochtopf. Wir hatten zu dem Zeitpunkt absolut keine Vorstellung davon, ob überhaupt und auf welche jagdbaren Tiere wir dort treffen würden. Klar war nur, dass die Grenznähe und die mit Elefanten und Büffeln gefüllten Nationalparks des Nachbarlandes Zimbabwe eigentlich gute Voraussetzungen dafür bieten könnten, dass wir Wild auch auf unserer Grenzflussseite antreffen würden.
Man hatte im Land inzwischen die Erfahrung gemacht, dass Elefanten, genau wie Hunde und Ratten, wohl in der Lage sind, in der Erde liegende Minen zu erkennen und zu umgehen. Wir wollten uns deshalb, einmal am Ziel angekommen, strickt daran halten, nur auf Großwildwechseln zu pirschen und uns sonst auf den von der lokalen Bevölkerung bekannten, minenfreien Straßen und Wegen, zu bewegen.
Das Straßenbild von Massangena war mit absolut gar nichts zu vergleichen, was ich bislang in meinem Leben gesehen hatte. Es strahlte die Trostlosigkeit und für mich Aussichtslosigkeit einer Nachkriegslandschaft aus. Langsam sank mein Mut bis in den Keller. Die geschundene Landschaft war in einem elenden Zustand. Natürlich wusste ich auch, wie schnell sich in Afrika alles wundersam verändern und erholen kann. Es gehörte schon die nie versiegende Zuversicht meines weißen Afrikanerfreundes Andre dazu, hier eine Zukunftsvision über eine bald darauf wirklich boomende Entwicklung zu empfinden. Was würden wir erst noch weiter drinnen im Land und an dessen äußerstem Rand im Busch vorfinden? Mein Freund haderte zu keinem Zeitpunkt mit seinem Entschluss das herauszufinden. Trotz mehrerer Reifenwechseln, Furtendurchquerungen und Abschnitten, wo manch andere Jeepbesatzung vielleicht umgekehrt wäre. Aber mit seinem afrikanischen Gleichmut und der zuversichtlichen Ausdauer eines ehemaligen Soldaten der Buschkriege ging es voran. Hier verstand ich langsam wie man den Spruch: *„Der Weg ist das Ziel“* auch anwenden kann.
Besonders bedrückend waren die weithin sichtbaren Spuren der Kriege die gerade zu Ende gegangen waren. Ausgebrannte, verrostete russische Panzer, gepanzerte Truppentransporter und die ausgeschlachteten Gerippe von einigen Militär-Pkws säumten die völlig ausgefahrenen Landstraßen. Ganz vereinzelt sahen wir Schilder mit dem gezeichneten Bild einer explodierenden Mine darauf. Andre meinte dazu nur, sie wären trügerisch, denn die komplette Kennzeichnung von Minenfeldern hätte in diesem wirtschaftlich völlig unbedeutenden Gebiet noch nicht einmal begonnen. Die wenigen festen Gebäude, die wir nach dem Passieren des Ortes Massangena sahen, waren zerstört oder trugen die hässlich geschwärzten Wunden der Kriegshandlungen und Granateinschläge. Zweimal übernachteten wir in unseren Bettrollen auf dem sicheren Betonboden in einer dieser Ruinen. Beim Wachwerden war es grotesk durch eine der durch Beschuss fehlenden ehemaligen Wände, wie durch einen leeren Bilderrahmen, in die wilde afrikanische Landschaft um die Ansiedlung herum zu schauen. Mir wurde langsam klar, dass wenn wir unser Ziel erreichen würden, an eine wirkliche Jagdstimmung, wie ich sie in Andres Kameradschaft immer gewohnt gewesen war, diesmal nicht zu denken war. Aber ich befand mich ja auf einer Erkundungsfahrt und als Begleitung meines Freundes und ehemaligen Soldaten. Es war klar, dass

er seine ersten Schritte tat, um sich eine Zukunft in einem viel versprechendem Land aufzubauen. Die Landschaft war völlig wildleer und ohne Spuren von Tieren. In einer unsagbar primitiven und trostlosen Kneipe eines Dorfes überfielen mich Gefühle von Widerwillen und Trostlosigkeit ohne, dass ich darüber mit meinem guten Freund geredet habe.
Endlich erreichten wir eine üppige Vegetation am Rande der Flusslandschaft. Meine in die Stiefel gerutschte enttäuschte Stimmung hellte sich wieder etwas auf. Das Hüttendorf Mavue war während der Kriegshandlungen umgesiedelt worden und sollte wohl auch an diesem provisorischen Platz nicht bleiben. Die Gründe für die Siedlungspolitik habe ich nicht verstanden. Es herrschte kein gutes Klima unter den wenigen, apathischen Bewohnern. Ich empfand unter ihnen eine Teilnahmslosigkeit und Trostlosigkeit, die ich im südlichen Afrika nicht kannte. Alles unter den Menschen war viel verhaltener, als ich es sonst gewohnt war. Andre sprach in mehreren Eingeborenensprachen mit den Menschen um seine Erkundigungen einzuholen. Ich verstand die sowieso nicht. Ziel war es ja auch gewesen, abzuklären, ob es in dem frischen Friedenszustand sinnvoll für ihn gewesen wäre, hier eine Jagd-Coutada (staatliche Konzession) zu pachten, ein Camp aufzubauen und abzuschätzen, ob das Wild bald wieder hinein wechseln würde. Vor den Bürgerkriegen, die in diesem Landesteil angeblich Anfang 1992 endeten, war das Wild am Zusammenfluss zweier Flüsse, ohne jede Rücksicht auf die Ländergrenzen hin und her gewechselt. Früher war der trockene Teil dieser Gegend ein bekanntes Rückzugsgebiet für viele besonders kapitale Elfenbeinträger, Löwen und gewaltige Büffelherden gewesen. Wenige Kilometer von unserem Lager entfernt lebte, auf der Seite von Zimbabwe, immer noch eine der größten Elefantenkonzentrationen im südlichen Teil von Afrika.
Der Lundi mit den Chipinda Pools und auch der Save führten ganzjährig genug Wasser um das Wild während der Kriege auf der anderen Seite in Zimbabwe zu halten. Nach den gerade beendeten Kriegshandlungen der Stellvertreterkriege bestand die berechtigte Hoffnung, dass ein Teil der wilden Tiere seine alten Gebiete auf dieser Seite wieder annehmen würde. Wohl niemand hatte vor unserem Besuch jedoch eine realistische Ahnung gehabt, wie absolut leer geschossen diese Proteinquelle für die ehemaligen Soldaten und die gequälte Bevölkerung damals war. Kommerzielle Land- und Farmwirtschaft gab es im Umkreis von hunderten Kilometern in Mosambik keine mehr. Auch die Situation etwaiger, unbekannter Minensperren war hier um das Dorf herum noch ungeklärt. Andres hatte aber durch seine Regierungskontakte in der Hauptstadt Maputo den Auftrag, auch das zu untersuchen. Daran war man im Landwirtschafts- und Umweltministerium in Maputo höchst interessiert. Es bestand bereits damals die Idee eines Plans von hier bis hinunter an die Rückseite des Krueger Parks einen Transfrontier (grenzübergreifend) Nationalpark einzurichten und einen natürlichen Austausch mit dem wildreichen Zimbabwe zu erreichen. Ein Projekt, welches deutlich erweitert und grenzübergreifend erst 20 Jahre nach unserm Besuch Wirklichkeit wurde. Wir Pioniere waren bei unserer Mission der Entwicklung weit voraus.
Mit der Vision von Mandelas Südafrika sich später an der offenen Grenze zum Krüger Nationalpark mit Mosambik zusammen zu tun, begann der kometenhafte, touristische Aufstieg des neuen Mosambik. Der Neue Limpopo Trans-Frontier Park besitzt seit Langem zwei aufregende Routen für selbst gefahrene 4x4 Fahrzeuge direkt durch die Mitte des Krüger Nationalparks. Der alte Pafuri Übergang im Norden und der 2005 hinzu gebaute Giriyondo Grenzübergang haben die frühen Pläne der Ministerien und Andres Vision inzwischen Wirklichkeit werden lassen. Wieder einmal sollte ich Zeuge davon werden, wie profund sich das geschundene Afrika verändern kann.

Nach einer für mich unruhigen Nacht am Feuer und einem weiteren Tag in sonst auf unseren Wildnisjagden ungewohnter Nähe zu einem Dorf hatte Andre seine sondierenden Gespräche abgeschlossen. Erst danach machten wir zu Fuß mit einem ortskundigen Führer einen Ausflug an das Ufer des Save Flusses. Welch lieblichen Anblick bot der mit hohem Schilf bestandene, flache und sandige Fluss. Er war glasklar und seine Wasser flossen bedächtig an den hellgelben Ufern dahin. Wenn man sich in die Wildtiere hinein versetzte, so erkannte man sofort, dass dieser Zusammenfluss ein ideales Rückzugsgebiet für viele Wildarten sein musste.

Endlich begann unsere Jagd. Wir wollten an dieser Stelle einen bestimmten, uralten und nach den Beschreibungen und Hufabdrücken kapitalen Büffel-Einzelgänger erlegen. Beinahe täglich war er von Dorfbewohner betätigt worden. Die von den Augenzeugen im Sand aufgemalten Merkmale ließen einen viel versprechenden alten, übellaunigen, arthritischen Einzelgänger vermuten. Der weiche Boden zeigte seine Eingriffe und die Umrisse der starken Hufabdrücke. Er glitt beinahe täglich dieselbe von ihm ausgetretene Rutschbahn vom 8 Meter hohen steilen Flussufer hinunter. Unten im feinen Sand angekommen schöpfte der Einzelgänger im nur 20 cm tiefen und übersichtlichen Wasser. Danach kehrte er in einem weiten Bogen durch das Schilf in seine kühlen Tageseinstände zurück. Offensichtlich fühlte er sich in diesem Grenzland und besonders im Schilf des flachen Stroms vor den wasserscheuen Löwen sicher. Die einzigen Feinde waren in diesem Biotop die Schlingen und die Bewohner des Dorfes. Die Dorfbewohner sprachen mit Andre von einen zusammengewachsenen „Boss" mit ausladenden Hörnern über die doppelte Lauscherlänge hinaus und geschwungenen Hornspitzen. Weil an dieser Stelle und im Fluss keine Minen lagen, könnten wir den Methusalem dort risikolos abpassen.

Natürlich gebot es der Respekt vor der Würde der Dorfautoritäten und den drei alten Häuptlingen, vorher deren Erlaubnis zur Erlegung in einem Palaver einzuholen. Sie erwarteten uns auf kleinen aus Holz geschnitzten Kopf-Schemeln sitzend unter einer Schatten spendenden Akazie. Andre und ich setzten uns vor ihnen auf die vertraut duftende, warme afrikanische Erde. Es sollte eine merkwürdige Erfahrung für mich werden. Ich musste daran denken, dass nur wenige hundert Meter entfernt in derselben braunen Erde tückische todbringende Landminen auf unschuldige, spielende Kinder und ahnungslose Tiere lauerten. Meinem guten Freund wagte ich es nicht, von meiner sich zu einer Psychose steigernden Obsession vor Minen zu erzählen. Erst mussten wir unser Jagdvorhaben auf den alten Büffel in allen Details abpalavern. Danach sollte ich mich und das ausdrücklich gemeinsam mit meiner Büchse, einem Initiationsritus beim herbeigerufenen Zauberer oder Medizinmann des Dorfes unterziehen. Nach Werfen der Knochen und anderen kleinen bunten Juju Objekte wurde das Orakel zelebriert. Es wurde befragt, ob und wann der günstigste Moment für unsere Auflauerjagd sein würde. Unsere Bewegungsfreiheit war durch die Angst vor Minen eingeschränkt und dieser alte Einzelgänger bot sich als ideal jagdbares Wild zur Belohnung für unsere mühevolle Anfahrt an. Dann wurden meine Büchse und ich durch sanftes Anspucken und allerlei geheimnisvolle Handhabungen und Muti-Zauber mit Kräutern gegen böse Geister immun gemacht. Diese medizinischen Wundermittel sollen in manchen Teilen Afrikas angeblich manchmal sogar Teile von toten Kindern enthalten. So genau wollte ich die geworfenen Objekte nicht anschauen. Andre sprach weiter in ruhigem Ton mit den Dorfvorstehern. Die Juju Zauber würden den alten Solitär-Büffel und die in ihm wohnenden bösen Geister so weniger gefährlich stimmen.

Bei dieser irrationalen Prozedur schaute ich in eine der unverständlichen, dunklen Seiten des geheimnisvollen, alten Afrikas. Ich hatte bereits in Südamerika und in der Karibik einiges von diesem dort

Voodoo genannten afrikanischen Zauberkram und den starken Glauben der ehemaligen afrikanischen Sklavenfamilien erlebt. In dem Dorfbüffel herrschte vielleicht der verärgerte Geist eines bestimmten, bösen Vorfahren aus der Umgebung. Leider verstand ich von dieser Unterhaltung und der Zauberprozedur für mich und meine Büchse, in einer Variante der Shangan Sprache, nichts.
Man hatte höchst wahrscheinlich bereits mit gehacktem Blei auf den gefährlichen „Stinker" geschossen. Über so eine überall übliche Vertreibungsaktion und illegale Erlegungsversuche ohne Lizenz erzählte uns Fremden natürlich niemand im Dorf etwas. Er hatte Frauen und Jugendliche beim Waschen am Fluss oder in der Dämmerung erschreckt und es sich hier „an einem Ende der Welt" in unmittelbarer Nähe der Dorfbewohner gut eingerichtet. Eine Nähe zum Menschen, die ich so niemals vorher erlebt hatte. Aber wir befanden uns sowieso in einer ganz ungewöhnlichen Situation. Einerseits lebte ein unerhört reiches Wildtiervorkommen nur wenige Meter über die Grenze und den Fluss hinweg und anderseits befanden wir uns in eine Ruhe und abgelegenen Leere nach Jahrzehnten des grausamen Krieges und des rücksichtslosen Waffengebrauchs auf Menschen und Tiere.
Mich plagten plötzliche Kopfschmerzen. Ich stimmte zu, dass Andre, wegen des Schusslärms, 5 Kilometer zurückfuhr um einen Kontrollschuss aus meiner neuen .500er Büchse mit der extra dafür wiedergeladenen Munition abzugeben. Es sollte sich dabei herausstellen, dass in der letzten der drei Patronen, die er abfeuerte, das Zündhütchen zu tief gesetzt war. Der neuwertige und von uns kontrollierte Schlagbolzen mit seiner Feder hatte nur „Klick" gemacht, weil der vorschnellende Schlagbolzen nicht dicht genug an das Zündhütchen gelangte. Natürlich kontrollierten wir daraufhin jede einzelne der Patronen mit Argusaugen. Es blieb bei diesem einzigen, schlecht gesetzten Zündhütchen. Auf der Jagd von wehrhaftem Großwild in der Wildnis war das eine unverzeihliche Nachlässigkeit dessen, der die Munition geladen hatte. Auf einen annehmenden Büffel hätte dieses fehlerhaft zu tief gesetzte Zündhütchen fatal für uns Jäger enden können. Wieder lernte ich daraus, dass es sich bei wehrhaftem Wild, selbst bei im Karton gekaufter Fabrikmunition lohnt, jede Patrone vor dem ins Magazin füttern, noch mal genau anzuschauen. Das ist mir seitdem bei Großwild zur Gewohnheit geworden.
Unser zweimal frisch bestätigter alter Büffel lebte als Einzelgänger abseits der Herden auf beiden Seiten der Grenze. Also auch in dem nur einen Katzensprung entfernten Zimbabwe. Der erfahrene „Stinker" hatte sich auf seine letzten Tage direkt auf der Grenze zwischen Zimbabwe und Mosambik am Zusammenfluss der beiden flachen Flüsse Save und Runde zurückgezogen. Weil der in dieser Jahreszeit flach, transparent und übersichtlich dahin floss, gab es in diesem Abschnitt keine Gefahr wegen der Krokodile. Die mit dichtem Schilf bewachsenen, teilweise versandeten, mäandernden Flussufer auf der anderen Seite waren ein idealer Lebensraum mit verschiedenen Einstellmöglichkeiten für den spukig gewordenen Dagga Boy. Es gab genügend Schlingen-Wildererei auf Kleinantilopen in Dorfnähe. Das erstaunte mich, weil Ungewissheit darüber herrschte, welche Minenfelder des vergangenen Bürgerkrieges noch nicht geräumt waren. Auch Andre sah insgeheim bald ein, dass eine weitere Erkundung, weg von dem breiten Weg oder weiter entfernt vom Flussufer auf der Seite von Mosambik, für uns ein zu großes Risiko gewesen wäre. So trotteten wir immer hinter unserem ortskundigen Führer auf den ausgetretenen Wechseln der Elefanten und Büffel her. Mir auf Andres Toyota Landcruiser gehüpften „Auskundschafter" gefiel das Jagen auf diese Weise nicht. Ich konnte das Gefühl nicht verdrängen, wir könnten in der üblichen Hektik bei einer Begegnung mit Wild dann doch noch auf eine Mine treten.
An drei Tage mit vorsichtigem Pirschen waren wir erfolglos. Einmal hatten wir uns auf dem offiziellen

Weg an die Grenze einige Meter auf das unmarkierte Staatsgebiet von Simbabwe vorgewagt und wurden beinahe umgerannt. Es war ein eben noch grasendes Flusspferd, welches in einem Weltrekordtempo zurück in die Vertiefungen des Flusswassers rannte. Nachdem die klatschenden Wellen, wie bei einer Schiffstaufe, seinen grauen Körper mit kontrastreichen rosa und purpurfarbenen Stellen gnädig umfasst hatten, schaute es uns auf Seerohrtiefe aufgetaucht, aus seinen relativ kleinen, hervorquellenden, basedowschen Stielaugen tückisch an. Das war eine ungemütliche Begegnung mit einem der gefährlichsten Tiere Afrikas an Land gewesen. Erregte Bullen können mit ihren gewaltigen, bis zu 70 Zentimeter langen Zähnen ganze Boote zerschmettern. Häufig bringen sie die Kanus der Eingeborenen zum Kentern, wenn sie sich bedroht fühlen. Die Mehrzahl der Eingeborenen und Fischer kann nicht Schwimmen! Das bringt die Hippos genannten Wasserbewohner in den traurigen afrikanischen Todesstatistiken durch Unfälle mit Wildtieren an vorderste Plätze. Ihre nächsten Verwandten des Paarhufers sind zwar nur die Säugetiere der Familie der Schweine. Der unerfahrene Afrikajäger unterschätzt aber die Gefährlichkeit und Schnelligkeit ihrer kaum zu stoppenden plötzlichen Angriffe in mannshohem Gras oder Schilf. Wenn ein Mensch von einem dieser bis zu 4 Tonnen schweren Killer erfasst wird, ist er so gut wie immer tot! Während Nachtfahrten auf der Jagd können an Land grasende Hippo, auch sehr weit vom Fluss entfernt, in ihrer nachtgrauen Hautfarbe äußerst unangenehme Zusammenstöße mit Jagdwagen verursachen. Wir, mein Freund Horst aus Bulawayo und ich, sind einem solchen Zusammenstoss im Süden Simbabwes, bei völliger Dunkelheit, um weniger als einen Meter im offenen Jagdwagen sitzend einmal knapp entkommen.
Der Save Fluss und seine dicht bewachsenen Ufer waren an anderer Stelle auf der mosambikanischen Seite angefüllt mit bis zu gut 4 Meter langen Krokodilen. So eine Ansammlung von derartig alten Urechsen hatte ich in der Wildnis nie vorher gesehen. Wahrscheinlich hatte sich in diesem vergessenen Winkel der Erde zwei Jahrzehnte lang für die Reptilien niemand interessiert. Sie sind bei den Eingeborenen von Mythen umrankt. Wir zogen es vor, uns schnell wieder über die grüne Grenze zurück nach Mosambik zurück zu ziehen. Dort haben wir kein einziges von ihnen im Fluss gesehen. Im Weggehen sahen wir auf der anderen Flussseite die Reste eines Camps der Konzession der Sparrowfamilie bei denen ich, zusammen mit meinem verstorbenen Freund Horst, vor vielen Jahren gejagt hatte. Ich empfand merkwürdige Gefühle dabei. Der gleiche Punkt mit so unterschiedlichen Gefühlen und Erlebnissen von jeweils der anderen Seite zweier inzwischen von ihren kommunistischen Regierungen missbrauchten Nachbarländer.
Wir gingen zurück zum Büffelwechsel am hohen Flussufer. Man konnte aufgrund der ständig neuen frischen Spuren klar erkennen, dass der Kaffernbüffel beinahe täglich im Morgengrauen oder abends im Dunkeln seinen wahrscheinlich knapp eine Tonne schweren Körper wie auf einer Rutsche am sandigen Abgang des Flussufers herunter gleiten ließ. Wir beschlossen ihm hier auf einer letzten Jagd, wenn notwendig die Nacht hindurch, vor Ort aufzulauern und ihn abzupassen. Kein einfaches Unternehmen, denn der Wind blies sanft und küselnd (wechselseitig kreisend) vom Flusswasser manchmal bis auf unser Ufer hinauf. Wir beschlossen es uns zwischen den am Boden liegenden starken Ästen der Krone eines gefällten Baumes auf unseren Bettrollen gemütlich zu machen. Dabei lagen wir etwa 5 Meter vom Flussufer entfernt. Wir sollten auf Weisung des an allgemeiner Sicherheit interessierten Dorfchefs ausnahmsweise einen starken Hand-Scheinwerfer, der an eine Autobatterie angeschlossen war, bereithalten. Sollte der für die Dorfbewohner schon seit einiger Zeit bedrohliche Büffel früher als gewöhnlich

und nicht in der Morgendämmerung erscheinen, so wollten wir ihn seitlich anleuchten. Den Schuss würde ich, bevor er das Ufer herabrutschen konnte, aus größter Nähe aufs Blatt setzen.
Der Schulterknochen eines Büffels steht gut 1 ½ Meter über dem Boden. In militärischer Manier befestigten wir eine Fischleine aus Nylon hüfthoch in einem Kreis von über 100 Metern Durchmesser in das uns umgebende lichte Unterholz voller gelbem Gras. Das eine Ende der Fischleine war an ein Stöckchen gebunden, welches mein Freund in unserem Versteck mit den Fingern einer geballten Hand umschloss. Diese lautlose militärische Falle des Buschkrieges war perfekt gestellt. Wir bezogen Position, schoben Wache und schlummerten abwechselnd streckenweise ein. Nichts passierte am Abend und die gesamte Nacht hindurch. Man hörte nur die üblichen Tiergeräusche direkt neben dem Fluss.
Plötzlich, im ersten Morgengrauen, hörten wir etwas und sprangen beide, durch merkwürdige Geräusche aufmerksam geworden, auf. An der Fischerleine zog dann nicht der Büffel sondern zwei verwegene Gestalten, die auf ihrem Quadt oder ATV (All Terrain Vehicle) mit überdimensionierten Reifen und völlig gedämpftem Auspuff im Leerlauf herangerollt waren. Es waren beschwipste oder zumindest sich merkwürdig benehmende Weiße aus dem südlichen Afrika oder Simbabwe (der Sprachfärbung nach). Sie hatten sich, aus Simbabwe kommend, über die 150 Meter entfernte liegende Grenze nach Mosambik angeblich verfahren. Wer das glaubte sollte selig gesprochen werden. Diese Erklärung riefen sie entschuldigend und hastig im Umdrehen zu uns herüber. Das war dann unsere letzte Chance auf den Büffel gewesen. Natürlich hätte er im hellen Morgengrauen, bevor das Dorf erwachen würde, höchstwahrscheinlich kommen können. Nun war aber durch diesen verrückten Vorfall, den tiefen menschlichen Spuren und durch das weithin riechende Zweitaktöl des Quadt alles vertan. Der Zauberer im Dorf hatte versagt oder, wer weiß es, doch andere Absichten mit uns gehabt. Die beiden obskuren „Nachtreiter“ aus dem Nichts waren so schnell und leise verschwunden, wie sie gekommen waren. Über ihre Absichten an der Grenze wollte ich überhaupt nicht nachdenken. Ich war, gelinde gesagt, stinksauer und hatte die Nase voll von dieser Jagd unter schlechten Vorzeichen. Außerdem graute mir bereits vor der beschwerlichen Rückfahrt durch die vom Krieg trostlos entleerte Landschaft in Richtung Maputo.
Rückblickend bin ich meinem Freund trotzdem dankbar für unsere abenteuerliche und denkwürdige Erkundungsfahrt. Unsere Expedition war fern von allem, was ein Jagdtourist normalerweise erlebt, enttäuschend verlaufen. Heute ist genau dort der große mosambikanische Nationalpark durch die Öffnung der Zäune des Krüger Nationalparks und dem Save Valley Conservancy sowie dem Gonarezhou National Park in Zimbabwe entstanden.
Jagen auf umzäunten Farmen in Afrika habe ich vermieden, wann immer es mir möglich war. Obwohl das bei der Größe vieler Jagdfarmen absolut kein Kriterium sein darf. Das alte wilde Afrika ist immer noch anders als große Teile der Welt. Es ist ursprünglich, dann kaum planbar und stets voller Überraschungen. Oder im gegenteiligen Fall mir zu luxuriös, manchmal künstlich, aufwendig zivilisiert und in den letzten riesigen Wildnisjagdkonzessionen für meinen Geldbeutel horrend teuer. Dieses Mal war ich froh, bald wieder ins lebendige Maputo zurückgekehrt zu sein. Wie man sieht, kann man mühevoll und durchaus auf andere Weise abenteuerlich gejagt haben, ohne einen einzigen Schuss auf Wild abgegeben zu haben! Auch darüber wollte ich ja berichten.

Mein Freund bot mir und meinen beiden jungen Söhnen, bei meinem nächsten Besuch in Maputo, zwei Jahre später an, ein neues Jagdcamp für ihn aufzubauen. Es würde im äußersten Norden des wieder freien Mosambik entstehen. Er hatte die Rechte für die Konzession von der Regierung erworben. Wir hätten das mit der Hilfe zweier junger Südafrikaner in einem der wildesten und seit Jahrhunderten verlassenen Landstriche südlich des Äquators in Afrika auf die Beine stellen müssen. Die frisch ersteigerte Konzession lag südlich des Grenzflusses Rovuma unterhalb der Grenze zu Tansania und damit nur unweit des größten Wildparks Selous. Genauer gesagt, sollte das erste rustikale Camp zwischen den Ufern des Lugenda und des Lureco Flusses, angrenzend an die staatliche Reserva do Niassa, errichtet werden. Man versteht die ganz außergewöhnliche Attraktivität dieser Konzession, wenn man damals bereits wusste, dass der gesamte völlig menschenleere Norden von Mosambik niemals in seiner Geschichte von irgendeinem Krieg berührt worden war. Das unberührte Gebiet hatte sogar noch eine größere Ursprünglichkeit und Weltabgewandtheit, als das unweit in Tansania gelegene und jagdlich erschlossene Selous Wildreservat! Beim Aufbau des Camps hätten wir mehrere hundert Kilometer Wege mit flach geschleppten Caterpillarreifen hinter einem Armeelastwagen und einem Unimog im jungfräulichen Busch ziehen müssen. Das Bauen von einfachen Brücken und Überquerungen wäre eine andere Aufgabe gewesen. Dazu hätten wir mit vereinten Kräften und lokalen Amateur-Zimmerleuten Hütten und Zelte auf Plattformen konstruieren müssen. Die Wasserversorgung wäre durch Leitungen aus dem Fluss aufzubauen und eine Landepiste hätte mit Motorsägen und Schaufeln freigemacht werden müssen. Alles Arbeiten in größter Abgelegenheit, umgeben von absolut wilden Tieren in mosambikanischer Abgeschiedenheit im Busch. Es war eine einmalige Chance auf urige Erlebnisse und knuffige Trophäen in einem Afrika, wie ich es mit meinen gewohnt limitierten finanziellen Aufwand und fortgeschrittenen Lebensalter niemals wieder erleben kann.

Dieses nur gut gemeinte Angebot war mir Nicht-Afrikaner dann doch mit zu viel Risiko und Gefahren verbunden gewesen. Hätte ich meine sofort dafür begeisterten Jungs diese folgenschwere Richtungsänderung in ein sich unweigerlich anschließendes Leben als Berufsjäger und Buschpilot nehmen lassen, so wäre auch für mich mein größter egoistischer Traum in Erfüllung gegangen. Allein mit der Verantwortung für die unabsehbaren Folgen einer von meiner Selbstsucht nicht freien Entscheidung hätte ich damals für das weitere junge Leben unserer Söhne nicht eingehen wollen. Deshalb verliefen unsere aller Leben bis heute auf anderen, zivilisierten Wegen. Wir haben trotzdem ein wenig gefischt und gejagt.
Die Jagd und das Abenteuer in der afrikanischen Natur wurden nicht zum Zentrum unseres Daseins. In diesem in der Zwischenzeit längst errichteten Traumcamp für maximale Wildniserlebnisse zieht auch heute noch Großwild mit den stärksten Trophäen Afrikas seine Spuren. Leider nur für äußerst begüterte Afrikajäger. Ich habe einige vom Kleinflugzeug aufgenommene Wildaufnahmen gesehen und einen Fotobericht mit Elefantenstoßzähnen von deutlich über hundert Kilo auf jeder Seite in einer südafrikanischen Jagdzeitschrift von genau dort aus „unserer“ Konzession gelesen.
Das ehemalige Jagdgebiet unseres Freundes liegt gleich weit entfernt, nördlich der Nationalstraße 242, von den Flughäfen Lichinga am Malawi See und der uralten von arabischen Sklavenjägern und Händlern beeinflussten Stadt Pemba. Von dieser Stadt am Meer hat man einen Blick in Richtung auf die nahen Comoros Inseln im indischen Ozean. Inzwischen wurde das aufgebaute und vollständig funktionierende Camp mit der Konzession dafür an einen anderen Unternehmer weiterverkauft. Besonders im vom Krieg völlig unberührten Norden und der Mitte des Landes Mosambik kann man heute ursprüngliche Wildnisjagden mit starken Trophäen erleben. Südlich des Rovuma Grenzflusses zu Tansania liegt hier

immer noch ein von Menschen kaum berührtes Afrika. So absolut ursprünglich und heute maximal wild, wie es einmal vor hunderten von Jahren durch ganz wenige von unseren kolonialen Vorfahren erlebt wurde!

Mosambik besitzt heute noch die größten zusammenhängenden Flächen an völlig unentdeckten Regenwäldern der gesamten Erde!
Dieser funkelnde Schatz zwischen den 3.000 Meter hohen Drakensbergen und der mit ungeheuren Fischmassen angefüllten Küstenlinie des indischen Ozeans ist mit seiner unbekannten Artenvielfalt in seiner Bedeutung für die Menschheit kaum abzuschätzen. Mosambik wird sich bald zu einem Juwel für den Afrikaliebhaber entwickeln. Für den Abenteuer eingehenden und Risiko suchenden Jagdtouristen gibt es noch überraschend klotzige und urige Trophäen in menschleeren Wildnisgebieten.

In memoriam Nelson Mandela

Nelson Rolihlahla Mandela

8 July 1918 – 5 December 2013
As a co-founder of Peace Parks Foundation in 1997, an organization that works to establish transboundary protected areas that preserve animal migration patterns and share wildlife resources, Madiba had a strong interest in wildlife conservation; he said

"If we do not do something to prevent it, Africa's animals, and the places in which they live, will be lost to our world and her children, forever. Before it is too late, we need your help to lay the foundation that will preserve this precious legacy long after we are gone."

Hamba Kahle Tata Madiba
, Ngiyabonga kakhulu
African Indaba Editorial Team

African Indaba is the official newsletter on Africa of the CIC International Council for Game and Wildlife Conservation and the CIC Division Applied Science. For more information about the CIC please go to www.cic-wildlife.org

BÄREN UND WÖLFE IN KANADA

Es war mir in bislang 50 Jagdjahren vergönnt, unzählige kleine oder große Jagden zu erleben. Rebhühner „satt“ in der argentinischen Pampa. Tauben in der Algarve. Anstrengende Wochenenden mit kleinen Jagdbögen mit Freunden vor dem Hund auf 1 bis 2 Enten oder wenige, mühsam abgepasste Täubchen im venezolanischen Llano. Die brauchten wir für eine Suppe, dann, wenn uns Diana auf der Trughirsch- oder Schweinejagd nicht treu gewesen war. Niederwild Buschschieren mit 3 Kaninchen und einem Hasen für die Bratröhre nach einem anstrengenden Tag als Beute. Ich könnte ein Buch füllen, mit Situationen, in denen das Pech oder Schmalhans bei der Beute überwog und sich die angestrebte Beute meinem Nachstellen entzogen hatte, oder widrige Umstände gegen uns waren. Das erlebt jeder, ob Jäger oder Fischer. Diese Zeiten mit wenig oder kleiner Beute sind wichtiger Bestandteil dessen, was das Jagen und Angeln ausmacht. Auch darüber gäbe es unzählige kleine Geschichten zu erzählen. Kein Tag von denen war nicht trotzdem auch erfüllend. Immer war das Laufen und Eintauchen in der Natur alleine schon ein Erlebnis, für das ich dankbar bin. Darunter gab es zwei oder drei Jagden, die mir gar nicht gefallen haben. Über solche nicht gelungenen Erlebnisse liest man gemeinhin in Büchern wenig. Deshalb möchte ich eine dieser frustrierenden Geschichten in dieses Buch aufnehmen.

Einmal ging es für mich im Frühjahr in die gigantische Bergeinsamkeit Nordkanadas, über Vancouver, Prince Rupert, Richtung Dease Lake, zwischen den nördlichen Rocky Mountains und den Costal Mountains. Dort wurde ich für zehn Tage mit einer de Havilland Canada Beaver mit ihrem knatternden Sternmotor an einem eiskaltem Fluss abgesetzt. Es war ein großartiger Flug durch menschenleere Landschaften. Ich erfuhr vom wortkargen Piloten, dass der ehemalige kanadische Flugzeughersteller bis Mitte 1960 über 1.500 Exemplare von diesem Sicherheit vermittelnden Arbeitsflugzeug hergestellt hatte. Ein ebenso wortkarger waschechter Indianer fuhr mich nach der Landung einige Stunden in seinem Boot weiter zu seinem Jagdcamp an einem kleinen Seiten-Flüsschen. Das bestand aus zwei großen Zelten und vielen dieser in ursprünglicher Wildnis mir von ihrer Anmutung unsympathischen Plastikplanen.
Es gelang uns in zehn Tagen drei Bären zu erlegen. Ich führte dabei meine in Amerika erworbene Custom Büchse vom bekannten Büchsenmacher Miller in Tucson im Kaliber .375 H&H Magnum. Er hatte beim Bau ein butterweich gleitendes Winchester Premium System, welches vor 1964 gebaut wurde, verwendet. Das System, die großartige Büchsenmacher-Arbeit und das schnelle Kaliber mit tief penetrierenden Geschossen, hatte es mir angetan. Die Jagd war offensichtlich vom Ergebnis her erfolgreich gewesen. Trotzdem würde ich eine solche Jagd nicht empfehlen oder wiederholen wollen. Der Reihe nach verlief das so.
Um Schwarzbären auszumachen, fuhr der Guide mit mir erst im Boot an den Ufern entlang. Die aus dem Winterschlaf erwachten Bären machten wir glasend dabei beim hastigen Fressen von frischem Grün aus. Es regnete ununterbrochen. Wir landeten, überprüften die Jagdbarkeit, pirschten uns sehr mühsam durch das Gewirr der angeschwemmten Äste und den moorigen Bewuchs am Ufer, um den passenden Bären nach genauer Ansprache zu erlegen. Der Guide erklärte, dass dies seine Art von Jagen war, um Erfolg für seine Gäste zu haben. Das Fahren im Boot erlaubt, weite Bereiche zu umfassen um dann die

weiten Berghänge abzuglasen. Der Motor kreischte ohrenbetäubend laut in der Stille der mich ungemein beeindruckenden Natur. Ein unschönes technisches Geräusch in der vor Feuchtigkeit und Regenwasser dampfenden Einsamkeit. Das Erlegen meines ersten Bären ließ in mir eine undefinierbare Enttäuschung zurück. Die frisch erwachten Bären waren nach dem Winterschlaf hungrig und sehr mit sich und der Futtersuche beschäftigt. Ihre Bewegungen waren bedächtig, und wenn sie nicht erschreckt waren, recht langsam. Daher boten sie ein einfaches Ziel. Den zweiten Bären pirschten wir an einem wenig bewaldeten Hang an. Vorher hatten wir zwei Tage lang die umliegenden Berghänge genauestens beobachtet. Sie waren wegen des Regens nur manchmal für Momente auch in kurzen Sonnenmomenten beschienenen. Nachdem der Indianer immer wieder auf Bärenspuren und Kot verwiesen hatte, liefen wir einem offensichtlich genauso überraschten Grizzlys beinahe in seine Furcht erregend gefletschte Zähne. Er ging mir zu dicht vor uns auf die Hinterbeine und floh dann im vollen Galopp etwa 100 Meter von uns weg. Dort stellte er sich erneut auf seine Hinterbeine und schaute über einige Weidenbüsche neugierig auf uns zurück. Ich hatte mich bei der unerwarteten Begegnung mit ihm, um ein großes Gebüsch herum, heftig erschrocken. Der fressende Bär wohl ebenso. Der Indianer flüsterte, dass er nicht wirklich alt und reif war, ich ihn aber schießen sollte, denn wir erwarteten weiteren schweren Dauerregen, und die Möglichkeiten auf einen stärkeren und älteren männlichen Ursus wären ungewiss. Es musste ein schnell angetragener freihändiger Schuss sein. Die Wirkung von Büchse, Kaliber und Teilmantelgeschossen war bei allen drei Bären sofort tödlich.

Das Pirschen mit Hüftgummistiefeln zwischen gefallenem Altholz und im tiefen Morast der Bäche gestaltete sich viel anstrengender als gedacht. Wir liefen und kletterten laut und unbeholfen im Schlamm herum. Unsere am Gürtel befestigten Stiefel sanken schmatzend in den aufgeweichten Boden ein, der besonders zu dieser Jahreszeit wirklich nicht für Zweibeiner gemacht war. An manchen Plätzen brauchte man für 5 Kilometer einen halben Tag. Auch wenn Schwarz- und Grizzlybären Furcht einflößend sein können, so haben mir diese Boots-Jagden nicht gefallen. Bis heute kann ich das Gedankenbündel und Bauchgefühl der Gründe dafür nicht komplett entwirren. Auch wenn bedauernswerte Menschen immer wieder von Bären angefallen und getötet werden, ich habe sie dort nicht als gefährlich und bedrohlich empfunden. Alle Bären, auf die wir trafen, versuchten sich uns flüchtend zu entziehen. Die als Teppich präparierten Felle der beiden Schwarzbären kamen bei uns zuhause an. Das Fell, die Tatzen daran und der abgekochte Schädel des Grizzlys gingen leider auf dem Transport nach Venezuela für immer verloren (die Versicherung ersetzte einen Teil des materiellen Wertes). Das war ein weiteres schlechtes Ohmen, welches über meiner Bärenjagd lag. Ich jagte Bären wegen eines leider nicht empfundenen Erlebnisses und wegen ihrer Felle. Aber es blieb für meine Erwartungen, trotz des Jagd- und großartigen Naturerlebnisses irgendwie ein Gefühl des wenig sinnvollen Tötens.

Auch den Großteil der belichteten Filme und zwei in Prince Rupert gekaufte eingerollte Ölbilder habe ich irgendwann bei den vielen Flugzeugwechseln verloren. Die Sache stand in vielfacher Hinsicht unter keinem guten Stern. Ich habe nach dieser Jagd beschlossen, niemals wieder einem dieser brummigen Riesenteddys und durchaus gefährlichen Prädatoren als Nahrungskonkurrenten nachzustellen. Wohl weiß ich um die besondere Gefährlichkeit der größten Bären. Etwa die des Eisbären mit seinen bis zu 500 Kilo Körpergewichtes, seinen Tatzen die einem Menschen den Kopf von den Schultern hauen können und seinem phänomenalen Gebiss, welches Vergleichbares anrichten kann, wie Löwen oder Tiger mit ihren tödlichen Bissen.

Bären sind für den unbewaffneten Wanderer durchaus eine Gefahr. Aber auch die schiere Größe und Wildheit der Grizzlys und Küstenbraunbären und seines dem Menschen hunderte Male überlegenen Geruchssinns sind heute kaum Gründe, meine persönliche Abneigung bezüglich der Jagd auf sie zu verringern. Wir alle wissen von den hunderten von Fällen, in denen einzelne bestimmte Bären sogar schlafende Menschen in ihren Zelten angegriffen und getötet haben. Immer wieder gibt es schwere Verletzungen, wenn Bärenmütter ihre Jungen von Menschen irrtümlich angegriffen glauben. Ungern wäre ich im Bärenland ohne eine Waffe zur Verteidigung für den Notfall. Aber jagen möchte ich unsere großen Teddys nicht mehr. Das ist sicher ein irrationaler Standpunkt, aber er entspricht meinen Erfahrungen und Empfindungen.

Ein seiner Trophäe beraubter, aus dem Fell geschlagener Bärenkadaver sah mit seinen normalerweise unter Tatzen und Fell verborgenen Hand- und Fußknochen, einem nackten, Menschen mit geballten Fäusten erstaunlich ähnlich. Nachdem das Fell mit den Klauen daran geborgen war, lagen die nackten Körper ohne Schädel irgendwie sinnlos und grotesk in der Natur herum. Den erbärmlichen Anblick kann ich nicht vergessen. Einige heimischen Indianer räuchern wenigstens die Bärenschinken und essen sie. Im Herbst hat ihr Wildbret eine Energiedichte die, wegen des bevorstehenden Winterschlafes um ein mehrfaches größer ist ist, als die von Rindfleisch. Mein Interesse an seinem Fleisch war aber wegen der Trichinengefahr gleich Null. Das hätte ich mir auch vor der Jagd in dieser grandiosen Natur denken können. Wie manchmal im Leben, muss man das aber erst einmal selber erleben.

Mein Indianer hatte, ohne, dass ich das bemerkt hatte, zwei Bären ihre fingerlangen Penisknochen herausgeschnitten und mir später gekocht und abgeschabt in die Hand gedrückt. Die sollen gerade von amerikanischen Jägern gesucht sein. Manche versehen sie mit einem silbernen Griff und rühren ihre Drinks damit um. Ich finde das pervers, auch wenn jedes Land so seine Bräuche hat. Gerne nahm ich mir einen der abgekochten Schädel zur Erinnerung mit und überließ dem Guide die Reißzähne der anderen Bären. Er erklärte mir, dass sein Stamm Zähne und Krallen der Tatzen zu Schmuck und Kultgegenständen verarbeitete. Spätestens der Anblick eines gehäuteten Bärenkadavers in der freien Natur nahm mir jede Motivation, diese Kreaturen zu jagen. Bären haben in Nordamerika und Osteuropa allerdings keine natürlichen Feinde. Ihr Bestand war bei meiner Jagd derartig zahlreich, dass die kanadische Jagdbehörde eine Regulierung durch die Jagd wünschte. Es war bereits damals eine für Jäger unappetitliche Realität, dass Tausende von Bären auf Müllhalden bei den Städten und Dörfern herumlungerten. Sie gehörten fortan zu den Tieren, die ich trotz aufregender Erlebnisse auf Treibjagden mit zig europäischen Braunbären aus Überzeugung nie mehr bejagt habe. Unvergesslich bleiben mir die aufregenden Nah-Anblicke flüchtiger Braunbären auf Treibjagden bei der Stadt Tirgu Mures in den Wäldern der Forstbehörde um Sovata, in Rumänien.

Besonders, wenn die weiblichen Bären in Hitze sind, Hunger haben oder ihre Jungen verteidigen, muss man sich vor ihnen hüten. Bei aller unzweifelhaften Gefährlichkeit dieser alles fressenden Eis-, Schwarz-Braunbären und Grizzlys geht bei richtigem Verhalten in deren Habitat ein geringes Angriffsverhalten gegen den bewaffneten Jäger aus. Es sei denn, man kommt bei der Hirschjagd an der erlegten Beute einem hungrigen Bären in die Quere. Die immer wieder so trügerischen Fernsehbeiträge von Tierfilmern an den für alle reichlich gedeckten Tischen und dem Nahrungsüberfluss der Lachsflüsse vermitteln eben nur ein bestimmtes Bild. Anders verlaufen plötzliche Begegnungen mit hungrigen Bären und in unübersichtlichen Büschen und Weidenwäldchen. Klar ist auch, dass ich keinesfalls Angriffe durch die neugie-

rigen und vom Aussterben bedrohten Eisbären erleben möchte. Im Freien übernachtende Zelt-Touristen ohne Schlittenhunde können diesen grundsätzlich ausgesetzt sein.
Die Jagd auf andere Fleisch fressende Prädatoren wie Jaguar, Leopard und Löwe erfordert, waidmännisch zu Fuß bejagt, meines Erachtens häufig größere Geschicklichkeit und Ausdauer. Sie erscheinen mir in Summe gefährlicher und stellen für mich eine größere jagdliche Herausforderung dar. Man sollte aber nie außer Acht lassen, dass unser Menschenfleisch bei Bären und bei allen Raubtieren auf deren Menükarte steht!
Auf dieser ersten Jagd in den verregneten und dampfenden Coastal Mountains hatte ich ein eigenartiges Erlebnis. Das Camp-Plumpsklo für meinen schweigsamen Indianers und seine Jagdgäste lag etwa 50 Meter vom Lager entfernt. Er hatte die offene Toilette, vom Wind abgewiesen zwischen den Wurzeln einer mächtigen Hemlocktanne gebaut. Das Klosett war so angeordnet, dass man sich beim Sitzen darauf unter einem kleinen Dach bequem mit dem Rücken gegen den Stamm lehnte. Eine meiner bewährten Gewohnheiten auf der Jagd ist es, nicht einen Schritt ohne meine Jagdwaffe zu machen. Als ich diese Toilette wieder einmal benutzten musste, hatte es seit zwei Tagen am Stück geregnet. Ein leichter Bodennebel lag über dem 30 Meter vor mir fließenden Bach. Der Indianer schlief einfach den ganzen Tag vor sich hin. Er sagte, es wäre seine Art besseres Wetter abzuwarten. Als ich versunken mit meiner neben mir an den Stamm gelehnten Büchse und der heruntergelassener Hose saß, fühlte ich plötzlich einen Blick auf mich gerichtet. Es war nicht zu glauben. Auf der anderen Seite des Bachs stand ein kapitaler schwarzer Timberwolf. Die Situation hatte etwas Magisches. Ich saß unbeweglich und für ihn vom Wind abgewandt mit dem Rücken gegen den Stamm unter den hängenden, bemoosten Ästen voller Flechten. Isegrim konnte mich Bewegungslosen im Bodennebel nicht wahrnehmen. Der Abschuss einer bestimmten Zahl von Wölfen war von der Regierung gewünscht und wurde mit Abschussprämien gefördert. Die Erlegung und das begehrte Rohfell waren nach dem Lösen von „tags“ für 20 Dollar günstig für den Jäger. Außerdem bekam der Guide eine Prämie für jeden Abschuss vom Outfitter. Mein Guide hatte mich gleich zu Beginn der Jagd eindringlich um die Nutzung unserer 3 Abschuss-Erlaubnisse gebeten.
Der Wolf war vor langer Zeit das meist verbreitete Säugetier auf diesem Planeten gewesen. Wer schwach und alt war, wurde zur Beute der Rudel. Die in vielen Generationen überlieferte Angst des Menschen in Sagen und Märchen hat seinen berechtigten Ursprung in grauer Vorzeit. Heute hat die Wolfjagd leicht den Beigeschmack von Mordgier an einem Nahrungskonkurrenten. Viele Beutetiere des Wolfs möchte mancher Jäger für sich reklamieren. Ich habe diesen schwarzen Wolf wegen seines wunderschönen Pelzes geschossen. Über den Bach hinweg und ganz ohne Respekt mit nicht fertig geschlossenen Hosen. Eine eher unweidmännische Ausnahmesituation. Dieses ungewöhnliche Erlebnis und der kurze Blick des Wolfes aus seinen gelben Augen, einen Bruchteil vor dem Knall meiner Büchse, haben mich merkwürdig angerührt. Ich gestehe, da gibt es ein gemeinsames Empfinden und Erleben zwischen wolfartigen Tieren und mir. Irgendwann muss es in der Entwicklungsgeschichte eine jagdliche Symbiose gegeben haben, die das wilde Tier bis an die Feuer des Menschen brachte. Der vom Menschen domestizierte Hund, in allen seinen auch durchaus traurigen Schoßhund-Abarten, stammt bekanntlich in direkter Linie vom wilden Wolf ab. Bei den meisten Hunden sieht man die klare Zuchteinflussnahme durch den „denkenden Menschen“.
Ich war auf der Jagd und hatte Interesse an seinem „Pelz“. Wäre die Aufforderung sowohl des Guides als auch des Outfitter nicht so nachdrücklich gewesen und hätte der schwere Dauerregen uns nicht im Lager

festgehalten, so hätte ich mir diesen Schuss vielleicht noch einmal überlegt! Vielleicht wäre der Finger am Abzug am Ende gerade geblieben. Der Wolf lag auf der Stelle und war im Knall verendet. Der nach meinem Schuss dazu hinzugeeilte Indianer schaute mir in Seelenruhe zu, bis ich nach dem Wegstellen der Büchse mit den Schließen des Gürtels fertig war. Er gratulierte sichtlich erfreut und erklärte, dass sich mehrere Wölfe weitflächig um das Lager herum aufhielten. Diese Nahrungsopportunisten fraßen die Karkassen der von uns gejagten Stücke. Er barg den auf der Stelle verendeten Wolf durch den reißenden kleinen Bach und versorgte ihn. Der herrliche Pelz mit der grob abgeschabten Decke wurde mit viel Salz zum Austrocknen auf einen Holzrahmen unter dem Dach des Küchenzeltes gespannt.

Es regnete monoton weiter. In unserem Küchenzelt trommelte der Regen gleichmäßig und ununterbrochen auf das halbtransparente Plastikdach. Der Indianer war wieder schlafen gegangen. Er meinte wortkarg, dass wir bei diesem nebeligen Wetter sowieso keinen Anblick haben würden. Ich griff mir einen fetten Lachs aus dem geschlossenen Fischkasten am Bach und bereitete ihn auf einem Gemüsebett pochiert zu. Mein Guide schlief bei dem nun stärker trommelnden Regen weiter. Das Wetter und das Verhalten meines Indianerführers waren nervtötend. Was konnte ich hier ohne jede Kommunikation mit dem Outfitter dagegen machen? Also genoss ich in meinem geräumigen Zelt unter dem Licht der beruhigend zischenden Gaslampe die Hälfte des gut gewürzten Lachses bei einer halben Flasche Chardonay. Zum Glück hatte ich mir ein spannendes Buch über die Jagd in Alaska mitgebracht. Was sollte ich sonst in dieser unwirtlichen Urlandschaft und bei einem solchen Sauwetter alleine in meinem Zelt tun.

Als ich am nächsten Morgen nach tiefem Schlaf in die mit Sauerstoff saturierte Luft trat, hatte der Regen nicht völlig aufgehört aber man sah, dass es vielleicht mittags aufklaren würde. Die Morgentoilette und Waschungen fanden immer im Küchenzelt statt, während ich meinen Unterleib in der Hocke am kalten Bach wusch. In der Erwartung, dass unsere Jagd heute weitergehen würde, trug ich meine Büchse in das Küchenzelt, ölte sie ganz leicht von außen, füllte das Magazin nach, führte aber keine Patrone in die Kammer ein. Der Indianer ruhte immer noch eingerollt in seiner Koje hinter der Küche und meinte, dass wir gegen Mittag wohl besseres Wetter haben würden. Also begann ich mit dem scharfen Anbraten von Speck. Das letzte von insgesamt 6 Eiern für uns beide platschte gerade in das heiße Öl der Pfanne, als ich aus dem Augenwinkel eine Bewegung auf der anderen Seite des Bachs bemerkte. Hier bewegte sich sonst nichts. Trotz der Frühstücksvorbereitungen elektrisierte mich das. Ich drehte das Gas unter der Pfanne aus und griff instinktiv nach meiner neben mir stehenden Büchse, um sie leise durchzuladen. Das war alles ein schnell fließender Reflex des Beute machen's, den jeder Jäger kennt. Durch das Zielfernrohr sah ich, wie sich das Sehfeld darin sich mit dem weißen Pelz eines besonders starken Wolfes füllte. Ich drehte das Zeiss-Zielfernrohr auf die niedrigste Vergrößerung. Die Umrisse des weißen Wolfs verschwammen für einen Augenblick im milchigen aufsteigenden Bodennebel. Der Dauerregen hatte tagelang jedes Geräusch verschlungen. Nun hatte er beinahe ganz aufgehört. Es herrschte eine überraschende, bislang unbekannte Stille in der Natur. Sie wurde nur vom Klatschen weniger Tropfen aus den Bäumen auf unsere Zeltplanen unterbrochen. Da war der weiße Geist, den ich kurz gesehen hatte, wieder. Kaum zu glauben. Es stand ein zweiter, beinahe schneeweißer, stärkerer Wolf als der vorherige im Bodennebel und nur 50 Meter von mir entfernt. Er tippelte windend am anderen Ufer im niedrigen Bewuchs hin und her. Der schnell ziehende Wind trug ständig Nebelschwaden auf Bodenhöhe von ihm zu uns herüber. Ich konnte mal weniger und dann mehr seine verschwimmende Gestallt erkennen. Seine sichernden Bewegungen waren absolut lautlos. Nun stand er im satt grün bemoosten Unterholz mit den

bartartigen herunterhängenden Engelshaarflechten. Nur kurz hatte ich mit einem bekannten aufkommenden Gefühl zu kämpfen. Erneut eine irgendwie merkwürdige Jagdsituation. Dieses, dem geliebten Hund so ähnliche Tier, hatte entweder keine Scheu vor mir als regloser Figur vor dem Küchenzelt, oder, was wahrscheinlicher war, er konnte uns Menschen wegen des Windes nicht wittern.
Sein weißes, buschiges Fell mit der kurzen, wenig herunterhängenden Rute schien trotz des voran gegangenen Nieselregens kaum vom Wasser durchtränkt. Der Rüde war wohl vom aufreizenden Geruch des gebratenen Specks in der sich schnell bewegenden Morgenluft angezogen worden und wollte nachschauen, ob etwas für ihn abfallen würde. In mir siegte das Jagdfieber und der Wille, auf dieser vom Ablauf und vom Wetter her missglückten Jagdreise Beute zu machen. Wölfe haben keine natürlichen Feinde und sollten, von der Regierung gefördert, unbedingt abgeschossen werden. Weshalb war ich diese viele tausende Kilometer angereist. Ich klappte nicht einmal die am Objektiv transparente Abdeckkappe des Zielfernrohres auf. Mein Puls stieg nach dem Entschluss zum Schuss. Die erst zögerlichen Gefühle führten nun ein anderes Eigenleben. Ich machte eine fließende Bewegung mit der Büchse im Anschlag. Der Wolf wandte sein langes Haupt ein wenig ab. Nach dem Fokussierte durch das nun freie Zielfernrohr und sanften Auslösen des Abzugs blieb auch dieser zweite Wolf nach einem kurzen letzten Biss an seine Schusswunde liegen. Weniger als 100 Meter von dem Platz entfernt, wo ich seinen wahrscheinlichen Rudelgenossen am Vortag erlegt hatte. Auch dieses begehrenswerte zweite Fell hatte es mir angetan. Der Wolf war kapital und alt, genau wie der vom Vortag. Ich beschloss, dass dieses der letzte Wolf in meinem Leben sein würde (mehrfach hätte ich später weitere Wölfe in Alaska und Rumänien erbeuten können; tat es aber aus Überzeugung nicht mehr). Der Indianer hatte seinen Dauerschlaf und seine Morgenruhe endlich beendet. Er war nach dem Verklingen der prasselnden Regentropfen durch den Knall meines Schusses erneut unsanft auf die Läufe gekommen. Das Erlegen eines Tieres ist niemals eine banale Angelegenheit. Hier war das Töten direkt um das Lager eine besondere Situation. Trotzdem war ich dankbar für den Anlauf dieser beiden reifen Wölfe. Nach kurzem Verweilen beim Stück begann die Versorgung des zweiten Isegrims. Bald hingen nun beide Wolfsdecken an einem provisorischen Gestell. Dann wurde das Gas unter der Pfanne erneut angestellt. Zu den Eiern kamen einigen Bratkartoffeln und Zwiebeln vom Vortage. Das frugale Essen schmeckte besonders an der vom ewigen Regen gereinigten kühlen Herbstluft.
Vom aus der Decke schlagen der Wölfe und Bären verstand mein indianischer Guide zum Glück einiges. Er hatte jetzt genug geschlafen und kam auf Betriebstemperatur, so dachte ich. Fehlanzeige, dieser Mann war im falschen Beruf, trotz unserer am Ende der Jagd erlegten drei Bären und zwei uns zulaufenden Wölfen. Ich empfand einfach keine Motivation in dieser Art zu jagen. Am letzten Jagdtag packten wir die sorgfältig mehrfach gesalzenen Felle in Jutesäcken und meine gesamte Ausrüstung in das Boot. Dann ging es zwei Stunden flussabwärts zum Landeplatz des Kleinflugzeuges. Es brachte neue, erwartungsfrohe Jäger und nahm mich und meine Ausrüstung zurück in die Zivilisation. Ich suchte keine Konfrontationen hier in der Natur und sagte den neuen amerikanischen Jägern bei unserer flüchtigen Begegnung nichts über die „unbändige“ Jagdpassion dieses Führers, sondern wünschte ihnen eine erfolgreiche Jagd.
Insgesamt lag ein merkwürdiges Jagderlebnis hinter mir. Ich schaute lange aus dem Fenster der kleinen Maschine hinab in die verregneten Berge der Kanadischen Costal Mountains nahe des 55. Breitengrades und beschloss, definitiv nie wieder einen Bären oder Wolf zu erlegen. Die Trophäen wurden von einem

Präparator in Prince Rupert versandfertig gemacht. Auf meinen Beschwerdebrief an den Outfitter über das merkwürdige Verhalten und ständige Schlafen seines Guides erhielt ich eine knappe Antwort. Ich hätte ja meine Jagderfolge gehabt. Der Guide sei ein kurz vorher eingesprungener Ersatzmann gewesen. Als Ausgleich hatte er einen Scheck von ein paar hundert US Dollar beigefügt.

ELCH UND SCHNEEZIEGE IM RAUEN ALASKA

Eine weitere Jagd im hohen Norden des amerikanischen Kontinents führte mich im Spätherbst 1995 in meiner Sehnsucht nach Abenteuer und Wildnisjagd in das faszinierend ursprüngliche und raue Alaska. Auf zwei SCI (Safari Club International) Treffen und den Shot Show Veranstaltungen in Reno und Dallas hatte ich vorher über die damals in Europa noch unbekannten Cassiar Stone Outfitters von Mark Sullivan, seinem Bruder und deren Vater eine Empfehlung bekommen. Ich sollte Kontakt zum Master Guide Sam Fejes in Alaska aufnehmen.

Der Vater Sullivan und seine damals jungen Söhne waren sympathische, charismatische und selbstsichere Naturburschen von einer angenehmen, lockeren Art. Vater und Söhne operierten als Outfitters in Northern British Columbia und unterhielten ihr Büro in Phoenix, Arizona. Wir hatten uns dort 1991, vier Jahre vor meiner Alaska-Buchung, auf der bedeutendsten Jagdmesse in Nordamerika kennen gelernt. Auf ihrem Messestand war ich bei einem Gespräch dabei, wie sie ihr Kunde und später vielfache Buchautor Ross Seifried besuchte. Die Wahl und das Jagen dieses erfahrenen Jägers und Autors mit der Sullivan-Familie und Fejes bestärkten mich in meiner Wahl von Sam Fejes. Mark Sullivan hat inzwischen den Kontinent gewechselt und ist einer der bekannteste Großwildjäger Afrikas mit viel diskutierten spektakulären Videos geworden. Darin stoppt er annehmendes Großwild mit seiner englischen Doppelbüchse im Maximal-Kaliber .600er und auf Entfernung von wenigen Metern, in reißerischer Manier und lässt das filmen. Solche Videos mit annehmenden wilden Kreaturen kann man mögen oder auch verurteilen. Auf jeden Fall stellt sich dieser von seiner Art der Afrikajagd besessene Mark Sullivan auf seinen Videos als einer der mutigsten Burschen und kontroversen Berufsjäger seiner Zunft in Afrika dar. Ich bin der damaligen Empfehlung von Marks erfahrenen Vater und Outfitter gefolgt und habe eine Jagd beim damals 2 Jahre im Voraus ausgebuchten Sam Fejes angezahlt. Das war weit vor dem Erfolg seines Sohnes in Afrika.
Sam jagte seit 1981 aus seinem durchorganisierten Tsiu River Buschcamp im menschfeindlichen abgelegenen Alaska, südöstlich von Anchorage, 100 Luftmeilen südöstlich von Cordova und 160 Luftmeilen von Anchorage. Das Camp liegt in absoluter Abgeschiedenheit an der Küste des Alaska North Gulf Coast, nahe einem der größten Gletscher Nordamerikas, dem Bering Gletscher. Wie meinte einer der erfahrenen Berufsjäger *„an einem Ende der zivilisierten Welt“* südöstlich vom Chugach National Forest und südlich vom Wrangell-Saint Elias National Park.
Seine meist amerikanischen Klienten jagten von seinen beiden Camps (ein zweites unterhielt Sam auf den Kodiak Inseln) jedes Jahr besonders starke Trophäen, natürlich unter hohem organisatorischen und finanziellem Aufwand. Die dafür aufwendige Logistik mit Kleinflugzeugen ist in der völligen Abgelegenheit und der gefährlichen Natur ohne jegliche Straße entsprechend kostenaufwändig. Wenn man von dort die Grenze zu Nordkanada kreuzen würde, wären es 300 Kilometer direkte Luftlinie nördlich nach Whitehorse. Heute kann man sich diese menschenferne Lage ganz einfach über Satelliten und GPS-Systeme veranschaulichen. Mit Google konnte ich damals in dieses hochsensible, militärische Schutzgebiet noch nicht hineinsehen. Meine Vorbereitungen für die Jagd zogen sich über 3 Jahre. Trotz ausführlicher

und fachkundiger Korrespondenz mit Sams Büro hatte ich nur unzureichende Vorstellungen von der Landschaft und den Wetterbedingungen, die mich dort Ende September erwarten würden. Sams Büro beantwortete alle meine Fragen und schickte eine wirklich hervorragende Vorbereitungsliste für den Gastjäger. Trotzdem kann man einem Alaskajagd Neuling die herrschenden Verhältnisse und das launische Wetter auf dem Papier nur unvollständig vermitteln. Im Herbst 1995 saß ich endlich im Flugzeug, um Elch und Schneeziege zu jagen. Die Gebühren für die meist von Amerikanern begehrten Wildschafe waren mir zu hoch.

Natürlich genehmigte ich mir einen Zwischenstop im kanadischen Vancouver, dieser wunderschön gelegenen und hochinteressanten Stadt am Pazifik. Auffällig ist in dieser zum Pazifik und nach Asien ausgerichteten Stadt, dass beinahe jeder zweite seiner sich harmonisch einfügenden Neubürger aus Asien eingewandert ist.

Mein endgültiges Reiseziel aber war das amerikanische Alaska. Dieser gigantische Bundesstaat der Vereinigten Staaten von Amerika hatte damals nur 600.000 Einwohner. Erst vor gut 100 Jahren hatte ihn die USA von Russland erworben. Der Kaufpreis betrug nur kaum glaubliche 7 Mio. Dollar. Mit einer Fläche von 1.5 Millionen Quadratkilometern sind das weniger als 5 Dollar-Cent pro Hektar. Dafür hätte ich auch gerne eine Eigenjagd für Hochwild und wertvolles Holz erworben. Amerika bezahlte Russland einen absoluten Traumpreis für einen halben Kontinent voller immenser Natur- und Bodenschätze. Der Staat Alaska ist ja nur so „klein“ wie ganz Westeuropa! In seinen beiden größten Städten Anchorage und Juneau leben mehr als die Hälfte aller Bewohner dieses größten aller amerikanischer Bundesstaaten. Die restlichen 200.000 Menschen sind auf das ganze riesige Land verteilt. Alaska ist voller gewaltiger Bergketten, Gletscher, Ströme, unendlicher Wälder sowie Schnee und Eis in unvorstellbarer Menge. Der Jagdabschnitt des von mir gewählten Outfitters liegt im äußersten Südwesten. Es ist ein vom Menschen nicht erobertes Gebiet ohne Straßen. Aus eigenem Erleben damals, darf ich sagen: an einem der Enden unserer zivilisierten Welt.

Mein nächstes Flug-Zwischenziel war Anchorage. Das amerikanische Anchorage (englisch für Ankerplatz) war eine Stadt mit damals etwa 200.000 Einwohnern. Die Stadt liegt an der Bucht des Inletts und ist als größte Stadt des Bundesstaates von einem Ring schneebedeckter Berge und Gletscher malerisch umfasst. Ich hatte über sie bereits in Jack Londons Novelle „In the eye of the hunter“ vom Anfang des 20. Jahrhunderts gelesen. Natürlich ist Anchorage inzwischen zu einer modernen Stadt und bedeutendem Stützpunkt der US-Armee herangewachsen.

Nach meinem 24-stündigen Umsteigen von Flugzeug zu Flugzeug stand ich in der Empfangshalle des Regal Alaskan Hotels. Es liegt 10 Minuten vom Stadtzentrum entfernt. Das an der Hallenwand hängende Schulterpräparat eines Monster-Elches in der haushohen Eingangshalle begrüßte mich drohend. Sie war voller geschäftiger Männer, die ein- oder auscheckten. Überall lagen nachlässig gestapelte Gewehrfutterale, Sättel, Hüftstiefel, Rucksäcke und reichlich Angelgeschirr in Köchern und Taschen. Ich legte meinen Deutschen Reisepass zusammen mit der Reservierungsbestätigung auf die Theke. Die Rezeptionistin schaute mit einem warmen Lächeln tief in meine vor Müdigkeit glasigen Augen. *„Sind sie mit dem einzigen Direktflug (entweder mit Condor oder LTU) aus Deutschland über die kurze Poolrute gekommen?“* Verdammt dachte ich, von deren Existenz hatte mir niemand je etwas gesagt. Mein Anflugweg war zeitaufwendig, mühsam und alles andere als direkt gewesen. Ich war drauf und dran, vor Aufgebrachtheit darüber in mein Flugticket zu beißen. Dieses Ersatz-Reisebüro werde ich nie wieder be-

nutzen. Eine junge Dame brachte mich in mein Hotelzimmer. Danach erinnere ich mich an nichts mehr. Es war so, als ob einer in mir den Hauptsicherungsschalter umgelegt hatte. Ich schlief wie ein gefälltes Bäumchen in Teilen meiner Kleidung auf dem Kingsizebett ein.
Nach dem Wachwerden und Öffnen des dunklen Vorhangs sah ich aus dem Zimmerfenster. Die Uhr zeigt mir an, wenn ich mich richtig erinnere, dass ich einen 14 Stunden langen, todesähnlichen Tiefschlaf hinter mir hatte. Die herrlichen Berge und das funkelnde blaue Wasser der Bay blendeten vielversprechend in meine nur halbgeöffneten Augen. Wie Bienen ein- und ausschwirrende Sportflugzeuge auf Schwimmern lagen, wie sonst die Pkws, auf dem Parkplatz, zu hunderten direkt vor dem Fenster der Hotelzimmer am Steg im Wasser. Mich packte eine kribbelige Unternehmenslust. Nur schnell duschen und raus an die kristallklare Luft. Das Frühstücksbuffet sah aus, als wenn es für Männer gemacht wurde, die die nächsten zwei Wochen keine Nahrung mehr zu sich nehmen würden. Ich war fast ausschließlich umgeben von Männern, Schweißgeruch, Bärten und dampfendem Essen. Dazwischen wirbelten drei aufreizend hergerichtete weibliche Bedienungen herum. Ihr Benehmen ließ darauf schließen, dass sie es gewohnt waren, gegen großzügige Trinkgelder, routiniert jeden Verzehrwunsch zu erfüllen. Es herrschte eine raue, aber herzliche Atmosphäre. Bei aller aufgesetzten Freundlichkeit der Amerikaner spürte ich hier die Nähe des schnell verdienten und ausgegebenen Geldes. Man meinte Amerikas frühe Besiedelungsjahre zu spüren. Es ist „The last Frontier“ mit den vom Frost zerstörten Straßen und verwegenen bunten Kneipen voller grüner, roter, resedafarbener und rosa Neonwerbung in schneidend kalter und klarer Luft.

Als erstes kaufte ich ein erstaunlich billiges Paar hüfthoher Gummistiefel bester Qualität. Die große, haushohe Halle dieses Outdoor Outfitters war bis unters Dach mit allen in der Wildnis notwendigen Gegenständen gefüllt. Ausgestopfte, kapitale Grizzlys standen mit aufgerissenen Fängen auf ihren Hinterläufen und hatten ihre gewaltigen Tatzen über den Köpfen der Einkaufenden erhoben. Ich fühlte mich beim Anblick all dieser herrlichen und hier so brauchbaren Artikel wie ein fündiger Goldsucher mit einem schweren Nugget oder glücklicher Trapper mit einer Hütte voller kostbarer Pelze. Endlich stand ich kurz vor dem Eintauchen in eines der echten Abenteuer auf diesem Planeten. Als in die Natur gehender Jäger kann man sich an so einer Halle voller Ausrüstung nicht satt sehen.
Das Büro meines Outfitters hatte mir geschrieben, dass ich keine der in Deutschland üblichen Regenjacken mitbringen sollte. Auch nicht die des berühmtesten norwegischen Outfitters. Ich sollte in Vancouver oder Anchorage nur die Jacke einer speziellen Marke kaufen. Nur die wäre maximal atmungsaktiv und gleichzeitig absolut wasserdicht. Sie kam aus England von einem bestimmten Hersteller. Ich glaube heute aus der Erinnerung, es war ein ganz bestimmtes Modell von der Firma Millet, kann aber dafür nicht bürgen. Sam Fejes kennt die ganz genau. Beinahe alle anderen Jacken wären keine Garantie, um 14 Tage in diesem extremen Wetter dicht zu halten. Drei verschiedene Outfitter im Ort erklärten mir, dass diese ehemals exzellente englische Bekleidungsfirma leider seit einem viertel Jahr lieferunfähig war. Ich kaufte also, wohl oder übel und mit einem schlechten Gefühl, etwas Anderes. Die dort überlebenswichtige Kleidung wird in verschiedenen Schichten mit jeweils anderen Eigenschaften übereinander, wie die Häute einer Zwiebel, getragen. Mir war bewusst, dass es in dieser regnerischen Jahreszeit mit Wintereinbrüchen, gegen Ende September, keine Trocknungsmöglichkeiten für unsere Ausrüstung gab. Man jagte während der Elchbrunft aus winzigen Spike-Außenzelten in völliger Nässe und fast immer bei ständigem Regen.

Alaskas
Komfort-Außencamp

Alaska am Gletscher

70-Inch eines Gastes - Mein 61 Inch hat abnormale Unterschaufeln. Deutsche Jäger lehnen solche Pose aus Achtung vor der Kreatur ab. Andere Länder andere Sitten.

Alaska Elch

Autor, sehr feucht

Deckungsloses Pirschen

Rucksäcke auf Beinen

Mit zwei Maschinen am Fuß des Gletschers

Das letztes Plaster

Eine Tonne Beute

Aus der Decke schlagen

Jagdpause in Alaska

Mitjägerin aus Texas

Gelandet wird überall

40 Jahre alt - aber zuverlässig

Fliegen in Alaska

l.: Mit Sam Fejes am Tsiu River

l.: Sam Fejes links, mit kapitalem Küsten-Braunbären und glücklichem Erleger

Kontroverse Bärenjagd mit unvergesslichem Native

Der Billly als Belohnung

1995 Alaska Schneeziege
Chugach Wrangell,
Wexell 7.000 feet

Walpenisknochen
von der Tsiu River Bay,
Yukatat, Alaska

Selfy 25 Meter hoch im Wipfel

Wie immer, konnte ich nicht an den Messermachern vorbeikommen, ohne mir auch diesmal eine großartige, feststehende Rohklinge mit durchgehendem Handgriff aus einem Stück Superstahl und ohne Griffmaterial zu kaufen. Ich ließ mir stattdessen mehrere Meter unverwüstliches, grünes Nylonrettungsseil nach meinen Vorstellungen um den leeren Griff flechten. Es bleibt in seiner Rohheit und Zweckmäßigkeit, genau wie das mich begeisternde Land Alaska, eine der beeindruckenden Jagdutensilien meiner Gebrauchsmesser-Sammlung.
Nach diesem Ausflug in einen Wunderladen in dem man als Outdoor Mensch scheinbar wirklich alles gebrauchen kann, ging es mit den neuen, bis zur Hüfte reichenden Watstiefeln und dem Messer unterm Arm ins Hotel zurück. Mein Weiterflug war erst für den nächsten Tag gebucht. Die Rezeptionistin empfahl mir ein bestimmtes Restaurant. Dort habe ich eine gigantische Portion des frischesten Heilbutts meines Lebens gegessen. Dann gab es flambiertes Baked Alaska (Vanille-Eiskrem umgeben von einem dicken Mantel aus Eischnee). Der Kellner empfahl mir zum Abschied ungefragt eine bekannte urige Life-Musik-Bar. Knallhart aussehende, tätowierte, kaum rasierte Männer einer Lifeband rockten darin so schwermetallisch heavy und bassbetont ab, dass auf der kleinen Tanzfläche die Fetzen flogen. Die rauen Kerle an der Bar waren glücklich und freundlich zu mir. Sie schwatzten, scherzten und benahmen sich wie kleine Jungen, die endlich bei ihren lange erträumten Spielzeugen waren. Die Mädels, leicht in der Unterzahl, waren in viel grob gestrickte Männer-Arbeitskleidung gekleidet und hatten meist zu grelle, wasserstoffblond gefärbte Haare. Es schien mir, als hätten viele von ihnen auffällig straffe, muskulöse Körper. Sie waren es scheinbar gewohnt, zuzugreifen oder sich ihrer Haut zu erwehren.
Man sieht an anderen Plätzen in Amerika wegen ihrer Fehlernährung so schrecklich viele dicke Menschen. In dieser Stadt sah ich garantiert keinen einzigen! Die Gesten der Mädels an der Bar und beim Tanzen mit ihren Männern verrieten mir, dass sich ihr sonst bestimmt raues Leben in der Wildnis auf den Überlebenskampf und die notwendige Vorsorgewirtschaft beschränkte. Hier beim Feiern herrschte das pure Vergnügen. Alle suchten in diesem für die Leute aus dem Busch wohl luxuriösesten Ort ganz einfach nur Spaß. Die Wildnisbräute der rauen Kerle machten einen geländegängigen Eindruck. Zwei mir am nächsten stehenden Damen tranken ihr Bier mit Grazie und geübt direkt aus den Flaschen oder Dosen. Mich ritt, ein wenig sprachlos in diesem Moment, der Teufel. Ich wagte es einen Mojito zu bestellen. Er wurde mir zu meinem Erstaunen mit hochgezogenen Augenbrauen und Minze aus dem Tiefkühler gebracht. Ich beschloss, es in den Bars zukünftig bei Bier zu belassen. Nach einer sehr kurzen Warmlaufphase an der Bar musste ich mich mehrerer großzügiger Einladungen meiner Nachbarn geradezu erwehren. Hätte ich doch mehr Zeit für diese wilde Stadt mit warmherzigen Menschen eingeplant. Weit nach Mitternacht verließ ich mit vielen guten Wünschen und Tipps für die Jagd versehen, die immer noch im fetten Rhythmus der Bässe und den harten Riffs stampfende Western-Hütte. Die Luft vor der Tür war unsagbar klar. Aufgereiht wie saugende Ferkel vor der Muttersau oder wie die noch dampfenden, angebundenen Pferde vor dem Saloon im Wilden Westen nach einem wilden Galopp, parkten fette Monster-Pickups mit Abgasfahnen in der eisigen Luft. Viele Trucks waren an Motor und Innenraum heizende Steckdosen angeschlossen. Oder sie standen ohne Fahrer mit laufenden Motoren und dampfenden Auspuffgasen in der Kälte. Alle fuhren auf hohen, grob stolligen Ballonreifen. In manchen Pick Up Wagen sah man Gewehre in ihren Hartplastik-Konturen-Futteralen an den Rückfenstern der Fahrerkabinen hängen. Einige trugen montierte Kuhhörnern oder kleine Elch-Geweihe auf dem Kühler oder auf dem Dach der meist viertürigen Fahrerkabine.

Ich befand mich jetzt in großer Aufregung mit einer mich schüttelnden Vorfreude auf die Jagd. Die vermischte sich in meinem Kopf mit einem Dröhnen und leichten Kopfschmerzen. Hoffentlich lag das nicht an dem einzigen Mojito. Das Akkumulieren der langen Flugzeiten durch die vielen verschiedenen Zeitzonen und alle die neuen, unbekannten Eindrücke hatten mich aufgedreht und „überkandiedelt" gemacht. Schnell nahm ich ausnahmsweise einmal eine Kopfschmerztablette. Noch einmal fiel ich danach in einen abgrundtiefen Schlaf.

Am nächsten Tag ging es nach üppigen Frühstück und dem Bezahlen der moderaten Hotelrechnung per Zubringerbus mit Gepäck und Gewehrfutteral zum Flughafen von Anchorage. Nach den zwei Nächten in der Stadt sollten wir mit einer deutlich kleineren Maschine, mit Zwischenstation in Valdez, weiter in das Fischernest Cordova fliegen. Dieser Fischerei Ort am Pazifik mit 1500 Einwohnern liegt etwa auf Höhe des 60. Breitengrades. Wir landeten bei heftigem Sturm aber noch mit schönem Wetter in Valdez und starteten nach einem kurzen Zwischenaufenthalt erneut und mit heftigen Scherwinden Richtung Cordova. Dann folgte eine unsanfte Landung auf einer festgefahrenen Sandpiste in Cordova. Der Pilot drängte uns Passagiere wegen einer Sturmansage zur Eile beim Aussteigen. Uns schlugen jetzt ungewöhnlich heftige Böen entgegen. Die beinahe theatralische Natur und das Licht blendeten meine Augen beim gebückten Aussteigen aus der engen und niedrigen Kabine. Draußen war es beinahe so unerträglich schön, wie eine gemalte Filmkulisse, die man aus den alten Hollywoodfilmen kennt. Eine malerische und ein wenig unwirkliche Natur. Wie frei müssen sich die Menschen fühlen, die hier immer leben. Der Sturm schob uns in Böen über das Flugfeld. Wieder holte jede der schräg geneigten Gestalten sein eigenes Gepäck selber vom Flugzeug ab. Vor dem Flugzeug und im Laderaum lagen die Gewehrkoffer und separaten, gepolsterten Munitionsköfferchen aus Plastik zum Aussuchen herum. Herrlich, dachte ich. Nur ein Geisteskranker würde darauf kommen, dass hier, wo beinahe alle Menschen immer ein Gewehr in Reichweite haben, irgendeine Gefahr für die Fluggäste davon ausgehen würde. Wenn sowieso jeder bewaffnet ist, geht man rücksichtsvoll miteinander um! Ist das so, oder habe ich da oben etwas falsch empfunden? Die wenigen Gestalten in der kleinen Zubringermaschine zum Fischernest Cordova sahen ausnahmslos nach Abenteuer, Fischen, Jagen und der Auseinandersetzung mit der ursprünglichen Natur aus.
Der Flug war turbulent gewesen. Niemand der Passagiere hatte jedoch Futter für die Fische gespendet. Mein Jagdveranstalter und Master Guide wollte mich am nächsten Morgen vom in Cordova gebuchten Hotel abholen lassen. Er hatte den Weiterflug bis zu seiner Jagd- und Fischlodge am Tsiu River in der Yakataga State Game Refuge mit einem seiner eigenen Kleinflugzeuge organisiert.
Das Wetter wurde immer schlechter und stürmischer, als ich die Tür zu dem urigen Hotel mit dem ulkigen Namen „The Reluctant (unfreiwillige, widerwillige) Fisherman" öffnete. Mehrere Fensterläden schlugen unangenehm klappernd im Wind. Das kleine Hotel mit Restaurant und Bar liegt direkt am Hafen. Bereits jetzt rüttelte der Sturm lautstark an Türen, Fensterläden und Allem, was nicht gut befestigt war. Mit einiger Phantasie fehlte jetzt nur noch, dass Jack Nicholsen mit einer Axt in der Hand, wie in Stanley Kubricks Hollywoodfilm „Shining" über ein einsames, gespenstisches Hotel, hereinstürzt. Als ich mich der Rezeptionistin zuwendete, wurde auf einmal alles menschlich und warmherzig. Sie sagte beruhigend: *„Wir Menschen an der Küste rücken unter dem lebensbedrohlichen Wetter einfach noch mehr zusammen und Du bist doch jetzt bei uns"*. Wie herzlich und beruhigend. Das Wetter zum Ende der

Elchbrunft fiel dieses Jahr, Mitte September 1995, aber trotz ihrer Worte so stürmisch wie selten zuvor aus. Mehrere Hochseeschlepper und große Schiffe kamen in dieser Nacht vor Cordova auf hoher See mit Wind in Orkanstärke in Seenot und einige davon sanken.
Sam hatte ein Zimmer für mich und ein zweites für ein zur gleichen Zeit in meinem Camp jagendes Ehepaar aus Texas reserviert. Der damals etwa 40 Jahre alte, gut aussehende Ehemann Gregg W. kam, wie ich später diskret in Sams Camp erfuhr, aus dem Big Business seiner Familie in Dallas/Ft. Worth. Seine hübsche, weißblonde und schlanke, große Frau Betsy sah aus, wie die von der Natur perfekt gestaltete „Trophäe“ (hoffentlich verzeihen mir die beiden diesen jagdlichen Vergleich) eines einflussreichen, erfolgreichen Jägers. Ihre harmonische Erscheinung und gelassene, freundliche Art würde nicht nur hier, sondern auch an der Cote D‘azur sofort auffallen. Beide Texaner erzählten mir, dass sie in ihrer Heimat bekannte Pferdenarren sind und ich unbedingt einmal zu ihrer berühmten Horse Show Futurity in ihre Heimatstadt Fort Worth kommen müsse. Ich bereue es, dass ich das, trotz der ernst gemeinten Einladung der beiden jüngeren Leute, nie getan habe.
Was wir drei vor Ankunft nicht wussten, war, dass das Reluctant Fisherman Hotel und mehr noch sein angeschlossener uriger Inn, zum Bersten voller Berufsfischer war. Die liefen am nächsten Morgen mit ihren Spezialbooten zum Beginn der kommerziellen Lachs- und Heilbutt-Saison aus. Es ging dabei in einem alljährlichen Wettrennen für sie alle darum, in der nur maximal zwei Monate dauernde Fangsaison die Erlöse des ganzen Jahres zu fangen. Entsprechend aufgeregt war die Stimmung. Vor dem anheimelnden Hotel lag der gespenstisch gelblichrosa beleuchtete Hafen. Die vertäuten, von der sturmgepeitschten See heftig auf und ab geworfenen Boote, waren seit Wochen für den übernächsten Morgen startklar gemacht worden. Das Hotel vibrierte nicht nur unter den peitschenden Regenböen, sondern auch wegen der mit Adrenalin gefüllten, angespannten Seeleute in der Bar.

Es war unvermeidlich, dass ich mich für ein Abendessen und ein paar Biere im Pub unter sie mischte. Die Biere und der Mojito von Anchorage waren lange vergessen. In meiner Vorfreude und in ihrer rustikalen Gesellschaft waren schnell zwei der dünnflüssigen Biere getrunken. Das Bierzapfen besorgten junge Frauen mit langen Pumphebeln an den Hähnen. Die sahen aus, wie aus vergilbtem Elfenbein oder aus einem mir unbekannten Naturmaterial und waren leicht gekrümmt. Meine Neugier war geweckt. Ich fragte einen meiner lärmenden Nachbarn an der Bar, was für ein Griffmaterial das denn wäre, welches die Mädchenhände pumpend auf und ab bewegten. Ein etwas ungläubiges Gelächter begleite meine nun deutlich offensichtliche Entlarvung als Greenhorn. Es wären die heraus getrennten Penisknochen der Wale. Sie wären nun täglich im Gebrauch und das noch in den guten Händen der Mädchen. Wieder großes, typisch männliches Gelächter und dann folgte der nächste ziemlich derbe und etwas anzügliche Satz mit Blicken auf die Mädchen hinter der Bar. Die lachten aber ziemlich gelassen und fröhlich zurück. So einen Knochen von Unterarmlänge, „Oosik“ genannt, musste ich einfach als Erinnerung mit nach Hause nehmen. Die Männer meinten, dass sie dieses „piece of conversation“ und für alle Fälle, alle zuhause hätten. Wieder folgte viel Gelächter. Im Souvenirladen des Hotels kostete mich der Oosik deutlich mehr als eine Übernachtung, nämlich US $ 150. Er musste am nächsten Morgen extra von einem der Fischer gebracht werden. Der Oosik hängt heute als besondere Erinnerung und kurioser Gesprächsstoff an einer Wand unserer Safaribar. Wie hatten die Fischer gesagt, so etwas sollte man für alle Fälle zuhause haben.
Sam ist mehrfach als bester Jagd-Outfitter Alaskas mit den bedeutendsten Trophäen für seine hochzu-

friedenen Jagdkunden ausgezeichnet worden. Entsprechend war er stets mindestens für zwei bis drei Jahre vorher ausgebucht. Ich war Mitglied des in verschiedenen Kontinenten mächtigen, amerikanischen Safari Club International und hatte jahrelang sorgfältigen für meine Alaskajagd herumrecherchiert. Eine solch aufwendige extreme Elchjagd macht man nicht alle Tage. Ich wollte deshalb das Maximum an Erlebnis für mein Geld in meiner kostbaren Urlaubszeit. Das mit allem notwendigen ausgestattete Jagdcamp liegt in der Moorlandschaft eines Flussmündungsgebietes mit vielen kleinen Creeks oder Prielen. Dort haben außer starken Küsten-Braunbären (Grizzlys) einige in Wildkörper und Trophäe besonders urige Elche ihre völlig abgelegenen Reviere. Meine Jagdreise galt dem Elch und der im Gletscher Gebirge lebenden Alaska Wildziege oder Mountain Goat in ihrem nördlichsten und härtesten Vorkommensgebiet. Meinen möglichst reifen Elch wollten wir nahe dem Golf von Alaska und etwa 50 Meilen vor der nordwestlichen Grenze Kanadas im äußersten Südwesten von Alaska jagen. Einer der Safari Club Mitglieder, der dort bereits gejagt hatte, schilderte mir, wie unendlich abgelegen und völlig ursprünglich dieser Abschnitt Alaskas ist. Für kapitale Schneeziegen würden wir mit einem waghalsigen Flug in einer einmotorigen Supercup einen 100 Kilometer langen Gletscher überfliegen und versuchen darauf zu landen. Allerdings, wie alle ehrlichen Jagden zu Fuß in wilder, freier, unwegsamer Wildbahn und trotz aller Organisation, schon wegen der rauen Landschaft gab es keine Garantie auf Erfolg. Besonders deshalb, weil das zu dieser Jahreszeit bereits launische Wetter mitspielen musste. Meine geschäftlichen Termine ließen kein anderes, passendes Zeitfenster zu. Wir würden vor den Chugach und Wrangell Mountain auf fast zweitausend Meter Höhe versuchen, an den hohen Seitenwänden des Gletscherfeldes in einer äußerst anstrengenden Jagd zu Fuß einen alten, schneeweißen Wild-Ziegenbock zu erlegen.
Es herrschten mittlerweile eisige Winde und die ersten nassen Schneetreiben drückten die Temperaturen nachts deutlich unter Null Grad Celsius. Unsere Abholung in Cordoba durch Sams Piloten verzögerte sich wegen des Sturms um einen halben Tag. Dann flog die kleine, von uns heiß ersehnte, Maschine endlich ein. Als erstes gingen die beiden Texaner und ich mit dem schweigsamen Piloten zu den strengen Beamten oder Rangern der Fish und Wildlife Behörde hinter der Post am Hafen. Dort lösten wir die staatlich festgelegten Lizenzen (Tags) für ausländische Jäger. Amerikaner bezahlten geringere Tarife. Bogenjäger dürfen etwas früher im Jahr und vor uns Büchsenjägern mit der Jagd beginnen. Dazu erhielten wir eine ernste Belehrung und ausführliches Material über das korrekte Verhalten auf der Jagd. Sams Pilot packte unser Gepäck und Frischproviant für das Camp besonders sorgsam ein. Das Flugzeug brauchte bei dem Sturm ein genaues Austarieren und Verzurren der Ladung. Dann erfolgte der recht prekäre Start unter heftigen Böen mit uns drei Passagieren und dem Gepäck.
In dem peitschenden Regen und Sturm hatte ich mit meiner erst vor Kurzem in Caracas erworbenen eigenen Privatpiloten-Lizenz ein mächtig mulmiges Gefühl. Der Sturm drückte die leichte Maschine wie einen manchmal hilflosen Spielball, bis zu 10 gefühlte Meter pro Sekunde seitlich vom Kurs ab. Das Motoren- und Propellergeräusch reagierte schnatternd mit ansteigender Lautstärke und beängstigend auf die sich ständig verändernden Materialbelastungen am Propeller. Der etwa 37jährige Pilot hatte, trotz seiner Erfahrung von mehr als 12.000 (!) Flugstunden, von mir vorher nie erlebte Mühe, die abgetriebene Maschine ständig wieder einzufangen. Ich dachte bewundernd darüber nach, wie eine solche Zahl an Flugstunden in seinem jungen Lebensalter möglich ist.
Wir flogen ganz niedrig wie auf einer niedrigen Achterbahn und hatten aufgrund der Regenböen nur kurze Sicht. Immer an der Strandlinie und den schäumenden Brechern entlang. Ich erinnere mich daran,

dass mir trotz dieses Sturmfluges ganz leicht ums Herz wurde. Nun hatte das Abenteuer, welches ich gesucht hatte, wirklich begonnen. Die aufkommende Begeisterung begann mich in aufregenden Wellen zu durchfluten. Genau wie unsere winzige Maschine durch die Windböen „ritt“. Wenn ich an diesen heftigen Sturmflug in der leichten Maschine zurückdenke, kommt mir heute etwas ein wenig ähnliches in den Sinn. Die völlig groteske aber eindringliche Surfszene nach dem traurigen Hubschrauberangriff der Luftkavallerie auf ein vietnamesisches Dorf aus Francis Ford Coppolas Film „Apocalypse Now“ mit dem Schauspieler Robert Duvall. Im Film wurden die Klänge aus Richard Wagners „Walkürenritt“, welche auch die Nazi-Wochenschau bei der Luftlandung der Deutschen auf Kreta benutzte, unterlegt.

Hinter mir lagen 24 Stunden Flug nach Anchorage und dann die Weiterflüge von 600 Kilometer über Valdez nach Cordova. Nun flogen wir weitere 100 Kilometer während des turbulentesten Sichtfluges meines Lebens immer über den Brechern an der Strandlinie entlang durch den peitschenden Regen. Hoffentlich bekamen wir nicht auch noch Nebel. Jeder hing schweigend seinen Gedanken nach und nur der bewundernswerte Pilot strahlte Konzentration und absolute Ruhe aus. Auf einmal zog er die Maschine weit in die Höhe. Schräg gegen den Sturm stieß der Pilot dann steil nach unten. Er fiel dabei über einen Flügel des kleinen Propellerflugzeugs, wie eine Ente mit angelegtem Gefieder und pfeilförmigen Flügeln, in die Kurve. Ziemlich spät erst konnte ich eine kurze, in den Wald geschlagene Schneise und eine mit Gras und Resten von kurzgeschnittenen Büschen bewachsene Landepiste erkennen. Starke seitliche Scheerwinde rüttelten die leichte Maschine während der bereits weitgehend nivellierten Annäherungsphase zwischen den riesigen, drohenden Tannen beängstigend hin und her. Ein kleiner Pilotenfehler an dieser Stelle bei den Sturmböen wäre tödlich für uns gewesen. Was für ein göttlicher, völlig ruhiger Pilot! Ich erinnere mich, dass ich dabei bewundernd dachte, was im Leben bestimmter Menschen so alles zur Gewohnheit und Routine werden kann. Nach diesem kühnen Flug holperte die Maschine bei der Landung in Bocksprüngen auf die erstaunlich perfekten Holzhäuser aus groben Baumstämmen zu. Sie wurde nach dem Anhalten sofort von zwei jungen Männern mit mehreren Seilen im Erdboden verankert. So konnte der Sturm die entladene Maschine nicht davon schleudern oder umkippen.
Nach dem Begrüßungshallo für uns Gäste wurden das Gepäck und die frischen Provisionen von vielen hinzueilenden Händen entladen und in die Haupthütte getragen. Der untersetzte und muskulöse Sam begrüßte uns dann persönlich bei einem heißen Kaffee und hausgemachter Torte im urigen und erstaunlich komfortablen Camp-Haupthaus. Es war von elektrischem Strom erhellt. Endlich, nach fünf Tagen Anreise, wurde es ernst. Sam informierte mich, dass man während dieser Brunft keinen der hier sonst besonders kapitalen Elche beobachtet hätte. Allerdings hätten sie einen mit einer besonders seltenen und abnorm geformten Trophäe vor Tagen vom Flugzeug aus gesehen. Mein Führer würde versuchen, mich an den zu Fuß heranzubringen. Garantieren kann man das bei den im Brunftbetrieb ziemlich standorttreuen Riesenhirschen jedoch trotzdem nicht. Elche werden auch von den starken Küstenbraunbären gerissen. Wir würden in dieser Landschaft häufig an Stellen unterwegs sein, die wenig Menschen seit Anbeginn der Erde, vor uns betreten hatten. Diese nun mit Händen zu greifende Gewissheit einer absoluten Wildnisjagd steigerte meine Vorfreude auf die so lange vorbereitete Reise noch mehr.
Man zeigte mir eine der fünf im Kreis angeordneten kleinen Hütten und bat mich den Inhalt meines Koffers auf einem der beiden Betten auszupacken. In einer an der Seite offenen Hütte heulten der Generator und das Gebläse einer umfangreichen, ohrenbetäubenden Trockenmaschine für Kleidung. Etwas

hier lebenswichtiges, wie ich noch erfahren sollte. Ein vor Tagen eingeflogener, etwa gleichaltriger Belgier, teilte die Hütte mit mir. Wir bekamen nach einer kurzen Ansprache vom drahtigen Sam in einem halb militärischen Ton jeder einen seiner vier Berufsjäger zugeteilt. Meiner hieß Dough Powers. Er war schlank, wortkarg und etwa 25 Jahre alt. Sofort sortierte er lakonisch meine ausgebreitete Jagdkleidung. *„Diese aussortierte Hälfte, Hajo, kannst Du hier lassen. Die brauchst Du die erste Woche für unsere Moosejagd sowieso nicht. Und denke dran, wir müssen restlos Alles selber auf dem Rücken tragen“*. Er packte dann jede meiner Unterhosen und Hemden einzeln in bereitgestellte Plastikbeutel. *„Die Spezialtüten haben einen wasserdichten Verschluss“*, sagte er *„wir werden in ständigem Regen und im Moor in völliger Nässe leben und ohne trockene Wäsche zum Wechseln steht man die Strapazen nicht durch“*. Mein sympathischer Hüttennachbar, den ich einige Jahre später auf einer Hirschjagd in Schottland und in seinem Restaurant in Belgien wieder sehen sollte, war besser vorbereitet. Er hatte jedes einzelne Kleidungsstück zum Wechseln in Folie bereits zuhause in der Profiküche seines belgischen Fünf-Sterne-Restaurants vakuumverpackt. Ein ausgezeichneter, mir anfangs der 90er Jahre noch unbekannter Tipp.
Regen und Sturm hatte etwas nachgelassen. Sam entschied, dass mein Berufsjäger Dough und ich diese kostbare Wetterpause sofort nutzen sollten. Nun ging es beinahe zu schnell. Der Pilot drängte, weil per Funk bereits eine nächste Sturmwarnung mit weiterem schwerem Regen vorausgesagt wurde. Mir war das ständige Sitzen in irgendwelchen Flugzeugen inzwischen zur Gewohnheit geworden. Dough, Sams Berufspilot und ich packten die deutlich reduzierte Ladung hastig in einen anderen, extrakleinen Sportflieger. Der hatte beeindruckende Ballonreifen und ein hohes Fahrwerk mit überdimensionierten Federbeinen. Es war eine Piper Supercup oder Piper J-3, wie man mir erklärte. Dieses wohl beste Gletscheraufklärungsflugzeug ist ein ultra leichtes Spornradflugzeug mit Ballonreifen, Skiern oder Schwimmern darunter. Im Camp unterhielt Sam vier peinlich genau gewartete Privatmasdchinen, 2 Piper Super Cups, eine Cesna 185 und eine DeHavilland Beaver.
Doughs Ausrüstung war wirklich minimal. Sie bestand aus: seinem Gewehr mit speziellem, dick geschütztem Zielfernrohr auf einer bombenfesten amerikanischen Montage, Erste Hilfe Päckchen, Minizelt, Überdachplane, Schlafsack, Unterlegisoliermatte, Mini-Gas-Kocher, zwei übereinander stehende, kleinen Töpfe, Walky Talky Funkgerät, kleinem Klappspaten, eingeschweißte Miniportionen von trockenem und nassem Klopapier, Feldstecher, ein monukolares Beobachtungsglas, Sofortlösliches Teepulver und Platz sparende, getrocknete Astronauten- und Tubennahrung für unsere maximal 7 Tage.
Wir mussten hinter dem Wild mit unserer gesamten Ausrüstung herziehen. Ich hatte die genauen Begleitumstände dieser beiden Jagden naturgemäß vorher nicht gekannt, war aber jetzt tief beeindruckt von der bislang gesehenen, makellosen Organisation im Hauptcamp. Sam sah sehr unzufrieden auf meine Regenjacke mit versiegelten Nähten aus extra starkem, in der Werbung so hoch gepriesenem Material. Ich erzählte ihm, dass die von ihm empfohlene Jacke leider ausverkauft war. Daraufhin lieh er mir wortlos die englische Ersatz-Jacke eines seiner größer gewachsenen Mitarbeiter. Das gleiche Material soll angeblich bereits während des Zweiten Weltkrieges von den englischen Spitfire Piloten getragen worden sein. Dann inspizierte er die auf meine Körpermaße und nach meinen Vorstellungen angefertigte 98er Büchse mit Zeiss-Zielfernrohr im rasanten, weit reichenden, deutschen Kaliber 8x68S. Zu diesem in vielen meiner Jagden bewährten Gewehr hatte ich bei Weitschüssen absolutes Zutrauen. Vielleicht war es diesmal für diese Jagd nicht das ideale Gewehr. Ich führte 40 Schuss extra geladene Präzisions-Munition mit. Er bat mich, auch die letzten Reste von etwaigem Öl von der Waffe zu entfernen. Nickte dann aber nach mei-

nem Abwinken und seinem näheren Hinschauen befriedigt. Natürlich hatte ich das bereits gründlich in Anchorage getan und die Gleiteigenschaften des bei Frost einfrierenden Öls durch die von dort gekauften Graphitpulver ersetzt.
Ich bekam jetzt bereits mehr Ahnung davon, dass wir keinem Zuckerschlecken entgegenflogen. 1995 war ich 52 Jahre alt und damit doppelt so alt, wie mein Jagdführer. Eigentlich ist das noch kein Alter. Mir aber war klar, dass ich hier in diesem Biotop schnell und mehrfach an meine physischen Grenzen kommen würde, obwohl ich mich Wochen vorher durch etwas Training in Form gebracht hatte. Mit einer unbestimmten Vorahnung über den wirklichen Jagdablauf lag ich nicht richtig genug. Das folgende Waten in den moorigen Sümpfen der Mündung von eisigen Gletscherflüssen war eine harte Herausforderung für mich. Aber das sich anschließende Klettern in der lebensfeindlichen, mit Spalten und riesigen Geröllsteinen versehenen Gletscheroberfläche auf bis zu zweitausend Meter Höhe in Schneeregen und Perma-Eis war wohl das Härteste, was ich je auf der Jagd durchstehen musste. Aber so ist das mit der Jagdpassion auf wilde Tiere in der menschenfeindlichen Natur dieses extremen Landes. Ich hatte mir das ja freiwillig ausgesucht. Mehr als einmal habe ich mich in dieser unbarmherzigen Natur gefragt, warum ich mich eigentlich selber und freiwillig in solche, im Prinzip durchaus lebensbedrohliche Situationen gebracht hatte. Der wortkarge Dough meinte später, dass die Jagd auf Wildschafe in den höchsten Gebirgen Alaskas und noch mehr in den Bergen Zentralasien noch ein Stück härter sei, wegen des geringen Sauerstoffes im Hochgebirge. Das meinte auch sein erfahrenen Chef Sam Fejes. Diese Kommentare beruhigte mich nicht.
Wie viele Berufsjäger in Alaska studierte Dough während des jagdfreien, restlichen Dreivierteljahres Forstwirtschaft in Anchorage. Er lebte in der Studienzeit von seinen gesparten Einkünften der Jagdführungen. Mehr wurde nicht geredet.
Schnell rein in die Maschine und hoch in die Luft. Es herrschte erwartungsgemäß schlechte Sicht. Wir flogen dicht über die teilweise im Nebel versinkenden Baumwipfel hinweg. Nach einem Flug von etwa 20 Minuten fand der Pilot eine Lichtung. Wir überflogen sie zweimal und setzten wieder spektakulär mit den Ballonreifen, über kleine Felsbrocken, Baumwurzeln und niedriges Bodengebüsch hopsend, auf die klatschnasse, moosige Erde auf. Es war bereits spät für seinen Rückflug. Unsere Sachen (mit Ausnahme der Gewehre) wurden bei laufendem Motor etwas rau aus der Gepäckluke geworfen. Der Pilot startete und zog die nun wesentlich leichtere Maschine knapp über die dunklen Wipfel der gewaltigen Nadelbäume nach oben. Die Bäume waren mit grünem, wassergetränktem Moos und im Wind wehenden Flechtenbärten bewachsen. Das sah aus wie aus einem Horrorfilm von Steven King. Es war wie ein Bild aus Urzeiten.
Als der Pilot uns mit wackelnden Flügeln noch einmal ganz niedrig überflog, überprüfte Dough die Frequenz und den Empfang unseres lebenswichtigen Sprechfunkgerätes mit dem Piloten. Es war vereinbart, dass das Flugzeug jeden möglichen Tag uns oder unser mobiles Lager orten und einmal überfliegen sollte. Wegen der beschränkten Reichweite unseres Sprechfunkgerätes mit Batterien war die Verständigung begrenzt. So konnte man in einem Notfall nur Hilfe holen, wenn das Flugzeug vorbei flog. Dough erklärte mir als allererstes, wie dieses starke Walky Talky Sprechfunkgerät funktionierte und zeigte mir den Satz Ersatzbatterien. Nur zum besseren Verständnis möchte ich nochmals erwähnen, dass es hier im Umkreis von hunderten Kilometern kein Haus, keine Hütte, keine Straße und auch keinen Weg gab. Man kann das heute, anders als vor über 20 Jahren, bequem und genau auf Google Earth anschauen.

Ich hatte damals das Jagdgebiet nur auf einer mühsam erworbenen Karte ausmachen können. Nur die zeitlich begrenzt zugelassenen Boote einiger Fischer an der Flussmündung am Meer und die der Ranger der Küstenwache oder Sams autorisierten Kleinflugzeuge hatten einen streng kontrollierten Zutritt in dieses riesige militärische Sperrgebiet am Pazifikrand.

Nicht nur wegen der aufkommenden Dunkelheit, sondern auch von Gesetz wegen, darf bekanntlich nirgendwo in Alaska am selben Tag des Hinfluges gejagt werden. Man muss immer erst eine komplette Nacht vor Jagdbeginn dort verbracht haben. Die Einhaltung dieses Gesetzes wird mit drakonischen und astronomisch hohen Strafen überwacht. Dough spannte in kürzester Zeit unsere große Plastikplane. Dann baute er darunter ein sich selbst aufstellendes, hauchdünnes und enges Zwei-Mann-Zelt mit wenigen Handriffen auf. Es gab noch einen heißen Tee und schon ging es in die Schlafsäcke. Alles, aber wirklich alles, vor dem Zelt war klitschenass. Es war deprimierend, denn der Nebel ging bis auf dem dampfenden Boden. Die Regentropfen spielten ihre ernüchternde Melodie auf der Plane, bis ich endlich einschlafen konnte.

Dough weckte mich mit dem Zischen seines kleinen Gaskochers. Es war gerade noch Zeit für einen heißen Pulverkaffee oder lösliches Teepulver mit viel Zucker. Das luxuriöse 3-Minuten-Frühstück bestand, wenn ich mich richtig erinnere, für mich noch aus einem Müsli, einer kleinen, getrockneten mitgebrachten Mettwurst, einer Banane und Traubenzucker. Alles um uns herum war noch stockdunkel. Unsere Behausung war mit wenigen Handgriffen abgebaut und in den beiden gewaltigen Rucksäcken verstaut. Alles Essbare kam hoch in einen nahen Baum. Bis es hell war, tappten wir langsam wie die Schildkröten in den schweren Hüftgummistiefeln, mit unseren Gewehren und einer Notausrüstung auf den Rücken, in das morastige Gelände hinein. Der hoch über den Kopf aufragende Back Pack verlagerte den Schwerpunkt eines um das aufrechte Gehen bemühten Menschen auf unangenehme Weise. Ständig drohte ich zu stürzen. Die Stiefel sackten schmatzend und sich festsaugend in den Schlamm des Moores. Wenn man zu lange auf einer Stelle stehen blieb, drohte das Wasser über die Ränder der Stiefel an der Hüfte in die Stiefel zu laufen.

Unter allen Umständen galt es für mich ein Umstürzen oder Hinfallen zu vermeiden. Beim Hinfallen würde man das Gewehr, sich selber und Teile der Ausrüstung unweigerlich durchnässen und viel Zeit verschwenden. Ich verstand hier für immer, warum alle großen amerikanischen Jagdbüchsenhersteller auch solche aus rostfreien Metallen für Alaska im Sortiment hatten.

Es wurde langsam „Alaska-Hell". Mein Körper war immer noch nicht richtig wach. Tanzende Nebel und vom Wind wirr getriebene Regenschauer wurden jetzt durch die zunehmende Helligkeit sichtbarer. Vielleicht ist es für den Leser nicht einfach zu verstehen. Aber die Landschaft wurde durch ein wenig mehr der grauen Helligkeit für mich wesentlich erträglicher. Ich stampfte einfach hinter meinem jugendlichen Führer her. Leichter gesagt als getan. Dough sah von hinten aus, wie ein in den Regenumhang gehüllter Seesack auf Gummistiefelbeinen. Er trug sowieso den Löwenanteil unserer Ausrüstung.

Überall auf den Bachrändern lag zwischen den bis mannshohen Blaubeersträuchern frischer, schwarzer und breiiger Bärenkot. Man hatte mich besonders ausführlich über das Verhalten von Bären und uns Menschen in ihrem Lebensraum eingewiesen. Ich hatte vorher im Anchorage einen launigen Artikel in einer Alaska Zeitung gelesen. Darin wurden die Hauptaufgabe und die Gefahren für einen professionellen Guide beim Führen der völlig unerfahrenen, zudringlichen und blauäugigen „Ist-das-hier-wunderschön-Fototouristen" im Bärengebiet beschrieben. Wie gesagt, es handelte sich dabei nicht um bewaffnete Jäger, auch handelte der Artikel nicht in dieser nur für Sam und seine Guide exklusiven Konzession ohne jeglichen Zugang und tausend Kilometer nach dem Ende des letzten Weges. Die erste Wilderness-Guide Regel darin war, dass der Kunde versucht, dich möglichst zu töten. Die zweite Regel lautet: die Klienten versuchen immer wieder, sich selbst zu töten. Ich war mir nach den Erfahrungen von Afrikasafaris und drei in Nordwestkanada erlegten Bären und zwei Wölfen absolut sicher, dass Sam Fejes hoch professionellen Führer garantiert keine Probleme dieser Art mit mir haben würden. Aber auch wir mussten stets wachsam bleiben vor sich hinter dem nächsten Busch bedrängt gefühlten Meister Petz. Und hier gab es gewaltige Exemplare. Mehrfach hatten wir Anblick von einzelnen Bären und einmal von einer sich unangenehm aufgeregt aufstellenden Bärin mit zwei herum „bolzenden" Jungen. Die zu vermeidenden Zusammenstoßdistanzen zwischen uns und den *für uns sichtbaren* Bären betrugen an den offenen Landschaftsstellen und selbst in den übermannshohen Weidengebüschen zwischen 12 und 30 Meter. Wir waren zwei hoch aufragende Menschen mit Backpack die im morastigen Wasser unweigerlich laut plantschten. Mein schussfertiger Guide reagierte, navigierte und führte uns mit größtem Geschick durch dieses Bärenparadies. Die Flussarme und Bäche des Deltas des Tsiu Rivers und aller anderen Zuläufe in den Pazifik waren um diese Jahreszeit gefüllt mit den bekanntlich nacheinander aufsteigenden verschiedenen Lachsarten. Wir befanden uns am Ende der Elchjagdsaison. Sam jagte hier die in ganz Nordamerika für ihre Stärke berühmten Küsten-Braunbären. Und das natürlich unweigerlich auch auf den Resten der Karkassen der bereits erlegten Elchbullen. Man musste sich also auf die beobachtende Nähe der Bären mit oder ohne Menschenerfahrung in ihrer eigenen Speisekammer zu jeder Zeit einstellen.

Die Dämme der Biber waren unsere Brücken für die ständigen Überquerungen von kleinen Creeks. Etwa gegen Mittag stellte Dough seine Ausrüstung unter einer mächtigen, hohen Tanne ab. Er bedeutete mir, mich auf die weniger nassen Baumwurzeln zu setzten und auszuruhen. Ich war dankbar für die Pause. Außerdem war ich bis ins Innere meiner Kleidung vom tropfenden Schweiß durchnässt. Dann stieg Dough wie ein großes Eichhörnchen, aber man bedenke, mit seinen schweren, hüfthohen Gummistiefeln, bis auf die etwa 25 Meter hohe Spitze einer Tanne. Er sägte den Wipfel mit einer höllisch scharfen Taschensäge ab und machte es sich darauf in schwindelnder Höhe mit seinem Feldstecher „bequem". Dough glaste die Umgebung nach dem bestimmten männlichen Elch und seinen Tieren ab. Dieser Elch Hirsch war Tage vorher bei gutem Wetter vom Flugzeug auf einer der vorherigen Küsten-Braunbären-Jagden mit mehreren Tieren seines Brunftrudels in diesem riesigen Gebiet bestätigt worden. Nach kurzer Zeit kam mein athletischer Führer wie ein sich windender Schlangenbeschwörer durch das enge Astwerk heruntergeklettert. Wir taumelten weiter. So ging das wohl 10 Mal ergebnislos. Beim dritten Baum meinte ich ihm nachklettern zu müssen. Ich ließ meinen Back Pack samt Gewehr am Fuß der Riesentanne stehen. Es war anstrengend bis in die schwankende Spitze hoch und wieder runter zu klettern. Die eng stehenden, dichten Äste hielten meinen Körper fest, als wollte der Baum sich gegen das Besteigen wehren. Ich bewunderte einmal mehr die außergewöhnliche Zähigkeit und Ausdauer meines jungen Führers.
Einmal hörten wir das Geräusch eines Flugzeugmotors dicht über uns in dem fast bis auf die Wipfel herunterreichenden, verhangenen Himmel. Es war der möglichst jeden zweiten Tag geplante Kontrollflug. Der Pilot hörte über den Walky Talky ganz kurz, wie die Jagd bislang verlief. Später, in völliger Dun-

kelheit erkannte ich, dass ein Zurückgehen zu unserem kleinen Zeltplatz vielleicht gar nicht geplant war. Diese Nacht schlief ich halb im Sitzen für 5-6 Stunden ein. Ich lehnte dabei erschöpft gegen den Stamm und die Wurzeln eines der gewaltigen Bäume. Meine Ausrüstung diente als hartes Kissen. Der wortlose Dough saß neben mir und bemühte sich mit Astronautennahrung nach Kräften um unser Wohlbefinden. Er war ein hingebungsvoller Führer und Betreuer seines zahlenden Jagdgastes! Um uns herum ragten gewaltige Hemlocktannen, Douglasien, Sitka-Fichten und die Küsten-Mammutbäume bis zu 40 Meter hoch in den dunklen Himmel. Eine wirkliche Urlandschaft. Der sonst wortkarge Führer murmelte, bevor ich in den Traum wegsackte: *„Anderswo südlich werden diese Bäume sogar 100 Meter hoch und 1000 Jahre alt. Sie heißen dort Redwoodbäume".*
Auf unserem Weg kamen wir an einer in Deutsch Grannenkiefer genannte Baumart vorbei. Ich brach mir einen kleinen Zweig davon ab. Laut meinem Jagdführer und einem Bestimmungsalmanach in der Haupthütte werden die an den Küstenbergen von Nordkanada und Alaska bis zu 5000 Jahre alt. Für all diese Wunder der unberührten Natur um uns herum hatte ich in meiner totalen Erschöpfung bald kaum noch ein Auge. Am nächsten Abend und nach der gleichen „Eichhörnchen-in-Watstiefeln-Sucht-Elch-Methode" schliefen wir die kommende Nacht ein paar Stunden im bequemen Liegen. Dough präparierte mir eine Natur Matratze unter dem Minizeltboden. Es waren wohl Tannenzweige darüber eine Plastikplane und dann wir Jäger im Minizelt. Wir wurden noch ein weiteres Mal unter einer Plane vor dem Morgengrauen wach.
Es gab täglich Astronautennahrung aus der Tube oder dem Plastik/Aluminium-Schlauch. An den beiden ersten Tagen tranken wir Unmengen köstlichen, warmen Tee dazu. Außerdem hatten wir beide einen 2 Liter Behälter mit abkühltem Tee bei uns. Dough meinte, wir wären wahrscheinlich bereits dicht an dem besagten Elch und seinem Rudel von Tieren dran. Deshalb würden wir heute kein Feuer mehr machen. Das war plausibel. Ich besaß nun schon seit zwei Tagen keine trockene Stelle am Körper und hätte Einiges für einen heißen Tee mit Zucker gegeben. Wir ernährten uns ab hier von Kraftriegeln, Trockenfrüchten, Nüssen und nach Zitronensaft schmeckender Isoflüssigkeit.
Langsam arbeiteten wir uns weiter vor. Mit dem ersten Licht machte Dough erneut die anstrengende Wipfeltour. Ich gestehe, dass ich es aufgegeben hatte ihm bei seiner notwendigen Kalorienverbrennung nachzuklettern. Das war längst keine Frage von Jagdkameradschaft und Passion mehr. Es ging um mein Durchhalten und in gewissem Sinne um meine pure Existenz, da oben war sowieso kein Platz für zwei schauende auf dem schwankenden Gipfel. Ich war, im Vergleich zu ihm, ein wassergetränktes Jägerbündel.

Dough blieb diesmal ungewöhnlich lange oben in seinem Ausguck. Ich hoffte innig, dass wir dem ersehnten Ziel wirklich nahe waren. Nach seinem diesmal besonders behutsamen Abstieg erklärte er mir, dass er die weiblichen Stücke des Brunftrudels in der Ferne langsam auf uns zuziehen gesehen hatte. Nach zwei Stunden langsamem Gehen im Wasser nahmen wir wieder auf den Wurzeln eines großen Baumes mit dem Hosenboden Platz. Ich machte mich nach dem Laden mit 3 Patronen im Magazin und einer in der Kammer, die eng vertraute Büchse noch gesichert, schussfertig. Klappte dann noch die Okular- und Objektiv- abdeckklappe des auf niedrigste Vergrößerung herunter gedrehten Zielfernrohres auf und nahm den Mündungsschutz des nach unten gerichteten Laufes ab.
Jetzt kam ungebremstes Jagdfieber in mir auf. Dough flüsterte, dass die Elche relativ nahe und ver-

traut wahrscheinlich direkt auf uns zuziehen würden. Dann hörte ich es zum ersten Mal im Leben in der Realität und nicht von einem Video, die Brunftrufe des männlichen Elches. Sie klangen kläglich, quäkend und nasal. Grotesk, für einen derartig gewaltigen Hirschartigen, dachte ich. Schlagartig waren die bleischwere Müdigkeit und die Schmerzen des Muskelkaters im ganzen Körper wie weggewischt. Vor Jagdfieber und Erschöpfung ging mein Puls wohl auf eine ungesund hohe Frequenz. Wir befanden uns bei besser werdendem Licht und dampfendem Boden an einem ganz flachen Strom. Deren mäandernde Uferränder waren mit mannshohen Laubbäumen bewachsen.
Unendlich langsam traten nacheinander 5 bis 6 weibliche Stücke aus. Sie ästen völlig versunken an den zarten Trieben der Weiden.
Wo war der Elchbulle? Dough hatte uns wirklich perfekt herangebracht und hinter einem niedrigen Damm in einem kleinen Gebüsch positioniert. Wir lauerten geduckt. Ich hielt mühsam den noch rasselnden Atem an und versuchte die Herzfrequenz nach unten zu bringen. Dann endlich sah ich kurz den oberen Teil seines mächtigen Schaufelgeweihes des in seiner Landschaft wie ein Ur-Hirsch wirkenden Alaska-Elches. Sein muskulöser Körper, von beinahe einer Tonne Gewicht, streifte mühelos durch die bis zu armdicken Zweige der hohen Weidenbüsche. Mit seinen massiven, schweren Schaufeln bearbeitete er sie schlagend. Die Gruppe von dunkelbraunen Schemen zog seitlich vorbei auf uns zu. Dann stand der so ersehnte Elch Hirsch endlich gut sichtbar, wie ein Hüne auf einer der Bühnen seines Brunftgebietes. Nun konnten wir seinen dampfend ausgestoßenen Atem sehen. Auch die Körperwärme stieg von der Rückenlinie des knapp zwei Meter hohen Widerrists (Dornfortsätze der ersten Brustwirbel) in die feuchte Luft nach oben. An diesen Moment des ersten Anblicks eines so gewaltigen Tieres erinnert mich die beeindruckende Schultermontage an der Wand täglich. Ich denke dann an den morgendlichen Bodennebel in seiner natürlichen Urlandschaft und das beglückende Finale meines Jagderlebnisses. Jetzt konnte ich es sehen. Seine dicken Unterschaufeln, wie sie von Sam vorausgesagt waren, sind abnorm und interessant geformt. Die Stangenmasse gibt dem Geweih nicht nur Auslage, sondern auch ein ungewöhnlich fülliges und massives Aussehen. Die Schinderei, hier an einem verlorenen Ende der Welt, in Regen, Kälte und Sturm hatte sich für mich bereits wegen dieses einen, finalen Momentes mit dem kapitalen, alten Elchhirsch mehr als gelohnt.

So müssen sich die Neandertalergruppen, auf der Erde kauernd und lauernd, auch dem Wild genähert haben. Der Urjäger muss sich beim archaischen Anblick von buchstäblich Tonnen wohlschmeckenden Fleisches, vor Jahrtausenden genauso gefühlt haben. Die starken Bullen der Alaska-Elche (Alces alces giga) wiegen laut unserem Outfitter gut und gerne 800 bis 900 Kilo! Welch eine Menge Wildbret von sieben Tieren und zwei gewaltige Schaufel kamen da auf uns zu. Eine handvoll entschlossener Männer, im Halbkreis geduckt, hätten diese „fette Beute“, selbst nur mit langen Lanzen bewaffnet, durch das Überraschungsmoment sicher erlegen können. Wir würden bald so nahe sein, dass uns beiden gut geschmiedete und scharfe Lanzen für die Erlegung im äußersten Notfall auch gereicht hätten. Es war in dieser Jagdsituation ganz offensichtlich, dass ein geübter moderner Jäger Elche mit Pfeil und Bogen sicher erlegen kann. Erregte Elch Hirsche in der Brunft und weibliche Tiere mit Kälbern können unbewaffnete Menschen durch das Schlagen und Stampfen mit den scharfen Vorderhufen verletzen oder töten. Führende oder brunftige Elche werden als weit aggressiver als Schwarzbären eingestuft. Trotzdem, die moderne Feuerwaffe erschien mir in diesem Moment beinahe wie ein zu viel an Bewaffnung. Die

Elchjagd mit großkalibrigen Handfeuerwaffen, dem Bogen und der Armbrust ist in Nordamerika mit vorgezogenen Jagdzeiten sehr populär.

Unsere Gruppe Elche kam im für uns stetigen Gegenwind und leichten Nieselregen direkt seitlich auf uns zu. Sie schritten gemächlich staksend und ästen in den jungen, mineral- und natriumhaltigen Baumtrieben von Weiden, Pappeln und Birken auf wenige Meter heran. Einer nahe stehenden, jetzt sichernden Kuh hingen die noch tropfenden Wasserpflanzen oder Flechten aus den „flunschigen", breiten Hängelippen ihrer Rammnase. Der sonst vom Jäger manchmal verräterische erlebte Wind verschluckte gnädig unsere Witterung und winzigen Geräusche. Die Elche wären mit ihren kleinen Lichtern und hängenden behaarten Oberlippen erst auf den letzten 2 bis 3 Metern auf uns unbeweglich versteckt Kauernden aufmerksam geworden. Dessen war ich mir damals sicher. Ich musste den Zauber dieses wunderbaren Anblicks brechen, denn das erste Alttier war bereits zu nah an uns heran gekommen. Der gewaltige Elch Hirsch stand nun seitlich mit seinem überraschend stark abfallenden Hinterteil völlig frei. Man sah jetzt deutlich seinen hohen Widerrist und den Rückenbuckel von denen die kräftigen Muskeln ausgehen, die das 20 Kilo schwere Geweih tragen müssen. Ohne das gewaltige Geweih entsprach sein Körperbau eher dem eines kaltblütigen Arbeitspferdes als dem eines starken Hirsches. Der Buckel war mit schwarzen, weit abstehenden Grannenhaaren bedeckt. Er machte den Bullen in meinen Augen deutlich größer als ein erwachsener Mann mit hoch erhobenen Armen und auch als seine jetzt sichtbaren 6 kleineren geweihlosen Alttiere und Kälber. Ich hatte vor meiner Anreise gelernt, dass man für die Altersbestimmung auch die Länge des typischen Kinnbartes benutzt. Dieser jetzt vor uns dahintrödelnde Hirsch hatte nur noch einen kurzen, vom Alter zurückgebildeten. Die maximale Lebenserwartung in aggressiver Wildnis beträgt, laut meinem Guide, etwa 13-14 Jahren. Er schätzte unseren Elch später auf ein reifes Alter vom 10. Kopf und sagte, dass der damit den Höhepunkt seiner Entwicklung überschritten hätte.
Jetzt stand der Elch am hinteren Ende seines Brunftrudels breit zu uns. Entsichern, behutsam auf das nahe Ziel am Vorderlauf hochfahren und direkt auf das faustgroße Herz darüber gehen. Dort, wo der Lauf in den Wildkörper übergeht und dann langsam mit dem erst noch geraden Zeigefinger das Abzugszüngel durchziehen. Man hatte mir die Anatomie des Elches im Camp nochmals ausführlich an einer Zeichnung mit der Lage der Innereien erklärt. Es empfahl sich der tiefe Blattschuss deutlich UNTERHALB des Schulterblattes, weil der starke Schulterblattknochen weichere Geschosse ablenken könnte. Dabei sollte in der Regel erst der untere Teil eines großen Lungenflügels verletzt und danach das Herz getroffen werden. So erinnerte ich mich, was mir mein Führer im Camp erzählt hatte. Bei einem Herztreffer geht das Tier normalerweise schnell zu Boden. Sein faustgroßes Herz sitzt etwas höher über der Linie wo der Lauf in den Rumpf eintritt. Kommt man auf dieser Körperhöhe zu weit hinter dem Laufeintritt ab, trifft man die Leber oder noch weit schlimmer, den Magen. Dann, wenn es für unser europäisches Empfinden nicht anders geht und der Elch nur spitz auf den knienden Jäger zusteht, sollte man im Notfall tief zwischen die Vorderbeine zielen. Bei Lungentreffern mit geeigneten Kalibern und Geschossen käme es nur zu kurzen Fluchtstrecken. Aber das wollte niemand in dieser Landschaft voller Bären und ohne Hund erleben. In der Hotelbar in Anchorage hörte ich von an Trophäen uninteressierten Fleischjägern, dass sie es vorziehen Alttiere und junge Beihirsche mit Schüssen ins Haupt direkt ins Gehirn zu erlegen. Der Löwenanteil der einheimischen Jäger jagt für die Kühltruhe. Wird das sehr kleine vom kräftigen Knochen umfasse Gehirn allerdings nicht getroffen, so kann der Elch schnell verludern!

Sie empfahlen von der Seite direkt aufs Auge zu schießen. Es waren Hinweise die ich von weit angereister für mein Erlebnis wirklich nicht benötigte.
Der Schussknall meiner Büchse klang in der nebligen Dämmerung seltsam gedämpft. Ich merkte absolut nichts von dem starken Rückstoß, als ich durch das Mündungsfeuer hindurch sah und der Platzhirsch sich bewegte. Das erste, hochrasante 8 Millimeter Kegelspitz-Geschoss traf den seitlich herangezogenen Elch nur 1 bis 2 Zentimeter unter den oberen Rand seines Herzens. Ich hatte viel studiert und meine situative und von den Emotionen durchgeschüttelte Entscheidung lag nur einen Hauch vom Idealpunkt entfernt.
Der Schuss saß trotzdem zweifellos richtig platziert auf der Schulter. Deutlich sahen wir den gut sichtbaren Ausschuss und wie das Gemisch aus schaumigen Blut mit Lymphe und der Feuchtigkeit vermischt mit Grannenhaaren von der Decke auf der anderen rückwärtigen Schulter einige Meter weit herausspritze und sich auf den niedrigen Bewuchs im Moor sichtbar niederlegte. Der Leser betrachte diese selber gesehene und mich beeindruckende Geschosswirkung bitte ebenfalls als absolut wahrheitsgemäß.

So etwas Gewaltiges wie ein Platzhirsch von 3 Meter Höhe und gut drei Meter Körperlänge hatte ich so nahe und auf mich herabschauend selten vor gehabt. Ihn hatte die maximale Energie des langen Geschosses aus dem langen Gewehrlauf, hier aus kurzer Distanz, nicht umgeworfen. Das durchpeitschende Geschoss hatte, wegen der großen Nähe, nicht die ganze Energie im Elch gelassen. Todgeweiht war er trotzdem. Man hatte mir eingebläut, in der Unwegsamkeit voller fließender Ströme, solange weiterzuschießen, bis das Wild lag. Die Alttiere und Kälber standen erst verdutzt und trollten sich dann mit langsamen, aber erstaunlich raumgreifenden Bewegungen. Der Elch stakste mit seinen ganz hell gefärbten und weit über einen Meter langen Läufen einfach so weiter, als wenn ihm nicht viel passiert wäre. Aufstehen, repetieren, fest anbacken und diesmal mittig aufs Blatt direkt durch das Herz schießen, war eine einzige schnelle Bewegung. Wieder sah und hörte ich aufgrund der großen Nähe den auch diesmal fatalen Einschlag und sah erneut den beeindruckenden Ausschussstrahl auf der anderen Seite. Noch deutlicher hörten wir den satten Kugelschlag, unmittelbar zusammen mit dem Schussknall. Erneut ging der gewaltige Bulle, zu meiner größten Verwunderung, nicht zu Boden. Er zeigte immer noch nicht die erwartete fulminante Schusswirkung. Nun drehte er sich seitlich langsam in die Gegenrichtung herum und schüttelte einmal langsam die gewaltigen Geweihschaufeln um die Längsachse seines muskulösen Trägers. Er wollte seinem sich trollenden Rudel folgen. Dafür war es zu spät, trotz der ihn wohl beherrschenden Brunfthormone. Ich repetierte so schnell ich konnte und der dritte Schuss verließ den Lauf mit der absoluten Gewissheit, dass der Gigant längst meine Beute war. Ein unglaublich befriedigendes Gefühl durchströmte mich Triumphierenden.

Mein Elch war nach dem ersten, ihn durchpeitschenden Schuss bereits todgeweiht gewesen. Nur die Blutzufuhrunterbrechung hatte sein Hirn und die Nervenzentralen noch nicht lahmgelegt. Wann würde der ihn mit Sauerstoff und Adrenalin versorgende Blutstrom aus dem zerlöcherten und wohl nicht mehr pumpenden Herzen versiegen? Das ganze, aufwühlende Erlebnis geschah in vielleicht 12 Sekunden. Ich erinnere mich an diese dramatischen und glückserfüllten Momente wie in einem Zeitlupenfilm. Mir kam das durch die unerwartet große Nähe und die wankende Langsamkeit des Elchs wie eine Ewigkeit vor. Die Kühe oder Tiere waren inzwischen mit ausgreifenden Schritten ihrer grauweißen Läufe und

mit sich duckendem, eingezogenem Träger außer Sichtweite geflüchtet. Nur der männliche Elch stand schwankend beinahe am gleichen Platz und senkte erstmals sein eben noch so stolzes Haupt. Seine staksigen Läufe zitterten in heftigen Wellen. Dann brach er endlich wie ein umgeworfener Kleiderschrank nach hinten zusammen. Er war bereits tot gewesen, bevor er laut platschend auf eine Seite ins moorige Wasser des Bodens fiel. Ein nobles, jeden Jäger tief beeindruckendes Ende. Meine Schüsse und das Repetieren im Anschlag an der Schulter hatte nur wenige Sekunden gedauert. Sie kamen mir vor, als hätte man dabei die Zeit angehalten. Für ihn dauerte sein Ende aber wahrscheinlich eine dramatische, kleine Ewigkeit.
Das Töten durch Blattschüsse auf das Herz hätte ich nicht schneller antragen können. Hatte diese mächtige Kreatur noch große Schmerzen empfunden? Am Ende stand er bereits taumelnd wie ein stehender KO geschlagener Boxer. Ob er mich mit seinem sich verdunkelnden Augenlicht noch wahrgenommen hat? Ich denke wegen der Nähe von wenigen Metern, dass er den Mündungsblitz meiner erst kauernden und dann aufstehenden Gestalt gesehen haben muss. Etwas traurig aber gleichzeitig unendlich erlöst und stolz ließ ich mich neben seinem riesigen Körper in die feuchten Büsche und Moose fallen. Auffällig war sein breitflächiger schwarzer Brunftfleck um die Brunftrute herum.
Nachdem ich sein dichtes Fell mit den wie mein stehendes Jagdmesser langen, sich dick anfühlenden Grannen- und Mähnen-Haaren gestreichelt hatte, schaute ich ihn mit der jedem Jäger bekannten Mischung von urzeitlichen Empfindungen, lange an. Ich verstand, was die stolzen ostpreußischen Pferdezüchter vom Gestüt Trakehner beabsichtigten, als sie den Symbolgehalt dieser kraftvollen Geweihschaufeln als Brandzeichen für ihre Ausnahmepferde benutzten. Ihre mächtigen Geweihe werden nicht als Waffen sondern nur zum Imponieren eingesetzt, meinte mein Guide. Die Kanten der stärkeren Vorderhufe meines Elchs sahen aus wie die geschärfte Schneide einer gerundeten Axt. Während jeder Brunft und verteidigende Muttertiere werden Menschen von ihnen getötet. Sam hatte mich vor ihnen gewarnt, denn annehmende Elche wussten diese ganz gezielt einzusetzen. Hier im rauen Alaska mussten sie sich damit erbittert gegen viele Fressfeinde wie starke Timber- oder amerikanische Grauwölfe („Timber" sind starke Holzarten welche zum Bauen verwendet werden) und die stärksten Küstenbraunbären zur Wehr setzen. Ihre Vermehrungsrate und die Wilddichte waren durch hohe Verluste von Kälbern durch Bären und Wölfe weit geringer als das, was ich über Elche in Nordeuropa gehört hatte!
Natürlich musste ich mir die erlegte Kreatur genauer anschauen. So eine aufwendige Elchjagd würde ich weit entfernt Lebender wahrscheinlich mir nicht wieder erlauben. Ich konnte seine Zwischenklauensäckchen deutlich erfühlen. Die Zwischenräume der Schalen oder Vorderklauen meines Elches waren mit regelrechten Schwimmhäuten verbunden. Gespreizt verhindern sie zusammen mit den ausgeprägten Hinterklauen das Einsinken im Morast. Elche gehören bekanntlich zu den Paarhufern und der Gruppe der Trughirsche. Ich konnte meine Augen lange nicht von diesem so unendlich langsam zusammengebrochenen Riesen abwenden. Dough ließ mich dabei rücksichtsvoll einige Minuten alleine. Dann hatte mich die Realität nach dem Inbesitznehmen der Beute und dem nahenden Ende dieser Jagd eingeholt. Mein Elch bekam seinen letzten Bissen, einen Weidenzweig, in den Äser geschoben. Der Trughirsch lag und kein Jagdhorn erwies ihm die Ehre. Halali. Dieses mittelalterliche, triumphierende und die Hunde anfeuernde Hornsignal einer Hirschjagd hätte hier vielleicht weniger gepasst, weil ich andere Empfindungen und Erlebnisse damit verband. Auch wenn von dem großen Gescheide (Pansen, Weidsack, Darmschlingen) eine kleine Hundemeute oder ein Wolfsrudel hätte satt werden können.

Einige ungeschickte Fotos konnten, wegen des wenigen Lichts, nur mit Blitzunterstützung gemacht werden. Gemeinsam machten wir uns schweigend an die Rote Arbeit. Aufgebrochene 650 Kilo, beinahe so viel wie ein kleines Auto aber in diesem Fall ohne Räder, lassen sich von zwei Männern nicht bewegen. Nachdem große Partien von Muskelfleisch aus der Decke geschlagen waren, lösten wir die Keulen, die Blätter und schälten das Fleisch von den Rippen der Wamme und vom Blatt. Dann wurde der immer noch schwere Körper auf die andere Seite gedreht und das Zerwirken dort wiederholt. Mein in Anchorage gekauftes, sehr scharfes, neues Messer fuhr beim Abtrennen der gewaltigen Keulen wie durch warme Butter. Seine frisch geschärfte Schneide hielt alles, was ich mir bereits beim Kauf von seinem besonderem Stahl und der bewährten Klingenform versprochen hatte. Das Wildbret dampfte noch, als wir es in großen Portionen zur Seite trugen.
Schwieriger war es, das gewaltige Haupt nach dem Abschlagen mit der eindrucksvollen und schweren Trophäe von über 60 Inch (1,5 Meter) Auslage mit der daran hängenden Decke für das Präparieren der Schultermontage sicher zu stellen. Es war vielfach geübte Routine für Dough, die wesentlichen Stücke Muskelfleisch an einem mitgeführtem, dünnen Nylonseil, hoch in eine Tanne, einigermaßen bärensicher aufzuhängen. Wir sahen bei unserer roten Arbeit, dass die Leber des Elchs für meine Jagderfahrung mit überraschend viel Fett umgeben war. Diese gleichen üppigen Fettvorräte besaß er auch um einige Muskelgruppen herum. Das dunkelrote, magere Fleisch hatte bei diesem kräftigen Bullen, anders als bei Rindern, kein sichtbares durchwachsenes Körperfett. Dough meinte, dass der abgeschlagene Elch nach der Brunft seinen gesamten Fettvorrat aufgezehrt hätte. Bald lag nur noch die rote, knochige Karkasse dort im ganz flachen Moorwasser des Deltas, wo der Elch vor kurzem zusammengebrochen war.
Dieser verheißungsvoll „duftende" Berg von Restfleisch, Läufen und Knochen zieht unweigerlich gewaltige Alaska-Küstenbraunbären und Schwarzbären von weither an. Von diesem Luder hatte der nachfolgende Jäger einen wichtigen Nutzen bei seiner Bärenjagd. Für mich war jetzt erst einmal „Jagd vorbei". Als Jäger kennt man mein damals empfundenes Bündel von Gefühlen. Jetzt ist man wieder aufgewacht und das aus einer angehaltenen Zeit. Und zurückgekehrt in die wieder tickenden Sekunden der Wirklichkeit. Innerlich ein wenig zögerlich sah ich zu, wie die gut geölte Maschinerie des Outfitters erneut zu funktionieren begann. Ohne die Organisation des Outfitters wäre hier gar nichts gelaufen und ich säße irgendwo hilflos und völlig erschöpft in der abweisenden Landschaft. Uns umgaben zwischen den Weidenbüschen im bemoosten Flussdelta des Tsiu in der Ferne das tosende Meer, schneebedeckte, nebelige Berge und viel weiter entfernt, Gletscher voller Dauerfrost-Eis. Diese Natur in Alaska ist, zumal zu dieser Jahreszeit, wirklich lebensbedrohlich und durch den ständigen Regen, den Nebel und die Dunkelheit einschüchternd und für mich aufs Gemüt drückend gewesen. Der Guide meinte, bald würde es nur noch etwa 7 Stunden fahles Licht am Tag geben. Der dann beginnende Schneefall würde die Landschaft und Lebensbedingungen bei minus 10 Grad Celsius noch heftiger verändern. Die fett gefressenen Bären werden sich dann zu ihrem Kräfte sparendem Winterschlaf in ihre warmen Höhlen an den Berghängen zurückziehen.

Jetzt überflog uns Sams Buschflieger und setzte einen hünenhaft gewachsenen, sogenannten Träger ab. Er war nur für den Notfall gegen annehmende Bären mit einer kurzläufigen Schrotflinte aus rostfreiem Stahl bewaffnet. Sie hing an einem Riemen um den Hals des kräftigen Riesenkerls und baumelte, wie ein zu groß geratenes stählernes Amulett, vor seiner breiten Brust. Wir alle trugen unser Gepäck und der

Träger alleine die vier Keulen, die Backstripfilets des Rückens und die schwere Trophäe zum zurückgekehrten, erneut wartenden Flugzeug. Eine wirkliche Knochenarbeit für Sams Mitarbeiter. Das sperrige Geweih wurde unter einer Tragfläche und am Fahrwerk, von außen befestigt. Der schweigsame Träger und unser in der Landschaft verloren wirkendes, kleines Zelt mit den wenigen restlichen Ausrüstungsgegenständen kamen erst beim nächsten Flug in den Laderaum. Der Pilot der Supercup flog auf meine Bitte noch eine Ehrenrunde. Ich brauchte das, um Abschied zu nehmen von der unwirtlichen Küste und ihrer Moorlandschaft. Von oben sah ich noch einmal, in welcher lebensfeindlichen Gegend wir so mühsam in dieser großartigen Wildnislandschaft gejagt hatten. Von oben, aus der niedrig fliegenden Maschine, sah der zurückgelegte Weg so einfach aus. Die zu Fuß nur mühsam watend zurückgelegte Strecke sah nun von oben lächerlich kurz aus. Wie zum Abschied brachen einige gedämpfte Lichtstrahlen durch den verhangenen Himmel.

Im Hauptcamp bedankte ich mich mit einem angemessenen Trinkgeld und einem mitgebrachtem Geschenk bei meinem braven Guide. Anschließend sah ich ein wenig wehmütig bei der professionellen Bearbeitung der Trophäe im Camp zu. Die zwei anderen Jäger erlegten nahe dem Hauptcamp gewaltige Braunbären und starke Alaska-Wölfe. Darauf konnte ich nach meinen voran gegangenen Erfahrungen in Kanada mühelos verzichten.

Der übermütige, junge und zu recht stolze Guide von Sam hatte sich auf einem Foto zwischen die Schaufeln des 70-Inch-Elches eines anderen Jagdgastes gelegt. Es verdeutlicht die in Europa unvorstellbaren Größenverhältnisse der Alaska Elche. Meine Trophäe wurde mit mir nichts sagenden 461 Total Score Punkten (Vermessungsprotokoll) für den Eintrag der in Amerika überall präsenten Rekordbücher vermessen, allerdings mit mir imponierenden, abnormen Unterschaufeln. Für Amerikaner waren diese wirklich knuffigen Unterschaufeln ohne Wert für das Vermessen. Das Stammbuchverzeichnis vom SCI (Safari Club International) der Jagdtrophäen berücksichtigte sie nicht. Wir deutschen Jäger lehnen solche Pose, wie auf dem Photo, aus Achtung vor der Kreatur ab. Bei uns zieht man zuerst den Hut vor dem gestreckten Stück und erweist dem Tier eine letzte Ehre. Andere Länder, andere Sitten. Schön zeigt das Foto aus Sams Referenzliste auch die für uns Menschen anstrengende Vegetation, aber auf diesem Foto bei gutem Wetter. In meinem Fall, als letzter Jäger der Elchjagd Saison, lag das Jagdgebiet bereits im Wasser des ständig vom Himmel fallenden Regens und der ersten Schneeschauer. Ein anderer Jäger hatte hier und direkt vor meinem Eintreffen einen knapp unter 70 inch starken Monster-Elch zur Strecke gebracht. Kaum zu glauben, aber es gibt in Alaska noch stärkere Trophäen als diese. Mein Jagderlebnis war trotzdem nicht zu steigern. Ich war mehr als zufrieden darüber, mir ein solches Privileg einmal im Leben selber verdient zu haben. In diese abgelegenen Winkel der Erde reist man einerseits wegen der ungewöhnlich starken Trophäen aber ebenso auch, um in eine derart herausfordernde Jagd zu erleben. Es steigert das Erlebnis und die Zufriedenheit wenn Jäger sich Einiges in der urweltlichen Natur abverlangen.

In Alaska muss, laut Gesetz, alles essbare Wildbrett geborgen werden. Für den durchschnittlichen, nordamerikanischen und skandinavischen Jäger steht das Erbeuten des Wildbretts für seine Kühltruhe sowieso im Vordergrund. Er ist glücklich, wenn er die Beute gekühlt im Wagen oder Boot nach Hause bringen kann. Mein Elch-Wildbret musste für mich als Auslandsjäger dort im Camp oder im nächsten

Ort verwertet werden. Die knuffige Trophäe ging bei der Vermessung nach der Methode des Safari International Clubs in deren Rekordbuch ein. Ich gestehe, dass ich auf solche Masse nicht wirklich geachtet habe und ihn, genau wie die folgende Schneeziegentrophäe, deshalb auch niemals gemeldet habe. Die Maße keiner meiner Trophäen aus einem erfüllten Jägerleben wurden jemals in ein sogenanntes Rekordbuch eingetragen oder angemeldet.
Nur vom Präparator der Schultermontage weiß ich, dass meine reifen Eland Schläuche die zweitgrößten aller jemals erbeuteten südlichen Eland Antilopen sind. Viel wichtiger ist mir die Erinnerungen an deren unvergessliche, aufregende Jagd und der Erlegung im vollen Galopp mit meinem Freund Andres im wilden Sambia. Mancher sehr heimatbezogene Jäger hat Probleme damit, das Motivbündel von Jagderlebnis, Beute und Trophäe bei Auslandsjägern für sich einzuordnen. Mir ist diese Suche eines darin Unerfahrenen, nach dem was für ihn dabei wirklich überwiegt, verständlich. Jagen in unserer Heimat gegenüber einer Safari in Afrika besitzt einige fundamentale Unterschiede. Im heimischen Revier setzen wir uns, teilweise tief vertraut im gleichen Biotop, seit Jahren mit weitgehend standorttreuem Reh-, Rot- oder Schwarzwild auseinander. Wir haben das ganze Jahr viel für die Hege und unsere Jagdmöglichkeit der uns teilweise seit Jahren vertrauten Stücke getan. Für den gelegentlichen Auslands- und Wildnisjäger gibt es an vielen Stellen in Afrika keine Reviere und in diesem Sinne kaum standorttreues Wild, wie wir das von zuhause kennen. Das Feld der Überraschungen und der Zufälle auf einer Wildnisjagd ist selbst für den begleitenden Berufsjäger weiter gespannt. „Mein“ heimisches und standorttreues Wild und seine Entwicklung kann ich im Prinzip zuhause häufig immer wieder beobachten und vor der Erlegung weit vorher genauestens ansprechen. Jedes Jägerleben aus der Vielzahl der Passionskollegen, die erfahrener sind als ich es sein kann, hat seine ganz eigenen Besonderheiten. Mein Berufsleben führte unsere Familie und mich nun einmal durch vier Kontinente und damit durch erweiterte Jagdmöglichkeiten.
Ein ganz sicher vereinendes Motiv ist das des Jagd-Erlebnisses. Es ist dem Auslandsjäger, der in echter Wildnis jagt, verwehrt, an einer planvollen Hege, so wie in Europa, teilzunehmen. Außerdem gibt es für den Auslands Afrikajäger keine gesammelten Abwurfstangen und kaum die jahrelange, planvolle Beobachtung einer Gehörn- oder Geweihentwicklung. Im Ausland sind die Erträge aus der Wildbretverwertung trotzdem ebenso von großer Bedeutung. So suche sich Jeder bitte seine Motivgewichtung zwischen Trophäe, Beute und Erlebnis. Ganz unberücksichtigt bleiben bei meiner Aufzählung der Reiz der fernen Länder mit fremden Menschen und Kulturen, sowie das Kennenlernen der unterschiedlichen Bio Diversität auf unserer Erde.

In Deutschland, mit unserer kulturell anders entwickelten, verfeinerten Jagd- und Wildethik, verurteilt man von der Norm abweichende Posen wegen des fehlenden Respekts vor der Kreatur. Andererseits kann der unerfahrene Flachland-Mitteleuropäer kaum ermessen, welch körperlicher Einsatz in diesen lebensfeindlichen, ursprünglichen Landschaften vom Führer und dem Erleger verlangt wird. Die unbändige Freude über die gelungene Erlegung eines außergewöhnlich kapitalen Exemplars kann da schon besonders übermütig zum Ausdruck kommen. Zumindest sind es authentisch absolut wild gewachsene Trophäen und nicht wie so manche hinterm Zaun gefütterte Rotwild-Weltrekordtrophäe. Da ich in vielen Kulturkreisen gelebt und gearbeitet habe, kann ich die Unterschiede für mich abwägen und beide Einstellungen ziemlich gut für meinen persönlichen Geschmack beurteilen. Das sublimierte, kaum kör-

perlichen Einsatz fordernde Jagen in Deutschland vom SUV zum Hochsitz, zumindest im dicht besiedelten Flachland, ist ein anderes Erlebnis, als eine Wildnisjagd wie in Alaska, eine Dschungeljagd in Südamerika oder in der afrikanischen Wildnis. Alle haben ihre Berechtigung und es sollte niemand so selbstgerecht sein, nur sein heimisches Jagderlebnis über den Wunsch anderer stellen, die an anderen Stellen dieser Erde ebenfalls gejagt haben.
Jagen in Deutschland und seinen Nachbarländern hat dafür einen anderen, ganz eigenen tiefen Zauber. An dieser Stelle ist es für mich Zeit, etwas zuzugeben. Die körperlich herausfordernde und gefahrvolle Jagd in Alaska, im Dschungel Südamerikas und bei dem mit dem Überraschungsmoment manchmal sogar annehmenden Tieren Afrikas befriedigte einen Teil der Passion des frühen Jägers in mir. Das Abenteuerliche dort im extremen Klima und in den bei uns unbekannten tropischen Gefahren ist, besonders in jungen Jahren, eine herausfordernde Prüfung. In Afrika spürt man manches Mal, dass wir Jäger selber als Fleischquelle auf der Menükarte einer Reihe von Raubtieren stehen. Solche und andere Gefahren treffen auch auf die Art der Jagd, die Herausforderung in rauen Landschaften und anderen Unbilden in Alaska zu.
Einige Bilder von Elchen und kapitalen Küstenbraunbären sind in Alaska vom Outfitter im Herbst bei ungewöhnlich schönem Wetter geschossen worden. Sie zeigen das Biotop unter den günstigsten Umständen zu Beginn der Jagdsaison.
Zurück im Hauptcamp der Tsiu River Lodge genoss ich, rund um die Uhr, die Annehmlichkeiten von Bett, warmer Dusche, sauberer trockener Kleidung und einer 16 Stunden am Tag von zwei jungen Frauen betriebenen Profiküche. Dazu konnte man in der Wohnstube der mächtigen Blockhütte hunderte von Jagdvideos aus Alaska oder der ganzen Welt ansehen. Oder sich auf Fell- oder Ledersofas räkeln und sich den gequälten Körper wieder erholen lassen. Es war dafür gesorgt, dass selbst diese kurzen Jagd- und Wetterpausen schön und umhegt, wie im Jägerhimmel vergingen. Nach zwei Tagen im Camp, mit jeweils einem 3 stündigen Angelausflug an die Mündung des Tsiu Fluss, kehrten alle meine aufgezehrten Kräfte zurück.
Das Lachsangeln als „Pausenfüller“ machte ich gemeinsam mit der jungen, entzückenden Betsy. Sie wartete auf die Rückkehr meines Mitjägers von der Jagd. Auf einem Quadt fuhren wir beide mit einem Führer an die nahe Mündung des Flusses. Hier waren mehrere Fliegenfischer mit einer für mich im Vergleich etwas langweiligen „Ernte“ aus der Natur beschäftigt. Langweilig, weil der fette Fang der ziehenden Lachse in großer Fülle absolut garantiert war. Mühelos, weil wir alle vom Ufer aus oder im flachen Wasser stehend beinahe bei jedem zweiten Wurf einen kapitalen Fisch an der Leine hatten. Betsy und ich hatten jeder nach weniger als 2 Stunden Fischen mit Fliege oder Blinker das Tageslimit von 10 gewaltigen Wildlachsen erreicht. Im Camp mussten 15-20 Personen ernährt werden. Da wurden die Lachse und das Wildbret mit großer Routine auf alle möglichen Arten zubereitet. Ich aß den Sockeye- oder Kingsalmon Lachs mariniert, gegrillt, gebacken oder geräuchert bereits zum Frühstück.

Dann endlich kam der organisierende Masterguide und Konzessionsbesitzer des Camps mit dem nächsten seiner Berufsjäger an meinen Tisch. Meine Jagd sollte morgen auf die sogenannten Billys (schneeweißer, männliche Bergziegenbock) in einem weit abgelegenen Gletscher-Hochtal bis auf über 2.000 Meter Höhe weitergehen. Der erfahrene Führer Tad Gilbert war auf die wilden Schafe und Ziegen in Alaskas Hochgebirge der Dalanie and Wrangell Berge spezialisiert. Dort war er es gewohnt, sogar in bis auf über 4.000 Meter aufsteigenden, eisigen Höhen Menschen zu führen. Der hoch professionelle und ungemein sympathische Bergführer war damals etwa 35 Jahre alt. Sein Körper bestand scheinbar nur aus Sehnen und Muskeln. Unser über Jahre im Voraus ausgebuchte Outfitter meinte zu mir, Tad Gilbert (heute Alaska Masterguide) sei einer der besten Bergführer Alaskas. Das kann ich mir nach unserem folgenden Jagderlebnis sehr gut vorstellen.

Wieder wurde, diesmal mit Tad und mit noch mehr Sorgfalt, ein Minimum meiner Ausrüstung zusammengestellt. Aus Gewichtsgründen wurde beinahe Alles reduziert. Ich Übermüdeter nahm in der unerwarteten hektischen Eile und Nervosität nur eine Schachtel Munition mit. Weil ich die Schachtel nicht genau kontrollierte, entging mir dabei etwas Wesentliches. Es war ausgerechnet die bei der Elchjagd angebrochene und für die Kontrollschüsse benutzte Schachtel. Das sollte, wie sich bald zeigte, zu einem fatalen Fehler entwickeln, den ich niemals mehr im Leben wiederholen würde.
Wir flogen aus Sicherheitsgründen und wegen der Ausrüstung mit zwei Sportmaschinen mehr als hundert Kilometer nach Norden durch eine unvergessliche Landschaft. Vom Flugzeug sah ich abbrechende komprimierte Gletscherränder, die sich kalbend in das Wasser der azurblauen See ergossen. Erstmals auch einige wenige weiße Ziegen an den Furcht einflößenden, steilen Berghängen. Wir landeten nach mehrfachem Überfliegen halsbrecherisch auf dem ewigen Gletschereis der Chugach Mountain. Der Gletscher schob sich über hunderte Kilometer ständig voran. Er war von Spalten und Rissen durchzogen. Seine steil aufragenden Seitenhänge bestanden aus Geröll welches der Gletscher über Millionen von Jahren mit sich geführt und auf die Seite geschoben hatte. Die aus der Luft klein aussehenden, rund geschliffenen Felsbrocken, hatten die Größe von der eines Fußballs bis zur Größe eines Einfamilienhauses. Nach dreimaligem, tiefem Überfliegen erfolgte die wohl spektakulärste Landung meines Lebens auf dem Gletschereis. Schnell wurde bei laufendem Motor alles ausgeladen. Wäre der Motor der völlig „abgespeckten" Maschine hier ausgegangen so wäre ein Neustart nur mit einigem Aufwand möglich gewesen. Auch deshalb wartete am Fuße des Gletschers des Outfitters zweites Flugzeug.
Man kann sich vorstellen, wie mir beim Anblick dieses extrem schwierigen Geländes am Boden das Herz in die Hose rutschte. Es war wirklich ein Wunder, was die Piloten mit ihren leichten und filigranen Supercups mit gewaltigen Ballonreifen und Kufen bei Start und Landung leisteten. Die sich ständig verändernde Oberfläche auf dem zum Meer rutschenden Gletscher war voller beeindruckender metertiefer Spalten. Mit dem beschränkten Wissen meiner in den Subtropen erworbenen Privatpilotenlizenz verstand ich jetzt, warum diese mit einer Kunststoffhaut bespannten Maschinchen auf grotesk überdimensionierten Ballonreifen am Boden mehr hüpften als rollten. Unsere winzige Überlebens-Ausrüstung wurde eiligst und bei laufendem Motor entladen. Dann zog der Pilot seine Maschine mit dem verstärkten Fahrgestell nach vielleicht 20 Metern Rollen mit maximalem Schub des Turbotriebwerkes in den Himmel. Unser Supercupflugzeug enteilte wie ein übergroßer Moskito in der Ferne. Bis sie am Ende unseres Sehvermögens zu einem kleinen Punkt am Horizont wurde. Dann waren beide Maschinen zwischen den Küstenbergen verschwunden.
Bereits als das Motorgeräusch nicht mehr zu hören war, beschlich mich trotz meines Vertrauen einflössenden Guides, ein Gefühl von absoluter Einsamkeit. Tad meinte, dass wir heute bei ungewöhnlich gutem Wetter hierher gelangt wären. Es wäre aber schlechtes Wetter angekündigt. Hier auf dem Gletscher herrschten eisige und äußerst scharfe Winde. Mein erfahrener und sehr einfühlsamer Führer erkannte

meinen seelischen Absturz und mein Verlorenheitsgefühl, ja sogar Beklemmung, aus dem Augenwinkel. Mir fehlte offensichtlich jedes Vorstellungsgefühl dafür, wie wir in dieser für mich unwirklichen „Cyberwelt" Wildziegen finden und sie jagen würden. Er trieb mich, Gedanken lesend, sofort zu großer Eile an. Als wir mit unserer kleinen Ausrüstung auf dem Gletscherrand standen, erfassten meine Augen erst jetzt die gewaltigen Dimensionen der Bergrücken, des Gletschereises dazwischen und des alles bedeckenden Gerölls an den steil aufragenden Seitenhängen.

Da es keine einzige ebene Fläche für das Aufstellen des Zeltes auf dem Randgeröll gab, mussten wir kleinere Steine zu einem Fundament zusammensammeln. Wir stellten das mitgebrachte Mini-Zelt zum Schutz vor dem schneidenden, eiskalten Wind hinter einem großen Felsbrocken darauf auf. Trotzdem musste es noch besonders aufwendig gegen ein Wegfliegen vor dem Sturm gesichert werden. In das kleine flache Zweimannzelt passten unsere wenigen, für kleinste Packmaße konstruierten Gegenstände gerade hinein. Die Schlafsäcke waren Sofa, Sessel, Stühle und Bett in einem. Es war mir trotz unserer Bewegungen im schneidenden Wind höllisch kalt geworden. Mein Guide bereitete Wasser aus Gletschereis und wärmende Austronautennahrung aus Aluminium und Kunststofffolienverpackung auf seinem Brennstofföfchen zu. Wegen der „gesetzlichen Vorschriften für eine faire Jagd unter Verwendung von Flugzeugen" mussten wir sowieso erst einmal eine Nacht schlafen. Deshalb zogen wir unsere beiden Gewehre aus den Futteralen und legten sie unterladen und mit den Mündungen von uns weg zeigend in den kleinen Vorraum zu unseren Füßen auf die Bergstiefel. Dort lagen Sie griffbereit und waren jederzeit, inklusive der Zieloptik, der Außentemperatur angepasst. Die Gefahr eines gefährlichen Vereisens, trotz Graphitschmierung, oder Beschlagens der Optik war so verringert.

Tad bemängelte wegen meines möglichen Zustands der Hypothermie meinen hochwertigen, ultraleichten Schlafsack aus feinsten Daunen von den Färöer Inseln. Er sagte, dass die Daunen die Luftfeuchtigkeit und den unvermeidlich starken Schweißfluss meines Körpers aufsaugen und ansammeln würden. Deshalb könnte ich nach der Jagd darin nicht trocken und warm werden. Alle Profis benutzen auf dieser Höhe einen Sack mit spezieller Synthetikfüllung. Tad meinte, dass ich höchstwahrscheinlich bald in den lebensgefährlichen Zustand der Unterkühlung und Verklammung mit Zittern vor Kälte in den Ruhephasen gelangen würde. Diese Gefahr bestünde durch übergroße Anstrengung und zu große Wärmeabgabe des Körpers beim jagdlichen Klettern.

Man hatte mich im angeblich besten deutschen Outdoor Fachgeschäft bezüglich des Schlafsackmaterials falsch beraten. Genau wie bei der angeblich absolut wasserdichten und atmungsaktiven Parkajacke aus einem vielbeworbenen Gewebe mit Dreifachnaht. Toll, diese Werbung. Sie wurde damals nach den Erfahrungen aller Guides und Outfitter die ich traf, auf der Extremjagd nur mit einschränkenden Bemerkungen empfohlen. Das mag sich heute geändert haben.

Vor der theoretischen Sonnenaufgangszeit erwachte ich, ohne eine Minute in einen Tiefschlaf gelangt zu sein. Ich hatte nur wenige Stunden wirklich geschlafen und merkte, deutlicher als sonst, meine seit Jahren kommenden und gehenden Herzrhythmusstörungs-Anfälle. Es war meine eigene, freiwillige Entscheidung gewesen, mich in diese für den Flachland-Jäger extreme Situation zu bringen. Das hatte ich bei der voraus gegangenen Elchjagd auf Meereshöhe doch bereits schon einmal gedacht. Die Elchjagd hatte mich bereits ziemlich angestrengt. Sie war in Regen und Morast auf Meereshöhe aber deutlich einfacher gewesen. Das Atmen fiel mir hier oben schwer. Mein schneller Ruhe-Herzschlag deutete bereits jetzt, ohne jegliche körperliche Anstrengung, auf einen deutlich erhöhten Blutdruck hin. Ich steckte den

Kopf aus dem Zelt in den zerrenden Wind und hatte Kopfschmerzen. Tad bereitete uns süßen Tee. Der machte mich sofort hellwach. Er meinte mit einer Tablette für mich in der Hand: *„Hier nimm Hajo, das ist normal. Du musst die doppelte Menge an Flüssigkeit wie an der Küste zu dir nehmen, sonst packen wir das in der Mondlandschaft nicht. Im Übrigen sagen wir nordamerikanischen Jäger, dass man sein Dickhorn Schaf und die Bergziege aus Alaska spätesten mit dem 35. Lebensjahr als Trophäe an der Wand hängen haben sollte!"* Ich merkte, dass ich mir als 52jähriger bei dieser Jagd viel zugetraut hatte. *„Warum kommst du alter Knabe so spät?"* Weil ich unsere fünfköpfige Familie zu versorgen hatte und erst einmal das nötige Geld für eine solche Spitzenjagd zusammen haben musste. (Anmerkung: Heute zahlt man für eine solche Sitzenjagd weit mehr als das Doppelte oder Dreifache als in den Neunziger Jahren). Auch wenn meine Flüge bis Anchorage damals gratis und weitgehend aus meinem Meilen Kontingent bezahlt wurden. *„Tad, Du hast es gut. Darfst solche Jagden im richtigen Alter kostenlos machen und bekommst obendrein noch dafür bezahlt!"* Er lachte herzlich und machte mir dann erneut Mut. *„Keine Sorge, wir werden gemeinsam alles daran setzen den starken Billy für dich aus der Wand zu holen. Der wartet da oben schon auf uns."* Ja, dachte ich, da oben!
Gemeinsam suchten wir mit 10-50 fachen Vergrößerungsgläsern die umliegenden Hänge nach einem kapitalen Wildziegenbock ab. Wir wurden bereits nach einer Stunde pfündig. Der von ihm ins Auge gefasste Bock war der stärkste aus den beiden kleinen Rudeln an diesen Gletscherwänden. Sieästen in mehr als einen Kilometer Luftlinie hoch an der Seitenwand des Gletschers aus trügerischem Geröll. Ich ahnte, dass die Ziegen für mich eine Ewigkeit weit entfernt waren. Erschwerend kam hinzu, dass wir bis auf ganz wenige Stellen mit Krüppelbewuchs, fast deckungslos heranpirschen müssten.
Nun kroch ich stundenlang, manchmal auf allen Vieren, hinter Tad den steilen Berghang hinauf. Mein Herz hämmerte bereits nach der bis dahin noch geringen Anstrengung. Jetzt kamen die Höhe mit der an Sauerstoff dünneren Luft, die Bergsteigerei im rutschigen Geröll, mein unkontrollierbares Schwitzen und die unbarmherzig Kälte des schneidenden Windes dazu.
Ich hatte mein Gewehr mit dem für das rasante Kaliber notwendigen langen Lauf auf dem Rücken festgeschnallt. Ohne die unentbehrliche Hilfe zweier Laufstöcke aus leichtem Aluminium wäre es gar nicht gegangen. Diese damals neuartigen Gehhilfen waren teleskopartig zusammenschiebbar und besaßen weiche, lautlos aufzusetzende Gummispitzen. Ich bemerkte, dass Tad sein großes Interesse an ihnen kaum verbergen konnte und beschloss insgeheim, sie ihm am Ende der Jagd zu schenken.
Die Überwindung von 500 bis 800 Höhenmetern durch gefährliches, ständig rutschendes Geröll war eine andere der größten jagdlichen Strapazen. Tad machte Pausen. Er wusste, wie er den Tag so einteilen musste, damit wir in keine Gefahr für mein Leben kamen. Es war der helle Wahnsinn! Ich war beim Steigen vor Schweiß so nass, als stünde ich ständig unter der Dusche. An ein längeres Stehenbleiben im eisigen Wind, mit Spuren von beginnendem Schneeregen, war auch deshalb nicht zu denken. Ich musste in Bewegung bleiben.
Trotz meiner handgefertigten, schweren Bergschuhe vom alten Hannes Meindl lief ich ständig Gefahr, auf dem steilen Hang aus losem Geröll abzurutschen. Meine Bergstiefel hatte ich während eines unserer Familienurlaube auf dem Gut Ising im damals bodenständigen Betrieb der Familie Meindl zusammen mit meinen zünftigen, sämisch gegerbten Hirschlederhosen in Kirchanschöring bestellt. Die guten Stiefel waren wunderbar eingelaufen aber für diese Art der Beanspruchung im Gletscherhang nicht steif genug im Fußgelenk konstruiert.

Mein einziges Gepäck war eine kleine Wasserflasche, eine Kopflampe, mein Fernglas, ein Klappmesser und das Gewehr mit, wie sich bald herausstellen sollte, zu wenig Munition. Ein unverzeihlicher Anfänger-Fehler! Natürlich darf man niemals am Gewicht für die Extra-Munition bei weiten Schüssen oder auf wehrhaftes Wild sparen.
Urplötzlich raste eine pechschwarze Kanonenkugel wenige Meter unmittelbar vor dem führenden Ted den Hang herunter. Es war ein aus einer Höhle herauspreschender, hochkapitaler Schwarzbär. Er schaute sich mit einem Ausdruck des Erschreckens oder der absoluten Verwunderung nach uns um. Also gab es auch noch Bären an diesem Gletscherrand. Wir kletterten, kletterten und ich stolperte mit größer werdendem Abstand hinter meinem Führer her.
Unser Flugzeug überflog uns hoch am Himmel und Tad tauschte durch sein Walky Talky ein paar vom Wind zerfetzte Worte mit dem Piloten aus. Ich verstand, dass wenn wir bis übermorgen nicht an die Ziegen herankommen würden, wir wegen des sich wieder verschlechternden Wetters unser Lager abbrechen und ausfliegen müssten. Die Ziegen waren höher als am Vortag gezogen und Tad sah, dass wir heute nicht in Schussweite kommen würden. Der Rückmarsch ging zwar leichter, aber ich dachte ständig daran, dass ich Morgen und vielleicht Übermorgen, die ganze Tour noch einmal hin und zurück machen müsste. Außer Müsliriegel, Fertignahrung und Unmengen von Isoflüssigkeit und Tee nahmen wir keine Nahrung zu uns. Ich war klitschenass und musste ohne trockenes Zeug wieder in meinen angeblich so hochwertigen Schlafsack. Zitternd am ganzen Leib und mit laut klappernden Zähnen konnte ich nicht einschlafen. Tad meinte, dass ich in diesem Zustand den erneuten Aufstieg am nächsten Tag nicht packen würde. Er bat mich, alle nassen Klamotten auszuziehen und in einen frischen, trockenen Innensack aus Baumwolle zu schlüpfen. Dann überließ er mir seinen angewärmten und völlig trockenen Schlafsack. Ich war ihm für diese Selbstlosigkeit endlos dankbar. Nachdem das haltlose Unterkühlungszittern aufgehört hatte, fiel ich endlich für 5 bis 6 Stunden in einen flachen Schlaf.
Vor dem ersten Licht ging es im Schein der Kopflampen in meine vorletzte, trockene Wäsche. Die Ziegen standen diesmal deutlich tiefer als gestern. Ich war durch die Erschöpfung mehrfach gegen den Berg hingefallen. Das Gewehr trug ich dabei umgehängt auf dem Rücken. Endlich kamen wir nach stundenlangem Klettern auf Schussweite heran. Tads Entfernungsmesser zeigte auf Meter umgerechnet die Zahl 320. Meine Büchse war auf 250 Meter Fleck eingeschossen. Er setzte meinen Tagesrucksack auf einen kleinen Felsen und bat mich darauf mein Gewehr einzurichten. Mein Atem flog stark, obwohl ich lag. Ich brauchte einige riskante Minuten Ruhe mit offenem, trockenem Mund vor dem Schießen. Dabei richtete ich meinen Blick besorgt nach unten auf den Boden in das Geröll vor meiner Nase. Als ich es wagte, wieder aufzuschauen, waren die Ziegen nach Tads Schätzung und den Markierungspunkten seines Scharfschützenzielfernrohrs auf 330 Meter weitergezogen. Mein Geschoss würde ja bergauf fliegen. Die Erdanziehungskraft wäre bis 250 Meter ohne allzu große Bedeutung gewesen. Ich dachte auch an das von unten nach oben leicht schräge Durchschießen des Wildkörpers. Beides musste ich berücksichtigen. An diese Gedanken kann ich mich noch genau bei der Abschätzung des Haltepunktes erinnern. Ich hatte die Zahlen der Außenballistikkurve meiner Munition bis 400 Meter Entfernung auf Panzer-Plastiktape geschrieben und auf dem Gewehrschaft befestigt. Die Haltepunkte brauchte ich nicht zu lesen. Ich kannte sie auch auf diese für mich unerwartete Entfernung lange vorher auswendig. Niemals zuvor hatte ich auf eine solche wahnwitzige Entfernung auf ein Stück Wild geschossen. Tad lag neben mir. Er schaute durch die dreißigfache Vergrößerung seines Weitschuss-Teleskops auf dem Dreibein und sagte

leise: *„Hajo, wenn du jetzt nicht schießt, ziehen die Ziegen über den nahen Kamm ins nächste Hochtal und unsere Jagd ist hier zu Ende. Es ist der ganz rechte der drei“.* Ich zielte mit meiner 12fachen Vergrößerung und dem sich vergrößernden, viel zu groben deutschen Zielstachel.
Nachdem der Schuss aus der mir von vielen Jagden so vertrauten Waffe brach, sah ich erschreckt, dass das Geschoss etwa 3 Meter rechts auf der Höhe des Rumpfes vom Bock Steine pulverisierte. Wumms, spritzte der nächste genau wieder an der gleichen Stelle. Bin ich denn bei der Artillerie? Verdammt, das Gewehr muss mit der Optik irgendwo einen unbemerkten, leichten Schlag bekommen haben. Wir hatten natürlich keinen erneuten Kontrollschuss auf dem Gletscher direkt unter den Ziegen abgegeben. Ich war doch beide Male konzentriert und mit guter, weicher Auflage richtig abgekommen! Das Unglaublichste aber war etwas anderes. Die Ziegen standen, schauten verständlicherweise nervös umher und äugten immer noch beinahe an der gleichen Stelle. Sie waren unschlüssig und wussten nicht, woher die Gefahr kam. Ich repetierte und schoss etwas mehr nach links anhaltend. Erneut spritzte es zwischen den Steinen rechts und 1 Meter neben der Ziege auf. Mit hastigen Bewegungen und fliegenden Fingern verstellte ich den Graduierungsturm des Zielfernrohres auf einen Treffpunkt nach links und schob die Schutzkappe eilig in eine Jackentasche. Eine unmögliche Situation auf der Jagd. Die nächsten beiden Schüsse lagen beide zusammen und ganz kurz vor der Brust des sich nach rechts in Bewegung setzenden Tieres. Nun war keine Zeit für weitere Verstellungen. Ich schob die wohl sechste und vorletzte Patrone, die ich am Morgen mit aus dem Zelt mitgenommen hatte, in die Kammer. Der links knapp hinter das Tier angehaltene Schuss traf den nach rechts ziehende schneeweißen Bock im Brustraum aber leider nur direkt vor dem Herz in den Stich. Der sofortige Schweißverlust war glücklicher Weise heftig und auf dem Schneefeld weithin sichtbar.
Mein Jagdführer hatte während des ganzen Schießablaufs durch sein Mono-Okular-Weitschussfernrohr, wie ein Beobachter bei Scharfschützen geschaut und mir alles angesagt. Use enough Gun. Hier in dieser Situation bestätigte sich diese Weisheit. Das hatte ich bei der Kaliberwahl 8 X 68 S auch getan. Ich glaubte felsenfest gerade an diesen, nach meinen Maßen gebauten, 98er Repetierer mit ausgewählter Schussleistung. Der technische Streukreis seines Sonderlaufes lag vor Jahren, bei Frankonia Jagd ermittelt, mit damals extrem guten 1,2 Zentimeter für ein überarbeitetes Fabrikgewehr bei drei Schüssen auf hundert Metern. Mein halbwüchsiger Sohn hatte einen erstaunlichen ersten Platz beim Wettbewerb im jagdlichen Schießen mit diesem Kaliber und mit diesem Repetierer für Erwachsene belegt. Niemand schoss damals auf dem Stand mit einem derart scharfen Kaliber. Bei allem Vertrauen in meine Büchse. Hier auf dem Gletscher mit peitschendem Wind und verstellter Optik war es trotzdem ein intuitiver Glücksschuss auf die Schneeziege. Die Jagdgöttin Diana war mir mehr als hold gewesen. Die weiße Decke hatte sich ja sofort weithin sichtbar rot gefärbt. Der Bock schweißte stark. Aber der schussharte Billy von später geschätzten 100 Kilo fiel nicht sofort um.
Ich zeigte Tad die leere Kammer meines Gewehres und die letzte Patrone in der Hand. Er sprang auf und rannte buchstäblich wie eine Gämse in einer unerwartet hohen Geschwindigkeit den steilen Hang um ein Schneefeld herum hinauf. Welch ein Sportler. In einem athletischem Sprint bergan überriegelte er die krank geschossene und jetzt mit erhobenem Haupt am Boden darniederliegende Ziege. Ich konnte in meinen am Knöchel zu weichen Stiefeln auf diesen steilen Hang voller rutschendem Geröll nur langsam und unbeholfen folgen. Tad streckte den Lauf des Gewehres aus der Hüfte hinter einem großen Stein nach vorne. Der Ziegenbock hatte sich dort weidwund im Wundbett nieder getan. Er erhielt den weithin

rollenden Gnadenschuss von ihm. Als ich keuchend endlich wieder volles Sichtfeld hatte, sah ich hilflos zu, wie die Ziege sich mit allerletzter Kraft nach vorne abrollte und wie ein lebloser Sack über ein hunderte Meter langes Schneefeld abrutschte. Daraus löste sie sich einmal langsam überschlagend, fiel etwa weitere 100 Meter tiefer und verschwand aus unserem Blickfeld in ein unter uns liegendes Geröllfeld. Zu allem Unglück überschlug sie sich dabei mehrfach.
Im triumphierenden Herunterlaufen stellten sich plötzlich einige frische Kräfte bei mir ein. Als wir dann 15 Minuten später, beide wortlos neben meinem Billy hockten, sagte Tad mich zerknirschtes Häufchen Asche tröstend: *„Hast gut geschossen, die Optik war verstellt. Da kannst du nichts dafür. Das nächste Mal musst du zumindest die Verbindung zwischen Gewehr und Zielfernrohr durch eine Festmontage besser schützen und einige weitere Schuss Munition am Mann haben. Der Aufbau deiner Stiefel und die Sohle sind zu weich und nicht scharfkantig genug. Du hast es dir in deinem Alter unnötig schwer gemacht. Siehe mal, die eine Hornspitze der Ziege ist bei dem Sturz gebrochen. Sie hängt aber glücklicher Weise noch dran. Sonst hätten wir die nicht wiedergefunden und deine kapitale Trophäe wäre entwertet. Dieses gesamte Ziegenwildbret ist ein einziges Hämatom. Der Bock hat keinen heilen Knochen mehr im Leib!“* Ich wusste, was das bedeutete. Das Wildbret war für den Verzehr nicht mehr zu gebrauchen und musste nur deshalb wohl nicht geborgen werden.
Vögel kreisten über uns und den Kadaver. Nachdem mein Billy notdürftig optisch hergerichtet und sein schmutziges, zotteliges Fell sorgsam mit Schnee abgewaschen wurde, saß ich kurz beglückt aber mit rasselndem Atem und restlos erschöpft neben dem Stück. Tad drängte und da war keine Zeit für Brüche und das übliche Zeremoniell im Angesicht der fremden und eben noch so fernen Kreatur. Schnell machten wir noch wenige obligate Fotos. Danach trennten wir das Haupt mit dem daran hängendem langhaarigen Schulterfell ab und mein sehniger Führer trug es mühevoll zu unserem Zelt bergab. Alles vorangegangene erschien mir jetzt wie ein Traum. Jagdgöttin Diana und Tad hatten es mit mir „Alten“ auf dieser Extremjagd gut gemeint. Mein Jägerglück mischte sich mit der größten Erschöpfung und rasender Herzfrequenz meines Lebens. Ich empfand eine große Dankbarkeit gegenüber meinem außergewöhnlichen Führer. „Jagd vorbei“, aber keine Ruhe. Bei aller Freude über das eben durchlebte, es nahte die Gewissheit, dass mich die Normalität meines Lebens bald wieder erwarten würde. Mein Herzrhythmus raste weiter völlig unregelmäßig und die Beinmuskulatur bestanden nur noch aus Gummi. Wenigstens die Böen mit etwas Schneeregen hatten mit den Schüssen aufgehört. Der eben noch bedeckte Himmel gab jetzt zum Abschied den Blick auf den ganzen lebensfeindlichen Gletscher und die wilde Berglandschaft frei. Gerne hätte ich dieses Panorama länger genossen. Aber Tad trieb, bei allem Verständnis für mich, energisch zur Eile an. Dunkle Wolken zogen bedrohlich dräuend über dem Gletscher auf. Sie bildeten für eine Weile einen scharfen Kontrast zu dem Licht der wenig freien, milchglasartigen Stellen am Himmel mit der halb verdeckten Sonne dahinter.
Tads nächsten Kunden für Wildziege und -Schaf sollte ich bald darauf im Hauptcamp kennenlernen. Die hatten ihre Jagd bereits vor zwei Jahren gebucht. Frische Erkenntnisse aus diesem Verlauf einer für mich extremen Bergjagd waren: Die Organisation des sehr ernsthaften Outfitters und seine extremen Jagdkonzessionen sind zu Recht vielfach ausgezeichnet worden. Sicher hätte ich einen anderen Billy wesentlich einfacher erbeuten können. Es gab noch keine modernen Laser-Entfernungsmesser. Meine Kaliber-/Büchse-/Zielfernrohr-Kombination sollte man auf jeden Fall geeigneter wählen. Die Auswahl von Stiefeln und Schlafsack war falsch. Man sollte sie am besten und deutlich günstiger vor Ort in Cana-

da oder Alaska kaufen. Eine entsprechende Empfehlungsliste von Sam hatte ich nicht genügend beachtet. Wenn möglich, sollte man Gletscher und Hochgebirgsjagden in dieser Umgebung in etwas jüngeren Jahren durchführen. Vielleicht war das Erlebnis meiner Jagd gerade wegen der erschwerenden Faktoren deshalb so unvergesslich und aus der Nachsicht so tief beglückend für mich gewesen.
Auf halben Weg vom Bergrücken des Gletscherrandes nach unten flog unser hauchdünn bespanntes, ultraleichtes Supercup-Flugzeug in einer engen Kurve dicht über uns. Es landete erneut halsbrecherisch und hüpfend auf dem Eis des sich bewegenden Gletschers, lange bevor wir am Zelt eintrafen. Unsere wenigen Sachen wurden hastig und schweigend von uns allen gemeinsam eingepackt. Unten am Fuße des Gletschers wartete wieder die zweite Maschine mit Sam als Pilot auf uns, genau wie während des Hinflugs. Tad stieg dort mit den meisten Sachen um. Ich saß klitschenass mit ein wenig Schuldgefühl über den Ablauf meines Schießens und total ausgepumpt im Flugzeug. Der Pilot flog auf meine Bitte noch eine weite Runde bis über die kalbende Abrisskante des Gletschers hinweg. Die resedablaue Farbe gab dem Gletschereis eine besonders eindringliche Erscheinung. Sie war Ergebnis des Druckes, den die schiebenden Eismassen auf sich ausübten. So sagte jedenfalls mein Pilot. Welch eine grandiose Urlandschaft. Man kommt sich in diesem Kleinflugzeug irgendwie total verloren und zerbrechlich vor. Was würde passieren, wenn man hier abstürzte? Lieber nicht daran denken.
Im Hauptcamp fiel ich beinahe aus dem Flieger. Die Muskeln der völlig übersäuerten Beine wollten mich nicht mehr tragen. Das Herz raste immer noch. Nach einem Wortwechsel mit Tad kam Sam, Anteil nehmend, auf mich zu. Er tröstete liebevoll und sagte, dass dieses Missgeschick schon einigen anderen Ziegen- und Schafjägern passiert wäre. Ich hätte ja, wie er von Tad gehört hatte, einigermaßen gut aber auch mit viel Glück reagiert. Die Lösung wäre einfach eine bombenfest sitzende Festmontage zwischen Zielfernrohr und Gewehr, und ein besonderer Schutzüberzieher zum Beispiel mit Luftkammern während der Kletterei oder eine hochwertige Take Down Büchse im Rucksack. Mein zwar präzises und hochwertiges Gewehr war eben nicht speziell für Bergjagden gebaut. Schafjäger führen da ganz andere spezielle Büchsen mit sich. Schnell auseinandernehmbare Büchsen oder kurze Blockbüchsen wie sie Büchsenmacher-Kunsthandwerker wie Ralf Martini und Martin Hagn, HC Precision, Hartmann & Weiß und eine große Reihe anderer herausragender Büchsenmacher und Mastergunsmith, mit Erfahrungen, die dem Scharfschützenbereich entsprechen, bauen. Einige Konstruktionen davon könnte man die meiste Zeit während des Kletterns besonders geschützt in einem Futteral im Rucksack tragen. Ich gestehe, dass ich Fischkopf lebenslang ein Flachland-Indianer war und die Anforderungen im Gletscher und an den Geröllhängen des Gebirges vor diesen beiden Alaska-Jagden gewaltig unterschätzt hatte.
Meine Jagdtage in dieser urigen, menschenfeindlichen Umgebung waren zu Ende. Als ich nach Cordova ausgeflogen war, war das Wetter etwas besser. Ich gönnte mir noch ein langes Wochenende unter den etwa 1.000 Einwohnern, welches in meiner Zeitplanung noch Platz hatte. Als erstes besuchte ich auf Empfehlung einen älteren Privatmann, dessen Vornamen ich vergessen habe. Er hatte sich einen Dampfhochdruckkocher und einen kleinen Rächerofen eingerichtet. Alle Insider dieses Dorfes an der Mündung des Copper Rivers und auch die Familie des freundlichen Friseurs lieferten dort ihren kleinen Fang ab, um ihn geräuchert und in Dosen haltbar gekocht mitzunehmen. Man bezahlte die Mühe gerne mit der Hälfte seines Fanges. Die wenigen Menschen des kleinen Ortes, die ich kennenlernte, waren einmalig gastfreundlich zu mir. Ich habe mich an göttlichen Heilbutt Portionen und dem unglaublich frisch schmeckenden Riesenkrabbenfleisch satt gegessen. Von der Jagd bleibt noch zu berichten, dass

ich Sams Fejes Wilderness Hunting Camp das höchste AAA Rating in meinem Bericht gegeben habe. Ich kann den wortkargen und knochentrockenen Sam und seine absolut fehlerfreie Organisation uneingeschränkt weiterempfehlen.
Einen kleinen Nachtrag gibt es noch zu erzählen.
Ein Jahr später bekam ich ein überraschendes Postpaket aus Alaska. Ein silbernes Ehrenschild auf Edelholz bestätigte, zu meiner großen Überraschung, dass mir die unvergessliche Ziegenjagd auch noch den Trophäen-Rekord dieser Jagdsaison von ganz Alaska beschert hatte. Etwas, was ich weder beabsichtigt noch erwartet hatte. Klar ist, große Teile der Anerkennung und Freude dieser rein technischen Bewertung in Zentimetern eines Horns gehören nur meinem Führer Tad Gilbert. Was der gute Mann wohl dachte, als er mit mir schlecht ausgerüsteten 56jährigen dort im Sturm auf dem Gletscherhängen herumkletterte?

Noch ein paar Gedanken aus der Rückschau. Gerne hätte ich das Wildbret meiner Ziege probiert. Leider wäre das nach dem Sturz und einem gewaltigen Hämatom schlecht möglich gewesen. Ich war aber stolz darauf, mir für die Jagd in den Gletschern Alaskas im vorgerückten Alter noch einmal eine außergewöhnliche Leistung abverlangt zu haben. Es war eine waidmännische Jagd in extremer Landschaft. Sie war aber nur durch den großen technischen Aufwand des Outfitters, für ältere Kunden wie mich, möglich. Mit dieser Erkenntnis wusste ich, dass ich mit dieser Art von Alaska-Jagd einen physischen Wendepunkt im Jägerleben für immer umrundet hatte. Die knapp bestandene Herausforderung brachte mir zum ersten Mal im Leben die Einsicht, dass alles was einen Anfang hat, auch in der Jagd ein Ende haben kann.
Das für meine Möglichkeiten extreme Jagderlebnis war es mir wert gewesen. Ich hätte etwas versäumt, wenn ich das herausfordernde Klima in dieser grandiosen menschenfeindlichen Landschaft nicht kennen gelernt hätte. Wer unter solchen Umständen zu Recht mehr Information über den Lebensraum und die Wildziegen erwartet hatte, den bitte ich um Nachsicht. Ich hatte mich auf diesen beiden Jagden mehr mit mir selbst und der herausfordernden Landschaft auseinander gesetzt. Später habe ich großartige Alaska-Naturfilme gesehen, in denen der Kameramann halbzahme Wildziegen auf kanadischen Almenwiesen im Tal beinahe hätte streicheln können. Wie geht das zusammen? Bestimmt finden Wissenschaftler ganz einfache Erklärungen dafür. Das ist für mich aber genauso konfliktreich und schwer verständlich, wie die bedauerlichen Schwarzbären, die zu hunderten auf den Müllkippen von Prince Rupert herumklettern und den Stadtabfall fressen.

Auf dem Rückflug nach New York führte ich eine mächtige Eiskiste aus Polyurethan mit Trockeneis obendrauf und zehn filetierte tiefstgefrorene, selbst geangelte Sockeye- und Königslachse mit mir. Zum Abschluss der Alaska Jagd hatte ich mich in New York, es war Ende September, mit meiner Frau verabredet. Es war ihr erster Allein-Aufenthalt in der faszinierenden Metropole und eines der wenigen Male, auf denen sie mich zum Ende einer Auslandsjagd begleitete. Die Arme hatte nach all den Ausflügen während 15 Jahren in den venezolanischen Dschungel und im Süden von Argentinien wenige Male an meinen Wildnisjagden teilgenommen. Die Umstände meiner Wildnisjagden waren allerdings für eine Mutter von kleineren Kindern wie Doris wenig einladend. Einmal hatte sie mich zu einer Jagd auf der Pongola Farm bei der Familie Landmann in Südafrika gemeinsam mit einer Freundesgruppe begleitet.

Dort hatte die Arme wiederholte nächtliche Begegnungen mit zwei Puffottern im dunklen Flur des Hauses nur knapp bissfrei überstanden.
Nun erwartete sie mich im weitgehend schlangenfreien New York, wie „Kevin alleine Zuhause". Wir hatten zu einem einmaligen Sonderpreis im Art Deco Building des The Beekman Tower Hotel eine Juniorsuite gebucht. Das drei Sterne Hotel lag in Manhattan neben dem Gebäude der Vereinten Nationen und dem Rockefeller Center, unweit der Fifth Avenue. Der Blick zur East Side gönnte uns einen weiten Blick auf die Skyline von New York. Doris entdeckte nach ihrer frühen Ankunft auf der gegenüberliegenden Straßenseite einen kleinen Supermarkt. Nur bis dahin traute sich die Arme vor meiner Ankunft alleine hinaus.
Unser Wiedersehen feierten wir mit einem Abendessen im Restaurant Top of the Tower im obersten Stockwerk. Die Tage in dieser aufregenden Stadt waren, wie immer, viel zu kurz. Wir hatten einen langen Einkaufszettel für unsere mit meinen Eltern zuhause gelassenen Kinder abzuarbeiten. Stadtkinder wollen in der Schule dazugehören. Manche fühlen sich ausgegrenzt, wenn sie die angesagten Dinge nicht am Körper haben. Bestimmt musste man dafür nicht nach New York fliegen. Aber wo wir nun einmal dort waren und der Dollar besonders günstig stand, bot sich das Einkaufen an. Wer von uns verwöhnt nicht auch seine heranwachsenden Kinder? Die Macht des Marketings und die Werbung für Kleidung und Schuhe mit ihren angesagten Etiketten bekamen auch wir auf den Weihnachts-Wunschzetteln der Kinder zu spüren. Es gab vor den Einkäufen viel von meinen Jagderlebnissen zu erzählen. Endlich konnte ich Doris, einer Nichtjägerin, wenigsten ein wenig mehr von der herrlichen Stadt zeigen. Ich kannte und schätzte sie außerordentlich aus vielen vorherigen Besuchen. Mehrfach war ich geschäftlich eingeladen worden im Plaza Hotel auf der ungemein edlen und auch teuren Upper East Side der Fifth Avenue zu residieren. Diesmal genoss ich die Annehmlichkeiten der urbansten Stadt „aller" Städte ganz anders auf einer Privatreise gemeinsam mit meiner Frau. Wir beide hatten eine unvergessliche Zeit. New York verströmt den Duft von unbegrenzter, urbaner Freiheit. Der brutale Kapitalismus ist allerdings auch allgegenwärtig. Ich bekam dort immer das Gefühl vermittelt, dass man mit harter Arbeit beinahe alles erreichen kann. Die gewachsene Großstadt besitzt mit ihren vielen Stilen nebeneinander eine Vielfältigkeit, in denen sich die ganze Welt reflektiert. Unter anderen Eindrücken erinnere ich mich an ein Geschäft auf der Fifth Avenue. Es ist das abgefahrenste Hutfachgeschäft mit der größten Auswahl der ganzen Welt. Das Borsalino J. J. Hatcentre ist cool im Stil der Filmnostalgie der Zwanziger Jahre eingerichtet und verkauft jeden nur erdenklichen Hut. Die altehrwürdigen Brook Brothers mit den Loaferschuhen aus Pferdeleder oder das einzigartige MOMA Museum of Modern Art. Das Navajo Schmuck Geschäft neben dem gemütlichen Bistro Le Relais und das Cowboy-Stiefel und Indianergürtel Geschäft der Firma Luchese. Latino-Brunch und Menschen schauen kann man zum Beispiel wie wir im Mortimer. Natürlich sind das nur winzige Splitter von der Fülle an Plätzen, die jeder nach seinem Geschmack in dieser Stadt der Städte entdecken kann. Wir hatten wegen unserer Einkäufe für die Kinder viel zu wenig Zeit, um Doris mehr von den Sehenswürdigkeiten der Superstadt zu zeigen. Es gebe so viel zu sagen über die aufregende, herausfordernde Megacity. Hoffentlich können auch unsere erwachsenen Kinder mit ihren Wünschen an der Stadt mit dem aufregenden Tempo und seinen Menschen Maß nehmen. New York ist auch heute noch neben den asiatischen und arabischen Metropolen einer der ultimative Rahmen für ausgefallene Ideen. Ein Besuch dort kann helfen, um den eigenen Standpunkt für manches zu überprüfen und eine Unzahl von neuen beruflichen Impulsen zu erhalten. Mit etwas Wehmut über die inzwi-

schen weit hinter mir liegende Jagd, dem satten Übergepäck für die Kinder, meiner Jagdausrüstung und den selbst geangelten Lachsfilets flogen wir beide glücklich zurück nach Hause. Um keine Vollwaisen bei einem Flugzeugabsturz zu hinterlassen, sind meine Frau und ich stets in zwei getrennten Flugzeugen geflogen! Es war das einzige Mal, in mehr als zwanzig Jahren, an dem wir zusammen flogen und dabei nicht in Begleitung unserer kleinen oder halbwüchsigen Kinder im gleichen Flugzeug saßen. Das haben wir in einer schönen Atmosphäre an Bord genossen und meine Rückkehr von den Jagderlebnissen in Alaska und unseren New York Besuch gefeiert.

GEWEHRE, MUNITION, GESCHOSSE UND GERADE SCHIESSEN

Wenn wir über die Entwicklung der Jagdwaffen und ihren Anfang nachdenken, so verläuft diese beinahe bis in die Neuzeit weitgehend parallel mit der Geschichte der militärischen Bewaffnung. Kriege und Kampf sind leider die Erfinder vieler Dinge. Der Anfang der Menschwerdung begann offensichtlich mit dem aufrechten Gang nach dem Verlassen der Baumkronen. Einher damit gingen der Bau von Werkzeugen und die Anfertigung von immer effektiverer Bewaffnung. Die ersten Homo Sapiens beschafften sich ihre größere Fleischbeute noch, indem sie den erfolgreich jagenden Raubtieren deren erlegte Beute wegnahmen oder Beutetiere über Klippen hetzten. So sagt die Wissenschaft. Die meiste Nahrung haben alle unsere frühen Vorfahren durch Sammeln, Jagen und Fischen beschafft. Man schätzt, dass erst etwa vor 10.000 Jahren die systematische Landwirtschaft aus Vorderasien zu uns kam. Die Großwildjagd durch uns Menschen war, nach den gefundenen Spuren, bereits vor weit mehr als 100.000 Jahren (siehe Rupert Sheldrakes Buch „Der siebte Sinn der Tiere“) die Ernährungsgrundlage der Menschheit. Der Hamburger Saharaforscher Heinrich Barth entdeckte auf seinen wagemutigen und lebensgefährlichen Wüsten-Entdeckungsreisen vom Mittelmeer bis hinunter nach Timbuktu einige vor 8.000 Jahren in den Fels geritzte Jagdszenen mit Tieren. Dabei spielten Speere als Jagdwaffen eine Hauptrolle. Die damals grüne Sahara war voller Wasser und gehörte, laut den Entdeckungen von Forschern wie Barth, mit zu den ältesten bekannten Gebieten, welche vom modernen Menschentyp bewohnt war!

Nach der neolithischen Revolution (das Aufkommen von produzierendem Ackerbau und Viehzucht mit Vorratshaltung) im 10. Jahrtausend vor Christus, also in der Jungsteinzeit, geschah dann einer der wichtigsten Umbrüche in unserer Menschheitsgeschichte. Es war das Verlassen der nur von der Jagd lebenden, mobilen Lebensweise und der Beginn des Baus fester Siedlungen durch die das Land bearbeitenden ersten Bauern. Damit hatten sich die Menschen die Erde zum Untertan gemacht.

Man kann davon ausgehen, dass die gefährliche Jagd, weit entfernt vom sicheren Lagerplatz der Familien und Sippen, hauptsächlich von Männern ausgeübt wurde. Die sammelnden Frauen dürften mit dem Säugen, der Aufzucht und der Betreuung von Kleinkindern und Höhlenarbeiten für die Sippe an in der Natur günstig gelegenen Lagerplätzen beschäftigt gewesen sein.

Seitdem wir Jäger nicht mehr durch Hetzen über Felsabgründe, Steine werfen, Netze, Fallen stellen, Speere, Pfeil und Bogen oder Armbrüste Beute erlegen, benötigen die gesetzeskonformen Jäger der Neuzeit einige unterschiedlich konstruierte Gewehre und Handfeuerwaffen. Und die in verschiedenen Kalibern. Bei der Kaliberwahl spielen Gründe der Weidgerechtigkeit und des Tierschutzes eine bedeutende Rolle. Feuerwaffen gehören seit mehr als fünfhundert Jahren zum elementaren Handwerkzeug der Jäger. Es gibt nicht nur ein einziges, ideales Gewehr und kein einzigartiges, ideales Kaliber oder Geschoss. Wohl aber unser ständiges Bemühen um den sofort tödlichen und perfekt platzierten Schuss. Der ist das Ziel jedes weidmännischen Jägers beim Erlegen seiner Beute. Absolute Garantie für Perfektion kann niemand bei diesem aufregenden Geschehen abgeben. Besonders nicht auf einen sich bewegenden Wildkörper und den aufregenden Situationen während der Pirsch- oder Treibjagdjagd.

Der Jäger von heute benötigt verschiedene Schusswaffen. Unsere hervorragenden und bewährten deutschen Jagdgesetze schreiben bekanntlich bestimmte Mindestkaliber für die verschiedenen Wildarten vor. Das Vermeiden von unnötigem Leiden der Kreatur steht an erster Stelle für jeden Jäger. Die Auswahl an Fabrikgewehren und Munition ist gewaltig. Mit erstklassigen Erzeugnissen an Hülsen, Pulver und Geschossen kann der Wiederlader seine Munition sogar selber nach Maß herstellen. Hinzu kommen ganz ausgezeichnete, intensiv ausgebildete Büchsenmacher, die beinahe jeden Wunsch erfüllen. Es liegt in der Natur der Sache, dass ein Jäger und Schütze 5 bis 10 Langwaffen gebraucht. Sammler besitzen noch einige mehr. Hinzu kommen in einer Familientradition übernommene Jagdwaffen. Die verschiedenen Langwaffen werden für die Ausübung der Jagdarten auf unterschiedliche Wildarten, zur Übung auf dem Schießstand sowie bei Jagdreisen in bestimmte Länder und Kontinente geführt. Über die Jahrzehnte eines Menschenlebens mögen durch neuere Erkenntnisse und verschiedenartige Reviere andere Gewehre und neu entwickelte Kaliber noch hinzu kommen.

Die Globalisierung hat das Jagen in mehreren Ländern für einen bedeutenden Teil der europäischen Jäger zu einer Normalität gemacht. Ähnlich wie auch das selbstverständliche Trinken von Mineralwasser aus Frankreich oder den guten Rotwein aus Chile im hintersten Dorf Deutschlands. Wir gebrauchen täglich eine Unzahl von Dingen, die aus allen Ländern der Welt zu uns kommen. Unser Land war lange Exportweltmeister und Deutsche sind immer noch touristische Weltmeister bei Reisen in ferne Länder. Sie verbringen dort ihren Urlaub und gehen im Ausland hunderten von Trendsportarten oder Freizeitvergnügungen nach. Die Zeiten, in denen der ausschließlich in Deutschland jagende Jäger oder Förster sich mit einem einzigen, universellen Drilling und einer Flinte halbwegs zufrieden geben konnte, sind für fast alle vorbei. In einem vereinten Europa und den verschiedenen Jagdmöglichkeiten in einer globaler geworden Welt ist der Anforderungskatalog auch an Jagdwaffen, Kaliber, Ausrüstung und Munition deutlich breiter und vielfältiger geworden.

Jagen ist spätestens seit dem frühen Mittelalter ein anspruchsvolles, erlernbares Ausbildungs-Handwerk mit festen Gesetzmäßigkeiten und durchdachten Regeln. Unsere heutigen Erfahrungen in Deutschland entstanden auch durch Einflüsse aus verschiedenen anderen Ländern und Kontinenten. Mich persönlich fasziniert, neben der Jagd, das Sammeln von ganz bestimmten Waffen, das gelegentliche Wiederladen und das Praktizieren auf Schießständen. Das macht mir den Umgang mit dem Jäger-Handwerkzeugen Gewehr und Munition durch Jahrzehnte Erfahrung einfacher. Aber wie sagte angeblich der weise Sokrates so schön: *„Ich weiß, dass ich nichts weiß“*. Beinahe jedes Handwerk und die tiefste Passion braucht ganz verschiedene, teilweise universelle oder äußerst spezielle Werkzeuge. Daher hat der Jäger das Recht und die Erfordernis auf den gesetzlich geregelten Besitz und das Führen von mehreren Büchsen, Flinten, kombinierten Waffen, Munition, Messern, Optiken, Beobachtungsinstrumenten und Handfeuerwaffen.

Mit einem Beamten einer Gruppe von jungen Polizisten, die ihren Dienst an einem Flughafen leisteten, kam es für mich einmal über den Waffenbesitz des Jägers zu einem ruhigen geführten Meinungsaustausch. Einer von ihnen machte eine Bemerkung zu meinen beiden mitgeführten Jagdwaffen auf einem Auslandsflug. Ob es denn ein Gewehr nicht auch täte? *„Nein, täte es auf dieser Jagd in Afrika eben nicht. Sind denn meine Papiere, die Transportbehälter und mein Verhalten nicht ordnungsgemäß?“*, fragte ich. Er setzte hinzu, dass er schon Verständnis für den Waffenbesitz bei Jägern hätte, aber warum die immer mehrere, oder viele besitzen müssten (wohl nach Blick in die Waffenbesitzkarten der Flugzeuge besteigenden Jäger). Ich erwiderte ihm im besonders freundlichen Ton, dass sein persönliches

Einverständnis für legale und registrierte Jagdwaffen bei geprüften Jagdscheininhabern bitte nicht im Vordergrund seiner Dienstausübung stehen kann. Zum Erbeuten von volkswirtschaftlich wertvollen Wildtieren und der Ausübung der Jagd braucht man Jagdwaffen. Es ginge uns Jägern um den kontrollierten und legalen Besitz, das Führen und die Benutzung von Waffen bei der gesetzlich genau reglementierten Jagdausübung auf Wildtiere. Jedes Detail dabei ist durch Gesetze, die Ordnungsbehörden, Landeskriminalämter, das BKA und die Ministerien streng vorgeschrieben. Das richtige Verhalten der gesamten Jägerschaft wird nicht zuletzt von den Jagd- und Forstbehörden beaufsichtigt. Nur für die legale Jagdausübung mache der ausgebildete autorisierte Jäger sachkundigen Gebrauch von seinen lizenzierten Jagdwaffen. Bei mir wäre in der Hinsicht hoffentlich alles in Ordnung. Das wurde nach meiner immer noch freundlichen Erwiderung kurz bejaht. Es war ein herzhaft geführtes und freundliches Ausnahmegespräch zwischen zwei Bürgern unseres Landes.
Ich mache mir um das in der Öffentlichkeit sichtbare Tragen von schussfertiger Dienstwaffen keine unnötigen Gedanken. Die verschiedenartigen Dienstwaffen der Polizeibehörden wären zum Einhalten der Gesetze und zum Schutz der Beamten und der Bürger gegen die „Bösen" notwendig. Was zeigt dieser für mich persönliche Gedankenaustausch und Einzelfall während einer Dienstausübung? Auch als legal im Revier oder an den Ort der Jagdausübung reisender Jäger brauchen wir stets Geduld und Verständnis, um uns mit eventuellen Ressentiments über Jäger und ihren Waffenbesitz auseinander zu setzten. Hinzu zu fügen wäre, dass nur die strikte Kontrolle das Funktionieren eines Rechtstaates garantiert. Im Übrigen bin ich 40 Jahre lang von allen damit befassten Behörden in der Heimat bezüglich meines Waffenbesitzes außerordentlich korrekt behandelt worden! Da gab es bei meinem Verhalten keinen Anlass zu Klagen über Ungerechtigkeiten und kaum einmal einen Zipfel Willkür oder einseitige Auslegung. Waffenbesitz ist zu Recht, eine der todernstesten Angelegenheiten in unserer Gesellschaft.
Es ist Realität dass unsere Gesellschaft jedes Jahr Milliarden Zuchttiere aus der Massentierhaltung von Spezialisten zum Verzehr züchten und töten lässt. Das passiert für den Einzelnen und persönlich unbeteiligten, sehr angenehm unblutig und verantwortungslos. Jäger hingegen müssen sich für den Gebrauch ihrer Jagdwaffen beim Heimbringen der Beute besonders qualifizieren. Ihr folgenreiches Töten von nur bestimmten Wildtieren auf der Jagd ist in freier Natur weitaus aufwendiger, als wenn Menschen mit Bolzenschuss-Waffen oder industrielle Anlagen in Schlachthäusern Haustiere für den Verzehr töten. Beides hat nichts mit Mordlust zu tun. Der blutige Beruf des Kopfschlachters ist ein uralter Lehrberuf, seit Menschengedenken und der ehrenwerte des Jägers, ist noch älter.
Den Umgang mit Jagdwaffen prüfen Sachverständige in aufwendigen Examen. Lebenslang werden die gesetzlich vorgeschriebenen Voraussetzungen, die Sachkunde und der detailliert vorgeschriebene Umgang mit Jagdwaffen überwacht und geprüft. Ein Jäger, der sich nicht daran hielte, würde außerdem von den Kontrollorganen der Jägerschaft schnell „aussortiert" werden. Bei Soldaten, Polizisten, Kriminalpolizei, Geheimdienst, Marine, Luftwaffe, Grenzschutz, Zoll und Einsatzkommandos mit dem staatlichen Monopol zum Töten von Menschen gibt es keine Zweifel über deren Waffenbesitz und den Gebrauch bei ihrer Dienstausübung in der Öffentlichkeit.
Waffenbesitz für die Jagd ist bekanntlich ebenfalls ein tief gestaffeltes, komplex und mehrfach nachreglementiertes Thema. Wer wie den Jagdschein erwirbt, welche Waffen Jäger benötigen dürfen und ob und wie die Jagdausübung auf Tiere durchzuführen ist, ist genauestens behördlich geregelt. Dafür kommt eine Vielzahl von „Kugelgewehren" zum Einsatz. Für Flug- und Niederwild ist bekanntlich

vornehmlich der Schrotschuss mit verschiedenen Flinten-Lauflängen und in unterschiedlichen Kalibern gesetzlich vorgeschrieben. Der Bestand von Handfeuerwaffen für Baujagd und Nachsuche und Abfangen ist auf zwei bis drei pro Jäger beschränkt. Es ist in diesem Zusammenhang erstaunlich, dass der Staat und die Öffentlichkeit Computerspiele über das virtuelle Abschlachten von Menschenmassen auf dem Bildschirm unbegrenzt zulassen.
Es befinden sich eine Million vollautomatische Sturmgewehre im Privatbesitz in den USA. Sie liegen dort in manchem Pickup Auto und können in Werkzeuggeschäften oder auf Messen in manchen Bundesstaaten völlig beliebig gekauft werden. Das ist bei uns glücklicherweise für jeden Bürger streng verboten, unmöglich und auch nicht notwendig. In der demokratischen Schweiz mit dem bis 2010 liberalsten Waffengesetz der Welt gab es bis vor Kurzem überhaupt keine zentrale Registrierung für Jagdwaffen bei straffreien Bürgern. Die Armeegewehre der Milizsoldaten standen samt Munition in deren Schränken zu Hause. Erst die Gesetzesänderung von 2008 und 2010 brachten Nachmeldepflichten und Einschränkungen von Serienfeuerwaffen. Trotzdem ist die Missbrauchsquote dieser Waffen im Volk bei den Heimatschweizern nahe Null. Es sind überall fast nur im Kopf „kranke“ Menschen die töten und Amok laufen.
Bei den diversen kombinierten Büchsen/Flinten Kombinationen gibt es traditionell ein weites Feld für die verschiedenen Jagdarten. Vorherrschend sind jedoch die für unsere hiesigen Hauptwildarten Rehe, Schwarzwild und Hirscharten bestens geeignete Repetierbüchsen, kombinierte Gewehre, den blitzschnellen Geradezug Repetierer mit Biathlonverschluss und nur den einzelnen Schuss selbst nachladende Gewehre mit einem auf zwei Schuss begrenztem Magazin. Alle diese Gewehre werden bekanntlich in einer umfangreichen Kaliberspannbreite angeboten. Hinzu kommen Gewehre für die gesteigerten Anforderungen auf Großwild und besonders wehrhaftes Wild bei Auslandsjagden in völlig andersartigen Biotopen oder auch im extremen Klima und weiten offenen Gebirgslandschaften.
Schrotflinten und Büchsen verbindet mindestens eine bedeutende Gemeinsamkeit. Nur der angepasste, nach persönlichen Körpermaßen perfekt angefertigte Schaft ist es, der die Schießgenauigkeit deutlich fördert. Ein Freund einer unserer Söhne ist als Jungjäger auf der Suche nach seinem ersten Gewehr oder dem (nicht existierenden) angeblich idealen Kaliber und den besten Geschossen. Ich erinnere mich gut an meinen jahrzehntelangen, äußerst lehrreichen Weg zu einer Meinungsbildung dabei, den ich vom Jungjäger bis heute zurücklegte. Ein interessantes Thema, das erste passende Gewehr, auf das ich später für den interessierten mit einer persönlichen Meinung eingehen werde.
Der in der Überschrift genannte Themenkreis Jagdbüchse und Munition beginnt für mich mit den genauen anatomischen Kenntnissen des zu bejagenden Wildes. Die Verschiedenartigkeit der Anatomie und die Wirkung von Geschossen kann man nicht intensiv genug studieren. Am besten gelingt das beim selber Zerwirken und sezierend an der erlegten Beute. Uns Jägern geht es dabei an allererster Stelle um die Achtung vor dem Schmerzempfinden unserer Mitkreaturen und die Fähigkeit möglichst blitzartig zu töten.
Wenn die Jagdmöglichkeiten über Reh- und Schwarzwild, sowie den gelegentlichen Fasan oder den Weihnachtshasen in Europa hinausgehen empfiehlt sich unter anderem das sachkundige Buch „The Perfect Shot“ (oder Video-CD) des südafrikanischen Tierarztes, Ranger und Berufsjägers Dr. Kevin Robertson, auch Doctarie genannt. Dieser Südafrikaner ist einer der besonderen Kenner der Materie, weil er so unverhältnismäßig viel anatomische Erfahrung darüber hat, wie Schüsse und Geschossarten selbst

auf starkes Wild wirken. Der normale deutsche Jäger erlegt und versorgt nach dem Schuss nicht mehr als durchschnittlich wenige hundert größere Säugetiere im Laufe seines Jägerlebens. Ein Berufsjäger, Ranger und Tierarzt in Afrika, wie der vorgenannte Robertson, bringt es durch Reduktions-Abschuss und Culling auf zigtausend Abschüsse. Und zwar von Tieren, deren Anatomie er als studierter Tierarzt genauestens kennt. Seine wichtigste Erkenntnis für die afrikanische Vielfalt ist: Es reicht keinesfalls, auch nicht mit genug Kaliber, Penetrationsindex, Momentum und mit den geeigneten Geschossen die Kammer oder den Brustkorb eines Tieres zu treffen. Das wissen wir alle ebenfalls. Natürlich bemühen wir Jäger in Europa uns ebenso präzis das Herz oder zumindest die vitalen Organe zu treffen. Afrikanisches Wild ist aber schusshärter und fast immer physisch weitaus stärker von der Natur erschaffen. Ich schreibe das auch der herausfordernden Natur und der täglichen Auseinandersetzung mit starken Raubtieren zu. Selbstverständlich kann man uneingeschränkt behaupten, dass die bei uns eingesetzten Kalibergrößen und Geschosse im Verhältnis zum Gewicht und der Größe unseres heimischen Wildes grundsätzlich alle Anforderungen mühelos und perfekt erfüllen. Darüber hinaus lebt in unserer heimischen Jägerschaft ein breites, geprüftes Wissen seit Jahrhunderten. Damit Millionen Menschen fleischliche Proteine verzehren können, müssen bekanntlich viele Millionen Säugetiere getötet werden.
Es geht mir bei unserem lustvollen Fleischverzehr darum, die Fakten einer ständig abgehaltenen Diskussion richtig zu werten. Gerade wegen der mit ideologischen Scheuklappen auftretenden Jagdgegner und die immer lauter hörbaren Argumente der 10 Prozent reinen Vegetarier unter uns Deutschen.
Bei uns werden 500.000 bis 600.000 Wildschweine im Wert von 90 Millionen Euro jährlich, sagen wir einmal, durch 300.000 Jäger erlegt. Die werden nach intensiver Hege durch Schüsse aus Jagdgewehren in ihrem natürlichen Lebensraum in freier Natur getötet. Jedes Stück Schwarzwild hat eine theoretische, Lebenserwartung von maximal 10 Jahren. Krankheiten und Unfälle mit dem Straßenverkehr durch nichtjagende Autofahrer fordern ganz erhebliche Verluste. Die Mehrzahl des Wildes aber erfreut sich an einem artgerechten Leben mit völlig selbst bestimmten Jahren in der freien Natur.
In Deutschland werden 12.000.000.000 (ja, 12 Milliarden) Zuchttiere pro Jahr gegessen. Das entspricht jährlich etwa 150 Tieren pro Bundesbürger (die größte Anzahl davon stellt natürlich das Geflügel). So veröffentlicht es die ehrenwerte Albert Schweizer Stiftung. Wir verzehren etwa eine Million Tonnen Geflügelfleisch. 90 Prozent der Bevölkerung, darunter auch die meisten Jagdgegner, sind verantwortlich dafür, dass alleine 60 Millionen Massentierzuchtschweine lustvoll verzehrt werden. Das sind 3 Millionen Tonnen Fleisch aus der Massentierzucht jährlich. Viel davon werden in panische Todesangst nach dem quälenden und meistens langwierigen Transport getötet. Ihr Fleisch kommt vom Fließband der Schlachthäuser, wird zerwirkt, kommt in den Verkauf und von uns in handlichen Portionen, als Wurst oder Braten verzehrt. So ist das nun einmal mit den eben nicht artengerecht und nicht in der Natur aufgewachsenen Schweinen, Schafen, Geflügel, und Rindern und ihrem industriellen Massentöten. Und das nach einem nicht artgerechten elenden Leben von meistens nur Monaten. Immer größere Agrarflächen werden zum Anbau von Sojabohnen für Tierfutter verwendet. Ein fataler Massentrend der reversibel wäre, wenn wir auf Fleischgeschmack und Fleischtextur fixierten Allesesser vermehrt auch mal einige schmackhafte aus Soja hergestellte Tofuprodukte als Fleischersatz oder auch mehr heimisches Wild essen würden.
Die Massenzuchtschweine lassen ihr Leben, nachdem sie nur wenige Monate in schrecklich überfüllten Ställen mit vorangegangener, brutaler Kastration und häufig abgeschliffenen Zähnen eben nicht artgerecht und häufig in Dunkelheit dahinvegetierten.

Das in Südamerika erzeugte Sojafutter, nur für die Mast der in Deutschland verzehrten Schweine, benötigt die Fläche des Bundesstaates Hessens (TV Moderator Ranga Yogeshwar). Wir erzeugen also fließbandmäßige, industriell aufgezogene, planvoll verstümmelte Mastschweine in erbärmlichen Umständen ihres nur nach Monaten zählenden Lebens. Warum gibt es angesichts dieses, uns allen ein schlechtes Gewissen erzeugenden, jährlichen Millionenmassakers immer noch besondere Vorbehalte gegen die Jagd und damit den Verzehr von wunderbar freien artgerecht und wild lebenden Tieren? Wir sollten kein Gramm davon aus unseren Wäldern exportieren. Jagd ist die natürliche Ernte von dem, was die Natur uns von Anbeginn an, freiwillig gibt.
Es besteht eine geheimnisvolle Identität zwischen Menschen und Tieren. Wir fühlen uns als Lebewesen miteinander verbunden. Warum nicht auch gleichermaßen mit den verzehrten Tieren aus der Massentierhaltung? Da stört offensichtlich etwas. Warum geben wir das nicht gerne zu? Weil wir doch Tiere auch gerne auf dem Teller haben.
Der Mensch ist ein Allesfresser. Genau wie der Bär. Der Schotte Boswell schrieb im 18. Jahrhundert *„dass der homo sapiens das einzige kochenden Tier sei“*. Es steht für mich außer jeglichem Zweifel, dass unsere Menschheitsentwicklung bis heute mit einer überlegenen Gehirnentwicklung unter uns Säugetieren und einer wahrscheinlich damit verbundenen Verkleinerung unserer Verdauungsorgane nur durch das vor-verdauende Kochen/Rösten/Braten unserer Nahrung möglich wurde. Auch tierische Proteine und der Geschmack ihrer Röstaromen und Soßen stehen ganz oben auf unserer Appetits- und Geschmacksskala. So wie das rohe Fleisch bei den meisten Primatenarten! Was hat diese Einleitung über unsere Lust auf Fleisch mit der Jagdausübung zu tun?
Die Achtung gegenüber unseren wilden Beutetieren und unsere selbst gegebene Jagdethik verlangen ein möglichst schnelles Töten der Beutetiere durch den Jäger. Darum ist jeder deutsche Jäger bemüht. Das konnte ich auf vielen Jagden und mit sicher mehr als tausend verschiedenen Jägern immer wieder an erster Stelle beobachten. Ohne Zweifel haben wir in Deutschland hoch erfahrene Berufsjäger und Tierärzte mit dem weitergebenden und wissenschaftlichen Wissen über die Erlegung von Beutetieren auf der Jagd. Fulminant und gewissenhaft töten kann jeder Jäger an vorderster Stelle nur mit genauer Kenntnis der Anatomie der jeweiligen Tierart. Das garantiert am besten die Vertrautheit durch Übung mit der möglichst massgeschäfteten oder in den Schaft-Maßen und -Formen einer dem Schützen perfekt passenden Büchse. Ihr in seiner oberen Linie möglichst gerader Schaft sollte dem einer führigen Flinte für das instinktive Schießen möglichst nahe kommen. So fliegt die Jagdwaffe schnell und immer wieder in der gleich wiederkehrenden Haltung an die Wange.
Hinzu kommen bekanntlich noch einige andere wichtige technische Voraussetzungen. Es empfiehlt sich dabei die möglichst niedrigste Zielfernrohrmontage. Der mittlere Balancepunkt der Waffe sollte, wegen der Handlichkeit und Deuteigenschaften, kurz vor dem Patronenlager liegen. Wo notwendig, sollten immer die am besten geeignete Optik (Zielfernrohr und/oder Dot) oder ein aufklappbarer Lochkimmendiopter (ghost ring) und eine hochfeste, wiederkehrgenaue Montage (wie die preiswerte Quick Release, H&K-Kipp, Blaser und viele Schwenkmontagen, die jeweilig zum vorhandenen Platz über dem System passen müssen) für präziseres Töten eingesetzt werden. Erstklassige Zielfernrohre werden für alle Lichtverhältnisse und Vergrößerungen mindestens von zehn großen, seit Jahrzehnten erfahrenen Herstellern aus Deutschland, Österreich, Nordamerika, Tschechei und Japan angeboten. Besser und stoßfester zielt man mit einem kontrastreichen, farbigen, fest verlöteten Korn dessen Sattel möglichst mit einem

stabilen Ring über dem Lauf gezogen wurde. Eine schräg nach vorn gekippte offene V-Kimme mit extra kontrastsreichem, vom Auge instinktiv erfassbaren Mittelstrich schützt vor Blendgefahr beim Schießen über Kimme und Korn. Nur ein ausgesuchtes und fein bearbeitetes, butterweich laufendes Repetier-System für möglichst ausreichend viele (4) Patronen im Magazin mit verschweißtem oder idiotensicher gegen versehentliches Öffnen sperrbarem Magazindeckel macht bei der Summe aller Jagdarten Freude. Ich bevorzuge eine möglichst unabgenutzte, lange Klauenkralle des Ausziehers (hält die Patrone beim Laden und Extrahieren stets fest) und einen nicht abgenutzten Schlagbolzen nach Mauserart. Beides könnte man auf Wildnisreisen im entlegenen Ausland zusammen mit einer Magazinfeder, Ersatzoptik und Extrakorn für den Notfall dabei haben. Ein immer definiertes, kräftiges „Zurückreißen" der abgefeuerten Munitionshülse vermeidet Hülsenhänger beim Repetieren. Die gewählte Kalibergröße sollte, ohne Ausnahme, natürlich immer genügend „Bumms" für das Wild besitzen. Hochrasante Geschosse verursachen in der Regel mehr Wildbretzerstörung als moderat schnell fliegende. Auch reduzieren sie die Lauflebensdauer und die Präzision des Gewehrs durch Erosion früher. Das stimmt auch dann, wenn bei 2.500 Geschossen im gesamten Leben einer Büchse, alle Geschosse und das gesamte jemals darin verbrennende Pulvergas zusammengenommen, nur für die Dauer von INSGESAMT 5 bis 6 Sekunden lang den Lauf durcheilen! Die Reibung der Geschosse auf der Laufstahloberfläche kann durch Geschossbeschichtungen wie Teflon oder Molybdän (wird in Panzerrohren verwendet) und unterkalibrigen Entlastungsrillen entscheidend gesenkt werden. Manche Länder verbieten solche Geschossbeschichtungen wegen der damit weit erhöhten Fähigkeit der Munition Körperschutzwesten zu durchdringen.
Das wichtigste für uns Jäger ist die stets präzise Platzierung des ersten Schusses und eine tiefe Penetration von noch zusammenhaltenden, in der Herstellung hochwertigen und deshalb auch meistens etwas teureren Geschossen. Last, but not least, eine verwechslungsfreie, nicht zu lose stehende, vertraute und lautlose Sicherung. Das ist es wohl in Summe worauf es mir waffentechnisch und ballistisch bei meinem Repetiergewehr für den Nutzen auf normale Jagdentfernungen und ein möglichst sicheres Töten der Beute ankommt. Unsere extrem auf Präzision bedachten Schützenbrüder und Scharfschützen wissen, dass es beim Thema der Präzision einer Waffe noch um einige weitere Faktoren über die Sorgfalt und Auswahl der genauestens vermessenen Munitionskomponenten hinaus ankommt. Vom sorgfältig geriebenen Patronenlager an, im Freiflugbereich vor dem absolut zentrisch gesetzten Eintritt des Geschosses in die Züge und Felder des Laufes und bis zur völlig uniformen Gasverteilung in der Mündung beim Austritt des Projektils. Im Vorgenannten ist allergrößte Sorgfalt des Büchsenmachers für herausragende Präzision erforderlich. Ein Patronenrichtgerät (wie das RG 90) hilft die genaue zentrale, axiale Setzung des Geschosses um die Längsachse in der Hülse zu kontrollieren. Damit will man verhindern, dass das Geschoss mit einer Unwucht in seiner Rotation die Hülse verlässt und in einem instabilen Flug in die Züge eintritt und damit unwuchtig die Laufmündung verlässt. Auch die korrekte Reinigung des Laufes von Rückständen vorher ist wichtig und erfolgt bekanntlich immer nur vom Patronenlager aus in Richtung zur Mündung. Bei sehr weiten Schüssen lohnt sich ein Teil dieses zusätzlichen Aufwandes auch für uns Jäger.
Wild läuft, zieht, ist flüchtig oder greift sogar an. Es ist also, genau wie wir auf der Pirschjagd, häufig in Bewegung. Nur die größtmögliche, geschickte Annäherung an das Wild und das zu Fuß, erlaubt sicheres Ansprechen und vermittelt ein noch Mal intensiveres Jagderlebnis. Zauderer und allzu große Perfektionisten lernen, dass es die gleiche Gelegenheit zum Beute machen kaum ein zweites Mal genauso wieder gibt. Andererseits ist der Schuss erst einmal aus dem Lauf, so ist nur der Schütze verantwortlich für

alle sich daraus ergebenden Konsequenzen. In diesem Spannungsbogen müssen immer wieder rasante, situative Moment-Entscheidungen vom Schützen getroffen werden. Besonders schwierig ist das in nicht vertrauten Revieren und bei der Jagd in anderen Ländern mit bislang unbekanntem Wild. So liegt es in der Natur der Sache mit der passionierten Jagd, dass Fehler gemacht werden. Wer das nicht auch anderen zugesteht, hat selber nicht gejagt. Damit meine ich auf gar keinen Fall auch nur den kleinsten Leichtsinn! Schüsse, die nicht vom Hochsitz herunter auf entspannt stehende Rehe und aufgelegt, viele Sekunden lang anvisiert werden können, erfordern deshalb in besonderem Maße waffentechnisch Perfektion, viel Übung auf Ständen und gewissenhafte Kontrolle in den vorgenannten Punkten. Wildnisbüchsen mit großen Kalibern und mit viel Pulverraum wirken nun einmal beim Verbrennen mit viel Druck auf die Schulter des Schützen. Mancher Jäger fürchtet sich, besonders auf der Auslandsjagd mit „fetten" Kalibern auf wehrhaftes Wild, vor einem heftigen Rückstoß. Man muckt dann oder verreißt. Viele dieser Mucker haben es versäumt mindestens zig Probeschüsse VOR der Jagd auf dem Schießstand abzugeben. Die gute Nachricht: Mucken kann man definitiv kurieren. Durch einen Schaft nach Maß, Übung mit einem .22er Gewehr, Rückstoßdämpfung, zusätzliches dämpfendes Gewicht im Schaft, Mündungsbremsen oder halbautomatische Waffen. Auch unter Anleitung von erfahrenen Schießtrainern mit mittlerem Kaliber kann man das bekanntlich erlernen. So, dass die Zahnfüllungen und Augenlider des Schützen bei dicken oder scharf geladenen Kalibern nicht mehr klappern.
Das Buch des amerikanischen Ingenieur, Afrikajäger und Professor Bill Stewart „Hunting Africa's Dangerous Game" beantwortet die Fragen nach Kalibergröße bezüglich Geschoss Geschwindigkeit und Momentum, Rückstoß, Gewehrgewicht, Penetrationsvermögen, Geschossmaterialdichte (sectional density) und Tötungseffekt (KO-Wert). Stewart vergleicht darin angefangen von unserem metrischen Mittelkaliber 9,3 bis hinauf zum schweren Kaliber .500 die oben genannten sich untereinander bedingenden Werte. Die Rückstoßenergie und das Momentum der Geschosse einer .500 Jeffery als Extremkaliber, verglichen mit den diesbezüglichen Werten einer nur in der Formgebung der Hülsenproportionen durchaus ähnlichen 9,3X62, sind aus einer 4,5 Kilo schweren Büchse beinahe doppelt so hoch als die des letztgenannten Kalibers! Wem also unsere heimischen Kaliber 9,3 X 62 oder eine 8X68 S bereits zuviel Rückstoß bereiten, der sollte eventuell von einer Jagd auf afrikanisches Großwild absehen. Die maximal geladene und immer noch weiche 9,3 X 62 mit modernen und langen Monolithgeschossen ist allerdings in Begleitung eines erfahrenen Berufsjäger bezüglich Rückstoß und Materialaufwand ein für mich noch gerade angemessenes Kaliber auf sorgsam abgepasstes Wild in fast jeder Größe! Allerdings nur bei genauer Schussplazierung und langen Geschossen von hervorragend zusammenhaltender Konstruktion für tiefes Eindringvermögen. Geringes Tragegewicht einer Büchse ist ein Kriterium, welches außer auf Gebirgsjagden, beim in Mitteleuropa herrschenden Jagdbetrieb und dem Wildbretgewicht unseres Wildes eine zu vernachlässigende Rolle spielt. Ich kann aus eigener Erfahrung sagen, dass eine vom Rückstoß her noch gerade erträglich gebaute .500er Büchse für einen Durchschnittsmann ziemlich (zu) schwer für das Tragen beim wochenlangen Pirschen ist! Nach einer Büffelnachsuche im dicht bewachsenen Grenzgebiet von Botswana und Zimbabwe war ich damals hundertfünf Kilo schwerer Jäger nach drei angespannten Tagen Pirschens und täglich stundenlangen Laufens alleine vom Gewicht einer Büchse dieses Kalibers ziemlich geschafft. Dieses Wildnisgewehr auf Nachsuchen mit geringem Sichtfeld in den Händen zu spüren, gab aber ein sehr gutes und verantwortungsvolles Gefühl! Sie ist eine sichere Lebensversicherung bei aus nächster Nähe annehmendem Großwild im Dickbusch.

Eine 9,3X62 mit einem Gewicht von 3 bis 3,2 Kilo ist dagegen vergleichsweise ein „beinahe rückstoßloses“ Federgewicht. Ohne Berufsjäger könnte eine Büchse in diesem Kaliber auf einer Großwild-Nachsuche im Busch in Extremsituationen eine Gefährdung darstellen. Mit ihr und mit hervorragend konstruierten Vollmantel-, Deformations- oder Monolithgeschossen könnte man zwar, nur in Begleitung eines Berufsjägers, trotzdem so ziemlich alles ins Salz legen. Mit nur 3,5 bis 4 Kilo Gewehrgewicht sind die weit reichende, in ihrer Penetration herausragende .375 Holland & Holland Magnum und die mit dem noch fetteren Bumms ausgestattete .404 Jeffery für den lange Strecken pirschenden Großwildjäger deshalb gute Kompromisse. Auch auf starkes Wild. Wenn man theoretisch das gleiche Gewehrgewicht und der gleichen Abbrandgeschwindigkeit des Pulvers (4.000 Fuß oder 3.048 Meter die Sekunde) zugrunde legt, so bargen Bill Stewarts Berechnungen beim Lesen eine Überraschung für mich. Nicht das so populäre Kaliber .375 Holland & Holland Magnum besitzt den meisten „Bang for the Buck“ (Bumms fürs Geld), sondern die .404 Jeffery oder ihr Doppelbüchsenbruder 450/400 NE! Bezüglich des Penetrationsvermögens würde ich persönlich die .375 H&H, nur bei gleichartigen Geschossen gleichen Gewichts, der .404 Jeffery trotzdem wegen des etwas tieferen Eindringvermögens vorziehen. Bill Stewarts Berechnungen im Buch zeigen darüber hinaus warum das Originalkaliber .416 Rigby mit modernem Pulver bei den genannten Faktoren, in jeder Hinsicht, ein optimales Universalkaliber für größeres und größtes Wild ist. Etwas, was erfahrene Afrikajäger bestätigen können. Wenngleich ein nicht optimaler Schaft eines meiner Wildnisgewehre von einem erfahrenen deutschen Industriebetriebs nach drei bis vier schnellen Schüssen in diesem Kaliber mir zuviel Rückstoß besaß. Es war aus Kostengründen und wegen der viel versprechenden Auslobung dieser brandneu entwickelten Büchse out of the box kein Schaft nach meinen Maßen beteiligt! Unter Berücksichtigung all des vorweg gesagten, worauf kommt es nach guter Schussplatzierung besonders auf der Auslandsjagd an: hochwertige, richtig fürs Wild ausgesuchte, lange Geschosse mit genügend Geschwindigkeit für Eindringtiefe.

Das Grüne Waidwerk erfordert, wie jedes Handwerk, weitergegebene Tradition, Übung und eine langjährige Ausbildung. Wenn man sich großem und wehrhaftem afrikanischem oder nordamerikanischem Wild in deren Biotop entgegenstellt, sollte man seine Schularbeiten vorher dafür gemacht haben. Es reicht nicht nur das Geld wie für einen Einkauf von Abschüssen aus einem Katalog zu besitzen. Auch der den Jäger beschützende und führende Berufsjäger kann mal Pech haben oder einen winzigen aber folgenreichen Fehler machen. Spätestens dann ist jeder Jagdgast, manchmal auf Leben und Tod, urplötzlich ganz alleine gefordert. Das ist schon manchem Jagdgast auf wehrhafte Tiere passiert. In einer solchen Situation kommt es wieder auf die eingangs geforderte genaue Kenntnis der Anatomie der Jagdbeute an. Ein bestimmtes Tier der afrikanischen Big Five ist ein besonders gutes Beispiel dafür, dass die Platzierung des ersten Schusses und die Kenntnis der Anatomie wichtiger sind als die Kaliberwahl.

Um dieses Thema der Anatomiekenntnisse und Schussplazierung aus der Überschrift dieses Artikels ein wenig zu unterstreichen, möchte ich an dieser Stelle Jagderfahrungen anderer über eine eigentlich „weiche“ Beute einflechten.

Der im Körper kleine Leopard ist eines der gefürchteten Tiere bei schlechter Schussplatzierung. Er ist dann blitzschnell im hin und her Springen. Sehr erfahrene Jäger beschreiben ihn gerne als eine furchtlose explosive klettenartig festhaltende Muskelpackung mit 10 Rasiermesserscharfen Klauen. Wie die scharfen Glieder einer Motorsäge und einem fürchterlichen zielgeführtem Gebiss.

Das Magazin „African Hunter“ veröffentlichte einen mit beeindruckenden Fotos belegten Bericht eines erfahrenen Berufsjägers über eine schlecht gelaufene Leopardenjagd. Sein Jagdgast war beim Schuss deutlich zu weit nach „Hinten" abgekommenen. Ein äußerst gefürchteter Fehler, den man unter keinen Umständen (es war eine Ansitzjagd am Luder) machen darf. Manche Gastjäger überfällt beim direkten Anblick dieses Gefleckten ein derartig unkontrollierter Allgemeinzustand, dass sie alles vorher Besprochene und Gelesene vor Aufregung vergessen. Nach Aussage meiner vielfach erfahrenen afrikanischen Freunde werden immer wieder zwei Hauptfehler beim Schuss auf diese gefleckte Raubkatzen gemacht. Die führen dann zu den berüchtigten, absolut lebensbedrohlichen Nachsuchen. Es ist ein uns heftig anspringendes Schussfiber beim Anblick dieser blitzschnellen, gefährlichen und muskulösen Großraubkatze. In diesen Zustand gelangen einige von uns durch ihre brutale Wildheit und ihren krachenden Umgang mit dem Luder. Einige von uns konzentrieren sich nicht ausschließlich auf den einzigen, sorgsam ausgesuchten Fellfleck über dem Katzenherz. Das sitzt TIEF und direkt hinter (nicht auf) dem unabgeknickten Lauf unterhalb der Schulter. Fährt man mit der Visierung am Vorderlauf nach oben bis auf die Schulter, so trifft man meistens nur die Lunge. Es ist also nicht immer ausreichend am Lauf mittig in den Rumpf zu schießen. Katzen sind hervorragende Nahkämpfer und bleiben blitzschnell, auch auf nur drei gesunden Läufen. Immer wieder habe ich bei meinen frustriert leer ausgehenden Leopardenjagden mein Zielfernrohr vorher auf die Distanz zwischen Ansitz und Köder eingestellt und weit entfernt am Hauptcamp zur Probe geschossen.

Der im „African Hunter" geschilderte Gefleckte („Mr. Spot") verletzte den Berufsjäger bei der Nachsuche dramatisch am Kopf und Armen. Danach kamen die zwei anderen bewaffneten Mitglieder seines Teams in den für sie garantiert unvergesslichen Kontakt mit dessen Klauen und Zähnen. Glücklicherweise erhielt niemand von ihnen einen tödlichen Biss in den Nacken. Der geschilderte Ablauf war das typische Verhalten, bis das furiose Tier endlich getötet werden konnte. Die Großkatze sprang nach Leopardenart mit den rasierklingenscharfen Krallen von einem zum anderen in der Gruppe seiner Verfolger. Der erste Angriff des verletzten und nachgesuchten Tieres erfolgte blitzartig auf drei Meter Entfernung im dichten Unterholz. Dafür vergeht nur ein Teil einer Sekunde. Das anschließende Wüten der gefleckten Furie auf den leicht bekleideten Körpern seiner Angreifer hatte insgesamt nur wenige Sekunden gedauert. Später wurden alle schmerzhaften Wunden der Jäger desinfiziert und durch mehr als 150 Stiche im Kreiskrankenhaus vernäht. Gerne verbeißt sich der ausgewachsene Leopard, wenn möglich, erst mit einem tödlichen Biss im Genick oder Haupt- oder Trägerbereich des Opfers. Mein Freund Horst vertraute mir noch ein kleines unbekanntes Detail dieser gepunkteten Rakete an. Zum richtigen Setzen seines Bisses wird er orientiert von seinen Tasthaaren an den Seiten seines Fangs und speziellen sensorischen Stellen unter seinen Lefzen. Bei Gegenwehr zerfetzt er mit seinen ausfahrbaren und immer septischen 10 rasiermesserscharfen Angelhakenkrallen die Bauchdecke und möglicherweise die heraustretenden Eingeweide seiner angesprungenen Opfer. Berufsjäger, die solche Angriffe aus nächster Nähe erlebt haben, beschreiben die rasenden Prankenbewegungen so, als wenn einem eine laufende Kettensäge im Dauermodus entgegengeworfen wird. Der Leopard ist ein gutes Beispiel dafür, bei dessen Erlegung es beinahe nur auf präzise Schussplatzierung ankommt.

Begegnungen mit den mit 800 Kilo Beißkraft zubeißenden und mit ihren tödlichen Pranken schlagenden Löwen, die gewaltigen Eis-, oder Braunbären von der Kodiak Halbinsel, indischen Tigern oder seltener den Jaguaren in Südamerika verlaufen meistens noch gravierender für den Jäger. Deren erster, häufig tödlicher Biss, geht in Hals oder Wirbelsäule, Schädel oder in den Thorax. Anschließend werden die

bedauernswerten Opfer dann von diesen starken Raubtieren mühelos weggeschleppt und genussvoll zerrissen.
Ich las in einem Bericht über den Überfall durch zwei Löwen auf zwei Opfer direkt vor der Polizeistation im Ort Ikuranga in Tansania davon, dass in diesem Land durchschnittlich täglich ein Mensch Löwen zum Opfer fällt. Im Ort Maun, im Süden des Okavango Deltas in Botswana, gibt es eine bekannte Kneipe für Berufsjäger „Das Wasserloch". Viele Safari Unternehmen haben in diesem Ort die Zentrale ihres Tourismusgeschäftes. Ihre Buschpiloten fliegen die Gäste von dem geschäftigen kleinen Flugplatz in die unzugänglichen und entlegenen Camps des Deltas (dem Chobe National Park, Moremi Game Reserve und die Central Kalahari Region Botswanas). In diesem wahren Naturparadies traf man zum Ende der Jagdsaison auch viele sich erholende Berufsjäger. Gerne wäre ich dort, sogar ohne jedes Gehalt, als Barkeeper mit verstecktem Tonband tätig gewesen. Beim üblichen, gemütlichen Treffen der Berufsjäger werden viele von ihnen und ihren geführten Jagdgästen erlebte, farbige Geschichten erzählt. Eine handelte von einem bekannten Berufsjäger mit viel Erfahrung auf seinen Leoparden Nachsuchen. Er suchte von seinen Klienten schlecht angeschossene und dann natürlich todeswütige Leoparden einzig in Begleitung eines Trackers und grundsätzlich ohne den Jagdgast nach. Dabei trug er eine Vorderschaft Repetierflinte im Kaliber 10 Magnum mit jeweils 12 gehärteten Bleikugeln in der Magnum Schrotpatrone und sein Tracker die großkalibrige, vertraute Doppelbüchse seines Chefs. Soweit, so gut, werden viele Leser sagen. Dieser Berufsjäger soll sich bei Schüssen seiner Jagdgäste auf den Verdauungstrakt der Leoparden vorher in einen mit Kevlar gefütterten langen Militärmantel mit Grantsplitterschutzkragen gekleidet haben und setzte sich, nach unbestätigten Gerüchten, einen American Footballhelm auf. Zumindest veranschaulicht diese wahrscheinlich übertriebene aber wahre Geschichte, wie schnell man als Liebhaber gefleckte Katzen, romantischer „Almenjodler" und Afrika Anfänger bei nachlässigem Schießen zu großflächigen Schönheitsoperationen kommen kann. Oder, wenn der Leopard die Auseinandersetzung auf seiner Jagd gewinnt und man auf der Fahrt ins entfernte Hospital verendet.
Wem das zum Thema Schussplazierung und Wildanatomie als zu übertrieben vorkommt, der sollte erst einmal weiterlesen. Wie mir unser Freund und Chefranger im Krüger Nationalpark, Bruce Brydon, bei sich zuhause erzählte, sind dort alleine während seiner Dienstzeit mindestens 4 Kollegen und Angestellte von Leoparden durch Nackenbisse getötet und zumindest teilweise verzehrt worden! Alle Angriffe passieren in Leopardenmanier, blitzschnell und wie aus dem Nichts. Die Frau eines seiner Ranger Freunde wurde mitten im Hauptort des Parks bei Tageslicht durch einen Nackenbiss auf der Stelle getötet. Das ist kein Jägerlatein sondern die Lebenserfahrung eines der renommiertesten Biologen und Chefranger Südafrikas.
Ich habe eine extrem respektvolle und von einigen Merkwürdigkeiten geprägte, besondere Beziehung zu dieser, wie ein perfekt getarnter Scharfschütze, aus dem Nichts zuschlagenden Großkatze. Angeschossen ist sie zu Recht, neben Kaffernbüffel, Elefant, Hippo an Land und Löwe zwar eine begehrte aber auch gefürchtete Jagdbeute in Afrika. Ihre Heimlichkeit einer heimtückischen Drohnenrakete, ihre Tarnkappen-Unsichtbarkeit und ihre explosive Schnelligkeit machen sie besonders gefährlich und gleichermaßen faszinierend.
Gerne gestehe ich an dieser Stelle, dass es mir in mehreren Jagden bislang nicht gelungen ist einen alten, passenden männlichen Leoparden zu strecken. Ich hatte dabei mindestens 24 gezählte Mal eine der äußerst scheuen Großkatzen im Anblick. Eine Leopardin trottete mit ihren drei Halbwüchsigen im

Morgengrauen gemächlich und nur unglaubliche 10 Zentimeter an meinem sitzenden Allerwertesten unmittelbar an meiner Seite vorbei.
Der hintere Einstieg war auch nur eine Schilfmatte Unsere Blicke trennte eine aus Schilfhalmen geknotete, dünne Mattenwand des provisorisch mit Zweigen getarnten Bodenansitzes ohne Dach. Ich starrte ungläubig und todmüde aus einem vorderen Loch des „Blinds" und blinzelte ihr mit unbeweglichem Kopf aus den Augenwinkeln beim Vorbeilaufen durch die engen Ritzen der Schilfmatten nach. Absolut bewegungslos neben meinem Freund und Berufsjägers Horst Isselbächer aus Zimbabwe sitzend umklammerte ich mein nur nach vorne aus dem Blind heraus gerichtetes Gewehr dabei so stark, dass mich meine blutleeren weiß leuchtenden Knöchel im Morgengrauen hätten verraten können. Für einen winzigen Moment ging mir die Angst durch den Kopf, dass Madame Spot von hinten in unser Versteck eindringen könnte. Mein Atem stockte. Ich fühlte mich in einer Situation wie bei einer Pirouette tanzenden Ballerina, der man versehentlich eine entsicherte Handgrante in ihre schwanenhalsartig nach oben gereckten Händchen geworfen hätte. Zu viele Geschichten hatte ich von Jägern gehört die zum Club der „Chewed by the Chui Club" gehören. Nein, nichts passierte. Was die ausgewachsene, seelenruhig vorbeitrottende Leopardin wohl dabei dachte? Wer kann sich das ausmalen, nachdem sie geisterhaft hinter uns verschwunden war? Es zeigt wieder einmal, wie diese anpassungsfähigen Raubkatzen auf der enteigneten ehemaligen Jagdfarm von Stephen Schwarer und in der Nähe von menschlichen Behausungen und in unmittelbarer Nähe zu uns existieren können. Die hautnahe Begegnung bestätigte auch, dass der uns dabei vorne ins Gesicht blasende Wind und das angeblich nicht stark ausgebildete Witterungsvermögen dieser Großkatze eine Rolle spielte. Ich wagte nicht, meinen Oberkörper umzudrehen im den kurzen Momenten, als sie absolut geräuschlos am blind vorbeipirschte. Zu gerne hätte ich dann besser hinter meiner nach ihr gedrehten Gewehrmündung ihre weitere Reaktion verfolgt und zugesehen, wie sie unseren Wind hinter uns bekam.
Unvergesslich bleiben mir diese 10 Tage reine Leopardenjagd Ende der 90er Jahre auf der Farm Bangala vom Freund, Zitrusfrüchte-Farmer und Jäger Stephen Schwarer im äußersten Süden von Simbabwe. Auch diese letzte meiner Leopardenjagden war wie verhext. Wir haben alles versucht, waren aber trotz vielfachem Anblick von zu jungen oder weiblichen Leoparden auf sehr engagierten und vielfältigen Jagd nach einem passenden alten Kuder letztlich glücklos.
Einmal zeigte sich ein ganz kapitales altes Männchen am frühen Morgen in voller Pracht bei einem unserer Luder auf der nicht asphaltierten Landstrasse. Aber leider sah ich diesen passenden „Chui" (Leopard auf Suaheli) nur in 200 Meter Entfernung und für drei Sekunden. Wer kann da so schnell die Büchse anschlagen, ansprechen und zielen? Die Landwegnahme durch Simbabwes Präsidenten Mugabe war bereits in vollem Gange. Auch das Ansitzen an der lebend angeleinten Ziege brachte ihn nicht vor unseren Blind. Jeden Morgen beratschlagten wir uns ausführlich bei einem kleinen stilvollen Frühstück mit unserem guten Freund Stephen. Der bedauernswerte hatte die Vorhut einer Bande von marodierenden, schwarzen Landbesetzern auf seinem Generationenbesitz und schlief deshalb jede Nacht mit einem Revolver unter dem Kopfkissen in seinem Farmhaus. Diese Erlebnisse wären wieder eine ganz andere Geschichte.
Leoparden verfügen wie alle Katzen über ein überaus empfindliches Nervensystem. Sie sind, laut meinem Freund Horst, überhaupt nicht schusshart. Vorausgesetzt man trifft sie an den richtigen Stellen ihres für unser Auge verwirrend gezeichneten und perfekt getarnten Körpers. Ein anderer Großwildjäger Lou

Hallamore war sein enger Freund, Familiennachbar im Wohnort Bulawayo und Partner in einem gemeinsamen Safariunternehmen. Lou kennt sich besonders gut mit Leoparden und deren Lebensgewohnheiten aus und hat mehr Zeit im Ansitz darauf verbracht als ein 70jähriger Kritiker an den deutschen Theater- und Opernbühnen. Er war damals dabei, ein Buch über die Leopardenjagd zu schreiben. Es wird bestimmt eine wertvolle Quelle für den daran interessierten Jäger. Ob es ihm gelingt, irgendwelche völlig neuen Gesetzesmäßigkeiten für die Jagd dieses unberechenbaren Jägers herauszuarbeiten? Hoffentlich konnte ich die auf der Hand liegende Bedeutung der Schussplatzierung noch mal ein wenig unterstreichen. Schon wegen des obersten Gebots der Weidgerechtigkeit und Achtung vor der Kreatur. Und wegen der Gefahren von schlechten Schussplatzierungen, die bei wehrhaftem Großwild und tödlichen Raubkatzen für unser Leben ausgehen. Ich denke an alle Dinge die schief laufen können, wenn ich die vielen harmlosen Fotografien mit glücklichen Ansitzjägern und ihren mausetot drapierten Leoparden sehe. Beim Thema Büchsen, Kaliber und Geschosse scheint es, zumindest in Afrika, eine magische Idealgeschwindigkeit für Geschosse zu geben. Sie liegt nach Meinung von Fachleuten bei mindestens 2.400 Fuß also 700 bis 800 Meter zurückgelegte Flugbahn pro Sekunde. Wir wissen, dass ein ideal passendes Geschossgewicht und deren Form, Material und Aufbau, bei seiner Auswahl für das jeweilige Wild vorrangig sind. Dazu später noch mehr. Wie ausführlich am Beispiel des Leoparden geschildert, ist Schussplatzierung und bei schwererem Wild das Eindringvermögen das Wichtigste. Deshalb ist unsere genaue Kenntnis der Anatomie der noch lebendigen Beute die Vorraussetzung dafür! Außerdem ist es das aufreffende Geschoss, welches auf der Bandbreite von blitzartig bis qualvoll tötet. Niemals sollte man, schon aus Respekt vor dem Tier, eine Büchse verwenden deren Rückstoß nicht mehr komfortabel für den Schützen ist. Bei der guten Beherrschbarkeit eines Gewehres kommt es, wie bereits ausgeführt, zuallererst auf die richtigen Maße und das Gewicht des Schaftes an. Große Kaliber sollten für mich einen etwas dachförmigen oder fest zu umfassenden, fülligen Vorderschaft besitzen. Der Rückschlag des auf der langen Pirsch mühelos zu tragenden, leichteren Gewehrs mit großen Kalibern ist beim Schießen nur schmerzlich zu ertragen. Obwohl ich die Vorteile von kombinierten Gewehren schätze und zwei Doppelbüchsen in den Kalibern Rigby .450 Nitro Express 3 ¼ inch und .375 H&H Magnum mit flintenartigen Schäften führte, beschränke ich mich hier auf einige Meinungen über die preiswerteren Repetierbüchsen. Sie sind nun einmal für jedermann bezahlbar und besitzen die konstante Trefferlage ihres einzigen und immer gleichen Laufes. Besonders bei gefährlichem Wild empfiehlt sich das sofortige Nachfüttern mit Munition oder Magazinwechsel auf ein allzeit vollständig gefülltes Magazin. Für die getriebenen Jagden in Europa bieten einige Repetiergewehr Hersteller entsprechend große Einsteck-Magazine an. In der Wildnis oder bei Bewegungsjagden sollte man das im Anschlag an der Wange repetieren üben und sich ein definiertes, ausreichend kräftiges Zurückreißen beim Verschlussöffnen angewöhnen. Manche alte Afrikajäger empfehlen beim Repetieren nach jedem Schuss das Absetzen der Waffe auf die Hüfte/Oberschenkel. Dabei könnte der ungeübte Schütze aber ungewollt seine Augen während einer Sekunde vom Wild abwenden. Immer mehr kommen halbautomatische oder Geradezug Repetierer für Treibjagden in Gebrauch. Die in Nordamerika allgemein üblichen Selbstlader galten bei uns als nicht weidgerecht. Mit den blitzschnellen Geradezug Repetierbüchsen entfallen beinahe alle solche vom Schützen verursachten Probleme beim Zuführen der Patronen. Das beim Handrepetieren der Kammer in drei Richtungen (hoch, zurück, vor und runter) durch die Schützenhand reduziert sich auf eine einzige Ebene. Der moderne Geradezug Repetierer ist eine Waffenentwicklung, welche mancher interessierte im Auge behalten wird.

Ich wollte für die Afrikajagden unbedingt eine schwere Repetierbüchse im Kaliber .500 Magnum Jeffery besitzen. Dahinter verbargen sich der nostalgische Wunsch nach dem Besitz, dem Schießen und die Jagd mit der kostengünstigen Wiedergeburt der dicksten deutschen Pille. Die Suhler Firma Schuler hatte damit ein für Afrika und in ihr 1898er Standardsystem passendes Repetierkaliber entwickelt. Mauser Oberndorf führte Ende des 19. Jahrhunderts, während der Hochblüte der englischen Doppelbüchsen, ihr epochales 98er System als wesentlich preiswerteres Repetiersystem ein. Das arbeitete mit bis dahin nicht für möglich gehaltenen, höheren Gasdrücken und den modernen Nachfolgern der obsoleten Cordite Pulver. Das dann massenhaft und billig produzierte bahnbrechende 98er Repetiersystem läutete das Ende der bis dahin führenden englischen Doppelbüchsen in den englischen Kolonien in Afrika und in Indien ein. Die deutschen Gebrüder Mauser waren zweifellos die bedeutendsten Büchsenkonstrukteure aller Zeiten! Sie waren die ersten, welche einen unübertroffen zuverlässig funktionierenden Mehrlader mit Messinghülsenmunition, modernem Schießpulver und Ladestreifen (Speedloader) in die preiswerte Massenproduktion brachten. Der 1898 fertig gestellte Mauser M98 ist der erfolgreichste Urvater aller modernen Repetierer! Mal eben nebenbei und beinahe gleichzeitig erfanden diese genialen Techniker und anfänglich armen schwäbischen Tüftler auch noch die erste selbstladende Pistole mit dem berühmten Mauser Besenstielgriff. Großartig!
Heute, hundert Jahre sind vergangen, noch immer ist diese 98er Büchse in einigen Details noch verbessert, das wohl beste und absolut zuverlässig funktionierende System. Am genialen Mauser Verschlussstück sitzt bekanntlich, an einem beweglichen Ring, der lange Mauser Patronenauszieher. Durch sein nicht mitrotierendes Festhalten der Hülse ändert sich seine Lage um die horizontale Achse während des Repetiervorgangs der Kammer innerhalb der Verschlusshülse nicht. Gerade dann, wenn eine Patrone aus dem Magazin mitgenommen und in das Patronenlager vor dem Laufbeginn eingeführt wird. Dabei wird die Patrone zu jeder Zeit vom Auszieher festgehalten. Diesen wesentlichen Vorteil haben renommierte Firmen, wie die amerikanische Winchester, sofort nachgebaut. Viele andere Konstruktionen mit kleiner, gefederter Kralle schieben die Patrone nur lose vor sich her. Das könnte gefährlich sein, wenn es in der Hektik des Schießens passiert, dass Patronen beim nicht waagerecht gehaltenen Gewehr während des Einrepetierens verkannten oder sogar aus dem Verschluss herausfallen. Die Munition im 98er kann man sogar reibungslos beim Kopfstand einrepetieren. Hinzukommt, dass die Mausersicherung den im Verschlussstück sitzenden Schlagbolzen felsenfest blockiert. Nicht wie andere, die lediglich den Abzug sichern.
Das Mauser 98er System wurden als das erfolgreichster aller Zeiten deutlich mehr als 100 Millionen Mal gebaut. Bis vor dem zweiten Weltkrieg wurde das 98er System, im Kaliber 9,3 x 62, das am meisten gebrauchte Gewehr in Afrika. Erst nach dem Darniederliegen der von den Alliierten zerstörten deutschen Waffenfabriken setzte sich das ebenfalls hervorragende englische .375 Holland und Holland Magnum Kaliber mit Gürtelhülse in Afrika an seine Stelle.
Da bei meiner erschwinglichen .500er Büchse das 98er Mauser Standardsystem eine Winzigkeit angeschliffen und leicht verändert werden musste, ist die sich dann ergebene Wandstärke des Systems minimal reduziert. Ein Nachteil der aber in der Praxis bedeutungslos war. Diese Stoppbüchse für afrikanisches Großwild sollte die nötigen Komponenten und Gebrauchseigenschaften nach meinen Wünschen besitzen und gleichzeitig bezahlbar sein. Gebaut wurde sie nach meinen Maßen in Südafrika von der Combrink Familie. Ihre Büchsenmacherei Magnum Arms und Sabi-Rifles im Ort Nelspruit besitzt

einen ausgezeichneten Ruf. Sie verwendeten DWM Militärsysteme (1909 für das argentinische Militär in Berlin gefertigt) mit ausgesuchter Wandstärke die vorher geröntgt wurden oder auch BRNO VZ24 (Nachbau der 98er) Systeme. Ich bestellte sie eingeschossen und mit wieder geladenen, australischen Bertram-Patronen und Woodleigh Geschossen von 535 und 570 Grains Gewicht.
Dieses deutsche Afrikakaliber aus Suhl für die Jumbo-Büchse hat eine besondere Geschichte. Es war am Anfang des 20. Jahrhunderts in preiswerten Repetierbüchsen, wie wir heute wissen, als erste im Erfinderland Deutschland und für die Großwildjagd in Afrika konzipiert wurde. Die ersten Büchsen in diesem Kaliber wurden noch in der Zeit der ungleich teureren englischen Doppelbüchsen, Anfang der 1920er Jahre, für den überwiegend englischsprachigen Markt in deren Kolonien hergestellt. Ihre deutschen Kaliber Maße sind 12,5 X 70 mm. Die August Schüler Gewehrfabrik in Suhl hatte das Gewehr mit der Bezeichnung Jumbo Rifle (Elefantenbüchse) in Schüler Kaliber .500 nur in Kleinstauflage produziert. Die Munition hat im Verhältnis zum Hülsendurchmesser einen kleineren, eingezogenen Stoßboden, der noch gerade in das preiswerte 98er Militär System passt. Diese Patrone ließ sich Schüler bereits 1904 patentieren. Der englische Büchsenmacher Jeffery hatte es dann 1927 für seine Vermarktung in den Kolonien auf englische Zollmaße mit seiner Bezeichnung auf .500 Jeffery umgetauft (Quelle May, 2006, „manMagnum", das exzellente südafrikanische Jagdmagazin). Es wurden nur 24 Büchsen von Jeffery gebaut (manMagnum Feb. 2006). Sie sind mit ihren längeren Mauser Magnum Systemen heute kostbare Sammlerstücke. Der Amerikaner Julius Gogovcsan fand Werbeanzeigen von Schüler mit dem Kaliber Schüler 500 aus dem Jahr 1923. Erst vier Jahre später erschien der erste Nachweis auf die W.J. Jeffery/Kynoch in England. Damit ist es ein für alle Mal bewiesen, dass die .500er ein in Deutschland entwickeltes Kaliber ist! Jeffery hat es, nur um eine Winzigkeit abgewandelt und Jahre später, als sein eigenes nachempfunden! Diese konfliktreiche Kontroverse füllte bislang viele Seiten in der von der englischen Sprache dominierten internationalen Waffen- und Jagdwelt.
Überhaupt ist es in der Öffentlichkeit zu wenig bekannt, dass die teuren großen Namen der englischen Repetierhersteller ihre Systeme und meistens auch ganze Waffen aus Deutschland bezogen. Nur, um sie dann, wertvoller hergerichtet und zu wesentlich höheren Preisen, unter ihrem Namen im englischsprachigem Raum weiter zu verkaufen.
Geringste Maßabweichungen im Patronenlager der .500er könnten heute wegen der langen Ursprungs-Diskussion fatale Konsequenzen beim Schießen haben. Es könnte bei diesem seit etwa 10 Jahren wiedererweckten Kaliber für schlecht informierte Benutzer zu Zündproblemen mit Munition von verschiedenen Herstellern kommen. Die Maße der alten GECADO Fertigung wurden in der modernen CIP-Zulassung im Abstand vom Patronenboden bis zur Schulter vergrößert. Der CIP Verband setzt sich aus 12 europäischen Ländern welche die technischen und juristischen Richtlinien für die Herstellung, Prüfung und Zulassung sowie den Import und Export von Schusswaffen und Munition vorgibt, zusammen. Meine Büchse wurde nach meinen Körpermaßen von Eugen, dem bulligen Sohn des Seniors Fani Combrink, angefertigt. Dadurch und durch das Gewicht des fetten Laufes ist sie im Rückstoß recht erträglich. Sabi Rifle stellt seit langem Munition auch für ihre eigenen Sabi-Afrikakaliber her. Die Combrink besitzen dafür eine der wenigen Lizenzen zur Munitionsfertigung in Südafrika. Eugen, der selber wie ein Büffel gebaute Juniorinhaber und Waffenschmied, hatte sein Handwerk bei seinem erfahrenen Vater und in der südafrikanischen Armee erlernt. Wir drei, Vater, Sohn und ich, haben über manches Ausstattungsmerkmal gerungen. Es gelang mir nicht, sie in allen Punkten davon zu überzeugen, rest-

los alle kleinen Details zu übernehmen. Fani zeigte auf der größten Waffenmesse der Welt, der IWA in Nürnberg, stolz meine Büchse herum. Das inzwischen von Eugen weiterentwickelte Ergebnis des deutschen Urahns kann man auf der Webseite www.sabirifles.co.za begutachten. Das dicke Kaliber in Standardsysteme von Mauser 98 einzulegen und dabei eine reibungslose Patronenzuführung zu garantieren, will beherrscht werden. Das können eine Reihe unserer weltbekannten und exzellenten deutschen Büchsenmacher aus der Gilde mindestens genauso gut. Aber damals zu weit höheren Preisen.
Für meine Büchse wurde ein besonders ausgesuchtes, DWM 1909 hergestelltes 98er Standardsystem mit Daumenloch und verlängertem Kammerstengel verwendet. Hinzu kam ein hochwertiger und geringfügig birnenförmiger, „fetter" Walther Präzisionslauf von nur 53 cm Länge. Er hat in der kurzen Form etwa 10 Prozent Leistungsverlust. Aber das bei entscheidend größerer Handlichkeit und schnelleren Deuteigenschaften im Busch. Hinzu kamen gewünschte Neuteile wie eine weniger das Ziel verdeckende durchbrochene Umrisskimme und eine Drei-Stellungs-Sicherung von Recknagel aus Deutschland. Meine Büchse ist die dritte von in diesem Kaliber gebauten. Man könnte sie als ein Lehrstück bezeichnen. Dafür bekam ich damals einen Selbstkostenpreis in südafrikanischem Rand berechnet. Inzwischen baut Sabi Großwildbüchsen unter Verwendung der preiswerten Montana Magnum Systeme aus Amerika. Durch deren verschiedenen Systemgrößen braucht man heute keine waffentechnischen Kunststücke mehr aufzuführen um das reibungslose Einpassen und Repetieren des fetten .500er Kalibers einigermaßen preiswert zu garantieren.
Bei der Entwicklung und Neu-Herstellung von preiswerten und gleichzeitig weich laufenden und sicher zuführenden Magnumsystemen ist viel Wasser von verschiedenen Bergen herunter gelaufen. Heute würde ich dem an einer Wildnisbüchse für Afrika Interessierten empfehlen, sich diesen Traum mit einem Montanasystem oder einer bei Montana hergestellten Büchse zu erfüllen. Man könnte auch die nagelneue Winchester im 70er Modell der vierten Generation oder stattdessen eine preiswerte überarbeitete Brno CZ Safari Büchse mit Magnumsystem kaufen. Ich würde solche Büchse im Kaliber .416 Rigby oder .458 Lott bestellen und für wenig Geld einen gekürzten Lauf, mit dem vergrößerten Magazinkasten, versenkten Riemenbügel Ösen und einen verlängerten Kammerstengel anbringen lassen. Wer mehr Geld (in USA 7.000 US$) zur Verfügung hat, findet in den seit Ende der 80er Jahren weitgehend in Handarbeit gefertigten makellosen Großwildbüchse 76 African von Dakota aus Sturgis, USA (gehört heute zu Remington Arms) ein jeden Penny wertes und fertiges Spitzenprodukt. Dakotas Konstruktion ist für mein Waffenverständnis das kaum zu verbessernde Optimum einer in jeder Hinsicht perfekten, idealtypischen, bezahlbaren und handgemachten Baukasten-Gebrauchsbüchse. Alles ist aus dem Vollen gefräst. Sie vereint wichtigste Vorteile: 6 verschiedene Systemgrößen, noch verbesserte Mauser- und Winchester Konstruktionsprinzipien, seitliche Sicherung wie Winchester, niedrige Zielfernrohrmontage, Rigby Deckel für 5 Schuss, die besten amerikanischen Präzisionsläufe, anatomischer Schaft mit dem richtigen Gewicht, blitzschnelle Schießen- und Repetiereigenschaften, sowie eine ganze Reihe sinnvoller eigener Konstruktionsdetails und eine garantiert herausragende Streukreisgarantie. Für den häufig reisenden Auslandsjäger empfiehlt sich das Model 76 Traveler (um 8.000 US$, je nach Kaliber).
Als Universalgeschosse für die Afrika- und Auslandsjagd würde ich die brandneue und geniale Woodleigh Konstruktion der hydrostatisch stabilisierten Hydro Geschosse mit einer aufgesetzten Rundnase aus Plastik für den Ladevorgang wählen. Ich hörte, dass die amerikanische Federal Cartridges Co. Munitionsfirma diesen nach neuesten Erkenntnissen entwickelten Geschosstyp bald in Kalibern von .308

über 9,3 x 62, .375 HuH Magnum, 416 Rigby bis hoch zur .577 anbieten wird. Die australischen Woodleigh Geschosse dieser als preiswert bekannten Federal Fabrikmunition verbinden auf bislang unbekannte Art maximales Eindringvermögen mit gleichzeitig höchster Gewebe-Zerstörung/Schusskanal-Durchmesser zu welchem nicht expandierende „Vollmantel- oder Monolithgeschosse“ überhaupt in der Lage sind. Ich hörte aus zuverlässiger Quelle, dass bei Woodleigh Entwicklungs-Versuchen in Afrika sogar Büffel und Flusspferde auf der Jagd zuverlässig und mühelos der Länge nach durchschossen wurden! Das Geheimnis liegt in der größeren Geschosslänge für das Kaliber. Sowie die Rolle, die besonders entwickelte Führungsbänder/-nuten sowie der nochmals reduzierte Geschossabrieb dabei spielen. Diese letzte Munitionsentwicklung konnte ich selber noch nicht ausprobieren.

Zurück zu meiner damals ungewöhnlich preiswerten Einzelanfertigungsbüchse. Um den Einsatzbereich für den Fall einer Safari mit nur einer Büchse zu erweitern, habe ich ein kleines Zielfernrohr mit anbringen lassen. Es ist mit schussfesten Ringen auf einer schnellen, hochfesten Schwenkmontage und mit dem größtmöglichen Augenabstand montiert. Der starke Rückstoß kann Verletzungen um das Auge verursachen. Man braucht einen perfekt passenden Schaft und den größtmöglichen Augenabstand. Zielfernrohre bei einem solchen Kaliber sind nur damit erfahrenen Schützen zu empfehlen. Manche nennen die durch einen heftigen Zielfernrohrkontakt entstehenden halbrunden Narben um das zielende „Äuglein“ auch ein „Roy Weatherby-Half-Moon-Auge“ oder noch origineller, ein „Brenneke-Auge“ (eigentlich war diese Firma der erste Hersteller von hochrasanten Magnum-Kalibern). Eine .500er streichelt eben an beiden Enden nicht. Deshalb ist ein gut und fest zu umfassender, fülliger oder ganz leicht dachförmiger griffiger Vorderschaft bei starken Kalibern günstig. Dadurch behält man die durch den Schuss die Mündung hoch schlagenden Kräfte der Büchse besser und schneller auf dem Ziel und schont seine Augen.

Letztlich hörte ich aus gut unterrichteten Kreisen, dass die Firma Ruger ein optimiertes Modell 77 Mark II Hawkeye in Afrika- und Alaska- (Edelstahl) Ausführung mit führigem 20er Lauf in den beiden neuen Kalibern .416 Ruger oder .375 Ruger für sensationell günstige 1000 US $ herausbringen wird. Man kann die mit einem Kunststoff-Schaft der Firma Hogue oder konventionell brüniert mit einem Schaft aus Holz bestellen. Es bleibt aber abzuwarten, ob diese dichter mit Pulver gefüllten Hülsen in den neuen Ruger-Kalibern keine Ausziehprobleme in der afrikanischen Hitze verursachen. Die Lancierung dieser neuen Büchsen von Ruger würde das Weltmarkt Preisniveau von neugekauften Produktionsbüchsen für schweres oder gefährliches Wild noch einmal deutlich erschwinglicher gestalten! Hinzu kommt, dass die passende amerikanische Fabrikmunition, zum Beispiel von Barnes, Hornady, Swift oder Federal auch noch erheblich preiswerter werden soll! Man bekäme beim Neukauf einer solchen Afrikabüchse dann gleich einen Einsparungsbetrag in Höhe einer Büffelkurzsafari dazu geschenkt.

Neben der großen Bedeutung der Jagdwaffen als eines der wichtigen Handwerkzeuge des Jägers nimmt die Munition und die Geschosse eine bedeutende Rolle ein. Die Zukunft wird erweisen, dass die herrschende Diskussion darüber ob Blei oder nicht eigentlich nur ein Teilaspekt ist. Für mich sind der Geschossaufbau und seine hochwertige Konstruktion für den Einsatzzweck wichtiger! In Afrika habe ich gelernt, dass gehärtete Kupfer oder Messinggeschosse ein überlegenes Penetrationsvermögen aus allen Winkeln besitzen. Es existiert heute zum Glück ein wahrlich überaus vielfältiges Geschossangebot. Der europäische Durchschnittsjäger erlegt vielleicht 10 Stück Wild mit der Büchse im Jahr. Dieser rein mathematische Durchschnitt verschießt also nur ein paar Hundert Schuss Büchsenmunition in seinem gesamten Jägerleben auf der Jagd. Die Kosten dafür sind bei dieser Menge nicht relevant. Schon deshalb

sollte man auf der Jagd hochwertige, bewährte Munition kaufen oder zum Wiederladen entsprechend erstklassige Komponenten verwenden. Gute Erfahrungen habe ich mit professionellen Wiederladerfirmen von besonders präziser Munition gemacht.
Geschosse wurden Jahrhunderte lang traditionell aus Blei hergestellt. Später verbreiteten sich dazu noch andere Metalle wie Kupfer, Messing, Bronze oder Flussstahl. Sie sind härter, aber bei gleichem Kaliber und gleicher Geschoss-Länge spezifisch leichter als Blei. Bekannte Firmen wie Barnes Super Solids and Barnes-X, A-Sqare Monolithic Solids, Swift A-Frame, PMP, Norma, Impala, Rhino, Woodleigh und andere bieten neue Geschosse in dieser „Super Bullet Revolution" an. Als eine der ersten entwickelte wohl die australische Firma Woodleigh Geschosse mit chemischen Verschweißungen (Bonded) von verschiedenen Materialien und reine Messing- oder Kupfergeschosse und folgt jetzt, wie oben erwähnt, mit den noch besseren Hydro-Geschossen.
Der Begriff „Dichte" definierte in unserem Physikunterricht bekanntlich die Eigenschaften eines Materials. Sie drückt aus, wie viel ein Material eines bestimmten Volumens wiegt und berechnet sich im Prinzip aus seiner Masse, geteilt durch sein Volumen. Bei gleichem Volumen und unterschiedlichen Gewichten besitzen verschiedene Materialien eine unterschiedliche Dichte. Die Querschnittsbelastung eines Geschosses, also seine Flächenlast, entscheidet zusammen mit dem Geschossaufbau, dem Kaliber und seiner Geschwindigkeit wesentlich über die Eindringtiefe und den Ausschuss sowie auch über die Wirkung des Geschosses im Wildkörper. Die unterschiedlich entwickelten Nervensysteme von Tieren machen manche empfindsamer für den sogenannten hydrostatischen Schock im Gewebe, den Blutgefäßen und den Lympfbahnen. Diesen Schock und explosiven Rückstau erzeugen bekanntlich die Geschwindigkeit, das Gewicht und der Aufbau eines Geschosses beim Auftreffen im Ziel.
Ballistik ist in allen seinen Bereichen ein komplexes Thema. Keinesfalls möchte ich mir auch nur den Anschein eines Kenners dieser Materie geben und alle meine Angaben in diesem Buch sind ohne Gewähr. Soviel darf ich aber als erfahrener Jäger meinen. Es kommt nicht nur auf den Kaliberdurchmesser und die Geschossform sondern auch auf die Masse eines Geschosses an und die Geschwindigkeit mit der es das abbrennende Treibpulver in der Hülse auf die Reise schickt. Geschosse können sich außerdem zu der reinen Masse, Geschwindigkeit noch in Form, Windschlüpfrigkeit, Material, Aufbau, durch zum Beispiel Ogive-förmige Ringe im Geschossmantel (Reibung und Einpressdruck) und ihrem Splitterverhalten unterscheiden. Zusammenfassend kann man sagen, dass diese Faktoren den Querschnitt des Wundkanals, das Vorhandensein von Schnitthaar, die Ausprägung der Schweißfährte, den Verlauf der Flugbahn, die günstigste Einschießentfernung (GEE), das Vorhandensein und die Stärke eines ballistischen Schocks und die mehr oder weniger fulminant tötende zielballistische Wirkung im Wildkörper bestimmen. Solche Verallgemeinerung der vorgenannten Werte könne Ballistiker nur dann erheben, wenn alle anderen beteiligten Umstände absolut vergleichbar sind. Die Auswahl für den Jäger unter einer kaum übersehbaren Menge von Munitions-Produkten, die sich alle natürlich in erster Linie verkaufen wollen, will durch Erfahrung in der Praxis, Tests von Experten und Hinterfragen erlernt werden. Jede Art von abgefeuerter Munition ist nur dann besonders schnell tötend, wenn die Schussplatzierung und ihr ausreichendes Eindringvermögen optimal waren. Nach 20 Jahren Schießen in Afrika halte ich die Behauptung, dass unsere bisherigen bleihaltigen Geschosse die besten und einzig möglichen sind, bewiesenermaßen für lange obsolet!
Übung auf dem Stand oder Schießkino und tiefe Vertrautheit mit seiner Büchse/Munition erreicht man

am besten mit anatomischen Tierscheiben. Eine der vielen, ganz hervorragenden modernen Anlagen zur besonders praxisgerechten Übung fand ich zum Beispiel in der Nähe von Ulm.
Ich war zwei Mal bei dem befreundeten 1983 zum Chefranger beförderten Bruce Brydon im Krüger National Park (Buch: „A Game Ranger Remembers“). Als persönlicher Freund und Gast in seinem Haus im Ort Skukuza, dem Hauptquartier und Nervenzentrum des Parks. Bruce diente als diplomierter Wildbiologe und Chefranger 27 hingebensvolle, mit Erlebnissen prall angefüllte Jahre. Er saß Abende mit mir und der üblichen Gruppe von Rangern, Hubschrauberpiloten, Tierärzten, Biologen und deren Familien am Lagerfeuer oder beim intimen Braai (südafrikanisches Afrikaans-Wort für die populäre Grillparty und Outdoor Grillen/Kochen). Sie meinten, dass andere Menschen auf diesem Planeten wohl kaum die Gelegenheit hätten, so viel Erfahrung wie die Park Ranger beim notwendigen Abschuss von absolut wild lebenden Tieren in ihrem Habitat sammeln könnten. Bei meinen mehrtägigen Besuchen in seinem Haus, mitten im Park, hatte ich das Glück durch Bruce und die anderen Angestellten intime Einblicke in die Erfahrungen und die Verwaltung sowie das Management des größten und ältesten Wildparks von Afrika zu erfahren. Der 20.000 km² (fast das Bundesland Hessen) große Park ist kein Zoo oder die Heimat von Menschen, sondern ausschließlich das angestammte exklusive Habitat seiner wild lebenden, ungefütterten Tiere. Spätestens beim Hören eines vor dem Vorgarten von Bruce Haus Antilopen jagenden Löwen wurde einem das bewusst. Touristen dürfen nur auf den Wegen in geschlossenen Autos und nur zu bestimmten Besuchszeiten fahren.
In den Jahrzehnten der Existenz des Parks kamen weit mehr als eine Million Besucher. Die Nord-Süd-Ausdehnung des Parks beträgt 350 km. Er ist gut 50 km breit. Die damaligen Bestände von 17.000 Elefanten, 30.000 Kaffernbüffel und 3.000 Flusspferden werden durch künstliche Eingriffe (Abschuss, Unfruchtbarmachung, Betäubung und Lebendfang sowie Umsiedelung) von der Parkverwaltung und ihren Rangern zum Schutz ihres begrenzten Lebensraumes diskret reguliert. Warum ich das alles in diesem Kapitel erzähle? Beim Cullen (Abschuss) verwendete man im Park bereits seit 20 Jahren aus dem Vollen gedrehte Messinggeschosse mit Entlastungsbohrungen. Damit wurden etwa 10.000 bis 12.000 der überschüssigen Elefanten (die genaue bislang getötete Zahl wurde mir nicht verraten), tausende Büffel und hunderttausende Wildtiere abgeschossen. Die Erfahrungen dabei wurden wissenschaftlich ausgewertet. Ihre Ergebnisse bestätigten dort die Überlegenheit von modernen Monolith- oder Bonded Geschossen, die nicht aus Blei bestanden. Die Schussentfernungen waren kurz und die Schussplatzierungen geübt. Ich hörte in Sukuza, dass der im Park arbeitende österreichische Büchsenmacher Fritz Rohr beim Drehen und Entwickeln dieser Messing- und Kupfergeschosse beteiligt war. Beim Cullen kamen sie, selbst bis hinunter zum Kaliber .308, sehr erfolgreich zum Einsatz. Das Cullen von Elefanten ist für die beteiligten Schützen ein hoch gefährliches Unternehmen. Hierbei werden restlos alle Tiere der sich in höchster Aufregung bewegenden Herden in Minuten „ausradiert“.
Die nun eingeschränkte Verwendung von Bleigeschossen und das Hinterlassen von abscherenden Metallsplittern im Wildbret ist auch bei uns in Europa und Amerika ein Thema. Bei deren Verbot geht es bekanntlich um die Durchseuchung des Bodens, des Wassers und des Wildbrets mit auch die Gesundheit schädigenden Metallrückständen. Diese berechtigte Diskussion begann beim Schießen mit Bleischrot auf Wasserwild. Wir Jäger werden uns zu Recht der reduzierten Verwendung von Blei und weniger abscherenden Metallteilen im Wildbrett stellen müssen. Das Einbringen von giftigen Schwermetallresten in die Nahrungskette gilt es zu vermeiden, ohne dabei in eine unangebrachte Hysterie zu verfallen. Eine

beeindruckende Garde von erstklassigen Autoren und Sachverständigen zu Munition und Geschossen hat in den letzten hundert Jahren eine umfangreiche Bibliothek mit ihren wertvollen Erkenntnissen verfasst. Hinzu kommen die wissenschaftlichen Forschungsanstrengungen der Hersteller von Munition und ihren Komponenten wie Hülsen, Pulver, Zündhütchen sowie Geschossen. Bleigeschosse waren vom Anfang der Arkebusen-, Lunten- und Steinschlossbüchsen das ideale, verfügbare und billige verformbare Material der Wahl. Die Geschossentwicklung für die Jagd befindet sich seit etwa 10 Jahren noch nicht am Ende einer tiefgreifenden Revolution. Bei der laufenden Suche nach Wildbretschonung und Tötungswirkung (Monolith-, Voll-, Deformations- und Verbundkerngeschosse) werden wir alle noch viel lernen. Natürlich schreiben immer wieder einige Autoren Beiträge über das angeblich einzige ideale Kaliber und Geschoss. Zu den Experten und Allwissenden gehöre ich, trotz meiner ausführlich geäußerten Meinungen, nicht. Wer über das Bejagen von Reh und Sau sowie das gelegentliche Stück Rotwild hinaus mehr lernen möchte, dem ist das bereits genannte Buch „The Perfect Shot" oder der preiswerte Taschenführer „African Hunter, Shot Placement Pocket Field Guide der Mag-Set Publication Ltd." zu empfehlen. Ein richtig ausgewähltes Kaliber mit einem geeigneten Geschoss und einen perfekt angetragene Schuss können manchmal noch Nerven kitzelnde Überraschungen für den Jäger nach sich ziehen. Ein mit meiner .500er Kaliber Büchse von der Seite beschossen und durch den Herzbeutel tödlich getroffener Büffel sprang nach einem buckelnden, kickendem Luftsprung blitzschnell und voller Adrenalin einige Meter auf uns zu. Er rutschte und fiel krachend erst in die Knie, als sein Gehirn blutleer wurde und ihm das Licht ausging. Noch heute erinnere ich mich an seine mir ungewollt zu nahe kommende, ranzige Körperausdünstung und mein eigenes Stinken nach Angstschweiß und Adrenalin danach. Wem das im dichten Busch auf 10 Meter Entfernung passiert, der kann im ungünstigen Fall, auch nach einem perfekten Schuss, neben dem ihn annehmenden Büffel zu liegen kommen.

Ein angriffsbereiter, geduckter und so schnell wie ein Formel Eins Rennwagen heranrasender Löwe braucht aus dem Stand für 50 Meter nur 3 Sekunden. Das ist mehr als doppelt so schnell wie der von menschlichen Läufern aufgestellte Weltrekord. Unser aussichtsloses Flüchten reizt den Beutetrieb von Katzen noch mehr. Löwen machen keine Scheinangriffe so, wie es verzeihende Elefanten gerne tun. Löwen ziehen ihren einmal begonnen Angriff immer durch. Nur Hirn- und Rückgrat-Treffer töten den Löwen garantiert oder fixieren ihn auf der Stelle. Deshalb gehen erfahrene Schützen vor oder bei seinem Angriff auf oder in die Knie. Der Schriftsteller Robert Ruark wählte als Titel seines Buches nicht umsonst: „Use Enough Gun" (die Geschichte eines Mannes und seine Erziehung zum Jäger). Sein Punkt, ein lieber etwas zu starkes Kaliber zu benutzen, ist der andere wichtige Faktor, neben der präzisen Schussplatzierung.

Die Beschreibungen des klinisch genaue Schießens von Walter, „Koromojo" Bell (teilweise sogar mit einer 7 x 57), des wohl größten aller bekannten Elefantenjäger aller Zeiten, erzählen von seinen wohl etwas besonderen Erfahrungen in einer heute kaum vorstellbaren hohen Wilddichte in einem Feuerwaffenjäger-Schlaraffenland.

Der Altmeister und Urvater aller Waffen- und Munitionsbetrachtungen für größeres Wild und Elfenbeinjäger/Wilderer war John „Pondoro" Taylor. Er schrieb als Standardwerk und erste Bibel das Buch „African Rifles & Crtridges" (bekanntlich ein Muss für den Afrikajäger über Waffen und Kaliber).

Alle drei vorgenannten Bücher sind Quellen von unschätzbarem Wert. Viele neuere Sachbücher, wie die von Craig Boddington, basieren nur teilweise auf Erfahrungen in einem noch vom Menschen weitgehend unberührten Afrika, welches noch einen phantastisch unbegrenzten Lebensraum für eine unerschöpfliche Fülle von Wildtieren besaß. In einem sind sich Experten einig. Die Verwendung von für bestimmte Wildarten zu kleinen Kalibern ist nach all den Erfahrungen, höchst unangebracht, leichtsinnig und unwaidmännisch.

Neben der Fortentwicklung der militärischen Scharfschützenbedürfnisse entstand viel Wissen aus der Bejagung von den begehrten Trophäen der großen Wildschaf-Familie in unzugänglichen Hochgebirgsregionen. Selber habe ich die phänomenale Wirkung einer wieder geladenen Patrone im Kaliber .240 Weatherby Magnum erlebt. Ich schoss mit diesem 6 Millimeter Geschoss aus einer eingezogenen 30-06 Patrone in den Südtiroler Bergen auf 280 Meter auf eine Gams die hoch über uns stand mitten durchs Herz. Solche Ausnahmeentfernungen (zumindest für uns Flachlandjäger) erzeugen die Nachfrage nach weit tragender Hochgeschwindigkeitsmunition mit möglichst flachen Flugbahnkurven. Diese Anforderungen aus dem heute vom amerikanischen Militär dominiertem Scharfschützenbereich und den Logistikanforderungen der neueren amerikanischen Kriege beeinflusste die jagdliche Weitschuss-Munitions- und Kaliberentwicklung. Zum Glück ist das ein Bereich, mit dem der normale Jäger im Flachland sich nicht unbedingt befassen muss.

Aus Kostengründen und wegen der Größe der englischsprachigen Märkte mit ihrer gigantisch großen Kundenbasis haben die amerikanischen .308 oder 30-06 Militär Kaliber die Soldateska der westlichen Welt überschwemmt. Beide eroberten nach dem zweiten Weltkrieg auch die Jagdwelt im Sturm. Inzwischen ist das Sturmgewehr M16 A2 als leichtes Standard-Gewehr im Kaliber 5.56mm Semi-Automatik die Soldatenwaffe der United State Army. Es ist das am weitesten verbreitete, westliche Militärkaliber zum Verwunden oder Töten von gegnerischen Soldaten. Mir erschien dieses Kaliber immer als zu leicht. Bei der Entwicklung von vergleichsweise kleiner und leichterer Munition spielten besonders logistische Gründe eine Rolle. Maßstab war die Anzahl von mehr Schüssen bei gleichem zu tragenden Gewicht und Materialaufwand. Ähnlich wie bei der russischen Entwicklung der Kalashnikov Munition. Das amerikanische M16 A2 besitzt auch einen 3-Schuss Automatikmodus und hat die üblichen 30er Magazine. Bei dieser Betrachtung von den Entwicklungen im Militärischen lasse ich einmal das ähnliche Avtomat Kalashnikov Kaliber des russischen Sturmgewehres AK 47 mit ihren 7,62 „low-intensity" und manchmal leicht taumelnden Geschossen außer Acht. Obwohl in den 70er und 80er Jahren bekanntlich ungeheure Mengen davon an billigen, meistens in China gefertigten, AK 47 Sturmgewehren in den afrikanischen Kontinent gepumpt wurden. Ich erwähne das Kriegerische in meinem als Jäger geschriebenen Buch überhaupt nur, weil durch diese automatischen Kriegswaffen in den Händen von Wildererbanden ungeheure Mengen von Wildtiere zum Opfer fallen.

In mehreren Beiträgen habe ich mich immer wieder gewundert, wie der Begriff der Schusswaffen mit Krieg, Soldat, Angreifer, Menschentöter, Mörder und ähnlichen in der Öffentlichkeit in Verbindung gebracht wird. Wir Jäger haben es versäumt, der Öffentlichkeit noch mehr klarzumachen, das unter den Menschen, die mit Waffen zur Jagd gehen, der Prozentsatz von Pazifisten sehr hoch ist!

Der weltweite, immense Gewehr, Munitions- und Geschossmarkt wird heute durch die geringen Stückkosten der amerikanischen Munition und durch die höchsten Herstellungsmengen preislich mit weitem Abstand von den beiden vielseitigen amerikanischen .300er (7,62 mm) Kalibern beherrscht. Es handelt sich bekanntlich um die jagdliche besonders geeignete .308 Winchester mit einer Hülsenlänge von 51,18 mm und ihre Schwesterpatrone mit größerem Pulverraum, die .30-06 Springfield mit ihrer Hülsenlän-

ge von 63,35 mm. Die Geschosse dieser großen Familie sind im Prinzip untereinander austauschbar. Im gleichen Geschossdurchmesser wächst auch der preiswerten Allround- und Weitschusspatrone .300 Holland & Holland Magnum immer mehr Bedeutung zu. Der Deutsche Brenneke erfand, bereits viel früher, hoch innovative Gewehr-Geschosstypen und den noch heute berühmten Urvater aller „slugs", das Brenneke Flintenlaufgeschoss.
„Die hochrasanten deutschen 6,5 X 68 und 8 X 68 Kaliber waren bereits zu ihrer Marktreife in den 30er Jahren des vorherigen Jahrhunderts echte Magnum Patronen und Vorläufer für die erst danach auf den amerikanischen Markt gebrachten Weatherby Kaliber (Quelle: manMagnum)". Viele der frühen deutschen Kaliber, wie die berühmte Militärpatrone 7 X 57 oder 7 X 64 und ihr Urvater die 8X57 IS wurden bekanntlich mit Randversionen zum sicheren Ausziehen mit etwas niedrigeren Gasdruck auch für (kombinierte) Kipplaufwaffen konzipiert. Deren ursprünglich größtenteils etwas langsamer fliegenden und konischen angespitzten Geschosse, ohne nennenswerten Rückstoß, haben einen weiteren Vorteil. Sie hinterlassen, egal auf welche Entfernung, weniger Hämatome im Wildbret.
Warum wurden kombinierte Gewehre für die Jagd in Mitteleuropa so populär? Darüber habe ich nachgedacht und hörte von einem erfahrenen Mann folgende Meinung: *„Im deutschen Reviersystem ist das Jagdrecht gebunden an den Grundeigentümer. Bei uns überlappten sich seit jeher die Jagdzeiten für Hoch und Niederwild. Daher waren früher mit reichen Niederwildbeständen häufig kombinierte Mehrzweck-Jagdwaffen mit Kipplaufbündeln (Drilling, Bockbüchsflinten) an der Tagesordnung. Die im Forst tätigen Menschen trugen meistens eine einzige Universalwaffe, wie den Drilling, mit weidgerechten Kalibern für jedes vorkommende heimische Wild".* Noch heute nennt man die 8 X 57 Familie zu Recht die alte Wildbrett schonende Försterpatrone oder auch Königin des Waldes (auch die noch älteren 6 X 58). Auf einer reinen Antilopenjagd in Südafrika habe ich mich in dieses weich schießende 8 X 57 IS Kaliber verschaut. Sie ist in dieser Kaliberfamilie durch eine schwarz lackierte Ringfuge am Zündhütchen gekennzeichnet. Es tötet mittlere und große Antilopen effektiv. Entstanden ist diese Mauser Infanterie Spitzpatrone Ende des 19. Jahrhunderts zusammen mit dem Aufkommen des rauchlosen Nitrozellulose-Pulvers für das deutsche Militär vor den beiden Weltkriegen.
Ihre wahren Kalibermaße 7,92 Geschossdurchmesser in einer Hülse von 57 mm Länge waren das Vorbild für die etwas spätere Entwicklung (1906) der amerikanischen .30-06 Springfield (Dezimalkaliber 7,62 × 63 mm). Die hat einen etwas größeren Pulverraum und ermöglicht es noch schwerere Geschosse zu benutzen. Je nach Drallwinkel und Länge der Läufe, kommen Geschossgewichte um 220 Grain oder umgerechnet 14,6 Gramm zum Einsatz. Die Entwicklung von Kalibern für die Jagd geht weiter. Heute schießen Wildschafjäger, ausgestattet mit Entfernungsmessern, hochfeinen Präzisionsbüchsen und besonders gefertigter Hochgeschwindigkeitsmunition bis auf 500 Meter Entfernung in extremen Gebirgslandschaften oder weiten offenen Flächen.
Dem alten deutschen Kaliber 6,5 X 68 geht seit vielen Jahrzehnten ein ausgezeichneter Ruf beim jagdlichen Weitschuss voraus. Dieses Kaliber stellte damals alles in den Schatten, was man vor dem Zweiten Weltkrieg kaufen konnte und ist noch heute eine der schnellsten kommerziellen Patronen, zumindest beim Geschossgewicht von 6 Gramm, ihrer Klasse. Erwähnen kann man in diesem Feld, auch aus internationaler Sicht, noch weitere hochrasante: 6x62 Freres, die sich auch in Europa verbreitende .270 Winchester (6,4 mm), 6.5-284 Norma, .264 Winchester Magnum, 7 mm-08 (7,0 mm), alle kleineren Weatherby Magnum Kaliber und die Lapua .338 Magnum (diese beispielhaft gemeinte Aufzählung er-

wähnt nur einen Bruchteil das Angebots). Der Löwenanteil der Schüsse auf meinen Jagden in Europa wurde meistens auf 100 bis 150 und in Ausnahmefällen bis 200 Meter abgegeben. Ich empfinde Jagderlebnisse deutlich intensiver, wenn man sich dem Wild so dicht wie möglich nähern kann. Deshalb ist das Bestreben auf diese Entfernungen durch Kaliber mit noch flacheren Flugkurven zu jagen, meistens von geringerem Interesse.
Mit dem kleinen, leistungsstarken Universalkaliber .243 Winchester (6,17 x 51 mm) mit einer V0 von 1000 m/sec wird in Afrika, seit seinem Erscheinen Anfang der 50er Jahre, mit Voll- und Teilmantelmunition mehr Wild erlegt, als mit allen anderen Kalibern zusammengenommen. Diese konkurrenzlos preiswerte und präzise Munition mit kaum wahrzunehmendem Rückstoß entstand bekanntlich aus einer auf das .243 Kaliber eingezogenen .308 Militärhülse. Ob ihre häufige Verwendung in Afrika, nach unseren Maßstäben immer waidmännisch ist, möchte ich bezweifeln.
Schützenvereine geben jährlich Millionen Schüsse auf ihren Schießständen ab. Die Projektile müssen dabei keine Tierkörper durchdringen, sondern nur ein Blatt Papier. Natürlich mit Streukreisen die möglichst eng beieinander liegen. Militär, Jagd und das Schützenwesen sind komplett andere Welten, die sich aber durchaus sehr befruchten können. Wir Jäger können ungemein viel von unseren Schützenbrüdern lernen.

Ich habe mich mehrfach mit professionellen Schweißhundführern unterhalten. Im Forstamtsabschnitt des sympathischen und ungemein hingebungsvollen Herrn Ritz-Nause, hatte ich einen kleinen staatlichen Teil gepachtet. Sie und ihre streng ausgewählten, beinahe magisch veranlagten Hunde sind auf den Nachsuche die Ausputzer unserer Fehler bei der Schussplatzierung. Seien wir ehrlich. Das Gerede um das neueste modernste Geschoss in der für den Pulverabbrand und der Systemlänge idealen Kurzmunition kann einen Mangel an Geduld, Disziplin und detailliertem anatomischen Wissen bei der Schussplatzierung niemals ersetzen. Beim Studium der Wildkörper und über den Sitz ihrer Inneren Organe während verschiedener Haltungen auf der Flucht kann man niemals genug Erfahrung sammeln. Zum Beispiel, dass wenn man bei seitlich perfekt stehenden Tierkörpern an den beiden ideal zusammen stehenden Vorderläufen nach oben auf das vermeintliche Blatt hochfährt, der Herzbeutel von sehr tief bis sehr hoch liegen kann. Es kann sich außerdem genau in der Linie des Vorderlaufes, klar davor oder deutlich dahinter befinden. Das sollte man möglichst für den häufig sogenannten und etwas ungenau ausgedrückten „Blattschuss“ beachten. Natürlich kommt manchmal eine Zerstörung der Schulter mit verheerenden abscherenden Knochensplittern bei ideal stehenden Tieren hinzu. Weitaus komplexer wird es bei sich bewegendem Wild und Schüssen spitz von vorne oder, nur wenn absolut nicht anders möglich, im Ausnahmefall schräg von hinten.
Zum Thema von unerklärlichen Fehlschüssen möchte ich einige, mir heute noch peinliche, nicht verschweigen. Einmal habe ich überhastet einem sich unverhofft bewegenden Zebrahengst mit meiner .500er „das Blatt“ durchschossen. Das Ergebnis war ziemlich beschämend, weil wahrscheinlich nicht einmal die Hälfte der Kaliberenergie des Vollmantelgeschosses in dem noch 100 Meter weiter flüchtenden Tier gelassen wurde. Ein anderes Mal schoss ich in Namibia unwillig und zögerlich auf ein stehendes Bergzebra. Ich hatte 2006 bei einem sehr deutschstämmigen Farminhaber auf dessen eigenen Farm eine Jagd auf Bergzebra und eventuell auf einen Leoparden gebucht. Die Leopardenjagd war zugegeben weder angezahlt noch waren wir uns über den Preis für diese Trophäe vor Anreise einig geworden. Spä-

ter sah ich, dass er laut Preisliste überhaupt keine Jagden auf Bergzebras in seiner Flachlandschaft anbot. Der ziemlich trocken und für meinen Geschmack ein wenig bestimmt und unfehlbar auftretende Farmer erklärte mir erst nach Ankunft, dass er mich für die Jagd des Bergzebras auf eine 270 Kilometer weit von Windhuk entfernte fremde Farm fahren müsste. Seine Farm liegt eine weitere Stunde Fahrt östlich von Windhuk entfernt. Die Umstände dort zeigten, zumindest für meine Afrika-Erfahrung, durch anhaltende jahrelange Dürre im Moment, sagen wir einmal, ins Auge fallende Schwächen im Wildvorkommen. Für den reifen Bergzebrahengst mussten wir zu meiner Überraschung zu einem uns dort führenden Inhaber fahren. Dieser deutsche Inhaber machte auf mich einen ganz hervorragenden menschlichen Eindruck! Seine Wüstenfarm liegt bei Karibib auf halbem Weg zwischen Windhuk und Swakopmund und sollte sich als umwerfend ursprünglich und traumhaft schön gelegen herausstellen. Sie ist 30.000 Hektar groß und grenzt auf einer langen Seite an den Namib Naukluftpark.
Ich hatte mich damals aus heute nicht mehr zu rekonstruierenden Gründen und dem eigentlich geplanten touristischen Programm durch mehrere afrikanische Länder erstmals entschieden kein eigenes Gewehr mitzunehmen. Der 20 Zentimeter kleinere Jagdanbieter stellte mir seine absolut nicht passende Büchse zur Verfügung. Der viel zu kurze Schaft und entscheidend zu geringe Augenabstand des Zielfernrohrs bedrohte definitiv mein Gesicht. Zu allem Unglück war der Farminhaber ständig mit den verzweifelten Vorbereitungen von teuren Brunnenbohrungen beschäftigt. Hinzu kam, dass sich alles auf der Farm überschlug um den gleichzeitig anwesenden zukünftigen Präsidenten des wichtigen südafrikanischen Jagdverbandes zu umgarnen. Wenn dieser ausnehmend freundliche Südafrikaner anwesend war, gab es hervorragendes Essen und gute Betreuung. Wenn gerade Mal nicht, dann sank das Niveau in den Keller. Der gesamte Jagdablauf im wunderschönen Namibia verlief auf dieser Farm wegen der geschilderten Umstände nicht nach meinem Geschmack. Erschwerend hinzu kam, dass ich nachts alleine in meinem Rondavel schlafend ernsthafte gesundheitliche Probleme bekam. Eines meiner das Herz mit Blut versorgenden Kranzgefäße hatte sich zu 98 Prozent (Ergebnis des später in Deutschland gelegten Katheters) verengt.
Ich durchlebte auf der Farm wegen der seit Jahren eingenommenen Blutverdünnungsmedikamente (Herzrhythmusstörungen) deshalb „nur“ eine heftige Vorstufe zum Infarkt. Meinen Gastgebern und mir selbst wollte ich meine erlebten Todesängste und Atemnot nicht eingestehen. Entsprechend schlecht war ich plötzlich zu Fuß beim schnellen Anpirschen auf einen Zebrahengst hinter einer langen Felsformation. Mein bedauerlicher Fehlschuss erfolgte etwas hastig. Die kurze Pirsch auf kurze Entfernung durch felsiges Gelände hatte mich mit Herzstichen diesmal völlig unerwartet ermüdet. Ich hatte Angst davor, mich mit der Leihwaffe beim Schuss ernsthaft im Gesicht zu verletzen und zielte wohl entsprechend ängstlich und wenig fokussiert. Trotzdem war es mir damals nicht völlig erklärlich, warum ich beim ersten aufgelegten Schuss fehlte und dann den zweiten hastigen und freihändigen und halb von vorne richtig aufs Herz des Hengstes setzte. Beim ersten Schuss hatte ich die Waffe im Kaliber .375 H&H Winchester Magnum auf einem Felsen und eine untergelegte Jacke aufgelegt. Ein mir äußerst unangenehmer Schützenfehler. Ich schwor mir danach nie wieder ein geliehenes Gewehr zu benutzen welches mir nicht passte und mit dem ich nicht völlig vertraut war. Noch eine Anmerkung sei hier gestattet. Die nach dem Erlegen des prächtigen Bergzebrahengstes sofort angetretene Rückreise führte mich nach einem Telefonat mit dem Kardiologen in Deutschland vom Flughafen direkt für einen lebensrettenden Stent in die Notaufnahme der Klinik. Ende gut, alles gut.

Dann erinnere ich mich noch an zwei weitere magische Momente von merkwürdigen Schüssen für die ich keine ausreichenden Erklärungen habe. Einer war ein auf das Blatt beschossener Hirsch in Ungarn in unserem Revier. Mein Rückflug nach Deutschland und geschäftlich wichtige Termine drängten zur vorgezogenen Rückreise. Man fand den auf das Blatt geschossenen Hirsch nach der frustriert abgebrochenen, stundenlangen Nachsuche eine Woche später. Noch ziemlich munter nahe der Stelle meines Anschusses beim Äsen. Dort streckte ihn der Berufsjäger für mich. Kaum zu glauben, aber wahr! Das Aufbrechen durch den ungarischen Berufsjäger ergab. Mein Schuss aus einem Karabiner im Kaliber .30-06 aus 40 Meter Entfernung auf den leicht gebogenen, langsam ziehenden Hirsch war oberhalb des Herzbeutels durch die Gefäße an allen vitalen Organen vorbeigeschlüpft. Wie so etwas möglich war? Ein trauriger „Kunstschuss". Es war das klassische Beispiel einer ungenügend und nicht genauen Schussplatzierung ohne das gnädige Quäntchen Glück.
Ein anderes Mal pirschten wir mit mehreren Personen, wie die Indianer in der Reihe, hintereinander durch das vertraute Unterholz eines Galeriewaldes am Flussbett im Inneren von Venezuela. Unser Freund und Jagdgast aus Hamburg trug Brillengläser, die so dick wie Bierflaschenböden waren. Der Jagdgast war mit dem Biotop überhaupt noch nicht vertraut. Als ich ihn im dichten Unterholz auf vierzig Meter an einen kapitalen Weißwedelhirsch herangeführt und in eine ideale Schussposition gebracht hatte, sah er den einfach nicht. Seine Augen konnten die Umrisse des im Halbschatten ruhig äsenden Hirsches nicht erfassen. Der Hirsch hielt und hielt und hielt. Ich zeigte mit ganz langsamem Deuten eines Fingers, der nicht ausgestreckten Hand, verzweifelt auf den herüberschauenden und jetzt nervös werdenden Hirsch. Seine Gestalt war in dem vom Morgentau glitzerndem und Konturen auflösendem Blattgewirr für den Fremden offensichtlich nicht zu sehen. Mein Freund übergab mir leise das Gewehr, damit ich an seiner Stelle schoss. All das passierte in vielleicht 5 entnervenden Sekunden. Ich schoss nach so viel Mühe und Jagdglück hastig und gestresst an seiner vor mir stehenden Schulter vorbei. Wir brauchten Frischfleisch für unser Lager. Mein wackeliger Stand war nicht optimal. Der Hirsch sprang nach hinten ins Dickicht und wurde nie wieder gesehen. Kein Anschuss, kein Schnitthaar und keine Schweißspur weit und breit. Meinen Hund hatten wir ausgerechnet bei diesem Ausflug nicht dabei. Dann fanden wir ein nur daumendickes Stämmchen in der Schussbahn. Es war klar sichtbar, frisch abgetrennt und hatte das simple (Munitionsbeschaffungsprobleme in Venezuela) und uralte Bleigeschoss in 7 X 57 R offensichtlich abgelenkt. Ich kann mir diesen Fehlschuss, zumal die Flugbahn durch ein Zielfernrohr gesucht wurde, bis heute nicht in Gänze erklären.
Solche Erlebnisse gehören in ein langes buntes Jägerleben. Wie las ich einmal: der tödlichste und sicherste Schütze ist der Mann, der nur ein einziges, ihm aber dafür unendlich vertrautes Gewehr im ganzen Leben benutzt. Hierzu passt auch eine unter den burischen Farmern des südlichen Afrikas übliche, drastische Erziehungsmethode. Bereits 10 oder 12jährige Söhne wurden und werden ein oder zwei Mal wöchentlich mit dem dort unter Buren üblichen 98er Mauserkarabiner des Vaters losgeschickt. Sie sollen im umliegenden Busch einen Bock für die Küche jagen. Dabei verließen sie das elterliche Farmhaus aber stets immer nur mit einer einzigen Patrone! Und wehe dem Jungen, der ohne einen erlegten Bock auf seinem Pferd zurückkommt! Das setzt nur anfangs Hiebe und erzog dann die bekannt erstklassigen Burenschützen über Kimme und Korn.
Abschließend möchte ich zwei der anfänglich aufgeworfenen Fragen, mit meinen Vorlieben für mich persönlich, beantworten. Meine bevorzugten Jagdwaffen sind ein selbst zusammengestellter geliebter

98er Stutzen (98 cm Gesamtlänge) im Kaliber 9,3X62 mit einem von Herrn Bodecker für sich selbst ausgesuchtem, achtkantigem Präzisionslauf und meinem Maßschaft. Ein ebenfalls maßgefertigter Repetierer mit Mauser 98er System im Kaliber 8x68 S sowie eine vom amerikanischem Büchsenmachermeister Miller in Tucson gebaute Winchester Büchse mit einem vor 1964 gebautem System im Universalkaliber .375 H&H Magnum. Hinzu zählen muss ich eine uralte aber brave, abgegriffene Brünner BRNO Bockbüchsflinte in 12er Schrot/7X57R Kugel und mit einem 12er, 72 cm langen Bockdoppelflinten Wechsellauf.

Von einem Jungjäger mit Plänen für spätere Auslandsjagden danach gefragt, würde ich heute empfehlen sich ein Repetierer mit einem, nach seinen Maßen gefertigten oder genau passenden Schaft und vielleicht drei untereinander auswechselbaren Läufen zu kaufen. Der erste in .308, .270 Winchester, 30-06, 7 X 64 oder 6,5 x 57. Dann einen weiteren Lauf in der zweiten Gruppe der Universalkaliber in 9,3 X 62, .375 H&H Magnum, .404 Jeffery, .300 Winchester Magnum oder 8 x 68 S. Und last not least einen für stärkstes Großwild zum Beispiel in .416 Rigby oder .458 Lott. Ich habe von einem sehr erfahrenen Jäger und Waffenkenner noch eine andere Meinung für einen ordnenden Orientierungsrahmen seiner Jagdwaffen gehört. Er besitzt in jeder der von mir vorgeschlagenen drei Gruppen je ein Kaliber für nahe und ein anderes in der gleichen Gruppe für weitere Schüsse. Unter den vielfältigen deutschen Herstellern gefallen mir die modernsten zum Auseinandernehmenden Repetierer der Firma Sauer besonders gut. Die Firma hat in ihrer letzten Entwicklung, die bald auf den Markt gelangt, eine Summe von Weiterentwicklungen durchgeführt, womit sie im Moment führend sind. Zu speziellen Großwildbüchsen habe ich mich ja bereits am Anfang dieses Kapitels geäußert. Die Büchsen-Auswahl von hervorragenden anderen Herstellern und handgemachten Einzelstücken ist groß. Letztlich bleibt eine Kaufentscheidung immer dem eigenen Geschmack überlassen. Heute wäre für den Drückjagdschützen die blitzschnelle Geradezugbüchse von Heym mit einem modernen Biathlonsystem ebenfalls eine moderne Option.

Das Angebot an gut geeigneten Gebrauchswaffen ist riesengroß. Die Vorteile der 120 Jahre alten Deutschen 98er Systeme, in allen seinen Systemlängen aus dem Deutschen Waffenbau, sind unübertroffen! Hier steht das Synonym „Made in Germany“ und „German Engeneering“ der deutschen Büchsenmacher und ihre duale Facharbeiterausbildung seit hundert Jahren im vollen Saft. Durch die fortlaufende Waffenentwicklung hat es in Abwandlungen und Nachbauten einige, nicht lebensnotwendige, aber sinnvolle Ergänzungen für die 98er gegeben: Zerlegbarkeit, Wechselläufe, seitliche Winchester Sicherung, Kontrastkimmen und -Korne, Spannsysteme. Ich war stets ein bewusster Käufer deutscher Erzeugnisse. Wegen der riesigen Auflagenstückzahlen für den amerikanischen Markt, lohnt es sich aber auch die vergleichsweise preiswerten Standard Repetierer zum Beispiel der Firma Winchester (mit passendem Schaft) bei seiner Kaufentscheidung zu berücksichtigen. Das gleiche gilt auch für die billigere und bewährte Munition für amerikanische Kaliber. Wer als Jäger ausreichende Qualität für das geringste Geld sucht, ist auch mit Büchsen, Flinten und Kombinierten bei BRNO und zum Beispiel bei dem spanischen Fabrikanten Lamber bei Flinten gut bedient. Spanien hat 2 Millionen registrierte Flintenschützen und vergleichsweise noch gut besetzte Niederwildbestände. Die preiswerten Take Down Systeme und die Eckernförder-Qualität der Firma Sauer mit dem weichen Schlossgang und deren hervorragende Schussleistung gehören zum Besten. Die traditionsreiche Firma wurde wohl inzwischen vom Marktführer Blaser übernommen.

Eine weitere enge Wahl wäre für meinen Geschmack die finnischen Sako Repetierer mit ihrer überzeugenden autarken Fertigungstiefe in 7 aus dem Vollen gefrästen Systemgrößen. Sie wurde inzwischen von der alteingesessenen italienischen Familienfirma Beretta gekauft. Sako gehörte schon immer, wegen der herausragenden Schussleistung und der Qualität aller Teile, zu den besten Produktionsbüchsen-Fabrikanten. Der unübertroffen traurig-erfolgreiche militärische Scharfschütze aller Zeiten, Simo Häyä (Jäger, Bauer und Trapper), erschoss 542 sowjetische Soldaten in nur hundert Tagen im finnischen Krieg. Ein schrecklicher Rekord! Sein Karabiner war ein Sako Vorläufer (Mosins) SK Y kivääri M/28-30 über Kimme und Korn im Kaliber 7,62 (Quelle: manMagnum). Der ursprünglich auf der Elchjagd so erfolgreiche Simo kämpfte als Soldat erst 1917/18 im Befreiungskrieg von der russischen Besetzung und dann während des Angriffskrieges der roten Armee auf sein Land. Er tat das mit der berühmten finnischen sisu (Kraft, Ausdauer, Mut, Zuversicht oder Beharrlichkeit, in scheinbar aussichtslosen Situationen). Das überfallene Finnland stand mit dem Rücken zur Wand in einem aussichtslosen Krieg. Die in Europa niemals sonst gestoppte Rote Armee hatte am Ende gerade so wenig finnisches Land erobert, damit sie darin ihre 130.000 darauf gefallenen Soldaten beerdigen konnte. Soviel nur zum Volkscharakter und die bekannt höchste Qualität aller Produkte dieses präzisionsbesessenen Landes. Nicht umsonst baute die Firma Porsche feine Sportwagen im präzisionsbesessenen Finnland und gelten die hochwertigen und handgefertigten Hochseeyachten des Produzenten Swan zu den besten der Welt.
Preiswerte Qualitätsbüchsen (US $ 1200 bis 2.500), Standard Systeme bis .458 Lott Länge (US $ 750) und Professional Hunter Magnum Systeme (US $ 1.100), verkauft die amerikanische Firma www.montanarifleco.com. In dieses letztgenannte echte Magnum-System mit Double Square Bridge passt jede Patrone vom Kaliber .338 Lapua bis zur .505 Gibbs! Wenn auch teurer, so gehören auch die Dakota Büchsen in diesen Kreis. In meiner nur beispielhaften Aufzählung sind unsere vielen deutschen herausragenden, hochfeine Jagdgewehre bauenden und uns naheliegenden Büchsenmacher noch nicht einmal erwähnt. Natürlich gab und gibt es in Deutschland unter ihnen eine ganze Reihe mit absolutem Weltruf! Aus eigener Erfahrung kann ich auch noch einige preiswerte südafrikanische und namibianische Büchsenmacher, die die besonderen Erfordernisse der Wildnisjagd kennen, für den Afrikajäger empfehlen.
Gerade dieses Kapitel Büchsen und Munition ist selbstredend immer von persönlichen Eindrücken geprägt. Immer wieder musste ich, sowohl auf der Jagd, wie auch auf Schützenständen feststellen, dass ich trotz fleißigem Üben, jahrzehntelanger Jagdpraxis und großem Interesse am Jagdwaffenbau, nicht zu den Meisterschützen gehörte. Wenn es trotzdem gelungen ist dem Einen oder Anderen ein wenig Unterhaltung, Wissen und Erfahrungen in diesem Kapitel weitergegeben zu haben, so würde mich das mit Freude erfüllen. Gelänge es uns, das vermeidbare Leiden für nur ein einziges Stück Wildes durch gegenseitige Anregungen zu verringern, so wäre alleine das alles Lesen und Schreiben wert. Ich bitte um Nachsicht, wenn die vertretenen, persönlichen Meinungen nicht alle Leser überzeugen und bitte um Korrektur, dort, wo ich Fehlern aufsaß. Wie heißt es doch für den Jäger so schön doppeldeutig bei den veröffentlichten Lottozahlen, genau wie bei den Ladedaten für Munition und alle waffentechnischen Angaben in diesem Buch: Alles ohne Gewähr.

EPILOG

Für das Ausleben meiner Passion für das Jagen und Fischen in Mutter Natur waren die Umstände meiner Geburt und meiner Kindheit mitverantwortlich. Ich war eines der überlebenden Kriegskinder in meiner völlig zerstörten Heimatstadt Hamburg mit einem anfänglich gebrochenen und geknickten Vater.
Die Erwachsenen waren der Panik und dem Grauen entkommen und hatten viele geliebte Menschen verloren. Mein unschuldiger Kindheitsanfang war ohne jeden Zauber und ohne Liebreiz. Die Sehnsucht danach befriedigte man damals nur in der heilen Natur und fern der völlig zerbombten Großstadt.
Bereits als kleiner norddeutscher Junge in der moorigen, germanischen Natur der Völkerstämme von Angeln und Sachsen verspürte ich eine kindliche Sehnsucht nach Abenteuer, der fernen afrikanischen Wildnis mit Tieren, dem Fischfang, und eine Passion, etwas zu jagen und als Beute in meinen Besitz zu bringen.
Als kleines Kind suchte ich, wie alle überlebenden, Sicherheit und Geborgenheit und in den besonders kalten Wintern ein warmes zuhause.
Meine Nachkriegsgeneration wurde besonders streng zu tugendsamer Gehorsamkeit angehalten. Das während meiner Kindheit erzwungene Wohlverhalten und die Enge und Strenge der Erziehung empfand ich als den völligen Gegensatz zu der Freiheit draußen in der Natur. Kein Erwachsener interessierte sich für den wunderbaren Freiraum, den wir spielende Kinder darin fanden. Wie schön war die Kindheit auf dem Lande mit der selbst gebauten Zwille und viel später dem Luftgewehr. Das freie Leben in der Natur war das einzig heile Stück Himmel meiner Kindheit. Seine Schönheit war das lockende Versprechen meiner Kindheit.
Wir Nachkriegsjugendliche wurden Wiederaufbau- und Wirtschaftswunderteilnehmer und dann am Ende endlich gediegene Hamburger Kaufleute. Unser amerikanisiertes Leben und mein ehrgeiziges berufliches Streben führten mich und meine spätere Familie durch das Tor unserer geliebten traditionellen Heimatstadt Hamburg hinaus in die damals fast überall heilere Welt. Die Passionen in der Jugend und des Erwachsenwerdens lagen bald hinter uns. Der Ernst des Lebens und die Notwendigkeit, Probleme zu lösen, holten uns alle ein. Zu keiner Zeit verlor ich aber den Wunsch, in die Natur einzutauchen und mich frei und ursprünglich darin zu fühlen. Die Jagd und das Fischen wurde zum wichtigsten Ausgleich für den beruflichen Ernst und die Zwänge unseres Lebens in Großstädten.
Bei der Erlangung des Jagdscheins herrschen selbstverständlich schärfste Gesetzte zu deren absoluten Einhaltung wir „Eide ablegten"! Jeder Umgang mit Waffen, geladen oder ungeladen und das mitfühlende Töten von Mitkreaturen erfordern ein Maximum an Disziplin, Kontrolle und Vorsorge. Die war uns durch konsequente Erziehung in harten Zeiten in besonderem Maße mitgegeben worden. In einigen Bereichen jedoch, wird die Sache der Jagd zu kleinteilig und bierernst problematisiert. Die Lust an der Selbstelimination scheint in unserem Land mit einer gebrochenen Vergangenheit sowieso ein allgemeines, gesellschaftlich Thema zu sein. Dabei sollte man berücksichtigen, dass das Jagen in Europa inzwischen recht problematisch geworden ist.
Ich lese immer wieder Artikel, die sich über mangelnden jagdlichen Nachwuchs beklagen. Die aktuellen Zahlen in Deutschland spiegeln das auch wider.

Warum beklagen wir uns über nicht ausreichend junge Nachwuchsjäger? Wir Jagdscheininhaber stellen nur eine winzige Gruppe von 0,25 Prozent aller Bürger Deutschlands dar. Heimatdeutsche sterben langsam aus! Aber könnte unser Nachwuchsmangel vielleicht auch daran liegen, dass es an Zugang zu menschlichen, regionalen Netzwerken mangelt? Betreiben unsere Verbände genügend Werbung und Aufklärung in Schulen und auf öffentlichen Veranstaltungen vor Nichtjägern? Jäger sein wickelt sich doch häufig hinter der vorgehaltenen Hand ab. Wann waren wir zuletzt mit Jagdhunden, Greifvögeln und Jagdhörnern in Kindergärten, Einkaufspassagen, Volksfesten, bei unsere Interessen vertretenden politischen Veranstaltungen, Einweihungen, Eröffnungen, Promotionsveranstaltungen, vor Wahllokalen und Bürgermeistereien. Wo dürfen interessierte Schüler uns grundsätzlich auf den Ansitz oder als Gruppen beim Waldspaziergang begleiten. Manche Mitjäger denken, dass hört sich wie das Marketing für eine große Automarke an. So öffentlich und offen werden Interessen nun einmal heute überall vertreten. Die Innensicht auf unsere traditionelle Jagd bleibt weitgehend gleich. Aber die Sicht der nicht jagenden Bevölkerung darauf verändert sich ständig. Wir haben zu wenige Jäger und zu wenige Stimmen, nicht zu viele! Schön, dass der Anteil an jagenden Frauen zunimmt und manche Jagdpresse darüber aufgeregt hüstelnd berichtet. Bedenklich ist, dass wir in Deutschland gleichzeitig immer weniger heimatdeutsche Kinder gebären, weil unsere Regierungen nicht genügend gegen die unsägliche Benachteiligung der Mutterrolle in der Gesellschaft tun. Die zu Recht gleichberechtigten Frauen verbringen einen bedeutenden Teil ihrer Zeit im Beruf und werden von der Gesellschaft für Entbehrungen in ihre Mutterrolle nicht angemessen unterstützt und belohnt!

Manchmal hört und liest man bei der Jagd Diskussionen über Rechtsreiterei, von Politiker-, Diplomaten- und Beamtenpfründen, von Erbhöfen bestimmter Gesellschaftsschichten und ähnlich unguten Themenkreisen. Das könnten Zeichen von Neid und Dünkel an den Mauern einer sich selbst einzäunenden Passionsgemeinschaft der Jäger sein. Ich höre Klagen darüber, dass unser normal bemittelter Jägernachwuchs über zu wenig familiäre oder freundschaftliche Verbindungen für seine Jagdgausübung verfügt. Manche können deshalb nach der Erlangung des Jagdscheins kaum Jagdpraxis erwerben. Ich weiß, wir reden bei diesem kritischen, persönlichen Blick auf die Jagd nicht über Golfspielen und nicht über einen Sport, in dessen Vereinen man beitritt. Aber selbst die Kirchen öffnen sich bei Mitgliederschwund und betreiben Werbung für neue Mitglieder.

Mehr als ein Drittel von Deutschlands Oberfläche besteht aus herrlichem Wald! Hinzu kommt der Löwenanteil der landwirtschaftlichen Nutzflächen. Leider kann man sich inzwischen in zunehmend monotonen Maisflächen verlieren. Mir findet dabei zuwenig Vorsorge für die Tiere der Wildnis statt. In unseren immensen Naturflächen kommt der gut Vernetzte doch eigentlich prima durch. Die Hälfte von uns lebt aber bereits verstädtert. Nicht einfach oder fatal jedoch für die Mitbürger, die unserer Passion nachgehen möchten, aber keinen entsprechenden gesellschaftlichen Anschluss besitzen oder zu wenige Möglichkeiten in ihrer direkten Umgebung dafür finden.

Meine naive Frage ist, wo traut sich der junge Mensch hin, wenn er den Drang in sich verspürt, Jäger zu werden und die Passion fühlt, mit Jägern in der Natur zusammen zu sein? Die von Kameraden ermöglichte und geteilte Freude an der Jagd habe ich als Ausländer in manchen Ländern weit unkompliziert und zugänglicher erlebt. Ich möchte nicht glauben, dass ein Teil von uns vielleicht gar nicht mehr Nachwuchs für die Jagd will. Wenn Deutsche nicht mehr genügend Nachwuchs bekommen, stirbt dann auch die Jagd bei uns aus? Wir müssen uns nicht nur zunehmend um junge Ingenieure bemühen, sondern auch um nachfolgende junge Jäger.

Das Züchten von Wildtieren auf Farmen ist aus dieser Welt nicht mehr wegzudenken. Das Wild darin wird halbzahm, oder was noch schlimmer ist, in Kleingattern, eventuell halbbetäubt als „Canned“ oder zum garantierten Abschuss des Wildbrets und ihrer gezüchteten Trophäe verkauft. Solche für Wildtiere unweidmännischen Praktiken finden, nicht weit von uns, in gefütterten Gattern statt. Zum Glück gibt es diese unwürdigen und ungesetzlichen Auswüchse in Deutschland nicht. Das ist ein erhaltenswerter Zustand, den sich die Deutsche Jägerschaft unbedingt weiter auf ihre Fahnen schreiben muss! Die in überschaubaren Gattern gezüchteten Tiere haben nichts mit unserer Jagdkultur auf wilde Tiere zu tun. Unser Leben muss heute in den meisten Bereichen und leider auch für manche Jagdgenossen unglaublich schnell, mühelos und risikolos geplant ablaufen. Solche Gewohnheiten banalisieren und machen das doch so spannende und zufällige in der Natur einfach nur käuflich. Was bringt es, einer Katalog-Jagd nachzugehen? Womöglich ohne Jagdschein und ohne jede Anstrengungen, in Kleingattern und überraschungslos. Jagd kostet. Aber nicht das Scheckbuch darf entscheiden. Diese Auswüchse sind keine Jagd. Sie tun den Motiven für diese Passion nicht gut. Bestimmt geht es mir nicht ums Moralisieren. Nichts läge mir auf der Jagd und unter uns Jägern ferner. Aber das Jagen ist vielfach nur noch ein reguliertes Geschäft. Wenn das so wäre, könnte man sie öffentlich der Masse der Nichtjäger nur schlecht vermitteln. Skandale mit gemästeten Trophäenträgern geistern allzu gerne selbst durch die jagdferne Öffentlichkeit. Dabei sind wir Jäger und Fischer auf vielfache Weise ungeheuer privilegiert und haben allen Menschen etwas Schönes aus der Natur zu vermitteln.
Wie jede Betrachtung mit Abwägungen hat die Jagdleidenschaft in unserer Gesellschaft zwei Seiten. Eine Gruppierung empfindet den Drang zur Jagd und Hege als etwas Natürliches und will ihm mit Hingabe nachgehen. Dem stehen politisierende, aufgeladene viel zahlreichere Gruppen gegenüber, die absolut kein Verständnis dafür haben. Schlimmer noch, sie bekämpfen die Jägerschaft aggressiv mit bis zu kriminellen Attacken und sprechen uns das Recht darauf ab. Wir müssen uns absurde, ungerechte und bösartige Kritik wie Geächtete in der Öffentlichkeit anhören. Hochsitze würden an die Wachtürme von Auschwitz erinnern. Allen Ernstes habe ich das in einem kritischen Beitrag einer deutschen Tageszeitung gelesen. Das geht zu weit. In welchen Organen artikulieren sich unsere gewählten oder bezahlten Vertreter denn, dass solche zersetzenden Veröffentlichungen ungestraft und unwidersprochen bleiben. Mein Gott, diese maßvollen jagdlichen Einrichtungen benötigen wir für risikolose Schüsse in einer oft dicht besiedelten und vielfach genutzten Kulturlandschaft. Abgesehen davon, dass Hochsitze der Wildselektion und einer geringeren Wildbeunruhigung dienen. Apropos dieses fies verzerrenden Vergleichs von Hochsitzen mit Wachtürmen in Konzentrationslagern. Würden sich Bäckerinnungen beim Anblick ihres Handwerkzeugs von Hochtemperaturöfen solche aggressiven, despektierlichen Vergleiche mit Öfen in Konzentrationslagern gefallen lassen? Wohl kaum! Hochsitze werden von manchen Jagdgegnern als hinterlistig abqualifiziert oder als Fremdkörper in der Natur bekämpft. Für die absolute Berechtigung der waidmännischen Jagd und sinnvolle Unantastbarkeit müssen wir eben stärker streiten und aufklären, als das Landwirte für ihre Vollernter auf den Wirtschaftsflächen tun. Der Laie hat keine Vorstellung davon, welche Sicherheitsüberlegungen alle Jäger vor dem Schuss in unserer dicht besiedelten und von vielen Interessengruppen genutzten Kulturlandschaft und unter dem Druck ihrer enormen Verantwortung als Waffenträger beachten müssen.
Segel-, Sportflugzeuge, Gleitschirmflieger und Fallschirmspringer beunruhigen mit ihren plötzlich auftauchenden Schatten das Wild. Sie benutzen mit ihrer Leidenschaft an erschreckend lärmenden Start-

und Landebahnen in einer nach Gusto auch niedrig überflogenen Natur. Die modernen Schnitzeljagden der sogenannten Geo-Coacher mit ihren von Satelliten gesteuerten GPS Geräten suchen und verstecken ihre „Schätze" in den Wildruhezonen und tiefsten Revierteilen. Dieses Verhalten ist gefährlich und äußerst stressig für Wild und Jäger! Alle Arten von Sportbooten bemächtigen sich millionenfach der Seen, Flüsse und Meere. Paddler dringen bis in die tiefsten Winkel selbst der verwunschenen Bäche und Uferregionen ein. Steinbrüche, Hochspannungsmasten, Kohleabbauunternehmen und die moderne Großflächen-Landwirtschafts-Industrie begrenzen den Lebensraum des Wildes immer weiter. Freizeitreiter nutzen ihn ganz selbstverständlich. Radfahrer, Mountainbiker, Jogger, Spaziergänger, Bergsteiger, Hundebesitzer und solche Mitbürger die sich in der freien Natur ergehen, haben natürlich auch ein Recht darauf. Achtung! Wir ganz erhebliche Pachtbeiträge und Aufwendungen für die öffentlichen Kassen zahlenden Jäger haben das allemal ebenso!

Auf den Lebensraum der Mitkreatur Wild ist von allen vorgenannten Naturnutzern Rücksicht zu nehmen. Wie das für das Wild funktionieren muss, darüber haben Jäger und Förster als Fachleute für Wild, Hege und Natur ein tief verankertes, traditionsreiches und in schwierigen behördlichen Prüfungen nachgewiesenes Wissen. Wir werden uns deshalb nicht unsere tiefe Liebe und die Verantwortung für das scheue Wild von den anderen Mitnutzern und Interessengruppierungen absprechen lassen. Wir Jäger als Fürsprecher des heimischen Wildes tun seit jeher alles für die Erhaltung der mit allen Sinnen aufgenommenen Naturschönheiten. Die Ausübung der aufwendigen Hege, der aktive Schutz und die Jagd des Wildes geben uns Vorrechte. Sicher streichelt unser Glücksempfinden die Ernte aus der Natur. Das sollten wir nicht verbergen. Beim Eintauchen in die Natur erleben wir Jäger eine besonders profunde Art der Landschaft – Erfahrung. Die Jagd und der Aufenthalt in der Natur sind ein tiefer Genuss für wache und geschulte Sinne. Wir sind Vorbilder für Achtung im Umgang mit der Kreatur. Das beweist die Jägerschaft täglich durch die Summe ihres Handelns.

Man gestatte mir einen hoffnungsvollen aber wie immer hinkenden Vergleich zu der heutigen Situation unserer Jagd.

Darstellungen von Reitpferden gab es schon in Ägypten um 1.500 vor Christus. In Kriegen und auch auf der Jagd spielte es bis vor kurzem eine entscheidende Rolle für die Menschheitsentwicklung. Das Pferd gab es auf unserem Planeten millionenfach als von uns allen benutztes, an jeder Ecke präsentes Zug- und Reittier. Die vor dem Mittelalter aufkommenden europäischen Ritter saßen mit ihren schweren Rüstungen auf entsprechend schweren Pferden. Das Wort Ritter entstammt dem Wort Reiter. Ihre gepanzerte Kampfkunst hoch zu Ross wurde durch die Erfindung des Schießpulvers beendet. Von da an brauchte man Pferde als Zug- und Arbeitstiere bis zum Ende des Zweiten Weltkriegs. Bis Ende des 19. Jahrhunderts dienten sie millionenfach und entsprechend leichter gezüchtet bei der schnellen Kavallerie. Wir Menschen haben dann die Energie des Pferdes und unsere schnellere Beweglichkeit mit ihnen durch die Erfindung von Dampfmaschinen, Elektrizität und Motorkraft ersetzt. Von da an wurde diese vor 5000 Jahren in Asien zuerst domestizierten, noblen Lebewesen vom Menschen beiseite geschoben. Dann wurde das Pferd nach dem Stahlgewitter des Zweiten Weltkriegs beinahe bis auf den Weg des Verschwindens gebracht. Heute ist diese göttliche Kreatur in einem neuen Zusammensein mit uns Menschen zumindest wiederbelebt. Wenngleich Vergleiche hinken. Auch die Hege und Jagd auf wild lebende Tiere wird auf der Erde immer mit uns sein, solange es tatkräftige und legitimierte Jäger dafür gibt. Zumindest solange, bis wir uns nicht für unsere grotesken Autoströme ganz zu asphaltiert haben und die industrielle Nutzung der Landwirtschaft und Rohstoffausbeutung die letzten wilden Lebensräume vereinnahmt. Auch die Jagdausübung unterliegt, genau wie die Landwirtschaft und naturwissenschaftliche Erkenntnisse, gewissen Wandeln.

Wie nicht viele Vollzeit-Berufstätige konnte ich die Außendarstellung der Jagd auf vier Kontinenten und in mehr als 20 anderen Ländern jagend erfahren. Auch das Vorgehen mancher Jagdindustrievertreter und die Abgehobenheit einiger ihrer Funktionäre sowie Manchem, der professionell daraus seinen persönlichen Nutzen zieht, konnte ich beobachten und vergleichen. Wir sollten mit weniger Verklärung das selbstverständliche Recht auf unsere Jagd in aufrichtiger und selbstbewusst geführter Debatte unermüdlich verteidigen.

Mir ist ein Sternekoch bekannt, der im Jäger-Haushalt aufwuchs, selber zur Jagd geht und bei seinen TV-Kochshows unermüdlich die richtige Zubereitung von Wildfleisch vormacht. Ihm gehört dafür mehr als ein „Bundesverdienstkreuz" und der ehrenvolle Dank unserer Jagdorganisationen.

Die Zeitumstände zwingen uns zu einem aktiven werbewirksamen Verhalten in der Öffentlichkeit. Wir Jäger haben erstmals ernsthafte und sehr engagierte Konkurrenz bekommen, die uns das Recht, auf unsere Art zu jagen, wegnehmen will! Das sind nachhaltige Angriffe, gegen die genauso kriegerisch aufgerüstet werden muss. Auf keinen Fall darf das Jagdrecht jemals den willkürlichen, einseitigen Forderungen von Natur- und Umweltschutz unterstellen werden! Ganz sicher ist der weit überwiegende Teil unserer Interessenvertreter engagiert. Aber mit Verlaub, wir, gering schätzend Freizeit-, Hobby- und Auslandsjäger genannten, schauen doch zu, wie uns der Rehrücken in der Öffentlichkeit und von bestimmten Funktionären und Politikern immer mehr von den Tellern genommen wird. Kein Wunder bei einer Elternschaft die ihren Heranwachsenden ein Naturverständnis voller mit menschlicher Stimme sprechenden Bambis und so genannten lieben Tierchen mit ausgeblendeten Nahrungsketten suggerieren! Da herrscht eine Kommunikation, die die Tiere immer wieder in Gute und Böse einteilen will! Das, obwohl mehr als 90 Prozent aller Menschen in Westeuropa ständig Fleisch aus der Massentierhaltung essen. In den hunderten von Koch-Peep-Shows in allen Fernsehkanälen habe ich, wie bereits oben erwähnt, nur bei einem die Zubereitung von Wildbret gesehen. Wildfleisch gehört zum Edelsten und Feinsten, mit dem wir uns ernähren können. Bei manchen Veranstaltungen und Repräsentationen um die Jagd herum merkt man, dass dort neben Jägern auch Berufspolitiker und Industrielobbyisten nach ihren Spielregeln um Pfründe und um die eitlen Zeichen der Macht herum versammelt sind. Das kommt nicht gut rüber.

In der Deutschen Jagdpresse las ich über Jahrzehnte erstaunlich gut gemachte, unabhängige Beiträge. Das ist höchst anerkennenswert! Unverständlich waren mir jahrzehntelang beispielsweise das ständige und viele Seiten lange journalistische Abfeiern von handwerklichen oder industriellen Spitzenwaffen. Deren Kaufpreise lagen in diesen Artikeln zwischen Euro 15.000 bis 50.000. Sie finden deshalb nur bei 0,001 Prozent der Jäger Verwendung. Solch hochfein ziseliertes Handwerkszeug von lange „enthaupteten", ehemaligen Sonnenkönigen und Multimillionären sollte der Interessierte in Museen bestaunen. Pragmatischer Realismus im Handwerk und etwas Demut wird heute erwartet. Punkte sammeln in der Öffentlichkeit und nicht zu protzen ist in diesen Zeiten angesagt. Der Durchschnittspreis eines neuen, modernen Jagdgewehrs (ohne Optik) beträgt in Nordamerika 500 Dollar. In Deutschland liegt der Löwenanteil der Neuerwerbung vielleicht im Gegenwert von 2.000 US Dollar. Ganz zu schweigen davon, was man an aus dem Meer der fast unverkäuflichen Gebrauchtwaffen für ein paar hundert Euro nach Belieben auswählen kann.

Unsere Jagdpresse vertritt letztlich nur den gesellschaftlich winzig kleinen Stimmenanteil der Jäger. Über dessen Handwerkszeug und die angrenzenden Nachbarinteressen, wie das Schießwesen und die Waffenentwicklung, wird sich meines Erachtens zuviel getrennt und spezialisiert artikuliert. Was ist falsch daran, die im Präzisionsschießen erworbenen Kenntnisse konsequent dorthin zu übernehmen, wo es auf der Jagd im Sinne des Wildes wünschenswert ist. Das wurde in anderen Ländern seit Langem pragmatisch gehandhabt. Wir müssen die Interessen aller nur möglichen Randbereiche zu einer aussagekräftigen Stimmenzahl und Medienmacht kraftvoll bündeln. Es sollte gelingen, eine ganze Serie von Beiträgen im Fernsehen unserer bodenständige Jagd- und Naturnutzung mit der gewachsenen Tradition der Hege und Ernte so darzustellen, wie sie die Landbevölkerung von jeher als selbstverständlich und für den Laien zugänglich erlebt.

Mir ist wohl bewusst, dass einige meiner Anmerkungen kritisch sind. Blätter sollten von Jägern nur zum „Blatten“ vor den Mund genommen werden. Wir Jäger müssen lauter und wahrnehmbarer werden. Noch fester zusammenhalten und uns in der breiten Öffentlichkeit kompetent, wirkungsvoll und deutlicher artikulieren. Unser selbstverständliches Anliegen von der Jagd verteidigen wir nicht durch geschlossene Lippen und hinter der vornehm vorgehaltenen Hand nach Gutsherrenart. Zumal wir in immer mehr Kleinstgruppen auseinander dividiert und zersplittert werden. Unsere Passion zu jagen braucht deutlich mehr Engagement in der nicht jagenden Öffentlichkeit. Das wissenschaftlich begründete benötigt zusätzlich den Mut zur Darstellung mit starker Emotionalität. Besonders von denen, die mit einem Auftrag dafür in Ämter gewählt wurden oder, mehr noch, einen guten Teil ihres Lebensunterhalt damit verdienen! Nur mit unseren wachen Sinnen als Bürger und Wähler sowie mit dem Mut zu konstruktiver, interner Kritik und einem Auge auf die Parteiprogramme, wird es für unsere jagenden Söhne und Enkel weitergehen.

Das Töten auf der Jagd, die schwierige Ethik des Tötens von Mitkreaturen generell und unser pochendes Gewissen dabei gehören mit eigenen Handlungsüberzeugungen und Prinzipien zur Jagd. Darüber sollte jeder Jäger mit sich ins Reine gelangen. Unsere rote Arbeit ist ein notwendiges, hygienisches Handwerk, welches wir als kundige Wild-Metzger für die Wildzubereitung und für die breite Öffentlichkeit geregelt, beherrschen. Wer erklärt unsere aus Erfahrung, den besonderen Gesetzen und Traditionen erwachsene Sorgfalt eigentlich in den Massenmedien in einem konzertierten Auftritt mit den Forstämtern und dem Wildhandel?

Das Bestehen der Prüfung zum Jagdschein bedeutet ein ständig bereites und breit gefächertes, spezielles, wissenschaftlich untermauertes Wissen. Unsere Prüfungsordnung entspricht, zu Recht, durchaus dem Abschlussexamen einer gehobenen Bildung.

Forstleuten und Naturschutz-Rangern gehören unser ganzer Respekt und die Unterstützung ihrer ehrenvollen Berufe. Sie haben, außer einer bezahlten, intensiven und ganzheitlichen beruflichen Vorbereitung aber keine einzigartige Berufung zur Jagdausübung. Das Recht auf Jagd gehört uns Allen. Denen, die sich für das Wild, seine Hege und seinen Lebensraum einsetzen und sich dafür in anspruchsvollen Prüfungen qualifizieren. Die Jagd ist wesentlicher Bestandteil unserer über Jahrhunderte gewonnenen demokratischen Freiheit. Dieses Anliegen des Volkes war wesentlicher Auslöser der so schrecklich blutigen französischen Revolution. Das Jagdrecht gehört den Grundeigentümern und die Jagdausübung in unserer Demokratie dem Bürger als Souverän und Citoyen. Sei es in Jagdgenossenschaften, auf Eigenjagden oder auf den staatlichen, öffentlichen Flächen. Unser Jagdwesen ist durch das eherne Grundgesetz und im Besonderen durch die Jagdgesetze geregelt. Wir müssen uns der für das Wild und die Jagd bedenklichen Entwicklung zu Mono-Riesenlandwirtschaftsflächen entgegenstellen und für wildgerechte Bereiche darin kämpfen. Das Wild hat ein Recht auf seinen Lebensraum aus Urzeiten und wir sind seine Fürsprecher. Das ist nur möglich mit dem schwierigen Spagat zwischen den Grundeigentümern und die unser Anliegen vertretenden, hoffentlich erstklassigen Anwälte, Public Relation Agenturen und Interessenvertreter. Wohl einer der wichtigsten Orientierungspunkte für alle Jagdausübenden ist unsere über allem stehende Achtung vor der Kreatur und unsere Ehrbezeugung mit dem Hut in der Hand. Wer kennt die Schmerzen der Mohrrübe beim Ziehen, wenn Menschen sie von ihren Wurzeln abreißen um sie zu verzehren? Der Mensch lebt aus seinem Ernten in der Natur. Die Jagd und der Fischfang haben unser menschliches Leben in Nahrungsketten auf der Erde erst überhaupt möglich gemacht.

Machen wir uns nichts vor! Der Lebensraum für die bedrängte Art der Jäger und den ältesten Beruf des Menschen wird immer enger. Ich habe versucht, einige Aspekte unserer Passion in Worte zu fassen. Ein Leben, ohne immer neue Entdeckungen in der Natur, das sinnliche Erfreuen am Jagen und Fischen und ohne die erlebnisreichen oder stillen Aufenthalte mit den anderen Geschöpfen in der Natur, kann ich mir nicht vorstellen. Das vermittelt mir einen tiefen Sinn. Dafür bin ich dankbar. Große Philosophen, Entdecker und Naturwissenschaftler haben sachlich bis poetisch begründet, was das Leben in der Natur und die jagdliche Begegnung mit seinen Geschöpfen darin bewirkt. Es macht uns Jäger und intensiven Naturfreunde und -nutzer zu besseren Menschen!